中国国家标准汇编

2008年修订-5

中国标准出版社　编

中国标准出版社
北　京

图书在版编目（CIP）数据

中国国家标准汇编：2008 年修订 .5/中国标准出版社编 .—北京：中国标准出版社，2009

ISBN 978-7-5066-5367-1

Ⅰ. 中…　Ⅱ. 中…　Ⅲ. 国家标准-汇编-中国-2008
Ⅳ. T-652.1

中国版本图书馆 CIP 数据核字（2009）第 105088 号

中国标准出版社出版发行
北京复兴门外三里河北街 16 号
邮政编码:100045

网址 www.spc.net.cn
电话:68523946　68517548
中国标准出版社秦皇岛印刷厂印刷
各地新华书店经销

*

开本 880×1230　1/16　印张 40　字数 1 216 千字
2009 年 8 月第　版　2009 年 8 月第　次印刷

*

定价 200.00 元

ISBN 978-7-5066-5367-1

出 版 说 明

1.《中国国家标准汇编》是一部大型综合性国家标准全集。自1983年起，按国家标准顺序号以精装本、平装本两种装帧形式陆续分册汇编出版。它在一定程度上反映了我国建国以来标准化事业发展的基本情况和主要成就，是各级标准化管理机构，工矿企事业单位，农林牧副渔系统，科研、设计、教学等部门必不可少的工具书。

2.《中国国家标准汇编》收入我国每年正式发布的全部国家标准，分为"制定"卷和"修订"卷两种编辑版本。

"制定"卷收入上年度我国发布的、新制定的国家标准，顺延前年度标准编号分成若干分册，封面和书脊上注明"20××年制定"字样及分册号，分册号一直连续。各分册中的标准是按照标准编号顺序连续排列的，如有标准顺序号缺号的，除特殊情况注明外，暂为空号。

"修订"卷收入上年度我国发布的、被修订的国家标准，视篇幅分设若干分册，但与"制定"卷分册号无关联，仅在封面和书脊上注明"20××年修订-1，-2，-3，……"字样。"修订"卷各分册中的标准，仍按标准编号顺序排列(但不连续)；如有遗漏的，均在当年最后一分册中补齐。需提请读者注意的是，个别非顺延前年度标准编号的新制定的国家标准没有收入在"制定"卷中，而是收入在"修订"卷中。

读者配套购买《中国国家标准汇编》"制定"卷和"修订"卷则可收齐上一年度我国制定和修订的全部国家标准。

3. 由于读者需求的变化，自1996年起，《中国国家标准汇编》仅出版精装本。

4. 2008年制修订国家标准共5946项。本分册为"2008年修订-5"，收入新制修订的国家标准14项。

中国标准出版社

2009年5月

目　　录

ICS 29.140.10
K 74

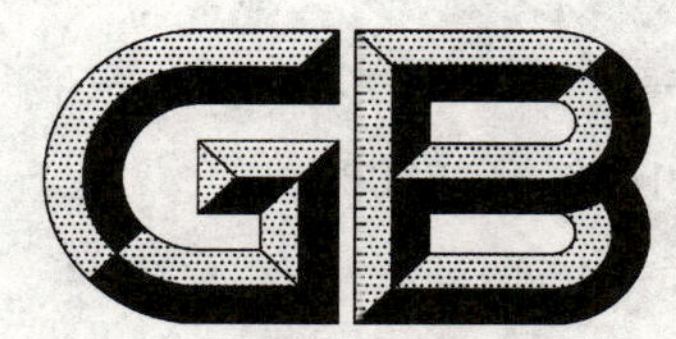

中华人民共和国国家标准

GB/T 1406.4—2008
代替 GB 1406.4—2003

灯头的型式和尺寸 第4部分:杂类灯头

Types and dimensions of lamp caps—Part 4: Miscellaneous caps

(IEC 60061-1:2005, Lamp caps and holders together with gauges for the control of interchangeability and safety—Part 1: Lamp caps, MOD)

2008-04-29 发布　　2008-12-01 实施

中华人民共和国国家质量监督检验检疫总局
中国国家标准化管理委员会　发布

前　言

GB/T 1406《灯头的型式和尺寸》共分为5个部分：

——第1部分：螺口式灯头；

——第2部分：插脚式灯头；

——第3部分：预聚焦式灯头；

——第4部分：杂类灯头；

——第5部分：卡口式灯头。

本部分为GB/T 1406的第4部分。

GB/T 1406的本部分修改采用IEC 60061-1：2005《灯头、灯座及检验其安全性和互换性的量规　第1部分：灯头》(3.35版)的英文版。

本部分与IEC 60061-1：2005(3.35版)的英文版中有关杂类灯头的型式和尺寸部分在技术内容上完全一致。

为了便于使用，本部分还做了下列编辑性修改：

——用小数点“.”代替作为小数点的逗号“，”；

——“本国际标准”一词改为“本部分”；

——删除国际标准前言及引言；

——为了与现有的标准及本部分中的技术内容一致，将国际标准的名称《灯头、灯座及检验其安全性和互换性的量规　第1部分：灯头》改为《灯头的型式和尺寸　第4部分：杂类灯头》。

本部分代替GB 1406.4—2003《灯头的型式和尺寸　第4部分：圆筒式和凹式灯头》。

本部分与GB 1406.4—2003相比主要差异如下：

——保留了原GB 1406.4—2003全部灯头的技术内容；

——新增了：W2×4.6d灯端；W2.1×9.5d灯端；W2.5×16楔形灯端；WU2.5×16楔形灯端；WX2.5×16楔形灯端；WY2.5×16楔形灯端；WZ2.5×16楔形灯端；W3×16d& WX3×16d灯端；W3×16q & WX3×16q灯端；W3.3×10.4d灯端；WP4×9d预聚焦式灯端；W4.3×8.5d灯头；照相闪光灯用W10.6×8.5d灯端；汽车灯用X511预聚焦式灯头和灯端；闪光灯灯盒用灯端；X型闪光灯灯盒灯端。

本部分由中国轻工业联合会提出。

本部分由全国照明电器标准化技术委员会(SAC/TC 224)归口。

本部分主要起草单位：佛山市南海区东南灯饰照明有限公司、佛山市质量计量监督检验中心、佛山市南海区标准化研究与促进中心、北京电光源研究所。

本部分主要起草人：黄慧珍、穆成章、欧卓鸿、杨毅宁、赵秀荣、江姗、段彦芳。

本部分所代替标准的历次版本发布情况为：

——GB 1406.4—1981、GB 1406.4—2003。

灯头的型式和尺寸　第4部分:杂类灯头

1　范围

本部分规定了杂类灯头的型式和尺寸。

本部分适用于那些使用本部分中规定型号的灯头作为灯用附件的电光源产品的设计和生产,也适用于其他电光源产品的设计。

2　规范性引用文件

下列文件中的条款通过GB/T 1406的本部分的引用而成为本部分的条款。凡是注日期的引用文件,其随后所有的修改单(不包括勘误的内容)或修订版均不适用于本部分,然而,鼓励根据本部分达成协议的各方研究是否可使用这些文件的最新版本。凡是不注日期的引用文件,其最新版本适用于本部分。

GB 4208　外壳防护等级(IP代码)(GB 4208—2008,IEC 60529:2001,IDT)

GB/T 20152—2006　石英卤钨灯压封部位温度的标准测量方法(IEC 60682:1997,IDT)

GB/T 21098　灯头、灯座及检验其安全性和互换性的量规　第4部分:导则及一般信息(GB/T 21098—2007,IEC 60061-4:2004,IDT)

IEC 60061-2　灯头、灯座及检验其安全性和互换性的量规　第2部分:灯座

IEC 60061-3　灯头、灯座及检验其安全性和互换性的量规　第3部分:量规

3　型式和尺寸

灯头的型号应符合GB/T 21098的规定。

R7s 凹式单触点灯头和灯端

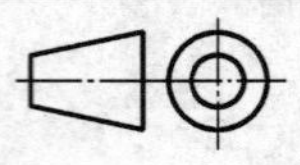

1/1

单位为毫米

附图仅表示互换性的基本尺寸。

关于 R7s 灯座，见 IEC 60061-2 中 7005-53A；成对的 R7s 或 RX7s 灯座，见 IEC 60061-2 中 7005-53。

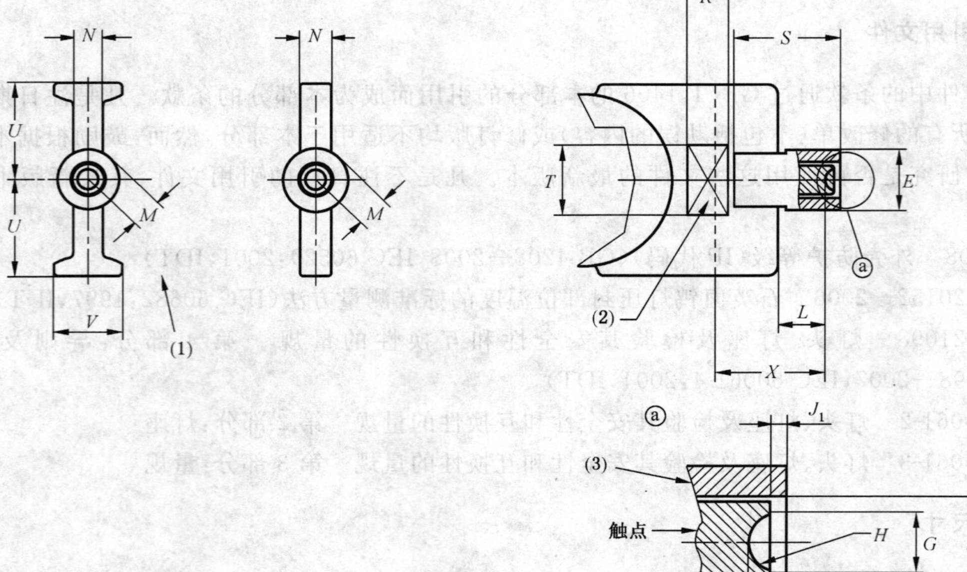

应特别注意触点材料的选择(例如：银触点的效果较好。)

尺寸	最小值	最大值	尺寸	最小值	最大值
E(7)	—	7.49	N(5)	2	3.8
F	4.19	4.45	R(4)(5)	5	—
G*	2.8	—	S(4)	—	12.5
H*	1.8	2.8	T(4)(5)	5.5	—
J	—	2.03	U(9)	—	9
J_1(8)	0.5	—	V(6)(9)	—	8
L	2.9	—	X(9)	15.5	—
M(7)	—	4.06			

GB/T 1406.4—7004-92-3

	R7s 凹式单触点灯头和灯端	1/2

单位为毫米

* 该尺寸仅用于灯头的设计而不用于检验。

(1) 压扁部分的其他形式。

(2) 平坦面。灯压扁部分上平坦面的位置说明,参见相应 IEC 的标准。

(3) 绝缘体。

(4) 只在使用散热片时采用该尺寸。

(5) 该尺寸仅指由尺寸 T 和 R 所限定的区域。

(6) 该尺寸的两个值用定位量规进行检验,该定位量规有两个相互平行的狭槽,每个狭槽的宽度均为 8.28 mm～0.02 mm。

(7) 尺寸 M 表示从触点的中心到圆柱体 E 圆周上任一点的距离。

(8) GB 4208 所示的标准试验指不应触及到金属触点。如果灯头符合此项要求,则可以不必对 J_1 进行检验。

(9) 尺寸 X 规定的最小范围内,尺寸 U 和 V 的值应符合要求。

GB/T 1406.4—7004-92-3

	RX7s 凹式单触点灯头和灯端	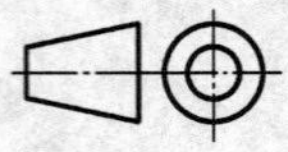 1/2

单位为毫米

附图仅表示互换性的基本尺寸。

关于 RX7s 灯座，见 IEC 60061-2 中 7005-53A；成对的 R7s 或 RX7s 灯座，见 IEC 60061-2 中 7005-53。

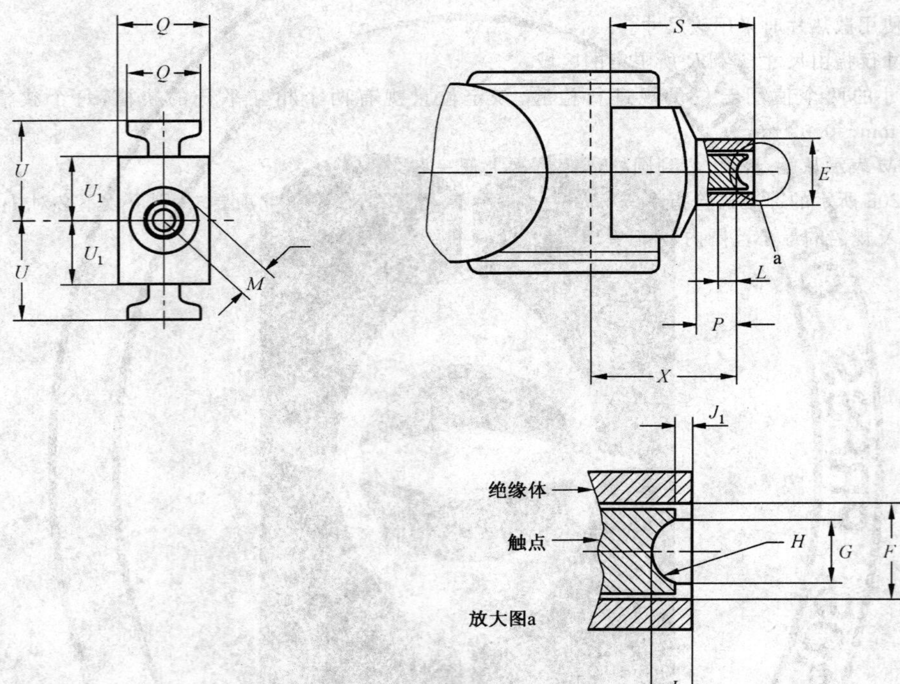

应特别注意触点材料的选择(例如：银触点的效果较好。)

尺寸	最小值	最大值
E(3)	—	7.49
F	4.19	4.45
G^*	2.8	—
H^*	1.8	2.8
J	—	2.03
J_1(6)	0.5	—
L(3)	2.9	—
M(2)	—	4.06
P(3)	4.95	—
Q(1)(4)	—	9.14
S	—	17.8
U(4)	—	11.2(5)
U_1	—	7.4
X(4)	15.5	—

GB/T 1406.4—7004-92A-4

	RX7s 凹式单触点灯头和灯端	2/2

单位为毫米

* 该尺寸仅用于灯头的设计而不用于成品灯检验。

(1) 该尺寸的两个值采用定位量规进行检验，该定位量规有两个相互平行的狭槽，每个狭槽的宽度均为 9.4 mm～0.02 mm。

(2) 该尺寸表示从触点的中心到圆柱体 E 圆周上的任意一点间的距离。

(3) 尺寸 E 表示最小长度是尺寸($L+J$)的圆柱体。在尺寸 L 规定的范围之外到 P 规定的范围以内的该区域内，垂直于灯压扁部分平面方向的宽度应保持在 8.12 mm。

(4) 尺寸 X 表示的最小范围内，U 和 Q 应符合要求。Q 适用于灯的压扁部分和灯端处(绝缘体)。

(5) 对于某些灯，该值可增至 16.0 mm(最大值)。

如果这些灯采用 IEC 60061-2 中 7005-53A 所示的 A 型灯座，则这些灯在插入灯座时不应发生问题。如果 U 值大于 11.2 mm，则在其标志中应有所显示。例如：$U_{max}=15.0$ mm，则其标志为 RX7s-30。

(6) GB 4208 所示的标准试验指不应触及到金属触点。如果灯头符合此项要求，则可不必对尺寸 J_1 进行检验。

GB/T 1406.4—7004-92A-4

	成品灯上 R17d 凹式双触点灯头	1/2

单位为毫米

附图仅表示互换性的基本尺寸。

关于 R17d 灯座，见 IEC 60061-2 中 7005-57。

此类灯头用于玻管直径为 38 mm(T12)的荧光灯。

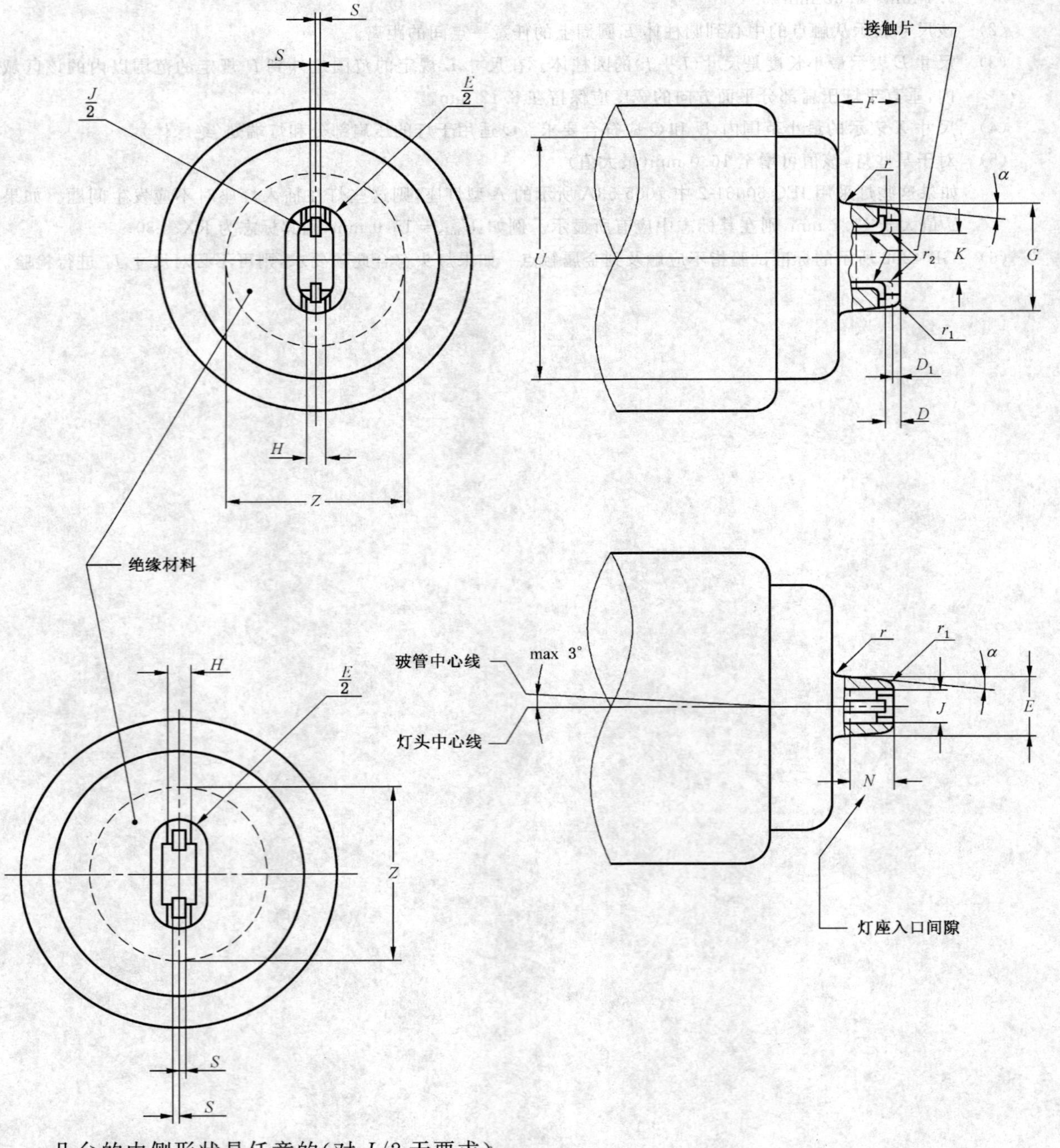

凸台的内侧形状是任意的(对 $J/2$ 无要求)。

GB/T 1406.4—7004-56-2

	成品灯上 R17d 凹式双触点灯头	2/2

单位为毫米

尺寸	最小值	最大值
D	—	1.90
D_1(1)	0.91	—
E(2)	8.51	8.89
F(3)	7.80	8.13
G(2)	16.26	16.71
H	2.24	—
J	5.11	—
K	6.91	7.24
N	6.35	—
S	1.02	—
U	—	36.53
Z(4)	22.76	—
r	标称值 1.27	
r_1	0.76	—
r_2	0.51	1.27
a	标称值 30′	

(1) 包含焊锡和焊点。

(2) 尺寸 E 和 G 在距离灯头平面 1.27 mm 处进行测量。

(3) 尺寸 F 是从灯头上最高的平面到凸台末端的距离。

(4) 触点凸台周围的灯头表面和由尺寸 Z 所规定的区域内应当十分平滑，以便提供一密封的安装面。

带电部件的不可触及要求：

灯头的触点应充分凹进，用试验指不应触及到该触点。试验指末端半径为 5.2 mm 的半球形。

检验：用 IEC 60061-3 中 7006-57 所示量规检验灯头腔体的内部尺寸（尺寸 J、K 和 N）。

GB/T 1406.4—7004-56-2

SX4s/4 凸缘式灯头 1/1

单位为毫米

附图仅表示互换性的基本尺寸。

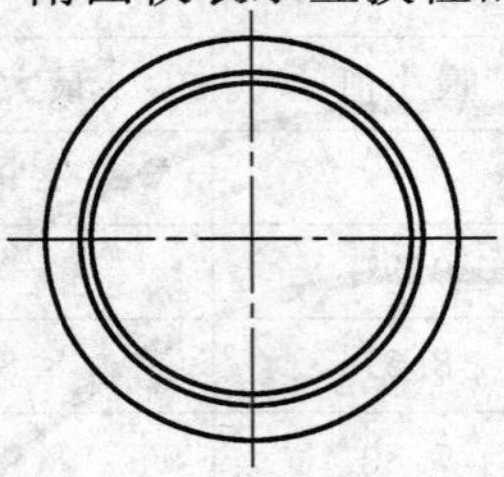

比例6:1

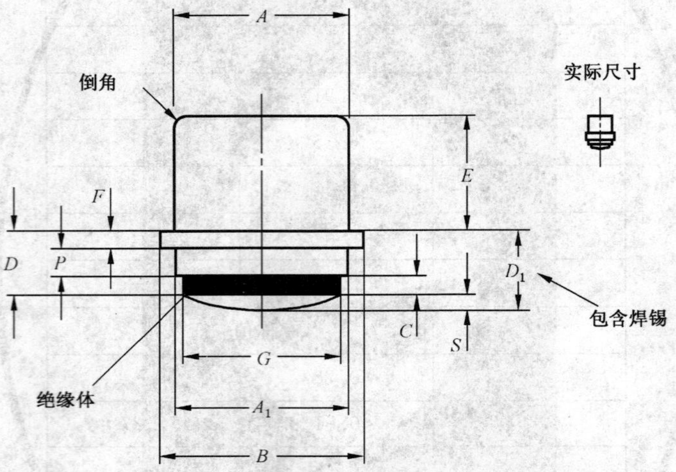

倒角

实际尺寸

包含焊锡

绝缘体

尺寸	最小值	最大值
A	3.89	4.04
A_1	—	4.04
B	4.47	4.72
C*	0.43	—
D	1.3	1.5
D_1	—	2.2
E	2.57	2.72
F	0.33	0.43
G	3.71	3.91
P*	—	0.71
S	0.3	—

* 该尺寸仅用于灯头的设计而不用于成品灯的检验。

GB/T 1406.4—7004-97-1

	SY4s/7 凸缘式灯头	1/1

单位为毫米

附图仅表示互换性的基本尺寸。

比例6:1

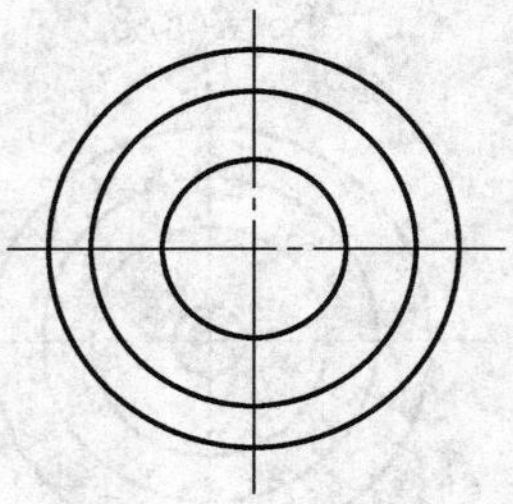

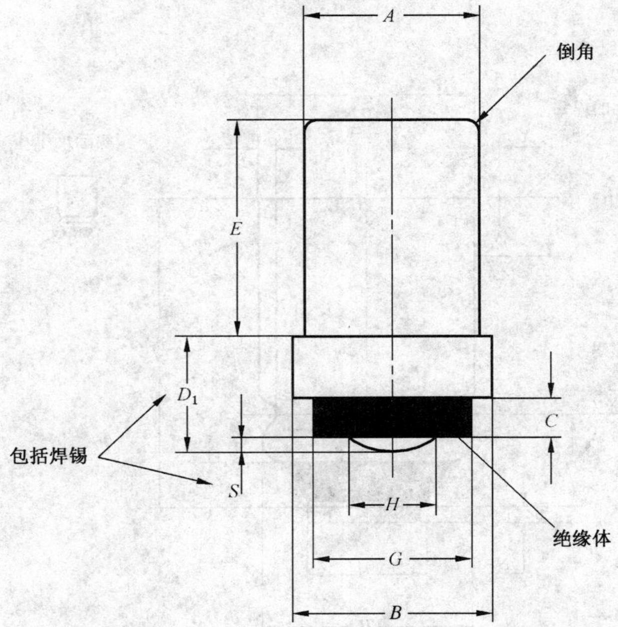

倒角

实际尺寸

包括焊锡

绝缘体

尺寸	最小值	最大值
A	3.9	3.95
B	4.5	4.6
C^*	1.0	—
D_1	2.25	2.75
E	4.8	5.2
G	3.4	3.6
H	1.8	2.2
S	0.3	—

* 该尺寸仅用于灯头的设计而不用于成品灯的检验。

GB/T 1406.4—7004-97A-1

	S5.7s 凹槽式灯头	1/1

单位为毫米

附图仅表示互换性的基本尺寸。

S5.7 s/8

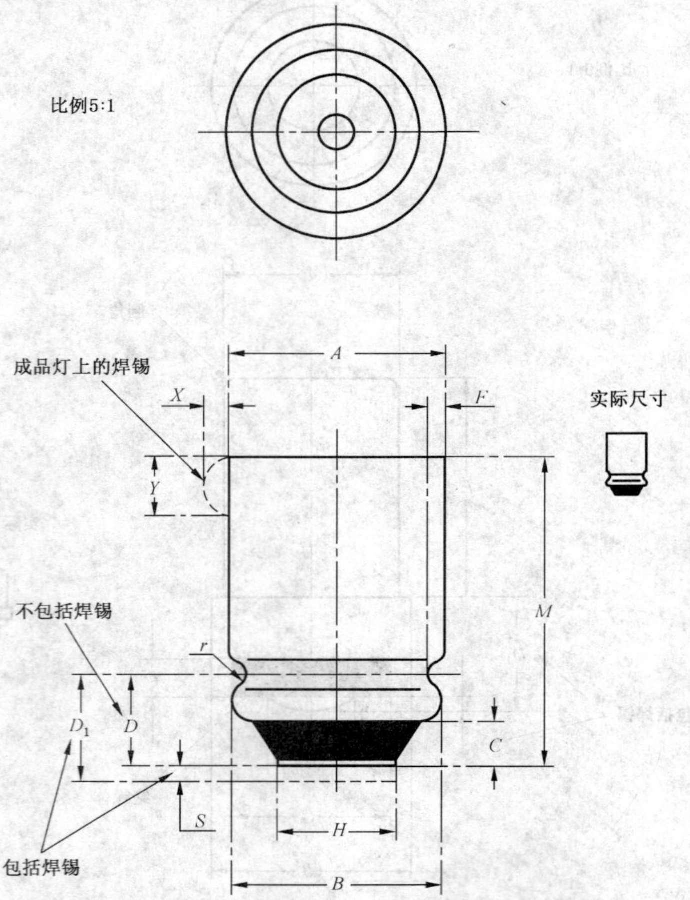
比例5:1
A
成品灯上的焊锡
X
F
实际尺寸
Y
M
不包括焊锡
r
D1
D
C
S
H
包括焊锡
B

尺寸	最小值	最大值	尺寸	最小值	最大值
A	5.56	5.82	*H*	—	3.2(1)
B	5.51	5.72	*M**	8.10	8.65
C	0.8	—	*S*	0.4	—
*D**	1.7	2.7	*X*	—	0.76
D_1	2.4	3.3	*Y*	—	2.3
*F**	约 0.4		*r**	0.38	0.51

灯头可带有喇叭口*，其直径应不超过不带喇叭口灯头的最大允许直径 0.5 mm。

* 该尺寸仅用于灯头的设计而不用于成品灯的检验。

(1) 该尺寸使用毫米尺检验。

GB/T 1406.4—7004-62-1

	SX6s 凸缘式灯头	1/1

单位为毫米

附图仅表示互换性的基本尺寸。

SX6 s/8×5.4

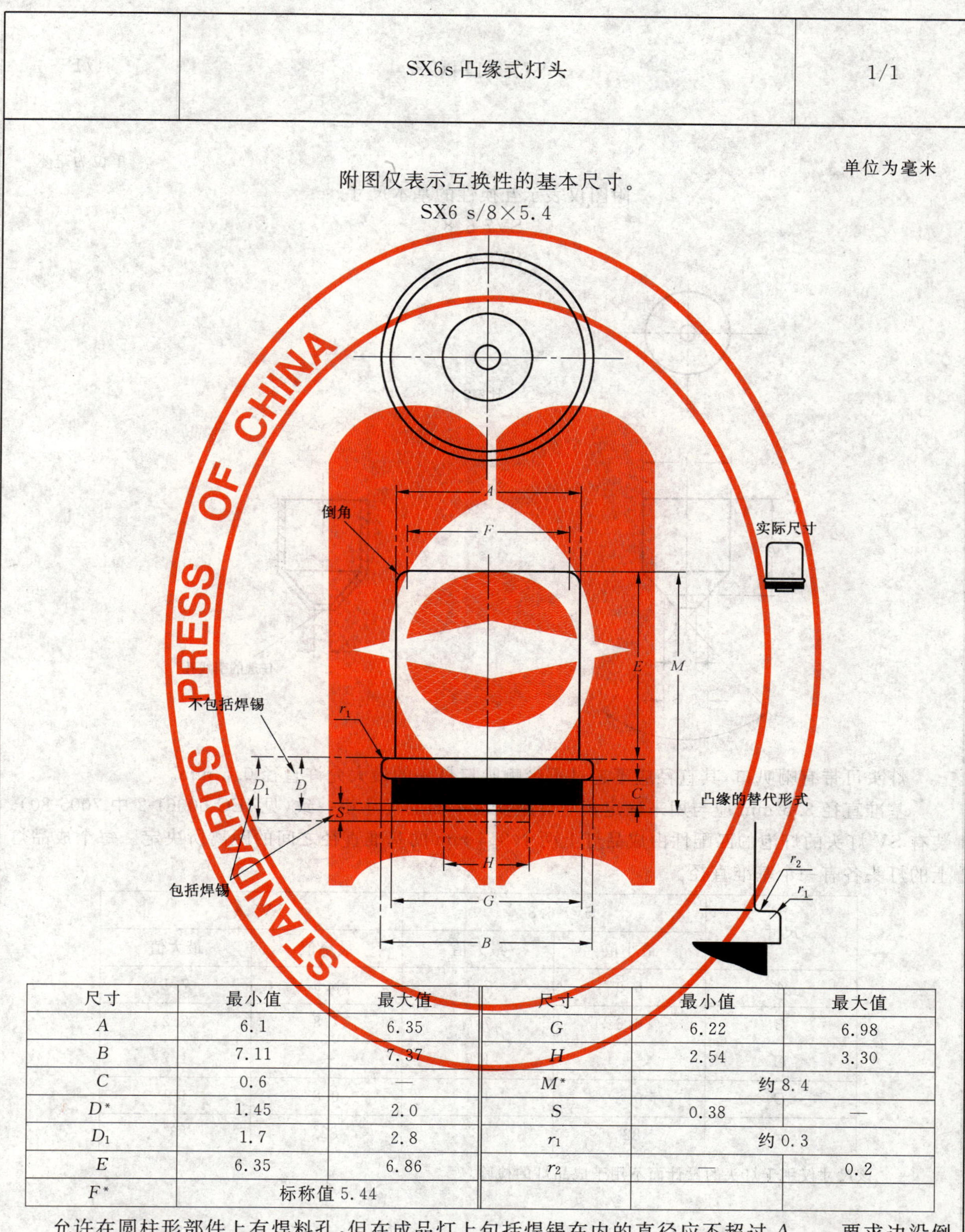

尺寸	最小值	最大值	尺寸	最小值	最大值
A	6.1	6.35	G	6.22	6.98
B	7.11	7.37	H	2.54	3.30
C	0.6	—	M^*	约 8.4	
D^*	1.45	2.0	S	0.38	—
D_1	1.7	2.8	r_1	约 0.3	
E	6.35	6.86	r_2	—	0.2
F^*	标称值 5.44				

允许在圆柱形部件上有焊料孔，但在成品灯上包括焊锡在内的直径应不超过 A_{max}。要求边沿倒圆(r_1)，以便在拔除灯泡时为手指提供夹持力。允许使用倒角或其他形状作为替换形式，半径 r_1 不变。

* 该尺寸仅用于灯头的设计而不用于成品灯的检验。

GB/T 1406.4—7004-61-1

	SV7 彩灯用灯头	1/1

单位为毫米

附图仅表示互换性的基本尺寸。

SV7-6.8

SV7-8

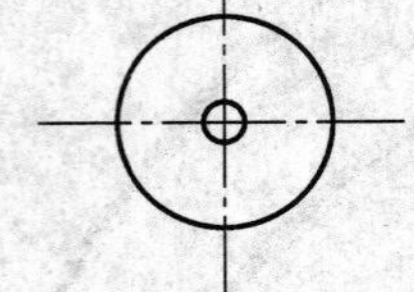

比例2:1

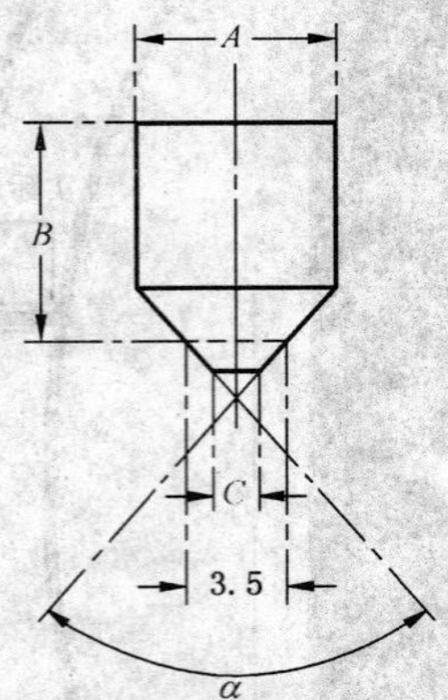

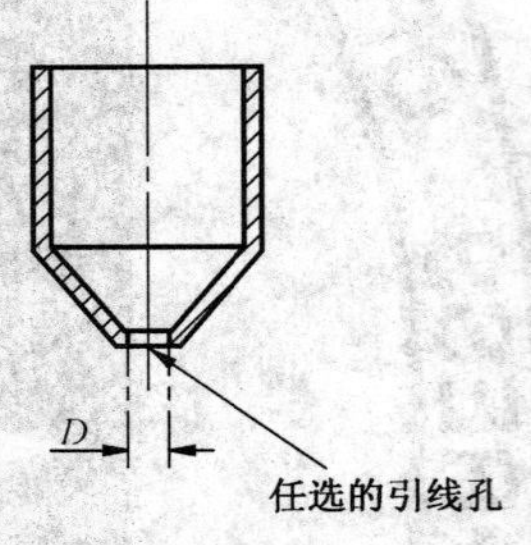

灯头可带有喇叭口，其直径应不超过不带喇叭口灯头的最大允许直径 0.5 mm。

基准直径 3.5 mm 应与用来确定相应灯座安装平面的尺寸相一致（见 IEC 60061-2 中 7005-80）。装有 SV 灯头的灯泡的匹配性由成品灯上两个 3.5 mm 的基准直径之间的距离所决定。每个成品灯上的灯头各有一个基准直径。

尺寸	SV7-6.8*		SV7-8*	
	最小值	最大值	最小值	最大值
A	6.9	7.1	6.9	7.1
B	6.6	7.0	7.8	8.2
C	—	1.7	—	1.7
D	0.8	1.1	0.8	1.1
α	82°	83°	82°	83°

* 该尺寸仅用于灯头的设计而不用于成品灯的检验。

GB/T 1406.4—7004-80-7

	SV8.5 彩灯用灯头	1/1

单位为毫米

附图仅表示互换性的基本尺寸。

SV8.5-6.5

SV8.5-8

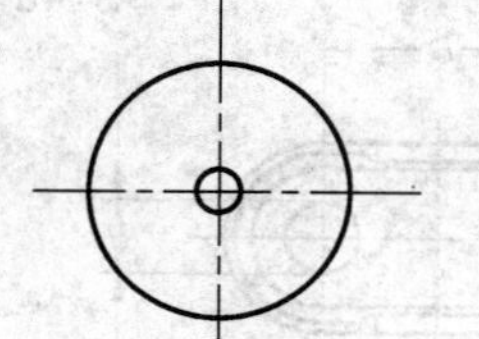

比例2:1

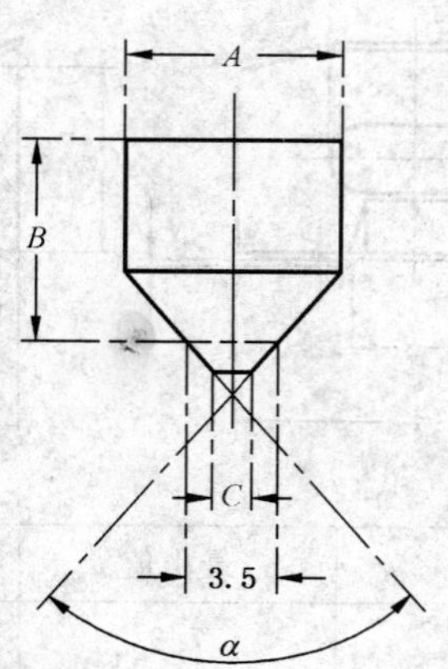

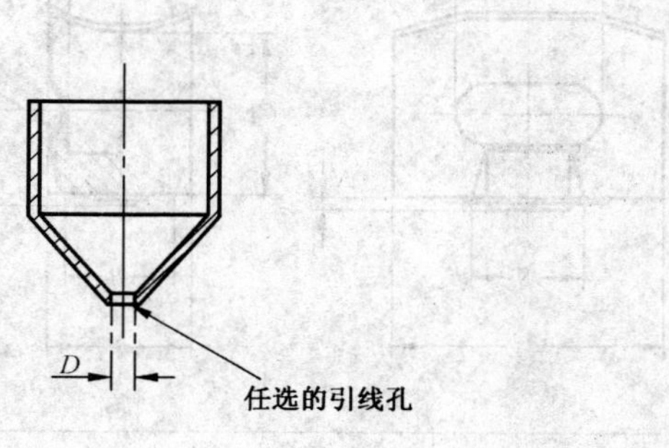

灯头可带有喇叭口，其直径应不超过不带喇叭口灯头的最大允许直径 0.5 mm。

基准直径 3.5 mm 应与用来确定相应灯座安装平面的尺寸相一致(见 IEC 60061-2 中 7005-80)。装有 SV 灯头的灯泡的匹配性由成品灯上两个 3.5 mm 的基准直径之间的距离所决定。每个成品灯上的灯头各有一个基准直径。

尺寸	SV8.5-6.5*		SV8.5-8*	
	最小值	最大值	最小值	最大值
A	8.4	8.6	8.4	8.6
B	6.3	6.7	7.8	8.2
C	—	1.7	—	1.7
D	0.8	1.1	0.8	1.1
α	82°	83°	82°	83°

* 该尺寸仅用于灯头的设计而不用于成品灯的检验。

GB/T 1406.4—7004-81-4

S14 灯头

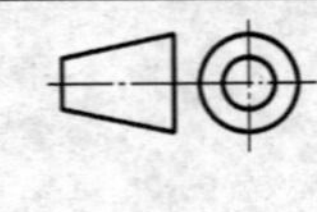

1/1

单位为毫米

附图仅表示互换性的基本尺寸。

关于 S14 灯座，见 IEC 60061-2 中 7005-112。

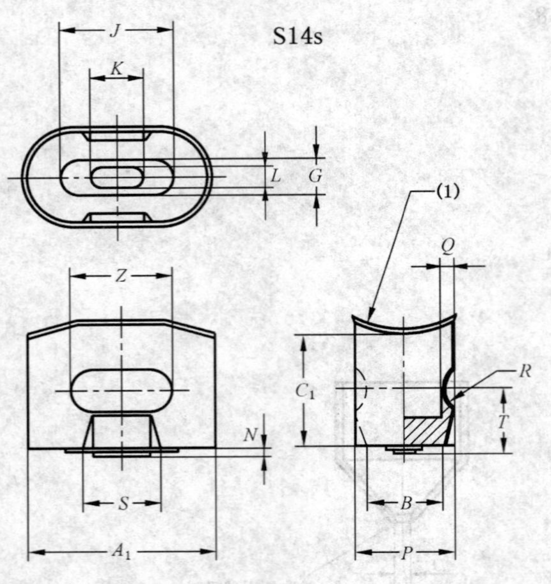

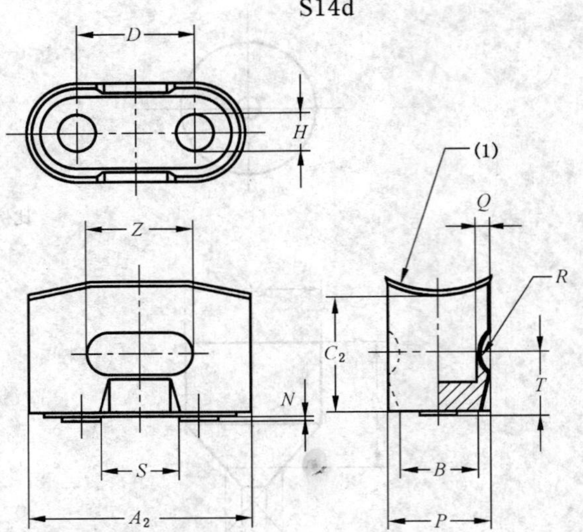

尺寸	最小值	最大值	尺寸	最小值	最大值
A_1	25.5	26.1	K*	7.2	8.2
A_2	29.3	30.3	L*	约 3.2	
B*	10.5	11.5	N	0.5	—
C_1	16.5	—	P	13.5	14.0
C_2	17.5	—	Q	1.5	2.2
D	15.8	16.2	R	3.5	4.5
G*	—	4.6	S	11	—
H*	—	5.1	T(2)	8.5	10.5
J*	—	16.7	Z	13	—

* 该尺寸仅用于灯头设计而不用于检验。

(1) 根据灯的结构。

(2) 用于成品灯。

GB/T 1406.4—7004-112-1

	双端管型灯用 S15s&S19s 灯头	1/1

单位为毫米

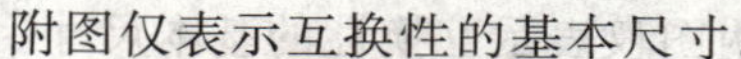
附图仅表示互换性的基本尺寸。

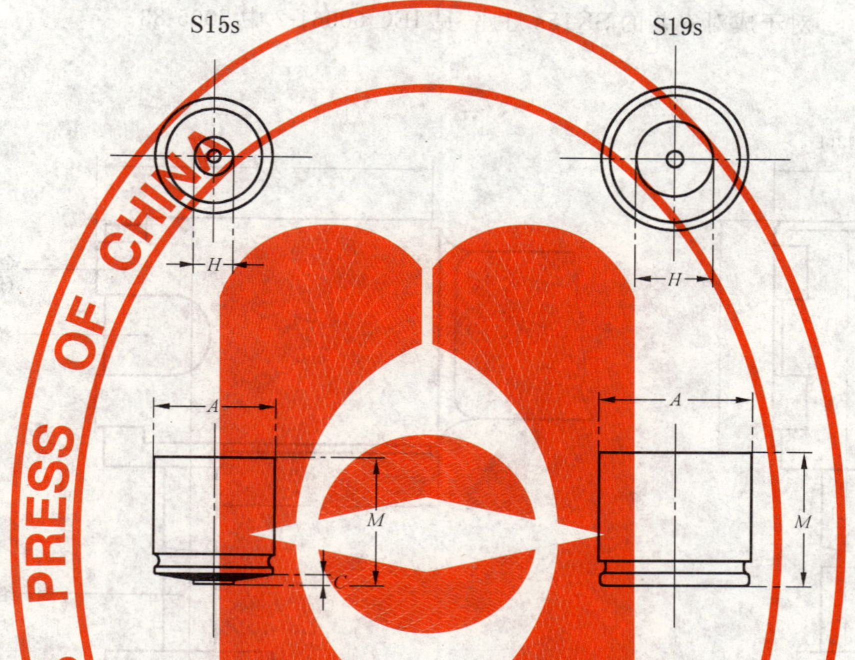

灯头可带有喇叭口*，其直径应不超过不带喇叭口灯头的最大允许直径 1 mm。

成品灯经过绝缘体的爬电距离对于 S15s 灯头应不小于 2 mm，对于 S19s 灯头应不小于 3 mm。

尺寸	S15s		S19s	
	最小值	最大值	最小值	最大值
A	15.00	15.25	18.8	19.2
C	—	1.0*	—	—
H(1)	约 5		约 10	
M	12.0*	—	18.0*	—

* 该尺寸仅用于灯头设计而不用于成品灯检验。

(1) 该尺寸用毫米尺检验。

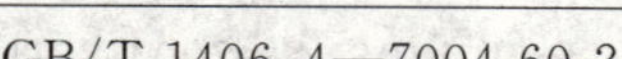
GB/T 1406.4—7004-60-2

	管形红外线灯用 SK15s 灯头	1/2

单位为毫米

附图仅表示互换性的基本尺寸。

对于成对安装的 SK15s 灯座，见 IEC 60061-2 中 7005-83。

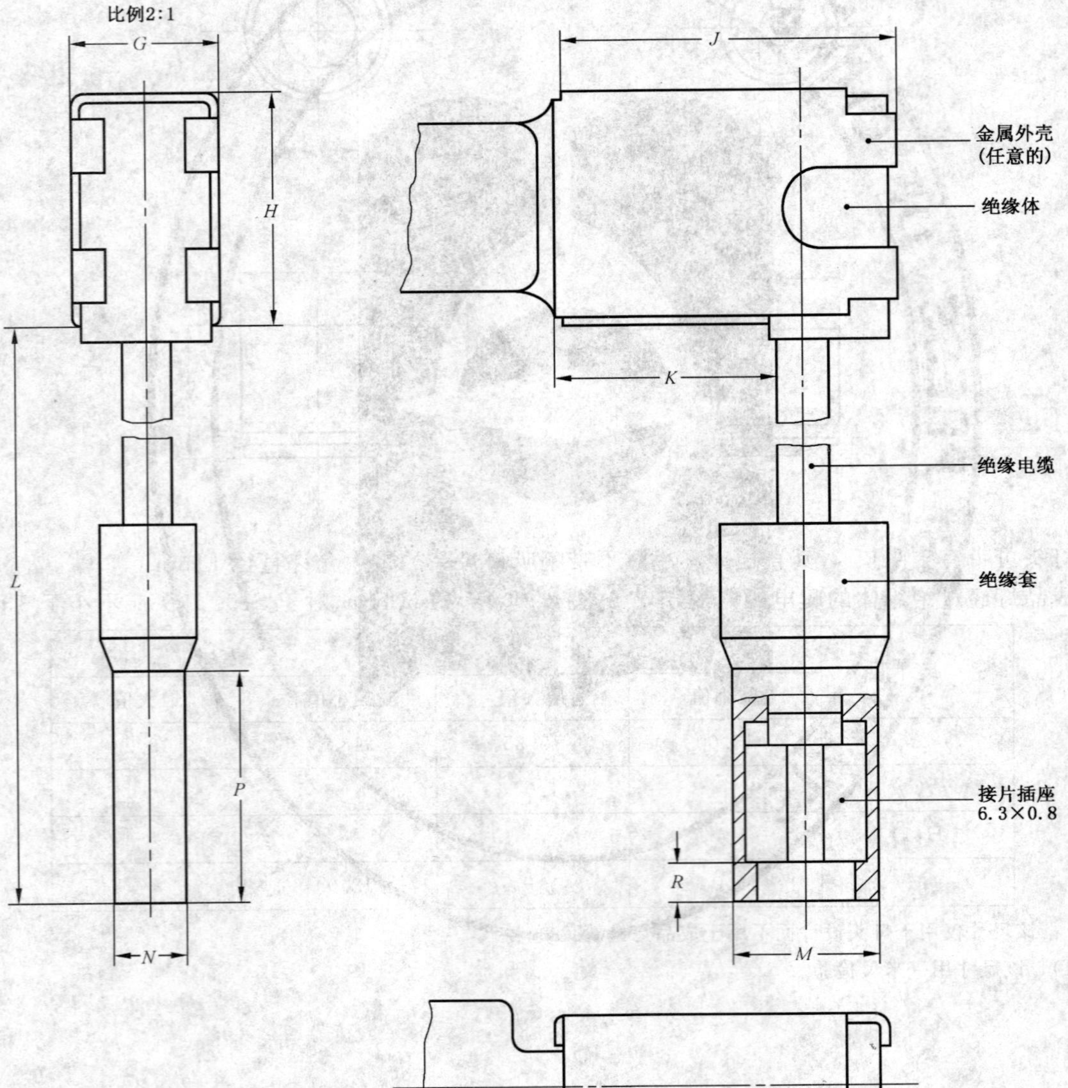

比例2:1

G

H

L

P

N

J

K

金属外壳
(任意的)

绝缘体

绝缘电缆

绝缘套

接片插座
6.3×0.8

R

M

GB/T 1406.4—7004-83-1

	管形红外线灯用 SK15s 灯头	2/2

单位为毫米

灯头为稳定灯的压封部位的温度提供了散热片。

最大工作温度应不超过下述各值：

——灯的压封部位* 250℃

——电缆的绝缘层 175℃

——插座上的绝缘套 110℃

尺寸	最小值	最大值
G	8.8	9.2
H	14.8	15.2
J	约 21	
K	14	—
L	240	260
M	8.8	9.1
N	4.3	4.7
P	15	—
R	1.5	3.5

* 按照 GB/T 20152—2006 测量。

GB/T 1406.4—7004-83-1

	W2×4.6d 灯端	1/1

单位为毫米

附图仅表示互换性的基本尺寸。

关于 W2×4.6d 灯座，见 IEC 60061-2 中 7005-94。

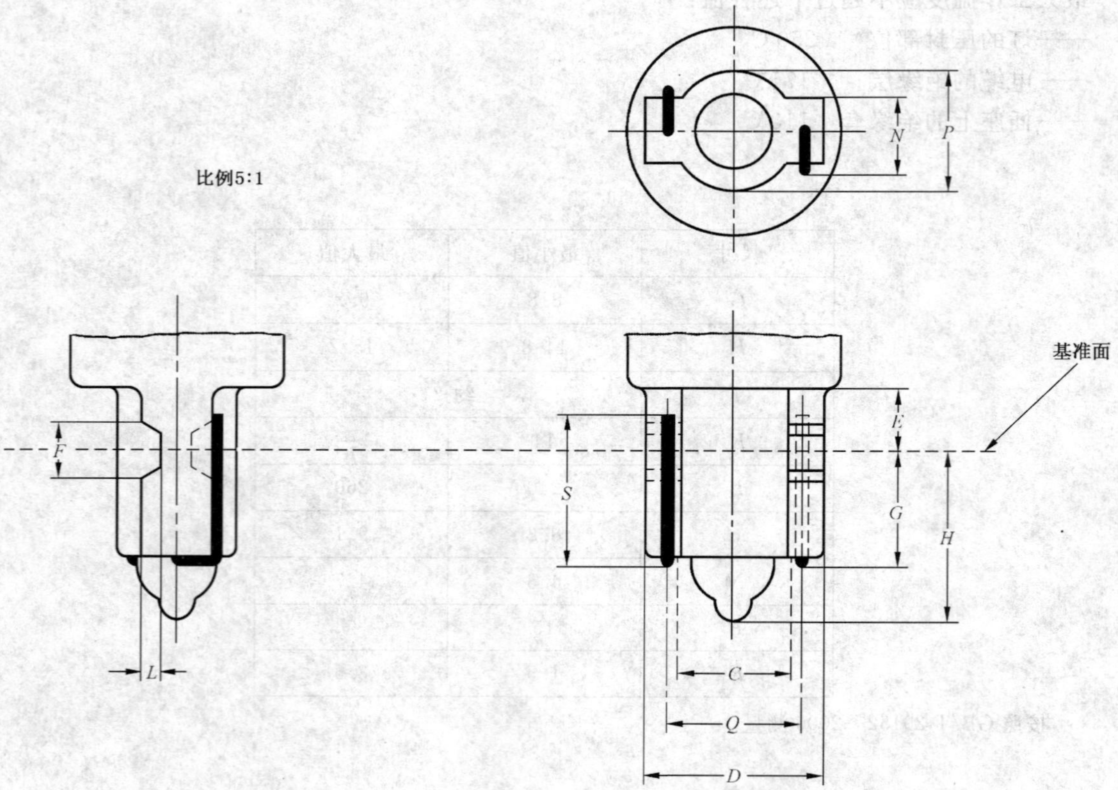

比例5:1

基准面

尺寸	最小值	最大值
C(1)	—	3.05
D	4.2	4.6
E	1.65	—
F	标称值 1.5	
G	2.3	3.5
H	—	5.5
L	标称值 0.5	
N	1.8	2.2
P	—	3.1
Q	3.0	—
S	4.0	—

(1) 考虑到偏心度，排气管尖端周围的最大空间。

GB/T 1406.4—7004-94-2

W2.1×9.5d 灯端

1/1

单位为毫米

附图仅表示互换性的基本尺寸。

关于 W2.1×9.5d 灯座，见 IEC 60061-2 中 7005-91。

尺寸	最小值	最大值
A	—	10.29*
B	6.86*	—
C(1)	—	3.05
D	8.90	9.50
E	1.65	—
F*	标称值 1.52	
G	3.4	4.6
H	—	6.10
J*	标称值 0.76	
K*	标称值 0.76	
M*	标称值 1.52	
N	1.90	2.40
P	—	4.06
Q	约 5.6	
S	4.83	—
W	—	0.36

* 该尺寸仅用于灯端设计而不用于检验。

(1) 考虑到偏心度，排气管尖端周围的最大空间。

GB/T 1406.4—7004-91-3

	W2.5×16 楔形灯端	1/2

单位为毫米

附图仅表示互换性的基本尺寸。

关于 W2.5×16 灯座，见 IEC 60061-2 中 7005-104。

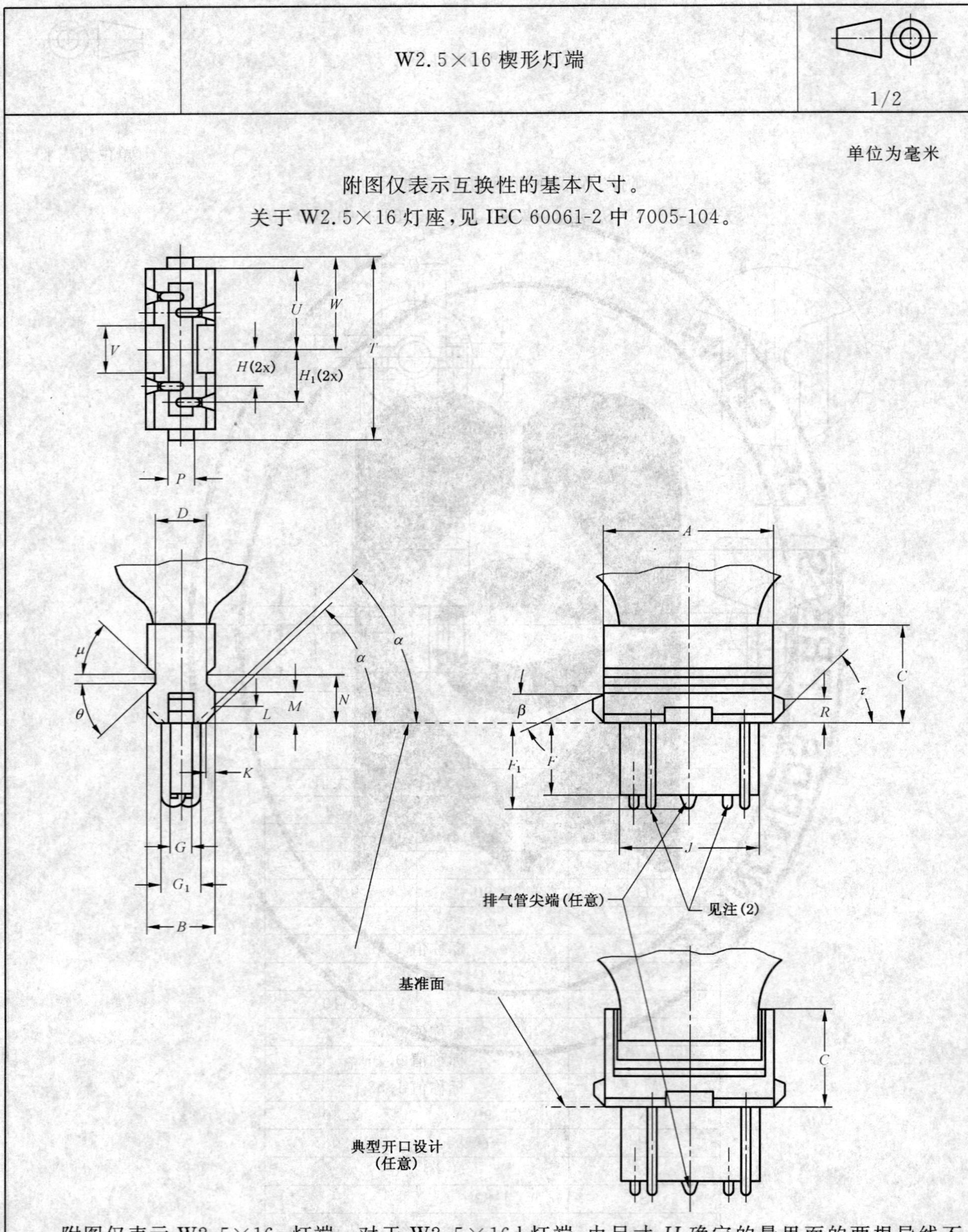

附图仅表示 W2.5×16q 灯端。对于 W2.5×16d 灯端，由尺寸 H 确定的最里面的两根导线不存在。

GB/T 1406.4—7004-104-1

W2.5×16 楔形灯端 2/2

单位为毫米

尺寸	最小值	最大值	尺寸	最小值	最大值
A	19.4	19.6	N(5)	5.7	—
B	8.0	8.2	P(W2.5×16d)	5.4	5.6
C(3)(4)	11.9	12.1	P(W2.5×16q)	2.9	3.1
D	5.9	6.3	R(6)	2.75	2.95
F	8.4	9.4	T(6)	22.1	22.3
F_1(1)	—	10.5	U	9.65	9.85
G	2.49	2.79	V	5.6	6.0
G_1	3.45	4.30	W	11.0	11.2
H	4.3	4.6	α	44°	46°
H_1	6.3	6.6	β	24°	26°
J	15.75	16.25	τ(6)	44°	46°
K(4)(7)	1.0		θ(5)	44°	46°
L	1.8	2.2	μ(4)	40°	—
M(5)	3.65	3.85			

(1) 如果存在该值，包括排气管尖端。

(2) 导线尺寸和定位应符合 IEC 60061-3 中 7006-104 所示灯端通规的检验要求。

(3) 灯端设计是变化的。有些灯头尺寸 C 在尺寸 A 之内侧边完整；有些侧边尺寸 C 在尺寸 A 之内设计有开口。

(4) 该尺寸仅用于灯端设计而不用于成品灯检验。

(5) 当用于 A 型灯座，尺寸 M、N 和角度 θ 为临界值。

(6) 当用于 B 型灯座，尺寸 R、T 和角度 τ 为临界值。

(7) 尺寸 K 和角度 α 在尺寸 V 内不适用。

检验：W2.5×16d 和 W2.5×16q 灯端应符合 IEC 60061-3 中 7006-104 所示量规的检验要求。

GB/T 1406.4—7004-104-1

WU2.5×16 楔形灯端

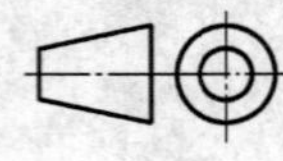

1/2

单位为毫米

附图仅表示互换性的基本尺寸。

关于 WU2.5×16 灯座，见 IEC 60061-2 中 7005-104D。

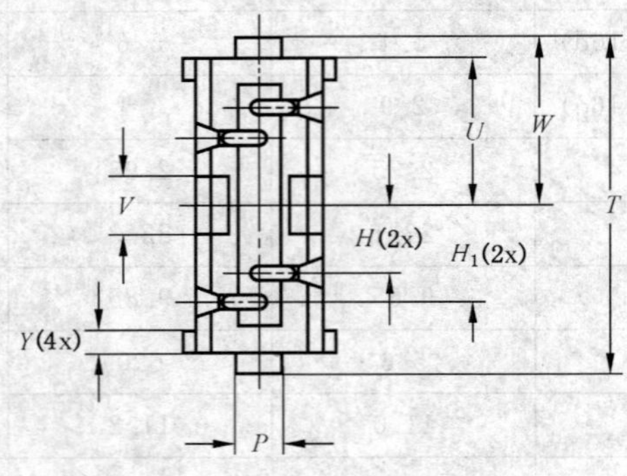

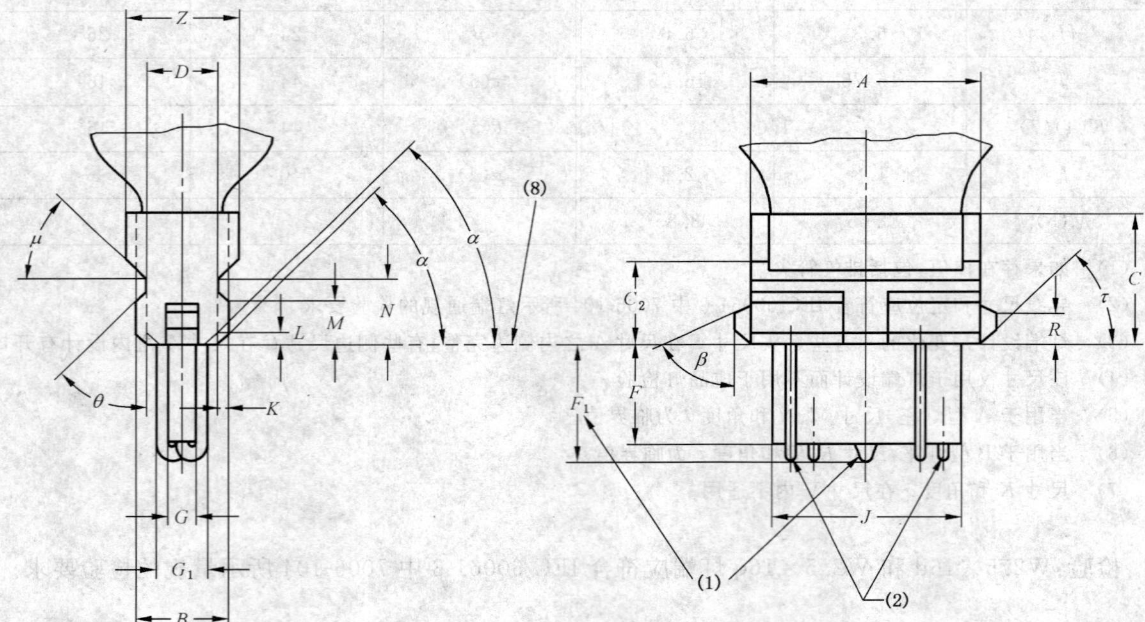

附图仅表示为 WU2.5×16q 灯端。关于 WU2.5×16d 灯端两个最里面引导线位置的尺寸 H 未标出。

GB/T 1406.4—7004-104D-1

	WU2.5×16 楔形灯端	2/2

单位为毫米

尺寸	最小值	最大值	尺寸	最小值	最大值
A(3)	19.4	19.6	*N*(5)	5.7	—
B	8.0	8.2	*P*(WU2.5×16d)	5.4	5.6
C(3)(4)	11.9	12.1	*P*(WU2.5×16q)	2.9	3.1
C_2	3.9	4.1	*R*(6)	2.75	2.95
D	5.9	6.3	*T*(6)	22.1	22.3
F	8.4	9.4	*U*	9.65	9.85
F_1(1)	—	10.5	*V*(7)	3.6	4.0
G	2.49	2.79	*W*	11.0	11.2
G_1	3.45	4.30	*Y*	1.0	2.0
H	4.3	4.6	*Z*	9.5	9.7
H_1	6.3	6.6	α(7)	44°	46°
J	15.75	16.25	β	64°	66°
K(4)(7)	1.0		τ(6)	44°	46°
L	0.9	1.3	θ(5)	44°	46°
M(5)	3.65	3.85	μ(4)	40°	—

(1) 如果存在该值，包括排气管尖端。

(2) 导线尺寸和定位应符合 IEC 60061-3 中 7006-104H 所示灯端通规检验要求。

(3) 灯端设计是变化的。有些灯头尺寸 *C* 在尺寸 *A* 之内侧边均匀；有些侧边尺寸 *C* 在尺寸 *A* 之内设计有开口。

(4) 该尺寸仅用于灯端设计而不用于成品灯检验。

(5) 当用于 A 型灯座，尺寸 *M*、*N* 和角度 θ 为临界值。

(6) 当用于 B 型灯座，尺寸 *R*、*T* 和角度 τ 为临界值。

(7) 尺寸 *K* 和角度 α 在尺寸 V 内不适用。

(8) 基准面。

检验：WU2.5×16 灯端应符合 IEC 60061-3 中 7006-104H 所示量规的检验要求。

GB/T 1406.4—7004-104D-1

WX2.5×16 楔形灯端

1/2

单位为毫米

附图仅表示互换性的基本尺寸。

关于 WX2.5×16 灯座，见 IEC 60061-2 中 7005-104A。

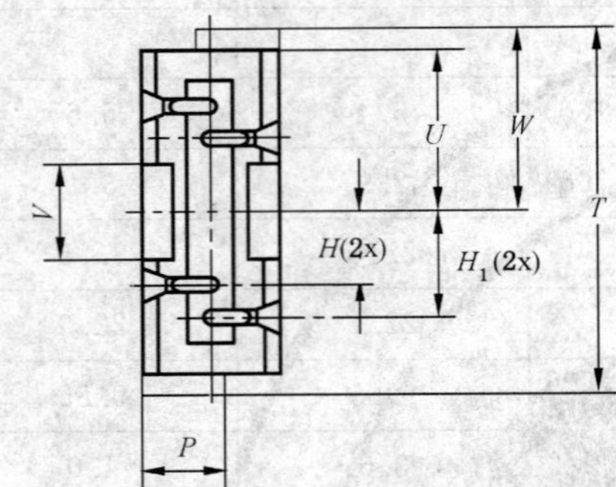

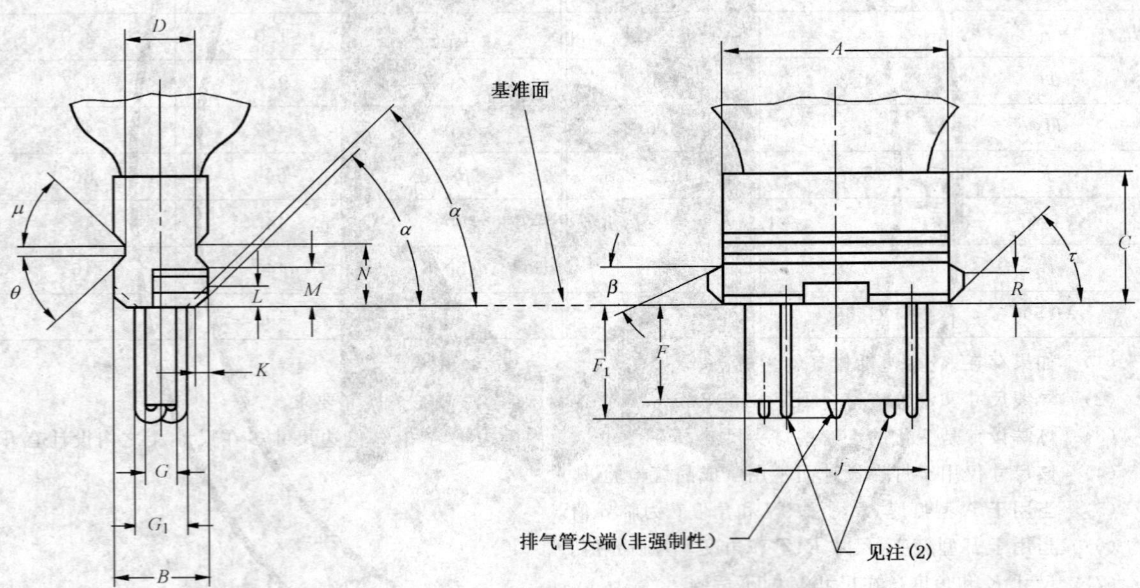

图示为 WX2.5×16q 灯端。未采用 d 型(双触点)灯头。

GB/T 1406.4—7004-104A-1

	WX2.5×16 楔形灯端	2/2

单位为毫米

尺寸	最小值	最大值	尺寸	最小值	最大值
A	19.4	19.6	M(5)	3.65	3.85
B	8.0	8.2	N(5)	5.7	—
C(3)(4)	11.9	12.1	P	4.6	4.8
D	5.9	6.3	R(6)	2.75	2.95
F	8.4	9.4	T(6)	22.1	22.3
F_1(1)	—	10.5	U	9.65	9.85
G	2.49	2.79	V	5.6	6.0
G_1	3.45	4.30	W	11.0	11.2
H	4.3	4.6	α	44°	46°
H_1	6.3	6.6	β	24°	26°
J	15.75	16.25	τ(6)	44°	46°
K(4)(7)	1.0		θ(5)	44°	46°
L	1.8	2.2	μ(4)	40°	—

(1) 如果存在该值,包括排气管尖端。

(2) 导线尺寸和定位应符合 IEC 60061-3 中 7006-104B 所示灯端通规的检验要求。

(3) 灯端设计是变化的。有些灯头尺寸 C 在尺寸 A 之内侧边均匀;有些侧边尺寸 C 在尺寸 A 之内设计有开口。

(4) 该尺寸仅用于灯端设计而不用于成品灯检验。

(5) 当用于 A 型灯座,尺寸 M、N 和角度 θ 为临界值。

(6) 当用于 B 型灯座,尺寸 R、T 和角度 τ 为临界值。

(7) 尺寸 K 和角度 α 在尺寸 V 内不适用。

检验:WX2.5×16 灯端应符合 IEC 60061-3 中 7006-104B 所示量规的检验要求。

GB/T 1406.4—7004-104A-1

WY2.5×16 楔形灯端

1/2

单位为毫米

附图仅表示互换性的基本尺寸。

关于 WY2.5×16 灯座，见 IEC 60061-2 中 7005-104B。

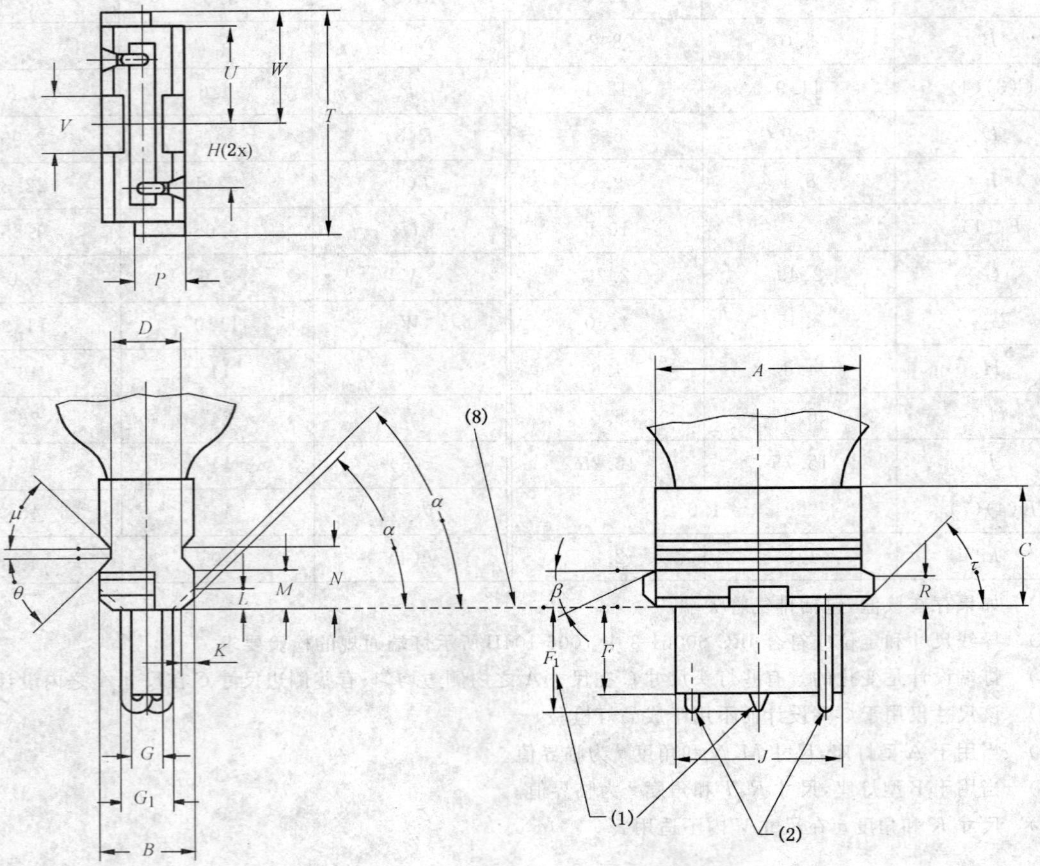

GB/T 1406.4—7004-104B-1

	WY2.5×16 楔形灯端	2/2

单位为毫米

尺寸	最小值	最大值	尺寸	最小值	最大值
A	19.4	19.6	*N*(5)	5.7	—
B	8.0	8.2	*P*	4.6	4.8
C(3)(4)	11.9	12.1	*R*(6)	2.75	2.95
D	5.9	6.3	*T*(6)	22.1	22.3
F	8.4	9.4	*U*	9.65	9.85
F_1(1)	—	10.5	*V*(7)	5.6	6.0
G	2.49	2.79	*W*	11.0	11.2
G_1	3.45	4.30	α(7)	44°	46°
H	6.3	6.6	β	24°	26°
J	15.75	16.25	τ(6)	44°	46°
K(4)(7)	1.0		θ(5)	44°	46°
L	1.8	2.2	μ(4)	40°	—
M(5)	3.65	3.85			

(1) 如果存在该值,包括排气管尖端。

(2) 导线尺寸和定位应符合 IEC 60061-3 中 7006-104D 所示灯端通规的检验要求。

(3) 灯端设计是变化的。有些灯头尺寸 *C* 在尺寸 *A* 之内侧边均匀;有些侧边尺寸 *C* 在尺寸 *A* 之内设计有开口。

(4) 该尺寸仅用于灯端设计而不用于成品灯检验。

(5) 当用于 A 型灯座,尺寸 *M*、*N* 和角度 θ 为临界值。

(6) 当用于 B 型灯座,尺寸 *R*、*T* 和角度 τ 为临界值。

(7) 尺寸 *K* 和角度 α 在尺寸 *V* 内不适用。

(8) 基准面。

检验:WY2.5×16 灯端应符合 IEC 60061-3 中 7006-104D 所示量规的检验要求。

GB/T 1406.4—7004-104B-1

WZ2.5×16 楔形灯端

1/2

单位为毫米

附图仅表示互换性的基本尺寸。

关于 WZ2.5×16 灯座，见 IEC 60061-2 中 7005-104C。

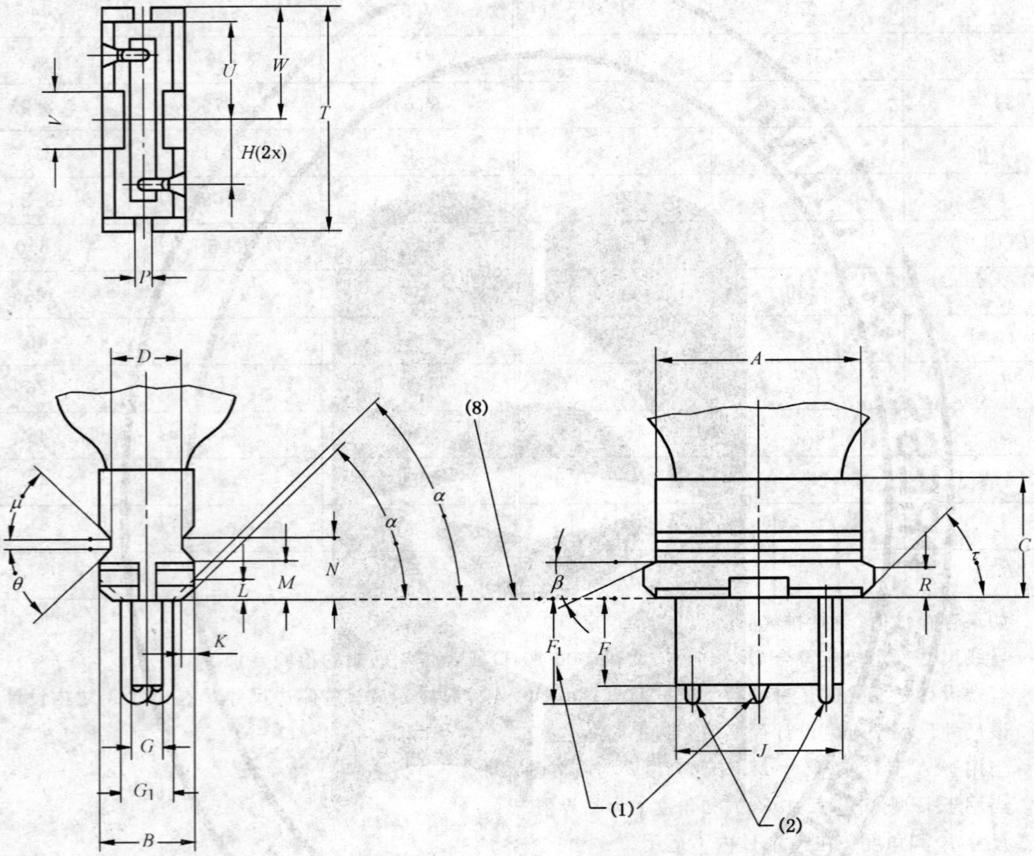

GB/T 1406.4—7004-104C-1

	WZ2.5×16 楔形灯端	2/2

单位为毫米

尺寸	最小值	最大值	尺寸	最小值	最大值
A	19.4	19.6	N(5)	5.7	—
B	8.0	8.2	P	2.48	2.68
C(3)(4)	11.9	12.1	R(6)	2.75	2.95
D	5.9	6.3	T(6)	22.1	22.3
F	8.4	9.4	U	9.65	9.85
F_1(1)	—	10.5	V(7)	5.6	6.0
G	2.49	2.79	W	11.0	11.2
G_1	3.45	4.30	α(7)	44°	46°
H	6.3	6.6	β	24°	26°
J	15.75	16.25	τ(6)	44°	46°
K(4)(7)	1.0		θ(5)	44°	46°
L	1.8	2.2	μ(4)	40°	—
M(5)	3.65	3.85			

(1) 如果存在该值，包括排气管尖端。

(2) 导线尺寸和定位应符合 IEC 60061-3 中 7006-104F 所示灯端通规的检验要求。

(3) 灯端设计是变化的。有些灯头尺寸 C 在尺寸 A 之内侧边均匀；有些侧边尺寸 C 在尺寸 A 之内设计有开口。

(4) 该尺寸仅用于灯端设计而不用于成品灯检验。

(5) 当用于 A 型灯座，尺寸 M、N 和角度 θ 为临界值。

(6) 当用于 B 型灯座，尺寸 R、T 和角度 τ 为临界值。

(7) 尺寸 K 和角度 α 在尺寸 V 内不适用。

(8) 基准面。

检验：WZ2.5×16 灯端应符合 IEC 60061-3 中 7006-104F 所示量规的检验要求。

GB/T 1406.4—7004-104C-1

W3×16d & WX3×16d 灯端

1/2

单位为毫米

附图仅表示互换性的基本尺寸。

W3×16d 和 WX3×16d 灯座，见 IEC 60061-2 中 7005-105。

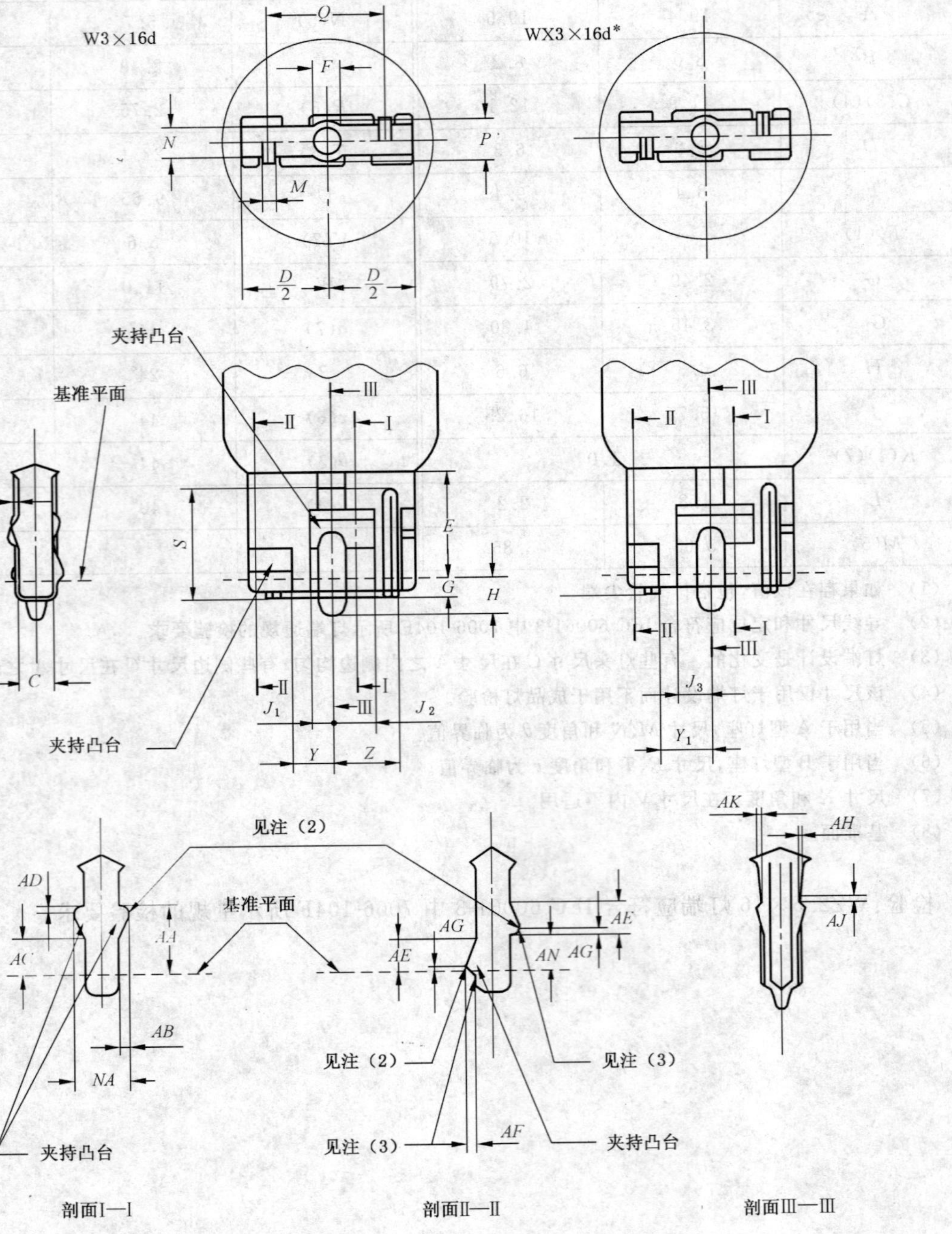

W3×16d

WX3×16d*

Q F N P M D/2 D/2

夹持凸台

基准平面

W C S E G H Ⅱ Ⅰ Ⅲ J1 J2 Y Z J3 Y1

夹持凸台

见注（2）

基准平面

AD AC AA AB NA AG AE AN AF AK AH AJ

见注（2）

见注（3）

见注（3）

夹持凸台

夹持凸台

剖面Ⅰ—Ⅰ

剖面Ⅱ—Ⅱ

剖面Ⅲ—Ⅲ

GB/T 1406.4—7004-105-2

W3×16d &WX3×16d 灯端　　2/2

单位为毫米

尺寸	最小值	最大值
NA	4.6	5.4
C(1)	—	8.0
D	15.8	16.2
E	9.6	—
F	标称值 2.2	
G	1.4	2.6
H	—	4.5
J_1(5)	1.8	2.2
J_2	4.3	4.7
J_3(4)	3.3	3.7
M	约 2.0	
N	2.8	3.2
P	3.7	4.2
Q	标称值 11	
S	9.0	12.0
W	—	0.6
Y(5)	3.8	4.2
Y_1(4)	4.8	5.2
Z	6.3	6.7
AA	6.8	7.2
AB	0.9	1.1
AC	3.0	3.4
AD	0.3	0.5
AE	约 3.0	
AF	0.9	1.1
AG(3)	—	0.5
AH	约 0.1	
AJ	约 1.0	
AK	约 0.5	
AN	3.8	4.2

* 对于未标出的尺寸，见 W3×16d 灯端。

(1) 排气管尖端轮廓线自由空间最大值，包括偏心度公差。

(2) 稍倒圆。

(3) 稍锥形。

(4) 不适用于 W3×16d 灯端。

(5) 不适用于 WX3×16d 灯端。

GB/T 1406.4—7004-105-2

	W3×16q & WX3×16q 灯端	1/2

单位为毫米

附图仅表示互换性的基本尺寸。

W3×16q 和 WX3×16q 灯座，见 IEC 60061-2 中 7005-106。

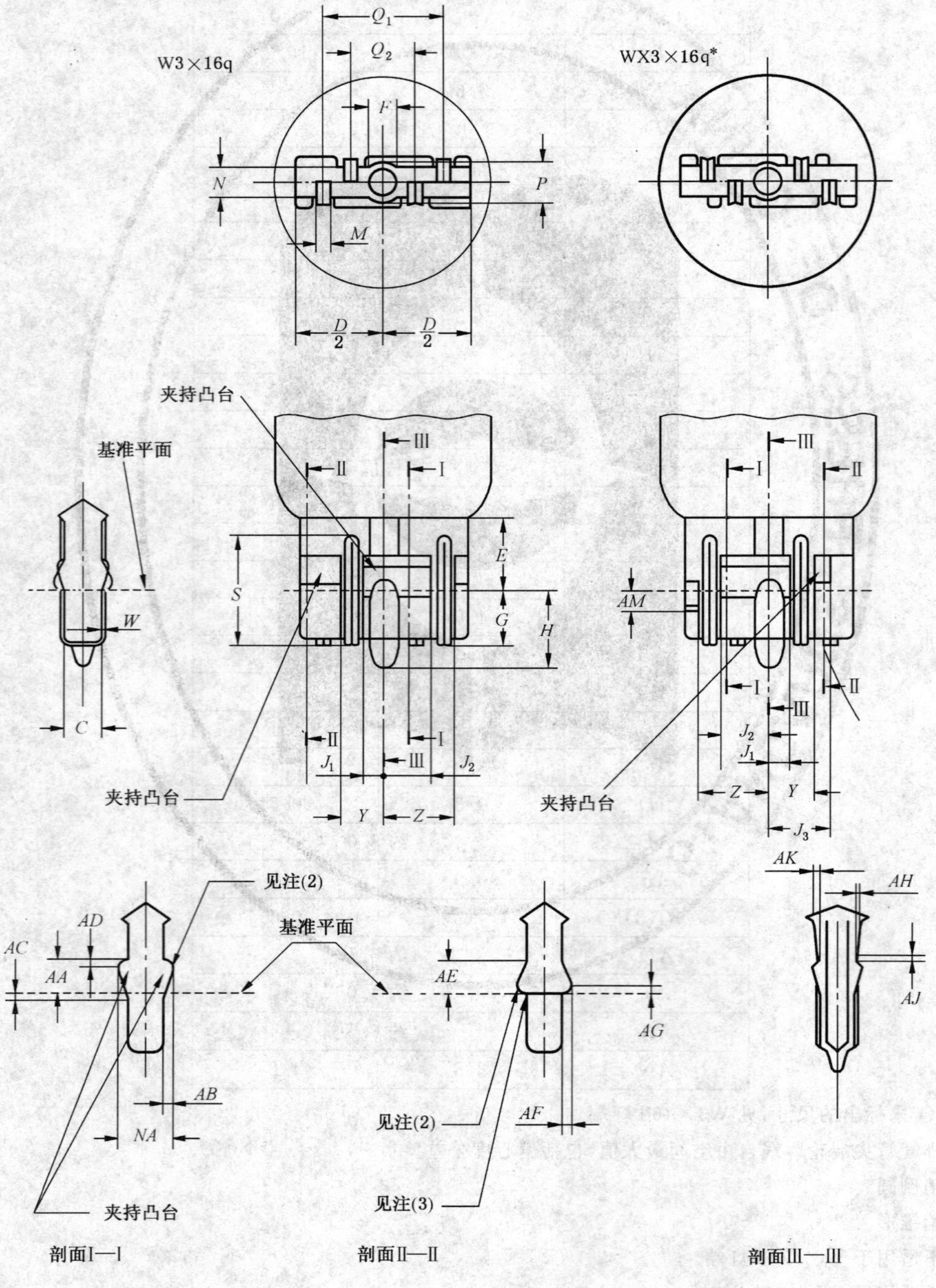

GB/T 1406.4—7004-106-2

	W3×16q & WX3×16q 灯端	2/2

单位为毫米

尺寸	最小值	最大值
NA	4.6	5.4
C(1)	—	3.0
D	15.8	16.2
E	5.6	—
F	标称值 2.2	
G	5.4	6.6
H	—	8.5
J_1	1.8	2.2
J_2	4.3	4.7
J_3(4)	5.8	6.2
M	约 2.0	
N	2.8	3.2
P	3.7	4.2
Q_1	标称值 11	
Q_2	标称值 6	
S	9.0	12.0
W	—	0.6
Y	3.8	4.2
Z	6.3	6.7
AA	2.8	3.2
AB	0.9	1.1
AC	0.6	1.0
AD	0.3	0.5
AE	约 3.0	
AF	0.9	1.1
AG(3)	—	0.5
AH	约 0.1	
AJ	约 1.0	
AK	约 0.5	
AM(4)	1.8	2.2

* 对于未标出的尺寸，见 W3×16q 灯端。

(1) 排气管尖端轮廓线自由空间最大值，包括偏心度公差。

(2) 稍倒圆。

(3) 稍锥形。

(4) 不适用于 W3×16q 灯端。

GB/T 1406.4—7004-106-2

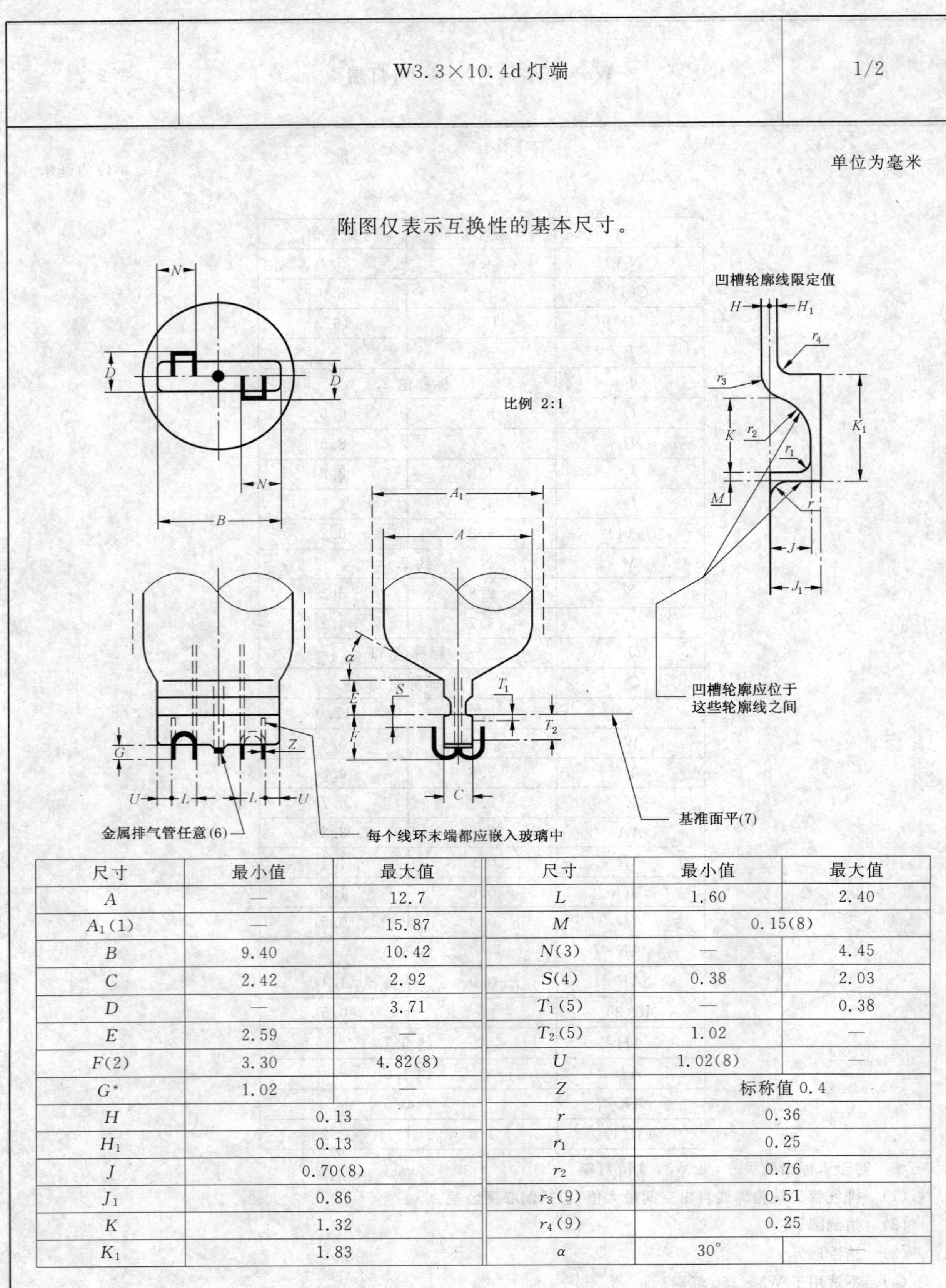

尺寸	最小值	最大值	尺寸	最小值	最大值
A	—	12.7	L	1.60	2.40
A_1(1)	—	15.87	M	0.15(8)	
B	9.40	10.42	N(3)	—	4.45
C	2.42	2.92	S(4)	0.38	2.03
D	—	3.71	T_1(5)	—	0.38
E	2.59	—	T_2(5)	1.02	—
F(2)	3.30	4.82(8)	U	1.02(8)	—
G^*	1.02	—	Z	标称值 0.4	
H	0.13		r	0.36	
H_1	0.13		r_1	0.25	
J	0.70(8)		r_2	0.76	
J_1	0.86		r_3(9)	0.51	
K	1.32		r_4(9)	0.25	
K_1	1.83		α	30°	—

GB/T 1406.4—7004-96-1

	W3.3×10.4d 灯端	2/2

* 该尺寸仅用于灯端设计而不用于检验。

(1) 玻壳对灯端轴线允许的偏心度。

(2) F 的水平允差最大值为 0.76 mm。

(3) 为与一些欧洲现有的灯座达到匹配,最好将 N_{max} 值减小到 3.8 mm。

(4) 线环末端应经过玻璃弯回,并位于凹槽下面。

(5) 尺寸 T_1 和 T_2 表示尺寸 C 所适用的最小范围。在此范围以下,厚度可以减小。

(6) 排气管末端不应延伸到环线内侧以下。

(7) 此平面根据灯端插入 IEC 60061-3 中 7006-96A 所示量规的部分而确定。

(8) 将来灯座设计中考虑的尺寸:

尺寸 M:0.19 mm

尺寸 J:0.66 mm

尺寸 F_{max}:5.33 mm

尺寸 U_{min}:0.56 mm

(9) 半径 r_3 和 r_4 圆心不相同。

GB/T 1406.4—7004-96-1

	WP4×9d 预聚焦式灯端	1/2

单位为毫米

附图仅表示互换性的基本尺寸

关于 WP4×9d 灯座，见 IEC 60061-2 中 7005-93。

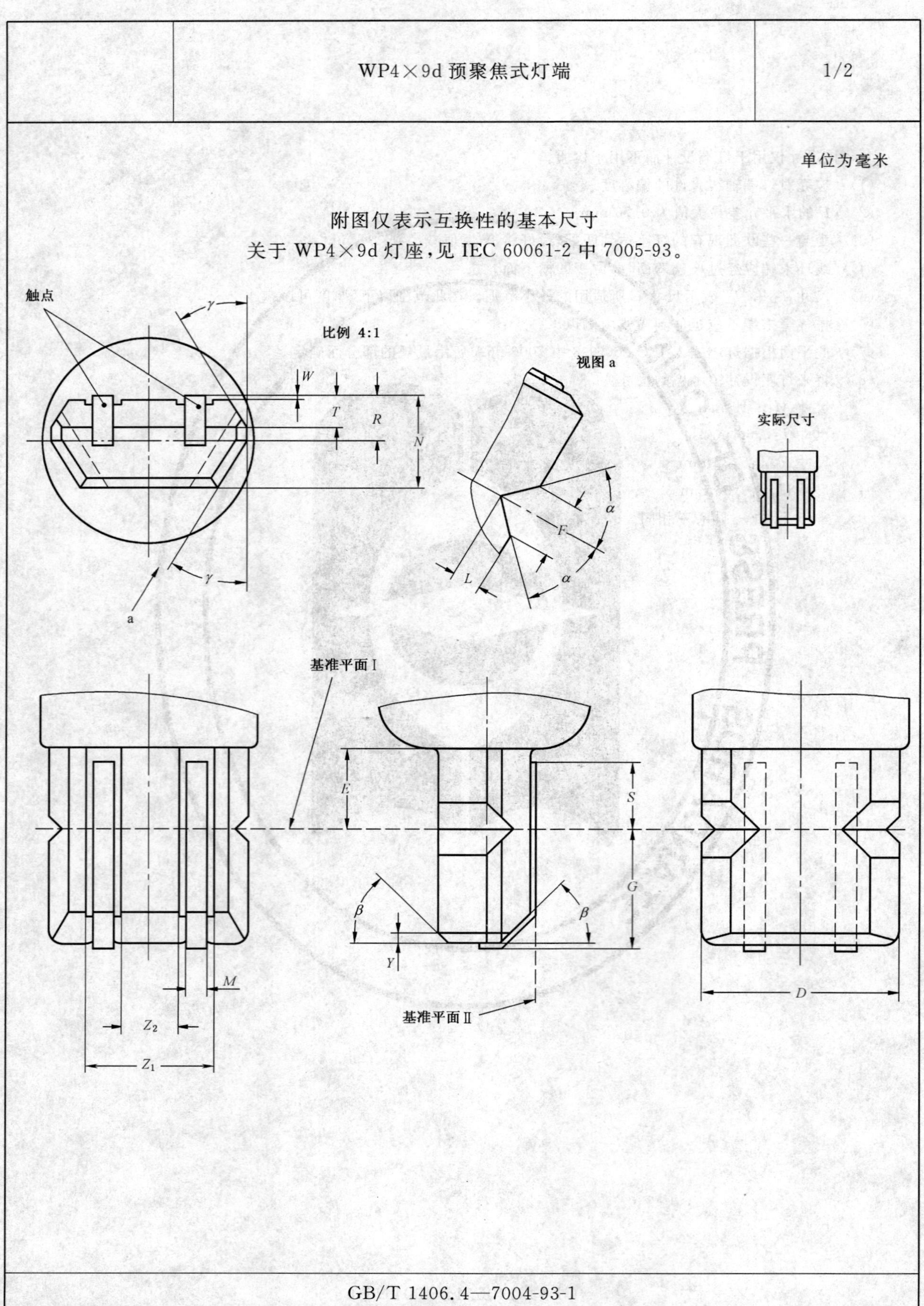

GB/T 1406.4—7004-93-1

预聚焦式 WP4×9d 灯端	2/2

单位为毫米

尺寸	最小值	最大值	尺寸	最小值	最大值
D	8.8	9.2	T(1)	标称值 1.5*	
E	3.5	—	W(1)	0.1	—
F	1.6	2.4	Y	标称值 0.5	
G	5.0	6.0	Z_1	—	6.0
L	$F/2$	—	Z_2	2.25	—
M	0.4	—	α	—	45°
N(1)	3.8*	4.4*	β	约 45°	
R(1)	标称值 2.15*		γ	约 30°	
S	3.0	—			

(1) 采用…N* 压力将两接触点同时压向一个与基准面重合的表面时，测量该尺寸。
如果没有施压，接触点可能与压封部分有接触或没有接触。

* 该值待定。

GB/T 1406.4—7004-93-1

W4.3×8.5d 灯头

1/1

单位为毫米

附图仅表示互换性的基本尺寸。

关于 W4.3×8.5d 灯座,见 IEC 60061-2 中 7005-115。

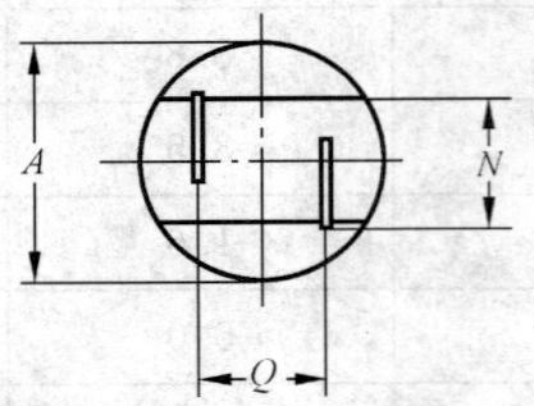

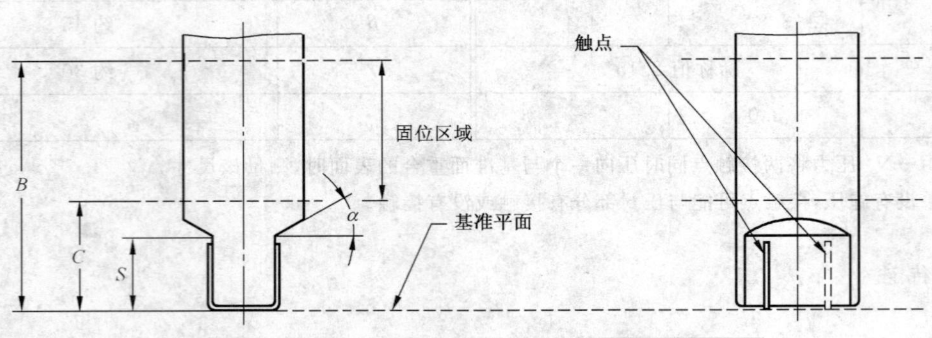

尺寸	最小值	最大值
A(1)	8.2(2)	8.5(3)
B*	17.5	
C*	7.5	
N*	4.3	
Q*	4.2	
S	4.8	5.3*
α	29°	—

* 该尺寸仅用于灯头设计而不适用于成品灯检验。

(1) 仅用于尺寸 B 范围内。

(2) 不需要连续。

(3) 尺寸 A_{max} 在施加压力…N(待定)的条件下,在保持区域可以达到…mm(待定)。

检验:当灯头用在双端灯上时,采用带有两个相对平行槽的对准量规(两个平行槽宽度为 4.85 mm~0.02 mm(待定)),在尺寸 S 范围内检验带有触点的两个灯头平面的对准。

GB/T 1406.4—7004-115-1

	照相闪光灯用 W10.6×8.5d 灯端	1/1

单位为毫米

附图仅表示互换性的基本尺寸。

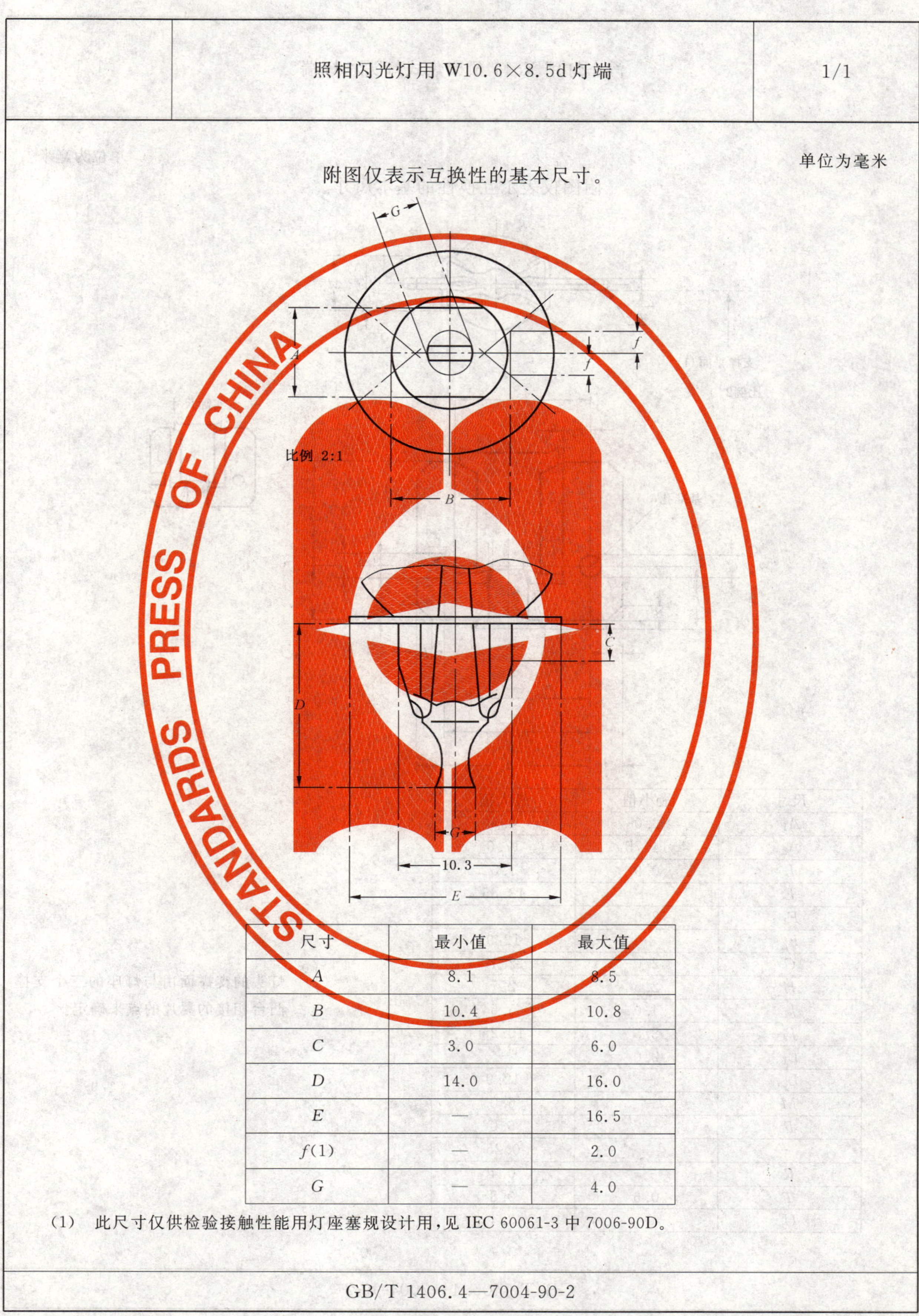

尺寸	最小值	最大值
A	8.1	8.5
B	10.4	10.8
C	3.0	6.0
D	14.0	16.0
E	—	16.5
f(1)	—	2.0
G	—	4.0

(1) 此尺寸仅供检验接触性能用灯座塞规设计用，见 IEC 60061-3 中 7006-90D。

GB/T 1406.4—7004-90-2

	汽车灯用 X511 预聚焦式灯头和灯端	1/1

单位为毫米

附图仅表示互换性的基本尺寸。

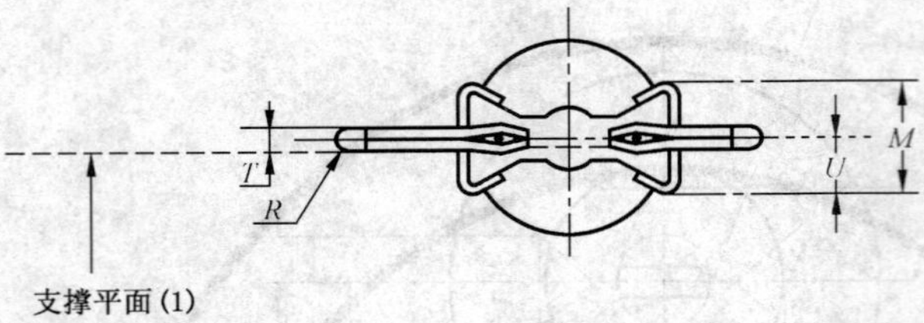

支撑平面(1)

比例2:1

基准孔

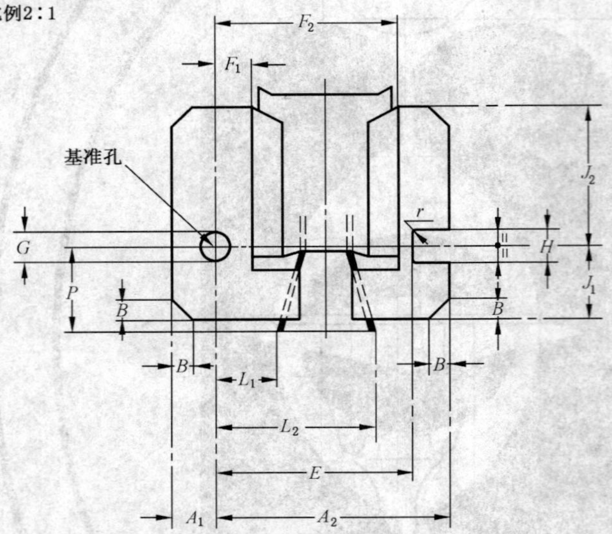

实际尺寸

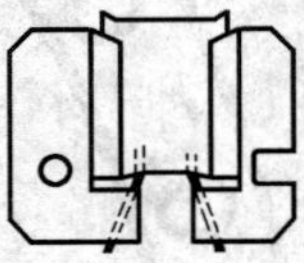

尺寸	最小值	最大值
A_1	2.0	4.5
A_2	14.75	17.0
B	0.9	1.5
E	—	13.85
F_1	2.0	—
F_2	—	12.9
G	2.0	2.1
H	2.5	2.7
J_1	4.0	5.5
J_2	8.5	10.25
L_1	2.0	—
L_2	—	12.9
M	—	6.0
P	—	6.0
r	—	0.25
R	—	0.4
T	0.6	0.8
U	—	3.4

(1) 灯头的支撑面由与灯座的三个支撑凸台相接的翼片的点来确定。

GB/T 1406.4—7004-99-2

	闪光灯灯盒用灯端	1/3

单位为毫米

附图仅表示互换性的基本尺寸。

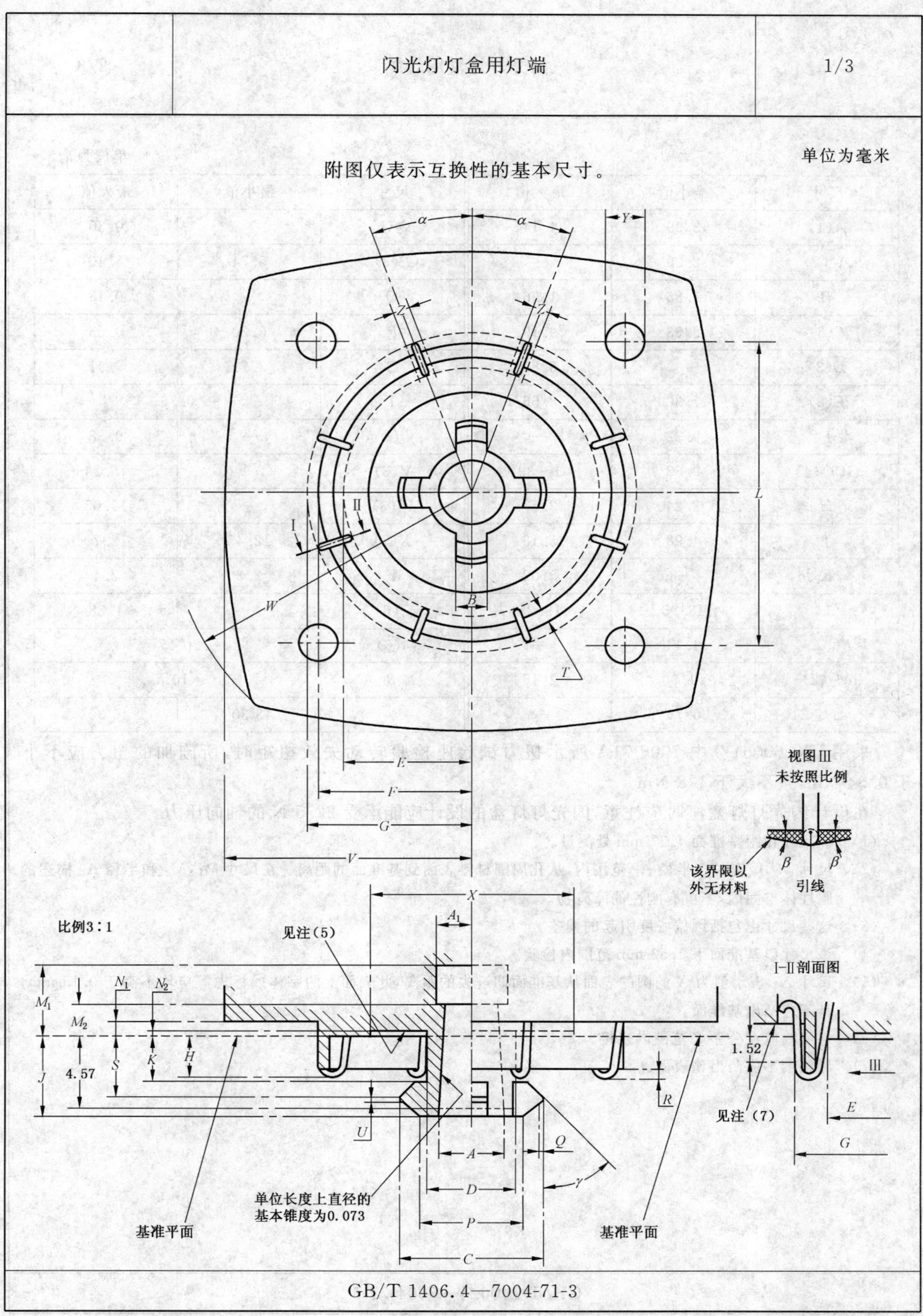

GB/T 1406.4—7004-71-3

	闪光灯灯盒用灯端	2/3

单位为毫米

尺寸	最小值	最大值	尺寸	最小值	最大值
A(1)	3.99	4.14	N_2(5)	—	0.30
A_1(2)	2.29	—	P(3)	5.74	6.40
B	1.85	1.96	Q	—	0.13
C(3)	8.53	9.19	R	0.20	0.53
D(3)	—	5.89	S	3.71	3.91
E(3)	7.80	8.56	T	0.76	
F	9.32	—	U	—	0.38
G(3)(4)	9.63	10.39	V(3)	—	15.24
H	2.24	2.67	W(3)	—	19.05
J	4.98	5.18	X(5)	12.45	12.70
K	—	3.02	Y	2.3	2.4
L	18.95	19.25	Z(6)	—	1.88
M_1(2)	4.44	—	α(6)	20°45′	
M_2(2)	1.9	2.16	β	10°	
N_1	0.76	—	γ	43°30′	46°30′

采用 IEC 60061-3 中 7006-71A 所示扭力试验座检验转动失效扭矩时，所施加的扭力应不小于 0.34 Nm，且不大于 1.8 Nm。

在设计闪光灯灯盒座时应注意，闪光灯灯盒的设计应能承受 22.5 N 的轴向压力。

(1) 该尺寸在距基准面 4.57 mm 处测量。

(2) 尺寸 M_2 规定了在半径 A_1 范围内，从孔周围材料表面到基准面的距离。在尺寸 M_1，M_2 和半径 A_1 描述的圆柱体空间内，不应有刚性的障碍物。

(3) 这些尺寸也包括因偏心度引起的偏差。

(4) 该尺寸以基准面下 1.52 mm 范围内检验。

(5) 尺寸 N_2 表示值为 X 的圆的表面从基准面凹进去的距离，此表面上的字体或标志等应均不高于 0.13 mm，且不应凸出基准面。

(6) 灯引线应在公差 Z 范围内连接。

(7) 导线端不应凸出该表面。

GB/T 1406.4—7004-71-3

	闪光灯灯盒用灯端	3/3

单位为毫米

闪光灯灯盒尺寸

尺寸	最小值	最大值
O_1	—	36.83
O_2	—	29.72
N	0.76	—
V(1)	—	15.24
W(1)	—	19.05

(1) 该尺寸包括因偏心度所引起的偏差。

GB/T 1406.4—7004-71-3

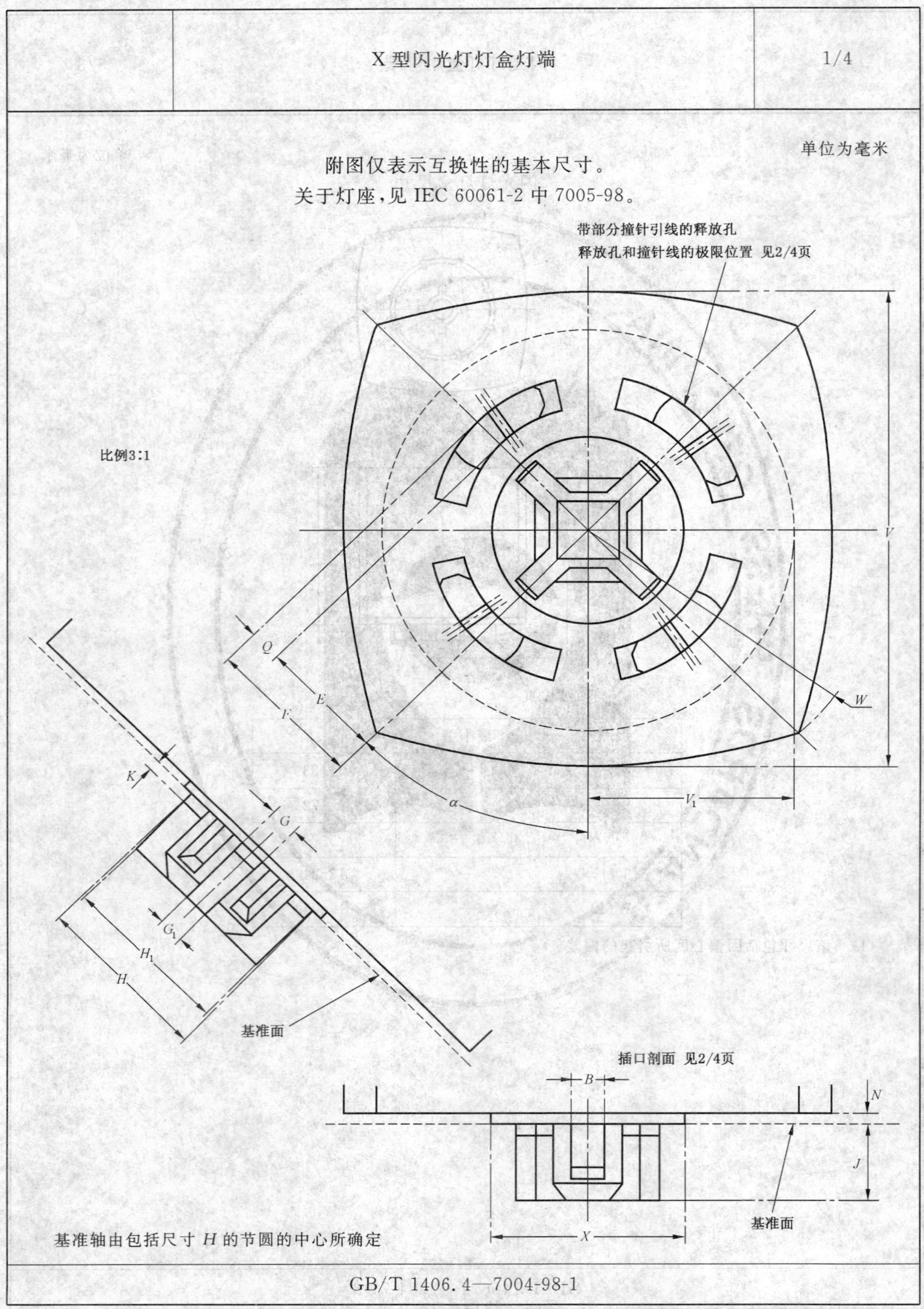
X型闪光灯灯盒灯端
1/4
单位为毫米
附图仅表示互换性的基本尺寸。
关于灯座，见 IEC 60061-2 中 7005-98。
带部分撞针引线的释放孔
释放孔和撞针线的极限位置 见2/4页
比例3:1
V
Q
E
F
W
K
α
V1
G
G1
H1
H
基准面
插口剖面 见2/4页
B
N
J
X
基准面
基准轴由包括尺寸 H 的节圆的中心所确定
GB/T 1406.4—7004-98-1

	X 型闪光灯灯盒灯端	2/4

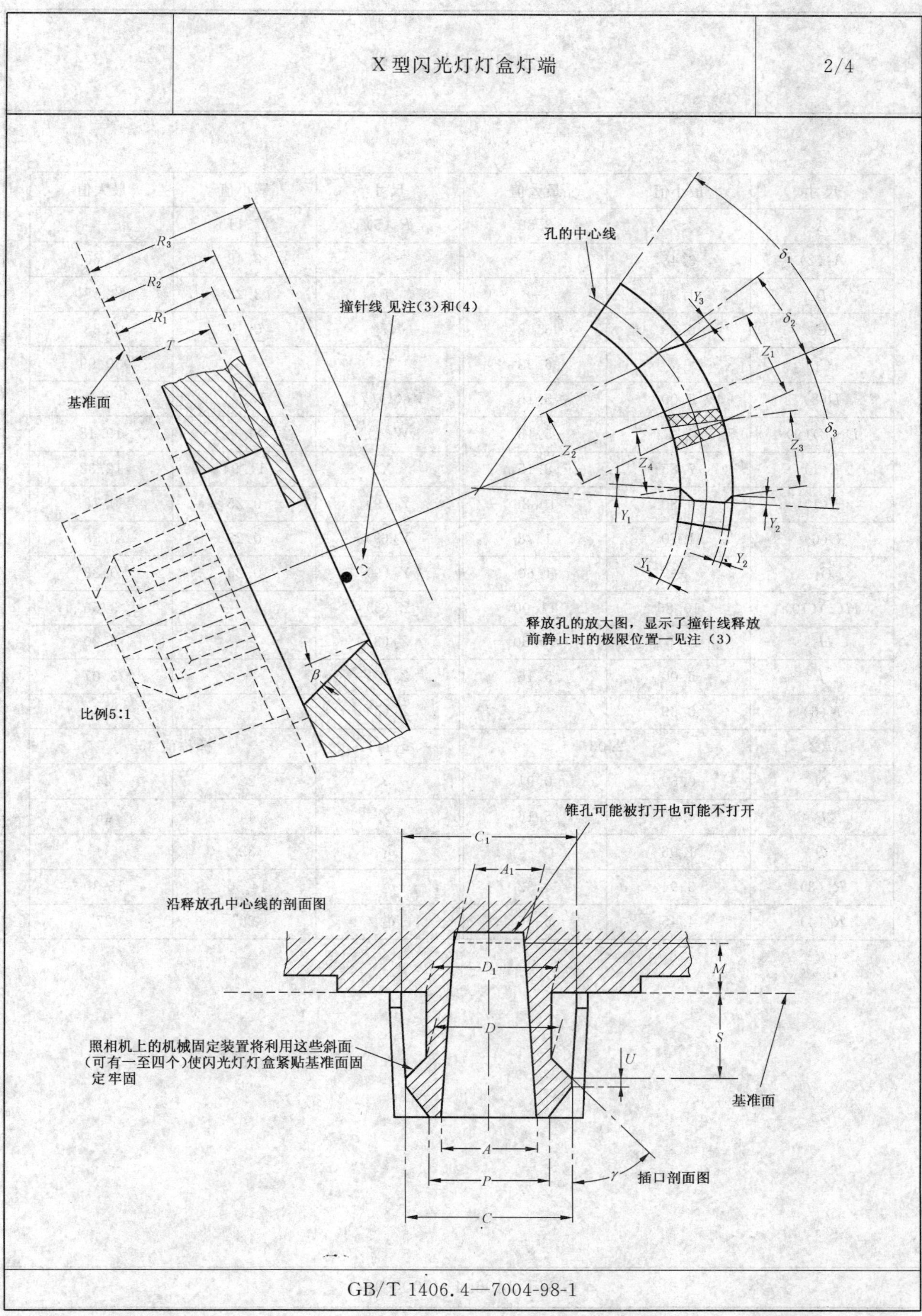

GB/T 1406.4—7004-98-1

	X 型闪光灯灯盒灯端	3/4

尺寸	最小值	最大值	尺寸	最小值	最大值
A	3.73	3.89	R_3(5)	7.11	—
A_1(2)	3.48	—	S	3.48	3.63
B	1.96	—	T	3.28	3.58
C	6.53	6.68	U	0.18	0.33
C_1	—	6.93	V	—	30.99
D(8)	5.00	5.16	V_1(1)(7)	13.41	—
D_1(8)(9)	—	5.16	W(1)	—	19.18
E(1)	7.85	8.15	X	11.94	12.32
F(1)	9.80	10.26	Y_1(9)	0.25	0.76
G(6)	1.70	1.78	Y_2(9)	0.23	0.38
G_1	—	1.60	Y_3(9)	0.23	0.38
H(6)(10)	10.85	11.00	Z_1(3)	—	3.56
H_1	10.54	10.80	Z_2(3)	—	3.20
J	5.00	5.16	Z_3(3)	—	3.07
K(6)	0.69	—	Z_4(3)	—	2.49
M(2)	2.03		α(11)	标称值 45°	
N	0.69	0.91	β	22°	24°
P	4.60	5.16	γ	44°	46°
Q	1.96	—	δ_1	32°	34°
R_1(3)	3.94	4.32	δ_2	14°30′	15°30′
R_2(4)	4.45	5.16	δ_3	26°	27°

GB/T 1406.4—7004-98-1

	X 型闪光灯灯盒灯端	4/4

(1) 这些尺寸还包括对于基准轴的偏心度而引起的偏差。

(2) 尺寸 M 是从基准面至尺寸 A_1 测量点之间的距离。

(3) 撞针线释放以前静止时的位置由尺寸 R_1,Z_1,Z_2,Z_3 和 Z_4 确定。当撞针线释放后,其轴线的位置应位于尺寸 $R_{2\,min}$ 和 $R_{2\,max}$ 之间。尺寸 R_1 和 R_2 适用于离基准轴 9.02 mm 半径范围内。

(4) 将撞针线由静止位置释放的轴向力应为 1.25 N～2.22 N,所需要的能量应为 0.42×10^{-3} J～1.34×10^{-3} J。

(5) 尺寸 R_3 是闪光灯内部为照相机撞针器预留的空间,在释放孔宽度范围内应无任何刚性的材料。

(6) 尺寸 K 表示离基准面的距离,在此范围内尺寸 G 和 H 应符合要求。

(7) 从直径 X 到释放孔的内壁,任何凸出的字体和其他凸出物的高度都应不超过 0.127 mm。释放孔内壁至半径 V_1 范围内,铸件表面应无凸出物。此范围外,任何表面凸出物的高度应不超过 0.25 mm。在此范围内允许用于制造目的的凹处和孔。

(8) 在尺寸 D 和 D_1 之间,铸件表面应基本平滑。

(9) 这些尺寸仅用于灯端设计而不用于成品检查。

(10) 尺寸 H 适用于表面为曲线的花键(如图所示)。
也可采用外表面平滑的形式,其尺寸最小值为 10.72 mm,最大值为 10.92 mm。

(11) 基准系统的坐标以花键为基准。应注意灯端的各角不应作为基准。

GB/T 1406.4—7004-98-1

ICS 29.140.10
K 74

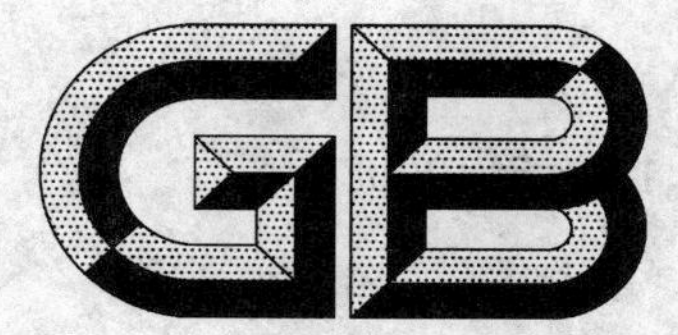

中华人民共和国国家标准

GB/T 1406.5—2008
代替 GB 1407—1996

灯头的型式和尺寸
第5部分：卡口式灯头

Types and dimensions of lamp caps—Part 5: Bayonet caps

(IEC 60061-1:2005, Lamp caps and holders together with gauges for the control of interchangeability and safety—Part 1: Lamp caps, MOD)

2008-04-29 发布　　2008-12-01 实施

中华人民共和国国家质量监督检验检疫总局
中国国家标准化管理委员会　发布

前 言

GB/T 1406《灯头的型式和尺寸》共分为5个部分：

——第1部分：螺口式灯头；

——第2部分：插脚式灯头；

——第3部分：预聚焦式灯头；

——第4部分：杂类灯头；

——第5部分：卡口式灯头。

本部分为GB/T 1406的第5部分。

GB/T 1406的本部分修改采用IEC 60061-1：2005《灯头、灯座及检验其安全性和互换性的量规　第1部分：灯头》(3.35版)的英文版。

本部分与IEC 60061-1：2005(3.35版)的英文版中有关卡口式灯头的型式和尺寸部分在技术内容上完全一致。

为了便于使用，本部分还做了下列编辑性修改：

——用小数点“.”代替作为小数点的逗号“,”；

——“本国际标准”一词改为‘本部分’；

——删除国际标准的前言及引言；

——为了与现有的标准及本部分中的技术内容一致，将国际标准的名称《灯头、灯座及检验其安全性和互换性的量规　第1部分：灯头》改为《灯头的型式和尺寸　第5部分：卡口式灯头》。

本部分代替GB 1407—1996《卡口式灯头的型式和尺寸》。

本部分与GB 1407—1996相比主要差异如下：

——删除了BAZ15d，BAU15s灯头的技术内容；

——新增了B8.4d，BX，BX8.4d，B15d，BAU15，BAW15，BAY15d，BAZ15，BA15s-3灯头的技术内容。

本部分由中国轻工业联合会提出。

本部分由全国照明电器标准化技术委员会(SAC/TC 224)归口。

本部分主要起草单位：北京电光源研究所。

本部分主要起草人：江姗、杨小平、赵秀荣、段彦芳。

本部分所代替标准的历次版本发布情况为：

——GB 1407—1978、GB 1407—1996。

灯头的型式和尺寸
第5部分:卡口式灯头

1 范围

本部分规定了电光源用卡口式灯头的型式和尺寸。

本部分适用于电光源用卡口式灯头的设计、制造和检验。

2 规范性引用文件

下列文件中的条款通过GB/T 1406的本部分的引用而成为本部分的条款。凡是注日期的引用文件,其随后所有的修改单(不包括勘误的内容)或修订版均不适用于本部分,然而,鼓励根据本部分达成协议的各方研究是否可使用这些文件的最新版本。凡是不注日期的引用文件,其最新版本适用于本部分。

GB/T 1483.5 灯头、灯座检验量规 第5部分:卡口式灯头、灯座的量规(GB/T 1483.5—2008,IEC 60061-3:2004,Lamp caps and holders together with gauges for the control of interchangeability and safety—Part 3:Gauges,MOD)

GB/T 19148.5 灯座的型式和尺寸 第5部分:卡口式灯座(GB/T 19148.5—2008,IEC 60061-2:2004,Lamp caps and holders together with gauges for the control of interchangeability and safety—Part 2:Lampholders,MOD)

GB/T 21098 灯头、灯座及检验其安全性和互换性的量规 第4部分:导则及一般信息(GB/T 21098—2007,IEC 60061-4:2004,IDT)

3 型式和尺寸

灯头的型号应符合GB/T 21098的规定。

BA7 灯头	1/1

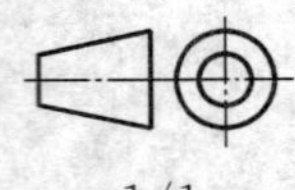

单位为毫米

附图仅表示互换性的基本尺寸。

关于 BA7 灯座，见 GB/T 19148.5-7005-11。

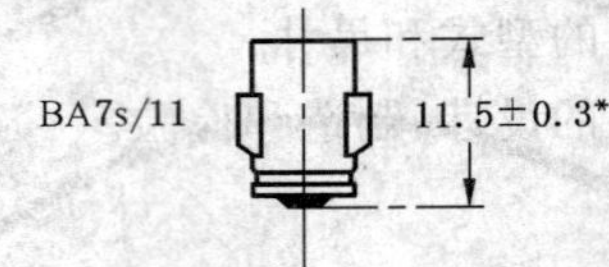

灯头可为喇叭口*，其直径应不超过不带喇叭口灯头最大直径 0.5 mm。

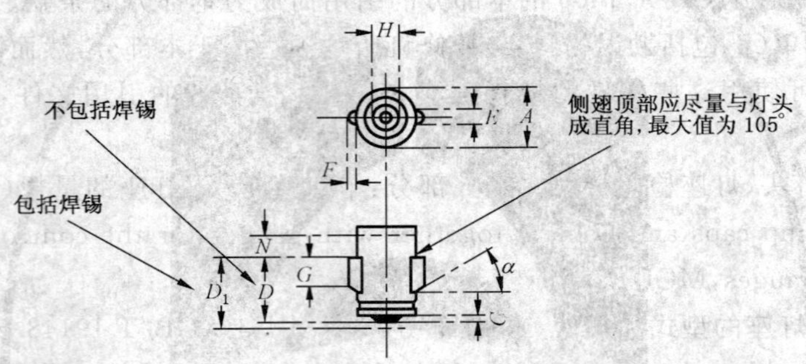

尺　　寸	未组装的灯头**		成品灯上的灯头	
	最小值	最大值	最小值	最大值
A(2)	6.87	7.05	6.87	7.10
C	0.90	—	—	—
D	7.7	8.1	—	—
D_1	—	—	7.7	8.7
E	1.8	2.0	1.8	2.0
F	0.7	0.9	0.7	0.9
G	3.4	4.0	3.4	4.0
H(1)	2.4	2.6	2.4	2.6
N(2)	2.6	—	2.6	—
α	约 30°		约 30°	

* 该尺寸仅用于灯头的设计，不用于成品灯的检验。

** 除特别说明外，以下数据仅用于灯头的设计，不用于检验。

(1) 该尺寸用千分尺测量。

(2) 尺寸 A 的最大值和最小值均在 N 所示最小范围内测量，在 N 所示范围以下，只限制 A 的最大值。

GB/T 1406.5-7004-15-2

B8.4d 和 BX8.4d 灯头

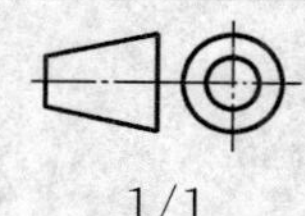

1/1

单位为毫米

附图仅表示互换性的基本尺寸。

关于 B8.4d&BX8.4d 灯座，见 GB/T 19148.5-7005-140。

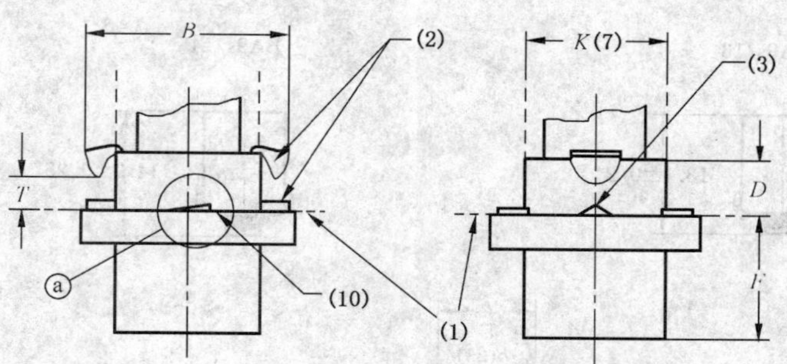

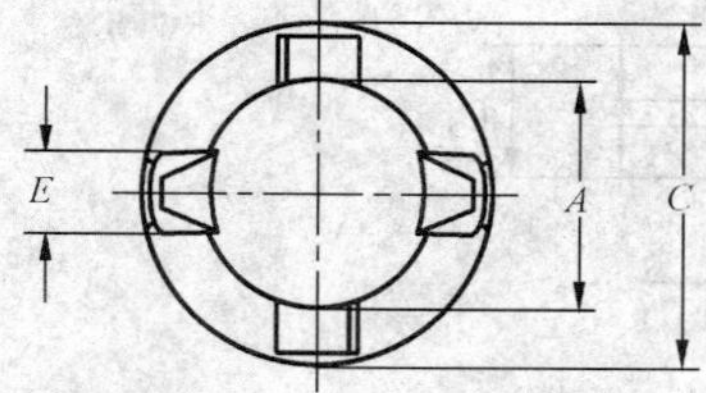

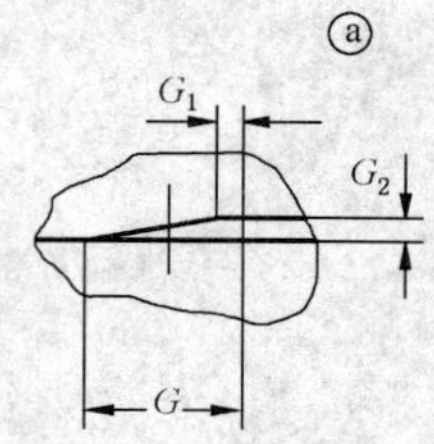

尺　寸	最小值	最大值
A	8.2	8.4
B	—	12.2
C	12	13
D	2.2	3.5
E	—	3(4)
F	—	6
G	2.6	3(9)
G_1	—	0.5
G_2	0.2	0.4(8)
K(7)	8.4	
T	(5)	

(1)　基准面。

(2)　弹性触点。不用过度的力，应能将灯插入相应的印刷电路板的 B8.4d 或 BX8.4d 灯座，将灯转动到预定位置，直至止动点，应产生电接触。灯的触点不应损坏电路板的接触面。

(3)　插入后，两个较低弹性触点的上部应与基准面成一条直线。

(4)　该值包括两个触点间的校准值。

(5)　插入后要求的距离见灯座尺寸 *T*。

(6)　插入后触点压力应不小于 1 N。

(7)　最大玻壳外形，包含允许的玻壳倾斜，由直径为 *K* 的圆柱确定。

(8)　若该部分为挠性，在释放位置允许的最大值为 0.8 mm。

(9)　若该部分为挠性，允许的最大值为 3.2 mm。

(10)　挡块。

GB/T 1406.5-7004-140-1

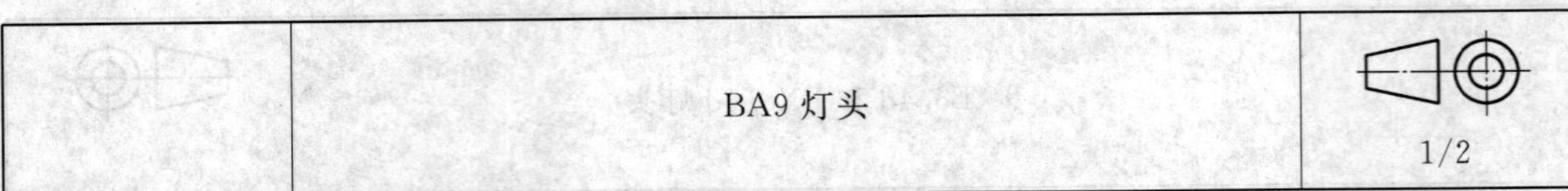

单位为毫米

附图仅表示互换性的基本尺寸。
关于 BA9 灯座,见 GB/T 19148.5-7005-12。

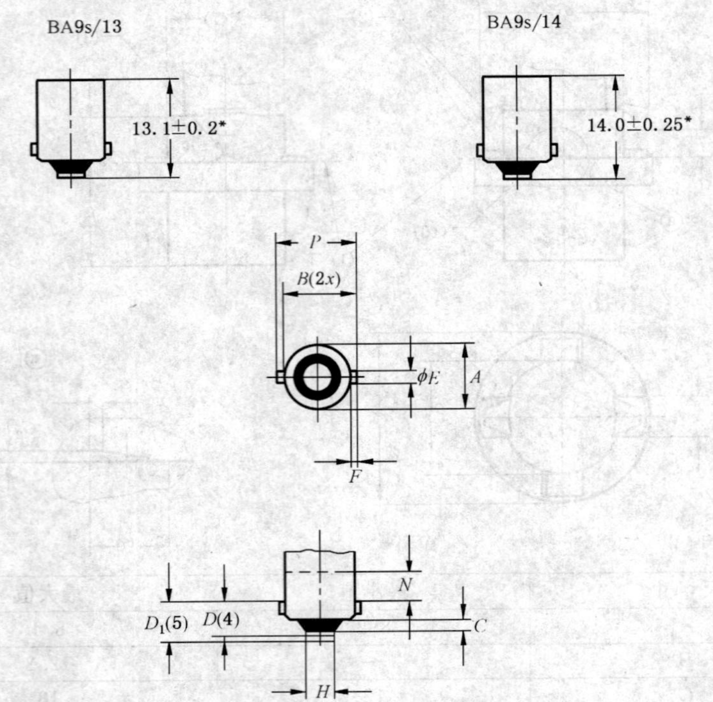

灯头可为喇叭口*,其直径应不超过不带喇叭口灯头的最大直径 0.5 mm。

尺　寸	未组装的灯头*		成品灯上的灯头	
	最小值	最大值	最小值	最大值
A(2)	9.08	9.20	9.08	9.25
B(3)	9.75	10.11	9.75	10.16
C	1.5	—	—	—
D(4)	4.3	5.2	—	—
D_1(5)(6)	—	—	4.3	5.9
E	1.5	1.7	1.5	1.7
F(3)	0.64	—	0.64	—
H(1)	3.5	4.0	3.5	4.0
N(2)	4.5	—	4.5	—
P	—	10.95	—	11.0

GB/T 1406.5-7004-14-8

	BA9 灯头	2/2

单位为毫米

* 该尺寸仅用于灯头的设计，不用于检验。

(1) 该尺寸用千分尺测量。

(2) 尺寸 A 的最大值和最小值均在 N 所示最小范围内测量，在 N 所示范围以下，只限制 A 的最大值。

成品灯上灯头的尺寸 A 的最大值的要求只能用 GB/T 1483.5-7006-11 中相应的量规来检验。

成品灯上灯头的尺寸 A 的最小值的要求如下：

a) 在尺寸 N 内的每个水平面内，应至少有一个方向的直径大于或等于 9.08 mm。

b) 在尺寸 N 内的每个水平面内，不应有任一方向的直径小于 8.99 mm(该值待定)。

该要求需使用一个合适的带 2 mm 宽的平砧的卡钳测量装置，精度为 $^{+0.0}_{-0.1}$ mm。测量点可以从销钉上方 0.5 mm 处平面至尺寸 N 的最小值。

(3) 当尺寸 B 为最小值 9.75 mm 时，相应销钉边缘的半径应不超过 0.2 mm。当尺寸 B 大于 9.75 mm 时，该半径也相应增大。该要求只适用于靠近灯的半个边缘。

(4) 适用于未组装的灯头。

(5) 适用于成品灯。

(6) 在北美，尺寸 D_1 的值为 4.57 mm～6.48 mm。

GB/T 1406.5-7004-14-8

	BAX9s 灯头	1/2

单位为毫米

附图仅表示互换性的基本尺寸。

关于 BAX9s 灯座，见 GB/T 19148.5-7005-8。

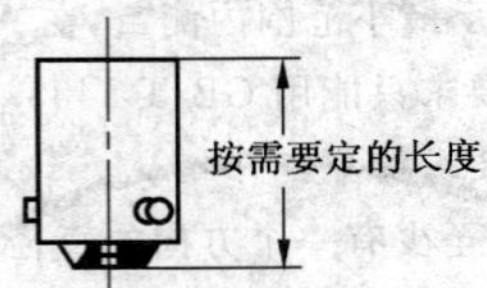

推荐高度：13.1 mm 或 14 mm

灯头可为喇叭口[a]，其直径应不超过不带喇叭口灯头的最大直径 0.5 mm。

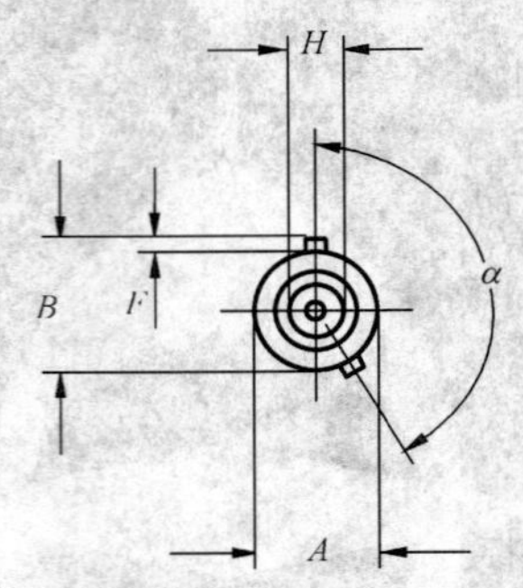

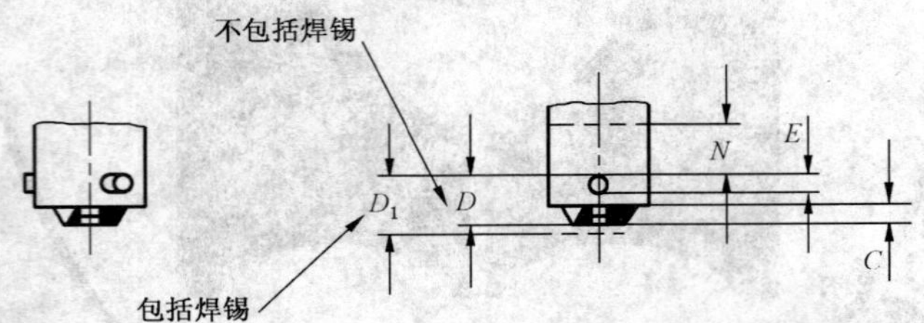

GB/T 1406.5-7004-8-1

	BAX9s 灯头	2/2

单位为毫米

尺 寸	未组装的灯头*		成品灯上的灯头	
	最小值	最大值	最小值	最大值
A(2)	9.08	9.20	9.08	9.25
B(3)	9.75	10.11	9.75	10.16
C	1.5	—	—	—
D	4.3	5.2	—	—
D_1	—	—	4.3	5.9
E	1.5	1.7	1.5	1.7
F(3)	0.64	—	0.64	—
H(1)	3.5	4.0	3.5	4.0
N(2)	4.5	—	4.5	—
α	标称值 150°		—	

* 该尺寸仅用于灯头的设计，不用于检验。

(1) 该尺寸用千分尺测量。

(2) 尺寸 *A* 的最大值和最小值均在 *N* 所示最小范围内测量，在 *N* 所示范围以下，只限制 *A* 的最大值。

成品灯上灯头的尺寸 *A* 的最大值的要求只能用 GB/T 1483.5-7006-9 中相应的量规来检验。

成品灯上灯头的尺寸 *A* 的最小值的要求如下：

a) 在尺寸 *N* 内的每个水平面内，应至少有一个方向的直径大于或等于 9.08 mm。

b) 在尺寸 *N* 内的每个水平面内，不应有任一方向的直径小于 8.99 mm(该值待定)。

该要求需使用一个合适的带 2 mm 宽的平砧的卡钳测量装置，精度为 $^{+0.0}_{-0.1}$ mm。测量点可以从销钉上方 0.5 mm 处平面至尺寸 *N* 的最小值。

(3) 当尺寸 *B* 为最小值 9.75 mm 时，相应销钉边缘的半径应不超过 0.2 mm。当尺寸 *B* 大于 9.75 mm 时，该半径也相应增大。该要求只适用于靠近灯的半个边缘。

GB/T 1406.5-7004-8-1

	BAY9s 灯头	1/2

单位为毫米

附图仅表示互换性的基本尺寸。

关于 BAY9s 灯座，见 GB/T 19148.5-7005-9。

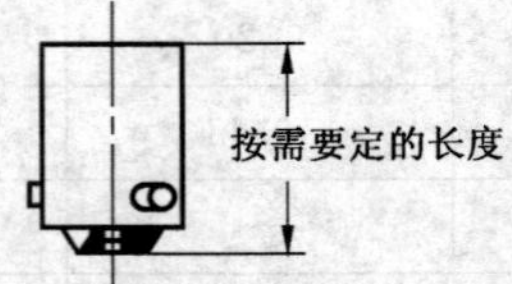

推荐高度：14 mm

灯头可为喇叭口[a]，其直径应不超过不带喇叭口灯头的最大直径 0.5 mm。

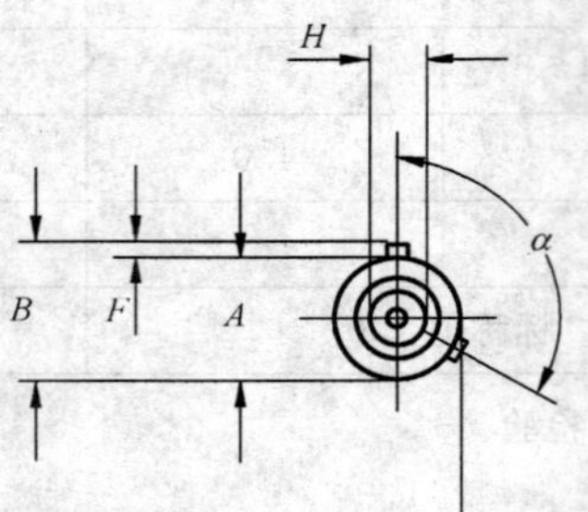

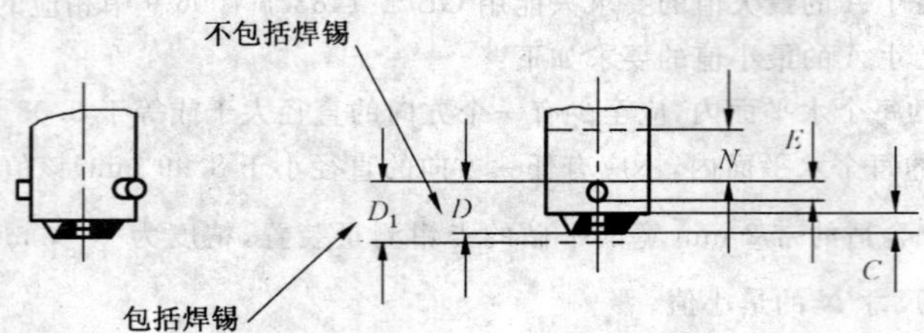

GB/T 1406.5-7004-9-1

BAY9s 灯头 2/2

单位为毫米

尺　　寸	未组装的灯头*		成品灯上的灯头	
	最小值	最大值	最小值	最大值
A(2)	9.08	9.20	9.08	9.25
B(3)	9.75	10.11	9.75	10.16
C	1.5	—	—	—
D	4.3	5.2	—	—
D_1	—	—	4.3	5.9
E	1.5	1.7	1.5	1.7
F(3)	0.64	—	0.64	—
H(1)	3.5	4.0	3.5	4.0
N(2)	7.8	—	7.8	—
α	标称值 120°		—	

* 该尺寸仅用于灯头的设计，不用于成品灯的检验。

(1)　该尺寸用千分尺测量。

(2)　尺寸 A 的最大值和最小值均在 N 所示最小范围内测量，在 N 所示范围以下，只限制 A 的最大值。

成品灯上灯头的尺寸 A 的最大值的要求只能用 GB/T 1483.5-7006-9 中相应的量规来检验。

成品灯上灯头的尺寸 A 的最小值的要求如下：

a)　在尺寸 N 内的每个水平面内，应至少有一个方向的直径大于或等于 9.08 mm。

b)　在尺寸 N 内的每个水平面内，不应有任一方向的直径小于 8.99 mm(该值待定)。

该要求需使用一个合适的带 2 mm 宽的平砧的卡钳测量装置，精度为 $^{+0.0}_{-0.1}$ mm。测量点可以从销钉上方 0.5 mm 处平面至尺寸 N 的最小值。

(3)　当尺寸 B 为最小值 9.75 mm 时，相应销钉边缘的半径应不超过 0.2 mm。当尺寸 B 大于 9.75 mm 时，该半径也相应增大。该要求只适用于靠近灯的半个边缘。

GB/T 1406.5-7004-9-1

B15d 灯头

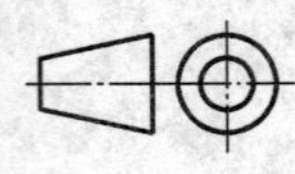

单位为毫米

附图仅表示互换性的基本尺寸。

关于 B15d 灯座，见 GB/T 19148.5-7005-16。

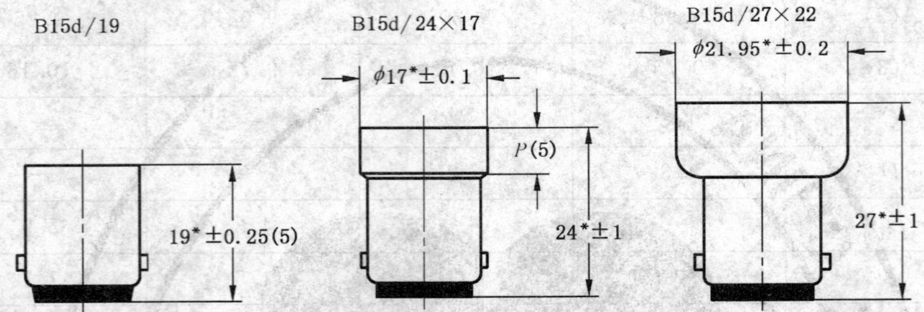

上图所示为资料性信息，以使结构合理化。

灯头可为喇叭口*，其直径应不超过不带喇叭口灯头的最大直径 1 mm。

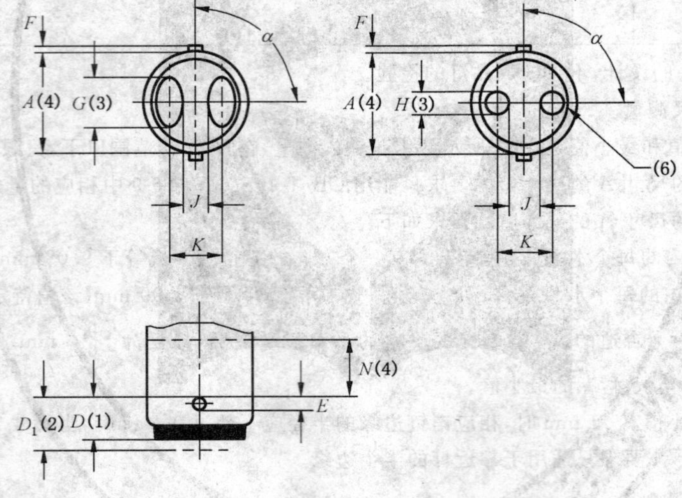

GB/T 1406.5-7004-11-6

	B15d 灯头	2/2

单位为毫米

尺　　寸	最小值	最大值
A(4)	15.0	15.25
D^*(1)	6.0	6.6
D_1(2)	—	7.5
E	1.8	2.2
F	0.9	1.1
G(3)	约 9	
H(3)	3.5	—
J	1.7	—
K^*	7.0	8.0
N(4)	7.0	
P^*(5)	6	7
α^*	88°	92°

* 该尺寸仅用于灯头的设计，不用于成品灯的检验。

(1)　尺寸 D 只适用于未组装的灯头。

(2)　尺寸 D_1 只适用于成品灯上的灯头。接触面应凸出于绝缘面。

(3)　该尺寸用千分尺测量。

(4)　尺寸 A 的最大值和最小值均在 N 所示最小范围内测量，在 N 所示范围以下，只限制 A 的最大值。

(5)　尺寸 P 表示圆柱形裙边的长度。

(6)　在插入灯座的过程中，灯座触点到达具有圆形触点的灯头的绝缘面，该绝缘面的形状应能使灯座触点顺利到达预定工作位置。

检验：B15d 灯头应符合 GB/T 1483.5-7006-4A，7006-4B，7006-10 和 7006-11 中量规的规定。

GB/T 1406.5-7004-11-6

BA15 灯头

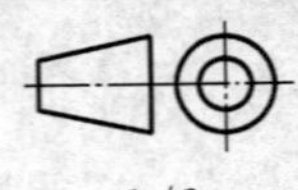

1/2

单位为毫米

附图仅表示互换性的基本尺寸。

关于 BA15 灯座，见 GB/T 19148.5-7005-13。

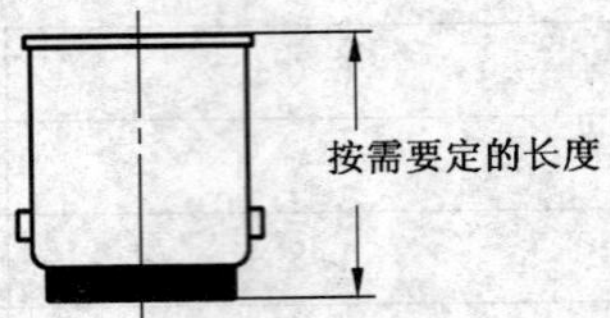

推荐高度：17.5 mm±0.25* mm，19.0 mm±0.25* mm，21.0 mm±0.25* mm

灯头可为喇叭口*，其直径应不超过不带喇叭口灯头的最大值 1 mm。

BA15d

F α P A G B(2x) J_1 K_1

椭圆形触点

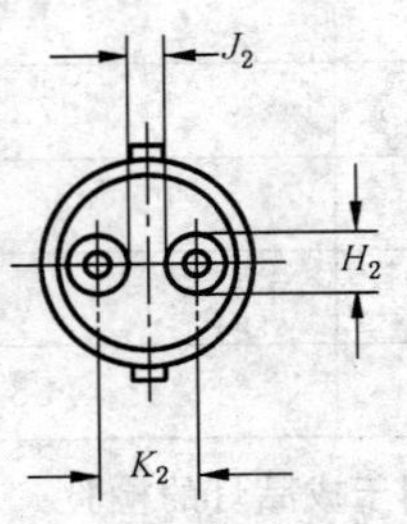

圆形触点

BA15s

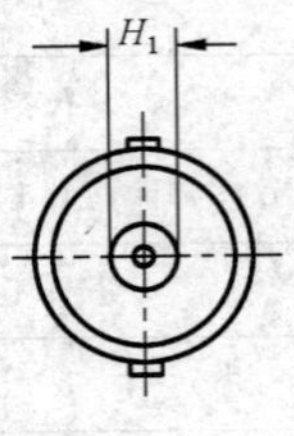

所有其他相应尺寸均与 BA15d 灯头相同

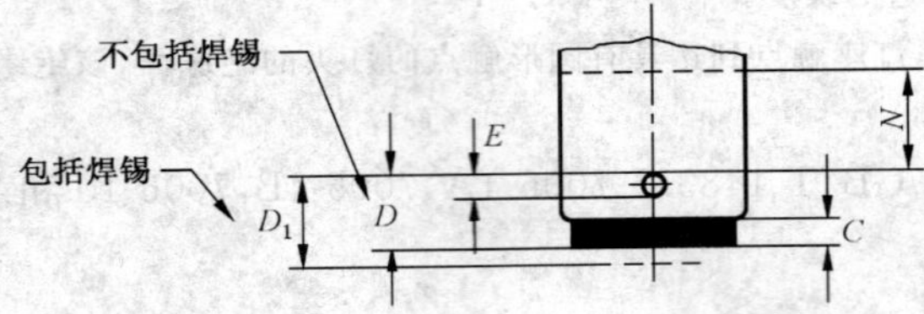

BA15 灯头	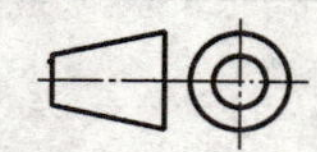 2/2

单位为毫米

尺　寸	未组装的灯头*		成品灯上的灯头	
	最小值	最大值	最小值	最大值
A(1)	15.05	15.25	15.05	15.30
B(2)	15.65	16.10	15.65	16.15
C	1.5	—	—	—
D	6.0	6.6	—	—
D_1(3)	—	—	6.32	7.5(4)
E	1.8	2.2	1.80	2.2
F(2)	0.64	—	0.64	—
G	约 9		—	
H_1	4.5	5.2	—	
H_2	4.5	—	—	
J_1	3.0	—	—	
J_2	1.7	—	—	—
K_1	7.0	8.0	—	—
K_2	6.5	7.1	—	—
N(1)	8.9	—	8.9	—
P	—	16.95	—	17.0
α	标称值 90°		—	

* 该尺寸仅用于灯头的设计,不用于成品灯的检验。

(1) 尺寸 A 的最大值和最小值均在 N 所示最小范围内测量,在 N 所示范围以下,只限制 A 的最大值。

成品灯上灯头的尺寸 A 的最大值的要求只能用 GB/T 1483.5-7006-11 中相应的量规来检验。

成品灯上灯头的尺寸 A 的最小值的要求如下:

a) 在尺寸 N 内的每个水平面内,应至少有一个方向的直径大于或等于 15.05 mm。

b) 在尺寸 N 内的每个水平面内,不应有任一方向的直径小于 14.92 mm。

该要求需使用一个合适的带 3 mm 宽的平砧的卡钳测量装置,精度为 $^{+0.0}_{-0.01}$ mm。测量点可以从销钉上方 0.5 mm 处平面至尺寸 N 的最小值。

(2) 当尺寸 B 为最小值 15.65 mm 时,相应销钉边缘的半径应不超过 0.2 mm。当尺寸 B 大于 15.65 mm 时,该半径也相应增大。该要求只适用于靠近灯的半个边缘。

(3) 在有圆形触点的成品灯的灯头上,两个焊接触点之间的高度差应不超过 0.5 mm。

(4) 注意:在北美,尺寸 D_1 的最大值为 8.03 mm。减小 IEC 所规定的值正在研究中。

GB/T 1406.5-7004-11A-9

	BAU15 灯头	1/2

单位为毫米

附图仅表示互换性的基本尺寸。

关于 BAU15 灯座,见 GB/T 19148.5-7005-13。

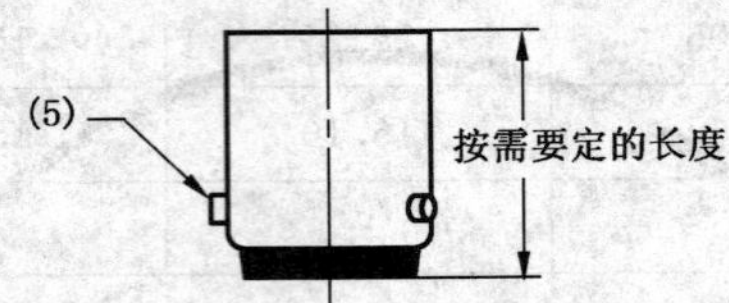

推荐高度:19.0* mm±0.25 mm,21.0* mm±0.25 mm

上图所示为资料性信息,以使结构合理化。

灯头可为喇叭口*,其直径应不超过不带喇叭口灯头的最大值 1 mm。

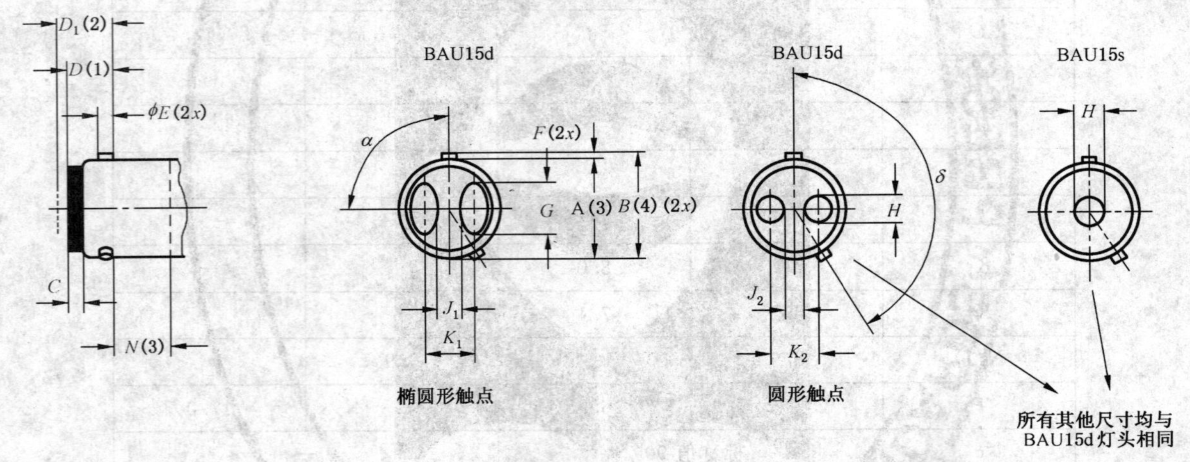

GB/T 1406.5-7004-19-2

BAU15 灯头 2/2

单位为毫米

尺　　寸	最小值	最大值
A(3)	15.05	15.30
B(4)	15.65	16.15
C^*	1.5	—
D^*(1)	6.0	6.6
D_1(2)	6.32	7.5
E	1.8	2.2
F	0.64	1.1
G	约 9	
H	3.5	5.2
J_1^*	3.0	—
J_2^*	1.7	—
K_1^*	7.0	8.0
K_2^*	6.5	7.1
N(3)	8.9	
α^*	88°	92°
δ^*	标称值 150°	

* 该尺寸仅用于灯头的设计，不用于成品灯的检验。

(1)　尺寸 D 只适用于未组装的灯头。

(2)　尺寸 D_1 只适用于成品灯上的灯头。接触面应凸出于绝缘面。在有圆形触点的成品灯的灯头上，两个焊接触点之间的高度差应不超过 0.5 mm。

在插入灯座的过程中，灯座触点到达具有圆形触点的灯头的绝缘面，该绝缘面的形状应能使灯座触点顺利到达预定工作位置。

(3)　尺寸 A 的最大值和最小值均在 N 所示最小范围内测量，在 N 所示范围以下，只限制 A 的最大值。

对于未组装的灯头，$A_{max}=15.25$ mm。

成品灯上灯头的尺寸 A 的最大值的要求只能用 GB/T 1483.5-7006-19A 中相应的量规来检验。

成品灯上灯头的尺寸 A 的最小值的要求如下：

a)　在尺寸 N 内的每个水平面内，应至少有一个方向的直径大于或等于 15.05 mm。

b)　在尺寸 N 内的每个水平面内，不应有任一方向的直径小于 14.92 mm。

该要求需使用一个合适的带 3 mm 宽的平砧的卡钳测量装置，精度为 0.01 mm。测量点可以从销钉上方 0.5 mm 处平面至尺寸 N 的最小值。

(4)　当尺寸 B 为最小值 15.65 mm 时，相应销钉边缘的半径应不超过 0.2 mm。当尺寸 B 大于 15.65 mm 时，该半径也相应增大。该要求只适用于靠近灯的半个边缘。

(5)　基准销钉。

GB/T 1406.5-7004-19-2

	BAW15 灯头	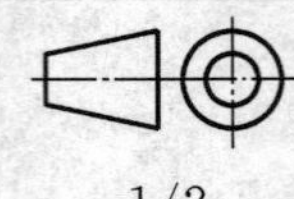 1/2

单位为毫米

附图仅表示互换性的基本尺寸。

关于 BAW15 灯座，见 GB/T 19148.5-7005-13。

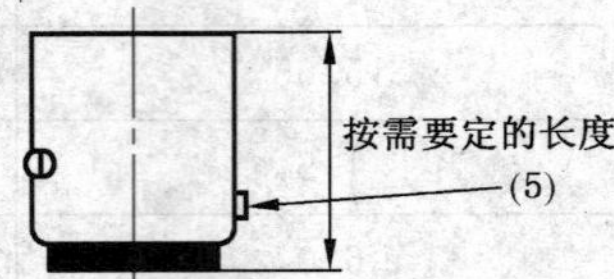

推荐高度：19.0* mm±0.25 mm，21.0* mm±0.25 mm

上图所示为资料性信息，以使结构合理化。

灯头可为喇叭口*，其直径应不超过不带喇叭口灯头的最大值 1 mm。

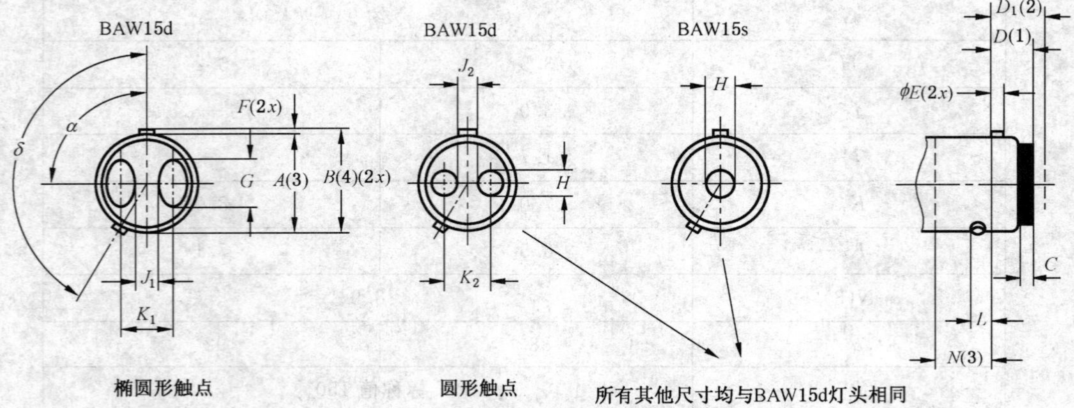

	BAW15 灯头	2/2

单位为毫米

尺　寸	最小值	最大值
A(3)	15.05	15.30
B(4)	15.65	16.15
C^*	1.5	—
D^*(1)	6.0	6.6
D_1(2)	6.32	7.5
E	1.8	2.2
F	0.64	1.1
G	约 9	
H	3.5	5.2
J_1^*	3.0	—
J_2^*	1.7	—
K_1^*	7.0	8.0
K_2^*	6.5	7.1
L	3.0	3.4
N(3)	8.9	
α^*	88°	92°
δ^*	标称值 150°	

* 该尺寸仅用于灯头的设计，不用于成品灯的检验。

(1) 尺寸 D 只适用于未组装的灯头。

(2) 尺寸 D_1 只适用于成品灯上的灯头。接触面应凸出于绝缘面。在有圆形触点的成品灯的灯头上，两个焊接触点之间的高度差应不超过 0.5 mm。

在插入灯座的过程中，灯座触点到达具有圆形触点的灯头的绝缘面，该绝缘面的形状应能使灯座触点顺利到达预定工作位置。

(3) 尺寸 A 的最大值和最小值均在 N 所示最小范围内测量，在 N 所示范围以下，只限制 A 的最大值。

对于未组装的灯头，A_{max}=15.25 mm。

成品灯上灯头的尺寸 A 的最大值的要求只能用 GB/T 1483.5-7006-11F 中相应的量规来检验。

成品灯上灯头的尺寸 A 的最小值的要求如下：

a) 在尺寸 N 内的每个水平面内，应至少有一个方向的直径大于或等于 15.05 mm。

b) 在尺寸 N 内的每个水平面内，不应有任一方向的直径小于 14.92 mm。

该要求需使用一个合适的带 3 mm 宽的平砧的卡钳测量装置，精度为－0.01 mm。测量点可以从销钉上方 0.5 mm 处平面至尺寸 N 的最小值。

(4) 当尺寸 B 为最小值 15.65 mm 时，相应销钉边缘的半径应不超过 0.2 mm。当尺寸 B 大于 15.65 mm 时，该半径也相应增大。该要求只适用于靠近灯的半个边缘。

(5) 基准销钉。

GB/T 1406.5-7004-11E-1

	BAX15d 灯头	1/2

单位为毫米

附图仅表示互换性的基本尺寸。

关于 BAX15d 灯座，见 GB/T 19148.5-7005-..(待定)。

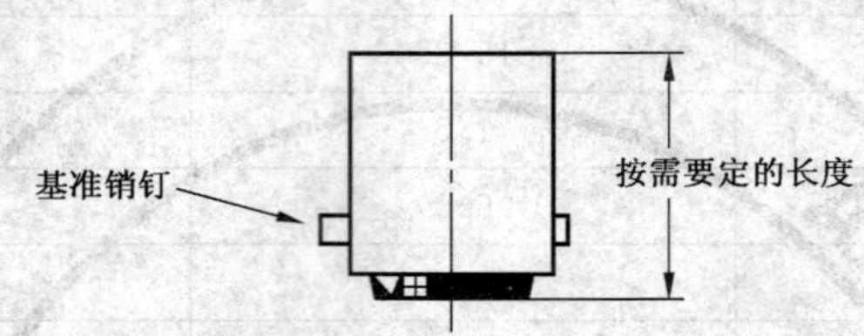

推荐高度：19.0 mm±0.25* mm

灯头可为喇叭口*，其直径应不超过不带喇叭口灯头的最大值 1 mm。

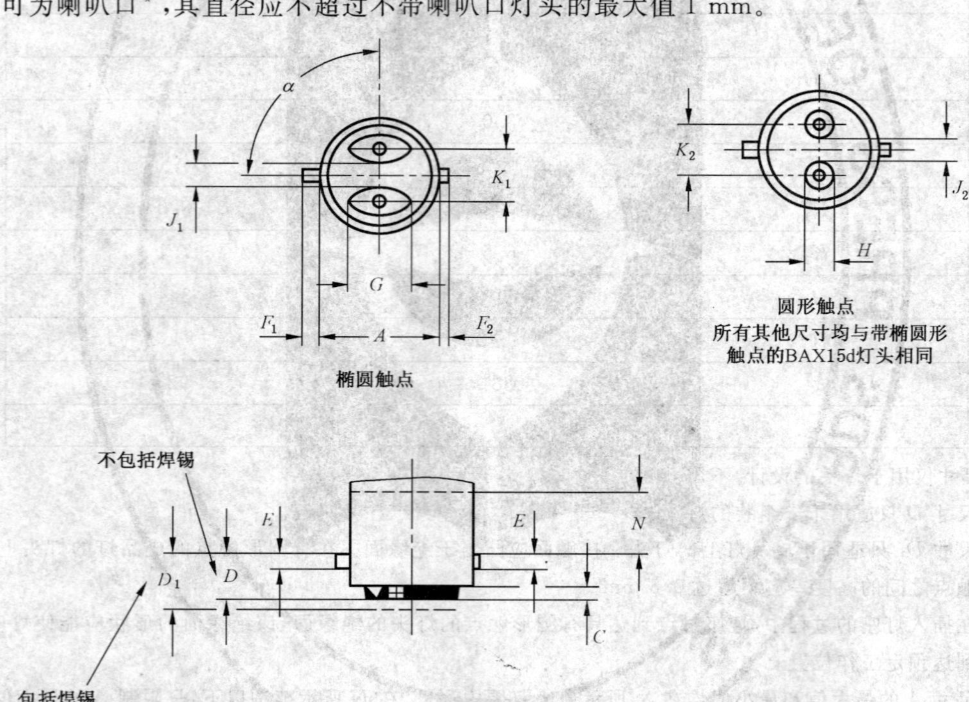

GB/T 1406.5-7004-18-1

	BAX15d 灯头	2/2

单位为毫米

尺　寸	未组装的灯头*		成品灯上的灯头	
	最小值	最大值	最小值	最大值
A(1)	15.05	15.25	15.05	15.30
C	1.5	—	—	—
D	6.0	6.6	—	—
D_1(3)	—	—	6.32	7.5
E	1.8	2.2	1.8	2.2
F_1	1.85	2.15	1.85	2.15
F_2(2)	0.7	0.86	0.7	0.86
G	约 9		—	
H	4.5	—	—	—
J_1	3.0	—	—	—
J_2	1.7	—	—	—
K_1	7.0	8.0	—	—
K_2	6.5	7.1	—	—
N(1)	8.9	—	8.9	—
α	标称值 90°		—	

* 该尺寸仅用于灯头的设计，不用于成品灯的检验。

(1)　尺寸 A 的最大值和最小值均在 N 所示最小范围内测量，在 N 所示范围以下，只限制 A 的最大值。

成品灯上灯头的尺寸 A 的最大值的要求只能用 GB/T 1483.5-7006-..(待定)中相应的量规来检验。

成品灯上灯头的尺寸 A 的最小值的要求如下：

a)　在尺寸 N 内的每个水平面内，应至少有一个方向的直径大于或等于 15.05 mm。

b)　在尺寸 N 内的每个水平面内，不应有任一方向的直径小于 14.92 mm。

该要求需使用一个合适的带 3 mm 宽的平砧的卡钳测量装置，精度为 $^{+0.0}_{-0.01}$ mm。测量点可以从销钉上方 0.5 mm 处平面至尺寸 N 的最小值。

(2)　当尺寸 F_2 为最小值 0.7 mm 时，相应销钉边缘的半径应不超过 0.2 mm。当尺寸 F_2 大于 0.7 mm 时，该半径也相应增大。该要求只适用于靠近灯的半个边缘。

(3)　在有圆形触点的成品灯的灯头上，两个焊接触点之间的高度差应不超过 0.5 mm。

GB/T 1406.5-7004-18-1

	BAY15 灯头	1/2

单位为毫米

附图仅表示互换性的基本尺寸。

关于 BAY15 灯座，见 GB/T 19148.5-7005-13。

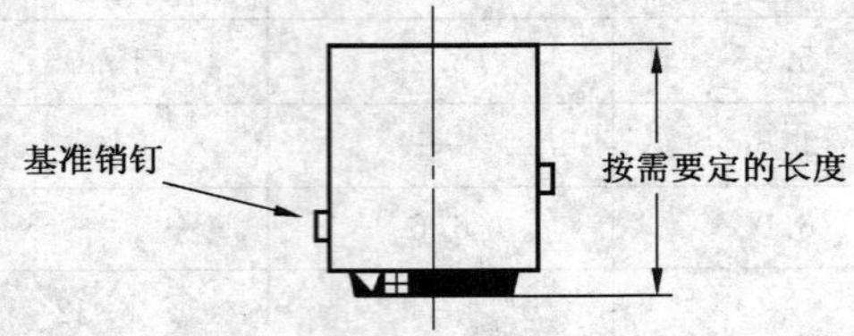

推荐高度：18 mm，19 mm，21 mm

灯头可为喇叭口*，其直径应不超过不带喇叭口灯头的最大值 1 mm。

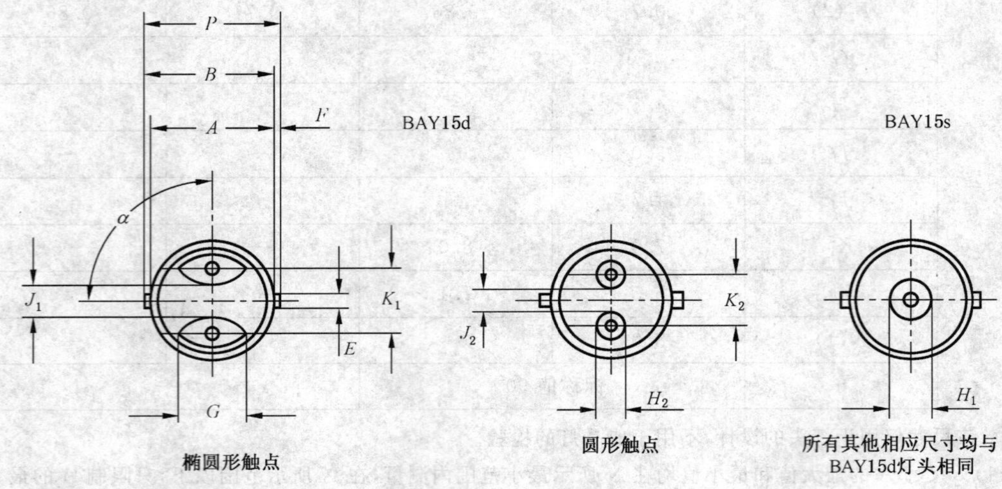

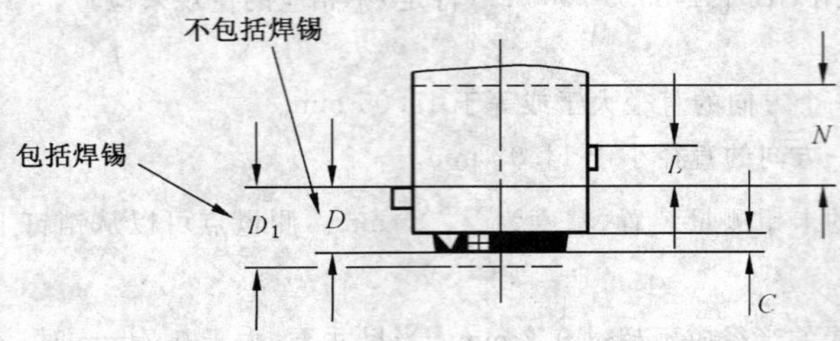

	BAY15 灯头	2/2

单位为毫米

尺　寸	未组装的灯头*		成品灯上的灯头	
	最小值	最大值	最小值	最大值
A(1)	15.05	15.25	15.05	15.30
B(2)	15.65	16.10	15.65	16.15
C	1.5	—	—	—
D	6.0	6.6	—	—
D_1(3)	—	—	6.32	7.5
E	1.8	2.2	1.8	2.2
F(2)	0.64	—	0.64	—
G	约 9		—	
H_1	4.5	5.2	—	—
H_2	4.5	—	—	—
J_1	3.0	—	—	—
J_2	1.7	—	—	—
K_1	7.0	8.0	—	—
K_2	6.5	7.1	—	—
L	3.0	3.4	3.0	3.4
N(1)	8.9	—	8.9	—
P	—	16.95	—	17.0
α	标称值 90°		—	

* 该尺寸仅用于灯头的设计，不用于成品灯的检验。

(1) 尺寸 A 的最大值和最小值均在 N 所示最小范围内测量，在 N 所示范围以下，只限制 A 的最大值。成品灯上灯头的尺寸 A 的最大值的要求只能用 GB/T 1483.5-7006-11 中相应的量规来检验。成品灯上灯头的尺寸 A 的最小值的要求如下：

a) 在尺寸 N 内的每个水平面内，应至少有一个方向的直径大于或等于 15.05 mm。

b) 在尺寸 N 内的每个水平面内，不应有任一方向的直径小于 14.92 mm。

该要求需使用一个合适的带 3 mm 宽的平砧的卡钳测量装置，精度为$^{+0.0}_{-0.01}$ mm。测量点可以从销钉上方 0.5 mm 处平面至尺寸 N 的最小值。

(2) 当尺寸 B 为最小值 15.65 mm 时，相应销钉边缘的半径应不超过 0.2 mm。当尺寸 B 大于 15.65 mm 时，该半径也相应增大。该要求只适用于靠近灯的半个边缘。

(3) 在有圆形触点的成品灯的灯头上，两个焊接触点之间的高度差应不超过 0.5 mm。

GB/T 1406.5-7004-11B-7

BAZ15 灯头

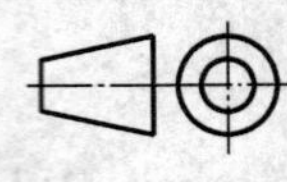

1/2

单位为毫米

附图仅表示互换性的基本尺寸。

关于 BAZ15 灯座，见 GB/T 19148.5-7005-13。

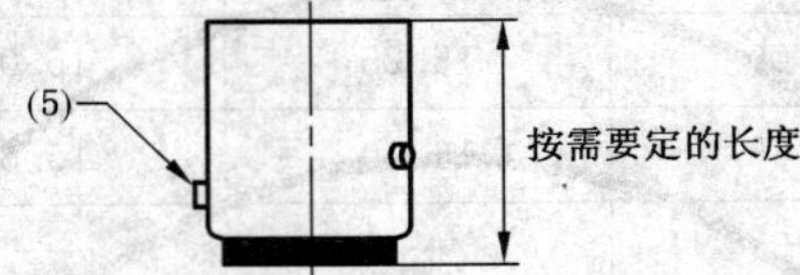

推荐高度：19.0* mm±0.25 mm，21.0* mm±0.25 mm

上图所示为资料性信息，以使结构合理化。

灯头可为喇叭口*，其直径应不超过不带喇叭口灯头的最大值 1 mm。

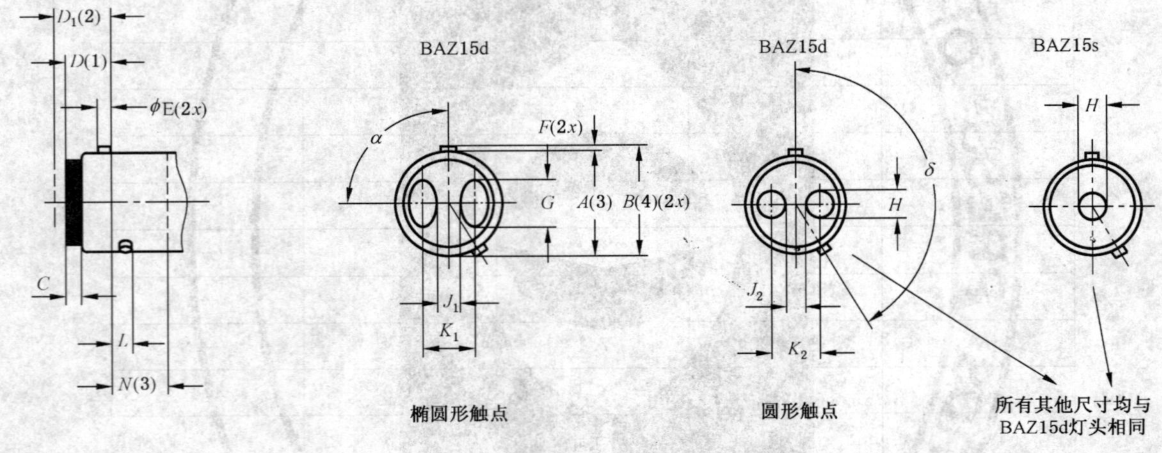

	BAZ15 灯头	2/2

单位为毫米

尺　寸	最小值	最大值
A(3)	15.05	15.30
B(4)	15.65	16.15
C^*	1.5	—
D^*(1)	6.0	6.6
D_1(2)	6.32	7.5
E	1.8	2.2
F	0.64	1.1
G	约 9	
H	3.5	5.2
J_1^*	3.0	—
J_2^*	1.7	—
K_1^*	7.0	8.0
K_2^*	6.5	7.1
L	3.0	3.4
N(3)	8.9	
α^*	88°	92°
δ^*	标称值 150°	

* 该尺寸仅用于灯头的设计，不用于成品灯的检验。

(1)　尺寸 D 只适用于未组装的灯头。

(2)　尺寸 D_1 只适用于成品灯上的灯头。接触面应凸出于绝缘面。在有圆形触点的成品灯的灯头上，两个焊接触点之间的高度差应不超过 0.5 mm。

在插入灯座的过程中，灯座触点到达具有圆形触点的灯头的绝缘面，该绝缘面的形状应能使灯座触点顺利到达预定工作位置。

(3)　尺寸 A 的最大值和最小值均在 N 所示最小范围内测量，在 N 所示范围以下，只限制 A 的最大值。

对于未组装的灯头，$A_{max}=15.25$ mm。

成品灯上灯头的尺寸 A 的最大值的要求只能用 GB/T 1483.5-7006-11C 中相应的量规来检验。

成品灯上灯头的尺寸 A 的最小值的要求如下：

a)　在尺寸 N 内的每个水平面内，应至少有一个方向的直径大于或等于 15.05 mm。

b)　在尺寸 N 内的每个水平面内，不应有任一方向的直径小于 14.92 mm。

该要求需使用一个合适的带 3 mm 宽的平砧的卡钳测量装置，精度为 0.01 mm。测量点可以从销钉上方 0.5 mm 处平面至尺寸 N 的最小值。

(4)　当尺寸 B 为最小值 15.65 mm 时，相应销钉边缘的半径应不超过 0.2 mm。当尺寸 B 大于 15.65 mm 时，该半径也相应增大。该要求只适用于靠近灯的半个边缘。

(5)　基准销钉。

GB/T 1406.5-7004-11C-3

	BA15s-3(100°/130°)灯头	1/2

单位为毫米

附图仅表示互换性的基本尺寸。

关于 BA15s-3(100°/130°)灯座，见 GB/T 19148.5-7005-..(待定)。

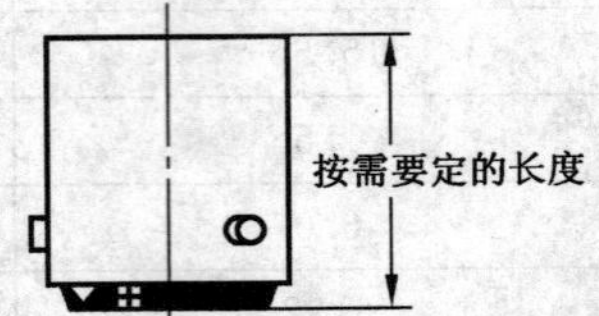

推荐高度:19 mm

灯头可为喇叭口ª,其直径应不超过不带喇叭口灯头的最大值 1 mm。

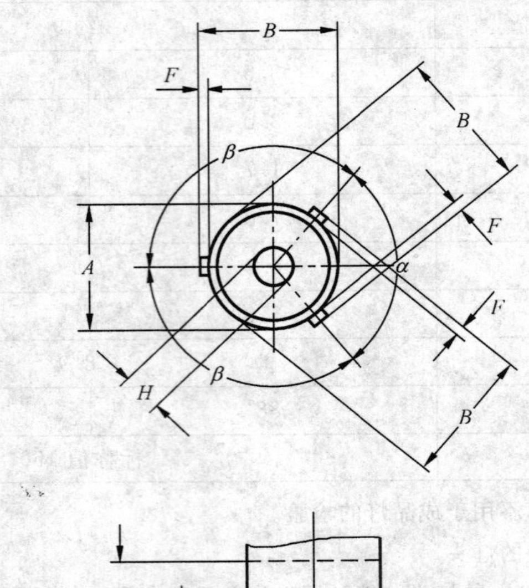

N
E
C
D_1
D
包括焊锡
不包括焊锡

	BA15s-3(100°/130°)灯头	2/2

单位为毫米

尺　寸	未组装的灯头*		成品灯上的灯头	
	最小值	最大值	最小值	最大值
A(1)	15.05	15.25	15.05	15.30
B(2)	15.65	16.10	15.65	16.15
C	1.5	—	—	—
D	6.0	6.6	—	—
D_1	—	—	6.32	7.5
E	1.8	2.2	1.8	2.2
F(2)	0.64	—	0.64	—
H	4.5	5.2	—	—
N(1)	8.9	—	8.9	—
α	标称值 100°		—	
β	标称值 130°		—	

* 该尺寸仅用于灯头的设计，不用于成品灯的检验。

(1)　尺寸 A 的最大值和最小值均在 N 所示最小范围内测量，在 N 所示范围以下，只限制 A 的最大值。

成品灯上灯头的尺寸 A 的最大值的要求只能用 GB/T 1483.5-7006-11E 中相应的量规来检验。

成品灯上灯头的尺寸 A 的最小值的要求如下：

a)　在尺寸 N 内的每个水平面内，应至少有一个方向的直径大于或等于 15.05 mm。

b)　在尺寸 N 内的每个水平面内，不应有任一方向的直径小于 14.92 mm。

该要求需使用一个合适的带 3 mm 宽的平砧的卡钳测量装置，精度为 $^{+0.0}_{-0.01}$ mm。测量点可以从销钉上方 0.5 mm 处平面至尺寸 N 的最小值。

(2)　当尺寸 B 为最小值 15.65 mm 时，相应销钉边缘的半径应不超过 0.2 mm。当尺寸 B 大于 15.65 mm 时，该半径也相应增大。该要求只适用于靠近灯的半个边缘。

GB/T 1406.5-7004-11D-1

	BA20 灯头	1/2

单位为毫米

附图仅表示互换性的基本尺寸。

关于 BA20 灯座，见 GB/T 19148.5-7005-14。

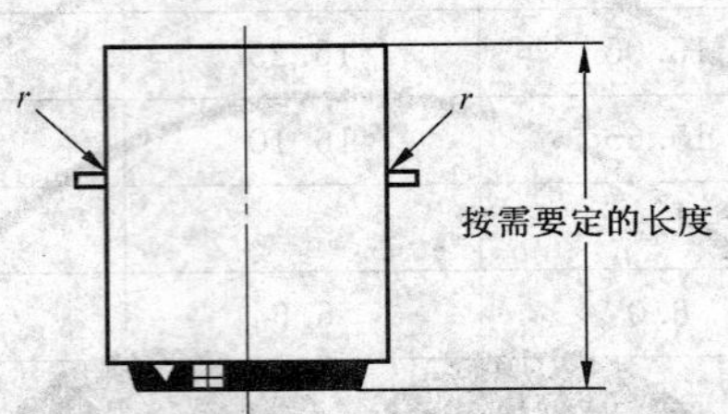

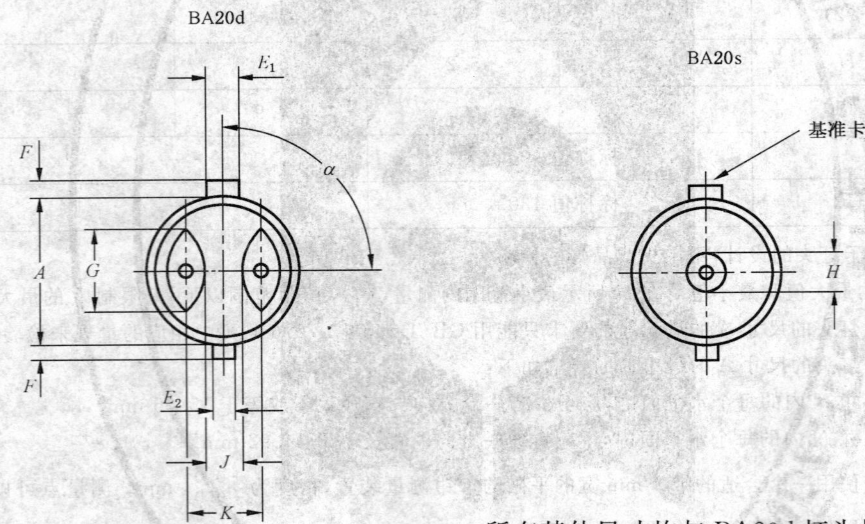

所有其他尺寸均与 BA20d 灯头相同。

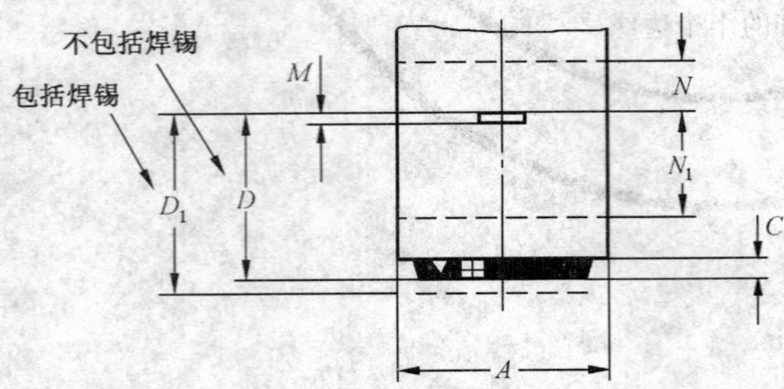

小卡爪的中心线与通过基准卡爪和灯头中心的中心线之间允许有 0.15 mm 的偏差。用 GB/T 1483.5-7006-2 所示量规检验。

GB/T 1406.5-7004-12-7

	BA20 灯头	2/2

单位为毫米

尺　　寸	最小值	最大值
A(2)	19.95	20.1
C	1.5	—
D(3)	15.5* (4)	16.0*
D_1	15.5	17.0
E_1	4.4	4.5
E_2	2.9	3.0
F	1.9	2.2
G(1)	约 12	
H(1)	4.5	5.2
J(1)	3.0	—
K	9.5*	10.0*
M	0.4	—
N(2)	5.0	—
N_1(2)	10.0	—
r	—	0.2
α	82°30′	97°30′

* 该尺寸仅用于灯头的设计，不用于成品灯的检验。

(1)　该尺寸用千分尺测量。

(2)　尺寸 A 的最大值和最小值均在 N 和 N_1 所示最小范围内测量，在 N_1 所示范围以下，只限制 A 的最大值。

成品灯上灯头的尺寸 A 的最大值的要求只能用 GB/T 1483.5-7006-2 中相应的量规来检验。

成品灯上灯头的尺寸 A 的最小值的要求如下：

a)　在尺寸 N 和 N_1 内的每个水平面内，应至少有一个方向的直径大于或等于 19.95 mm。

b)　在尺寸 N 和 N_1 内的每个水平面内，不应有任一方向的直径小于 19.77 mm。

该要求需使用一个合适的带 3 mm 宽的平砧的卡钳测量装置，精度为 $^{+0.0}_{-0.01}$ mm。测量点为销钉上方 0.5 mm 处平面至尺寸 N 和 N_1 的最小值。

(3)　两个卡爪之间的高度差应不超过 0.15 mm。

(4)　到绝缘面的最小距离为 15.0 mm*。

GB/T 1406.5-7004-12-7

	汽车用 BA21-3(120°)灯头	1/1

单位为毫米

附图仅表示要控制的尺寸。

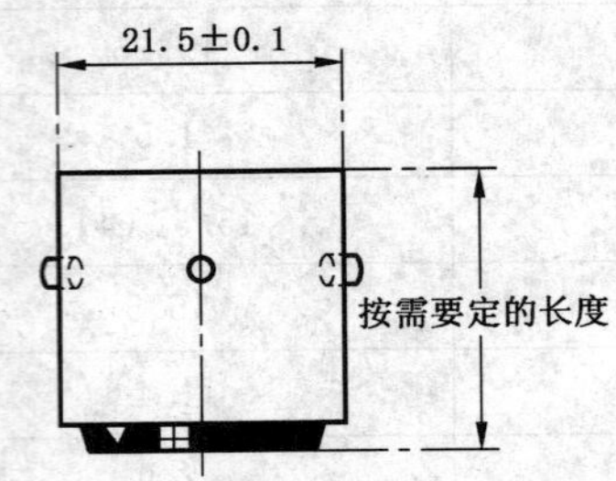

BA21d

BA21s

基准销钉

所有其他相应尺寸均与BA21d灯头相同

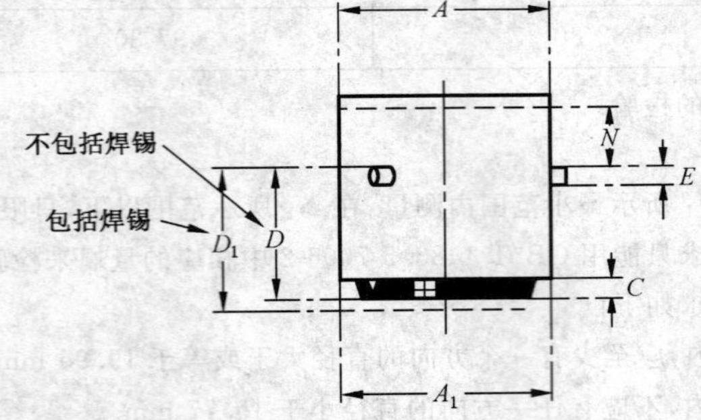

尺　寸	最小值	最大值
A(1)	21.4	21.6
C	1.5	—
D	13.5	13.9*
D_1	—	15.0
E	1.8	2.2
F	1.55	1.85
H(2)	4.5	5.2
K(2)	10.0*	10.5*
N(3)	6.0	—
α(4)	120°	

* 该尺寸仅用于灯头的设计，不用于成品灯的检验。

(1) 该灯头也可沿尺寸 D 为锥形，此时 A_1 的最小值为 20.8 mm。

(2) 该尺寸用千分尺测量。

(3) 尺寸 N 表示尺寸 A 应符合要求的最小范围。

(4) 角 α 应使用 GB/T 1483.5-7006-17 所示量规检验。

GB/T 1406.5-7004-13-4

	B22d 灯头	1/2

单位为毫米

附图仅表示互换性的基本尺寸。

关于 B22d 灯座，见 GB/T 19148.5-7005-10

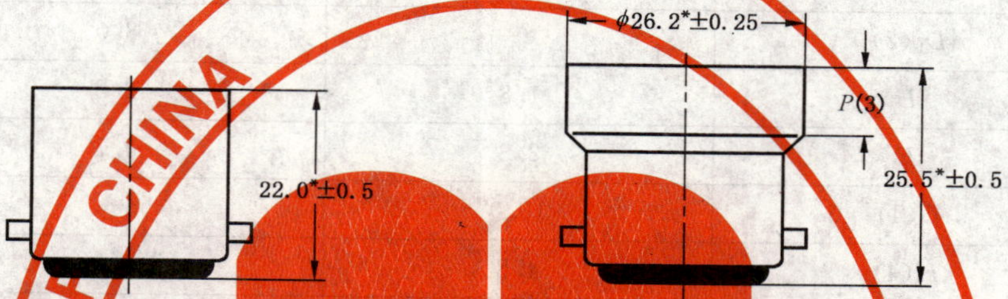

上图所示为资料性信息，以使结构合理化。

灯头可为喇叭口*，其直径应不超过不带喇叭口灯头的最大值 1 mm。

	B22d 灯头	2/2

单位为毫米

尺　寸	最小值	最大值
A(5)	21.75	22.15
D^*(1)	6.0	6.8
D_1(2)	—	8.0
E	1.8	2.2
F	2.3	2.7
G(4)	10.0	—
H(4)	4.8	
J	1.7	—
K^*	10.3	10.5
N(5)	6.70	
P^*(3)	7.5	8.5
α^*	88°	92°

* 该尺寸仅用于灯头的设计，不用于成品灯的检验。

(1) 尺寸 D 只适用于未组装的灯头。

(2) 尺寸 D_1 只适用于成品灯上的灯头。接触面应凸出于绝缘面。

(3) 尺寸 P 表示圆柱形裙边的长度。

(4) 该尺寸用千分尺测量。

(5) 尺寸 A 的最大值和最小值均在 N 所示最小范围内测量，在 N 所示范围以下，只限制 A 的最大值。

(6) 在插入灯座的过程中，灯座触点到达具有圆形触点的灯头的绝缘面，该绝缘面的形状应能使灯座触点顺利到达预定工作位置。

检验：B22d 灯头应使用 GB/T 1483.5-7006-4A，7006-4B，7006-10 和 7006-11 中所示量规进行测试。

GB/T 1406.5-7004-10-7

	B22d-3(90°/135°)/25×26 灯头	1/1

单位为毫米

附图仅表示要控制的尺寸。

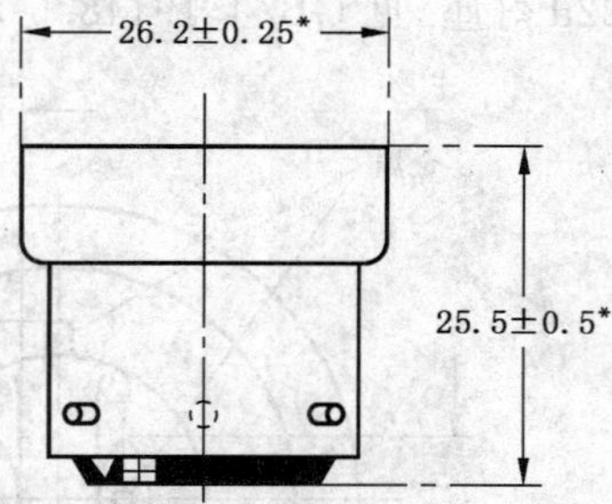

灯头可为喇叭口*，其直径应不超过不带喇叭口灯头的最大值 1 mm。

成品灯带电部件之间的沿绝缘的爬电距离应不小于 3 mm，带电部件与金属外壳之间的沿绝缘的爬电距离应不小于 2.5 mm。

尺　寸	最小值	最大值
A	21.75	22.15
C	1.5*	—
D	6.0	7.0*
D_1	—	8.0
E	1.8	2.2
F	2.3	2.7
G(1)	10.0	—
J(1)	4.0	—
K	10.0*	11.3*
N(2)	6.7	—
α	82°30′	97°30′
θ(3)	135°	
β(3)	90°	

* 该尺寸仅用于灯头的设计，不用于成品灯的检验。

(1) 该尺寸用千分尺测量。

(2) 尺寸 N 表示尺寸 A 应符合要求的最小范围。

(3) 角 θ 和 β 应使用 GB/T 1483.5-7006-19 所示量规检验。

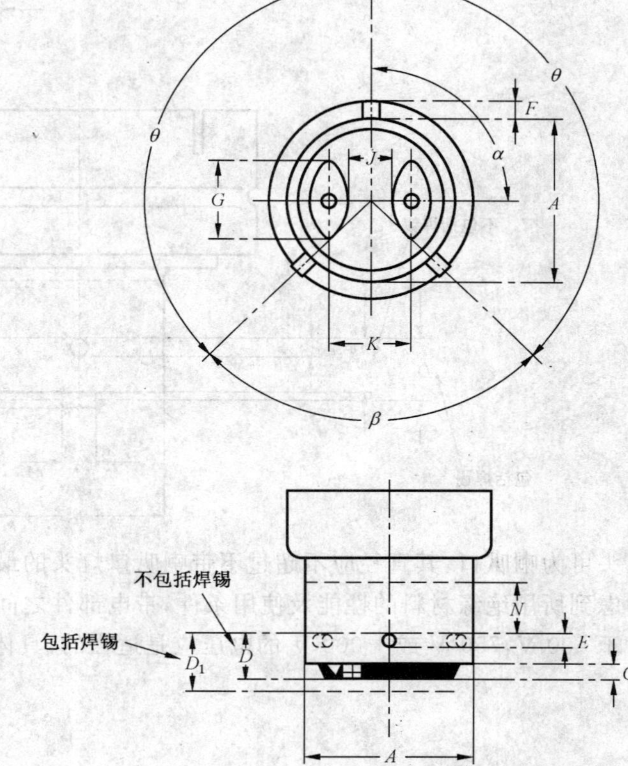

GB/T 1406.5-7004-10A-2

	BY22d 灯头	1/2

单位为毫米

附图仅表示互换性的基本尺寸。

关于 BY22d 灯座，见 GB/T 19148.5-7005-17。

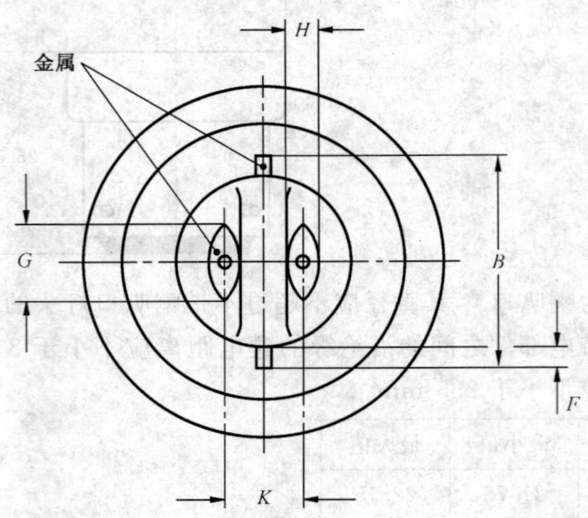

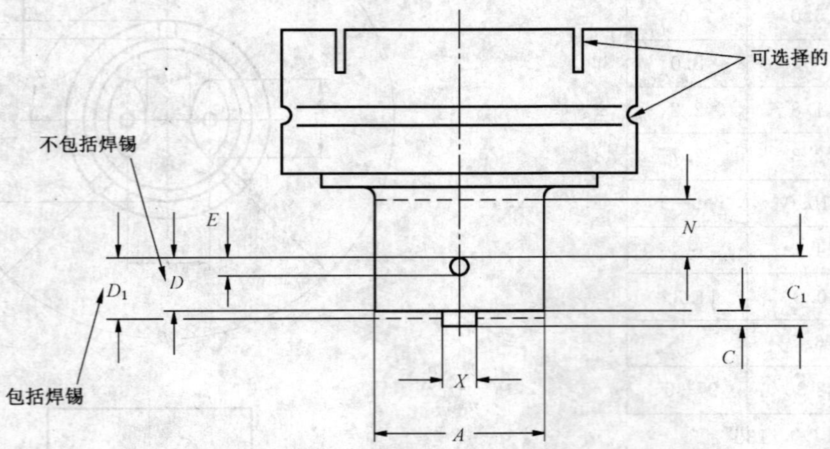

灯头可为喇叭口，其直径应不超过不带喇叭口灯头的最大值 1* mm。

考虑到所用绝缘材料的性能及使用条件，带电部件之间以及带电部件与其他金属件之间的爬电距离对于 500 V，750 V 或 1 000 V 的电压应是适当的，具体要求待定。

GB/T 1406.5-7004-17-3

	BY22d 灯头	2/2

单位为毫米

尺　寸	最小值	最大值
A	21.5(3)	22.0(4)
B(2)	26.5	27.0
C	1.8	—
C_1	—	10.2(4)
D	7.0	7.5
D_1(4)	7.5	9.0
E	1.8	2.2
F	约 2.5	
G^*	10.0	—
H^*	约 6.0	
K	约 10.0	
N(1)	6.7(4)	—
X	—	4.2

* 该尺寸仅用于灯头的设计，不用于成品灯的检验。

(1)　A 的最大值和最小值均在 N 所示最小范围内测量，在 N 所示范围以下，只限制 A 的最大值。

(2)　用 GB/T 1483.5-7006-4A 所示量规检验。

(3)　用 GB/T 1483.5-7006-10 所示量规检验。

(4)　用 GB/T 1483.5-7006-17A 所示量规检验。

GB/T 1406.5-7004-17-3

ICS 55.180.10
A 85

中华人民共和国国家标准

GB/T 1413—2008/ISO 668:1995
代替 GB/T 1413—1998

系列1集装箱 分类、尺寸和额定质量

Series 1 freight containers—
Classification, dimensions and ratings

(ISO 668:1995,IDT)

2008-08-04 发布　　　　2008-10-01 实施

中华人民共和国国家质量监督检验检疫总局
中国国家标准化管理委员会　发布

前　言

本标准等同采用 ISO 668:1995《系列 1 集装箱　分类、尺寸和额定质量》，包括其修正案 ISO 668:1995/Amd1:2005 和 ISO 668:1995/Amd2:2005。

为便于使用，本标准做了下列编辑性修改：

——“本国际标准”一词改为“本标准”；

——删除了国际标准的前言；

——为了避免烦琐，删除了国际标准的部分注，见 3.3 等；

——用小数点代替了原标准数值使用的逗号，见第 4 章表 1 等；

——对于 ISO 668:1995 引用的其他国际标准中有被等同采用为我国标准的，本标准用引用我国的国家标准代替对应的国际标准，其余未等同采用为我国标准的国际标准，在本标准中均被直接引用(见本标准第 2 章)。

本标准代替 GB/T 1413—1998《系列 1 集装箱　分类、尺寸和额定质量》。本标准与 GB/T 1413—1998 相比主要技术差异如下：

——增加了公称长度为 45 ft 集装箱的相关内容和具体的技术数据(见第 4 章、5.2.2、5.3.2.1 和附录 B 等)；

——集装箱定义第 1 条中的“可长期反复使用”改为“在有效使用期内可以反复使用”，使之更符合安全作业的原则(见 3.1)；

——本标准中 1BBB、1BB、1B、1BX、1CC、1C 和 1CX 型集装箱的最大额定质量由原来的 24 000 kg、25 400 kg统一修订为 30 480 kg(见表 2)；

——本标准中 1BBB、1BB、1B、1BX 型集装箱长度公差由原来的 0 in～$\frac{3}{16}$ in 修订为 0 in～$\frac{3}{8}$ in(见表 2)；

——本标准增加了 5.2.3，关于鹅颈槽的文字说明；

——在本标准第 4 章所列各种型号集装箱的尺寸均分别注明是箱体的外部尺寸；

——本标准在关于角件的附录 A 中，同样也增添了适用于 1EEE 和 1EE 型集装箱的角件定位尺寸；

——本标准增加了附录 B 和附录 C。

本标准的附录 A、附录 B 和附录 C 为规范性附录。

本标准由全国集装箱标准化技术委员会(SAC/TC 6)提出并归口。

本标准起草单位：交通部水运科学研究院、中国铁道科学研究院、中国国际海运集装箱(集团)股份有限公司、中铁集装箱运输有限公司。

本标准主要起草人：费维军、李继春、金菁、唐瑞英、杨磊。

本标准所代替标准的历次版本发布情况为：

——GB 1413—1980、GB/T 1413—1985、GB/T 1413—1998。

系列 1 集装箱　分类、尺寸和额定质量

1　范围

本标准根据集装箱外部尺寸确定了系列 1 集装箱的分类，并规定了相应的额定质量，同时确定了部分型号集装箱的最小内部尺寸和门框开口尺寸。

本标准所列的集装箱适用于国际联运。

本标准扼要地规定了系列 1 集装箱的外部尺寸和部分内部尺寸。每种型号集装箱的具体尺寸已列入 ISO 1496 的相应的标准中。

2　规范性引用文件

下列文件中的条款通过本标准的引用而成为本标准的条款。凡是注日期的引用文件，其随后所有的修改单(不包括勘误的内容)或修订版均不适用于本标准，然而，鼓励根据本标准达成协议的各方研究是否可使用这些文件的最新版本。凡是不注日期的引用文件，其最新版本适用于本标准。

GB/T 1836　集装箱代码、识别和标记(GB/T 1836—1997，idt ISO 6346:1995)

GB/T 5338　系列 1 集装箱　技术要求和试验方法　第 1 部分：通用集装箱(GB/T 5338—2002，ISO 1496-1:1990，IDT)

GB/T 7392　系列 1 集装箱的技术要求和试验方法　保温集装箱(GB/T 7392—1998，idt ISO 1496-2:1996)

ISO 1161:1984　系列 1 集装箱　角件技术要求

3　术语和定义

本标准中有关定义与 ISO 830 集装箱术语的规定一致，但为了便于使用本标准，在此列出相关定义如下。

3.1

集装箱　freight container

一种运输设备，应具备下列条件：

a)　具有足够的强度，在有效使用期内可以反复使用；

b)　适于一种或多种运输方式运送货物，途中无需倒装；

c)　设有供快速装卸的装置，便于从一种运输方式转到另一种运输方式；

d)　便于箱内货物装满和卸空；

e)　内容积等于或大于 1 m^3(35.3 ft^3)。

"集装箱"这一术语既不包括车辆也不包括一般包装。

3.2

ISO 集装箱　ISO container

按照现行 ISO 标准生产的集装箱。

3.3

额定质量　rating

集装箱的总质量，在作业时为最高值，在试验时为最低值，通常以字母"*R*"表示。

3.4

公称尺寸　nominal dimensions

不考虑公差并将其化整到最接近整数的尺寸。

3.5

内部尺寸　internal dimensions

在不考虑顶角件伸入箱内部分的条件下，集装箱的内接最大矩形六面体的尺寸。

除另有规定者外，内部尺寸与内部净空尺寸是同义词。

3.6

门框开口　door opening

通常为设在集装箱端部的门孔，按照箱内最大平行六面体的宽度和高度设置门孔，使货物能无障碍的进入集装箱。

4　分类和型号

系列1各种型号集装箱的宽度均为2 438 mm(8 ft)。

各种型号集装箱的公称长度见表1。

箱高为2 896 mm(9 ft 6 in)的集装箱，其型号定为1EEE、1AAA和1BBB型。

箱高为2 591 mm(8 ft 6 in)的集装箱，其型号定为1EE、1AA、1BB和1CC型。

箱高为2 438 mm(8 ft)的集装箱，其型号定为1A、1B、1C和1D型。

箱高小于2 438 mm(8 ft)的集装箱，其型号定为：1AX、1BX、1CX和1DX型。

注：上面规定中所用字母“X”除了指集装箱的高度尺寸在0 mm(0 ft)～2 438 mm(8 ft)外，无其他特殊含义。

表1　系列1集装箱公称长度

集装箱型号	公称长度	
	m	ft
1EEE 1EE	13.716[a]	45[a]
1AAA 1AA 1A 1AX	12[a]	40[a]
1BBB 1BB 1B 1BX	9	30
1CC 1C 1CX	6	20
1D 1DX	3	10

a 某些国家对车辆和装载货物的总长度有法规限制。

5 尺寸、公差和额定质量

5.1 尺寸测量的温度条件

集装箱的尺寸和公差是指在 20 ℃(68 ℉)时的测量值,在其他温度条件下测量值应做相应修正。

5.2 外部尺寸、公差和额定质量

5.2.1 外部尺寸和公差

表 2 所示的外部尺寸和允许公差适用于各种类型集装箱,但对允许降低高度的罐式集装箱、敞顶集装箱、干散货集装箱、平台集装箱和台架式集装箱除外。

5.2.2 额定质量

表 2 所示的额定质量适用于各种类型的集装箱。

特别注意:由于某些特殊运输的需求,出现了一定数量的长度和宽度类似 ISO 系列 1 的专用集装箱,但其额定质量和高度超过本标准的规定,这类集装箱不能充分参与多式联运,其运输需作特殊安排。

表 2 系列 1 集装箱的外部尺寸、允许公差和额定质量

集装箱型号	长度 L					宽度 W				高度 H					额定总质量 R[a](总质量)	
	mm	公差 mm	ft	in	公差 in	mm	公差 mm	ft	公差 in	mm	公差 mm	ft	in	公差 in	kg	lb
1EEE	13 716	$^{0}_{-10}$	45		$^{0}_{-\frac{3}{8}}$	2 438	$^{0}_{-5}$	8	$^{0}_{-\frac{3}{16}}$	2 896[b]	$^{0}_{-5}$	9	6[b]	$^{0}_{-\frac{3}{16}}$	30 480[b]	67 200[b]
1EE										2 591[b]	$^{0}_{-5}$	8	6[b]	$^{0}_{-\frac{3}{16}}$		
1AAA	12 192	$^{0}_{-10}$	40		$^{0}_{-\frac{3}{8}}$	2 438	$^{0}_{-5}$	8	$^{0}_{-\frac{3}{16}}$	2 896[b]	$^{0}_{-5}$	9	6[b]	$^{0}_{-\frac{3}{16}}$	30 480[b]	67 200[b]
1AA										2 591[b]	$^{0}_{-5}$	8	6[b]	$^{0}_{-\frac{3}{16}}$		
1A										2 438	$^{0}_{-5}$	8		$^{0}_{-\frac{3}{16}}$		
1AX										<2 438		<8				
1BBB	9 125	$^{0}_{-10}$	29	$11\frac{1}{4}$	$^{0}_{-\frac{3}{8}}$	2 438	$^{0}_{-5}$	8	$^{0}_{-\frac{3}{16}}$	2 896[b]	$^{0}_{-5}$	9	6[b]	$^{0}_{-\frac{3}{16}}$	30 480[b]	67 200[b]
1BB										2 591[b]	$^{0}_{-5}$	8	6[b]	$^{0}_{-\frac{3}{16}}$		
1B										2 438	$^{0}_{-5}$	8		$^{0}_{-\frac{3}{16}}$		
1BX										<2 438		<8				

表 2（续）

<table>
<tr><th rowspan="2">集装箱型号</th><th colspan="5">长度 L</th><th colspan="4">宽度 W</th><th colspan="5">高度 H</th><th colspan="2">额定总质量 R[a]（总质量）</th></tr>
<tr><th>mm</th><th>公差 mm</th><th>ft</th><th>in</th><th>公差 in</th><th>mm</th><th>公差 mm</th><th>ft</th><th>公差 in</th><th>mm</th><th>公差 mm</th><th>ft</th><th>in</th><th>公差 in</th><th>kg</th><th>lb</th></tr>
<tr><td>1CC</td><td rowspan="3">6 058</td><td rowspan="3">$^{0}_{-6}$</td><td rowspan="3">19</td><td rowspan="3">$10\frac{1}{2}$</td><td rowspan="3">$^{0}_{-\frac{1}{4}}$</td><td rowspan="3">2 438</td><td rowspan="3">$^{0}_{-5}$</td><td rowspan="3">8</td><td rowspan="3">$^{0}_{-\frac{3}{16}}$</td><td>2 591[b]</td><td>$^{0}_{-5}$</td><td>8</td><td>6[b]</td><td>$^{0}_{-\frac{3}{16}}$</td><td rowspan="3">30 480[b]</td><td rowspan="3">67 200[b]</td></tr>
<tr><td>1C</td><td>2 438</td><td>$^{0}_{-5}$</td><td colspan="2">8</td><td>$^{0}_{-\frac{3}{16}}$</td></tr>
<tr><td>1CX</td><td>$<2\,438$</td><td></td><td></td><td></td><td></td></tr>
<tr><td>1D</td><td rowspan="2">2 991</td><td rowspan="2">$^{0}_{-5}$</td><td rowspan="2">9</td><td rowspan="2">$9\frac{3}{4}$</td><td rowspan="2">$^{0}_{-\frac{3}{16}}$</td><td rowspan="2">2 438</td><td rowspan="2">$^{0}_{-5}$</td><td rowspan="2">8</td><td rowspan="2">$^{0}_{-\frac{3}{16}}$</td><td>2 438</td><td>$^{0}_{-5}$</td><td colspan="2">8</td><td>$^{0}_{-\frac{3}{16}}$</td><td rowspan="2">10 160</td><td rowspan="2">22 400</td></tr>
<tr><td>1DX</td><td>$<2\,438$</td><td></td><td><8</td><td></td><td></td></tr>
<tr><td colspan="17">a 见 5.2.2。
b 某些国家对车辆和装载货物的总高度载荷有法规限制（如铁路和公路部门）。</td></tr>
</table>

5.2.3 鹅颈槽（可选择）

1AAA、1AA、1A、1AX、1BBB、1BB、1B 和 1BX 型集装箱鹅颈槽的设置见附录 C。

5.3 内部尺寸和门框开口尺寸

5.3.1 顶角件伸入箱内的部分

顶角件伸入箱内的部分不作为减少集装箱的内部尺寸（见表 3）。

5.3.2 一般货物通用集装箱（见 GB/T 5338）

这类集装箱的箱型代码应与 GB/T 1836 的规定相一致。

5.3.2.1 最小内部尺寸

集装箱的内部尺寸应尽可能大，但：

——箱型代码为 00 的封闭式集装箱应符合表 3 所规定的最小内部长度、宽度和高度的要求；

——箱型代码为 02 在侧部设有局部开口的集装箱应符合表 3 所规定的最小内部长度和高度的要求；

——箱型代码为 03 的敞顶式集装箱应符合表 3 所规定的最小内部长度和宽度的要求；

——箱型代码为 01 和 04 在侧部和顶部设有开口的集装箱应符合表 3 所规定的最小内部长度的要求；

——箱型代码为 10 和 11 带有透气孔的封闭式集装箱应符合表 3 所规定的最小内部长度和高度的要求；

——箱型代码为 13 的封闭式通风集装箱应符合表 3 所规定的最小内部长度、宽度和高度的要求。

5.3.2.2 最小门框开口尺寸

1A、1B、1C 和 1D 型集装箱（箱型代码为 00 和 02）一端开门的封闭式集装箱，其门框开口尺寸应与该箱体横断面的内部高度和宽度尺寸相当，但不应小于表 3 所列数据。

1EE、1AA、1BB 和 1CC 型集装箱（箱型代码为 00 和 02）一端开门的封闭式集装箱，其门框开口尺寸应与该箱体横断面的内部高度和宽度尺寸相当，但不应小于表 3 所列数据。

1EEE、1AAA 和 1BBB 型集装箱（箱型代码为 00 和 02）一端开门的封闭式集装箱，其门框开口尺寸应与该箱体横断面的内部高度和宽度尺寸相当，但不应小于表 3 所列数据。

表3 系列1通用集装箱的最小内部尺寸和门框开口尺寸

单位为毫米

集装箱型号	最小内部尺寸			最小门框开口尺寸	
	高度	宽度	长度	高度	宽度
1EEE	箱体外部高度减去241	2 330	13 542	2 566	2 286
1EE			13 542	2 261	
1AAA			11 998	2 566	
1AA			11 998	2 261	
1A			11 998	2 134	
1BBB			8 931	2 566	
1BB			8 931	2 261	
1B			8 931	2 134	
1CC			5 867	2 261	
1C			5 867	2 134	
1D			2 802	2 134	

5.3.3 保温集装箱(见GB/T 7392)

保温集装箱的内部尺寸和门框开口尺寸应尽可能大。门框开口尺寸应与该箱体横断面的内部尺寸相当。

保温集装箱如果设有撑档、隔壁、顶部风道和底部风道的话，则应当从它们的内表面开始测量。

箱型代码为20、21、22、30、31、32、40、41和42的保温集装箱，其最小内部宽度应为2 200 mm $\left(7\ \text{ft}\ 2\frac{5}{8}\ \text{in}\right)$。

5.3.4 其他类型集装箱

箱体的内部尺寸、门框开口和端部开口尺寸均应尽可能大。

5.4 角件的定位

角件沿箱长和箱宽方向的开孔中心距和对角线长度偏差见附录A。

附 录 A
（规范性附录）
角 件

角件的定位尺寸（角件开孔的中心距 S 和 P 值以及对角中心距离长度的差值 K_1 和 K_2）见表 A.1 和图 A.1。

45 ft 箱中间角件的定位尺寸同 40 ft 箱角件。

表 A.1

集装箱型号	S			P			K_1 最大[a]		K_2 最大[b]	
	mm	ft	in	mm	ft	in	mm	in	mm	in
1EEE 1EE	13 509	44	$3\frac{7}{8}$	2 259	7	$4\frac{31}{32}$	19	$\frac{3}{4}$	10	$\frac{3}{8}$
1AAA 1AA 1A 1AX	11 985	39	$3\frac{7}{8}$	2 259	7	$4\frac{31}{32}$	19	$\frac{3}{4}$	10	$\frac{3}{8}$
1BBB 1BB 1B 1BX	8 918	29	$3\frac{1}{8}$	2 259	7	$4\frac{31}{32}$	16	$\frac{5}{8}$	10	$\frac{3}{8}$
1CC 1C 1CX	5 853	19	$2\frac{7}{16}$	2 259	7	$4\frac{31}{32}$	13	$\frac{1}{2}$	10	$\frac{3}{8}$
1D 1DX	2 787	9	$1\frac{23}{32}$	2 259	7	$4\frac{31}{32}$	10	$\frac{3}{8}$	10	$\frac{3}{8}$

注：造箱企业注意基准尺寸 S 和 P 数值的精度。

S 和 P 两个尺寸的公差根据本标准所列外部尺寸以及 ISO 1161 规定的角件的尺寸公差进行控制。

a K_1 是 D_1 和 D_2 或 D_3 和 D_4 之差，即 $K_1 = |D_1 - D_2| = |D_3 - D_4|$

b K_2 是 D_5 和 D_6 之差，即 $K_2 = |D_5 - D_6|$

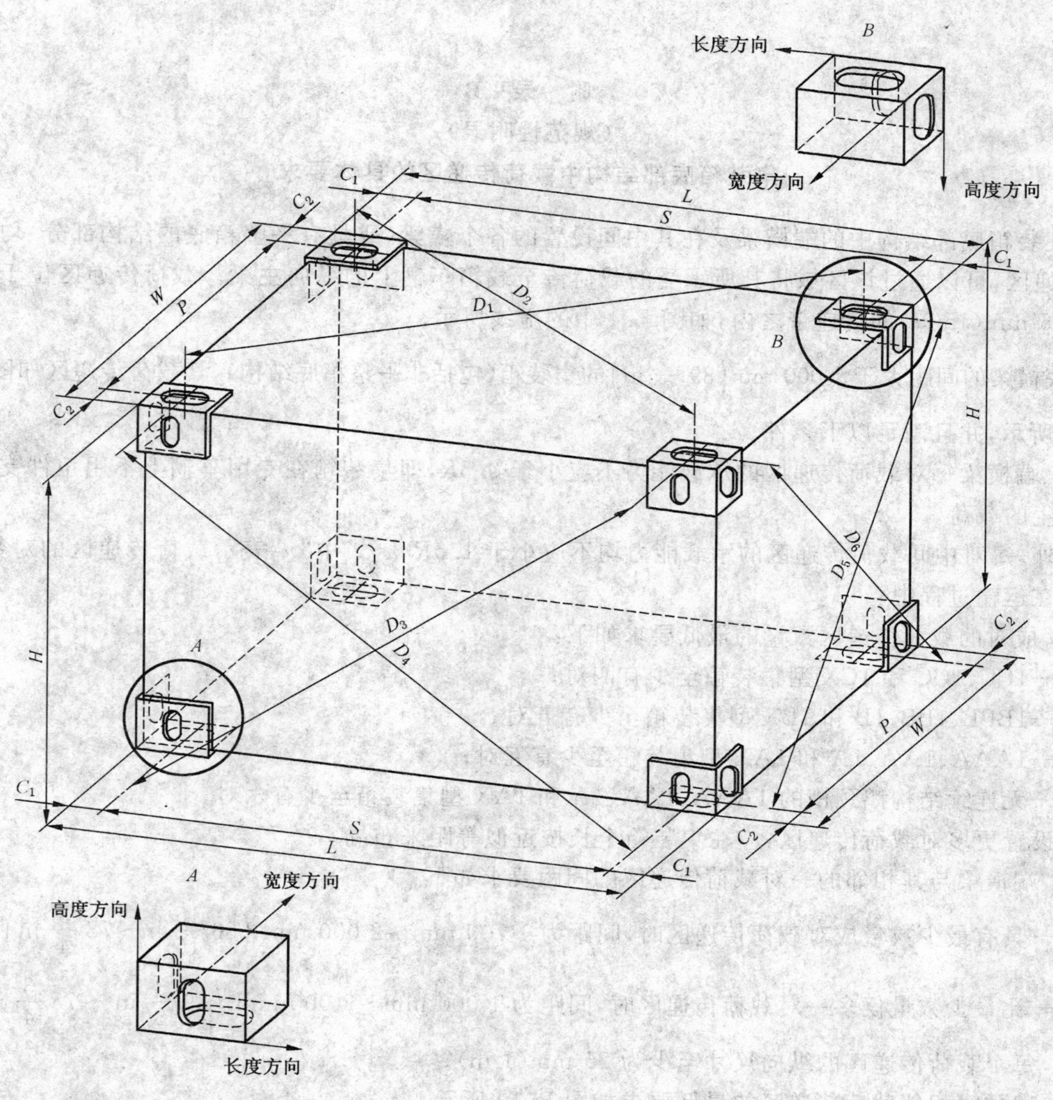

C_1——角件结构尺寸　101.5$^{\ 0}_{-1.5}$ mm(4$^{\ 0}_{-1/16}$ in)；

C_2——角件结构尺寸 89$^{\ 0}_{-1.5}$ mm$\left(3\,\frac{1}{2}{}^{\ 0}_{-1/16}\ \text{in}\right)$；

D——角件孔中心对角距离，即 D_1、D_2、D_3、D_4、D_5 和 D_6 等 6 项数据；

H——集装箱外部高度；

L——集装箱外部长度；

P——沿箱体宽度方向的角件孔中心距离；

S——沿箱体长度方向的角件孔中心距离；

W——集装箱外部宽度。

注：沿箱体的边线测量相应的外部长度 L、外部高度 H 和外部宽度 W。

图 A.1　角件定位尺寸

附 录 B
（规范性附录）
集装箱底部结构中载荷传递区的具体要求

B.1 集装箱底部结构中的端横梁及在其中间设置的各个横梁（或具有平整箱底的结构部分）均可形成载荷传递区，可以通过该区域将其所承受的载荷传至载箱车辆上的纵向主梁。载荷传递区位于两条宽度为 375 mm(15 in)的传递带之内，如图 B.1 中的虚线所示。

B.2 底横梁的间距大于 1 000 mm$\left(39\frac{3}{8}\ \text{in}\right)$的集装箱（包括非平整箱底结构），其载荷传递区如图 B.2～图 B.9 所示，并且满足以下条件。

B.2.1 端横梁每对载荷传递区的承载能力不应小于 0.5R，即集装箱在专用车辆上不用角件支撑的情况下发生的载荷。

此外，每对中间载荷传递区的承载能力均不应小于 1.5R/n，式中“n”表示载荷传递区的对数，该载荷发生在运输过程中。

B.2.2 成对的载荷传递区数量的最低要求如下：

——1CC、1CC 和 1CX 型集装箱至少有四对；

——1BBB、1BB、1B 和 1BX 型集装箱至少有五对；

——1AAA、1AA、1A 和 1AX 型集装箱至少有五对；

——无连续结构鹅颈槽的 1AAA、1AA、1A 和 1AX 型集装箱至少有六对。

若设置更多对载荷传递区，应在集装箱全长按近似等距来布局。

B.2.3 端横梁与其相邻的一对载荷传递区的间距要求如下：

——具有最少数量成对载荷传递区时，间距为 1 700 mm～2 000 mm $\left(66\frac{15}{16}\ \text{in}\sim78\frac{3}{4}\ \text{in}\right)$；

——比最少数量仅多一对载荷传递区时，间距为 1 000 mm～2 000 mm $\left(39\frac{3}{8}\ \text{in}\sim78\frac{3}{4}\ \text{in}\right)$。

B.2.4 每个载荷传递区的纵向尺寸至少为 25 mm(1 in)。

B.3 与鹅颈槽相邻载荷传递区的最低要求如图 B.10 所示。

注：图 B.2～图 B.9 中箱体底部的载荷传递区以黑色示出。图 B.10 中鹅颈槽部位的载荷传递区也以黑色示出。

单位为毫米

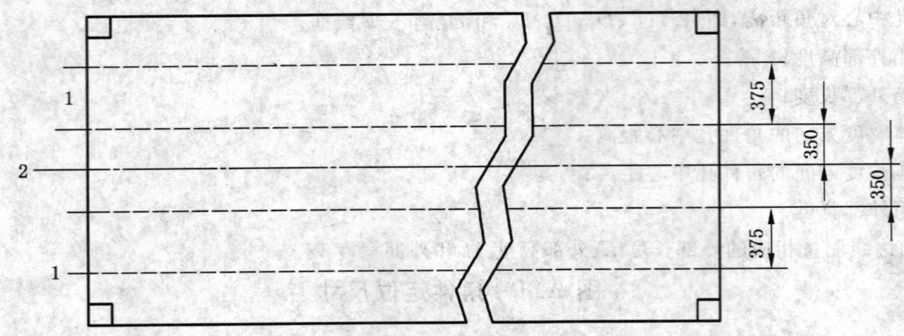

1——载荷传递带的位置；

2——箱体的纵向中心线。

注：375 mm 相当于 15 in；

350 mm 相当于 14 in。

图 B.1 箱体的底部结构

单位为毫米

最低要求：四对载荷传递区（在箱体的两端各有一对，另外还有二对在中间）。

注：1 700 mm～2 000 mm 相当于 66 $\frac{15}{16}$ in～78 $\frac{3}{4}$ in。

图 B.2　1CC、1C 或 1CX 型箱底部的最低要求

单位为毫米

注：1 000 mm～2 000 mm 相当于 39 $\frac{3}{4}$ in～78 $\frac{3}{4}$ in。

图 B.3　1CC、1C 或 1CX 型箱底部设有五对载荷传递区的要求

单位为毫米

最低要求：五对载荷传递区（在箱体的两端各有一对，另外还有三对在中间）。

注：1 700 mm～2 000 mm 相当于 66 $\frac{15}{16}$ in～78 $\frac{3}{4}$ in。

图 B.4　1BBB、1BB、1B 或 1BX 型箱底部的最低要求

单位为毫米

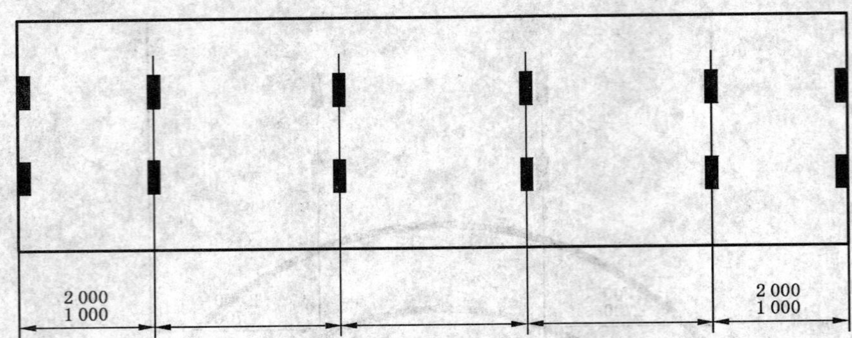

注：1 000 mm～2 000 mm 相当于 39 $\frac{3}{4}$ in～78 $\frac{3}{4}$ in。

图 B.5 1BBB、1BB、1B 或 1BX 型箱底部设有六对载荷传递区的要求

单位为毫米

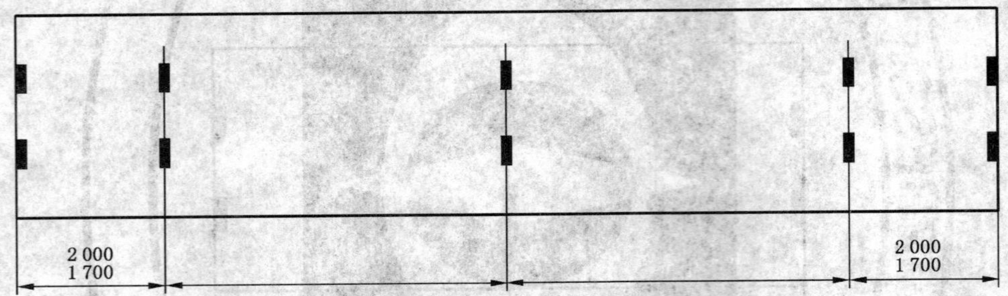

最低要求：五对载荷传递区(在箱体的两端各有一对，另外还有三对在中间)。

注：1 700 mm～2 000 mm 相当于 66 $\frac{15}{16}$ in～78 $\frac{3}{4}$ in。

图 B.6 1AA、1A 或 1AX 型箱底部的最低要求

单位为毫米

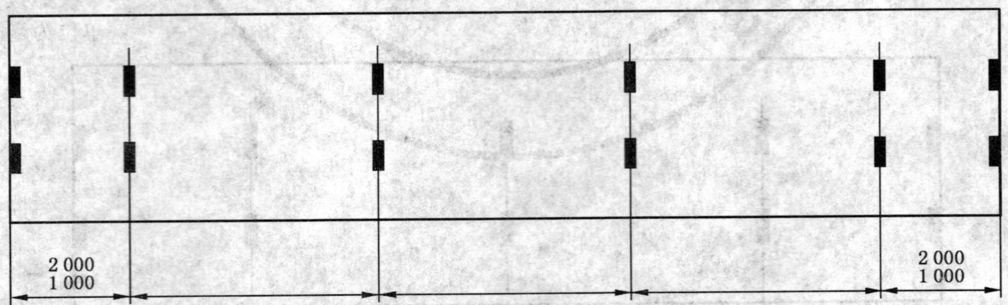

注：1 000 mm～2 000 mm 相当于 39 $\frac{3}{4}$ in～78 $\frac{3}{4}$ in。

图 B.7 1AA、1A 或 1AX 型箱底部没有鹅颈槽，但设有六对载荷传递区的要求

单位为毫米

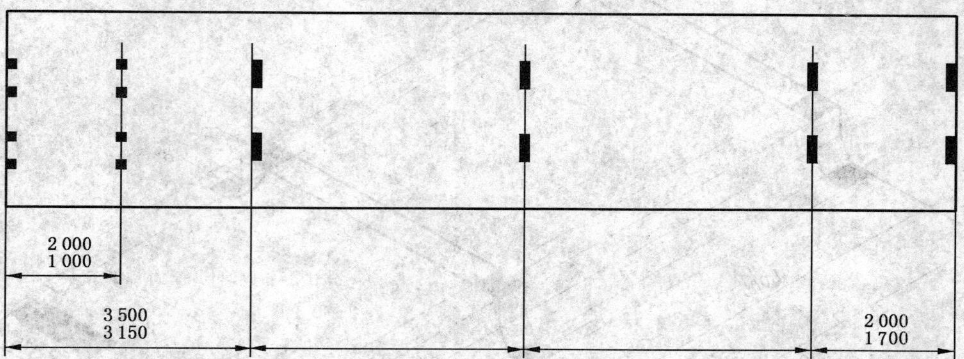

最低要求：六对载荷传递区(在箱体的两端各有一对，另外还有四对在中间)。

鹅颈槽部分的细节详见图 B.10。

注：1 000 mm～2 000 mm 相当于 39 $\frac{3}{4}$ in～78 $\frac{3}{4}$ in；

1 700 mm～2 000 mm 相当于 66 $\frac{15}{16}$ in～78 $\frac{3}{4}$ in；

3 150 mm～3 500 mm 相当于 124 $\frac{1}{4}$ in～137 $\frac{7}{8}$ in。

图 B.8　1AAA、1AA、1A 或 1AX 型箱带有鹅颈槽的底部的最低要求

单位为毫米

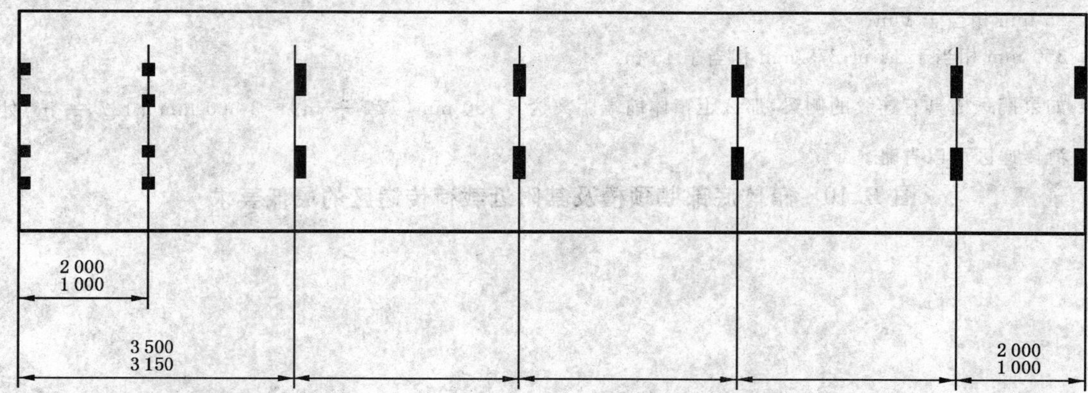

鹅颈槽部分的细节详见图 B.10。

注：1 000 mm～2 000 mm 相当于 39 $\frac{3}{4}$ in～78 $\frac{3}{4}$ in；

3 150 mm～3 500 mm 相当于 124 $\frac{1}{4}$ in～137 $\frac{7}{8}$ in。

图 B.9　1AAA、1AA、1A 或 1AX 型箱底部带有鹅颈槽，并设有七对载荷传递区的要求

单位为毫米

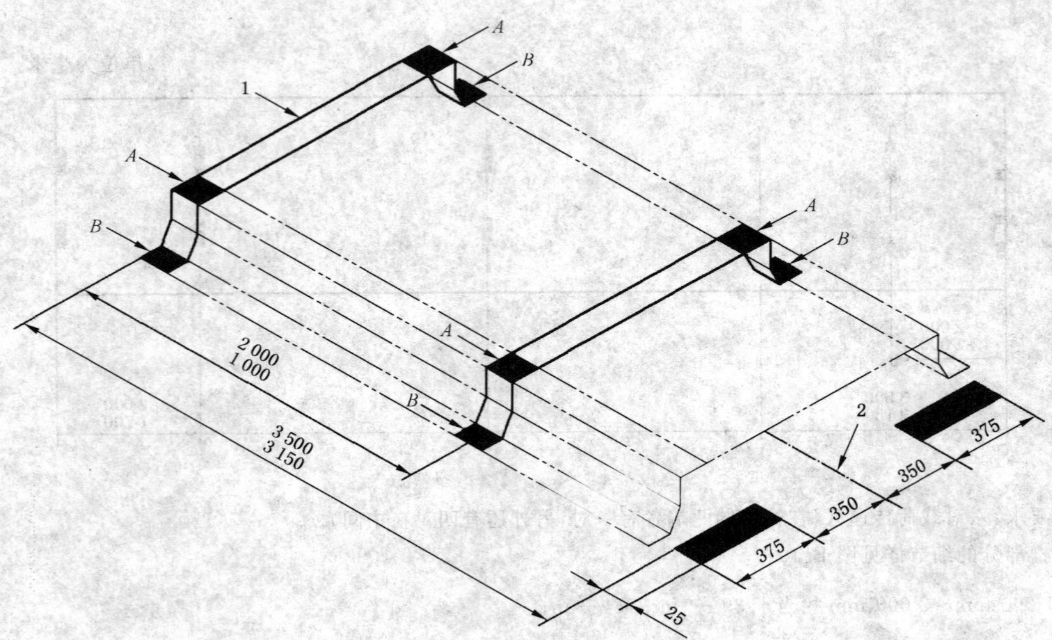

1——箱体的前端；

2——箱体的纵向中心线。

鹅颈槽处的每一个载荷传递区包括两个部分，上面的部分(A)HE 下面的部分(B)。A 和 B 可视为一个载荷传递区，这两部分面积之和 A+B 应当等于或者是大于 1 250 mm^2(1.94 in^2)。

注 1：1 000 mm～2 000 mm 相当于 39 $\frac{3}{4}$ in～78 $\frac{3}{4}$ in；

3 150 mm～3 500 mm 相当于 124 $\frac{1}{4}$ in～137 $\frac{7}{8}$ in；

25 mm 相当于 1 in；

350 mm 相当于 14 in；375 mm 相当于 15 in。

注 2：如果鹅颈槽具有连续的侧梁，那么距箱体前端距离为 3 150 mm$\left(124\frac{1}{4}\text{ in}\right)$～3 500 mm $\left(137\frac{7}{8}\text{ in}\right)$处的载荷传递区可以省略。

图 B.10 箱体底部鹅颈槽及其附近载荷传递区的最低要求

附 录 C
(规范性附录)
鹅 颈 槽

如果在箱体底部设有鹅颈槽,该处与集装箱挂车上的鹅颈部位相适配的相关尺寸如图 C.1 所示。

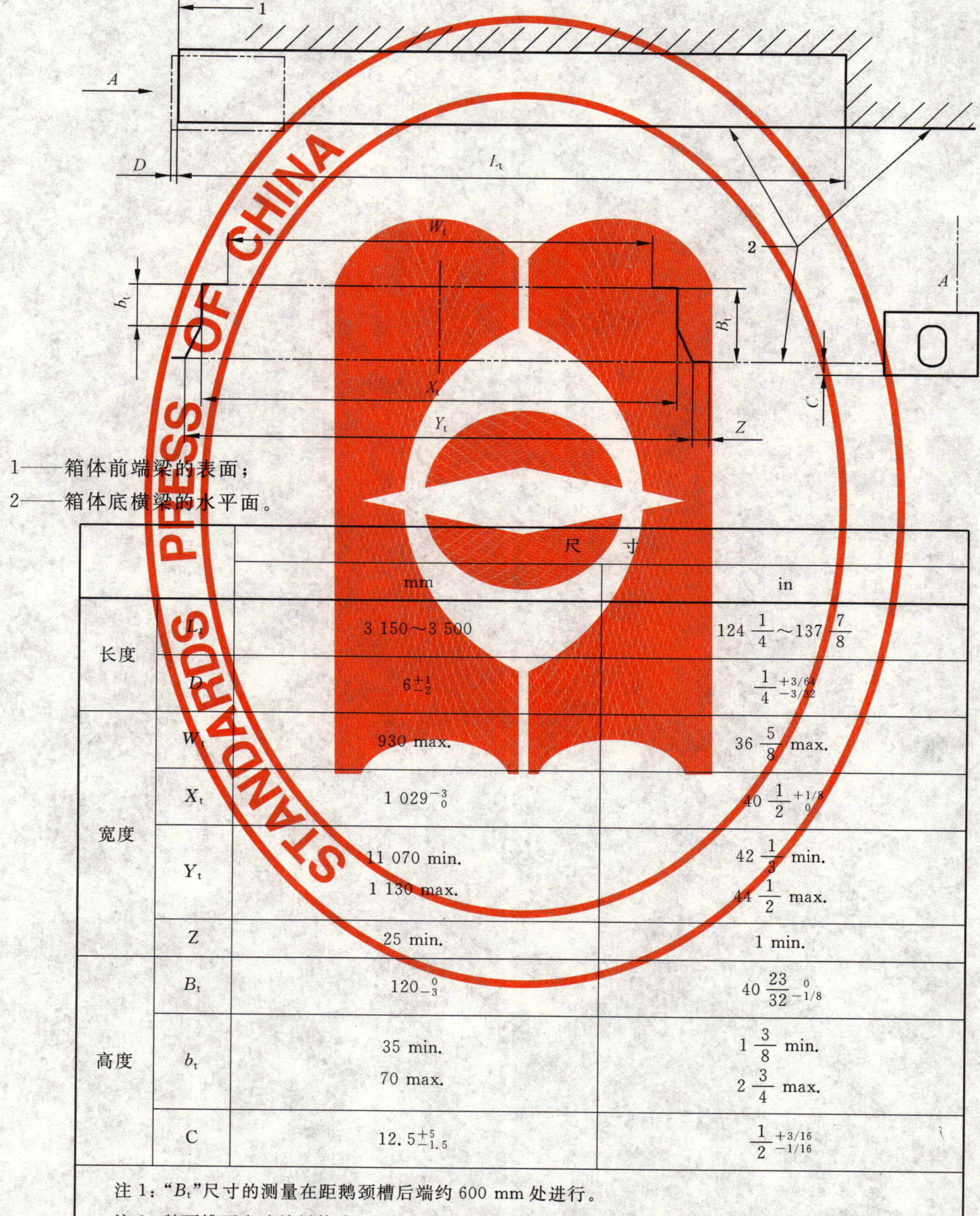

1——箱体前端梁的表面;

2——箱体底横梁的水平面。

		尺寸	
		mm	in
长度	L_t	3 150～3 500	$124\frac{1}{4}$～$137\frac{7}{8}$
	D	6^{+1}_{-2}	$\frac{1}{4}{}^{+3/64}_{-3/32}$
宽度	W_t	930 max.	$36\frac{5}{8}$ max.
	X_t	$1\ 029^{-3}_{0}$	$40\frac{1}{2}{}^{+1/8}_{0}$
	Y_t	1 070 min. 1 130 max.	$42\frac{1}{8}$ min. $44\frac{1}{2}$ max.
	Z	25 min.	1 min.
高度	B_t	120^{0}_{-3}	$40\frac{23}{32}{}^{0}_{-1/8}$
	b_t	35 min. 70 max.	$1\frac{3}{8}$ min. $2\frac{3}{4}$ max.
	C	$12.5^{+5}_{-1.5}$	$\frac{1}{2}{}^{+3/16}_{-1/16}$

注 1:"B_t"尺寸的测量在距鹅颈槽后端约 600 mm 处进行。

注 2:鹅颈槽可由连续梁构成,连续梁长度应符合表中规定,其内部尺寸如图中的"黑粗线"所示,局部结构也可按图 B.10 所示黑色区域的位置来设计。

图 C.1 鹅颈槽尺寸

ICS 21.040.30
J 04

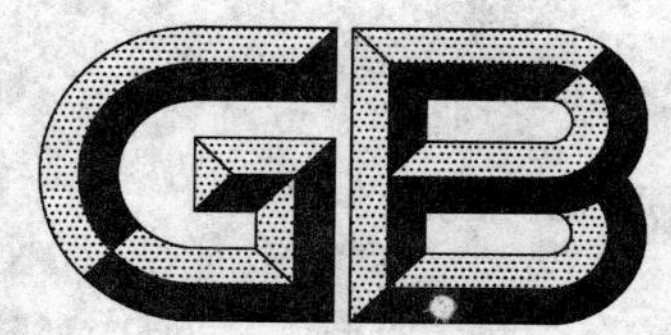

中华人民共和国国家标准

GB/T 1415—2008
代替 GB/T 1415—1992

米制密封螺纹

Metric threads where pressure-tight joints are made on the threads

2008-07-30 发布　　　　　　　　2009-02-01 实施

中华人民共和国国家质量监督检验检疫总局
中国国家标准化管理委员会　发布

前言

本标准代替 GB/T 1415—1992《米制锥螺纹》。

本标准与 GB/T 1415—1992 相比主要技术性变化如下：

——新标准规定了两种基准距离的选用原则，明确了两种配合形式与两种基准距离的对应关系(见第 5 章)；

——新标准删除了 6×1、18×1.5、22×1.5、24×1.5、30×2、36×2、39×2、45×2、52×2 和 56×2 共 10 个旧标准规格(1992 年版的表 1；本版的表 1)；

——新标准增加了 16×1、72×3、76×2、90×2、90×3、115×2、115×3、140×2、140×3 和 170×3 共 10 个新规格(1992 年版的表 1；本版的表 1)；

——新标准将旧标准的 12×1.5 改为 12×1(1992 年版的表 1；本版的表 1)；

——新标准较旧标准加长了短型最小有效螺纹长度的基本尺寸(1992 年版的表 1；本版的表 1)；

——新标准对螺距为 1 mm 和 1.5 mm 的外螺纹基准平面极限偏差进行了调整，由旧标准的 ±0.9 mm 和 ±1.1 mm 分别调整为 ±0.7 mm 和 ±1 mm(1992 年版的表 2；本版的表 2)；

——将旧标准的大径公差和小径公差技术参数调整为牙顶高和牙底高公差参数，并且对公差值进行了适当压缩(1992 年版的表 3；本版的表 3)；

——新标准较旧标准增大了中径锥度的极限偏差值(1992 年版的表 A1；本版的表 4)；

——新标准的圆柱内螺纹中径公差带为 5H，而旧标准的圆柱内螺纹中径公差带为 6H(1992 年版的第 6 章；本版的 6.2.1)；

——新标准取消了旧标准对圆柱内螺纹大径公差的限制(1992 年版的表 4；本版的 6.2)；

——新标准较旧标准增加规定了圆柱内螺纹的牙高公差(本版的 6.2.2)；

——在标记方面，新标准用新螺纹特征代号 Mc 和 Mp 分别代替旧标准的 ZM 和 M(1992 年版的第 4 章；本版的第 7 章)；

——在检验方面，旧标准没有规定圆柱内螺纹的检验方法，也没有明确标准型和短型圆锥外螺纹要使用不同的螺纹环规进行检验；新标准则明确规定了有关检验方法(1992 年版的第 5 章和第 6 章；本版的第 8 章)。

本标准由全国螺纹标准化技术委员会(SAC/TC 108)提出并归口。

本标准负责起草单位：中机生产力促进中心。

本标准参加起草单位：江苏省竹箦机械厂、江苏省产品质量监督检验研究院、江苏方源集团有限公司。

本标准主要起草人：李晓滨、张建生、操恺、戴宁生。

本标准所代替标准的历次版本发布情况为：

——GB 1415—78、GB/T 1415—1992。

米制密封螺纹

1 范围

本标准规定了牙型角为60°、米制密封螺纹的牙型、基本尺寸、公差和标记。

内螺纹有圆锥内螺纹和圆柱内螺纹两种，外螺纹仅有圆锥外螺纹一种。内、外螺纹可以组成两种密封配合形式：圆锥内螺纹与圆锥外螺纹组成"锥/锥"配合；圆柱内螺纹与圆锥外螺纹组成"柱/锥"配合。

本标准适用于管子、阀门、管接头、旋塞等产品上的一般密封螺纹联结。装配时，推荐在螺纹副内添加合适的密封介质，例如密封胶带、密封胶等。

2 规范性引用文件

下列文件中的条款通过本标准的引用而成为本标准的条款。凡是注日期的引用文件，其随后所有的修改单(不包括勘误的内容)或修订版均不适用于本标准，然而，鼓励根据本标准达成协议的各方研究是否可使用这些文件的最新版本。凡是不注日期的引用文件，其最新版本适用于本标准。

GB/T 192 普通螺纹 基本牙型(GB/T 192—2003，ISO 68-1:1998，ISO general purpose screw threads—Basic profile—Part 1:Metric screw threads，MOD)

GB/T 197 普通螺纹 公差(GB/T 197—2003，ISO 965-1:1998，ISO general purpose metric screw threads—Tolerances—Part 1:Principles and basic data，MOD)

GB/T 14791 螺纹术语(GB/T 14791—1993，neq ISO 5408:1983)

3 术语和代号

3.1 术语

本标准所使用的螺纹术语均应符合GB/T 14791的规定。

3.2 代号

D——内螺纹在基准平面内的大径；

D_2——内螺纹在基准平面内的中径；

D_1——内螺纹在基准平面内的小径；

d——外螺纹在基准平面内的大径；

d_2——外螺纹在基准平面内的中径；

d_1——外螺纹在基准平面内的小径；

P——螺距；

H——原始三角形高度；

L_1——基准距离；

L_2——有效螺纹长度；

φ——圆锥螺纹锥角的一半；

T_1——圆锥外螺纹基准距离(基准平面位置)公差；

T_2——圆锥内螺纹基准距离(基准平面位置)公差。

4 牙型

米制密封圆锥螺纹的基本牙型应符合图1的规定；米制密封圆柱内螺纹的基本牙型应符合GB/T 192的规定。圆锥螺纹的锥度为1:16。

螺纹牙型尺寸按下列公式进行计算：

$$H = 0.866\ 025\ 404P$$
$$5H/8 = 0.541\ 265\ 877P$$
$$3H/8 = 0.324\ 759\ 526P$$
$$H/4 = 0.216\ 506\ 351P$$
$$H/8 = 0.108\ 253\ 175P$$

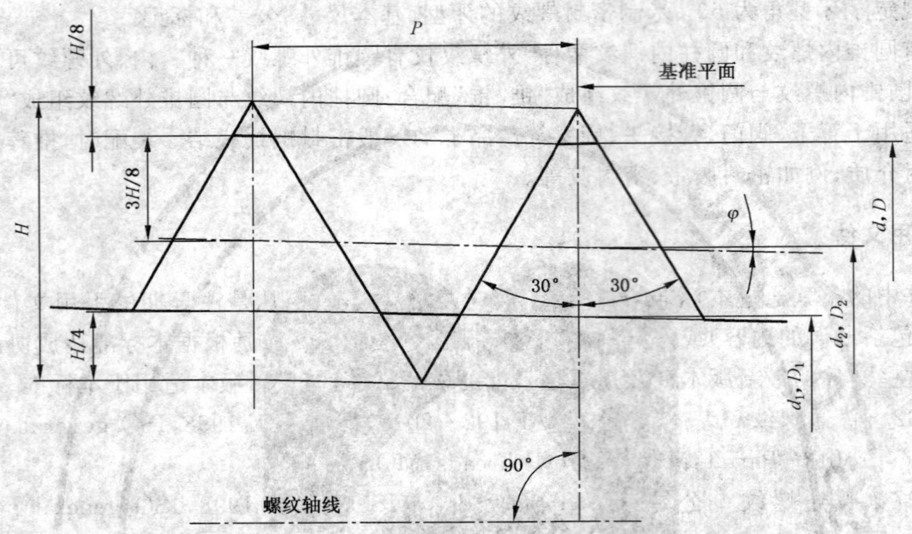

$\varphi = 1°47'24''$；

锥度：$2\tan\varphi = 1:16$。

图 1　圆锥螺纹的基本牙型

5　基本尺寸

螺纹中径和小径基本尺寸按下列公式进行计算：

$$D_2 = d_2 = d - 0.649\ 5P$$
$$D_1 = d_1 = d - 1.082\ 5P$$

圆锥外螺纹基准平面的理论位置位于垂直于螺纹轴线、与小端面相距一个基准距离的平面；内螺纹基准平面的理论位置位于垂直于螺纹轴线的端面。

米制密封螺纹各主要尺寸的分布位置见图 2，其基本尺寸应符合表 1 的规定。

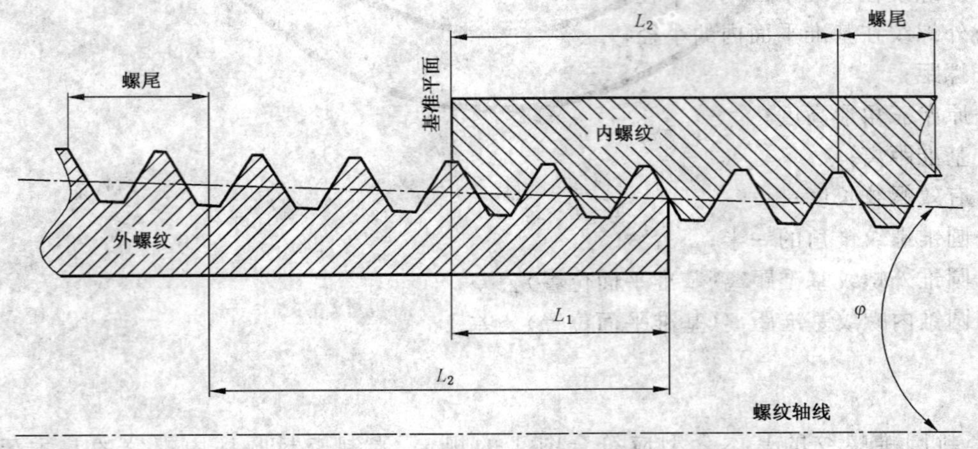

图 2　米制密封螺纹上各主要尺寸的分布位置

表 1 米制密封螺纹的基本尺寸

单位为毫米

公称直径 D,d	螺距 P	基准平面内的直径[a]			基准距离[b]		最小有效螺纹长度[b]	
		大径 D,d	中径 D_2,d_2	小径 D_1,d_1	标准型 L_1	短型 $L_{1短}$	标准型 L_2	短型 $L_{2短}$
8	1	8.000	7.350	6.917	5.500	2.500	8.000	5.500
10	1	10.000	9.350	8.917	5.500	2.500	8.000	5.500
12	1	12.000	11.350	10.917	5.500	2.500	8.000	5.500
14	1.5	14.000	13.026	12.376	7.500	3.500	11.000	8.500
16	1	16.000	15.350	14.917	5.500	2.500	8.000	5.500
	1.5	16.000	15.026	14.376	7.500	3.500	11.000	8.500
20	1.5	20.000	19.026	18.376	7.500	3.500	11.000	8.500
27	2	27.000	25.701	24.835	11.000	5.000	16.000	12.000
33	2	33.000	31.701	30.835	11.000	5.000	16.000	12.000
42	2	42.000	40.701	39.835	11.000	5.000	16.000	12.000
48	2	48.000	46.701	45.835	11.000	5.000	16.000	12.000
60	2	60.000	58.701	57.835	11.000	5.000	16.000	12.000
72	3	72.000	70.051	68.752	16.500	7.500	24.000	18.000
76	2	76.000	74.701	73.835	11.000	5.000	16.000	12.000
90	2	90.000	88.701	87.835	11.000	5.000	16.000	12.000
	3	90.000	88.051	86.752	16.500	7.500	24.000	18.000
115	2	115.000	113.701	112.835	11.000	5.000	16.000	12.000
	3	115.000	113.051	111.752	16.500	7.500	24.000	18.000
140	2	140.000	138.701	137.835	11.000	5.000	16.000	12.000
	3	140.000	138.051	136.752	16.500	7.500	24.000	18.000
170	3	170.000	168.051	166.752	16.500	7.500	24.000	18.000

[a] 对圆锥螺纹，不同轴向位置平面内的螺纹直径数值是不同的。要注意各直径的轴向位置。

[b] 基准距离有两种型式：标准型和短型。两种基准距离分别对应两种型式的最小有效螺纹长度。标准型基准距离 L_1 和标准型最小有效螺纹长度 L_2 适用于由圆锥内螺纹与圆锥外螺纹组成的“锥/锥”配合螺纹；短型基准距离 $L_{1短}$ 和短型最小有效螺纹长度 $L_{2短}$ 适用于由圆柱内螺纹与圆锥外螺纹组成的“柱/锥”配合螺纹。选择时要注意两种配合形式对应两组不同的基准距离和最小有效螺纹长度，避免选择错误。

6 公差

6.1 圆锥螺纹公差

6.1.1 基准平面位置的极限偏差

圆锥螺纹基准平面位置的极限偏差见表2。

表2 圆锥螺纹基准平面位置的极限偏差

单位为毫米

螺距 P	圆锥外螺纹基准平面的极限偏差 ($\pm T_1/2$)	圆锥内螺纹基准平面的极限偏差 ($\pm T_2/2$)
1	0.7	1.2
1.5	1	1.5
2	1.4	1.8
3	2	3

6.1.2 牙顶高和牙底高的极限偏差

螺纹牙顶高和牙底高的极限偏差见表3。

表3 螺纹牙顶高和牙底高的极限偏差

单位为毫米

螺距 P	外螺纹极限偏差		内螺纹极限偏差	
	牙顶高	牙底高	牙顶高	牙底高
1	$^{0}_{-0.032}$	$^{-0.015}_{-0.050}$	±0.030	±0.030
1.5	$^{0}_{-0.048}$	$^{-0.020}_{-0.065}$	±0.040	±0.040
2	$^{0}_{-0.050}$	$^{-0.025}_{-0.075}$	±0.045	±0.045
3	$^{0}_{-0.055}$	$^{-0.030}_{-0.085}$	±0.050	±0.050

6.1.3 单项要素的极限偏差

圆锥螺纹的牙侧角、螺距和中径锥度极限偏差见表4。

表4 螺纹其他单项要素的极限偏差

螺距 P/mm	牙侧角/(′)	螺距累积/mm		中径锥角[a]/(′)	
		在 L_1 范围内	在 L_2 范围内	外螺纹	内螺纹
1	±45	±0.04	±0.07	$^{+24}_{-12}$	$^{+12}_{-24}$
1.5					
2					
3					
a 测量中径锥角的测量跨度为 L_1。					

6.2 圆柱内螺纹公差

6.2.1 中径公差

圆柱内螺纹中径公差带为5H，其公差值应符合GB/T 197的规定。

6.2.2 牙顶高和牙底高的极限偏差

圆柱内螺纹的牙顶高和牙底高极限偏差见表3。

7 螺纹标记

7.1 基本标注

米制密封螺纹标记由螺纹特征代号、尺寸代号和基准距离组别代号组成。

圆锥螺纹的特征代号为“Mc”;圆柱内螺纹的特征代号为“Mp”。

螺纹尺寸代号为“公称直径×螺距”,公称直径和螺距数值的单位为毫米。

当采用标准型基准距离时,可以省略基准距离组别代号(N);短型基准距离的组别代号为“S”。

标记示例:

公称直径为 12 mm、螺距为 1 mm、标准型基准距离、右旋的圆锥螺纹:Mc12×1;

公称直径为 20 mm、螺距为 1.5 mm、短型基准距离、右旋的圆锥外螺纹:Mc20×1.5-S;

公称直径为 42 mm、螺距为 2 mm、短型基准距离、右旋的圆柱内螺纹:Mp42×2-S。

7.2 左旋螺纹

对左旋螺纹,应在基准距离组别代号之后标注“LH”。右旋螺纹不标注旋向代号。

标记示例:

公称直径为 12 mm、螺距为 1 mm、标准型基准距离、左旋的圆锥螺纹:Mc12×1-LH。

7.3 螺纹副

对“锥/锥”配合螺纹(标准型),其内螺纹、外螺纹和螺纹副三者的标注方法相同,没有差异。

对“柱/锥”配合螺纹(短型),螺纹副的特征代号为“Mp/Mc”。前面为内螺纹的特征代号,后面为外螺纹的特征代号,中间用斜线分开。

标记示例:

公称直径为 12 mm、螺距为 1 mm、标准型基准距离、右旋的圆锥螺纹副:Mc12×1;

公称直径为 20 mm、螺距为 1.5 mm、短型基准距离、右旋的圆柱内螺纹与圆锥外螺纹副:Mp/Mc20×1.5-S

8 螺纹检验

两种配合螺纹所使用的量规不同。用圆锥螺纹塞规和环规以及圆锥光滑塞规和环规综合检验“锥/锥”配合密封螺纹;用圆锥螺纹塞规和圆柱螺纹环规综合检验“柱/锥”配合密封螺纹。

因控制质量需要,允许在合同中增加进行螺纹单项要素检验要求。

ICS 29.050;59.100
Q 50

中华人民共和国国家标准

GB/T 1426—2008
代替 GB/T 1426—1978

炭素材料分类

The classifications of carbon materials

2008-08-05 发布　　2009-04-01 实施

中华人民共和国国家质量监督检验检疫总局
中国国家标准化管理委员会　发布

前 言

本标准代替 GB/T 1426—1978《炭素材料分类》。

本标准与 GB/T 1426—1978 相比主要变化如下：

——增加了“炭素材料大类”,10 个大类；

——增加了“炭素材料原料类”,39 个小类；

——增加了“电工机械用炭素材料类”,14 个小类；

——增加了“化工用炭素材料类”,15 个小类；

——增加了“特种炭制品类”,23 个小类；

——增加了“炭纤维及其复合材料类”,27 个小类；

——增加了“纳米炭材料类”,9 个小类；

——“石墨制品类”删除了 1 个小类,增加了 9 个小类,共 14 个小类；

——“炭制品类”删除了 3 个小类,增加了 12 个小类,共 16 个小类；

——“炭糊类”删除了 1 个小类,增加了 5 个小类,共 9 个小类；

——“特种石墨制品类” 删除了 1 个小类,增加了 25 个小类,共 27 个小类；

——合计增加了 6 个大类,删除了 6 个小类,新增加 178 个小类,共 193 个小类；

——每个炭素材料小类增加了英文缩写；

——增加了规范性引用文件；

——删除了附录。

本标准由中国钢铁工业协会提出。

本标准由全国钢标准化技术委员会归口。

本标准起草单位:武汉科技大学、冶金工业信息标准研究院、吉林炭素股份有限公司。

本标准主要起草人:赵敏伦、何选明、王世杰、魏仁零、孙伟、朱海哲。

本标准所代替标准的历次版本发布情况为：

——GB/T 1426—1978。

炭素材料分类

1 范围

本标准规定了炭素材料的分类方法、分类等内容。

本标准适用于冶金、电工机械、化工和其他工业作为导电材料、结构材料和特殊功能材料等用途使用的炭素材料的分类。

2 规范性引用文件

下列文件中的条款通过本标准的引用而成为本标准的条款。凡是注日期的引用文件，其随后所有的修改单(不包括勘误的内容)或修订版均不适用于本标准，然而，鼓励根据本标准达成协议的各方研究是否可使用这些文件的最新版本。凡是不注日期的引用文件，其最新版本适用于本标准。

GB/T 8718 炭素材料术语

3 分类方法

3.1 炭素材料一般按其用途、特点不同划分类别，每类又包括若干品种。

3.2 炭素材料分类以 GB/T 8718 为基础，对炭素材料术语中每一种原料和产品都进行了分类。

3.3 除了炭素材料大类外，每种炭素材料都有相对应的英文名词或英文缩写。例如，炭纤维“carbon fiber”的英文缩写为“CF”。

3.4 每一种炭素材料大类有一个由(1～2)个汉语拼音字母组成的大类代号，它们是该炭素材料大类汉语名词第一个汉字汉语拼音声母的大写。例如，石墨制品类的第一个汉字“石”的汉语拼音为“shi”，故其代号为“S”。当仅用第一个汉字汉语拼音的声母不能区别时，则采用汉语名词第一个汉字和第二个汉字汉语拼音声母的大写，共同组成大类代号。如炭糊类，仅用第一个汉字汉语拼音的声母，其代号应为“T”，与炭制品类相同，故炭糊类代号增加第二个汉字“糊”的汉语拼音“hu”的声母大写“H”，即炭糊类代号为“TH”。

3.5 每一大类炭素材料所属的每一品种，都有一个由汉语拼音字母组成的类别代号。其组成规则为：第一个或第一、第二两个字母为大类代号，其后是该品种汉语名词最后一个词的第一个汉字汉语拼音声母的大写。当不能区别时，增加开头第一词第一个汉字汉语拼音声母的大写，仍然不能区别时，增加第二词第一个汉字汉语拼音声母的大写。依次类推。例如，石墨块代号为“SK”；高功率石墨电极代号为“SDG”；煅烧针状焦代号为“YJDS”等。

4 分类

4.1 炭素材料大类

炭素材料大类见表 1。

表 1 炭素材料分类总表

序号	名称	代号	特点与用途
1	炭素材料原料	Y	各种炭素产品的生产原料，主要包括各种人造的和天然的碳质固体、有机烃类液体和气体以及炭素生产的返回料
2	冶金用石墨制品类	S	用于钢铁冶金和有色冶金各种石墨质炭素产品
3	冶金用炭制品类	T	用于钢铁冶金和有色冶金各种碳质炭素产品

表 1(续)

序号	名　称	代号	特　点　与　用　途
4	冶金用炭糊类	TH	用于钢铁冶金和有色冶金各种碳质炭糊产品
5	电工机械用炭素材料类	D	用于电工与机械行业的各种炭素产品
6	化工用炭素材料类	H	用于化工行业的各种炭素产品
7	特种石墨制品类	TS	用非传统工艺制取具有特殊的微观组织和晶体结构,呈现某种特殊性能和用途的石墨质炭素材料。用于电子、军工、航空航天、生物医学等行业
8	特种炭制品类	TT	用非传统工艺制取具有特殊的微观组织和晶体结构,呈现某种特殊性能和用途的碳质炭素材料。用于电子、军工、航空航天、生物医学等行业
9	炭纤维及其复合材料类	TX	以炭纤维(包括石墨纤维)为主要结构材料和功能材料的各种产品和复合材料
10	纳米炭材料类	N	至少有一维尺度为纳米级的各种炭素材料

4.2 炭素材料原料类(Y 类)

炭素材料原料类见表 2。

表 2 炭素材料原料(Y 类)分类表

序号	名　称	英文缩写	代号	特　点　与　用　途
1	石油焦	PC	YJS	石油渣油、石油沥青经焦化后得到的可燃固体产物。它是所有特定的石油焦产品,如生焦、煅烧焦、针状石油焦的一个通用术语。属于易石墨化炭
2	延迟焦	DC	YJY	用延迟焦化法工艺处理高沸点碳氢化合物馏分时(处理石油重质渣油或煤焦油沥青)生成的固体炭化产物。属于易石墨化炭
3	流化焦	FC	YJLH	用流化焦化法处理高沸点碳氢化合物馏分时(处理石油重质渣油或煤焦油沥青)生成的固体炭化产物。属于易石墨化炭
4	煤沥青焦	CPC	YJLQ	以煤沥青为原料,经高温焦化或延迟焦化而获得的固体炭化产物。属于易石墨化炭
5	针状焦	NC	YJZ	由精制的石油沥青或煤焦油沥青(脱除杂质和原生喹啉不溶物)经延迟焦化而制得。针状焦层状结构高度平行,石墨化性能非常好的一种特殊类型的焦炭。属于易石墨化炭
6	冶金焦	MC	YJY	煤或混合煤料在焦炉内高温干馏炭化生成的高强度大孔炭材料。用于高炉炼铁、熔铁、有色金属冶炼、铁合金和炭素制品生产的优质焦炭。属于难石墨化炭
7	生焦	GC	YJS	未经煅烧的高沸点碳氢化合物固体炭化产物(如石油焦和煤沥青焦)
8	煅烧焦	CC	YJD	生焦经高温煅烧处理获得的焦炭
9	煅烧石油焦	CPC	YJDS	由石油焦经高温煅烧处理后获得的焦炭
10	煅烧沥青焦	CCPC	YJDL	由沥青焦经高温煅烧处理后获得的焦炭
11	煅烧针状焦	CNC	YJDZ	由针状焦生焦经高温煅烧处理后获得的焦炭
12	石墨化焦	GC	YJSM	经过石墨化处理后的焦炭
13	无烟煤	Anth.	YMW	煤炭分类中高煤化度的煤,是生产各种炭块、炭质电极和电极糊的原料。属于难石墨化炭
14	超低灰无烟煤	UCA	YMWC	可用于生产活性炭、增碳剂、高石墨阴极炭块等低灰炭素产品的煤
15	煅烧无烟煤	CAC	YMDW	无烟煤经高温煅烧处理后获得的

表 2(续)

序号	名 称	英文缩写	代号	特 点 与 用 途
16	天然石墨	NG	YST	一种黑色带有光泽、天然产出的石墨质矿物。根据外观和性状分为显晶石墨(也称鳞片石墨)和隐晶石墨(也称土状石墨)两类
17	鳞片石墨	FG	YSL	又称“显晶石墨”。天然产出的晶质石墨,其形似鱼鳞状,属六方晶系,呈层状结构,具有良好的耐高温、导电、导热、润滑、可塑及耐酸碱等性能
18	土状石墨	AG	YSTZ	又称“隐晶石墨”或“无定型石墨”。天然产出的隐质石墨,由微小石墨晶体构成的致密集合体。颜色灰黑或钢灰,有金属光泽具滑感,易染手,化学性质稳定,能传热导电,耐高温,耐酸碱,耐腐蚀、抗氧化。由于其晶体细小,可塑性强,黏附力良好
19	可膨胀石墨	EG	YSK	经特殊处理后遇高温可瞬间膨胀成蠕虫状的鳞片石墨
20	木炭	charcoal	YM	由木质材料等在隔绝空气的条件下加热制得的一种含 85%～98% 孔隙的多孔性固体材料。主要用于电炭行业制造电刷和多孔性的炭素制品
21	炭黑	CB	YTH	由烃类化合物热分解或不充分燃烧而制得的具有高度分散性的黑色粉末状物质的统称。用做电工、机械、橡胶工业、油漆涂料工业等炭素制品的原材料及辅助材料
22	碳化硅	SC	YGT	硅与碳元素以共价键结合的非金属碳化物。化学式为 SiC,相对分子质量 40.10,硬度仅次于金刚石和碳化硼。它分为人工合成碳化硅和天然碳化硅。主要用来生产炼铁高炉用耐火砖、耐氧化涂层电极的涂层耐火烧结料的配料等
23	石墨碎	GS	YSMS	炭素制品在石墨化后产生的废品及石墨化品在加工时的切削碎等物料的总称
24	焙烧碎	BS	YSB	炭素制品在焙烧后产生的废品以及炭块、炭质电极等炭素制品在加工时的切削碎等物料的总称
25	生碎	GS	YSS	炭素制品在成型后产生的废品的总称
26	残极	BA	YCJ	预焙阳极在电解槽上使用后的残余部分。经过清理和粉碎、筛分加工后可以重新用作生产阳极炭块的骨料
27	粘结剂	binder	YN	制备糊料时,用于粘结焦炭或其他骨料、经焙烧可炭化的物质。一般为煤沥青、树脂等
28	浸渍剂	IA	YJ	用于浸渍炭素制品以提高其体积密度,降低其渗透率的物质。一般为煤沥青、树脂等
29	粘结剂沥青	PB	YLN	能将炭质骨料及粉料粘结到一起,混捏成型后形成可塑性糊料的沥青
30	浸渍沥青	PI	YLJ	用以浸渍炭素制品以提高其体积密度,降低其渗透率的沥青
31	煤沥青	CTP	YLM	煤经高温干馏产生的煤焦油经分级蒸馏后的釜底残渣。根据生产工艺和产品性能的不同,分为低温煤沥青、中温煤沥青、高温煤沥青和改质沥青四类。其中,中温煤沥青、高温煤沥青和改质沥青在炭素材料生产中都有重要应用
32	高温煤沥青	HTP	YLG	又称“高温沥青”。软化点(环球法)为 95 ℃～120 ℃的煤沥青。可用作生产沥青针状焦的原料
33	中温煤沥青	MTP	YLZ	又称“中温沥青”。软化点(环球法)为 75 ℃～95 ℃的煤沥青

表 2（续）

序号	名 称	英文缩写	代号	特 点 与 用 途
34	改质沥青	MP	YLGZ	按照炭素制品生产对黏结剂的特殊要求而生产的一类优质煤沥青。与中温沥青相比较有较好的黏结性、流变和较高的结焦值
35	石油沥青	PA	YLS	一种外观为黑色固体、半固体或黏度液体的重质石油产品。经过特殊加工后可用作炭素制品的黏结剂或浸渍剂，也可用作生产石油针状焦的原料
36	中间相沥青	MP	YLZJ	经热处理后含相当数量中间相的煤沥青，其中的中间相组分具有各项异性特征。主要用于制备中间相沥青炭纤维、针状焦、碳-碳复合材料的基体材料和提取中间相炭微球等
37	氟化沥青	PF	YLF	将从煤和石油得到的沥青用氟气在室温至 130 ℃氟化，得到的白色粉末物质称为氟化沥青
38	粘结剂树脂	RB	YSN	具有黏结功能，作为炭素制品或其他工业产品黏结剂使用的树脂。主要有酚醛树脂、环氧树脂、呋喃树脂和水玻璃等
39	浸渍剂树脂	RIA	YSJ	用于浸渍石墨制品以提高其体积密度，降低其渗透率的物质。主要有酚醛树脂、环氧树脂、呋喃树脂和聚四氟乙烯树脂等

4.3 石墨制品类(S 类)

石墨制品类见表 3。

表 3 石墨制品(S 类)分类表

序号	名 称	英文缩写	代号	特 点 与 用 途
1	普通石墨电极	RP	SDP	以优质石油焦、沥青焦为主要原料，经高温石墨化制成。导电性好，具有一定机械强度。主要用于钢铁、有色冶炼以及硅、磷冶炼等行业
2	高功率石墨电极	HP	SDG	以优质石油焦、沥青焦为主要原料，经成型、焙烧、浸渍、石墨化和机械加工制成，使用电流密度为 18 A/cm³～25 A/cm³ 的石墨电极。通常用于高功率电弧炉作导电电极，导电性、机械强度及抗热冲击性能均比普通石墨电极高。使用电流密度比普通石墨电极高 15%～20%。广泛应用于钢铁、有色冶炼以及硅、磷冶炼等行业
3	超高功率石墨电极	UHP	SDC	采用针状焦等原料，经成型、焙烧、浸渍、石墨化和机械加工制成，使用电流密度大于 25 A/cm³ 的石墨电极。导电性、机械强度及抗热冲击性能均比高功率石墨电极高。使用电流密度比普通电极高 35%～55%以上。通常用于超高功率电弧炉作导电电极。广泛应用于钢铁、有色冶炼等行业
4	抗氧化涂层石墨电极	ORC	SDK	在电极表面涂覆一层抗氧化保护层的石墨电极，形成既能导电又耐高温氧化的保护层，同时还可降低炼钢时的电极消耗
5	高炉用石墨砖	GBBF	SZG	以石油焦、沥青焦和煤沥青为主要原料制成的用于砌筑炼铁高炉的炉底底层的石墨材料
6	石墨块	BG	SK	以石油焦、沥青焦为骨料和粉料，经过成型、焙烧、石墨化和机械加工等工序而制成的，呈一定几何形状的石墨材料的统称。用于冶金炉、电阻炉的炉衬和导电材料，经过特殊处理的石墨块可用于加工不透性石墨热交换器
7	高导热石墨块	HCCC	SKG	采用高导热性石墨材料为主要原料，经过成型焙烧制成。具有较高的导热系数，热传导性能好。主要用于高炉炉底的砌筑
8	超高导热石墨块	UHCC	SKCG	采用石油焦等原料，经过成型、焙烧、石墨化制成。具有很高的导热系数、热传导性能好。用于高炉炉底及炉腹的砌筑

表 3（续）

序号	名　称	英文缩写	代号	特　点　与　用　途
9	铝电解槽用石墨化阴极炭块	GCCB	SKL	采用石油焦等为原料，经过成型、焙烧、石墨化制成。导电性、机械强度、导热率、钠膨胀系数和抗腐蚀性比铝电解用炭块高。使用时导电性、导热率和抗腐蚀性比铝电解用炭块提高 25%～50%
10	石墨阳极	GA	SY	以石油焦、沥青焦为主要原料，经成型、焙烧、浸渍、石墨化和加工等工艺制成，用作电解槽导电阳极的石墨板、块或棒材
11	石墨发热体	GH	SF	用石墨材料制成的电炉加热发热体部件。主要有石墨电极、高纯细结构石墨、各向同性石墨和石墨布等。用于熔炼石英玻璃，提炼单晶硅、单晶锗、砷化镓、磷化铟等
12	阴极保护用石墨阳极	GACP	SYY	在外加电流的阴极保护系统中，对作为阴极的金属构件进行长期防腐蚀保护的石墨阳极
13	真空镀膜石墨	GVPF	SZD	经高温石墨化和多次煤沥青浸渍，具有气孔率低，导电导热性好，抗热震，细颗粒结构组成的高强高密石墨。主要用作蒸铝材料，还可作高性能粉冶成型烧结模和压铸模等
14	石墨粉	GP	SF	由石墨原料加工而成的粉末。可制作黑色颜料和耐高温的固体润滑剂，还大量用于制造电极、电刷、坩埚、高温炉发热体、密封圈、冶金模具等

4.4 炭制品类（T类）

炭制品类见表 4。

表 4　炭制品（T 类）分类表

序号	名　称	英文缩写	代号	特　点　与　用　途
1	铝电解用普通阴极炭块	CCAE	TKLP	以煅烧无烟煤为骨料，冶金焦为粉料，并加入 0～15%人造石墨进行焙烧制得。用作砌筑铝电解槽的阴极材料
2	铝电解用半石墨质阴极炭块	PGCC	TKLB	以电煅烧无烟煤为主要骨料，煤沥青为粘结剂，并加入 0～15%人造石墨，经模压成型后加工制成的铝电解槽用阴极炭块
3	铝电解用预焙阳极	ACAE	TYLY	以石油焦、沥青焦为骨料，煤沥青为黏结剂，经振动成型和焙烧制成，用作预焙铝电解槽的阳极材料
4	抗氧化涂层铝电解阳极	ACOR	TYK	以氧化铝溶胶为基本粘结相，在表面制备了相对致密的氧化铝溶胶复合涂层的铝电解阳极
5	硼化钛涂层炭块	B-TiB2	TKP	导电性能好，改善铝液对炭质材料的润湿性能，膨胀率低，减少钠的电解质对槽底底块的渗透和侵蚀
6	电炉炭块	BEF	TKD	采用优质无烟煤、焦炭、石墨等为原料制成的炭块，具有较高的机械强度。用作铁合金炉、电石炉等的炉衬和导电材料
7	普通高炉炭块	CBBF	TKPG	以优质无烟煤、冶金焦为主要原料制成的炭块。具有较高的机械强度，较好的导热性和耐腐蚀性。用于砌筑炼铁高炉的内衬
8	半石墨质高炉炭块	PGCB	TKBG	以高温煅烧无烟煤、石墨为主要原料制成的，用于砌筑炼铁高炉的内衬材料
9	高炉用微孔炭砖	MCBB	TZGW	采用优质无烟煤为原料，加入多种添加剂，经过成型、焙烧制成。具有一定的导热系数、微孔指标和透气性指标，用于高炉炉缸部分的砌筑
10	高炉用超微孔炭砖	UMCB	TZGC	以高温电煅烧无烟煤和煤沥青为主要原料，并加有多种添加剂制成的，氧化率低，抗铁水溶蚀性、耐碱侵蚀性、导热性好，平均孔径小于 0.1 μm，用于砌筑高炉炉衬

表 4(续)

序号	名　称	英文缩写	代号	特　点　与　用　途
11	矿热炉用炭块	CBOF	TKK	以优质无烟煤、焦炭、石墨等为原料制成的炭块,用作铁合金炉、电石炉等的炉衬和导电材料
12	自焙炭块	BSB	TKZ	采用无烟煤、焦炭、石墨等材料经成型制得,具有较高的机械强度,较好的导热性能和高耐腐蚀性。用于砌筑高炉、电炉等
13	炭电极	CET	TD	以无烟煤、冶金焦(或石油焦)等为主要原料制成的,焙烧后即可加工为成品的碳质导电电极。主要用于生产铁合金、黄磷和刚玉的矿热炉作导电电极
14	炭阳极	CA	TY	采用优质石油焦和电极沥青等为主要原料制成的,具有较高的机械强度与导电性。用于铝电解槽作阳极导电材料
15	制氟用炭阳极	CAF	TYZF	将磨碎的煅烧石油焦和煤沥青按一定比例混合后,经成型、焙烧而成(也有经浸渍和二次焙烧的)。用作中温电解制氟电解槽内的阳极材料
16	阴极炭块	CCB	TKY	以优质无烟煤、焦炭、石墨等为原料制成的炭块,用作铝电解槽的阴极

4.5　炭糊类(TH 类)

炭糊类见表 5。

表 5　炭糊(TH 类)分类表

序号	名　称	英文缩写	代号	特　点　与　用　途
1	铝电解用阴极糊	CP	THLY	采用煅烧无烟煤、冶金焦为骨料,中温煤沥青、煤焦油为黏结剂制成。用以砌筑电解槽阴极炭块填充阴极缝隙的炭糊
2	冷捣糊	CRP	THL	采用普通煅烧无烟煤和高温电煅烧无烟煤,并添加少量石墨制成。它的软化点低,挥发分高
3	电极糊	EP	THD	以无烟煤、冶金焦、石油焦为主要原料经混捏制成的炭糊。包括密闭糊、标准电极糊和化工电极糊。用于封闭式、敞口式和半封闭式矿热炉的自焙电极
4	密闭糊	CFP	THM	采用石油焦、无烟煤、冶金焦为主要原料,煤沥青为粘结剂而制成。用于密闭式矿热炉自焙电极
5	粗缝糊	SP	THC	以无烟煤、焦炭、石墨为主要原料经混捏制成的炭糊,用作炉底炭捣层、炭块与炉壳之间大于 40 mm 缝隙的糊料
6	细缝糊	CTP	THX	采用石油焦、无烟煤、冶金焦为主要原料,煤沥青为粘结剂而制成。用于高炉砌筑的填料
7	炭胶泥	CG	THJ	采用高温电煅烧无烟煤、石墨粉料和低软化点粘结剂(煤沥青与煤焦油的混合物)作原料,用于黏结炭块之间小于 1 mm 缝隙的炭糊
8	炭素泥浆	CC	THN	以焦炭、无烟煤、人造或天然石墨为主要原材料,树脂、煤沥青等作黏结剂,配以其他粘结成分制成,用于高炉和其他工业窑炉炭砖(块)砌筑
9	糊料	mass	THH	由碳质骨料、粘结剂等经加热混合,在一定温度范围内具有可塑性的物料

4.6　电工机械用炭素材料类(D 类)

电工机械类用炭素材料类见表 6。

表 6 电工机械用炭素材料(D 类)分类表

序号	名 称	英文缩写	代号	特 点 与 用 途
1	电刷	EB	DS	又称“炭刷”。用在电机的换向器或集电环上,作为导入或导出电流的滑动接触体的统称
2	电化石墨电刷	EGB	DSD	以天然石墨、焦炭、炭黑或木炭为主要原料,经 2 500 ℃高温处理后制成的电刷。电阻较高,适用于高速、换向困难的电机
3	炭石墨电刷	CGB	DST	由非石墨质炭和石墨的混合物制成的电刷
4	树脂粘合石墨电刷	RBGB	DSSN	以天然石墨、焦炭、炭黑为骨料,合成树脂为粘合剂制成的石墨电刷。电阻高,适用于换向特别困难的交流换向器电机
5	石墨电刷	GB	DSS	以天然石墨、焦炭、炭黑为主要骨料,采用沥青或树脂做粘结剂经焙烧或在约 1 000 ℃高温烧结制成的电刷。润滑性能好,适用于一般速度,换向困难的电机
6	金属石墨电刷	MGB	DSJ	由银、铜及少量的锡铅等金属粉末渗入石墨混合制成的电刷。电阻较小,适用于要求低电压、大电流密度的电机,如电解、电镀用直流电机
7	石墨触点	GC	DCS	采用粉末冶金熔渗法等工艺制成,具有良好的导电性能、耐磨不熔化、不粘连等特性,在电气装置中作为切断、开启的导电接触点
8	炭-石墨触头	CGC	DCT	以炭质材料或石墨材料为基材制造的,将电流由一个部件导向另一个部件的滑动或滚动炭素材料
9	炭滑块	CC	DTH	用于无轨电车、铁路和矿山电力机车滑动受电的炭素材料器件
10	电弧炭棒	ARCC	DHP	放电电弧(弧光)用炭棒的总称。用多种炭素原料制成,通电时能够稳定燃烧,产生弧光,用于电影放映、摄影、照相制版、人工阳光老化仪、炭弧气刨和光谱分析仪等作光源或热源
11	电火花加工用电极	EEDM	DDD	专用于电火花加工用的电极。通过其放电能使加工物熔融并进行加工
12	炭电阻片柱	CRP	DDZ	采用炭素粉末经压制成型、焙烧、加工和迭装制成,用于自动电压调整器随着炭柱两端压力变化而相应改变电阻的炭素材料器件
13	炭棒	CR	DP	以炭黑、石油焦和石墨同煤沥青在一定的温度下混捏、挤压成型、焙烧而成,作为各种电气设备中产生热能或光能的元器件
14	石墨机械	GM	DJS	与腐蚀性介质接触的零部件用石墨材料制作或表面贴附石墨材料的机械设备。具有耐腐蚀性强、传热效率高、使用寿命长等优点

4.7 化工用炭素材料类(H 类)

化工用炭素材料类见表 7。

表 7 化工用炭素材料(H 类)分类表

序号	名 称	英文缩写	代号	特 点 与 用 途
1	不透性石墨	IG	HSB	对气体、蒸汽、液体等流体介质具有不透性的石墨制品。包括浸渍石墨、压型石墨、浇铸石墨和增强材料与石墨基材的复合材料等
2	浸渍不透石墨	IIG	HSJ	又称“浸渍石墨”。以石墨材料为坯料经机械加工后,再用热固性树脂进行浸渍、固化而制成的不透性石墨
3	压型不透石墨	CIG	HSY	以石墨粉为原料,以树脂为粘结剂,按一定配比进行混捏、成型和固化而制成的不透性石墨
4	浇注不透石墨	PIG	HSJ	将石墨粉与树脂进行混合(混合物具有良好流动性),于常温(或加热)常压(或加压)下经浇注、固化而制成的不透性石墨

表 7（续）

序号	名　称	英文缩写	代号	特　点　与　用　途
5	石墨设备	GE	HSS	以石墨材料为基材制造的设备。包括石墨热交换器、石墨降膜吸收器、石墨合成炉、石墨硫酸稀释冷却器、石墨塔、石墨泵、石墨管道和石墨机械等
6	石墨热交换器	GHE	HSJ	以不透性石墨为基材制造的换热设备。按结构形式，可分为列管式、块孔式、喷淋式、沉浸式等。按工艺作用，又可分为蒸发器、加热器、冷却器和冷凝器等
7	块孔式石墨热交换器	BHGHE	HSRK	由石墨热交换块叠装而成，二端有导流腐蚀性介质的石墨封头，一般配有金属外壳（圆块孔式）或两侧平板（矩形块孔式），以集流载热体的换热器
8	石墨降膜吸收器	GFFA	HXS	以不透性石墨为主体的降膜式气体吸收设备。主要用于 HCl 气体吸收以制取盐酸，也可以用于 NH_3、SO_3、H_2S 等腐蚀性气体的吸收与分离
9	石墨合成炉	GSF	HHS	以石墨材料为基材制造的化学合成或焚烧设备。主要有石墨氯化氢合成炉和石墨盐酸合成炉
10	石墨硫酸稀释冷却器	GSADC	HLS	以不透性石墨为基材制造的主要用于稀释、冷却硫酸的设备。也可用于其他液体物料的稀释
11	石墨塔	GC	HTS	以石墨材料为基材制造的用于气-液或液-液间传质的塔设备
12	石墨泵	GP	HBS	与腐蚀性介质接触的零部件用石墨制作的泵类设备。按结构及作用分，有离心泵、轴流泵和喷射泵等数种
13	石墨管道	GP	HGS	不透性石墨管与管件的组合。石墨管分压型管与浸渍管两类。石墨压型管由石墨粉与一定比例的树脂混捏后挤压成型而得，又称为石墨塑料管
14	炭分子筛	CMS	HFT	是一种具有较均一微孔结构的新型炭质吸附剂，其微孔孔径与吸附质分子的临界尺寸相当。与活性炭相比，炭分子筛的吸附容量较小，微孔孔径分布较窄
15	炭素烧结管	SCT	HGT	以多种炭素原材料加工而成的管状产品。具有导热好、强度高、耐腐蚀、重量轻等特点。主要用于真空炉中发热体和各种导管、保护管。经树脂浸渍固化适用于高性能列管式换热器的换热管和输送腐蚀性流体导管等

4.8　特种石墨制品类（TS 类）

特种石墨制品类见表 8。

表 8　特种石墨（TS 类）分类表

序号	名　称	英文缩写	代号	特　点　与　用　途
1	核石墨	NG	TSH	采用优质低灰分原料，经高温石墨化和除灰处理后制成。具有很高的纯度和较高的机械强度。用于原子能反应堆
2	宇航石墨	SNG	TSY	用于制造导弹和航天器部件的特种石墨材料
3	光谱石墨	SG	TSG	此种石墨总灰分含量要求在 20×10^{-6} 以下。主要用于光谱分析
4	多孔石墨	PG	TSD	由天然鳞片石墨经过插层、膨化、压缩制备而成。总气孔率大于 45%，体积密度小于 1.20 g/cm³ 的石墨质炭素制品。可用于吸附剂、医用敷料等

表 8（续）

序号	名　称	英文缩写	代号	特　点　与　用　途
5	分析用石墨	GA	TSF	具有纯度高、颗粒细、高强度、结构致密等特点，适用于作国产或进口各种型号的分光光度计石墨炉锥体，石墨管（杯）和热解石墨涂层石墨管（杯），及其他分析用石墨制品
6	氟化石墨	GF	TSFH	是氟元素与石墨合成的一种层间化合物。氟化石墨有两种稳定的存在形式，其化学式为$(CF)_n$和$(C_2F)_n$。二者均为白色薄片状聚合物。可作为固体润滑剂和高能量密度锂电池的正极材料
7	超细颗粒石墨	SGG	TSCX	用粒度为 6 μm～10 μm 炭颗粒和细粉为骨料制成的人造石墨。适用于加工大型压铸模、锻造模及一般塑料模
8	超微细颗粒石墨	UFGG	TSCW	用粒度为 1 μm～5 μm 炭颗粒和细粉为骨料制成的人造石墨。适用于加工精密注塑模、塑胶模及精度较高的大型模具等
9	高纯石墨	HPG	TSGC	采用纯化石墨化工艺制成的，碳含量高于 99.995%，灰分低于 1 000 mg/kg的人造石墨。按颗粒结构，可分为粗颗粒石墨、核石墨、宇航石墨和细颗粒石墨等
10	高定向热解石墨	HOPG	TSGR	经高温（3 000 ℃左右）加压处理的热解石墨，性能接近单晶石墨。主要用于显微镜和衍射仪等仪器的石墨单色器
11	高强高密石墨	HSDG	TSGG	采用正常煅烧焦炭外或者以生石油焦、低温（500 ℃左右）煅烧石油焦为原料，也有以超细粒度的焦炭粉为原料成型制成的人造石墨。主要用于宇航工业和制作热压模具等
12	各向同性石墨	LG	TSGT	一般用静压方法成型，石墨微晶无序地取向排列，具有各向同性结构的石墨材料。通常指异向度小于 1.10 的石墨材料。主要用于核反应堆、火箭喷嘴、连续铸钢、电火花加工和半导体器件等
13	硅化石墨	SG	TSGH	在石墨材料表面涂覆碳化硅层而构成的一种复合材料。碳化硅层厚为 1 mm～1.5 mm。用于机械密封端面材料，半导体工业中硅外延生长的发热片基体和夹具及制造人工关节、人造心脏瓣膜、人造齿根等的原料
14	激光石墨	SG	TSJG	用于激光器的石墨制品
15	胶体石墨	CG	TSJT	又称"石墨乳"。小于 4 μm 的石墨颗粒均匀地分散于水、油及其他有机溶剂中，构成黑色黏稠的悬浮液体。具有优良的高润滑、高导电、高吸附、高塑性及催化性能，主要用于高温润滑剂基料，电接触点合金，化学工业触媒等
16	连铸石墨	GCCM	TSLZ	用于连铸结晶器的石墨制品
17	模具石墨	MG	TSMJ	经高温石墨化处理制成，灰分最低分别可达 100 mg/kg 以下，综合性能优异的高纯、高纯致密、高纯高密、高强高密和各向同性等特种高纯模具用石墨制品
18	人造金刚石单晶石墨	GMMD	TSRJ	人造金刚石用石墨。分为三类：一是冲压成型石墨粉压片；二是高纯石墨棒切割石墨片；三是高纯石墨粉
19	热压石墨	TCG	TSR	用粉末冶金法制得的高密高强石墨。主要用于汽车水封、微型水泵密封件
20	刷镀石墨	BPG	TSSD	以石油焦、沥青焦、煤沥青等为主要原料制成的，用于刷镀阳极的石墨材料

表 8（续）

序号	名　称	英文缩写	代号	特　点　与　用　途
21	弹性石墨	EG	TSTX	将由重质沥青或热塑性树脂经热处理而得的炭质中间相，用硫酸和浓硝酸的混合液在 0 ℃～100 ℃进行热硝化处理后得到的硝化炭质中间相。具有密度小、能被高度压缩、失去压力后又能回复的性能。可用于在温度宽范围内工作的加温元件和密封元件
22	燃料电池用石墨双极板	GBPF	TSRS	双极板是燃料电池最主要元件。采用膨胀石墨、炭纤维增强酚醛树脂复合石墨等材料制成的燃料电池用双极板具有密度低，具备一定的弹性，功率密度大和耐冲击振动的优点
23	柔性石墨	FG	TSRX	一种以天然鳞片石墨为原料，经氧化插层、骤热膨胀和压制或轧制而得到的可挠性纯石墨材料。具有优异的耐温性、耐腐蚀性、不透性和可压缩性等。可以制成柔性石墨填料、金属增强柔性石墨填料、柔性石墨盘根、柔性石墨纸、柔性石墨板和柔性石墨线等不同产品
24	石墨层间化合物	GIC	TSCJ	利用化学或物理方法在石墨晶体的层面间插入各种分子、原子或离子，而不破坏其二维结构，只是使其层间距增大，形成的一种石墨特有化合物。是一种二维的纳米级多功能材料
25	石墨坩埚	GC	TSGG	用石墨材料制成的坩埚。按材质可分为天然石墨坩埚、人造石墨坩埚、高纯石墨坩埚、玻璃炭坩埚等。按用途分有炼钢坩埚、炼铜坩埚、炼黄金坩埚、分析用坩埚等
26	石墨导电添加剂	EGA	TSDT	高性能导电石墨粉，导电性能优异，不含有害杂质。适合于各种二次电池(镍氢镍镉电池、铅酸电池、锂锰一次电池等)正负极材料做导电添加剂
27	氧化石墨	GO	TSY	石墨与氧之间形成的一种化合物。其化学分子式因制备方法及水分含量的不同而异。碳原子与氧原子的比例大约在 6∶1～6∶2.5 之间。可用来制备石墨层间化合物，在电池中作去极化剂，掺入膨胀石墨以减少厚制品的开裂等

4.9　特种炭制品类(TT 类)

特种炭制品类见表 9。

表 9　特种炭制品(TT 类)分类表

序号	名　称	英文缩写	代号	特　点　与　用　途
1	玻璃炭	GC	TTB	以糠醇树脂等为原料，经固化和热处理而制成，质地均匀、致密，只有数量很少的微孔，并呈各向同性。主要用作实验室分析器皿、化学分析电极以及高温腐蚀性气氛中的温度计的保护管等
2	热解炭	PC	TTR	碳氢化合物气体在 800 ℃～2 500 ℃的高温炉内经热解、缩聚等复杂过程使碳沉积在基体上而制成的炭素材料的统称
3	高温热解炭	HTPC	TTRG	热解炭的一种。在较高沉积温度(1 800 ℃以上)，较低炉内气体压力(1.333 kPa～1.998 kPa)下制取的较高结晶取向的热解炭。基体一般是静止的
4	低温热解炭	LTPC	TTRD	热解炭的一种。沉积温度较低(1 500 ℃以下)，炉压较高(101.325 kPa)，基体有静止的和非静止的
5	炼钢用增碳剂	RS	TTZL	用电极块、焦炭粉和石墨化无烟煤等原料经过配料，粉碎、烘干和筛分等工序制成的，为了补足钢液中所需的碳含量而增加的含碳物质的统称。具有碳含量高、硫磷低、灰分少、强度高和抗氧化性强等特点

表 9（续）

序号	名 称	英文缩写	代号	特 点 与 用 途
6	低温各向同性炭	LTIC	TTGD	从流化床获得，沉积温度为 1 100 ℃～1 400 ℃，具有各向同性结构和性能的热解炭
7	多孔炭	PC	TTD	在 1 250 ℃～1 350 ℃温度下热处理制成，总气孔率大于 45%，体积密度小于 1.20 g/cm³ 的碳质炭素制品
8	多孔玻璃炭	PGC	TTBD	是含大量内在孔的玻璃炭的总称。通常，其孔隙率约为 20%～90%，大致分为开孔型和闭孔型（或连通孔型和独立孔型）
9	活性炭	AC	TTH	由炭质原料（如木材、植物壳、煤炭和纤维等）经过炭化和活化等工序制成的，具有极大比表面积、很强吸附和脱色能力的一类炭素材料
10	粒状活性炭	GAC	TTHL	粒度 1 mm～3 mm 的活性炭。一般用于气体、液体炭吸附塔中
11	粉状活性炭	PAC	TTHF	粒度一般在 0.249 mm（200 目）以下的活性炭。常用于医药、制糖、橡胶再生等领域
12	磁性活性炭	MAC	TTHC	将活性炭与磁性材料复合或混合制成的，具有磁性能被磁铁吸引的活性炭。一般用于提取黄金
13	泡沫炭	FC	TTP	采用泡沫有机物炭化法、泡沫陶瓷法、膨胀石墨粉成型法和中空炭珠黏结成型法等方法制成的泡沫状多孔质的炭素材料。主要用作耐热隔热材料、过滤材料、催化剂载体及特殊电化学用电极材料
14	人造炭质心瓣膜	ACHT	TTX	用炭素材料制成的心瓣膜，用以取代发生病变的心脏瓣膜
15	生物炭	BC	TTS	用于人体内与人体组织有良好相容性，可取代已病变的器官或组织的炭材料。生物炭具有与人体特好的相容性，是优良的生物工程材料之一。生物炭包括低温各向同性炭、玻璃炭、炭纤维、炭-树脂复合材料和热解炭等。可用于制造的人体器官主要有人造心脏瓣膜、人造骨、关节、牙根和韧带等
16	多孔炭电极	PCE	TTDD	采用活性炭等制成的多孔性电极。可用于燃料电池用的扩散电极以及空气干电池或锌-空气（氧）电池用的炭电极
17	中间相沥青基泡沫炭	CFMP	TTPZ	由中间相沥青经过发泡、炭化和/或石墨化处理后获得的一种具有低密度、高强度、高导热、高导电、耐火、抗冲击性能的新型炭材料
18	塑性成型炭	PFC	TTSC	以炭质原料的微粉为骨料，树脂为黏结剂，塑料制品成型工艺成形，炭化而得到的精密炭素制品
19	炭薄膜	CF	TTBM	气相生长的金刚石薄膜、热解炭薄膜、从有机先驱体出发得到的炭和石墨薄膜等各种碳质薄膜
20	多孔炭膜	PCM	TTMD	高分子膜经炭化活化制成的有孔炭膜。即使仅进行炭化，在空气分离、CO_2 分离等方面，也呈现出优良的特性。通过活化可以制得比表面积超过 1 000 m²/g 的活性炭膜
21	氟化炭膜	CFF	TTMF	由三氟化氯乙烯树脂之类氟树脂的溅射或氟化沥青升华制得的薄膜，可用作润滑性薄膜或疏松水性薄膜
22	中间相炭微球	MCMB	TTWQ	以中温煤沥青、煤焦油催化裂化渣油等稠环芳烃化合物为原料，制备出具有向列液晶结构的中间相小球体，经过分离、洗涤、干燥、炭化或石墨化等工艺制成的碳原子成层片堆砌，颗粒外形为小球形的炭素材料。用于制备高密高强炭材料、超高比表面活性炭、锂离子电池负极材料、高效液相色谱填料、催化剂载体等
23	锂离子电池负极材料	NEMLB	TTFL	用于锂离子电池负极的材料。二次锂电池负极材料经历了第 1 代的金属锂、第 2 代的炭素材料，即石墨嵌入化合物，目前研究的焦点是锂合金负极材料

4.10 炭纤维及其复合材料类(TX 类)

炭纤维及其复合材料类见表10。

表10 炭纤维及其复合材料(TX 类)分类表

序号	名 称	英文缩写	代号	特 点 与 用 途
1	炭纤维	CF	TX	有机纤维在2 000 ℃以下碳化而制得的,碳含量不低于93%的纤维状炭素材料。具有高比强度、高比模量、低比重、耐烧蚀、耐磨损、热导率高、热膨胀系数小、耐高温和耐化学腐蚀等优异性能,已广泛应用于航空航天、石油化工、能源交通等各个领域
2	沥青基炭纤维	PCF	TXL	由煤沥青、石油燃料系沥青或合成系沥青原料为前驱体,经调制、成纤、炭化处理而制得的炭纤维,主要用于民用工业中
3	粘胶基炭纤维	RCF	TXN	以粘胶纤维为原料,在低温热处理后,再在非氧化性气氛中,经800 ℃上的高温热处理而制得的炭纤维。具有比重小、韧性好、易深加工、碱、碱土金属含量低,抗氧化和热稳定好、耐烧蚀、生物相容性好等特性,主要用于战略武器、隔热保温材料、各类加热器、医用生物材料等方面
4	聚丙烯腈炭纤维	PANCF	TXJ	以共聚(或均聚)聚丙烯腈纤维为首驱纤维,经热处理而制得的炭纤维。是当前世界首选高性能纤维,具有高比强度、高比模量、耐高温、耐腐蚀、导热、导电、质轻、阻尼及热膨胀系数小等综合优异性能,用于文体休闲、机械电子、建筑材料、石化、交通、医疗等多种领域
5	活性炭纤维	ACF	TXH	以纤维为先驱经高温炭化、活化后形成的一种新型高效吸附材料。具有较高的技术含量和较高的产品附加值特征,广泛用于溶剂回收、空气净化方面
6	气相生长炭纤维	VGCF	TXQ	低碳烃类或氧化碳等在催化剂作用下,经高温热解而生成的炭纤维
7	带形炭纤维	RCF	TXD	截面形状在一个方向伸长,具有带状形态的炭纤维。带状炭纤维是由带状横截面的聚合物纤维或沥青纤维炭化制成的
8	超高强度炭纤维	USCF	TXCQ	拉伸强度比炭纤维更高的炭纤维,一般拉伸强度在6 GPa以上的炭纤维称为超高强度炭纤维
9	超高模量炭纤维	UMCF	TXCM	比炭纤维有更高模量的炭纤维,属惯用的区分法,并无定量边界值的定义,一般多指模量在500 GPa以上的炭纤维
10	短切炭纤维	SCF	TXDQ	相对于连续纤维的短切纤维。将高性能或通用级炭纤维切断制造,但也有在熔融纺丝时切断,经后炭化过程制造的
11	氟化炭纤维	FCF	TXF	在300 ℃～600 ℃经氟化处理制得的炭纤维
12	石墨纤维	GF	TXS	炭纤维经过2 000 ℃～3 000 ℃的热处理而得到,具有质轻、强度高、模量高、热变形小的优点。广泛应用在航天、航空及体育器材领域
13	炭纤维 多向编织物	CFMM	TXBD	以炭纤维为原料,通过特殊的编织技术在三维空间按所需的方向结构编织成块状体、圆筒体、截锥体等各种形状的编织物。这类编织物可通过调节纤维的方向,所要求方向上的体积分数、纤维间距、织物密度、丝束填充效率等来获取所需要的产品性能
14	炭布	CC	TXB	用炭纤维作经纬纱的织物
15	炭毡	CF	TXZ	由炭纤维组成的毡状炭质材料。随所用原料不同分为聚丙烯腈基炭毡和黏胶基炭毡两种
16	石墨毡	GF	TXSZ	炭毡在真空或惰性气氛下经2 000 ℃以上高温处理后制成,含碳量比炭毡高,达99%以上

表 10（续）

序号	名 称	英文缩写	代号	特 点 与 用 途
17	炭纤维复合材料	CFC	TXF	具有质轻、比强度和比模量高、耐腐蚀等特点。在航天、航空、汽车、医疗、运动器械等方面有着广泛的用途
18	炭纤维增强树脂复合材料	CFRR	TXFZS	由高强度、高模量炭纤维和树脂基质组成，具有高的比热容、熔融热和气化热，是一种良好的耐烧蚀材料
19	炭纤维增强热固性树脂复合材料	CFRTRC1	TXFZG	由炭纤维作增强体，热固性树脂作为基质的一类复合材料。是目前使用最为广泛的树脂基复合材料
20	炭纤维增强热塑性树脂复合材料	CFRTRC2	TXFZR	以炭纤维或石墨纤维为增强体，热塑性树脂为基质的复合材料
21	炭纤维增强炭基复合材料	CFRC	TXFZT	用炭纤维来增强各种基质炭的复合材料。具有较好的力学性能。目前，已被广泛应用于火箭喷管、航天飞机机体结构、发动机高温构件、飞机刹车盘以及医学、文体用品等领域中
22	炭纤维增强金属复合材料	CFRM	TXFZJ	以高性能炭(石墨)纤维为增强体，铝、镁、铜、铅等金属为基质组成的先进复合材料。如炭纤维增强铝复合材料、炭纤维增强镁复合材料、炭纤维增强铜复合材料和炭纤维增强铅复合材料等
23	炭纤维增强陶瓷复合材料	CFEC	TXFZTC	以炭纤维为增强体所构成的陶瓷基复合材料
24	炭纤维增强水泥复合材料	CFRC	TXFZSN	以炭纤维作增强材料，水泥灰浆、砂浆或混凝土等为基质的复合材料
25	炭纤维增强橡胶复合材料	CFRR	TXFZX	以炭纤维为增强材料、橡胶为基质经复合工艺而制得的复合材料
26	炭纤维人工肌腱	CFMT	TXR	炭纤维人工肌腱是由聚丙烯腈长丝编织后，经预氧化和在张力下进行炭化(炭化温度在 1 000 ℃以上)后制成
27	炭纤维纸	CFP	TXZ	以炭纤维为增强剂的功能增强材料，天然纸浆或合成纸浆为基质，辅以黏合剂和填料经抄纸工艺而制得的纸状复合材料

4.11 纳米炭材料类(N)

纳米炭材料类见表 11。

表 11 纳米炭材料(N)分类表

序号	名 称	英文缩写	代号	特 点 与 用 途
1	纳米炭材料	CNM	N	指在一维或多维方向上尺寸处于纳米尺度范围内的碳质炭素材料
2	富勒烯	fullerene	NF	又称“布基球”或“巴基球”等。指完全由碳原子构成，有六元环和五元环结构的笼球状分子的统称。富勒烯在超导体、气体贮存、传感器、增强金属、新型催化剂、光学、癌细胞的杀伤效应和其他医疗功能方面具有广泛的应用前景
3	多层富勒烯	MF	NFD	指球壳状封闭的碳六角网面由许多层同心状堆叠而成的多层球状体。也称之为巴基葱(Bucky onion)
4	纳米炭管	CNT	NG	由碳原子围成的一种管状结构，而且它的直径都在纳米尺度。重量轻，六边形结构连接完美，具有许多异常的力学、电学和化学性能。广泛用于照明、场发射式显示器等场发射、分子器件、传导材料等领域
5	多壁纳米炭管	MWCNT	NGDB	包含两层以上石墨烯的纳米炭管。形状像个同轴电缆。其层数从 2～50 不等，层间距为 0.34 nm±0.01 nm，与石墨层间距(0.34 nm)相当。被用于储氢材料、高强度复合材料领域、电子应用领域

表 11（续）

序号	名称	英文缩写	代号	特点与用途
6	单壁纳米炭管	SWCNTs	NGD	仅包含一层石墨烯的纳米炭管。单壁管典型的直径和长度分别为 0.75 nm～3 nm 和 1 μm～50 μm。被用于储氢材料、高强度复合材料领域、电子应用领域
7	纳米石墨微片	GNS	NSW	其厚度为纳米，直径在微米范围，具有很大的形状比。可应用于导电材料、电磁屏蔽材料、电加热材料等领域
8	纳米石墨粉	NGP	NSF	用于高润滑、高导电性能、高吸附性及催化性能。用于化工行业、钢铁润滑、航天航空等领域
9	炭气凝胶	CA	NQ	由有机气凝胶炭化而得的一种其孔隙结构类似气凝胶的炭素材料。是一种纳米级非晶炭，质轻、多孔、比表面积大、导电性好、机械性能优异。可用作制造高效高能电池或气体分离和净化的材料

ICS 25.100.30
J 41

中华人民共和国国家标准

GB/T 1438.1—2008
代替 GB/T 1438.1—1996

锥柄麻花钻 第1部分：莫氏锥柄麻花钻的型式和尺寸

Taper shank twist drills—
Part 1: The types and dimensions for Morse taper shank twist drills

(ISO 235:1980, Parallel shank jobber and stub series drills and Morse taper shank drills, MOD)

2008-11-04 发布

2009-04-01 实施

中华人民共和国国家质量监督检验检疫总局
中国国家标准化管理委员会
发布

前　言

GB/T 1438《锥柄麻花钻》分为四个部分：

——第1部分：莫氏锥柄麻花钻的型式和尺寸；

——第2部分：莫氏锥柄长麻花钻的型式和尺寸；

——第3部分：莫氏锥柄加长麻花钻的型式和尺寸；

——第4部分：莫氏锥柄超长麻花钻的型式和尺寸。

本部分为GB/T 1438的第1部分。

本部分修改采用ISO 235：1980《直柄通用系列和短系列麻花钻和莫氏锥柄麻花钻》(英文版)。

本部分根据ISO 235：1980重新起草。

本部分与ISO 235：1980相比有下列技术性差异和编辑性修改：

——删除了国际标准前言；

——用“·”代替用作小数点的逗号“，”；

——“本国际标准”改为“本部分”；

——本部分采用了ISO 235：1980中5.1和5.3以毫米为单位的莫氏锥柄麻花钻内容；

——增加了标记示例；

本部分代替GB/T 1438.1—1996《锥柄麻花钻　第1部分：莫氏锥柄麻花钻的型式和尺寸》。

本部分与GB/T 1438.1—1996相比有下列编辑性修改：

——增加了前言；

——“本标准”改为“本部分”；

——图1中，增加了横刃线；

——将4.2“制造中间规格的麻花钻”改为“制造中间直径的锥柄麻花钻”；

——将4.4“高性能的”改为“精密级”。

本部分由中国机械工业联合会提出。

本部分由全国刀具标准化技术委员会(SAC/TC 91)归口。

本部分起草单位：成都工具研究所、成都成量工具集团有限公司。

本部分主要起草人：邓智光、曾宇环、伍蓉。

本部分所代替标准的历次版本发布情况为：

——GB 1438—1978、GB 1441—1978、GB 1438—1985、GB 1441—1985、GB/T 1438.1—1996。

锥柄麻花钻
第1部分：莫氏锥柄麻花钻的型式和尺寸

1 范围

GB/T 1438 的本部分规定了莫氏锥柄麻花钻的型式和尺寸。

本部分适用于直径 3.00 mm～100.00 mm 的莫氏锥柄麻花钻。

2 规范性引用文件

下列文件中的条款通过 GB/T 1438 的本部分的引用而成为本部分的条款。凡是注日期的引用文件，其随后所有的修改单(不包括勘误的内容)或修订版均不适用于本部分，然而，鼓励根据本部分达成协议的各方研究是否可使用这些文件的最新版本。凡是不注日期的引用文件，其最新版本适用于本部分。

GB/T 1443　机床和工具柄用自夹圆锥(GB/T 1443—1996，eqv ISO 296:1991)

3 符号

d　钻头直径

l　总长

l_1　沟槽长度

4 型式和尺寸

4.1　莫氏锥柄麻花钻的型式、尺寸按图1和表1的规定。

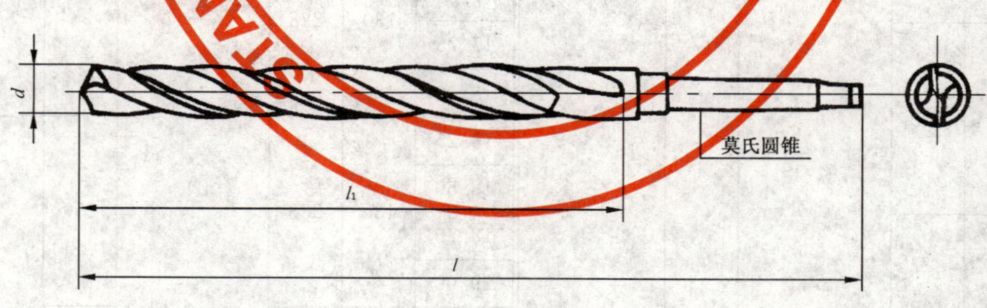

图 1

表 1　莫氏锥柄麻花钻尺寸

单位为毫米

d h8	l_1	标准柄		粗柄	
		l	莫氏圆锥号	l	莫氏圆锥号
3.00	33	114	1	—	—
3.20	36	117			
3.50	39	120			
3.80	43	124			
4.00					
4.20					
4.50	47	128			
4.80	52	133			
5.00					
5.20					
5.50	57	138			
5.80					
6.00					
6.20	63	144			
6.50					
6.80	69	150			
7.00					
7.20					
7.50					
7.80	75	156			
8.00					
8.20					
8.50					
8.80	81	162			
9.00					
9.20					
9.50					
9.80	87	168			
10.00					
10.20					
10.50					
10.80	94	175			
11.00					
11.20					
11.50					
11.80					

d h8	l_1	标准柄		粗柄	
		l	莫氏圆锥号	l	莫氏圆锥号
12.00	101	182	1	199	2
12.20					
12.50					
12.80					
13.00					
13.20					
13.50	108	189		206	
13.80					
14.00					
14.25	114	212	2	—	—
14.50					
14.75					
15.00					
15.25	120	218			
15.50					
15.75					
16.00					
16.25	125	223			
16.50					
16.75					
17.00					
17.25	130	228			
17.50					
17.75					
18.00					
18.25	135	233		256	3
18.50					
18.75					
19.00					
19.25	140	238		261	
19.50					
19.75					
20.00					
20.25	145	243		266	
20.50					
20.75					

表 1（续）

单位为毫米

d h8	l_1	标准柄		粗柄	
		l	莫氏圆锥号	l	莫氏圆锥号
21.00	145	243		266	
21.25					
21.50					
21.75	150	248		271	
22.00			2		3
22.25					
22.50					
22.75		253		276	
23.00	155				
23.25		276			
23.50					
23.75					
24.00					
24.25	160	281			
24.50					
24.75				—	—
25.00					
25.25					
25.50					
25.75	165	286			
26.00					
26.25					
26.50					
26.75			3		
27.00					
27.25	170	291		319	
27.50					
27.75					
28.00					
28.25					
28.50					4
28.75					
29.00	175	296		324	
29.25					
29.50					
29.75					
30.00					
30.25					
30.50					
30.75					
31.00	180	301	3	329	4
31.25					
31.50					
31.75		306		334	
32.00					
32.50	185	334			
33.00					
33.50					
34.00					
34.50	190	339			
35.00					
35.50					
36.00				—	—
36.50	195	344			
37.00					
37.50					
38.00					
38.50					
39.00	200	349			
39.50			4		
40.00					
40.50					
41.00					
41.50	205	354		392	
42.00					
42.50					
43.00					
43.50					5
44.00	210	359		397	
44.50					
45.00					
45.50					
46.00	215	364		402	
46.50					

表 1（续）

单位为毫米

<table>
<tr><th rowspan="2">d
h8</th><th rowspan="2">l_1</th><th colspan="2">标准柄</th><th colspan="2">粗柄</th><th rowspan="2">d
h8</th><th rowspan="2">l_1</th><th colspan="2">标准柄</th><th colspan="2">粗柄</th></tr>
<tr><th>l</th><th>莫氏圆锥号</th><th>l</th><th>莫氏圆锥号</th><th>l</th><th>莫氏圆锥号</th><th>l</th><th>莫氏圆锥号</th></tr>
<tr><td>47.00</td><td rowspan="2">215</td><td rowspan="2">364</td><td rowspan="8">4</td><td rowspan="2">402</td><td rowspan="8">5</td><td>72.00</td><td rowspan="4">255</td><td rowspan="4">442</td><td rowspan="5">5</td><td rowspan="4">509</td><td rowspan="5">6</td></tr>
<tr><td>47.50</td><td>73.00</td></tr>
<tr><td>48.00</td><td rowspan="5">220</td><td rowspan="5">369</td><td rowspan="5">407</td><td>74.00</td></tr>
<tr><td>48.50</td><td>75.00</td></tr>
<tr><td>49.00</td><td>76.00</td><td rowspan="5">260</td><td>447</td><td>514</td></tr>
<tr><td>49.50</td><td>77.00</td><td rowspan="4">514</td><td rowspan="24">6</td><td rowspan="24">—</td><td rowspan="24">—</td></tr>
<tr><td>50.00</td><td>78.00</td></tr>
<tr><td>50.50</td><td rowspan="4">225</td><td>374</td><td>412</td><td>79.00</td></tr>
<tr><td>51.00</td><td rowspan="3">412</td><td rowspan="21">5</td><td rowspan="13">—</td><td rowspan="13">—</td><td>80.00</td></tr>
<tr><td>52.00</td><td>81.00</td><td rowspan="5">265</td><td rowspan="5">519</td></tr>
<tr><td>53.00</td><td>82.00</td></tr>
<tr><td>54.00</td><td rowspan="3">230</td><td rowspan="3">417</td><td>83.00</td></tr>
<tr><td>55.00</td><td>84.00</td></tr>
<tr><td>56.00</td><td>85.00</td></tr>
<tr><td>57.00</td><td rowspan="4">235</td><td rowspan="4">422</td><td>86.00</td><td rowspan="5">270</td><td rowspan="5">524</td></tr>
<tr><td>58.00</td><td>87.00</td></tr>
<tr><td>59.00</td><td>88.00</td></tr>
<tr><td>60.00</td><td>89.00</td></tr>
<tr><td>61.00</td><td rowspan="3">240</td><td rowspan="3">427</td><td>90.00</td></tr>
<tr><td>62.00</td><td>91.00</td><td rowspan="5">275</td><td rowspan="5">529</td></tr>
<tr><td>63.00</td><td>92.00</td></tr>
<tr><td>64.00</td><td rowspan="4">245</td><td rowspan="4">432</td><td rowspan="4">499</td><td rowspan="8">6</td><td>93.00</td></tr>
<tr><td>65.00</td><td>94.00</td></tr>
<tr><td>66.00</td><td>95.00</td></tr>
<tr><td>67.00</td><td>96.00</td><td rowspan="5">280</td><td rowspan="5">534</td></tr>
<tr><td>68.00</td><td rowspan="4">250</td><td rowspan="4">427</td><td rowspan="4">504</td><td>97.00</td></tr>
<tr><td>69.00</td><td>98.00</td></tr>
<tr><td>70.00</td><td>99.00</td></tr>
<tr><td>71.00</td><td>100.0</td></tr>
</table>

4.2 制造中间直径的锥柄麻花钻时，总长和沟槽长度按表 2 的规定。

表 2 总长和沟槽长度

单位为毫米

直径范围 d	l_1	标准柄		粗柄	
		l	莫氏圆锥号	l	莫氏圆锥号
≥3.00～3.35	36	117	1	—	—
>3.35～3.75	39	120			
>3.75～4.25	43	124			
>4.25～4.75	47	128			
>4.75～5.30	52	133			
>5.30～6.00	57	138			
>6.00～6.70	63	144			
>6.70～7.50	69	150			
>7.50～8.50	75	156			
>8.50～9.50	81	162			
>9.50～10.60	87	168			
>10.60～11.80	94	175			
>11.80～13.20	101	182		199	2
>13.20～14.00	108	189		206	
>14.00～15.00	114	212	2	—	—
>15.00～16.00	120	218			
>16.00～17.00	125	223			
>17.00～18.00	130	228			
>18.00～19.00	135	233		256	3
>19.00～20.00	140	238		261	
>20.00～21.20	145	243		266	
>21.20～22.40	150	248		271	
>22.40～23.02	155	253		276	
>23.02～23.60		276	3	—	—
>23.60～25.00	160	281			
>25.00～26.50	165	286			
>26.50～28.00	170	291		319	4
>28.00～30.00	175	296		324	
>30.00～31.50	180	301		329	
>31.50～31.75	185	306		334	
>31.75～33.50		334	4	—	—
>33.50～35.50	190	339			
>35.50～37.50	195	344			
>37.50～40.00	200	349			
>40.00～42.50	205	354		392	5
>42.50～45.00	210	359		397	
>45.00～47.50	215	364		402	
>47.50～50.00	220	369		407	

表 2（续）

单位为毫米

<table>
<tr><th rowspan="2">直径范围 d</th><th rowspan="2">l_1</th><th colspan="2">标准柄</th><th colspan="2">粗柄</th></tr>
<tr><th>l</th><th>莫氏圆锥号</th><th>l</th><th>莫氏圆锥号</th></tr>
<tr><td>＞50.00～50.80</td><td>225</td><td>374</td><td>4</td><td>412</td><td>5</td></tr>
<tr><td>＞50.80～53.00</td><td>225</td><td>412</td><td rowspan="8">5</td><td rowspan="4">—</td><td rowspan="4">—</td></tr>
<tr><td>＞53.00～56.00</td><td>230</td><td>417</td></tr>
<tr><td>＞56.00～60.00</td><td>235</td><td>422</td></tr>
<tr><td>＞60.00～63.00</td><td>240</td><td>427</td></tr>
<tr><td>＞63.00～67.00</td><td>245</td><td>432</td><td>499</td><td rowspan="4">6</td></tr>
<tr><td>＞67.00～71.00</td><td>250</td><td>437</td><td>504</td></tr>
<tr><td>＞71.00～75.00</td><td>255</td><td>442</td><td>509</td></tr>
<tr><td>＞75.00～76.20</td><td rowspan="2">260</td><td>447</td><td>514</td></tr>
<tr><td>＞76.20～80.00</td><td>514</td><td rowspan="5">6</td><td rowspan="5">—</td><td rowspan="5">—</td></tr>
<tr><td>＞80.00～85.00</td><td>265</td><td>519</td></tr>
<tr><td>＞85.00～90.00</td><td>270</td><td>524</td></tr>
<tr><td>＞90.00～95.00</td><td>275</td><td>529</td></tr>
<tr><td>＞95.00～100.00</td><td>280</td><td>534</td></tr>
</table>

4.3 莫氏圆锥的尺寸和公差按 GB/T 1443 的规定。

4.4 标记示例

钻头直径 d=10 mm，标准柄的右旋莫氏锥柄麻花钻为：

莫氏锥柄麻花钻 10 GB/T 1438.1—2008

钻头直径 d=10 mm，标准柄的左旋莫氏锥柄麻花钻为：

莫氏锥柄麻花钻 10-L GB/T 1438.1—2008

钻头直径 d=12 mm，粗柄的右旋莫氏锥柄麻花钻为：

莫氏粗锥柄麻花钻 12 GB/T 1438.1—2008

钻头直径 d=12 mm，粗柄的左旋莫氏锥柄麻花钻为：

莫氏粗锥柄麻花钻 12-L GB/T 1438.1—2008

精密级莫氏锥柄麻花钻应在直径前加“H-”，如“H-10”。

ICS 25.100.30
J 41

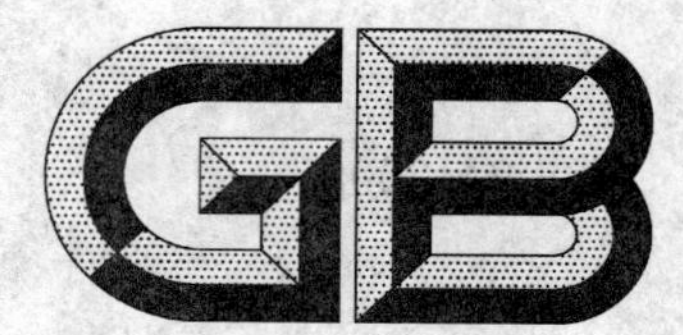

中华人民共和国国家标准

GB/T 1438.2—2008
代替 GB/T 1438.2—1996

锥柄麻花钻 第2部分:莫氏锥柄长麻花钻的型式和尺寸

Taper shank twist drills—
Part 2:The types and dimensions for long Morse taper shank twist drills

2008-11-04 发布　　2009-04-01 实施

中华人民共和国国家质量监督检验检疫总局
中国国家标准化管理委员会　发布

前　言

GB/T 1438《锥柄麻花钻》分为四个部分：

——第 1 部分：莫氏锥柄麻花钻的型式和尺寸；

——第 2 部分：莫氏锥柄长麻花钻的型式和尺寸；

——第 3 部分：莫氏锥柄加长麻花钻的型式和尺寸；

——第 4 部分：莫氏锥柄超长麻花钻的型式和尺寸。

本部分为 GB/T 1438 的第 2 部分。

本部分代替 GB/T 1438.2—1996《锥柄麻花钻　第 2 部分：莫氏锥柄长麻花钻的型式和尺寸》。

本部分与 GB/T 1438.2—1996 相比有下列编辑性修改：

——增加了前言；

——"本标准"改为"本部分"；

——图 1 中，增加了横刃线；

——将 4.2"制造中间规格的麻花钻"改为"制造中间直径的锥柄麻花钻"；

——将 4.4"高性能的"改为"精密级"。

本部分由中国机械工业联合会提出。

本部分由全国刀具标准化技术委员会(SAC/TC 91)归口。

本部分起草单位：成都工具研究所、成都成量工具集团有限公司。

本部分主要起草人：邓智光、曾宇环、伍蓉。

本部分所代替标准的历次版本发布情况为：

——GB 1439—1978、GB 1439—1985、GB/T 1438.2—1996。

锥柄麻花钻
第2部分:莫氏锥柄长麻花钻
的型式和尺寸

1 范围

GB/T 1438的本部分规定了莫氏锥柄长麻花钻的型式和尺寸。

本部分适用于直径5.00 mm~50.00 mm的莫氏锥柄长麻花钻。

2 规范性引用文件

下列文件中的条款通过GB/T 1438的本部分的引用而成为本部分的条款。凡是注日期的引用文件,其随后所有的修改单(不包括勘误的内容)或修订版均不适用于本部分,然而,鼓励根据本部分达成协议的各方研究是否可使用这些文件的最新版本。凡是不注日期的引用文件,其最新版本适用于本部分。

GB/T 1443 机床和工具柄用自夹圆锥(GB/T 1443—1996,eqv ISO 296:1991)

3 符号

d 钻头直径

l 总长

l_1 沟槽长度

4 型式和尺寸

4.1 莫氏锥柄长麻花钻的型式、尺寸按图1和表1的规定。

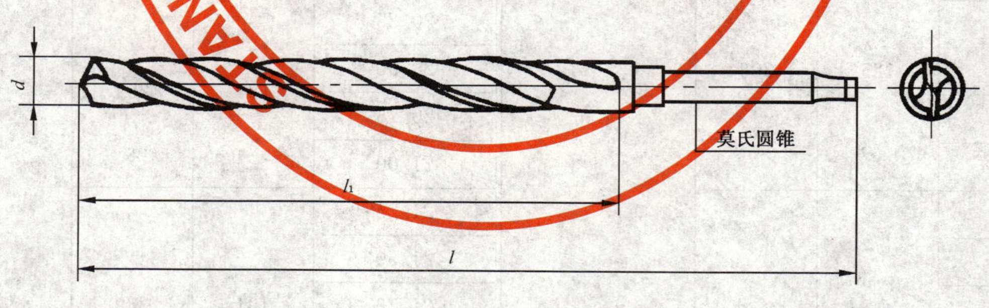

图1

表 1 莫氏锥柄长麻花钻尺寸

单位为毫米

d h8	l_1	l	莫氏圆锥号	d h8	l_1	l	莫氏圆锥号
5.00	74	155	1	14.25	147	245	2
5.20				14.50			
5.50	80	161		14.75			
5.80				15.00			
6.00				15.25	153	251	
6.20	86	167		15.50			
6.50				15.75			
6.80	93	174		16.00			
7.00				16.25	159	257	
7.20				16.50			
7.50				16.75			
7.80	100	181		17.00			
8.00				17.25	165	263	
8.20				17.50			
8.50				17.75			
8.80	107	188		18.00			
9.00				18.25	171	269	
9.20				18.50			
9.50				18.75			
9.80	116	197		19.00			
10.00				19.25	177	275	
10.20				19.50			
10.50				19.75			
10.80	125	206		20.00			
11.00				20.25	184	282	
11.20				20.50			
11.50				20.75			
11.80				21.00			
12.00	134	215		21.25	191	289	
12.20				21.50			
12.50				21.75			
12.80				22.00			
13.00				22.25			
13.20				22.50	198	296	
13.50	142	223		22.75			
13.80				23.00			
14.00				23.25	198	319	3

表 1（续）

单位为毫米

d h8	l_1	l	莫氏圆锥号
23.50	198	319	3
23.75	206	327	
24.00			
24.25			
24.50			
24.75			
25.00			
25.25	214	335	
25.50			
25.75			
26.00			
26.25			
26.50			
26.75	222	343	
27.00			
27.25			
27.50			
27.75			
28.00			
28.25	230	351	
28.50			
28.75			
29.00			
29.25			
29.50			
29.75			
30.00			
30.25	239	360	
30.50			
30.75			
31.00			
31.25			
31.50			
31.75	248	369	
32.00	248	397	4
32.50			
33.00	248	397	4
33.50			
34.00	257	406	
34.50			
35.00			
35.50			
36.00	267	416	
36.50			
37.00			
37.50			
38.00	277	426	
38.50			
39.00			
39.50			
40.00			
40.50	287	436	
41.00			
41.50			
42.00			
42.50			
43.00	298	447	
43.50			
44.00			
44.50			
45.00			
45.50	310	459	
46.00			
46.50			
47.00			
47.50			
48.00	321	470	
48.50			
49.00			
49.50			
50.00			

4.2 制造中间直径的锥柄麻花钻时，总长和沟槽长度按表2的规定。

表2 总长和沟槽长度

单位为毫米

直径范围 d	l_1	l	莫氏圆锥号	直径范围 d	l_1	l	莫氏圆锥号
>5.00～5.30	74	155	1	>21.20～22.40	191	289	2
>5.30～6.00	80	161		>22.40～23.02	198	296	
>6.00～6.70	86	167		>23.02～23.60	198	319	3
>6.70～7.50	93	174		>23.60～25.00	206	327	
>7.50～8.50	100	181		>25.00～26.50	214	335	
>8.50～9.50	107	188		>26.50～28.00	222	343	
>9.50～10.60	116	197		>28.00～30.00	230	351	
>10.60～11.80	125	206		>30.00～31.50	239	360	
>11.80～13.20	134	215		>31.50～31.75	248	369	
>13.20～14.00	142	223	2	>31.75～33.50	248	397	4
>14.00～15.00	147	245		>33.50～35.50	257	406	
>15.00～16.00	153	251		>35.50～37.50	267	416	
>16.00～17.00	159	257		>37.50～40.00	277	426	
>17.00～18.00	165	263		>40.00～42.50	287	436	
>18.00～19.00	171	269		>42.50～45.00	298	447	
>19.00～20.00	177	275		>45.00～47.50	310	459	
>20.00～21.20	184	282		>47.50～50.00	321	470	

4.3 莫氏圆锥的尺寸和公差按GB/T 1443的规定。

4.4 标记示例

钻头直径 d=10 mm的右旋莫氏锥柄长麻花钻为：

莫氏锥柄长麻花钻 10 GB/T 1438.2—2008

钻头直径 d=10 mm的左旋莫氏锥柄长麻花钻为：

莫氏锥柄长麻花钻 10-L GB/T 1438.2—2008

精密级莫氏锥柄长麻花钻应在直径前加“H-”，如“H-10”。

ICS 25.100.30
J 41

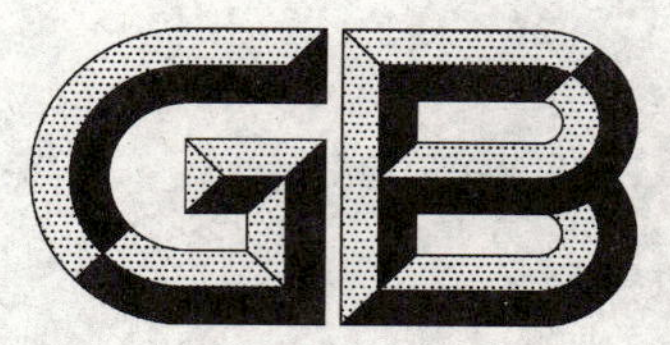

中华人民共和国国家标准

GB/T 1438.3—2008
代替 GB/T 1438.3—1996

锥柄麻花钻 第3部分:莫氏锥柄加长麻花钻的型式和尺寸

Taper shank twist drills—Part 3:The types and dimensions for lengthened Morse taper shank twist drills

2008-11-04 发布　　2009-04-01 实施

中华人民共和国国家质量监督检验检疫总局
中国国家标准化管理委员会　发布

前　言

GB/T 1438《锥柄麻花钻》分为四个部分：

——第1部分：莫氏锥柄麻花钻的型式和尺寸；

——第2部分：莫氏锥柄长麻花钻的型式和尺寸；

——第3部分：莫氏锥柄加长麻花钻的型式和尺寸；

——第4部分：莫氏锥柄超长麻花钻的型式和尺寸。

本部分为GB/T 1438的第3部分。

本部分代替GB/T 1438.3—1996《锥柄麻花钻　第3部分：莫氏锥柄加长麻花钻的型式和尺寸》。

本部分与GB/T 1438.3—1996相比有下列编辑性修改：

——增加了前言；

——“本标准”改为“本部分”；

——图1中，增加了横刃线；

——将4.2“制造中间规格的麻花钻”改为“制造中间直径的锥柄麻花钻”；

——将4.4“高性能的”改为“精密级”。

本部分由中国机械工业联合会提出。

本部分由全国刀具标准化技术委员会(SAC/TC 91)归口。

本部分起草单位：成都工具研究所、成都成量工具集团有限公司。

本部分主要起草人：邓智光、曾宇环、伍蓉。

本部分所代替标准的历次版本发布情况为：

——GB 1440—1978、GB 1440—1985、GB/T 1438.3—1996。

锥柄麻花钻 第3部分:莫氏锥柄加长麻花钻的型式和尺寸

1 范围

GB/T 1438 的本部分规定了莫氏锥柄加长麻花钻的型式和尺寸。

本部分适用于直径 6.00 mm～30.00 mm 的莫氏锥柄加长麻花钻。

2 规范性引用文件

下列文件中的条款通过 GB/T 1438 的本部分的引用而成为本部分的条款。凡是注日期的引用文件,其随后所有的修改单(不包括勘误的内容)或修订版均不适用于本部分,然而,鼓励根据本部分达成协议的各方研究是否可使用这些文件的最新版本。凡是不注日期的引用文件,其最新版本适用于本部分。

GB/T 1443 机床和工具柄用自夹圆锥(GB/T 1443—1996,eqv ISO 296:1991)

3 符号

d 钻头直径

l 总长

l_1 沟槽长度

4 型式和尺寸

4.1 莫氏锥柄加长麻花钻的型式、尺寸按图 1 和表 1 的规定。

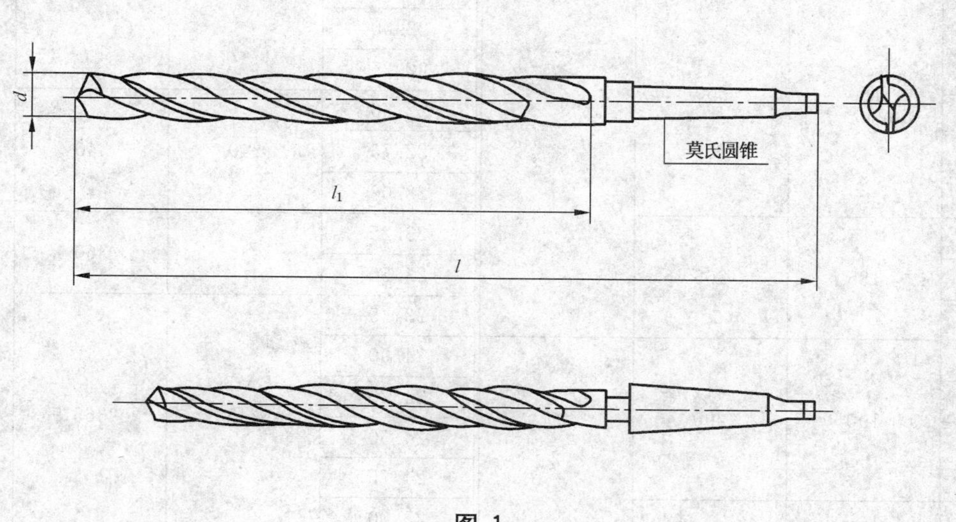

图 1

表 1　莫氏锥柄加长麻花钻尺寸

单位为毫米

d h8	l_1	l	莫氏圆锥号
6.00	145	225	1
6.20	150	230	
6.50			
6.80	155	235	
7.00			
7.20			
7.50			
7.80	160	240	
8.00			
8.20			
8.50			
8.80	165	245	
9.00			
9.20			
9.50			
9.80	170	250	
10.00			
10.20			
10.50			
10.80	175	255	
11.00			
11.20			
11.50			
11.80			
12.00	180	260	
12.20			
12.50			
12.80			
13.00			
13.20			
13.50	185	265	
13.80			
14.00			
14.25	190	290	2
14.50			
14.75			
15.00			
15.25	195	295	
15.50			
15.75	195	295	
16.00			
16.25	200	300	
16.50			
16.75			
17.00			
17.25	205	305	
17.50			
17.75			
18.00			
18.25	210	310	
18.50			
18.75			
19.00			
19.25	220	320	
19.50			
19.75			
20.00			
20.25	230	330	
20.50			
20.75			
21.00			
21.25	235	335	
21.50			
21.75			
22.00			
22.25			
22.50	240	340	
22.75			
23.00			
23.25	240	360	3
23.50			
23.75	245	365	
24.00			
24.25			
24.50			
24.75			
25.00			
25.25	255	375	

表 1（续）

单位为毫米

d h8	l_1	l	莫氏圆锥号	d h8	l_1	l	莫氏圆锥号
25.50	255	375	3	28.00	265	385	3
25.75				28.25	275	395	
26.00				28.50			
26.25				28.75			
26.50				29.00			
26.75	265	385		29.25			
27.00				29.50			
27.25				29.75			
27.50				30.00			
27.75							

4.2　制造中间直径的锥柄麻花钻时，总长和沟槽长度按表 2 的规定。

表 2　总长和沟槽长度

单位为毫米

直径范围 d	l_1	l	莫氏圆锥号	直径范围 d	l_1	l	莫氏圆锥号
>6.00～6.70	150	230	1	>17.00～18.00	205	305	2
>6.70～7.50	155	235		>18.00～19.00	210	310	
>7.50～8.50	160	240		>19.00～20.00	220	320	
>8.50～9.50	165	245		>20.00～21.20	230	330	
>9.50～10.60	170	250		>21.20～22.40	235	335	
>10.60～11.80	175	255		>22.40～23.02	240	340	
>11.80～13.20	180	260		>23.02～23.60	240	360	3
>13.20～14.00	185	265		>23.60～25.00	245	365	
>14.00～15.00	190	290	2	>25.00～26.50	255	375	
>15.00～16.00	195	295		>26.50～28.00	265	385	
>16.00～17.00	200	300		>28.00～30.00	275	395	

4.3　莫氏圆锥的尺寸和公差按 GB/T 1443 的规定。

4.4　标记示例

钻头直径 d=10 mm 的右旋莫氏锥柄加长麻花钻为：

莫氏锥柄加长麻花钻 10　GB/T 1438.3—2008

钻头直径 d=10 mm 的左旋莫氏锥柄加长麻花钻为：

莫氏锥柄加长麻花钻 10-L　GB/T 1438.3—2008

精密级莫氏锥柄加长麻花钻应在直径前加“H-”，如“H-10”。

ICS 25.100.30
J 41

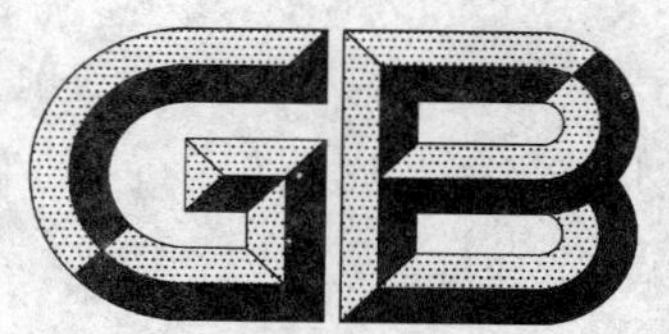

中华人民共和国国家标准

GB/T 1438.4—2008
代替 GB/T 1438.4—1996

锥柄麻花钻 第4部分：莫氏锥柄超长麻花钻的型式和尺寸

**Taper shank twist drills—
Part 4: The types and dimensions extra-long for Morse taper shank twist drills**

(ISO 3291:1995, Extra-long Morse taper shank drills, MOD)

2008-11-04 发布　　2009-04-01 实施

中华人民共和国国家质量监督检验检疫总局
中国国家标准化管理委员会　发布

前　言

GB/T 1438《锥柄麻花钻》分为四个部分：

——第 1 部分：莫氏锥柄麻花钻的型式和尺寸；

——第 2 部分：莫氏锥柄长麻花钻的型式和尺寸；

——第 3 部分：莫氏锥柄加长麻花钻的型式和尺寸；

——第 4 部分：莫氏锥柄超长麻花钻的型式和尺寸。

本部分为 GB/T 1438 的第 4 部分。

本部分修改采用 ISO 3291：1995《莫氏锥柄超长麻花钻》(英文版)。

本部分根据 ISO 3291：1995 重新起草。

本部分与 ISO 3291：1995 相比有下列技术性差异和编辑性修改：

——删除了国际标准前言；

——用"."代替用作小数点的逗号"，"；

——"本国际标准"改为"本部分"；

——把表 1、表 2 合成了一个表；

——增加了标记示例；

——删除了附录 A。

本部分代替 GB/T 1438.4—1996《锥柄麻花钻　第 4 部分：莫氏锥柄超长麻花钻的型式和尺寸》。

本部分与 GB/T 1438.4—1996 相比有下列技术性修改：

——增加了前言；

——"本标准"改为"本部分"；

——在范围中增加了总长为 200.00 mm～630.00 mm 的要求；

——图 1 中，增加了横刃线；

——对表 1 中直径范围的尺寸进行了修改；

——将 4.3"高性能的"改为"精密级"。

本部分由中国机械工业联合会提出。

本部分由全国刀具标准化技术委员会(SAC/TC 91)归口。

本部分起草单位：成都工具研究所、成都成量工具集团有限公司。

本部分主要起草人：邓智光、曾宇环、伍蓉。

本部分所代替标准的历次版本发布情况为：

——GB 6137—1985、GB/T 1438.4—1996。

锥柄麻花钻
第4部分：莫氏锥柄超长麻花钻的型式和尺寸

1 范围

GB/T 1438的本部分规定了莫氏锥柄超长麻花钻的型式和尺寸。

本部分适用于直径6.00 mm～50.00 mm和总长为200.00 mm～630.00 mm的莫氏锥柄超长麻花钻。

2 规范性引用文件

下列文件中的条款通过GB/T 1438的本部分的引用而成为本部分的条款。凡是注日期的引用文件，其随后所有的修改单(不包括勘误的内容)或修订版均不适用于本部分，然而，鼓励根据本部分达成协议的各方研究是否可使用这些文件的最新版本。凡是不注日期的引用文件，其最新版本适用于本部分。

GB/T 1443 机床和工具柄用自夹圆锥(GB/T 1443—1996，eqv ISO 296:1991)

3 符号

d 钻头直径

l 总长

l_1 沟槽长度

4 型式和尺寸

4.1 莫氏锥柄超长麻花钻的型式、尺寸按图1和表1的规定。

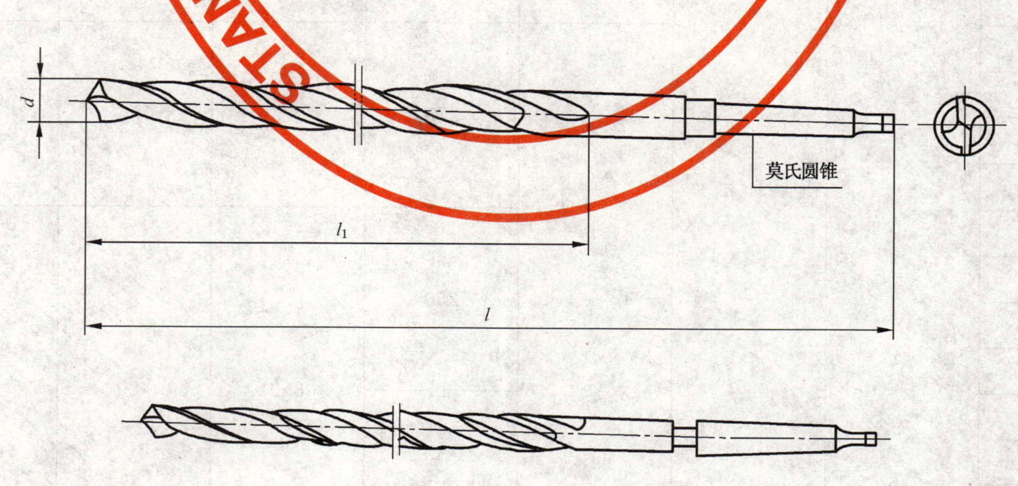

图1

表 1 莫氏锥柄超长麻花钻尺寸

单位为毫米

<table>
<tr><th rowspan="2">d
h8</th><th>l=200</th><th>l=250</th><th>l=315</th><th>l=400</th><th>l=500</th><th>l=630</th><th rowspan="2">莫氏圆锥号</th></tr>
<tr><th colspan="6">l_1</th></tr>
<tr><td>6.00</td><td rowspan="8">110</td><td rowspan="13">160</td><td rowspan="13">225</td><td rowspan="8">—</td><td rowspan="13">—</td><td rowspan="22">—</td><td rowspan="13">1</td></tr>
<tr><td>6.50</td></tr>
<tr><td>7.00</td></tr>
<tr><td>7.50</td></tr>
<tr><td>8.00</td></tr>
<tr><td>8.50</td></tr>
<tr><td>9.00</td></tr>
<tr><td>9.50</td></tr>
<tr><td>10.00</td><td rowspan="26">—</td><td rowspan="5">310</td></tr>
<tr><td>11.00</td></tr>
<tr><td>12.00</td></tr>
<tr><td>13.00</td></tr>
<tr><td>14.00</td></tr>
<tr><td>15.00</td><td rowspan="21">—</td><td rowspan="9">215</td><td rowspan="9">300</td><td rowspan="9">400</td><td rowspan="9">2</td></tr>
<tr><td>16.00</td></tr>
<tr><td>17.00</td></tr>
<tr><td>18.00</td></tr>
<tr><td>19.00</td></tr>
<tr><td>20.00</td></tr>
<tr><td>21.00</td></tr>
<tr><td>22.00</td></tr>
<tr><td>23.00</td></tr>
<tr><td>24.00</td><td rowspan="12">—</td><td rowspan="4">275</td><td rowspan="4">375</td><td rowspan="4">505</td><td rowspan="4">3</td></tr>
<tr><td>25.00</td></tr>
<tr><td>28.00</td></tr>
<tr><td>30.00</td></tr>
<tr><td>32.00</td><td rowspan="4">250</td><td rowspan="8">350</td><td rowspan="8">480</td><td rowspan="8">4</td></tr>
<tr><td>35.00</td></tr>
<tr><td>38.00</td></tr>
<tr><td>40.00</td></tr>
<tr><td>42.00</td><td rowspan="4">—</td></tr>
<tr><td>45.00</td></tr>
<tr><td>48.00</td></tr>
<tr><td>50.00</td></tr>
<tr><td>直径范围</td><td>6≤d≤9.5</td><td>6≤d≤14</td><td>6≤d≤23</td><td>9.5<d≤40</td><td>14<d≤50</td><td>23<d≤50</td><td></td></tr>
</table>

4.2 莫氏圆锥的尺寸和公差按 GB/T 1443 的规定。

4.3 标记示例

钻头直径 d=10 mm，总长为 250 mm 的右旋莫氏锥柄超长麻花钻为：

莫氏锥柄超长麻花钻 10×250 GB/T 1438.4—2008

钻头直径 d=10 mm，总长为 250 mm 的左旋莫氏锥柄超长麻花钻为：

莫氏锥柄超长麻花钻 10×250-L GB/T 1438.4—2008

精密级莫氏锥柄超长麻花钻应在直径前加“H-”，如“H-10”。

ICS 29.140.10
K 74

中华人民共和国国家标准

GB 1444—2008
代替 GB 1444—1987

防爆灯具专用螺口式灯座

Edison screw lampholders specially used for explosion-proof liminaires

2008-12-31 发布　　2010-02-01 实施

中华人民共和国国家质量监督检验检疫总局
中国国家标准化管理委员会　发布

前　言

本标准的全部技术内容为强制性。

本标准应与 GB 3836《爆炸性环境用电气设备》一起使用。

本标准代替 GB 1444—1987《防爆灯具专用螺口式灯座》。本标准与 GB 1444—1987 相比，主要变化如下：

——标准适用范围修改为增安型和无火花型防爆灯具。

——增加了嵌装式灯座型式。

——灯座的绝缘材料 E27 增加可选用塑料，绝缘材料的级别为Ⅰ级。

——隔爆小室的参数要求改为符合ⅡC 的要求。

——增加了连接件的要求。

——抗季裂试验按照 GB 17935 进行了修改。

——标记增加了电压、电流、型号要求等。

——删除检验规则，按照 GB 3836.1—2000 增加了附录 A 检验程序。

本标准由中国轻工业联合会提出。

本标准由全国照明电器标准化技术委员会(SAC/TC 224)归口。

本标准起草单位：国家灯具质量监督检验中心、国家电光源质量监督检验中心(上海)、上海时代之光照明电器检测有限公司、上海市照明灯具研究所。

本标准起草人：龚范昌、於立成。

本标准于 1978 年首次发布，1987 年第一次修订，本版是第 2 次修订。

防爆灯具专用螺口式灯座

1 范围

本标准规定了防爆灯具专用螺口式灯座的型式、基本参数和尺寸、结构和材料和试验的要求和检验程序。

注：检验程序见附录A。

本标准适用于爆炸性环境中增安型和无火花型防爆灯具专用的螺口式灯座(以下简称灯座)。

2 规范性引用文件

下列文件中的条款通过本标准的引用而成为本标准的条款。凡是注日期的引用文件，其随后所有的修改单(不包括勘误的内容)或修订版均不适用于本标准，然而，鼓励根据本标准达成协议的各方研究是否可使用这些文件的最新版本。凡是不注日期的引用文件，其最新版本适用于本标准。

GB 1406 螺口式灯头的型式和尺寸(GB 1406—2001,eqv IEC 60061-1:1969)

GB/T 2423.4 电工电子产品环境试验第2部分:试验方法 试验Db:交变湿热(12 h+12 h循环)(GB/T 2423.4—2008,IEC 60068-2-30:2005,IDT)

GB/T 2423.17 电工电子产品环境试验 第2部分:试验方法 试验Ka:盐雾(GB/T 2423.17—2008,IEC 60068-2-11:1981,IDT)

GB 3836.1—2000 爆炸性气体环境用电气设备 第1部分:通用要求(eqv IEC 60079-0:1998)

GB 3836.3—2000 爆炸性气体环境用电气设备 第3部分:增安型“e”(eqv IEC 60079-7:1990)

GB/T 4207 固体绝缘材料在潮湿条件下相比电痕化指数和耐电痕化指数的测定方法(GB/T 4207—2003,IEC 60112:1979,IDT)

GB/T 8411.1 陶瓷和玻璃绝缘材料 第1部分:定义和分类(GB/T 8411.1—2008,IEC 60672-1:1995,MOD)

GB 17935—2007 螺口灯座(IEC 60238:2004,IDT)

GB 19148.1 螺口式灯座的型式和尺寸(GB 19148.1—2003,IEC 60061-2:2001,MOD)

3 型式、基本参数和尺寸

3.1 型式

3.1.1 灯座固定方式须制成平装式、嵌装式。

3.1.2 灯座的绝缘材料可选用:

a) 陶瓷;

b) 塑料(适用于E10、E14、E27);

c) 绝缘材料的级别为Ⅰ级的其他材料。

3.2 基本参数

灯座的基本参数须符合表1的规定。

表 1　灯座的基本参数

灯座规格	所接灯头型号	最高工作电压/V	最大工作电流/A	所接灯泡最大额定功率/W
E10	E 10/12 E 10/13 E 10/13×11 E 10/14×11	50	2.5	25
E14	E 14/12 E 14/23×15 E 14/25×17	250	2.5	60
E27	E 27/25 E 27/27 E 27/35×30 E 27/65×45	250	4	300
E40	E 40/45 E 40/55×47 E 40/75×54 E 40/75×64	250	10	1 000

3.3　灯座螺口位置

当用相应的灯头旋入灯座后，灯座的螺口与中心触头的相对位置须符合图 1 及表 2 的规定，图 1 所示的是灯头完全旋入后，中心触头位置。

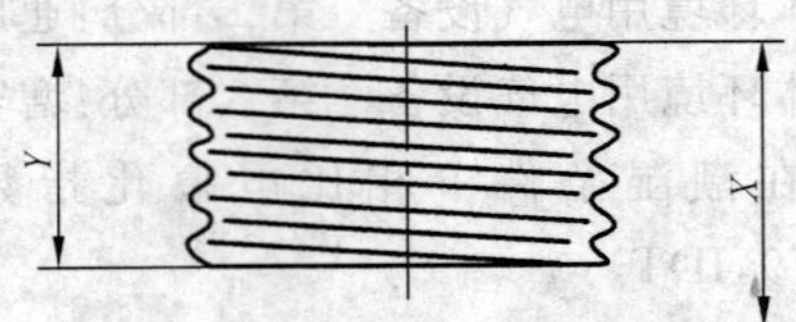

图 1　灯座的螺口与中心触头的相对位置

表 2　灯座的螺口与中心触头的尺寸

单位为毫米

灯座规格	X		Y
	最小值	最大值	最小值
E 10	7.5	9.3	3.5
E 14	12	15	5
E 27	17	21	7
E 40	27	32	12

3.4　安装尺寸

灯座的安装尺寸须符合表 3 的规定。

表 3　灯座的安装尺寸

灯座规格	安装孔中心距 D/mm	安装孔径 ϕ/mm	安装孔数
E 10	26	4	2
E 14	30	4	2
E 27	50	5	2
E 40	70	6	2

3.5 隔爆小室结构参数

灯座内中心触头隔爆小室结构参数须符合ⅡC外壳圆筒隔爆的要求,具体参数见表4。

表4 隔爆小室结构参数

接合面型式	隔爆小室净容积 V/cm^3	隔爆接合面长度 L/mm	隔爆接合面最大直径差 W/mm	粗糙度
圆筒式	≤100	≥6	0.10	6.3 1.6√

平装式灯座结构示意图如图2所示。

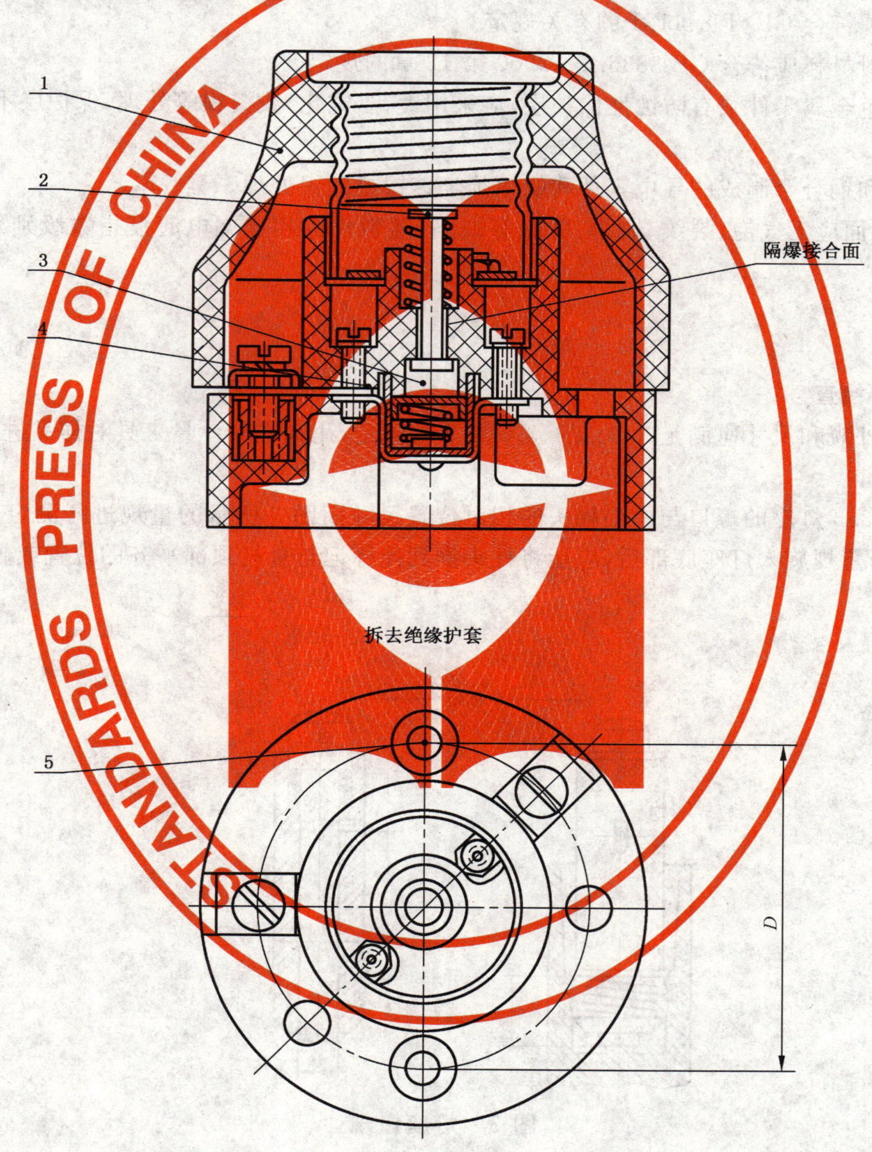

1——绝缘护套;
2——中心触头;
3——隔爆小室;
4——胶封;
5——安装孔;
D——安装中心孔距。

图2 灯座结构

4 结构和材料

4.1 灯座螺纹须符合 GB 19148.1 的规定。

4.2 灯座内接线端子连接导线处应留适合导线弯曲半径的空间，连接隔爆小室中心触头的接线端子须外接相线，与螺口连接的接线端子旁标注"N"符号。

4.3 灯座内金属之间的连接螺纹，其有效连接扣数须不少于 2 扣。

4.4 灯座的连接件应符合 GB 3836.3—2000 中 4.1 的规定。

4.5 灯座内不同极性的导电件之间电气间隙须不小于 3 mm；爬电距离须不小于 4 mm。

4.6 陶瓷材料须符合 GB/T 8411.1 的有关规定。

4.7 灯座内胶封材料应符合 GB 3836.1—2000 第 12 章的规定。

4.8 灯座的黑色金属零件须有防蚀性保护层，应采用镀锌(钝化)或镀镍等处理，保护层不得有斑点、起层、剥落现象。

4.9 灯座内铜和铜合金制成的导电零件和螺口须经镀镍或镀银处理。

4.10 塑料件表面应无气泡、裂纹、缺粉、肿胀等缺陷，塑料件的相比漏电起痕指数级别须不低于Ⅰ级(CTI≥600 V)。

5 试验

5.1 外观、尺寸检查

5.1.1 灯座的外观和尺寸应满足 3.3、3.4、3.5、4.1 的规定，用肉眼和计量工具对样品进行外观和尺寸检查。

5.1.2 本部分 3.3 灯座的螺口与中心触头的相对位置尺寸用图 3 所示的量规进行测定。量规须符合表 5 的规定。当量规旋入灯座底部后，应能将柱头推到使标记与量规顶部平齐的位置或超过此位置。

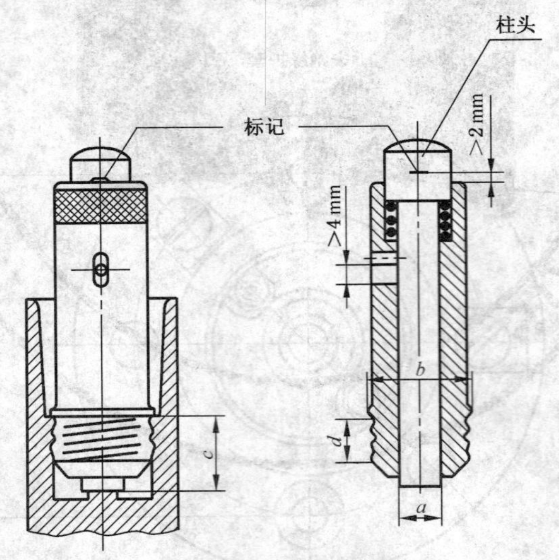

图 3 灯座量规

表 5 灯座的螺口与中心触头的相对位置尺寸

单位为毫米

灯座规格	a	b	c_1	d
E 14	$6.2^{+0.1}_{0}$	$15^{+0.015}_{0}$	$12^{+0.1}_{0}$	8
E 27	$11.5^{+0.1}_{0}$	$28^{+0.015}_{0}$	$17^{+0.1}_{0}$	10
E 40	$18^{+0.1}_{0}$	$42^{+0.02}_{0}$	$27^{+0.1}_{0}$	20

注：当标记与量规的上述边缘重合时，c 是 c_1 的数值。

5.2 湿热试验

将灯座口朝下悬空吊在湿热试验箱内，按 GB/T 2423.4 的规定进行高温温度 55 ℃试验周期为 48 h 的交变湿热试验，然后按照 GB 3836.3—2000 中 6.1 的规定进行绝缘介电强度试验。

5.3 冲击试验

灯座绝缘壳体应进行冲击试验。

5.3.1 冲击试验用图 4 所示设备进行。冲击高度(指锤头与冲击点在铅垂线上的投影距离)须符合表 6 的规定。摆锤的锤头用洛氏硬度为 R100 的尼龙制成，质量为 0.15 kg，冲击面为半径 10 mm 的半球形。摆柄由外径 9 mm、壁厚 0.5 mm 的钢管制成、锤头固定在摆柄上，摆柄的有效长度为 1 m。

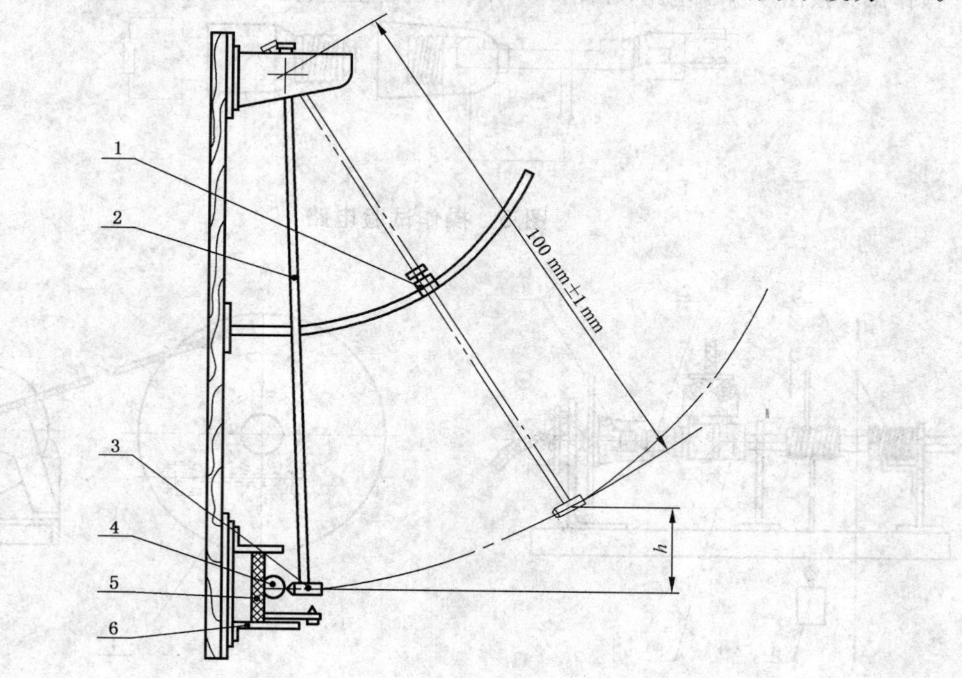

1——定位销；

2——摆柄；

3——冲击锤；

h——冲击高度；

4——样品；

5——底板(用厚为 8 mm，面积为 175×175 mm^2 的胶合板制成)；

6——支架。

图 4 摆锤式冲击试验装置

表 6 冲击试验高度

绝缘壳体材质	冲击高度 h/mm
瓷质	100
其他材质	150

5.3.2 试验时，将试验设备固定在墙上，然后将灯座夹持在底板上，并使其外缘与底板相触。受击点应处于摆锤在铅垂位置时锤头顶端所在的位置；当锤头冲击到受击点时，受击面须与锤头的轴线垂直。灯座绝缘壳体选择 5 个薄弱点各冲击 1 次，不出现肉眼可见的裂纹为合格。

5.4 操作试验

5.4.1 在表 7 所列的负载(纯电阻)条件下，灯座须承受与灯座相应的灯头接通和断开各 500 次的操作实验。

表 7 操作试验负载

灯座规格	试验电压/V	试验电流/A
E 10	50	2.5
E 14	250	2.5
E 27	250	4
E 40	不接负载	

5.4.2 操作试验按图 5 所示电路，在图 6 所示专用设备上进行。试验灯头须符合 GB 1406 的规定。

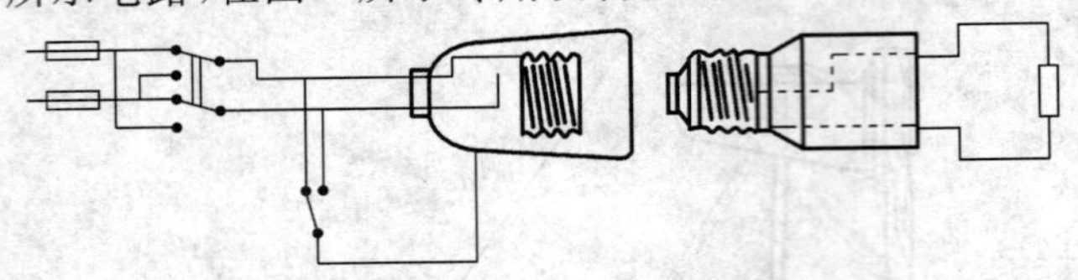

图 5 操作试验电路

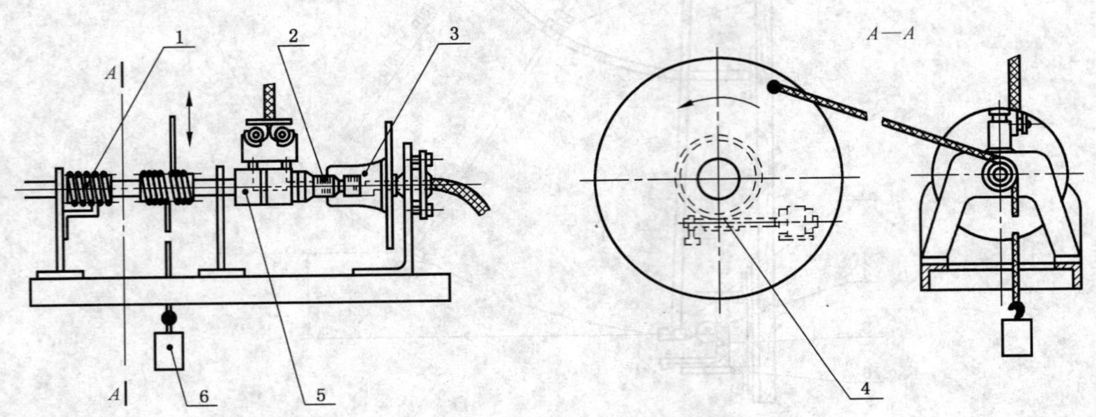

1——导轨；

2——试验灯头；

3——样品；

4——机械传动(蜗轮蜗杆)机构；

5——导电环；

6——砝码。

图 6 操作试验设备

5.4.3 试验时，将被试验灯座固定在夹具上，灯头以每分钟 15 次旋入和旋出动作，使灯座的电路接通和断开。旋入的转矩应符合表 8 规定。

表 8 旋入用转矩

灯座规格	转矩/Nm
E 10	0.8±0.1
E 14	1.0±0.1
E 27	1.5±0.1
E 40	3.0±0.1

5.4.4 试验后，灯座须按下列项目逐项检验：

a) 用表 8 的转矩将灯头旋入灯座后，反旋 15°，然后测量旋出的最小转矩须不小于表 9 规定。

表 9　旋出用最小转矩

灯座规格	转矩/Nm
E 10	0.2
E 14	0.3
E 27	0.5
E 40	1.0

b)　灯头旋入灯座导通后，应能继续旋入灯座大于或等于 1/4 圈。

c)　灯座中心触头压缩至极限使用位置(即与瓷口平齐)时，其总弹力须符合表 10 的规定。

表 10　总弹力

灯座规格	总弹力/N
E 10	10～20
E 14	15～25
E 27	20～35
E 40	30～50

d)　灯座须能承受 GB 3836.3—2000 中 6.1 规定的电气强度试验。

e)　灯座不应出现零件松动、弹性失效、螺口歪扭开裂和绝缘零件碎裂等影响正常使用的现象。

5.5　温升试验

5.5.1　灯座须在无外界气流、强烈阳光和其他热辐射作用的室内进行温升试验。

5.5.2　用表 11 所规定的最大截面的导线和符合 GB 1406 的灯头按图 7 所示电路接线。

表 11　灯座接线导线截面积

灯座规格	每根导线总截面积/mm^2
E 10	0.2～1
E 14	0.2～1
E 27	0.5～2.5
E 40	1～4

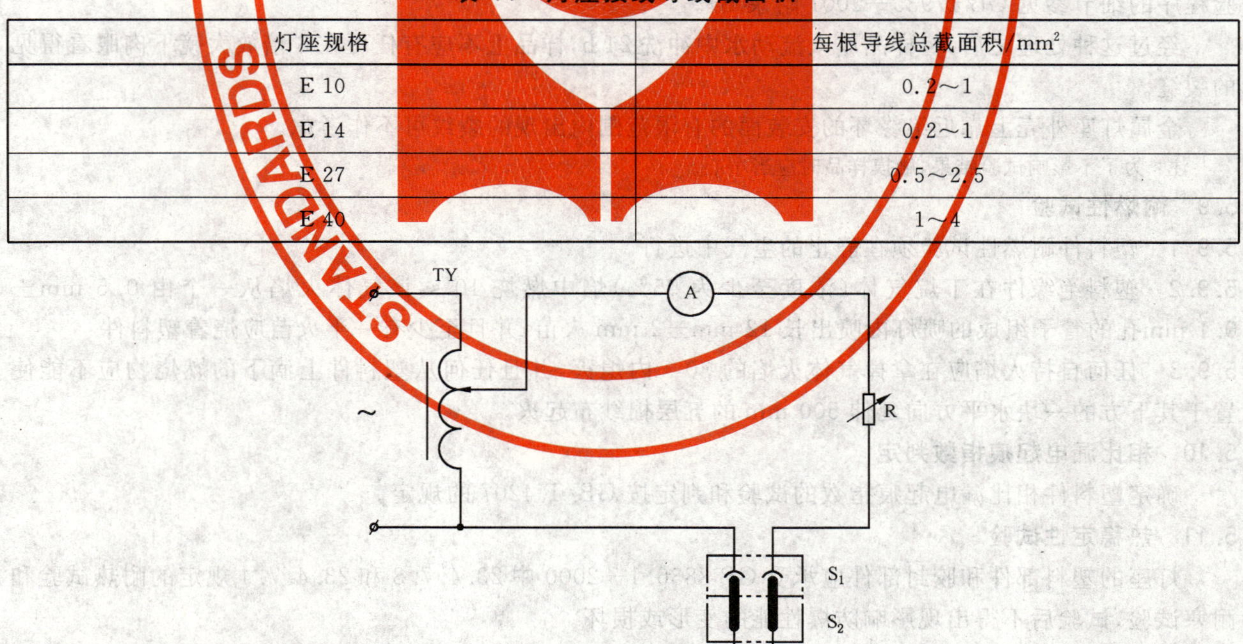

TY——自耦调压器；

R——可变电阻；

S_1——被测灯座；

S_2——试验灯头；

A——电流表。

图 7　试验连接电路

5.5.3 温度须用热电偶测定。测定触头温度时，应预先将热电偶焊在靠近接触点的地方，但热电偶不应影响灯座与灯头的正常接触。

5.5.4 灯座通以表1所列最大工作电流。当升温速度每30 min不超过1 ℃时，则认为升温已趋稳定。

5.5.5 试验结果，灯座的中心触头温升须不超过+80 ℃，接线端子温升不超过+45 ℃。

5.6 高温试验

5.6.1 将与灯座相应的符合GB 1406的灯头旋入灯座，然后一起放入烘箱内，使箱内温度在30 min～60 min内达到比灯座极限工作温度高+20 ℃的温度值。

5.6.2 在保温过程中，温度偏差不大于±5 ℃。

5.6.3 保温七昼夜后，停止加热，打开烘箱，使灯座自然冷却至室温后取出，用肉眼检查，灯座不得出现弹性零件失效，绝缘零件开裂，显著的起泡、肿胀、脱胶、变形、填充材料流出等妨碍正常使用的缺陷。

5.7 盐雾试验

灯座的黑色金属零件须进行盐雾试验。

将灯座黑色金属零件拆下，表面去油清洗，然后置于符合GB/T 2423.17规定的盐雾试验箱内，经16 h试验后，取出零件，用清水冲洗掉残留在表面上的盐分，检查保护层表面，不得出现棕锈或总面积大于零件表面积30%的白锈。

5.8 抗季裂试验

由轧制铜板材或铜合金制成的触点及其他部件在发生故障时会使灯座不安全，这些部件不应由于出现过度的残余应力而被损坏。

合格性由下述试验来检验：

将样品表面仔细擦净，用丙酮擦去油漆，用汽油等物将油脂和指印擦去。

将样品在试验箱中放置24 h，试验箱箱底有pH值为10的氯化铵溶液(有关试验箱，试验溶液和试验程序的细节参见GB 17935—2007附录B)。

经过这种处理之后，将样品放入流动水中冲洗24 h，样品上不应有任可在8倍放大镜下肉眼看得见的裂缝。

金属灯座外壳上靠近绝缘环的安装面的有限范围内出现的裂纹可不作考虑。

注：为了不影响试验结果，触摸样品时应当小心。

5.9 耐燃性试验

5.9.1 塑料件耐燃性试验须在静止的空气中进行。

5.9.2 塑料绝缘件在丁烷气体(浓度至少为95%)焰中燃烧10 s，该气体火焰从一个由0.5 mm±0.1 mm孔的管子组成的喷灯内喷出长12 mm±2 mm火苗，并且至少有一半火苗应烧着塑料件

5.9.3 任何自持火焰应在拿掉气体火焰的30 s内熄灭，并且任何从塑料件上滴下的燃烧物应不能使置于其下方的一块水平方向延伸500 mm的五层棉纱布起火。

5.10 相比漏电起痕指数判定

确定塑料件相比漏电起痕指数的试验和判定按GB/T 4207的规定。

5.11 热稳定性试验

灯座的塑料部件和胶封部件应承受GB 3836.1—2000中23.4.7.3和23.4.7.4规定的耐热试验和耐寒试验，试验后不得出现影响防爆性能的变形或损坏。

6 标记

每个灯座的明显处须有清晰的永久性标志，标志内容包括：

a) 额定电流，A；

b) 额定电压，V；额定脉冲电压高于以下各值，则应将其标出，kV：

额定电压为250 V的灯座：2.5 kV；

额定电压为500 V的灯座：4 kV；

注：灯座的额定脉冲电压(kV)可标示在灯座上或在制造商的产品样本或类似文件中注明。

来源标记(可采用商标、制造商识别标记或责任销售商名称等形式)；

c) 型号标记；

d) 防爆标志 Ex；

e) 防爆合格证编号；

f) 符号“U”；

g) 极限工作温度。

附 录 A
（规范性附录）
检验程序

A.1 各单位按本标准及GB 3836.1—2000中1.2防爆型式专用标准试制的电气设备，均须送国家授权的质量监督检验部门按相应标准的规定进行检验。对已取得“防爆合格证”的产品，其他厂生产时，仍须重新履行检验程序。

A.2 检验工作包括技术文件审查和样机检验两项内容。

A.3 技术文件审查须送下列资料：

a) 与防爆性能有关的产品图样（须签字完整，并装订成册）。

以上资料各一式二份，审查合格后由检验部门盖章，一份存检验部门，一份存送检单位。

b) 检验单位认为确保电气设备安全性必要的其他资料。

A.4 样机检验须送下列样机及资料：

a) 提供符合合格图样的完整样机，其数量应满足试验的需要。检验部门认为必要时，有权留存样机。

b) 产品使用维护说明书一式二份，审查合格后由检验部门盖章，一份存检验部门，一份存送检单位。

c) 提供检验需要的零、部件和必要的拆卸工具。

d) 有关试验报告。

以上试验报告和记录各一份。

e) 有关的工厂产品质量保证文件资料。

A.5 样机检验合格后，由检验部门发给“防爆合格证”，有效期为五年。

A.6 取得“防爆合格证”后的产品，当进行局部更改且涉及相应标准的有关规定时，须将更改的技术文件和有关说明一式两份送原检验部门重新检验，若更改内容不涉及相应标准的有关规定时，应将更改的技术文件和说明送原检验部门备案。

A.7 采用新结构、新材料、新技术制造的电气设备，经检验合格后，发给“工业试验许可证”。取得“工业试验许可证”的产品，须经工业试验（按规定的时间、地点和台数进行）。由原检验部门根据所提供的工业试验报告、本标准和专用标准的有关规定，发给“防爆合格证”后，方可投入生产。

A.8 对于既适用于Ⅰ类又适用于Ⅱ类的电气设备，须分别按Ⅰ类和Ⅱ类要求检验合格，取得防爆合格证。

A.9 检验部门有权对已发给“防爆合格证”的产品进行复查，如发现与原检验的产品质量不符且影响防爆性能时，应向制造单位提出意见，必要时撤销原发的“防爆合格证”。

附 录 B
（资料性附录）
灯座极限工作温度

B.1 极限工作温度是灯座所允许的最高温度，它由结构材料的耐热性确定。

B.2 灯座最高工作温度是灯座最高温升与工作环境温度之和。

B.3 灯座最高工作温度应比材料的极限工作温度低 20 ℃。

ICS 83.120
Q 23

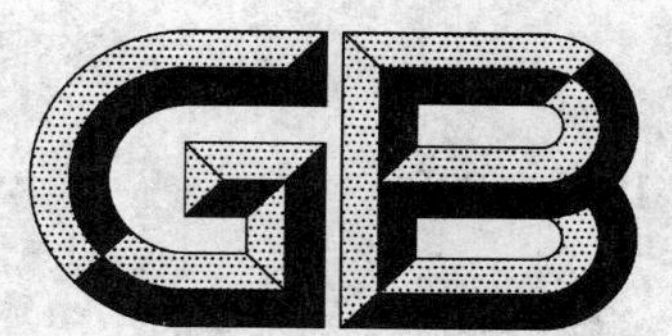

中华人民共和国国家标准

GB/T 1458—2008
代替 GB/T 1458—1988,GB/T 1461—1988,GB/T 2578—1989

纤维缠绕增强塑料环形试样力学性能试验方法

Test method for mechanical properties of ring of filament-winding reinforced plastics

2008-06-30 发布　　2009-04-01 实施

中华人民共和国国家质量监督检验检疫总局
中国国家标准化管理委员会　发布

前言

本标准对应于 ASTM D2291-98《玻璃纤维增强树脂基复合材料环形试样制作方法》、ASTM D2290-00《用劈裂圆盘法测定塑料或增强塑料管的环形试样表观拉伸强度试验方法》和 ASTM D2344/D2344M-00《聚合物基复合材料及层压板的短梁剪切强度试验方法》，与 ASTM D2291、ASTM D2290 和 ASTM D2344/D2344M 的一致性程度为非等效，主要差异如下：

——适用范围不同，适用于玻璃纤维、碳纤维和芳纶纤维缠绕增强塑料环形试样。ASTM D2291 仅提供了玻璃纤维环形试样制作方法；ASTM D2290 适用于增强热固性树脂管和挤出或模压的热塑性管；ASTM D2344/D2344M 适用多向和单向的弧形和平的层合板；

——试样尺寸较单一；

——按照汉语习惯对一些编排格式进行了修改；

——将一些适用于 ASTM 标准的表述改为适用于我国标准的表述。

本标准代替 GB/T 2578—1989《纤维缠绕增强塑料环形试样制作方法》、GB/T 1458—1988《纤维缠绕增强塑料环形试样拉伸试验方法》和 GB/T 1461—1988《纤维缠绕增强塑料环形试样剪切试验方法》。

本标准与 GB/T 2578—1989、GB/T 1458—1988、GB/T 1461—1988 相比主要变化如下：

——将 GB/T 2578—1989、GB/T 1458—1988、GB/T 1461—1988 合并为一个标准；

——增加了规范性引用文件(见第 2 章)；

——增加了方法概述(见第 3 章)；

——修改了纤维处理条件的叙述方法(GB/T 2578—1989 中的 5.2；本标准的 4.2.2)；

——补充了剪切试验中试样制备方法的叙述内容(GB/T 1461—1988 中的 3.2；本标准的 5.12)；

——拉伸试验的试验步骤和计算中补充了有关拉伸弹性模量和纤维体积含量的叙述内容(GB/T 1458—1988 中的 6.2；本标准的 6.3.6、6.3.7 和 6.4.2)；

——修改了计算公式(GB/T 1458—1988 中的第 6 章；本标准的 6.4)。

本标准的附录 A 为规范性附录。

本标准由中国建筑材料联合会提出。

本标准由全国纤维增强塑料标准化技术委员会归口。

本标准由哈尔滨玻璃钢研究院负责起草。

本标准主要起草人：田晶、张淑萍、丁新静。

本标准所代替标准的历次版本发布情况为：

——GB/T 2578—1981、GB/T 2578—1989；

——GB/T 1458—1978、GB/T 1458—1988；

——GB/T 1461—1978、GB/T 1461—1988。

纤维缠绕增强塑料环形试样力学性能试验方法

1 范围

本标准规定了纤维缠绕增强塑料环形试样力学性能试验的试样制作、剪切试验、拉伸试验和试验报告等。

本标准适用于制作纤维缠绕增强塑料环形试样，并测定纤维缠绕增强塑料环形试样的层间剪切强度、拉伸强度、拉伸弹性模量及其纤维的拉伸强度。

2 范性引用文件

下列文件中的条款通过本标准的引用而成为本标准的条款。凡是注日期的引用文件，其随后所有的修改单(不包括勘误的内容)或修订版均不适用于本标准，然而，鼓励根据本标准达成协议的各方研究是否可使用这些文件的最新版本。凡是不注日期的引用文件，其最新版本适用于本标准。

GB/T 1446 纤维增强塑料性能试验方法总则

GB/T 2577 玻璃纤维增强塑料树脂含量试验方法

GB/T 3855 碳纤维增强塑料树脂含量试验方法

3 方法概述

3.1 试样制作方法

3.1.1 概述

试样用单环缠绕法或圆筒切环法制作。此两种方法可采用湿法缠绕，也可采用预浸法缠绕，两种缠绕工艺分别见图1、图2。在做性能比较时，应采用同种方法制作。

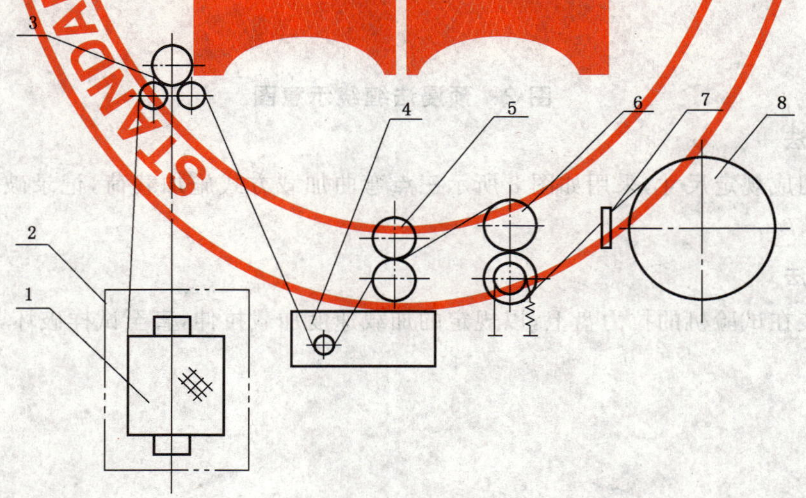

1——纱团；
2——干燥箱；
3——干纱张力辊；
4——胶槽；
5——挤胶辊；
6——张力装置；
7——丝嘴；
8——环模。

图1 湿法缠绕示意图

3.1.2 单环缠绕法

单环缠绕法按照 5.1.1 或 6.1.1 规定的试样内径尺寸，用单环模具在缠绕机上绕制，经固化、外表面加工、脱模即制得环形试样。

3.1.3 圆筒切环法

圆筒切环法按照 5.1.1 或 6.1.1 规定的试样内径尺寸，用圆筒芯模在缠绕机上绕成圆筒，再经固化、外表面加工、脱模、切割即制得环形试样。

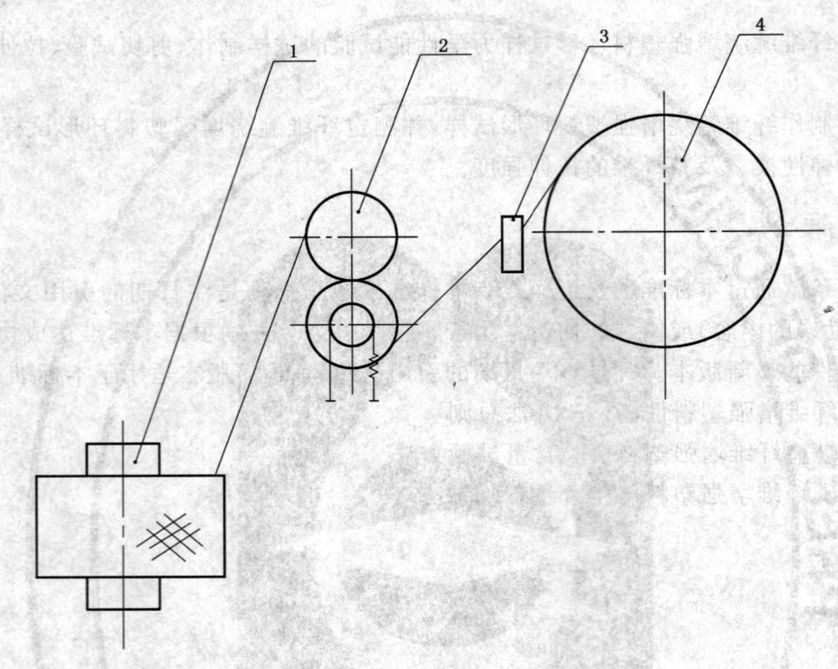

1——预浸带团；
2——张力装置；
3——丝嘴；
4——环模。

图 2 预浸法缠绕示意图

3.2 剪切试验方法

将环形试样切成规定尺寸，采用如图 3 所示三点弯曲加载方式施加载荷，记录破坏载荷，计算出试样的剪切强度。

3.3 拉伸试验方法

将环形试样装在试验机的拉力盘上，以规定的加载速度加载拉伸，直至试样破坏，记录破坏载荷，计算强度和模量。

4 试样制作

4.1 设备

4.1.1 缠绕机

缠绕机由纱架、胶槽、张力控制装置，丝嘴和驱动机构等部分组成。

4.1.2 模具和芯模

单环模具见图 3。圆筒切环法的芯模两端应留有适当的接轴，以利于模具装配到缠绕机上。

4.1.3 脱模

脱模机可采用合适的压机。

4.1.4 固化

固化装置应具有适当的可控的温度范围，温度控制精度为±2 ℃。

单位为毫米

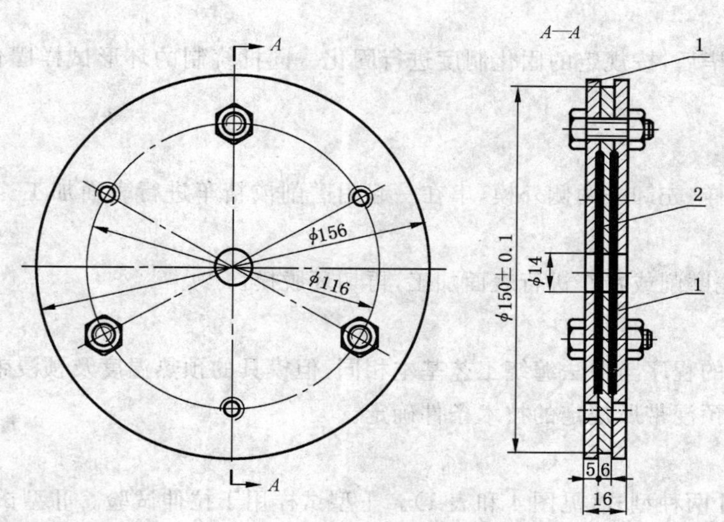

1——外模；

2——中模。

图 3 单环模具示意图

4.2 原材料的贮存和处理条件

4.2.1 贮存

纤维、树脂和固化剂等原材料应按技术要求进行验收和贮存。

4.2.2 处理条件

4.2.2.1 纤维在缠绕前应进行干燥处理。玻璃纤维在 80 ℃±2 ℃的烘箱中干燥 8 h。在不影响表面处理剂条件下，可采用 105 ℃±2 ℃干燥 2 h。制备环形试样时，纤维放置环境的相对湿度不大于 65%。

4.2.2.2 碳纤维和芳纶纤维放在 105 ℃～120 ℃的烘箱中至少干燥 2 h。将经干燥处理的纤维，置于能保持 70 ℃～80 ℃的烘箱内。

4.3 湿法缠绕工艺

4.3.1 模具准备

把清洗干净的模具或芯模涂上脱模剂。

4.3.2 纱团安装

纱团可立放，也可卧放在纱架上。纤维从纱团拉出时，应保持捻度不变，并施加轻微的张力以防其晃动。

4.3.3 浸胶

纤维从纱团引出，经过导辊，进入有加热装置的胶槽。纤维从胶槽拉出时，在尽量减少纤维磨损的情况下，用挤胶辊或刮胶板等装置将多余的胶除去。

4.3.4 张力控制

把浸过胶的纤维经过一系列导辊，对纤维施加所需的张力。缠绕张力为：玻璃纤维用其纤维断裂强力的5%～8%；芳纶用其纤维断裂强力的3%～4%；碳纤维按工艺要求，以不使纤维损坏为宜。

4.3.5 排纱

纤维排布应均匀，不允许有堆积、离缝等现象。使纤维浸渍均匀，张力稳定，缠绕速度应保证以不大于60 r/min为宜（线速度则为28 m/min）。

4.3.6 固化

环形试样缠绕完毕后，按规定的固化制度进行固化。同批绕制的环形试样固化前存放时间不超过8 h。

4.3.7 加工和脱模

固化后的单环试样，先卸去两侧外模，串在一起用磨削或精车进行表面加工。加工完后，用压机脱去中模。

固化后的圆筒，先磨削或精车进行表面加工，再切环脱模。

4.4 预浸法缠绕工艺

预浸法制备试样的程序与湿法缠绕工艺基本相同，但模具的预热温度及预浸带的烘烤条件、缠绕张力、缠绕速度等，需按预浸带所规定的技术条件确定。

4.5 试样的型式

环形试样有Ⅰ、Ⅱ两种型式（见图4和表1）。Ⅰ型试样用于拉伸试验。Ⅱ型试样用于剪切试验。

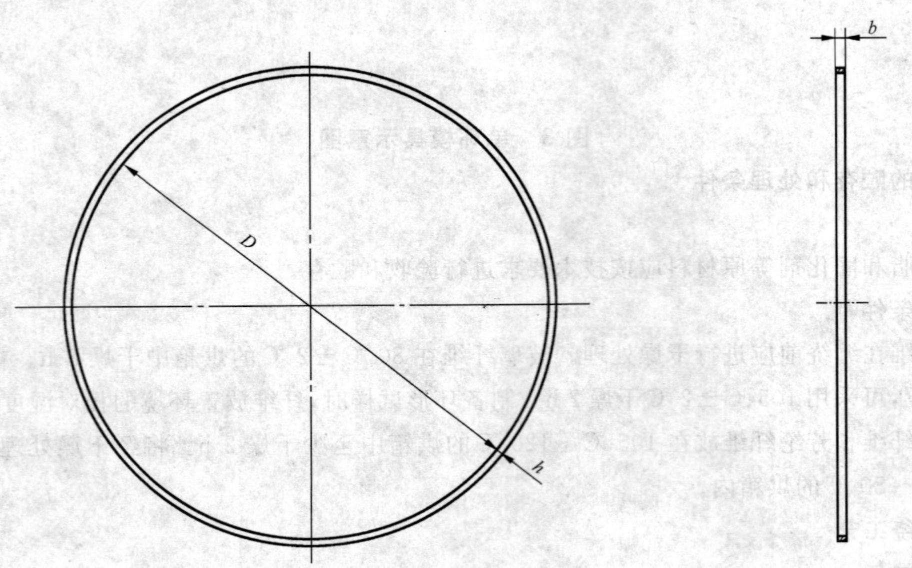

D——内径；

b——宽度；

h——厚度。

图4 环形试样

表 1　环形试样型式

单位为毫米

型　　式	尺　寸		
	D	*b*	*h*
Ⅰ	150±0.2	6±0.2	1.5±0.1
Ⅱ	150±0.2	6±0.2	3±0.1

5　剪切试验

5.1　剪切试样

5.1.1　试样尺寸

剪切试样尺寸见图 5。试样长度 L：玻璃纤维增强塑料为 21 mm～30 mm；碳纤维和芳纶纤维增强塑料为 18 mm～21 mm。

单位为毫米

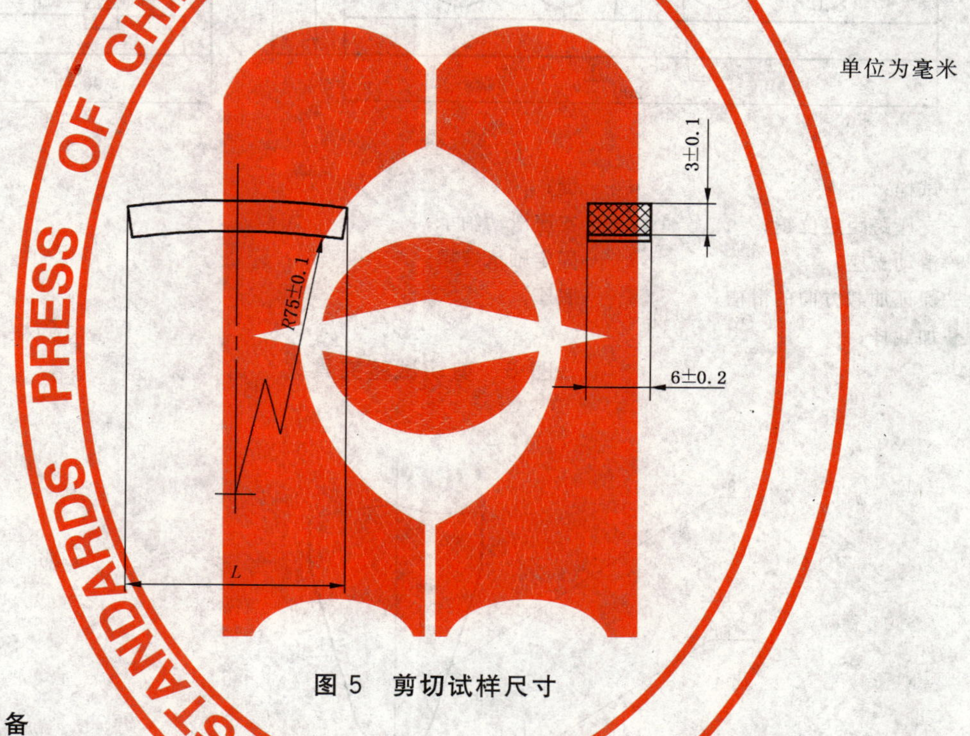

图 5　剪切试样尺寸

5.1.2　试样制备

试样制备按第 4 章的规定。剪切试样由环形试样径向切取，且等量地由 3 个环中切取。

5.1.3　试样数量

每组试样不少于 9 个，且等量地由 3 个环中切取。

5.2　试验条件

5.2.1　实验室环境

实验室环境条件按 GB/T 1446 的规定。

5.2.2　试验设备

试验设备按 GB/T 1446 的规定。

5.2.3　试验夹具

剪切试验夹具应有允许试样自由伸长的支座和自动对中的装置，见图 6。上压头半径为 3 mm。滑动支座间距 l：玻璃纤维增强塑料为 20 mm；碳纤维和芳纶纤维增强塑料为 11 mm；见图 7。

单位为毫米

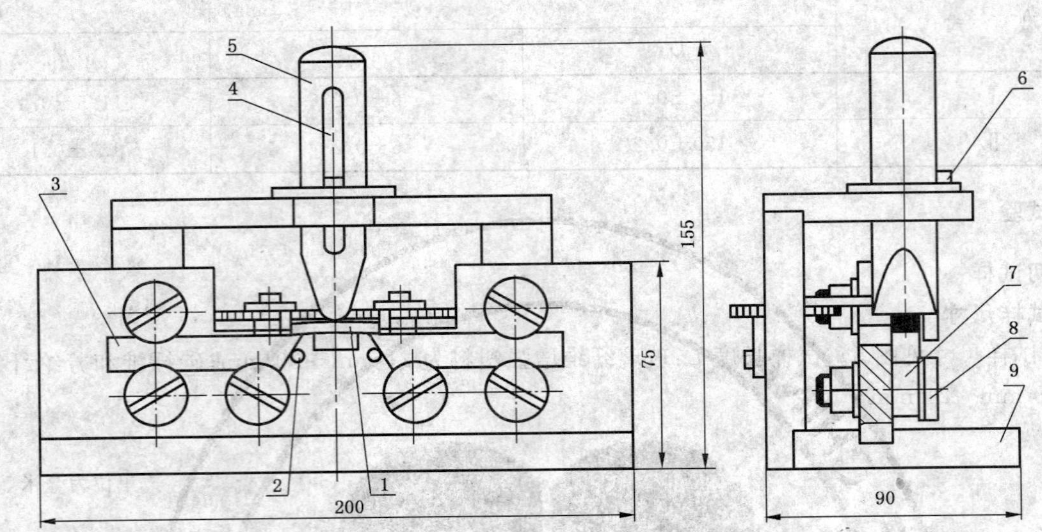

1——试样；
2——支座跨距定位销；
3——滑动支座；
4——保证加载方向的滑槽；
5——加载杆；
6——键；
7——支座滑动轴承；
8——固定轴承螺帽；
9——底座。

图 6　剪切试验夹具

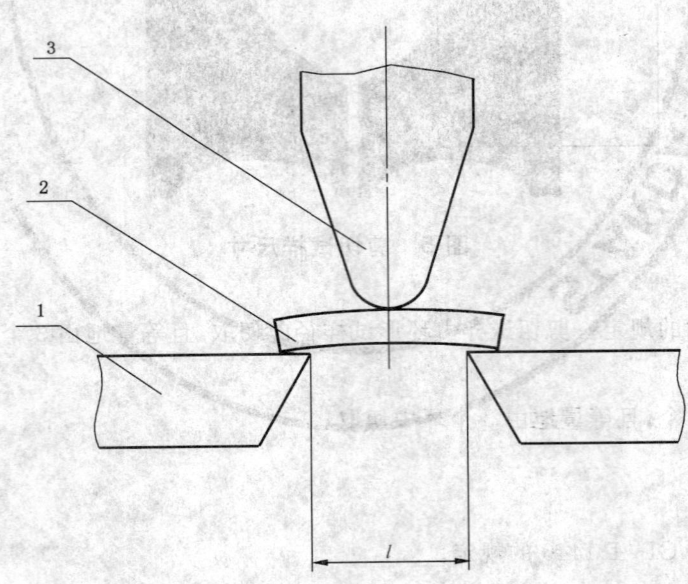

1——滑动支座；
2——试样；
3——上压头；
l——滑动支座间距。

图 7　试样加载简图

5.2.4 加载速度

加载速度为 1 mm/min～2 mm/min。

5.3 试验步骤

5.3.1 试样检查按 GB/T 1446 的规定。

5.3.2 试样的状态调节按 GB/T 1446 的规定。

5.3.3 将试样编号。在试样中部和两端共三处，测量试样的宽度和厚度，取算术平均值。测量精度按 GB/T 1446 的规定。

5.3.4 将试样凸面向上放在支座上，上压头与试样接触之轴线垂直于试样长度方向，见图 7。

5.3.5 均匀、连续地对试样施加载荷，记录破坏载荷。若试样发生弯曲、挤压等非层间剪切破坏时，则该试样作废。必须保证同批有效试样不少于 9 个。

5.4 计算

层间剪切强度按式(1)计算：

$$\tau_s = \frac{3p_b}{4b \cdot h} \qquad (1)$$

式中：

τ_s——层间剪切强度，单位为兆帕(MPa)；

p_b——破坏载荷，单位为牛顿(N)；

b——试样宽度，单位为毫米(mm)；

h——试样厚度，单位为毫米(mm)。

5.5 试验结果

试验结果按 GB/T 1446 的规定。

6 拉伸试验

6.1 拉伸试样

6.1.1 试样尺寸

拉伸试样尺寸见图 8。

单位为毫米

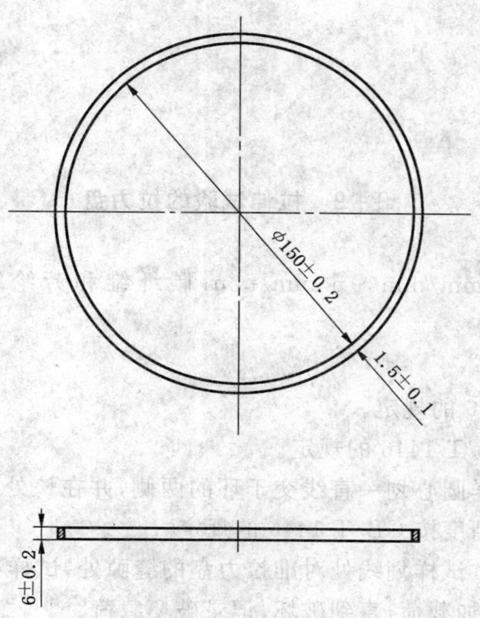

图 8 拉伸试样尺寸

6.1.2 **试样制备**

试样制备按第4章的规定。

6.1.3 **试样数量**

试样数量按 GB/T 1446 的规定。

6.2 试验条件

6.2.1 **实验室环境**

实验室环境条件按 GB/T 1446 的规定。

6.2.2 **试验设备**

试验设备按 GB/T 1446 的规定。拉伸试验的拉力盘见图9。

单位为毫米

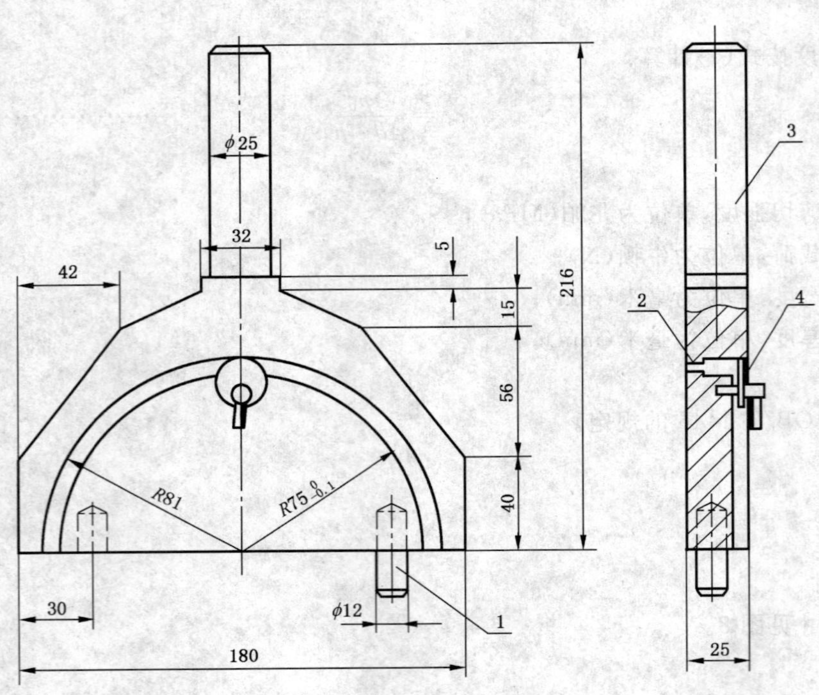

1——定位销；
2——取环孔；
3——盘体；
4——挡环凸轮。

图9 拉伸试验的拉力盘

6.2.3 **加载速度**

玻璃纤维增强塑料为 3 mm/min～5 mm/min；碳纤维和芳纶纤维增强塑料为 2 mm/min～3 mm/min。

6.3 试验步骤

6.3.1 试样检查按 GB/T 1446 的规定。

6.3.2 试样的状态调节按 GB/T 1446 的规定。

6.3.3 将试样编号。通过试样圆心划一直线交于环的两侧，并在该处测量试样的宽度和厚度，每侧各量两点，取算术平均值。测量精度按 GB/T 1446 的规定。

6.3.4 将试样装在拉力盘上。试样划线处对准拉力盘的缝隙处，试样与盘的接触表面要加以润滑。

6.3.5 均匀、连续地对试样施加载荷，直到破坏，记录破坏载荷。

6.3.6 测量拉伸弹性模量按附录A的规定进行。

6.3.7 纤维体积含量的测定按 GB/T 2577 和 GB/T 3855 的规定。

6.4 计算

6.4.1 增强塑料拉伸强度

增强塑料拉伸强度按式(2)计算：

$$\sigma_t = \frac{p_b}{2b \cdot h} \quad \cdots\cdots\cdots\cdots (2)$$

式中：

σ_t——增强塑料拉伸强度，单位为兆帕(MPa)；

p_b——破坏载荷，单位为牛顿(N)；

b——试样宽度，单位为毫米(mm)；

h——试样厚度，单位为毫米(mm)。

6.4.2 增强塑料拉伸弹性模量

增强塑料拉伸弹性模量计算按附录 A 的规定进行。

6.4.3 纤维拉伸强度

纤维拉伸强度按式(3)计算：

$$\sigma_f = \frac{p_b}{2b \cdot h \cdot V_f} \quad \cdots\cdots\cdots\cdots (3)$$

式中：

σ_f——纤维拉伸强度，单位为兆帕(MPa)；

p_b——破坏载荷，单位为牛顿(N)；

b——试样宽度，单位为毫米(mm)；

h——试样厚度，单位为毫米(mm)；

V_f——纤维体积含量，%。

6.5 试验结果

试验结果按 GB/T 1446 的规定。

7 试验报告

试验报告的内容应包括以下各项全部或部分：

a) 试验项目名称及本标准号；

b) 原材料的品种及规格；

c) 环形试样制作时的环境温度和相对湿度；

d) 缠绕张力、速度；

e) 模具材料；

f) 固化制度；

g) 试样制作人员、日期；

h) 试样的类型、编号、形状、尺寸、外观质量及数量；

i) 试验温度、相对湿度及试样状态调节；

j) 试验设备及仪器仪表的型号、量程及使用情况等；

k) 试验结果：

给出每个试样剪切性能的单值(必要时，给出每个试样的破坏情况)、算术平均值、标准差及离散系数；

l) 试验人员、日期及其他。

附 录 A
（规范性附录）
弹性模量的测定

A.1 应变片法

A.1.1 在试样上按图 A.1 粘贴应变片。

单位为毫米

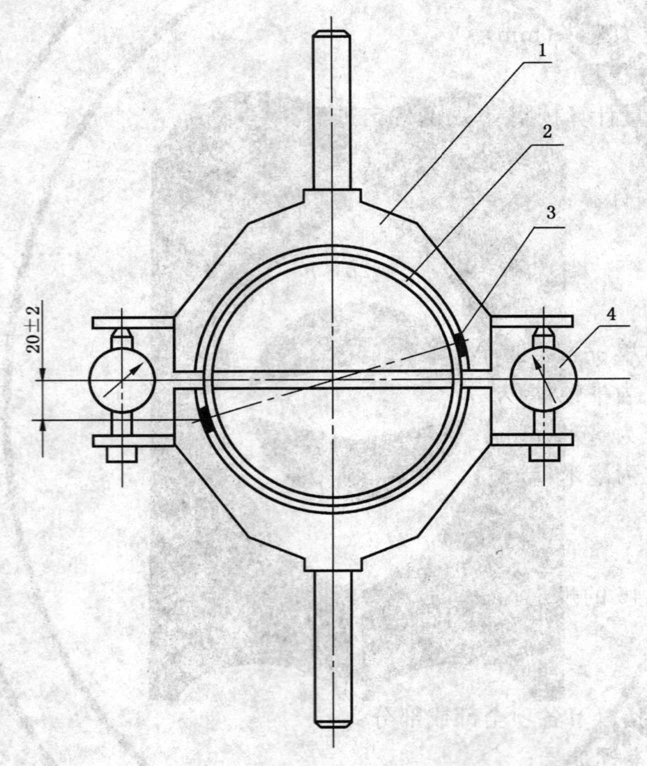

1——拉力盘；
2——试样；
3——应变片；
4——变形计。

图 A.1 粘贴应变片位置示意图

A.1.2 加载速度可按方便测量和读取变形而选取。

A.1.3 安装测量变形仪表，施加初载（约破坏载荷的 5%），检查仪表；以一定间隔施加载荷（破坏载荷 30%～50%），记录应变。有自动记录装置时，可连续加载。

A.1.4 绘制载荷-应变曲线。

A.1.5 弹性模量按式（A.1）计算：

$$E = \frac{\Delta p}{b \cdot h(\Delta\varepsilon_1 + \Delta\varepsilon_2)} \quad \cdots\cdots\cdots\cdots(A.1)$$

式中：

E——弹性模量，单位为兆帕（MPa）；

Δp——载荷-应变曲线上初始直线段的载荷增量，单位为牛顿（N）；

b——试样宽度，单位为毫米(mm)；

h——试样厚度，单位为毫米(mm)；

$\Delta\varepsilon_1$、$\Delta\varepsilon_2$——分别为对应于载荷增量 Δp 的两侧应变增量。

A.1.6 试样数量按 GB/T 1446 的规定。

A.1.7 试验结果按 GB/T 1446 的规定。

A.2 变形计法

A.2.1 在拉力盘缝隙处两侧对称地安装变形计(见图 A.1)。

A.2.2 按 A.1.2、A.1.3 和 A.1.4 进行操作。

A.2.3 弹性模量按式(A.2)计算：

$$E=\frac{\pi\cdot D\cdot\Delta p}{2b\cdot h(\Delta l_1+\Delta l_2)} \quad \cdots\cdots(A.2)$$

式中：

E——弹性模量，单位为兆帕(MPa)；

Δp——载荷-应变曲线上初始直线段的载荷增量，单位为牛顿(N)；

b——试样宽度，单位为毫米(mm)；

h——试样厚度，单位为毫米(mm)；

D——试样直径，单位为毫米(mm)；

Δl_1、Δl_2——分别为对应于载荷增量 Δp 的两侧变形增量，单位为毫米(mm)。

A.2.4 试样数量按 GB/T 1446 的规定。

A.2.5 试验结果按 GB/T 1446 的规定。

ICS 77.040.30
H 10

中华人民共和国国家标准

GB/T 1467—2008
代替 GB/T 1467—1978

冶金产品化学分析方法标准的总则及一般规定

Method for chemical analysis of metallurgy product—General rules and regulations

2008-08-05 发布　　　　2009-04-01 实施

中华人民共和国国家质量监督检验检疫总局
中国国家标准化管理委员会　发布

前　言

本标准代替 GB/T 1467—1978《冶金产品化学分析方法标准的总则及一般规定》。

本标准与 GB/T 1467—1978 比较，主要变化如下：

——增加了 1 范围、2 规范性引用文件和 3.5.5、3.7、3.8、4.8、4.15 条款的内容。

——对原标准内容进行了修订，原标准中 1、2 和 5、4、6、7、8、9、12、13 和 16、17、18、19、20、21～23 及 28、24、25 分别对应的修订内容为 3.1、3.4、3.5.1、3.5 中的部分内容、3.6 、3.9、3.2、4.1、4.6、4.5、4.7、4.9、4.3、4.10～4.12、3.10、4.16。

a）删去原标准第 10 章内容。

e）基本保留了原标准中第 3 章、第 11 章、第 14 章、第 15 章、第 26 章、第 27 章内容，分别对应 3.3、3.5.4、4.4、4.2、4.14、4.13。

本标准由中国钢铁工业协会提出。

本标准由全国钢标准化技术委员会归口。

本标准主要起草单位：冶金工业信息标准研究院、包头钢铁(集团)公司。

本标准主要起草人：陈自斌、安静、董玉兰、周景涛、丁美英。

本标准历次发布情况为：

——GB/T 1467—1978。

冶金产品化学分析方法标准的
总则及一般规定

1 范围

本标准规定了冶金产品化学分析方法标准的总则及一般规定。

本标准适用于冶金产品化学分析方法标准的制定、修订和使用。

2 规范性引用文件

下列文件中的条款通过本标准的引用而成为本标准的条款。凡是注日期的引用文件，其随后所有的修改单(不包括勘误的内容)或修订版均不适用于本标准，然而，鼓励根据本标准达成协议的各方研究是否可使用这些文件的最新版本。凡是不注日期的引用文件，其最新版本适用于本标准。

GB/T 1.1 标准化工作导则 第1部分：标准的结构和编写规则

GB 3100 国际单位制及其应用

GB 3101 有关量、单位和符号的一般原则

GB/T 6379.1 测量方法与结果的准确度(正确度与精密度) 第1部分：总则与定义(GB/T 6379.1—2004,ISO 5725-1:1994,IDT)

GB/T 6379.2 测量方法与结果的准确度(正确度与精密度) 第2部分：确定标准测量方法重复性与再现性的基本方法(GB/T 6379.2—2004,ISO 5725-2:1994,IDT)

GB/T 6379.4 测量方法与结果的准确度(正确度与精密度) 第4部分：确定标准测量方法正确度的基本方法(GB/T 6379.4—2006,ISO 5725-4:1994,IDT)

GB/T 6379.5 测量方法与结果的准确度(正确度与精密度) 第5部分：确定标准测量方法精密度的可替代方法(GB/T 6379.5—2006,ISO 5725-5:1994,IDT)

GB/T 8170 数值修约规则

GB/T 20001.4 标准编写规则 第4部分：化学分析方法

3 总则

3.1 在进行冶金产品化学分析方法标准的制定、修订时，按GB/T 1.1和GB/T 20001.4要求编写。

3.2 标准中涉及的量、单位和符号按GB 3100和GB 3101的规定执行。

3.3 冶金产品化学分析方法标准应尽可能将产品归类后，再按元素或分析项目制定、修订。例如，钢铁化学分析方法标准应适用于生铁、铸铁、碳素钢、低合金钢和中、高合金钢等尽可能广泛的钢种，而不应按钢种制定、修订其化学分析方法标准。

3.4 在研制标准物质/标准样品、仲裁分析或验证其他日常分析方法的准确度时优先采用冶金产品化学分析方法标准。同时该分析方法标准可作为冶金产品化学分析的例行分析方法。

同一元素具有多个标准方法时，使用时可根据试样的组成和含量及需求情况选择。仲裁分析时应选择对待测元素干扰小、精密度高的分析方法，或争议双方协商确定所用分析方法。

3.5 冶金产品化学分析方法标准应包括：标准名称、范围、规范性引用文件、原理、试剂和材料、仪器、取制样、分析步骤、结果计算、精密度(或允许差)、试验报告等内容。

3.5.1 每个分析方法的范围应明确规定适用范围和测定范围。测定范围应满足冶金产品标准的技术条件所规定的化学成分范围，并适当向其上限和下限延伸。

3.5.2 原理部分除简要叙述主要分析步骤及条件外(必要时应写出主要反应式,说明方法原理),还应说明可能出现的干扰元素的限量及消除干扰的方法。

3.5.3 所用仪器应满足分析方法标准的要求,分析方法标准中应规定出所使用的仪器必须满足的最低性能指标。

所用的计量器具(包括:分析天平、容量器具、砝码等)及测量仪器应在计量检定有效期内。

3.5.4 分析样品的采取与制备须按有关标准或技术规定执行。

3.5.5 分析结果的描述应指明结果计算的方法,计算公式及简化公式、式中符号、代号和系数的含义与单位。

3.6 用冶金产品化学分析方法标准所测量和度量得到的数据,要根据分析工作中所用仪器、容量器具等实际精度情况以有效数字表示。

3.7 数字修约方法按 GB/T 8170 的规定进行。

3.8 冶金产品化学分析方法标准制定、修订时,推荐采用重复性限和再现性限表示方法的精密度。精密度的共同试验与统计推荐采用 GB/T 6379.1、GB/T 6379.2、GB/T 6379.4 和 GB/T 6379.5 的规定执行。

3.9 冶金产品化学分析方法标准中所载的精密度或允许差是对特定的分析方法和被分析项目的特定含量而定的,是化学分析方法准确度的衡量标准。

重复测定的分析结果如不超过相应的精密度要求或允许差,则认为分析结果有效。

当仲裁时,不论原结果如何,皆以仲裁结果为准。

3.10 对健康或环境有危险或有危害的所分析产品、试剂或分析步骤,必须引起注意并注明所需的注意事项以避免伤害。这些内容应该用黑体字印刷和编排。

4 一般规定

4.1 所用分析天平除特殊说明外,其感量应达到 0.1 mg。容量器具(容量瓶、滴定管、移液管、比色管等)应优先选用国家标准 A 级产品。

4.2 冶金产品化学分析方法标准中所有操作除特殊说明者外,均在玻璃器皿中进行。

4.3 配制贮存试剂溶液,使用硬质玻璃容器,对玻璃有腐蚀性的试剂、容易分解的试剂,应指明使用何种材料的容器贮存,贮存时的注意事项及贮存时间。如:“高压聚乙烯塑料瓶”、“棕色瓶”等。

4.4 测定所用的试剂,如无特殊说明,一般应使用符合国家标准或行业标准的分析纯试剂,如能保证不降低测定准确度,其他纯度级的试剂也可采用。如系由实验室自行提纯和合成者,应表述提纯和合成方法。

标准溶液一般以基准物质或有足够纯度、稳定和组成唯一的试剂制备,或用一些其他方法标定。

4.5 冶金产品化学分析方法标准中所载入的液体试剂,除注明外,均指该试剂的市售溶液,并在该试剂名称后注明密度或浓度(指不能用密度表示者)。含结晶水的固体试剂,须在其名称后写出分子式。

4.6 配制溶液与分析过程中所用的水,为蒸馏水、去离子水或相当纯度的水。标准中所配制的溶液除注明溶剂外,均指水溶液。

4.7 由液体试剂配制的非标准溶液的浓度以(V_1+V_2)表示,即将体积为 V_1 的特定溶液加入到体积为 V_2 的溶剂中。

4.8 由固体试剂按比例相混合,系指质量之比。

4.9 由固体试剂配制的非标准溶液的浓度用质量浓度表示。单位为 g/L 或 mg/mL。

4.10 冶金产品化学分析方法标准滴定溶液的浓度单位以 mol/L(注明物质的基本单元);标准溶液的浓度单位应以 mol/L、g/L 或其分倍数表示。标准系列溶液的换算因数、标准溶液的浓度(单位为 mol/L),均应保留四位有效数字。

4.11 配制标准溶液或标准滴定溶液时,需标定的标准滴定溶液应在标准滴定溶液的名称及配制方法的下面表述标定方法。如配制和标定方法已制成标准,也可执行相应的标准。

4.12 标准系列溶液,应取标准贮存溶液逐级稀释配制而成,一般应用时配制。

4.13 冶金产品化学分析方法标准中的"灼烧或烘干至恒量",如无特殊说明,系指灼烧或烘干及冷却等操作重复进行至最后两次所称量之差不大于 0.000 3 g 为恒量。

4.14 冶金产品化学分析方法标准中的"干过滤",系指溶液用干滤纸和干漏斗过滤于干燥容器中,并弃去最初部分滤液。

4.15 空白试验应按分析方法要求进行。

4.16 冶金产品化学分析方法标准中的温度表示使用摄氏温度(℃)。一般情况常温是 15 ℃～25 ℃,室温是 5 ℃～35 ℃。除另有规定外,冷处是指 1 ℃～15 ℃,温水是指 40 ℃～60 ℃,热水或热溶液的温度是指 70 ℃～80 ℃,冷水在 15 ℃以下。

ICS 29.140.10
K 74

中华人民共和国国家标准

GB/T 1483.1—2008
代替 GB/T 1483—2001;GB/T 1483.2—2002

灯头、灯座检验量规 第1部分:螺口式灯头、灯座的量规

**Gauges for lamp caps and holders—
Part 1:Gauges for screw caps and holders**

(IEC 60061-3:2004,Lamp caps and holders together with gauges for the control of interchangeability and safety—Part 3:Gauges,MOD)

2008-04-29 发布　　　　2008-12-01 实施

中华人民共和国国家质量监督检验检疫总局
中国国家标准化管理委员会　发布

前 言

GB/T 1483《灯头、灯座检验量规》共分为5个部分：

第1部分：螺口式灯头、灯座的量规；

第2部分：插脚式灯头、灯座的量规；

第3部分：预聚焦式灯头、灯座的量规；

第4部分：杂类灯头、灯座的量规；

第5部分：卡口式灯头、灯座的量规。

本部分为GB/T 1483的第1部分。

GB/T 1483的本部分修改采用IEC 60061-3:2004《灯头、灯座及检验其安全性和互换性的量规 第3部分：量规》(3.34版)的英文版。

本部分与IEC 60061-3:2004(3.34版)的英文版中有关螺口式灯头、灯座的量规部分在技术内容上完全一致。

为了便于使用，本部分还做了下列编辑性修改：

a) 用小数点“.”代替作为小数点的逗号“,”；

b) “本国际标准”一词改为“本部分”；

c) 删除IEC 60061-3的标准前言及引言；

d) 为了与现有的标准及本部分中的技术内容相一致，将国际标准的名称“《灯头、灯座及检验其安全性和互换性的量规 第3部分：量规》”改为“《灯头、灯座检验量规 第1部分：螺口式灯头、灯座的量规》”。

本部分代替GB/T 1483—2001《螺口式灯头的量规》和GB/T 1483.2—2002《螺口式灯座的量规》。

本部分与GB/T 1483—2001和GB/T 1483.2—2002相比主要差异如下：

——保留了原标准中灯头、座的量规的全部技术内容；

——新增了灯头量规型号为：E11灯头的通规；E11灯头的止规；E26、E26/50×39、E26/51×39和E26d灯头的通规；E26、E26/50×39、E26/51×39和E26d灯座的止规；检验灯头尺寸B的量规，检验灯与E26、E26/50×39、E26/51×39和E26d(无裙边)灯头配合的接触性能量规；检验成品灯上E26d灯头防意外接触性能的量规；基准直径为23 mm的E26d灯头用量规；基准直径为13.2 mm的E26d灯头用量规；基准直径为10.4 mm成品灯E26d灯头用量规；检验装有E27灯头的成品灯插入时防意外接触的量规；检验装有E39灯头的成品灯接触性能的量规；装有E39灯头的成品灯用通规；装有E39灯头的成品灯用止规；

——新增了灯座量规型号为：检验E11灯座接触性能的A型塞规；检验E11灯座接触性能的B型塞规；E26灯座用通规；检验E26灯座接触性能用量规；E26和E26d灯座用止规；检验E26d灯座中间触点半径位置用量规；检验E26d灯座相对位置接触性能的量规；检验E26d灯座接触性能用量规；检验E26d灯座金属壳衬纸接触性能用量规；检验E26d灯座防意外接触性能用塞规；E26d灯座用通塞规；检验E26d灯座不合格接触性能的量规；检验E39灯座防灯泡颈部损坏及接触性能的量规；检验E39灯座螺纹通规；检验E39外壳夹持装置灯座最大插入扭矩值的量规；检验E39外壳夹持装置灯座最小扭矩值的量规。

本部分由中国轻工业联合会提出。

本部分由全国照明电器标准化技术委员会(SAC/TC 224)归口。

本部分主要起草单位：北京电光源研究所。

本部分主要起草人：赵秀荣、杨小平、江姗、段彦芳。

本部分所代替标准的历次版本发布情况为：

——GB 1483—1979、GB 1483—1989、GB/T 1483—2001；

——GB/T 1483.2—2002。

灯头、灯座检验量规 第1部分:螺口式灯头、灯座的量规

1 范围

GB/T 1483本部分规定了检验螺口式灯头和灯座互换性尺寸的量规的型式、尺寸、使用目的及检验方法。

本部分适用于设计和制造用于检验按GB/T 1406.1和GB/T 19148.1生产的螺口式灯头和灯座的量规。

2 规范性引用文件

下列文件中的条款通过GB/T 1483的本部分的引用而成为本部分的条款。凡是注日期的引用文件,其随后所有的修改单(不包括勘误的内容)或修订版均不适用于本部分,然而,鼓励根据本部分达成协议的各方研究是否可使用这些文件的最新版本。凡是不注日期的引用文件,其最新版本适用于本部分。

GB/T 1031—1995 表面粗糙度 参数及其数值(neq ISO 468:1982)

GB/T 1406.1 灯头的型式和尺寸 第1部分:螺口式灯头(GB/T 1406.1—2008,IEC 60061-1:2005,Lamp caps and holders together with gauges for the control of interchangeability and safety—Part 1: Lamp caps,MOD)

GB/T 1957 光滑极限量规 技术条件(GB/T 1957—2006,ISO/DP 1938-2:1983,NEQ)

GB 17935—2007 螺口灯座(IEC 60238:2004,IDT)

GB/T 19148.1 灯座的型式和尺寸 第1部分:螺口式灯座(GB/T 19148.1—2008,IEC 60061-2:2004,Lamp caps and holders together with gauges for the control of interchangeability and safety—Part 2:Lampholders,MOD)

3 产品分类

本部分规定的量规按用途分为通规、止规和接触规三类。

4 技术要求

4.1 量规的材质、工作面硬度和表面粗糙度等主要技术条件应符合GB/T 1957的要求。

4.2 制造厂应有计量部门验证的合格证。

5 标志、包装

5.1 量规的非工作面上,应有下列清晰而牢固的标志:

a) 量规的型号:该型号与相应被检验灯头灯座一致;

b) 量规种类或专用代号:

通规:“通”或“T”;

止规:“止” 或“Z”;

接触规:“触”或“C”;

防意外接触规:“防触”或“FC”;

附加通规:“附通”或“FT”;

c) 本标准号:GB/T 1483.1—2008;

d) 出厂日期和厂商标志。

5.2 量规包装前应进行防锈处理,并用硬质材料作外部包装。

6 参数表

	量规边口的倒角	1/1

若规定对量规边口进行简单修整时,应按照下述原则进行,在对这种边口的具体图中应标明“倒角(见图1)”。

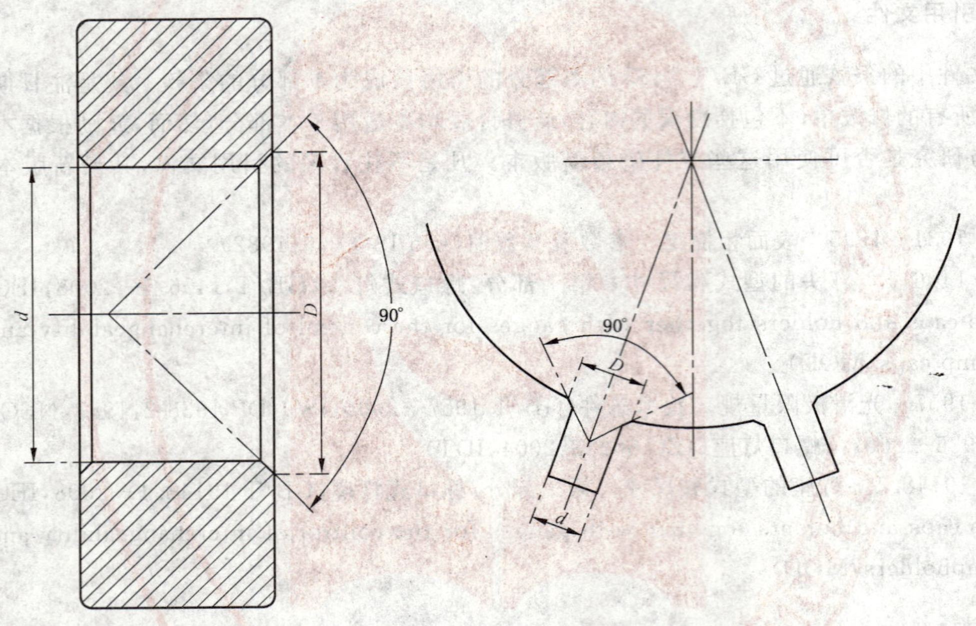

图 1

尺寸“D”的值应按照表1要求确定。

量规类型	尺寸“D”
止规	“D”近似=1.1 d(四舍五入取整毫米数)
通规	当“D”对结果有影响时,其值应相应调整
	当“D”对结果无影响时,“D”近似=1.1 d

GB/T 1483.1-7006-1-2

	成品灯上 E5 灯头的通规	1/1

单位为毫米

附图仅表示互换性的基本尺寸。

关于 E5 灯头，见 GB/T 1406.1-7004-25。

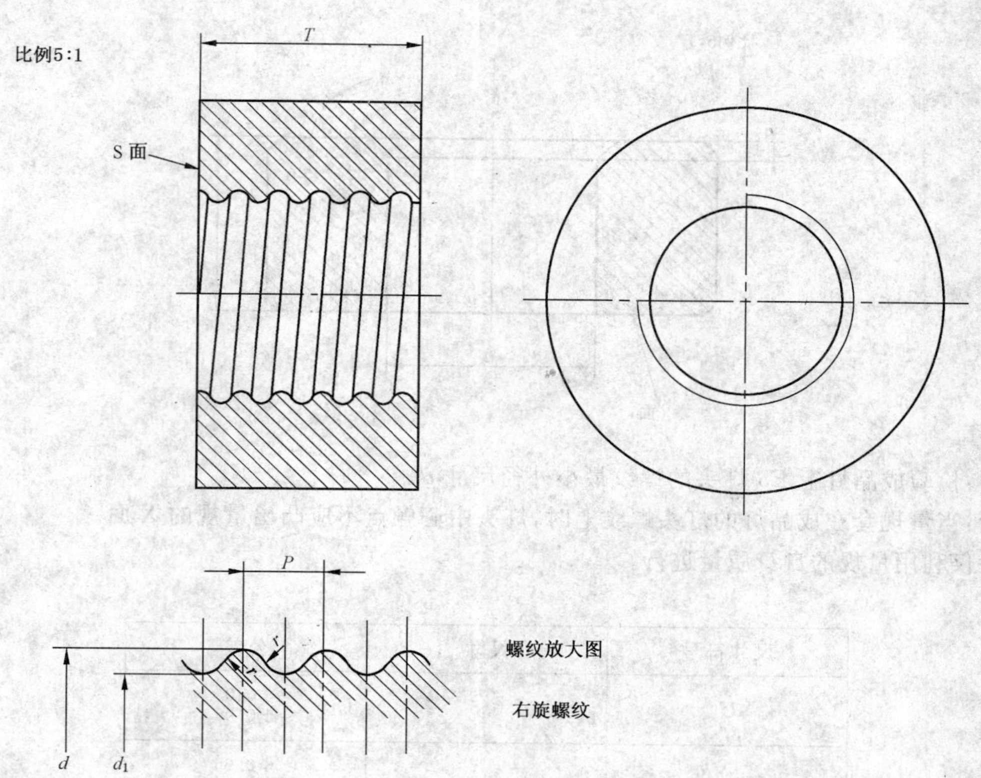

螺纹边口尖锐部分应以 0.2 mm 的半径倒圆。

目的：检验成品灯上 E5 灯头的螺纹和尺寸 T_{min}。

检验：当成品灯上的灯头完全旋入量规内时，灯头接触面应与量规 S 面共面或凸出 S 面。

此量规也适用于检验未组装的灯头。

尺寸符号	尺寸	公差
d	5.33	+0.03 −0.0
d_1	4.77	+0.03 −0.0
P	1.00	—
T	5.4	+0.0 −0.03
r	0.293	—

GB/T 1483.1-7006-25D-1

	成品灯上 E5 灯头的止规	1/1

单位为毫米

附图仅表示互换性的基本尺寸。

关于 E5，见 GB/T 1406.1-7004-25。

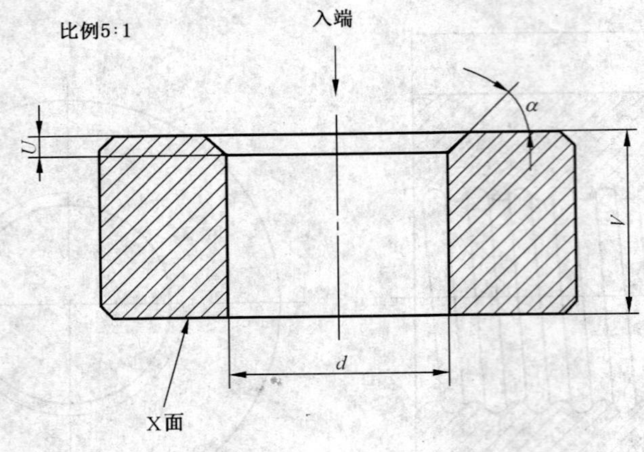

目的：检验成品灯上 E5 灯头的螺纹最小外径尺寸 d。

检验：当量规套在成品灯的灯头螺纹上时，灯头中心触点不应凸出量规的 X 面。

检验仅利用量规的自身质量进行。

尺寸符号	尺寸	公差
U	0.5	+0.0 −0.05
V	4.5	+0.05 −0.0
d	5.23	+0.0 −0.01
α	约 45°	—
质量	0.05 kg	+10% −10%

GB/T 1483.1-7006-25E-1

E10 灯头的通规

1/1

单位为毫米

附图仅表示互换性的基本尺寸。

关于 E10 灯头,见 GB/T 1406.1-7004-22。

比例4:1

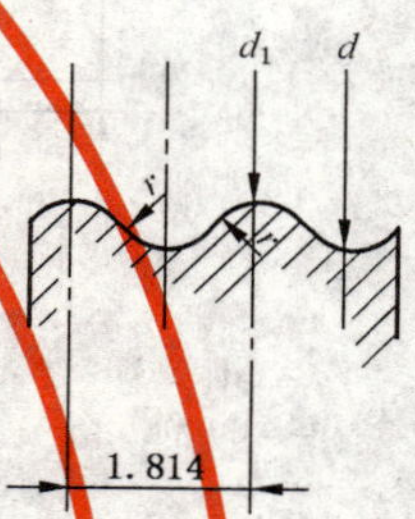

1.814

螺纹放大图

右旋螺纹

量规螺纹边口尖锐部分应以 0.1 mm~0.2 mm 的半径倒圆。

目的:检验成品灯上 E10 灯头的螺纹最大尺寸和尺寸 T_{min}。

检验:当成品灯上的灯头完全旋入量规内时,灯头中心触点应与量规表面共面或凸出量规的表面。

尺寸符号	尺寸	公差
d	9.53	+0.03 −0.0
d_1	8.51	+0.03 −0.0
r	0.531	—
T(1)	9.5	+0.0 −0.03

(1) 对于 E10/12 灯头,该值为 8.13 mm。

GB/T 1483.1-7006-27A-2

	E10 和 EY10 灯头的止规	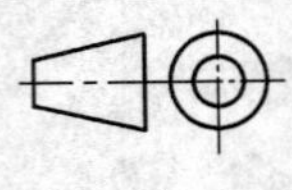 1/1

单位为毫米

附图仅表示互换性的基本尺寸。

关于 E10 和 EY10 灯头,见 GB/T 1406.1-7004-22 和 7004-7。

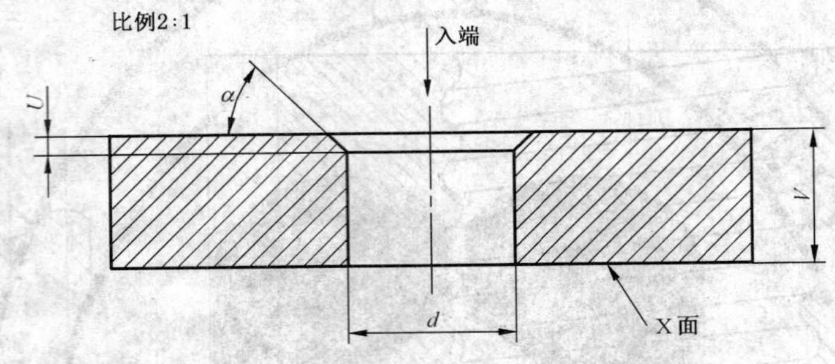

目的:检验成品灯上 E10 和 EY10 灯头螺纹最小外径(尺寸 d)。

检验:当量规套在成品灯(灯头向上)的灯头螺纹上时,灯头中心触点不应凸出量规的 X 面。

检验仅利用量规的自身质量进行。

该量规也用于检验未安装灯头。

尺寸符号	尺寸	公差
U	1.0	+0.0 −0.1
V	7.5	+0.05 −0.0
d	9.27	+0.0 −0.01
α	约 45°	—
质量	0.08 kg	+10% −10%

GB/T 1483.1-7006-28E-1

EP10 灯头的止规

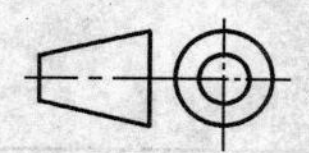

单位为毫米

附图仅表示互换性的基本尺寸。

关于 EP10 灯头，见 GB/T 1406.1-7004-30。

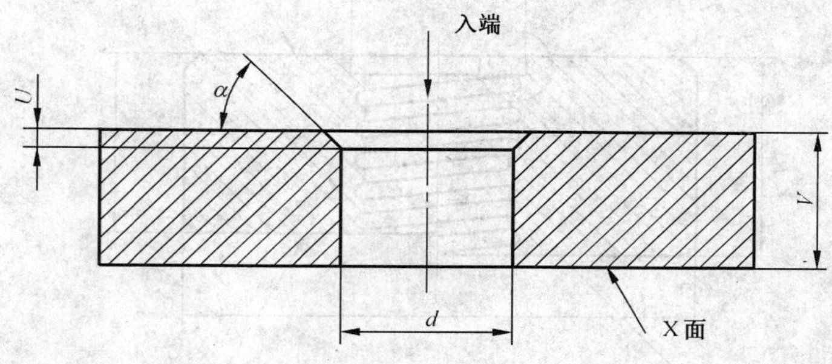

目的：检验成品灯上 EP10 灯头螺纹最小外径(尺寸 d)。

检验：当量规套在成品灯(灯头向上)的灯头螺纹上时，灯头中心触点不应凸出量规的 X 面。

检验仅利用量规的自身质量进行。

尺寸符号	尺寸	公差
U	1.0	+0.0 −0.1
V	7.5	+0.05 −0.0
d	9.36	+0.0 −0.01
α	约 45°	—
质量	0.08 kg	+10% −10%

	成品灯上 EP10 灯头的通规	1/1

单位为毫米

附图仅表示互换性的基本尺寸。

关于 EP10 灯头，见 GB/T 1406.1-7004-30。

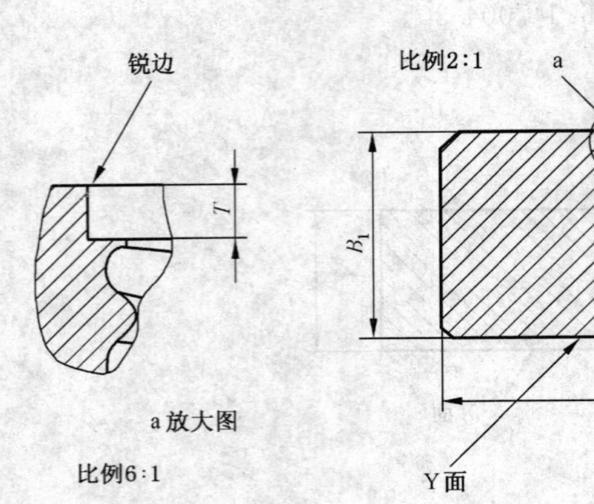

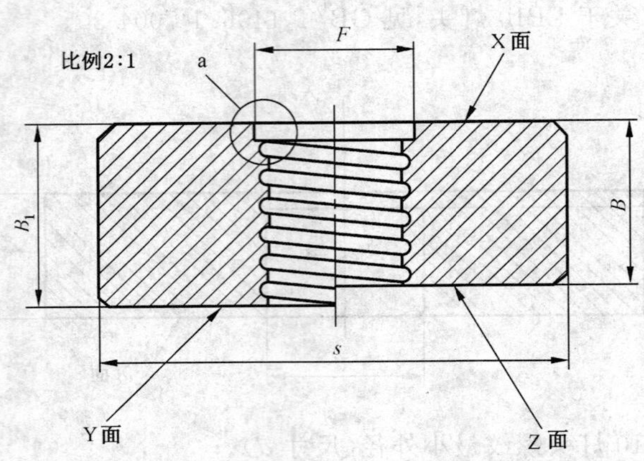

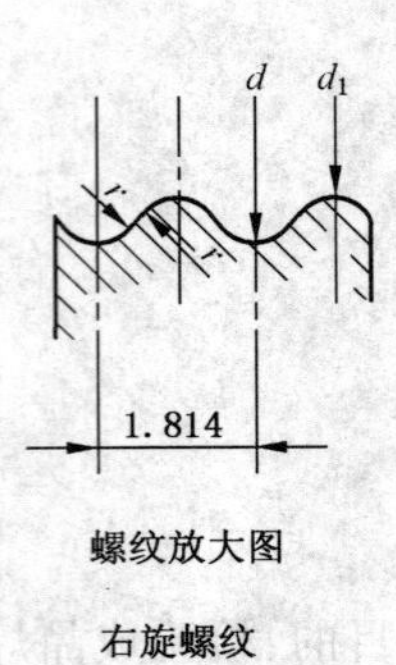

目的：检验成品灯上 EP10 预聚焦灯头与灯座互换性。

检验：当成品灯上的灯头完全旋入量规内时，灯头中心触点应与量规 Z 面共面或凸出 Z 面，但不应凸出量规 Y 面，同时，灯头裙边下面至少有一点与 X 面相接触。

尺寸符号	尺寸	公差
B	10.3	+0.0 −0.01
B_1	11.8	+0.01 −0.0
F	10.15	+0.01 −0.0
T	1.0	+0.01 −0.0
d	9.53	+0.025 −0.0
d_1	8.51	+0.025 −0.0
r	0.531	—
s	30	近似值

GB/T 1483.1-7006-37-1

EY10 灯头的通规

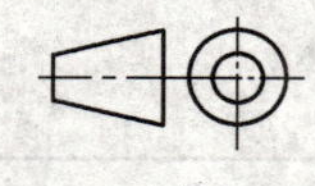

1/1

单位为毫米

附图仅表示互换性的基本尺寸。

关于 EY10 灯头，见 GB/T 1406.1-7004-7。

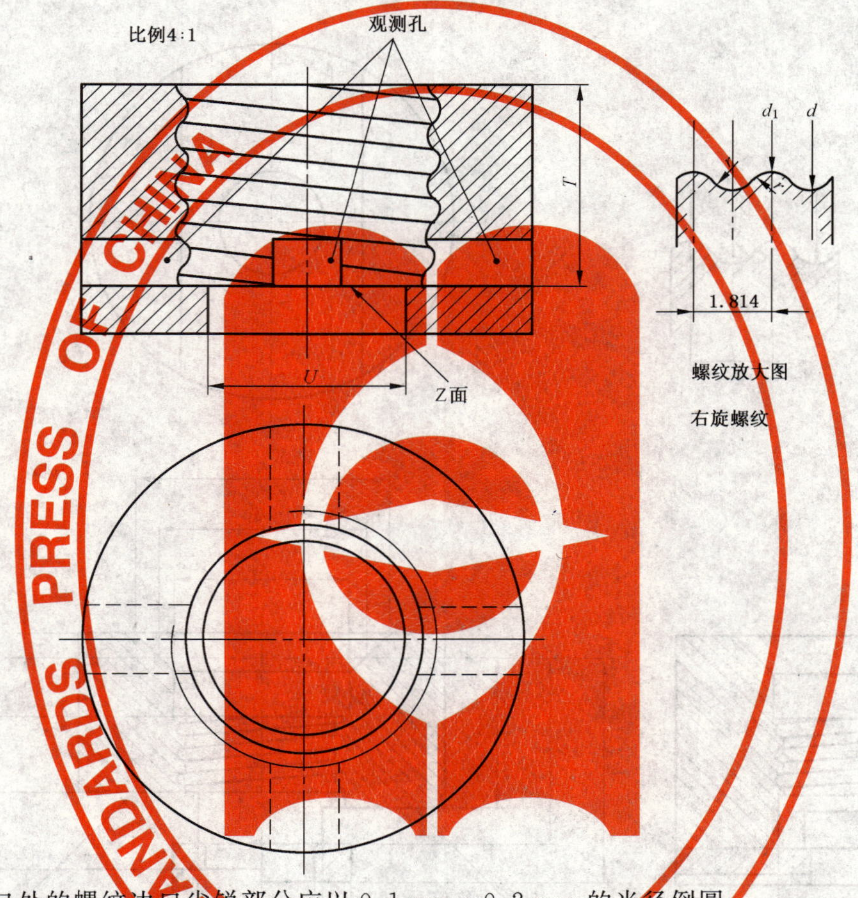

量规入口处的螺纹边口尖锐部分应以 0.1 mm～0.2 mm 的半径倒圆。

目的：检验成品灯上 EY10 灯头的螺纹最大尺寸和尺寸 T_{min}。

检验：当成品灯上的灯头完全旋入量规内时，金属螺纹外壳的底部应与量规 Z 面接触。

尺寸符号	尺寸	公差
d	9.53	+0.03 −0.0
d_1	8.51	+0.03 −0.0
r	0.531	—
T	7.4	+0.0 −0.02
U	7.2	+0.01 −0.01

GB/T 1483.1-7006-7-1

	成品灯上 E11 灯头的通规	1/2

单位为毫米

附图仅表示互换性的基本尺寸。

关于 E11 灯头，见 GB/T 1406.1-7004-6。

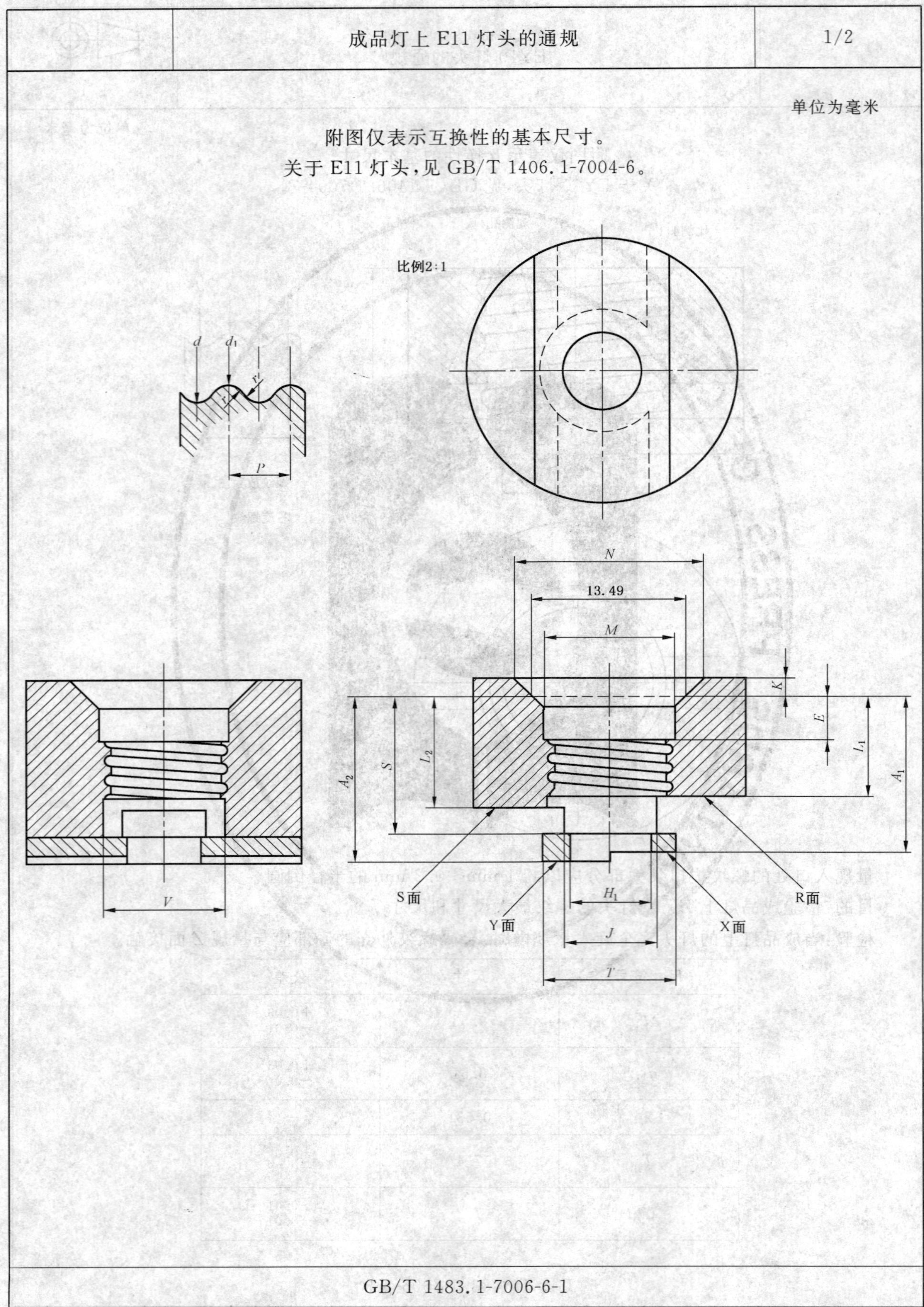

GB/T 1483.1-7006-6-1

成品灯上 E11 灯头的通规	2/2

单位为毫米

尺寸符号	尺寸	公差
A_1	13.97	+0.0 −0.02
A_2	15.62	+0.02 −0.0
E	4.09	+0.02 −0.0
H_1	7.0	+0.1 −0.1
J	8.0	+0.1 −0.1
K	1.57	+0.02 −0.0
L_1	9.40	+0.0 −0.02
L_2	10.54	+0.02 −0.0
M	11.81	+0.01 −0.0

尺寸符号	尺寸	公差	磨损后的极限值
N	16.63	+0.02 −0.0	—
P	1.814	—	—
S	13.0	+0.1 −0.1	—
T	11.6	+0.1 −0.1	—
V	11.0	+0.1 −0.1	—
d	10.80	+0.025 −0.0	10.835
d_1	9.78	+0.025 −0.0	9.815
r	0.531	—	

目的:检验成品灯上 E11 灯头螺纹最大尺寸和 $A_2\min$,$A_2\max$,$L\min$,和 $L\max$。

检验:灯头应旋入量规直到灯头斜肩部分位于量规入口倒角相接处。在该位置金属外壳底部应与 R 面共面或凸出 R 面,但不应凸出 S 面。

同时中心触点端面也应和 X 面共面或凸出 X 面,但不应凸出 Y 面。

GB/T 1483.1-7006-6-1

	成品灯上 E12 灯头的通规	1/1

单位为毫米

附图仅表示互换性的基本尺寸。

关于 E12 灯头，见 GB/T 1406.1-7004-28。

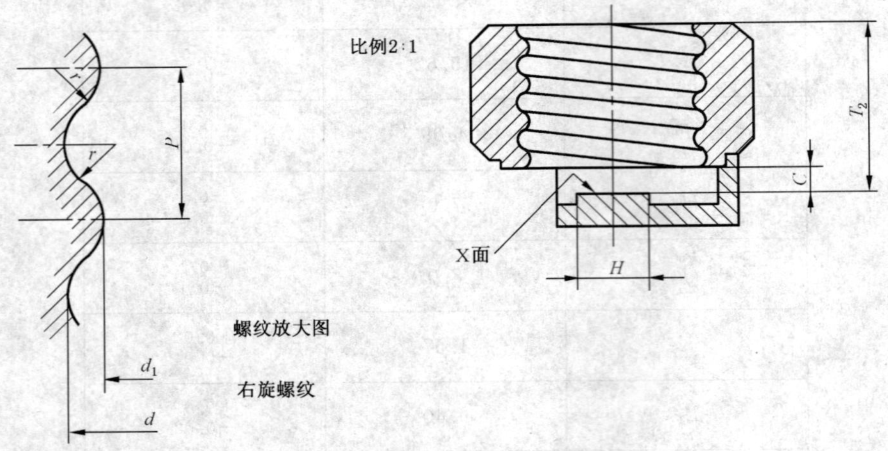

量规入口处的螺纹边口尖锐部分应以 0.2 mm～0.3 mm 的半径倒圆。

目的：检验成品灯上 E12 灯头螺纹最大尺寸和尺寸 T_1 min。

检验：当成品灯上的灯头完全旋入量规内时，灯头中心触点应与量规 X 面接触，当从量规中取出时，至少应旋转两整圈才能脱离螺纹。

此量规仅与本部分中参数表 7006-27J 规定的量规配合使用。

尺寸符号	尺寸	公差	磨损后的极限值
C	1.60	+0.0 −0.025	—
H	4.75	+0.025 −0.025	—
P	2.540	—	—
T_1	11.17	+0.0 −0.025	—
d	11.887	+0.025 −0.0	11.914
d_1	10.617	+0.025 −0.0	10.644
r	0.792	—	—

GB/T 1483.1-7006-27H-1

	成品灯上 E12 灯头的附加通规	1/1

单位为毫米

附图仅表示互换性的基本尺寸。

关于 E12 灯头，见 GB/T 1406.1-7004-28。

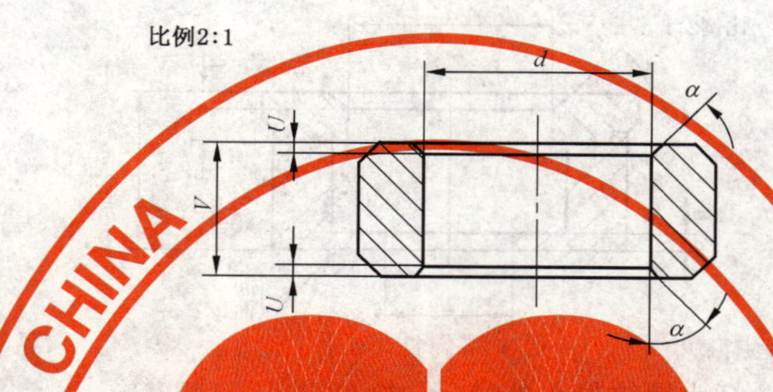

目的：检验成品灯上 E12 灯头螺纹最大外径（尺寸 d）。

检验：当量规套在成品灯上的灯头螺纹上时，应能完全通过，所使用的最大力应不超过 4.5 N。

此量规仅与本部分中 GB/T 1483.1-7006-27H 所示的量规配合使用。

尺寸符号	尺寸	公差	磨损后的极限值
U	0.5	+0.1 −0.1	—
V	7	+0.2 −0.2	—
d	11.887	+0.005 −0.0	11.894
α	约 45°		

	成品灯上 E12 灯头的止规	1/1

单位为毫米

附图仅表示互换性的基本尺寸。

关于 E12 灯头，见 GB/T 1406.1-7004-28。

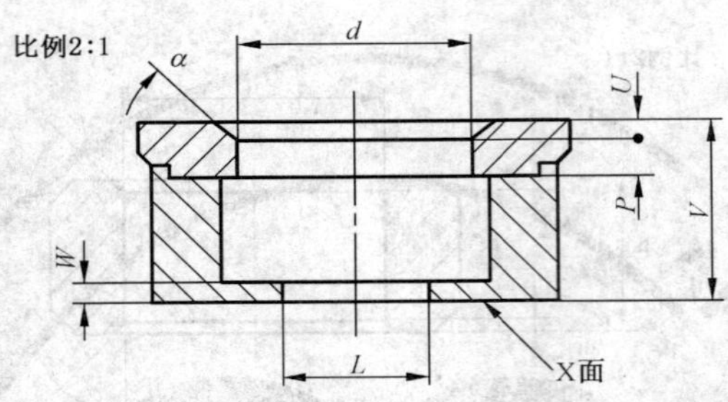

目的：检验成品灯上 E12 灯头螺纹最小外径（尺寸 *d*）。

检验：当量规套在成品灯（灯头向上）的灯头螺纹上时，灯头中心触点不应凸出量规的 X 面。

检验仅利用量规的自身质量进行。

尺寸符号	尺寸	公差
L	7.5	+0.1 −0.1
P	3.0	+0.5 −0.0
U	1.0	+0.0 −0.1
V	9.5	+0.05 −0.0
W	1.0	+0.1 −0.1
d	11.56	+0.0 −0.01
α	约 45°	
质量	0.116 kg	+10% −10%

GB/T 1483.1-7006-28C-1

	检验装有 E12 灯头的成品灯其接触性能的量规	1/1

单位为毫米

附图仅表示互换性的基本尺寸。

关于 12 灯头，见 GB/T 1406.1-7004-28。

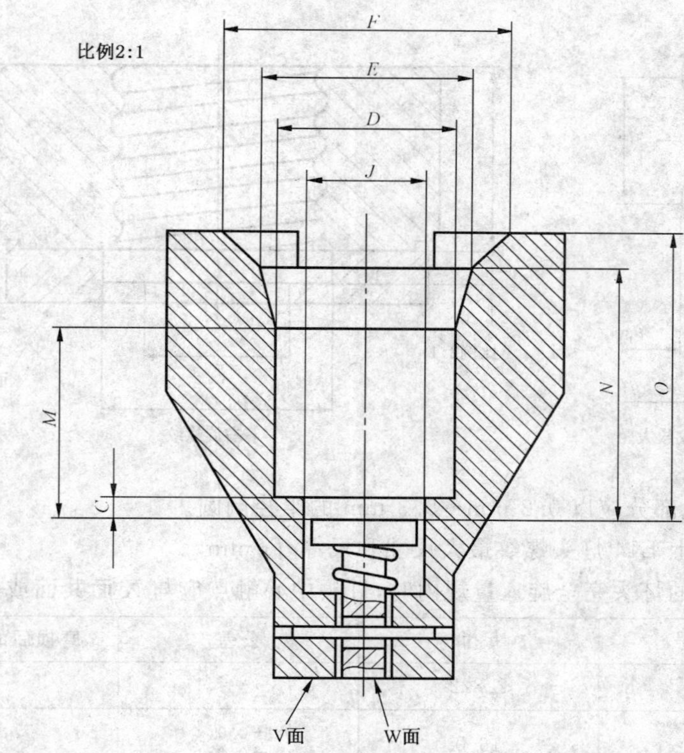

图中表示量规柱塞处于试验状态。当柱塞处于静止状态时，W 面应比 V 面缩进更深些。

目的：检验灯与灯座接触的有关尺寸，尤其是灯头长度和玻壳肩部形状的组合尺寸。

检验：将灯插入量规时，W 面可以与 V 面共面或凸出 V 面，则可认为灯的形状与灯座的配合是合格的。

尺寸符号	尺寸	公差
C	1.60	+0.02 −0.0
D	11.94	+0.0 −0.02
E	14.27	+0.0 −0.02
F	19.05	+0.0 −0.02
J	7.62	+0.02 −0.0
M	13.21	+0.02 −0.0
N	17.45	+0.02 −0.0
O	19.84	+0.02 −0.0

GB/T 1483.1-7006-32-1

	成品灯上 E14 灯头的通规	1/1

单位为毫米

附图仅表示互换性的基本尺寸。

关于 E14 灯头，见 GB/T 1406.1-7004-23。

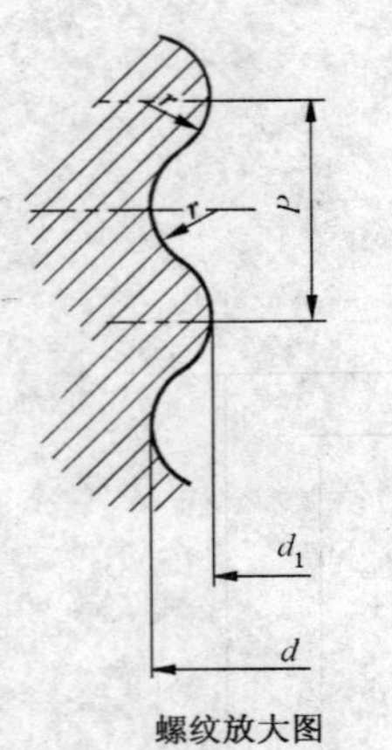

螺纹放大图

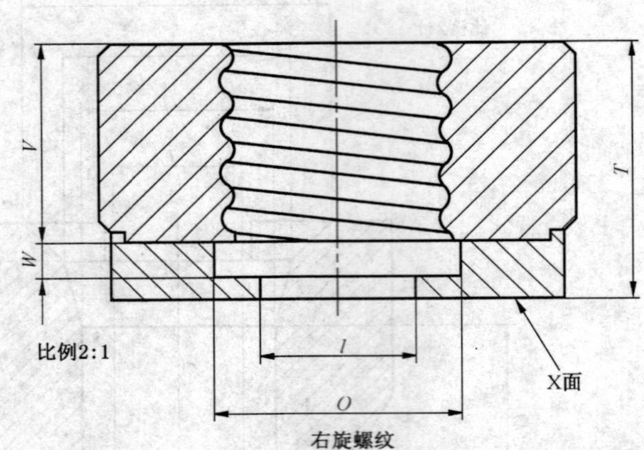

右旋螺纹

量规螺纹边缘尖锐部分应以 0.2 mm～0.3 mm 的半径倒圆。

目的：检验成品灯上 E14 灯头螺纹最大尺寸和尺寸 T_1 min。

检验：当成品灯上的灯头完全旋入量规内时，灯头中心触点应与 X 面共面或凸出 X 面。

尺寸符号	尺寸	公差	磨损后的极限值
P	2.822	—	—
T	16.0	$^{+0.0}_{-0.03}$	—
d	13.89	$^{+0.03}_{-0.0}$	13.93
d_1	12.29	$^{+0.03}_{-0.0}$	12.33
l	9.5	$^{+0.1}_{-0.1}$	—
O	15	$^{+0.2}_{-0.2}$	—
r	0.822	—	—
V	12.5	$^{+0.1}_{-0.1}$	—
W	2	$^{+0.1}_{-0.1}$	—

GB/T 1483.1-7006-27F-1

	成品灯上 E14 灯头尺寸 S1 的通规	1/1

单位为毫米

附图仅表示互换性的基本尺寸。

关于 E14 灯头，见 GB/T 1406.1-7004-23。

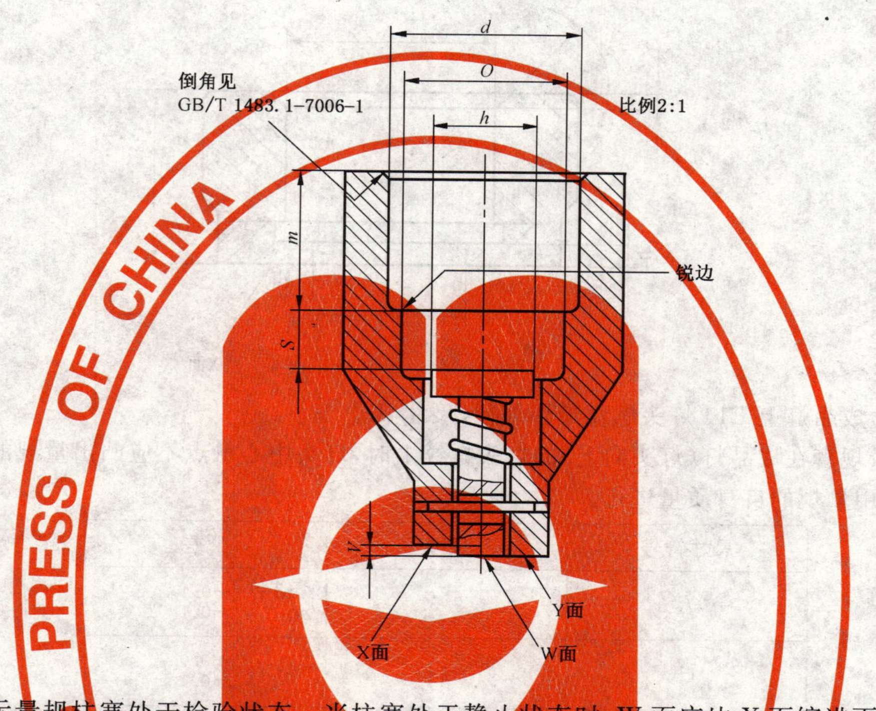

图中所示量规柱塞处于检验状态。当柱塞处于静止状态时，W 面应比 X 面缩进更深些。

目的：检验成品灯上 E14 灯头尺寸 S_1 的最大值和最小值。

检验：当成品灯的灯头完全插入量规时，柱塞的 W 面应与 X 面共面或凸出 X 面，但不应凸出 Y 面。

尺寸符号	尺寸	公差
O	12	+0.03 −0.03
S	4.5	+0.01 −0.0
V	1	+0.02 −0.0
d	13.94	+0.03 −0.0
h	7.5	+0.1 −0.1
m	11	+0.1 −0.1

GB/T 1483.1-7006-27G-1

	成品灯上 E14 灯头的止规	1/1

单位为毫米

附图仅表示互换性的基本尺寸。

关于 E14 灯头，见 GB/T 1406.1-7004-23。

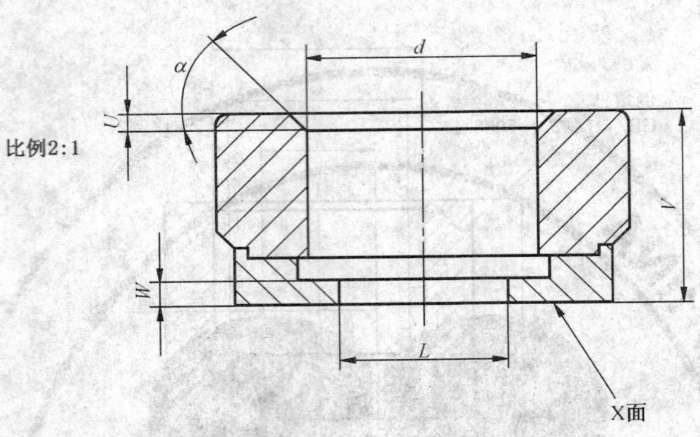

目的：检验成品灯上 E14 灯头螺纹最小外径（尺寸 *d*）。

检验：当量规套在成品灯（灯头向上）的灯头螺纹上时，灯头中心触点不应凸出量规的 X 面。

检验仅利用量规的自身质量进行。

尺寸符号	尺寸	公差
L	9.5	+0.1 −0.1
U	1	+0.0 −0.1
V	12	+0.05 −0.0
W	1.5	+0.1 −0.1
d	13.60	+0.0 −0.01
α	约 45°	
质量	0.100 kg	+10% −10%

GB/T 1483.1-7006-28B-1

检验装有 E14 灯头的成品灯其接触性能的量规	1/1

单位为毫米

附图仅表示互换性的基本尺寸。

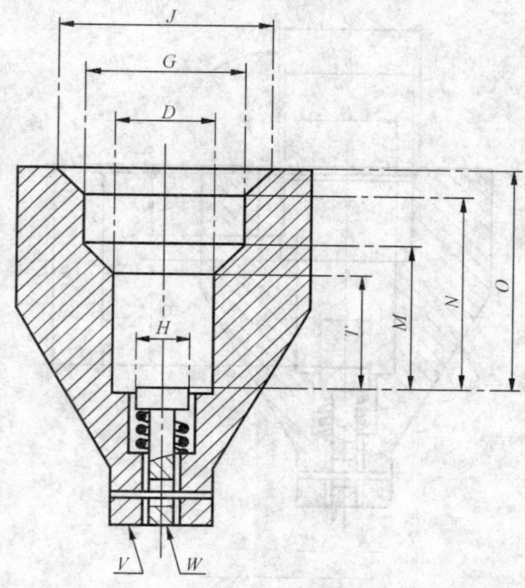

图中所示量规处于检验状态。在静止状态时，柱塞应位于 V 面之上。

目的：检验灯在相关灯座中接触性能的尺寸。

检验：如果灯插入量规时，W 面可以与 V 面共面或凸出 V 面，则可认为灯的形状与灯座配合是合格的。

此量规仅适用检验装有符合 GB/T 1406.1-7004-23 中所示的 E14 灯头的烛形灯、球形灯、家用管形灯和小型灯。

尺寸符号	尺寸	公差
D	13.97	+0.0 −0.02
G	22	+0.0 −0.02
H	7.5	+0.1 −0.1
J	29	+0.0 −0.02
M	20.02	+0.02 −0.0
N	27.15	+0.02 −0.0
O	30.65	+0.01 −0.0
T	16	+0.03 −0.0

GB/T 1483.1-7006-54-2

	检验装有 E14 灯头的成品灯其防意外接触的量规	1/1

单位为毫米

附图仅表示互换性的基本尺寸。

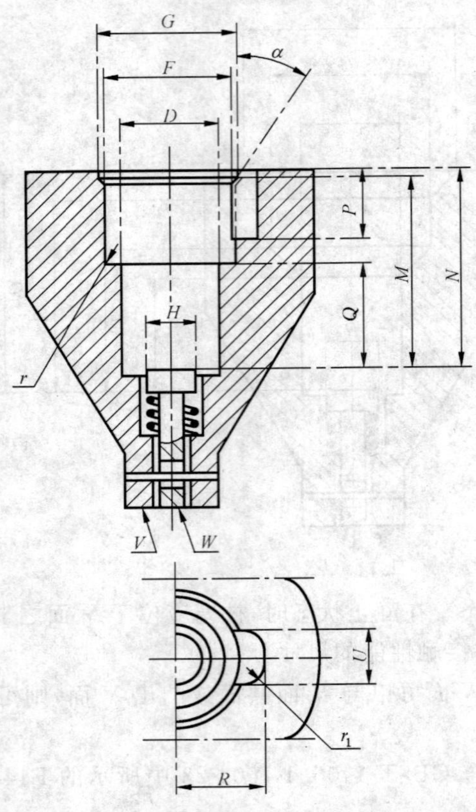

图中所示柱塞处于检验状态。当处于静止状态时，柱塞应位于 V 面之上。

目的：检验防意外接触性能。

检验：当成品灯上灯头完全插入量规时，W 面没凸出 V 面，则可认为灯防意外接触性能是合格的。

此量规仅适用检验装有符合 GB/T 1406.1-7004-23 中所示的 E14 灯头的烛形灯、球形灯、家用管形灯和小型灯。

尺寸符号	尺寸	公差	尺寸符号	尺寸	公差
D	13.97	+0.02 −0.0	*Q*	15	+0.0 −0.1
F	18.1	+0.05 −0.0	*R*	约 12.5	
G	19	+0.02 −0.0	*U*	8	+0.1 −0.1
H	7.5	+0.1 −0.1	*r*	<0.5	
M	27.5	+0.1 −0.1	r_1	2.5	+0.5 −0.0
N	28.5	+0.0 −0.02	α	35°	+30′ −30′
P	10	+0.1 −0.1			

GB/T 1483.1-7006-55-2

成品灯上 E17 灯头的通规

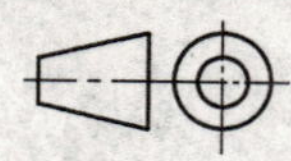

1/1

单位为毫米

附图仅表示互换性的基本尺寸。

关于 E17 灯头,见 GB/T 1406.1-7004-26。

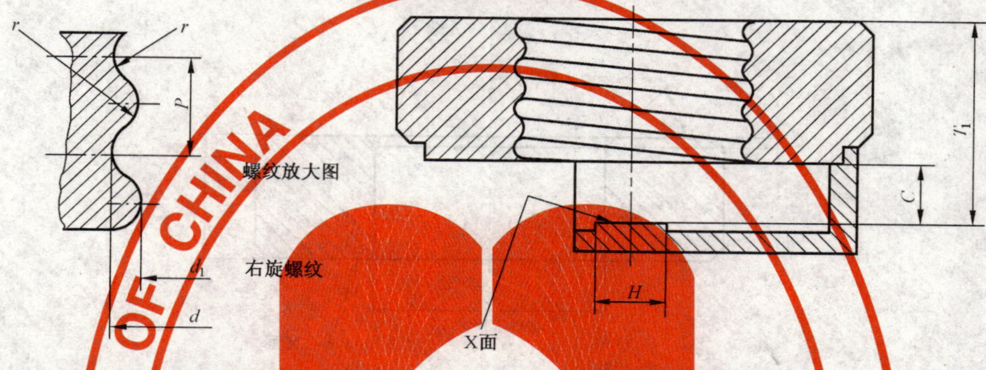

量规入口处的螺纹边缘尖锐部分应以 0.2 mm~0.3 mm 的半径倒圆。

目的:检验成品灯上 E17 灯头螺纹最大尺寸和尺寸 T_1 min。

检验:当成品灯上的灯头完全旋入量规内时,灯头中心触点应与 X 面接触。当灯从量规中取出时,至少应旋转两整圈才能脱离螺纹。

尺寸符号	尺寸	公差	磨损后的极限值
C	2.36	$^{+0.0}_{-0.05}$	
H	4.75	$^{+0.05}_{-0.5}$	
P	2.822	—	
T_1	15.24	$^{+0.0}_{-0.025}$	
d	16.64	$^{+0.025}_{-0.0}$	16.70
d_1	15.27	$^{+0.025}_{-0.0}$	15.33
r	0.897	—	

GB/T 1483.1-7006-27K-1

	成品灯上 E17 灯头的止规	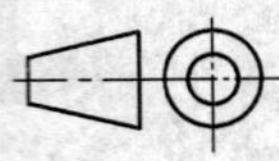 1/1

单位为毫米

附图仅表示互换性的基本尺寸。

关于 E17 灯头，见 GB/T 1406.1-7004-26。

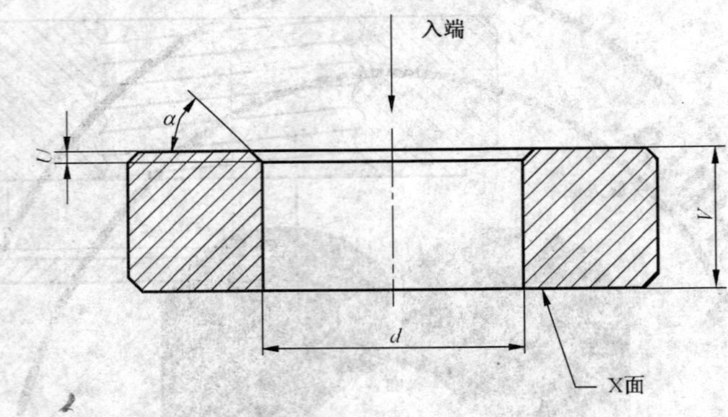

目的：检验成品灯上 E17 灯头螺纹最小外径（尺寸 d）。

检验：当量规套在成品灯（灯头向上）的灯头螺纹上时，灯头中心触点不应凸出 X 面。

检验仅利用量规的自身质量进行。

尺寸符号	尺寸	公差
U	1.0	+0.0 −0.1
V	13.0	+0.05 −0.0
d	16.28	+0.0 −0.01
α	约 45°	—
质量	0.129 kg	+10% −10%

GB/T 1483.1-7006-28F-1

检验装有 E17 灯头的灯其接触性能的量规

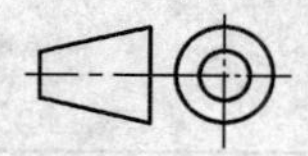

1/1

单位为毫米

附图仅表示互换性的基本尺寸。

关于 E17 灯头，见 GB/T 1406.1-7004-26。

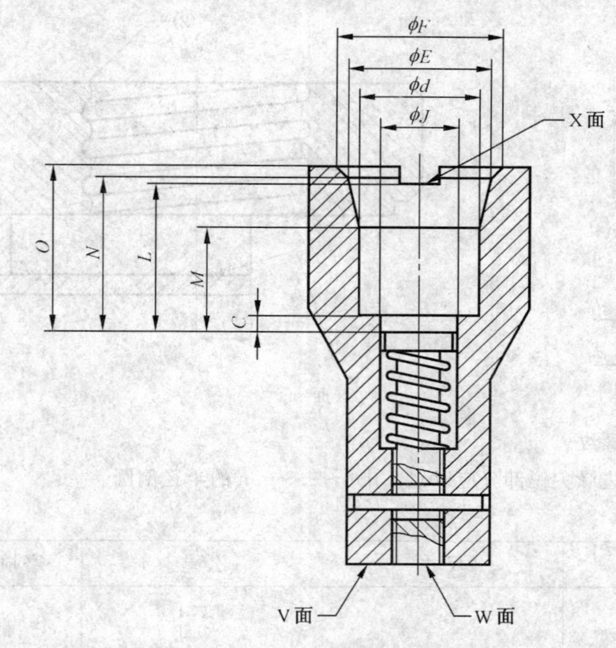

图中所示量规柱塞处于检验状态。当柱塞处于静止状态时，W 面应比 V 面缩进更深些。

目的：检验灯在 E17 灯座中有关接触性能的尺寸。

检验：如果灯插入量规时，W 面可与 V 面共面或凸出 V 面，则可认为灯的形状与灯座配合是合格的。

尺寸符号	尺寸	公差
C	2.36	+0.025 −0.0
E	19.84	+0.0 −0.025
F	23.01	+0.0 −0.025
J	10.54	+0.025 −0.0
L	21.44	+0.025 −0.0
M	15.24	+0.025 −0.0
N	22.23	+0.025 −0.0
O	23.88	+0.025 −0.0
d	16.69	+0.0 −0.008

GB/T 1483.1-7006-26D-1

	E26,E26/50×39,E26/51×39 或 E26d 灯头用通规	1/1

单位为毫米

附图仅表示互换性的基本尺寸。
关于 E26、E26/50×39、E26/51×39 和 E26d 灯头,
分别见 GB/T 1406.1-7004-21A、7004-130 和 7004-29。

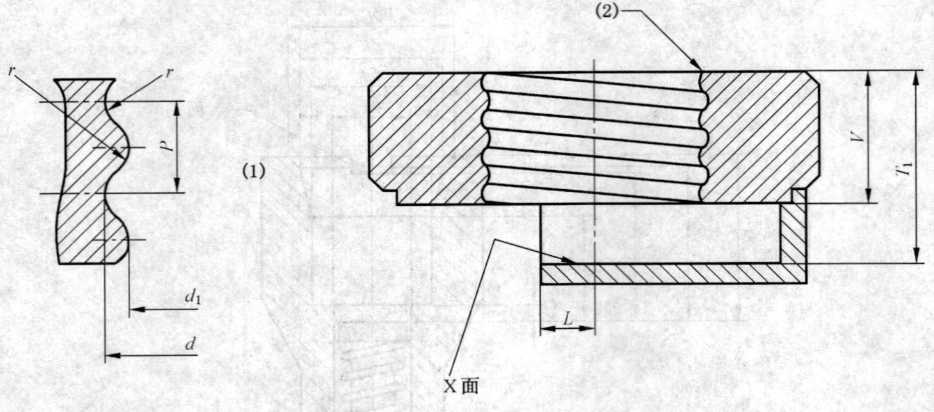

(1) 螺纹放大图。右旋螺纹。

(2) 量规入口处的螺纹边缘尖锐部分应以 0.2 mm～0.3 mm 的半径倒圆。

尺寸符号	尺寸	公差	磨损后的极限值
L	6	+0.1 −0.1	—
T_1	19.56	0 −0.03	—
V	12.7	+0.15 −0.15	—
d	26.41	+0.03 0	26.45
d_1	24.72	+0.03 0	24.76
P	3.629	—	—
r	1.191	—	—

目的:检验成品灯上的 E26、E26/50×39、E26/51×39 或 E26d 灯头的螺纹最大尺寸和最小值尺寸 T_1。

检验:当成品灯上的灯头完全旋入量规内时,灯头中心触点应与 X 面接触。当灯从量规中取出时,至少应旋转两整圈才能脱离螺纹。

GB/T 1483.1-7006-27D-3

E26,E26/50×39,E26/51×39 或 E26d 灯头用止规	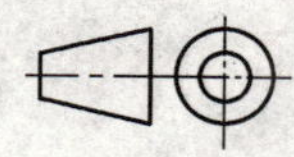 1/1

单位为毫米

附图仅表示互换性的基本尺寸。
关于 E26、E26/50×39、E26/51×39 和 E26d 灯头，
分别见 GB/T 1406.1-7004-21A、7004-130 和 7004-29。

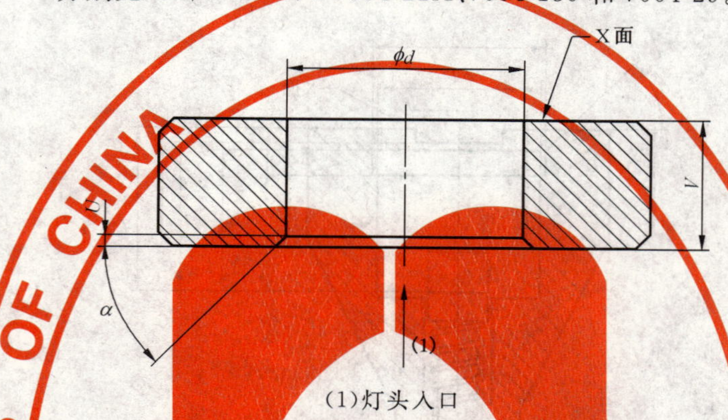

(1)灯头入口

目的：检验成品灯上 E26,E26/50×39,E26/51×39 或 E26d 灯头最小螺纹外径(尺寸 d)。
检验：当量规套在成品灯(灯头向上)的灯头螺纹上时，灯头中心触点应不凸出 X 面。
检验仅利用量规的自身质量进行。

尺寸符号	尺寸	公差
U	1.0	0 −0.1
V	17.0	+0.05 0
d	26.05	0 −0.01
α	约 45°	
质量	0.15 kg	+10% −10%

GB/T 1483.1-7006-29L-4

检验装有 E26,E26/50×39,E26/51×39 或 E26d(无裙边)灯头的灯其接触性能的量规

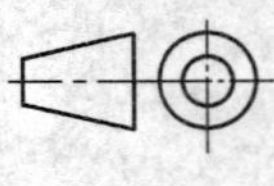

1/1

单位为毫米

附图仅表示互换性的基本尺寸。
关于 E26、E26/50×39、E26/51×39 和 E26d 灯头,
分别见 GB/T 1406.1-7004-21A、7004-130 和 7004-29。

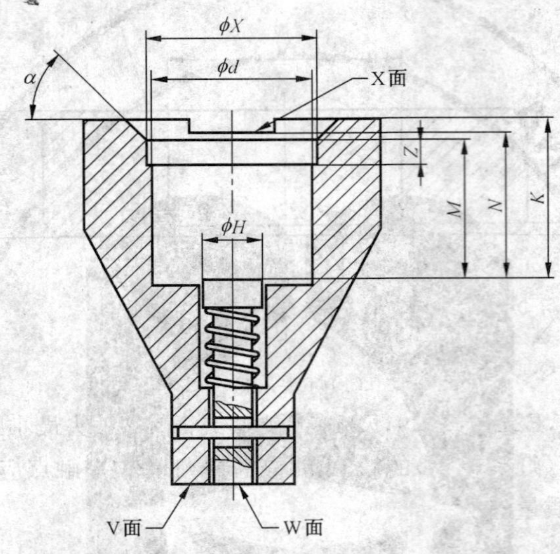

(1) 该值适用于采用 E26/24 灯头的灯。采用 E26/25 灯头的灯,尺寸 K 为 29.3 mm。

(2) 该值适用于采用 E26/24 灯头的灯。采用 E26/25 灯头的灯,尺寸 M 为 25.9 mm。

(3) 图中所示量规柱塞处于检验状态。当柱塞处于静止状态时,W 面应比 V 面缩进得更深些。

(4) 仅适用于 E26/24 灯头。

尺寸符号	尺寸	公差
d	26.52	+0.0 −0.02
H	14.0	+0.1 −0.1
K	27.94(1)	+0.05 −0.0
M	24.43(2)	+0.05 −0.0
N(4)	25.4	+0.02 −0.0
X	28.19	+0.0 −0.02
Z	4.5	+0.1 −0.1
α	45°	+30′ −30′

目的:检验灯在 E26,E26/50×39,E26/51×39 或 E26d 灯座中有关接触性能的尺寸。

检验:如果灯插入量规时,W 面可与 V 面共面或凸出 V 面,则可认为灯的形状与灯座的配合是合格的。

对于使用 E26/24 灯头的灯,当 V 面与 W 面共面时,灯头端部(包括焊锡或导电材料)应不超过 X 面。

GB/T 1483.1-7006-29-3

检验成品灯上 E26d 灯头防意外接触性能的量规

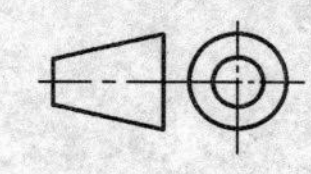

1/1

单位为毫米

附图仅表示互换性的基本尺寸。
关于 E26d 灯头，见 GB/T 1406.1-2004-29。

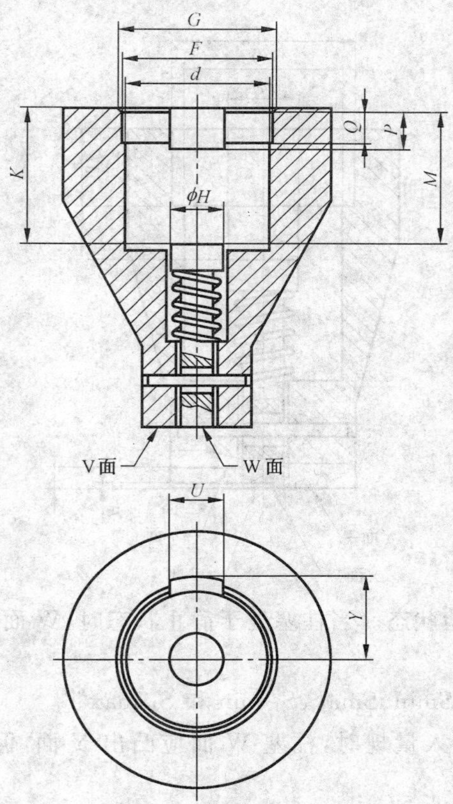

图中所示量规柱塞处于检验状态。当柱塞处于静止状态时，W 面应比 V 面缩进更深些。

目的：检验成品灯上 E26d 灯头的防意外接触性能。

检验：如果灯完全插入量规，并且灯头侧边焊锡位于凹处时，柱塞 W 面应不凸出 V 面。

尺寸符号	尺寸	公差	尺寸符号	尺寸	公差
d	26.54*	+0.0 −0.02	*M*	26.05	+0.0 −0.05
F	27.66	+0.02 −0.0	*P*	8	+0.1 −0.1
G	29.0	+0.03 −0.0	*Q*	6	+0.1 −0.1
H	14.0	+0.1 −0.1	*U*	10	+0.1 −0.1
K	26.72	+0.0 −0.05	*Y*	16	+0.1 −0.1

* 未来目标值为 26.52 mm。

GB/T 1483.1-7006-29A-2

E26d 灯头用基准直径为 23 mm 的量规

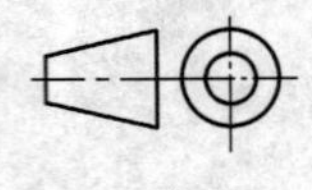

1/1

单位为毫米

附图仅表示互换性的基本尺寸。

关于 E26d 灯头，见 GB/T 1406.1-2004-29。

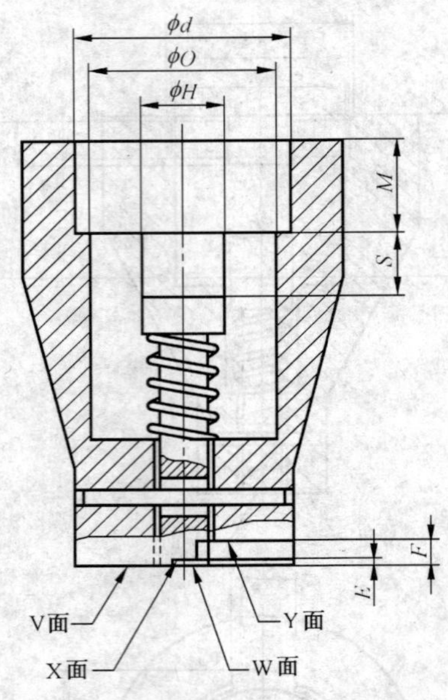

图中所示量规柱塞处于检验状态。当柱塞处于静止状态时，W 面应比 Y 面缩进更深些。

在北美不要求采用该量规。

目的：检验 E26d 灯头尺寸 Smin、Smax、S_1 min 和 S_1 max。

检验：当灯头(或灯)完全插入量规时，柱塞 W 面应凸出 Y 面.但对于未组装的灯头，(柱塞 W 面)不应凸出 X 面。

对于成品灯上的灯头 W 面不应凸出 V 面。

尺寸符号	尺寸	公差
d	26.54*	+0.02 −0.0
E	0.5	+0.0 −0.01
F	3.17	+0.01 −0.0
H	14	+0.1 −0.1
M	12	+0.1 −0.1
O	23.0	+0.01 −0.01
S	8.25	+0.01 −0.0

* 未来目标值为 26.52 mm。

GB/T 1483.1-7006-29B-2

E26d 灯头用基准直径为 13.2 mm 的量规

1/1

单位为毫米

附图仅表示互换性的基本尺寸。
关于 E26d 灯头，见 GB/T 1406.1-7004-29。

图中所示量规柱塞处于检验状态。当柱塞处于静止状态时，W 面应比 X 面缩进更深些。

d
O
Y
M
C
E
V面
W面
X面
β

尺寸符号	尺寸	公差
C	3.17	+0.01 −0.0
d	26.54*	+0.0 −0.02
E	0.5	+0.0 −0.01
M	17	+0.1 −0.1
O	13.2	+0.01 −0.01
Y	11	+0.1 −0.1
β	150°	+1° −1°
* 未来目标值为 26.52 mm。		

目的：检验 E26d 灯头的尺寸 Cmax 和 C_1 max。

检验：当未组装灯头完全插入量规时，柱塞 W 面应不超过 X 面。对于成品灯上的灯头，W 面应不超过 V 面。在这种情况下，灯头中间触点的焊锡应位于量规凹处。

GB/T 1483.1-7006-29C-2

	成品灯 E26d 灯头用基准直径为 10.4 mm 的量规	1/1

单位为毫米

附图仅表示互换性的基本尺寸。

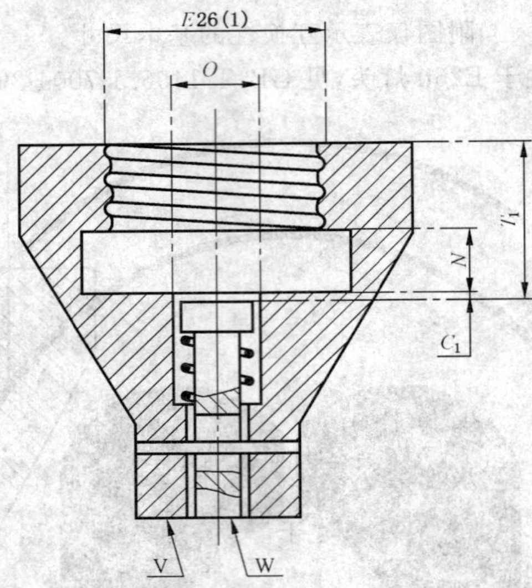

(1) 量规螺纹按照成品灯灯头规定的最大尺寸制造，偏差为$^{+0.03}_{-0.0}$ mm。

见 GB/T 1406.1-7004-21A。

图中所示量规柱塞处于检验状态。当柱塞处于静止状态时，W 面应比 V 面收缩的更深一些。

目的：检验灯头螺纹最大尺寸和 GB/T 1406.1-7004-29 中的尺寸 C_1 min 和 T_1 min。

检验：当成品灯上的灯头完全旋入量规内时，W 面应与 V 面共面或凸出 V 面。试验完成后，灯至少应旋转两整圈才能脱离螺纹。

尺寸符号	尺寸	公差
C_1	0.79	+0.0 −0.01
N	8.0	+0.2 −0.2
O	10.4	+0.01 −0.01
T_1	19.56	+0.0 −0.02

GB/T 1483.1-7006-29D-1

	成品灯上 E27 灯头的通规	1/1

单位为毫米

附图仅表示互换性的基本尺寸。

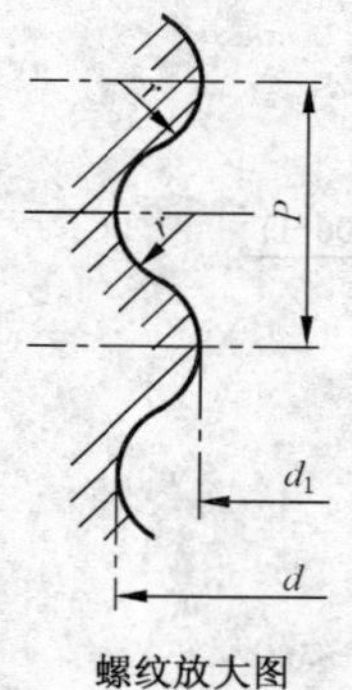

螺纹放大图

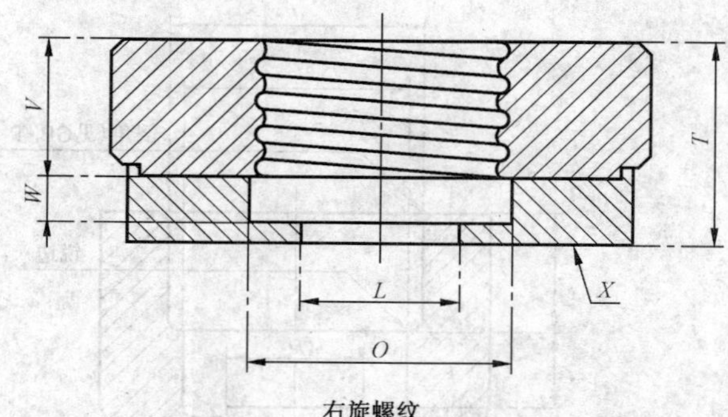

右旋螺纹

量规螺纹边缘尖锐部分应以 0.2 mm～0.3 mm 的半径倒圆。

目的：检验 GB/T 1406.1-7004-21 中成品灯上灯头螺纹最大尺寸和尺寸 T_1 min。

检验：当成品灯上的灯头完全旋入量规内时，灯头中心触点应与 X 面共面或凸出 X 面。

尺寸符号	尺寸	公差	磨损后的极限值
d	26.45	+0.03 −0.0	26.50
d_1	24.26	+0.03 −0.0	24.31
L	16.5	+0.1 −0.1	—
O	28	+0.2 −0.2	—
P	3.629	—	—
r	1.025	—	—
T	22.0	+0.0 −0.03	—
V	15	+0.1 −0.1	—
W	5	+0.1 −0.1	—

GB/T 1483.1-7006-27B-1

	成品灯上 E27 灯头的尺寸 S1 的通规	1/1

单位为毫米

附图仅表示互换性的基本尺寸。

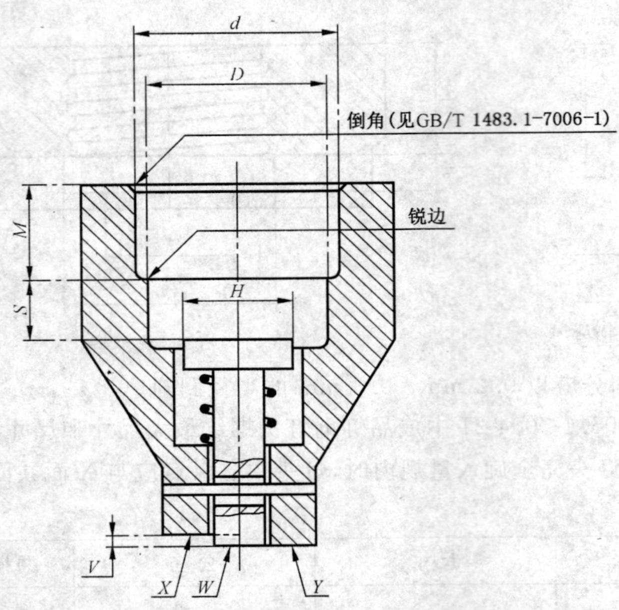

图中所示量规柱塞处于检验状态。当柱塞处于静止状态时,W 面应比 X 面缩进更深些。

目的:检验 GB/T 1406.1-7004-21 成品灯 E27 灯头尺寸 S_1 max 和 S_1 min。

检验:当成品灯的灯头完全插入量规时,柱塞的 W 面应与 X 面共面或凸出 X 面,但不应凸出 Y 面。

尺寸符号	尺寸	公差
d	26.45	+0.03 −0.0
H	14	+0.1 −0.1
M	13	+0.1 −0.1
O	23.0	+0.03 −0.03
S	8.5	+0.01 −0.0
V	1.5	+0.02 −0.0

GB/T 1483.1-7006-27C-1

	成品灯上 E27 灯头的止规	1/1

单位为毫米

附图仅表示互换性的基本尺寸。

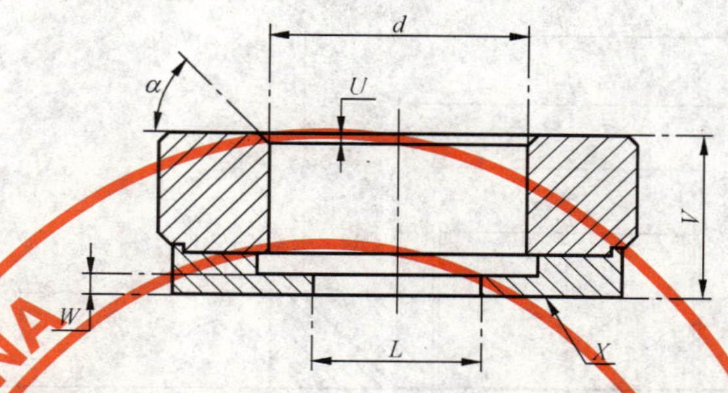

目的：检验 GB/T 1406.1-7004-21 成品灯上 E27 灯头螺纹最小外径(尺寸 *d*)。

检验：当量规套在成品灯(灯头向上)的灯头螺纹上时，灯头中心触点不应凸出 X 面。

检验仅利用量规的自身质量进行。

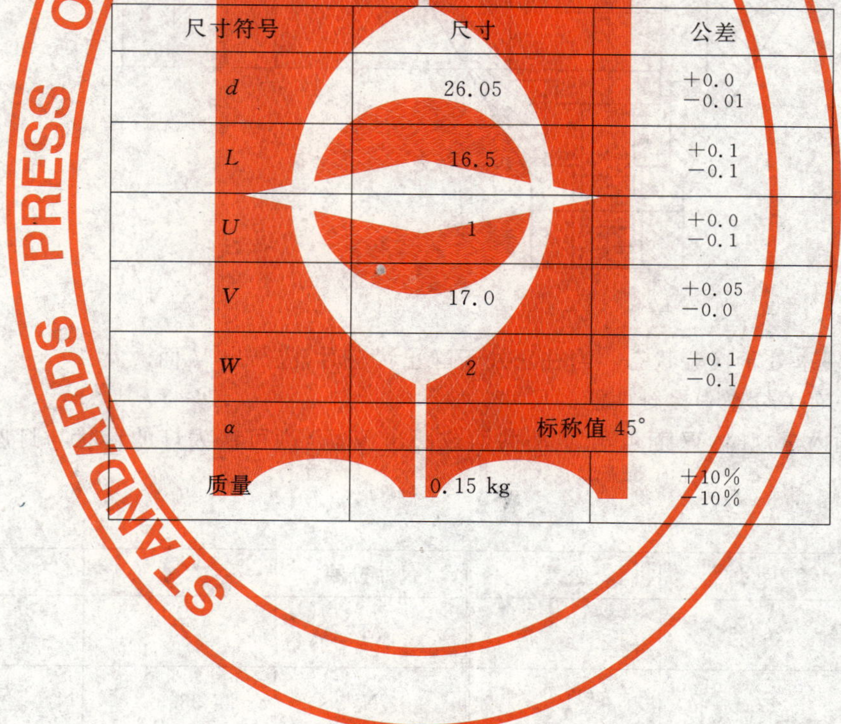

尺寸符号	尺寸	公差
d	26.05	+0.0 −0.01
L	16.5	+0.1 −0.1
U	1	+0.0 −0.1
V	17.0	+0.05 −0.0
W	2	+0.1 −0.1
α	标称值 45°	
质量	0.15 kg	+10% −10%

GB/T 1483.1-7006-28A-1

	检验装有 E27 灯头的成品灯其接触性能的量规	1/1

单位为毫米

附图仅表示互换性的基本尺寸。

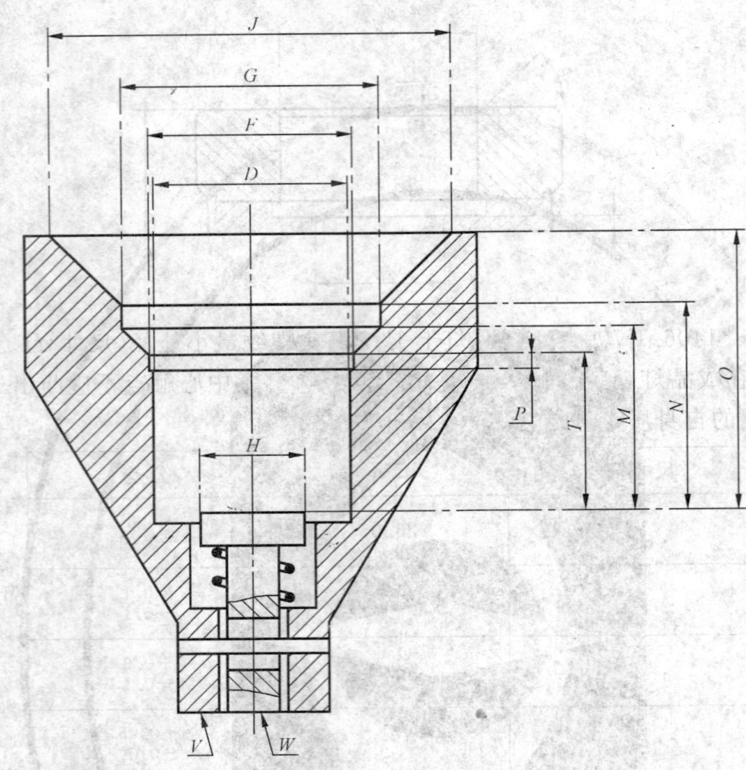

图中所示量规柱塞处于检验状态。当柱塞处于静止状态时，应凸出 V 面。

目的：检验灯在有关灯座中接触性能的尺寸。

检验：如果灯插入量规时，W 面可与 V 面共面或凸出 V 面，则可认为灯的形状与灯座的配合是合格的。

尺寸符号	尺寸	公差	尺寸符号	尺寸	公差
D	26.55	+0.0 −0.02	*M*	25	+0.02 −0.0
F	27.1	+0.0 −0.02	*N*	28.3	+0.02 −0.0
G	34	+0.0 −0.02	*O*	37.8	+0.02 −0.0
H	14	+0.1 −0.1	*P*	2	+0.1 −0.1
J	53	+0.0 −0.03	*T*	21.5	+0.02 −0.0

GB/T 1483.1-7006-50-1

	检验成品灯上 E27/51×39 灯头防意外接触的量规	1/1

单位为毫米

附图仅表示互换性的基本尺寸。

关于 E27/51×39 灯头，见 GB/T 1406.1-7004-27。

图中所示量规柱塞处于检验状态。当柱塞处于静止状态时，W 面应比 V 面缩进更深些。

目的：检验成品灯上 E27/51×39 灯头防意外接触性能。

检验：如果灯头完全插入量规时，W 面没有凸出 V 面，则可认为灯的形状对于防意外接触性能是合格的。

尺寸符号	尺寸	公差
D	26.55	+0.0 −0.02
F	27.2	+0.05 −0.0
G	32	+0.02 −0.0
H	14	+0.1 −0.1
J	36	+0.2 −0.0
K	31.4	+0.0 −0.02
M	33.8	+0.0 −0.02
N	35	+0.0 −0.02
O	37	+0.0 −0.2
P	8	+0.1 −0.1
Q	6	+0.1 −0.1
U	10	+0.1 −0.1
r	2.5	+0.5 −0.0

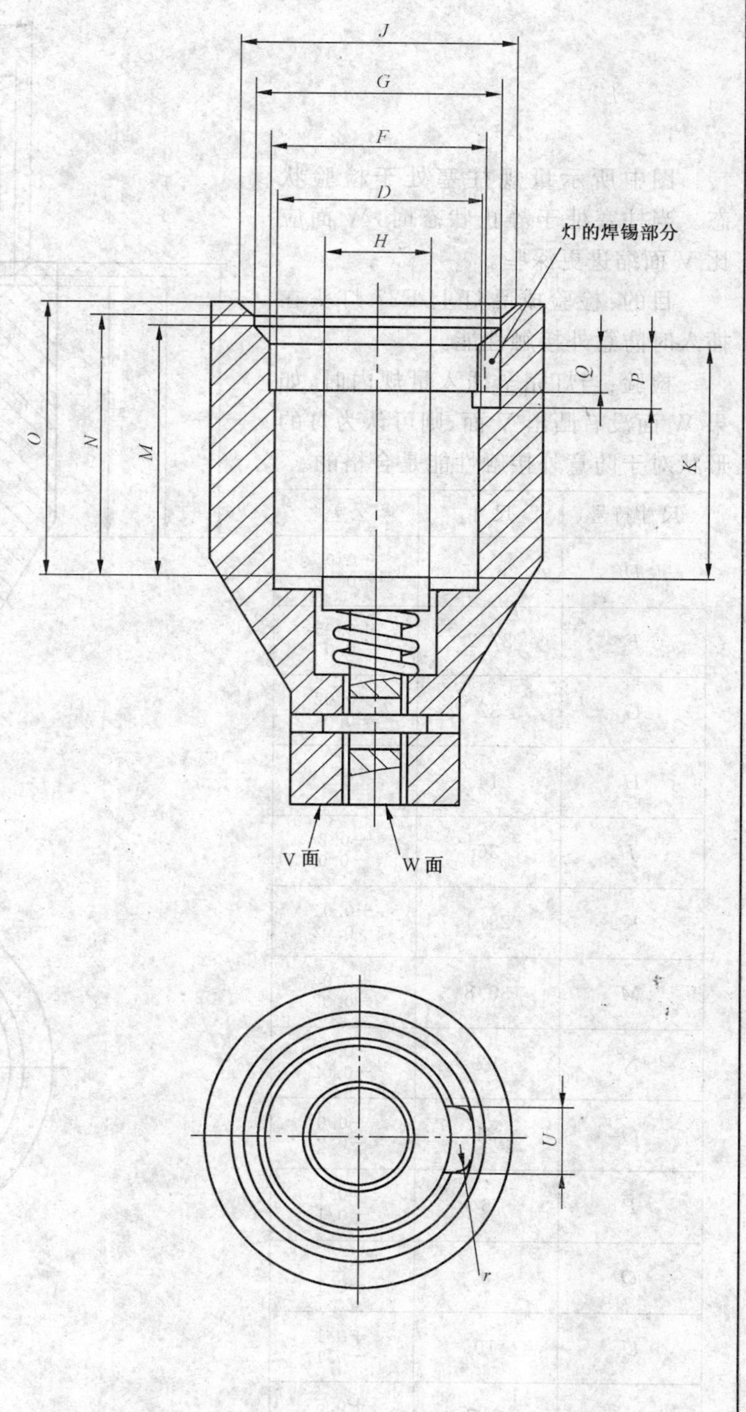

GB/T 1483.1-7006-51-2

	检验装有 E27 灯头的成品灯插入时防意外接触的量规	1/1

单位为毫米

附图仅表示互换性的基本尺寸。

关于 E27，见 GB/T 1406.1-7004-21。

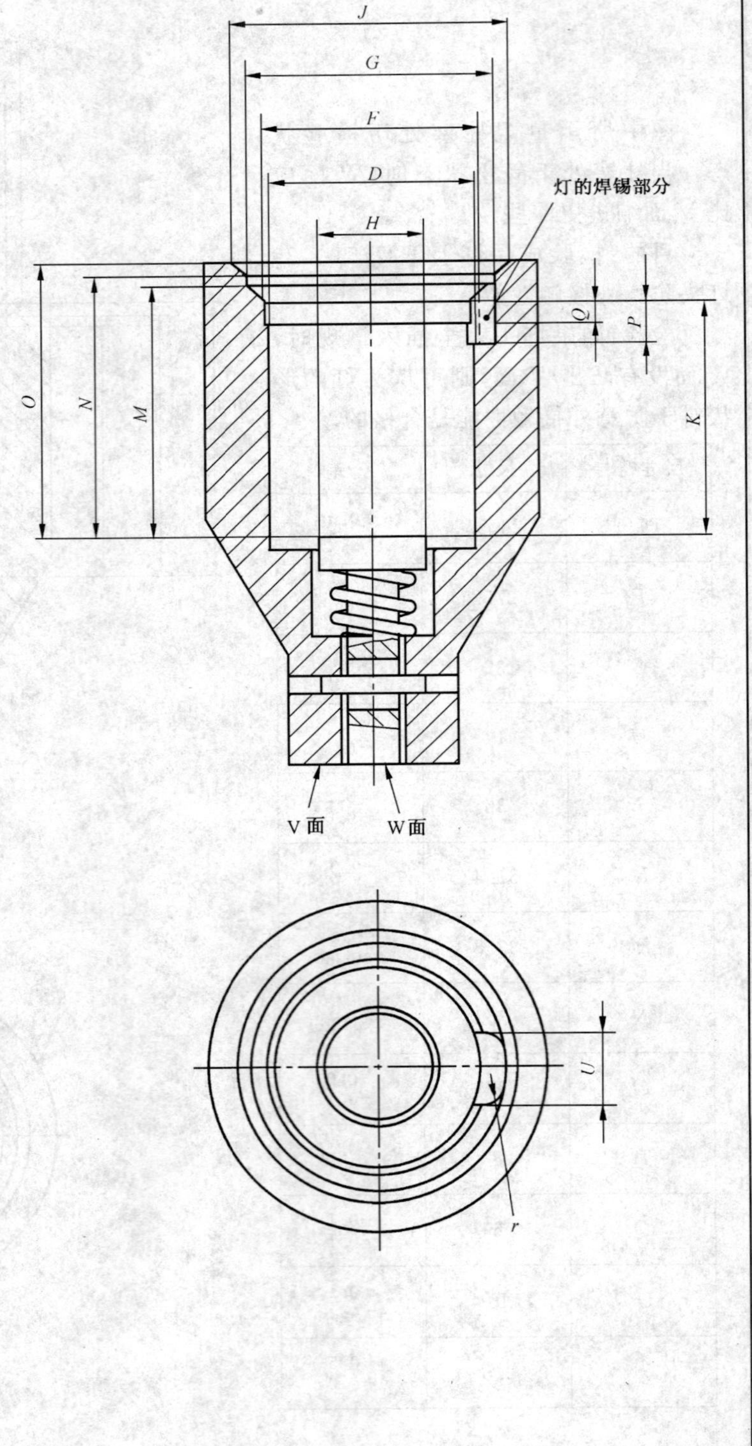

图中所示量规柱塞处于检验状态。当柱塞处于静止状态时，W 面应比 V 面缩进更深些。

目的：检验成品灯上 E27 灯头在插入时防意外接触性能。

检验：当灯完全插入量规内时，如果 W 面没有凸出 V 面，则可认为灯的形状对于防意外接触性能是合格的。

尺寸符号	尺寸	公差
D	26.55	+0.0 −0.02
F	27.2	+0.05 −0.0
G	32	+0.02 −0.0
H	14	+0.1 −0.1
J	36	+0.2 −0.0
K	28.4	+0.0 −0.02
M	30.8	+0.0 −0.02
N	32	+0.0 −0.02
O	34	+0.0 −0.2
P	6	+0.1 −0.1
Q	3	+0.1 −0.1
U	10	+0.1 −0.1
r	2.5	+0.5 −0.0

GB/T 1483.1-7006-51A-2

	检验装有 E39 灯头的成品灯接触性能的量规	1/2

单位为毫米

附图仅表示互换性的基本尺寸。

关于 E39 灯头,见 GB/T 1406.1-7004-24A。

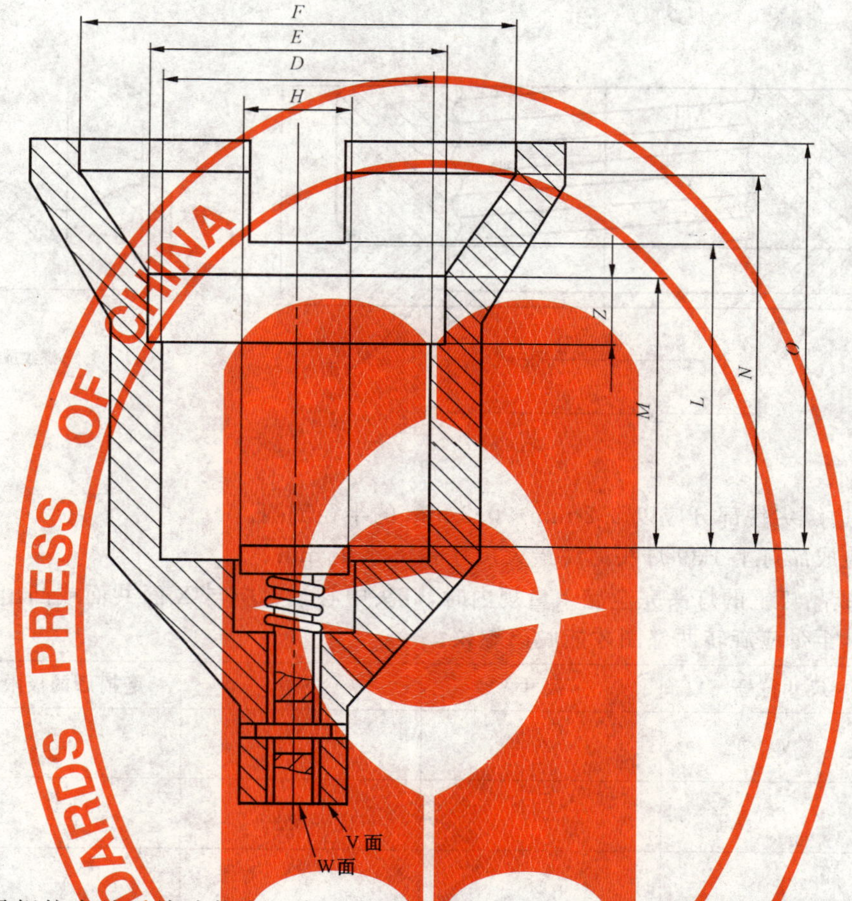

图中所示量规柱塞处于检验状态。当柱塞处于静止状态时,W 面应比 V 面缩进更深些。

尺寸符号	尺寸	公差	尺寸符号	尺寸	公差
D	39.66	+0.0 −0.02	*M*	40.92	+0.02 −0.0
E	43.18	+0.0 −0.02	*N*	56.16	+0.02 −0.0
F	63.50	+0.0 −0.02	*O*	60.96	+0.08 −0.0
H	16.00	+0.0 −0.10	*Z*	10.41	+0.10 −0.10
L	45.72	+0.05 −0.0			

目的:检验灯在灯座中有关接触性能的尺寸,尤其是在灯头长度和玻壳肩部的形状的相关尺寸。

检验:如果灯插入量规时,W 面可与 V 面共面或凸出 V 面,则可认为灯的形状与灯座的配合是合格的。

注:一些使用 G 型玻壳的短玻颈的灯可能不符合该量规的检验要求。

GB/T 1483.1-7006-24A-1

	装有 E39 灯头的成品灯用通规	1/1

单位为毫米

附图仅表示互换性的基本尺寸。

关于 E39 灯头，见 GB/T 1406.1-7004-24A。

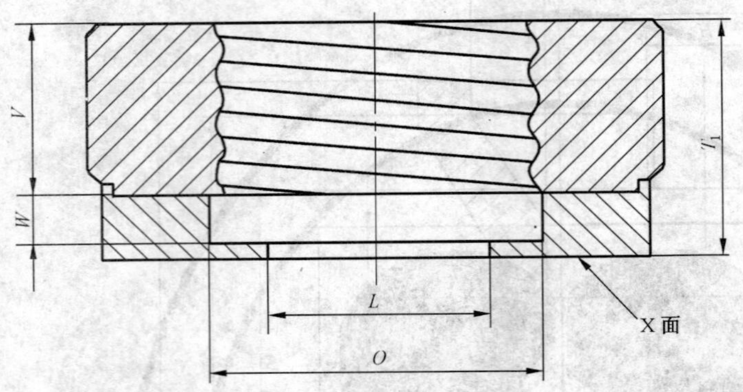

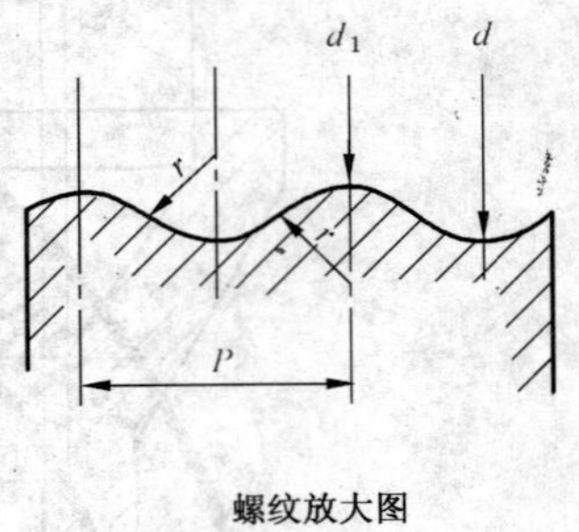

螺纹放大图

量规螺纹边缘尖锐部分应以 0.2 mm～0.3 mm 的半径倒圆。

目的：检验成品灯上 E39 灯头螺纹最大尺寸和尺寸 T_1 min。

检验：当成品灯上的灯头完全旋入量规内时，灯头中心触点应与 X 面共面或凸出 X 面。当从量规中取出灯时，至少应旋转两整圈才能脱离螺纹。

尺寸符号	尺寸	公差	磨损后的极限值
L	27	+0.1 −0.1	—
O	41	+0.2 −0.2	—
P	6.350	—	—
T_1	30.23	+0.0 −0.03	—
V	22	+0.1 −0.1	—
W	6	+0.1 −0.1	—
d	39.56	+0.03 −0.0	39.61
d_1	37.02	+0.03 −0.0	37.07
r	2.301	—	—

GB/T 1483.1-7006-24B-1

	成品灯上 E39 灯头的止规	1/1

单位为毫米

附图仅表示互换性的基本尺寸。

关于 E39 灯头，见 GB/T 1406.1-7004-24A。

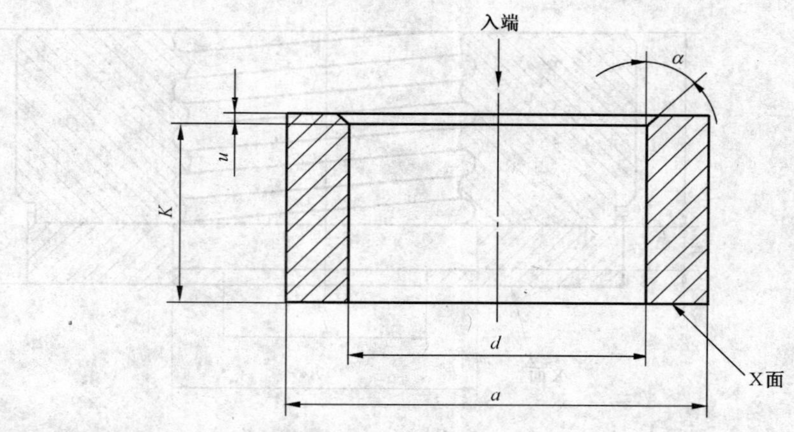

目的：检验成品灯 E39 灯头螺纹最小外径（尺寸 *d*）。

检验：当量规套在成品灯（灯头向上）的灯头螺纹上时，灯头中心触点不应凸出 X 面。

检验仅利用量规的自身重量进行。

注：该量规也可用于检验未组装的灯头。

尺寸符号	尺寸	公差
K	24.0	+0.05 −0.0
a	约 55	—
d	39.04	+0.0 −0.01
u	1.0	+0.15 −0.15
α	标称值 45°	—
质量	0.230 kg	+10% −10%

GB/T 1483.1-7006-24C-1

成品灯上 E40 灯头的通规

单位为毫米

附图仅表示互换性的基本尺寸。

关于 E40 灯头，见 GB/T 1406.1-7004-24。

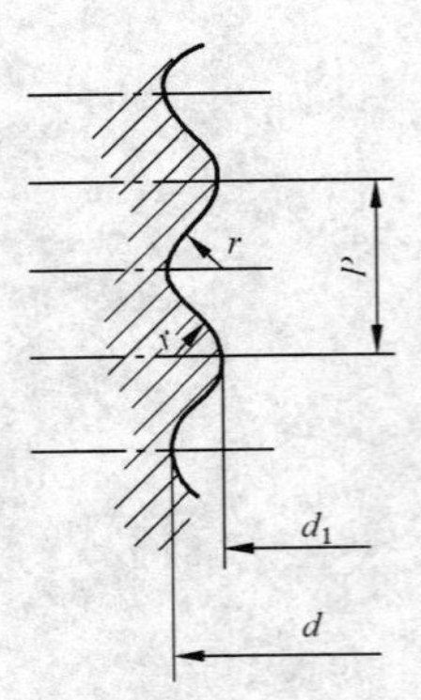

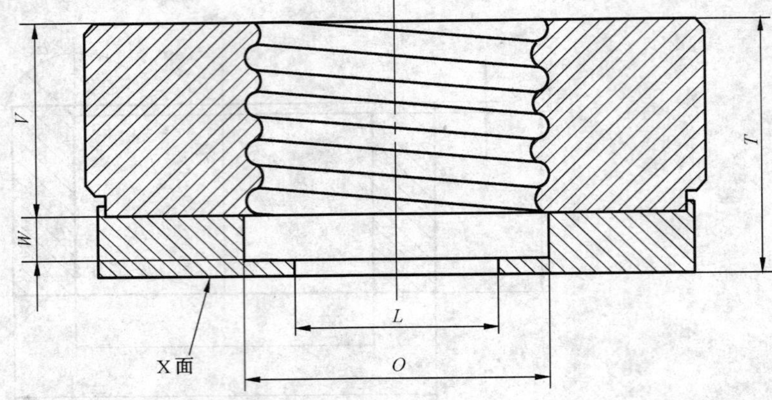

螺纹放大图

右旋螺纹

量规螺纹边缘尖锐部分应以 0.2 mm～0.3 mm 的半径倒圆。

目的：检验成品灯上 E40 灯头螺纹最大尺寸和尺寸 T_1min。

检验：当成品灯上的灯头完全旋入量规内时，灯头中心触点应与 X 面共面或凸出 X 面。

尺寸符号	尺寸	公差	磨损后的极限值
d	39.50	+0.03 −0.0	39.55
d_1	35.90	+0.03 −0.0	35.95
L	27	+0.1 −0.1	—
O	41	+0.2 −0.2	—
P	6.350	—	—
r	1.85	—	—
T	34.0	+0.0 −0.03	—
V	26	+0.1 −0.1	—
W	6	+0.1 −0.1	—

GB/T 1483.1-7006-27-7

	成品灯上 E40 灯头的止规	1/1

单位为毫米

附图仅表示互换性的基本尺寸。

关于 E40 灯头,见 GB/T 1406.1-7004-24。

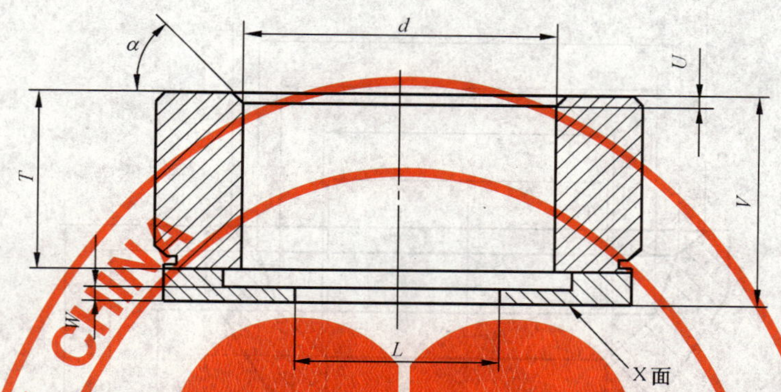

目的:检验成品灯上 E40 灯头螺纹最小外径(尺寸 *d*)。

检验:当量规套在成品灯(灯头向上)的灯头螺纹上时,灯头中心触点不应凸出 X 面。

检验仅利用量规的自身质量进行。

尺寸符号	尺寸	公差
L	25.0	+0.1 −0.1
T	20.0	+0.5 −0.5
U	1	+0.0 −0.1
V	26.0	+0.05 −0.0
W	2	+0.1 −0.1
d	39.05	+0.0 −0.01
α	约 45°	
质量	0.35 kg	+10% −10%

GB/T 1483.1-7006-28D-1

	检验装有 E40 灯头的成品灯其接触性能的量规	1/1

单位为毫米

附图仅表示互换性的基本尺寸。

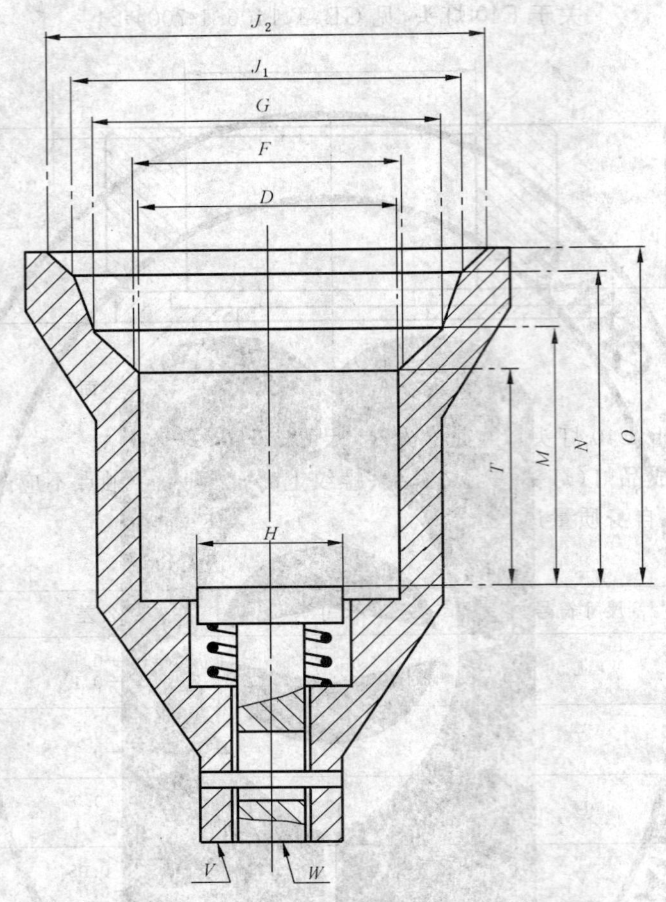

图中所示量规处于检验状态。当静止状态时，柱塞应在 V 面以上。

目的：检验灯在灯座中有关接触性能的尺寸。

检验：如果灯插入量规时，W 面可与 V 面共面或凸出 V 面，则可认为灯的形状与灯座的配合是合格的。

尺寸符号	尺寸	公差	尺寸符号	尺寸	公差
D	39.6	+0.0 −0.02	J_2	65	+0.0 −0.03
F	40	+0.0 −0.02	M	40	+0.02 −0.0
G	52	+0.0 −0.02	N	49	+0.02 −0.0
H	22	+0.1 −0.1	O	52.5	+0.01 −0.0
J_1	58	+0.0 −0.02	T	34	+0.03 −0.0

GB/T 1483.1-7006-52-1

	检验装有 E40 灯头的成品灯其防意外接触的量规	1/1

单位为毫米

附图仅表示互换性的基本尺寸。

图中所示量规处于检验状态。当静止状态时,柱塞应凸出 V 面。

目的:检验防意外接触性能。

检验:如果灯完全插入量规时,W 面没有凸出 V 面,则可认为灯的形状对于防意外接触性能是合格的。

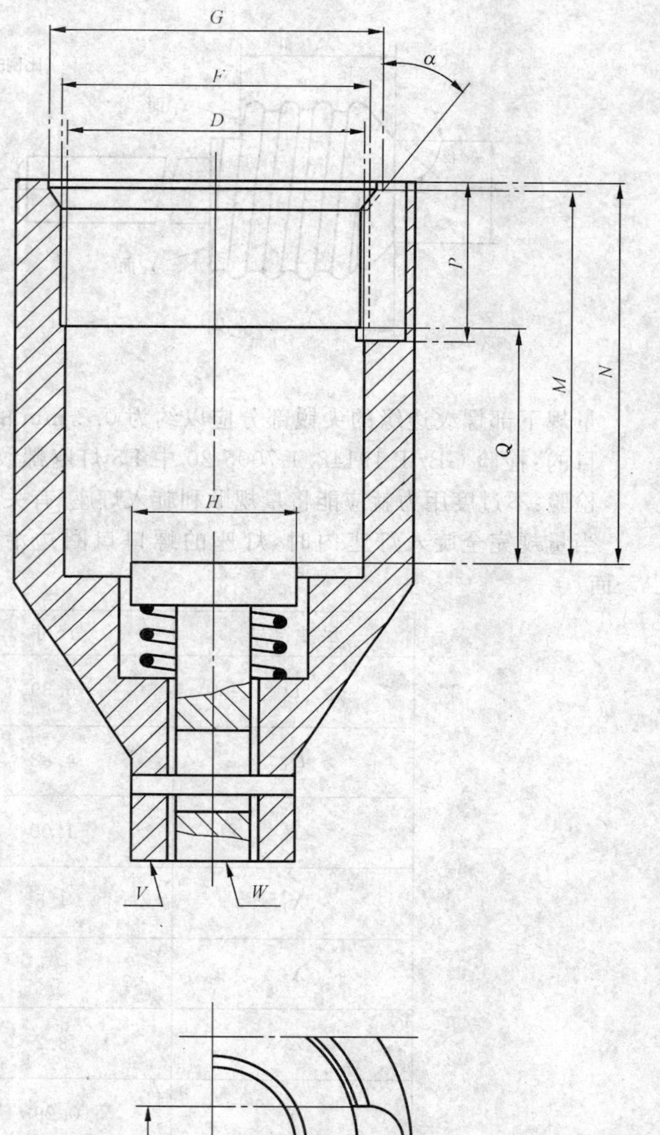

尺寸符号	尺寸	公差
D	39.6	+0.02 −0.0
F	40.2	+0.05 −0.0
G	44	+0.02 −0.0
H	22	+0.1 −0.1
M	50.4	+0.1 −0.1
N	51.4	+0.0 −0.02
P	21	+0.1 −0.1
Q	32	+0.0 −0.1
R	约 25	
U	12	+0.1 −0.1
r	4.5	+0.5 −0.0
α	35°	+30′ −30′

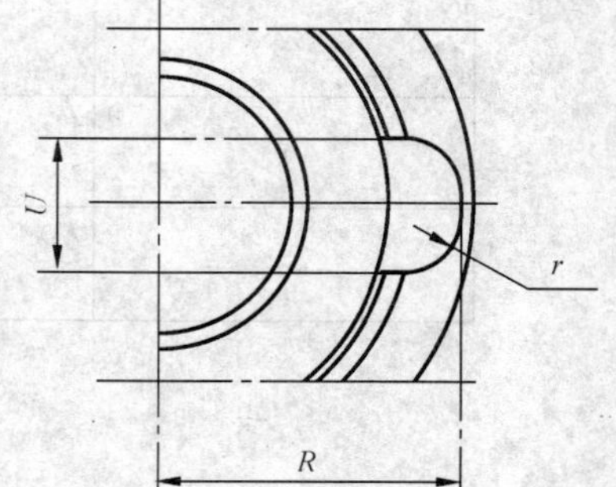

GB/T 1483.1-7006-53-1

	E5 灯座的插塞通规	1/1

单位为毫米

附图仅表示互换性的基本尺寸。

关于 E5 灯座，参见 GB/T 1406.1-7004-25。

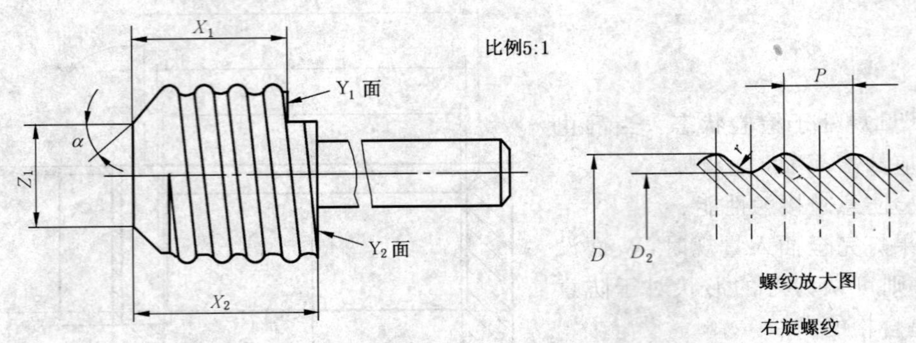

量规下部螺纹边缘的尖锐部分应以约为 0.2 mm 的半径倒圆。

目的：检验 GB/T 19148.1-7005-20 中 E5 灯座螺纹最小尺寸和尺寸 X。

检验：不过度用力就应能将量规顺利旋入灯座(有关所要施加的扭矩，见 GB 17935—2007 的 4.4)。

当量规完全旋入灯座内时，灯座的螺口口圈边沿应与 Y_1 面共面或凸出 Y_1 面。但不应超出 Y_2 面。

尺寸符号	尺寸	公差
D	5.39	+0.0 −0.02
D_1	4.83	+0.0 −0.02
P	1.00	—
X_1	4.5	+0.0 −0.03
X_2	5.3	+0.03 −0.0
Z_1	3.2	+0.1 −0.1
r	0.293	—
α	45°	+20′ −20′

GB/T 1483.1-7006-25F-1

	检验 E5 灯座螺纹的止规	1/1

单位为毫米

附图仅表示互换性的基本尺寸。

关 E5 于灯座，见 GB/T 1406.1-7004-25。

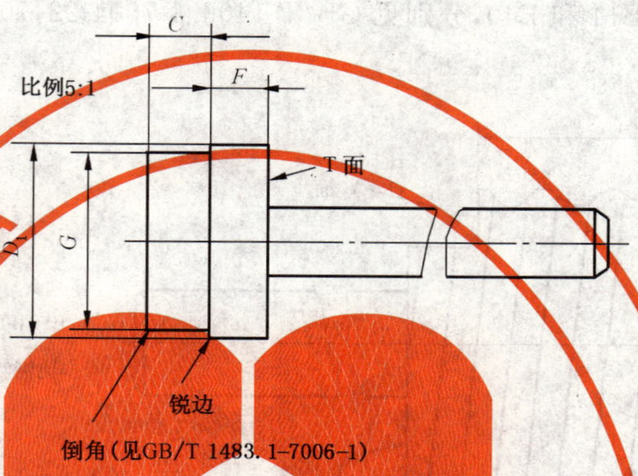

比例5:1

C

F

T 面

D_1

G

锐边

倒角(见GB/T 1483.1-7006-1)

目的：检验 E5 灯座最大螺纹内径(尺寸 D_1)。

检验：如果量规靠自身质量进入灯座时，灯座螺纹边口没有凸出 T 面，则认为该灯座的螺纹是合格的。

尺寸符号	尺寸	公差
C	1.5	+0.0 −0.2
D_1	4.93	+0.01 −0.0
F	2.0	+0.0 −0.1
G^*	4.80	+0.0 −0.04
质量	最小值 0.045 kg 最大值 0.05 kg	—
* 仅用于确定中心。		

GB/T 1483.1-7006-25G-1

E10、E14 和 E40 灯座螺纹的通规

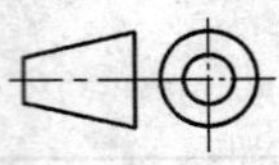

1/2

单位为毫米

附图仅表示互换性的基本尺寸。

关于灯座 E10、E14 和 E40，分别见 GB/T 1406.1-7004-22，7004-23 和 7004-24。

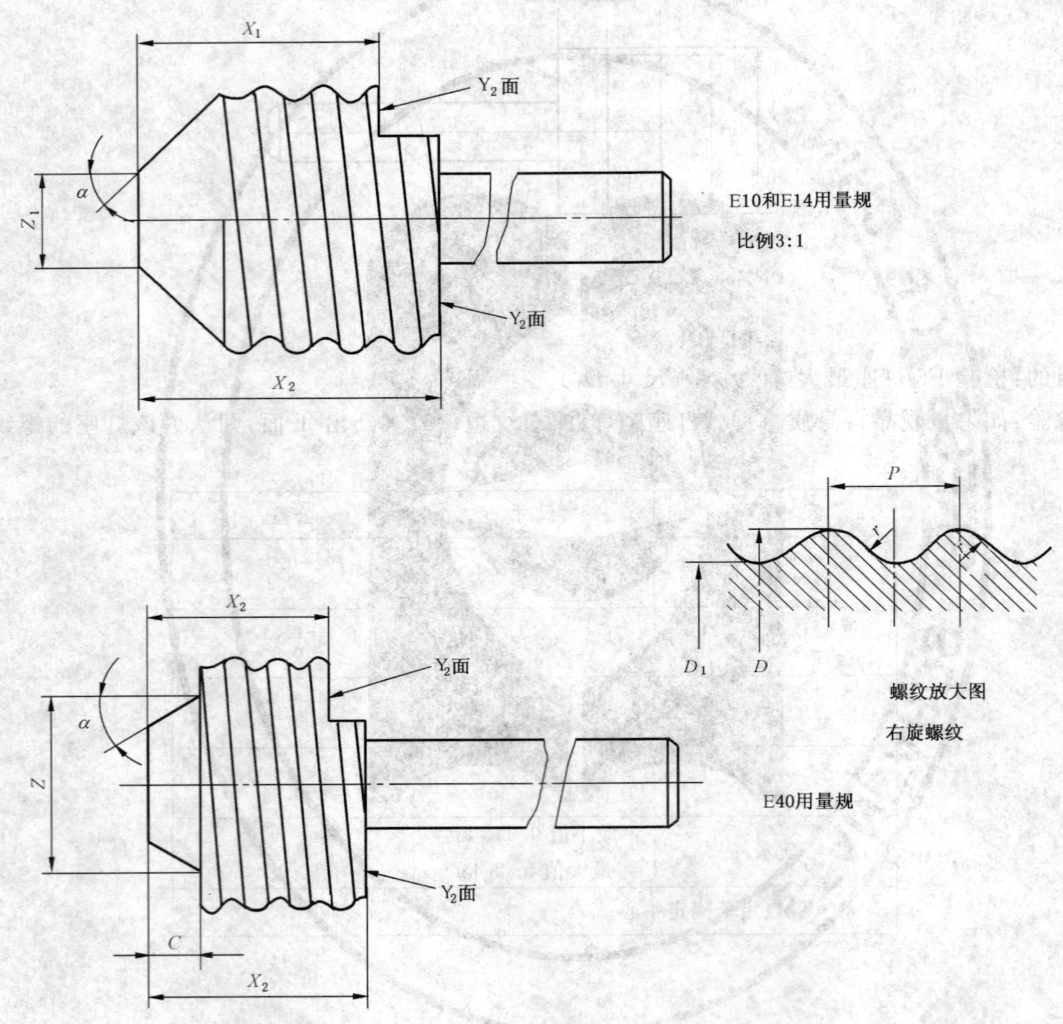

检验 E10 和 E14 灯座的量规下部螺纹边缘的尖锐部分应以 0.5 mm+0.05 mm 的半径倒圆。

检验 E40 灯座的量规下部螺纹边缘的尖锐部分应以 1.0 mm+0.05 mm 的半径倒圆。

GB/T 1483.1-7006-25-7

	E10、E14 和 E40 灯座螺纹的通规	2/2

单位为毫米

尺寸符号	E10		E14		E40	
	尺寸	公差	尺寸	公差	尺寸	公差
C	—	—	—	—	8.0	+0.0 −0.03
D	9.59	+0.0 −0.02	13.97	+0.0 −0.02*	39.6	+0.0 −0.04
D_1	8.57	+0.0 −0.02	12.37	+0.0 −0.02*	36.0	+0.0 −0.04
P	1.814	—	2.822	—	6.350	—
X_1	7.5	+0.0 −0.03	12.0	+0.0 −0.03	27.0	+0.0 −0.03
X_2	9.3	+0.03 −0.0	15.0	+0.03 −0.0	32.0	+0.03 −0.0
Z	—	—	—	—	27.2	+0.1 −0.1
Z_1	3	+0.1 −0.1	5	+0.1 −0.1	—	—
r	0.531	—	0.822	—	1.850	—
α	45°	+20′ −20′	45°	+20′ −20′	30°	+20′ −20′
* 除了上面指出的制造公差外，还另外允许有−0.01 mm 的磨损公差。						

目的：检验 GB/T 19148.1-7005-20 所示灯座螺纹最小值以及尺寸 X。

检验：不过度用力就应能将量规顺利地拧入灯座内（如果对于所要施加的扭矩有疑问，可以参见 GB 17935—2007 的 4.4）。

当量规已经完全旋入灯座内时，灯座的螺口口圈边沿应与 Y_1 面共平面或超出 Y_1 面，但不应超出 Y_2 面。

GB/T 1483.1-7006-25-7

检验 E10、EP10、EY10、E14、E27、E39 和 E40 灯座螺纹的止规

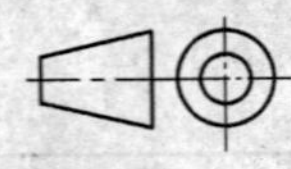

1/1

单位为毫米

附图仅表示量规基本尺寸。

关于 E10、EP10、EY10、E14、E27 和 E40 灯座螺纹，分别见 GB/T 1406.1-7004-22，GB/T 19148.1-7005-30，GB/T 19148.1-7005-7，GB/T 1406.1-7004-23，GB/T 1406.1-7004-21，GB/T 19148.1-7005-24A 和 GB/T 1406.1-7004-24。

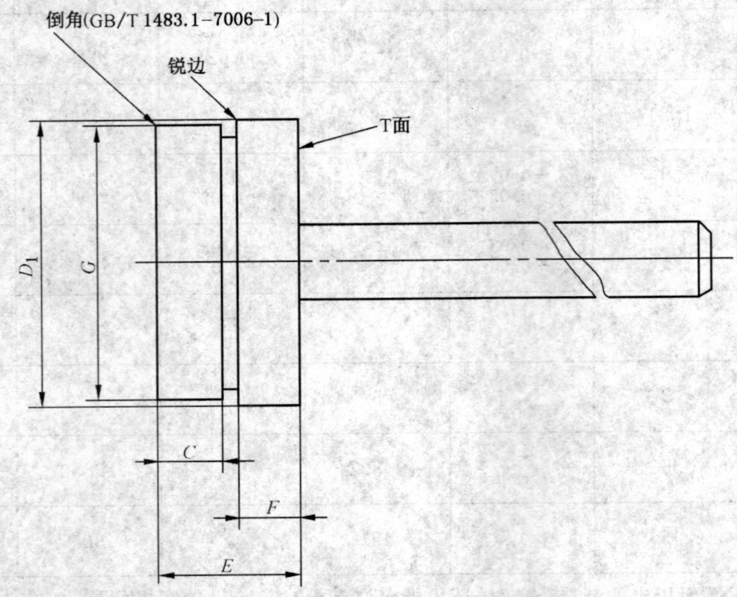

目的：检验 E10、EP10、EY10、E14、E27、E39 和 E40 灯座螺纹的最大螺纹内径(尺寸 D_1)。

检验：如果量规靠自身重量进入灯座时，灯座螺纹边口没有凸出 T 面，则认为该灯座的螺纹是合格的。

尺寸	E10、EP10、EY10	E14	E27	E39	E40	公差
C	2.0	4.0	4.5	8.0	8.0	+0.0 −0.2
D_1	8.76	12.56	24.66	37.52	36.45	+0.01 −0.0
E	5.0	8.0	10.0	17.5	17.0	+0.0 −0.2
F	2.0	3.0	4.0	7.9	7.0	+0.0 −0.1
G^*	8.55	12.33	24.31	37.12	35.95	+0.0 −0.04
质量/kg	0.07	0.120	0.325	0.80	0.70	+10% −10%

* 仅用于确定中心。

GB/T 1483.1-7006-26-4

	检验 EP10 预聚焦灯座的通规	1/1

单位为毫米

附图仅表示互换性的基本尺寸。

关于 EP10 预聚焦灯座，见 GB/T 19148.1-7005-30。

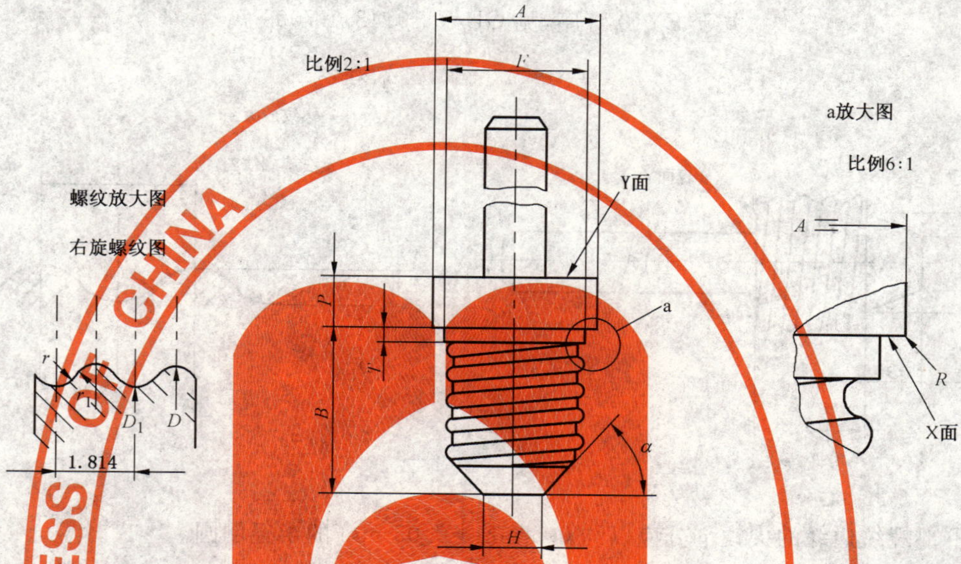

比例2:1
A
F
Y面
P
T
B
a
α
H
螺纹放大图
右旋螺纹图
r
D1
D
1.814
a放大图
比例6:1
A
R
X面

目的：检验 EP10 灯座与成品灯灯头的匹配性。

检验：将量规拧入灯座内，直至 X 面至少与基准平面上的一个支撑点接触。

在此位置上，量规的 Y 面应该与灯座表面共面或超出该表面。

尺寸符号	尺寸	公差
A	11.1	+0.1 −0.0
B	11.8	+0.1 −0.0
D	9.61	+0.0 −0.025
D_1	8.59	+0.0 −0.025
F	9.8	+0.05 −0.05
H	4.0	+0.1 −0.1
P	3.5	+0.05 −0.05
R	0.45	+0.05 −0.05
T	1.05	+0.0 −0.05
r	0.531	—
α	45°	+1° −1°

GB/T 1483.1-7006-37A-1

EY10 灯座的通规

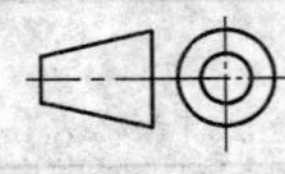

1/1

单位为毫米

附图仅表示互换性的基本尺寸。

关于 EY10 灯座，见 GB/T 19148.1-7005-7。

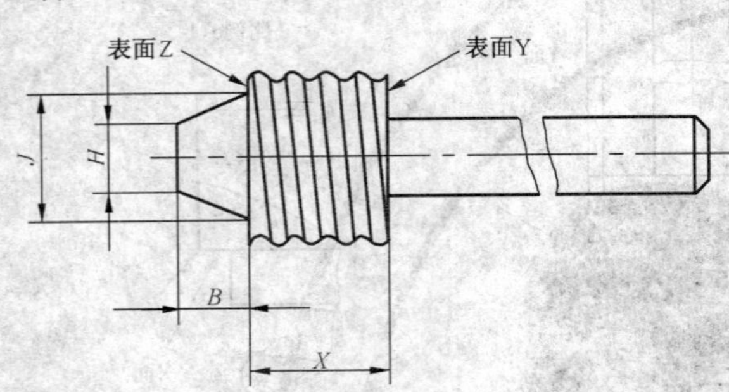

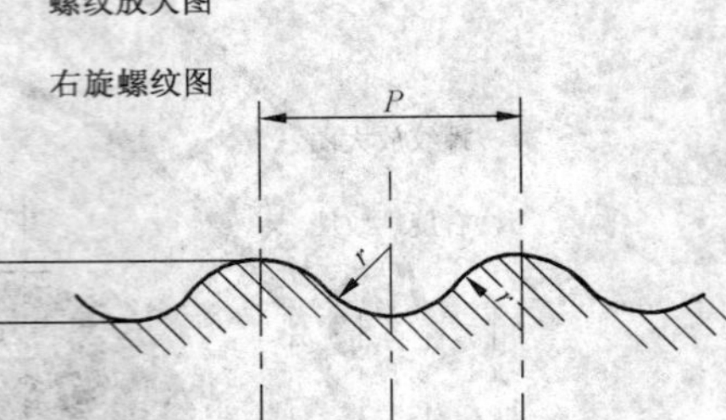

量规下部螺纹边缘的尖锐部分应以约 0.5 mm+0.05 mm 的半径倒圆。

目的：检验 EY10 灯座螺纹最小尺寸和尺寸 X max。

检验：不过度用力就能将量规顺利拧入灯座，直至 Z 面与支座接触。（如果对于施加的扭矩有疑问，可以见 GB 17935—2007 的 4.4）。

在此位置上，灯座螺口口圈边缘应与 Y 面共面或低于 Y 面。

尺寸符号	尺寸	公差
B	3.5	+0.02 −0.0
D	9.59	+0.0 −0.02
D_1	8.57	+0.0 −0.02
H	4.0	+0.02 −0.0
J	6.6	+0.1 −0.0
P	1.814	—
X	7.38	+0.02 −0.0
r	0.531	—

GB/T 1483.1-7006-7A-1

	检验 E11 灯座接触性能的插塞量规 A	1/1

单位为毫米

附图仅表示互换性的基本尺寸。

关于 E11 灯座，见 GB/T 19148.1-7005-6。

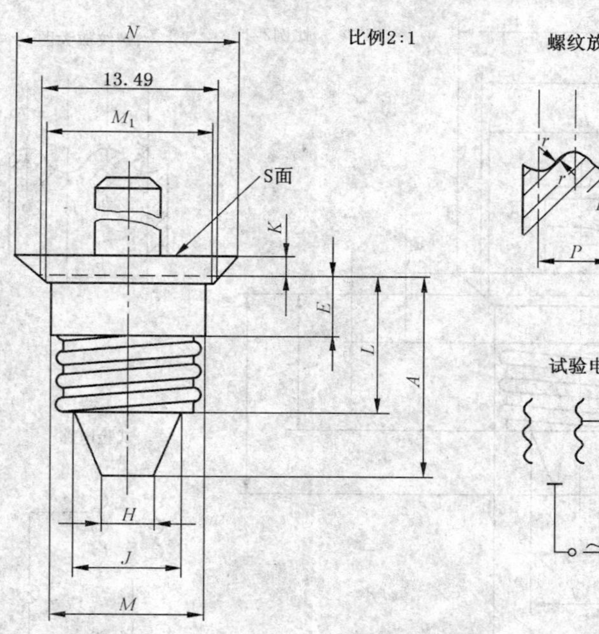

尺寸符号	尺寸	公差	磨损后的极限值
A	15.67	+0.0 −0.02	—
D	10.86	+0.0 −0.02	10.835
D_1	9.84	+0.0 −0.02	9.815
E	4.14	+0.0 −0.02	—
H	4.01	+0.0 −0.05	—
J	8.0	+0.0 −0.1	—
K	1.57	+0.02 −0.0	—
L	10.60	+0.0 −0.02	—
M	11.86	+0.0 −0.01	—
M_1	12.17	+0.0 −0.02	
N	16.63	+0.0 −0.02	
P	1.814	—	
r	0.531	—	

目的：检验 E11 灯座相对于"最大"灯时的插入端和接触性能。

检验：当塞规完全旋入灯座时，量规斜肩部位应紧靠灯座斜面，并且灯座不应凸出量规 S 面。

在该位置上，指示灯应发亮。

旋入量规所需的扭矩应不超过 0.45 Nm。

GB/T 1483.1-7006-6A-1

	检验 E11 灯座接触性能的插塞量规 B	1/2

单位为毫米

附图仅表示互换性的基本尺寸。

关于 E11 灯座，见 GB/T 19148.1-2005-6。

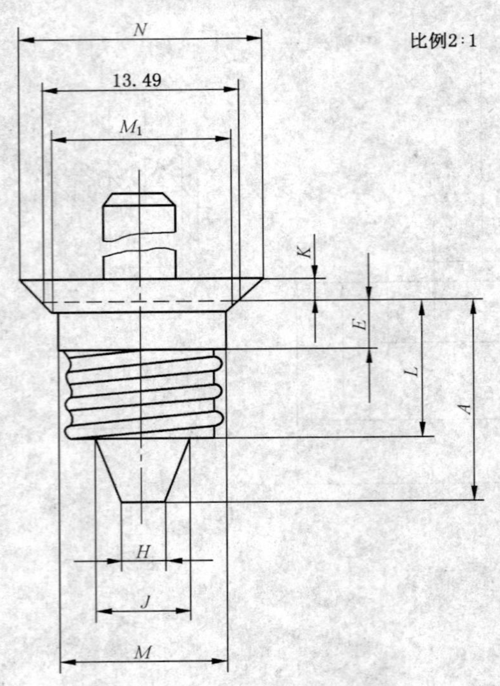

试验电路

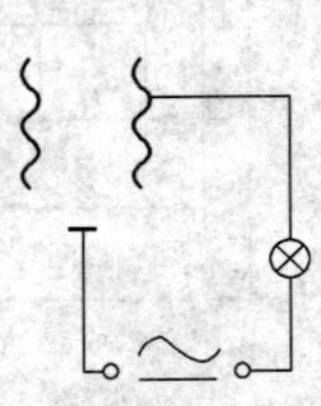

尺寸符号	尺寸	公差	磨损后的极限值
A	13.84	+0.02 −0.0	—
D	10.86	+0.0 −0.05	10.80
D_1	9.84	+0.0 −0.05	9.78
E	3.5	+0.1 −0.1	—
H	2.8	+0.05 −0.05	—
J	6.2	+0.1 −0.1	—
K	1.57	+0.02 −0.0	—
L	9.35	+0.02 −0.0	—
M	10.8	+0.0 −0.1	—
M_1	12.17	+0.0 −0.02	
N	16.63	+0.0 −0.02	
P	1.814	—	
r	0.531	—	

目的：检验 E11 灯座相对于“最小”灯头长度时的接触性能。

检验：当塞规完全旋入灯座时，量规斜肩应靠紧灯座倾斜面，灯座不应超出量规 S 面。

在该位置，指示灯应发亮。

旋入量规所需的扭矩应不超过 0.45 Nm。

GB/T 1483.1-7006-6B-1

	E12 灯座的插塞通规	1/1

单位为毫米

附图仅表示互换性的基本尺寸。
关于 E12 灯座，见 GB/T 19148.1-7005-28。

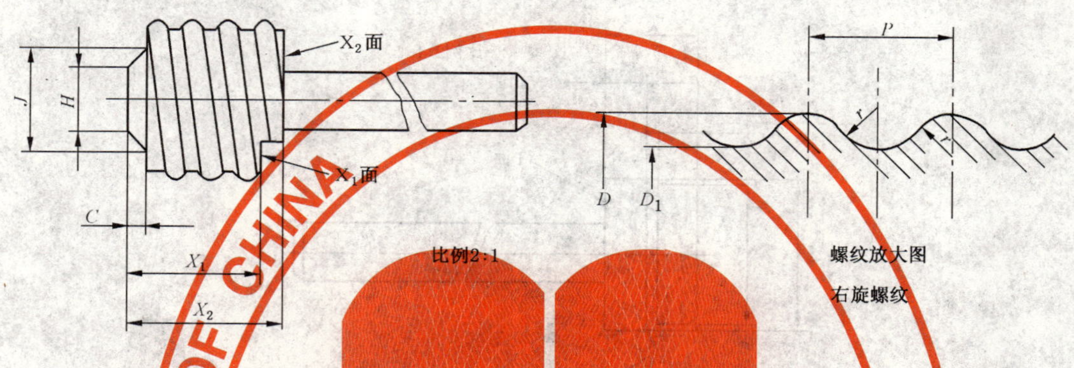

量规下部螺纹边缘的尖锐部分应以约 0.5 mm 的半径倒圆。

目的：检验 E12 灯座螺纹最小尺寸和尺寸 Xmin。

检验：量规应能顺利的拧入灯座。

当量规完全旋入灯座时，灯座的螺口口圈边沿应与 X_1 面共面或超出 X_1 面。但不应超出 X_2 面。

尺寸符号	尺寸	公差	磨损后的极限值
C	1.50	+0.0 −0.05	—
D	11.938	+0.0 −0.025	11.908
D_1	10.668	+0.0 −0.025	10.638
H	4.75	+0.0 −0.05	—
J	7.75	+0.0 −0.05	—
P	2.540	—	—
X_1	9.53	+0.0 −0.025	—
X_2	11.17	+0.025 −0.0	—
r	0.792	—	—

GB/T 1483.1-7006-25C-1

	检验 E12 灯座的插塞止规	1/1

单位为毫米

附图仅表示互换性的基本尺寸。

有关 E12 灯座，见 GB/T 19148.1-7005-28。

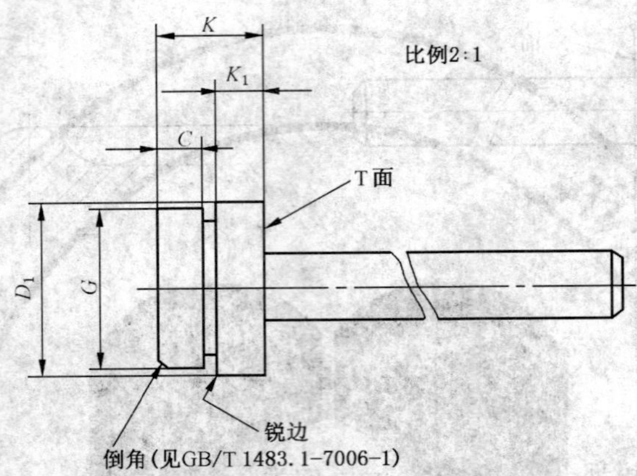

目的：检验 E12 灯座螺纹的最大螺纹内径(尺寸 D_1)。

检验：当把量规放入灯座(入口向上)的螺纹中，灯座螺口口圈的边沿不应凸出 T 面。

仅利用量规自身质量进行试验。

尺寸符号	尺寸	公差
C^*	2.80	+0.0 −0.08
D_1	10.82	+0.01 −0.0
G^*	10.62	+0.0 −0.025
K	6.35	+0.13 −0.13
K_1	2.80	+0.0 −0.05
质量	0.095 kg	+10% −10%
* 仅用于确定中心。		

GB/T 1483.1-7006-26E-1

	检验 E12 灯座内触点的插塞量规	1/1

单位为毫米

附图仅表示互换性的基本尺寸。

关于 E12 灯座，见 GB/T 19148.1-7005-28。

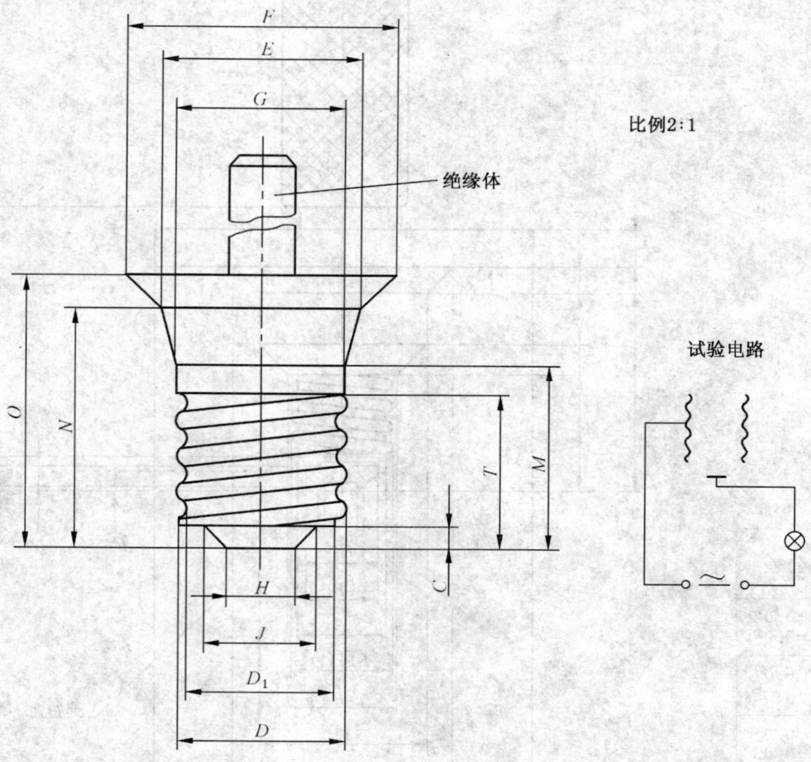

尺寸符号	尺寸	公差
C	1.60	+0.0 −0.05
D	11.89	+0.025 −0.0
D_1	10.62	+0.025 −0.0
E	14.27	+0.02 −0.0
F	19.05	+0.02 −0.0
G	11.94	+0.02 −0.0
H	4.75	+0.0 −0.05
J	7.75	+0.0 −0.05
M	13.21	+0.0 −0.02
N	17.45	+0.0 −0.02
O	19.84	+0.0 −0.02
T	11.17	+0.0 −0.025

螺纹形式应该符合 GB/T 1406.1-7004-28 中所示 E12 灯头的尺寸。

量规应用金属制造，但顶部的绝缘把手除外。

目的：检验 E12 灯座的接触性能。

检验：当量规完全旋入灯座中时，测试电路中所示的指示灯应发亮。

在此位置上，量规与灯座上沿间应留有间隙。否则，如果灯座是用陶瓷或其他材料制造的，将划伤灯泡。使用厚度为 0.08 mm、宽度为 5 mm 的塞尺检验间隙。

GB/T 1483.1-7006-32A-1

	检验 E14 灯座接触性能的塞规	1/1

单位为毫米

附图仅表示互换性的基本尺寸。

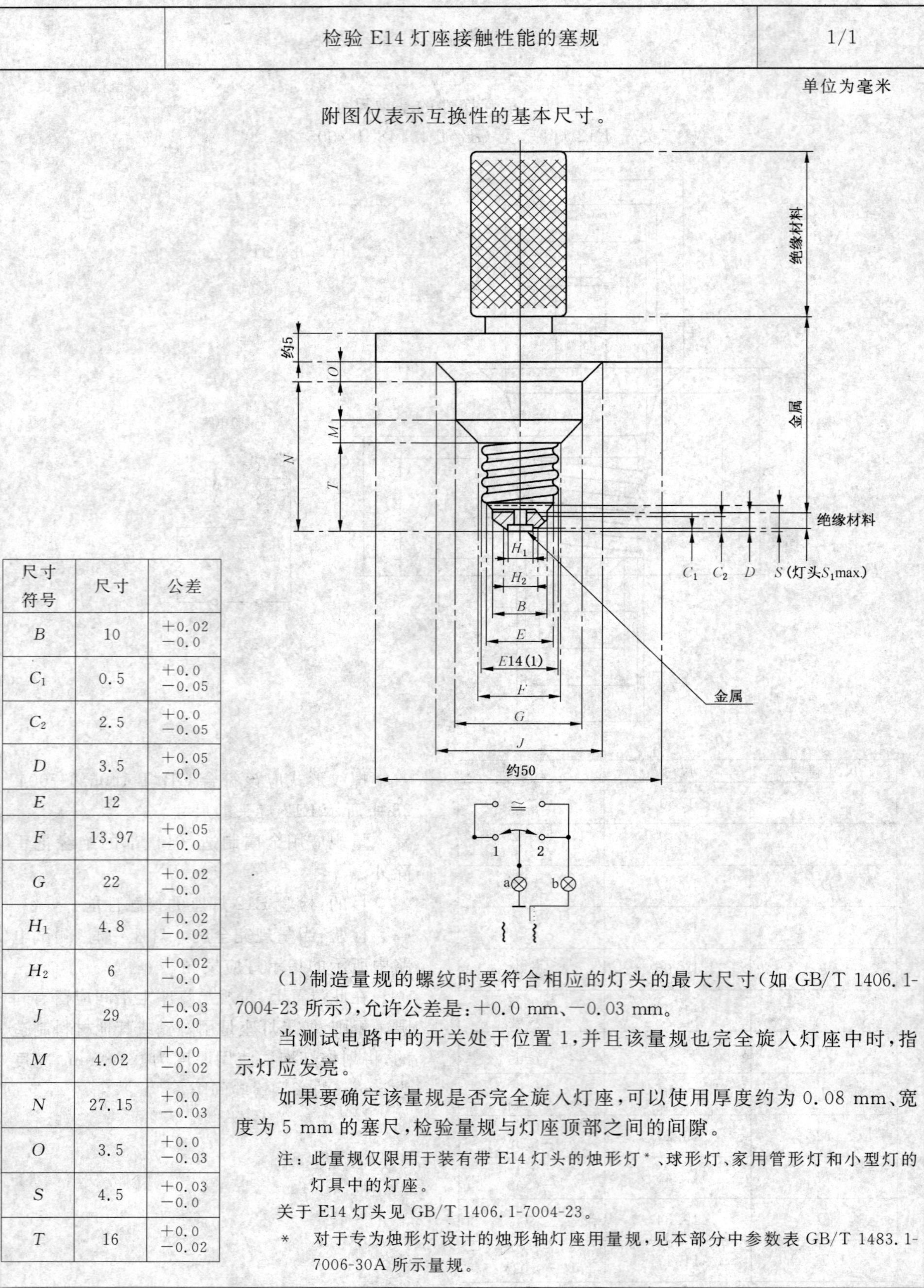

尺寸符号	尺寸	公差
B	10	+0.02 −0.0
C_1	0.5	+0.0 −0.05
C_2	2.5	+0.0 −0.05
D	3.5	+0.05 −0.0
E	12	
F	13.97	+0.05 −0.0
G	22	+0.02 −0.0
H_1	4.8	+0.02 −0.02
H_2	6	+0.02 −0.0
J	29	+0.03 −0.0
M	4.02	+0.0 −0.02
N	27.15	+0.0 −0.03
O	3.5	+0.0 −0.03
S	4.5	+0.03 −0.0
T	16	+0.0 −0.02

(1)制造量规的螺纹时要符合相应的灯头的最大尺寸(如 GB/T 1406.1-7004-23 所示),允许公差是:+0.0 mm、−0.03 mm。

当测试电路中的开关处于位置 1,并且该量规也完全旋入灯座中时,指示灯应发亮。

如果要确定该量规是否完全旋入灯座,可以使用厚度约为 0.08 mm、宽度为 5 mm 的塞尺,检验量规与灯座顶部之间的间隙。

注:此量规仅限用于装有带 E14 灯头的烛形灯*、球形灯、家用管形灯和小型灯的灯具中的灯座。

关于 E14 灯头见 GB/T 1406.1-7004-23。

* 对于专为烛形灯设计的烛形轴灯座用量规,见本部分中参数表 GB/T 1483.1-7006-30A 所示量规。

GB/T 1483.1-7006-30-2

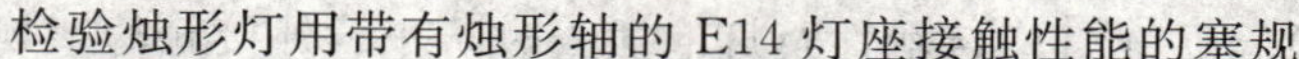

检验烛形灯用带有烛形轴的 E14 灯座接触性能的塞规	1/1

单位为毫米

附图仅表示互换性的基本尺寸。

该量规仅用于检验为烛形灯特别设计的带有烛形轴的灯座的接触性能。

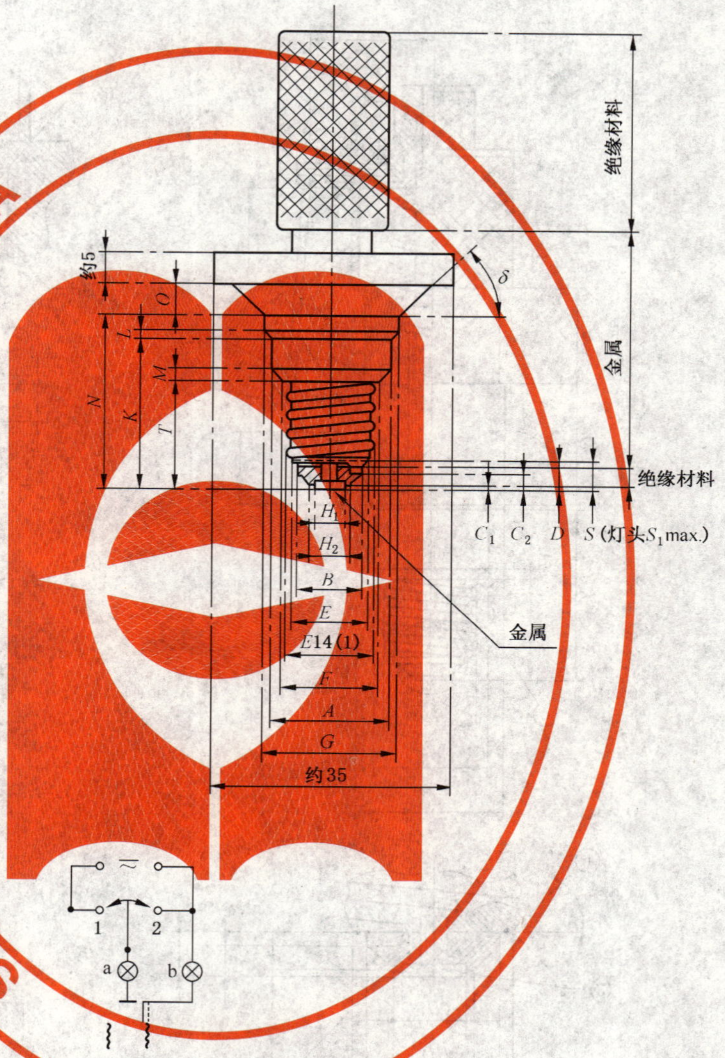

尺寸符号	尺寸	公差
A	17.6	+0.02 −0.0
B	10.0	+0.02 −0.0
C_1	0.5	+0.0 −0.05
C_2	2.5	+0.0 −0.05
D	3.5	+0.05 −0.0
E	12	
F	13.97	+0.05 −0.0
G	19.6	+0.02 −0.0
H_1	4.8	+0.02 −0.02
H_2	6.0	+0.02 −0.0
K	22.7	+0.0 −0.02
L	1.0	+0.0 −0.02
M	1.82	+0.0 −0.02
N	25.95	+0.0 −0.03
O	4.7	+0.0 −0.03
S	4.5	+0.03 −0.0
T	16.0	+0.0 −0.02
δ	45°	+30′ −30′

当测试电路中的开关处于位置 1，并将量规完全旋入灯座中时，指示灯应该发亮。

如果要确定该量规是否完全旋入灯座，可以使用厚度约为 0.08 mm、宽度为 5 mm 的塞尺，检验量规与灯座顶部之间的间隙。

(1)制造量规的螺纹时，要符合相应的灯头的最大尺寸(如 GB/T 1406.1-7004-23 所示)，允许公差是：+0.00 mm、−0.03 mm。

GB/T 1483.1-7006-30A-1

	检验 E14 灯座接触性及灯泡插入时防止意外接触的塞规	1/2

单位为毫米

附图仅表示互换性的基本尺寸。

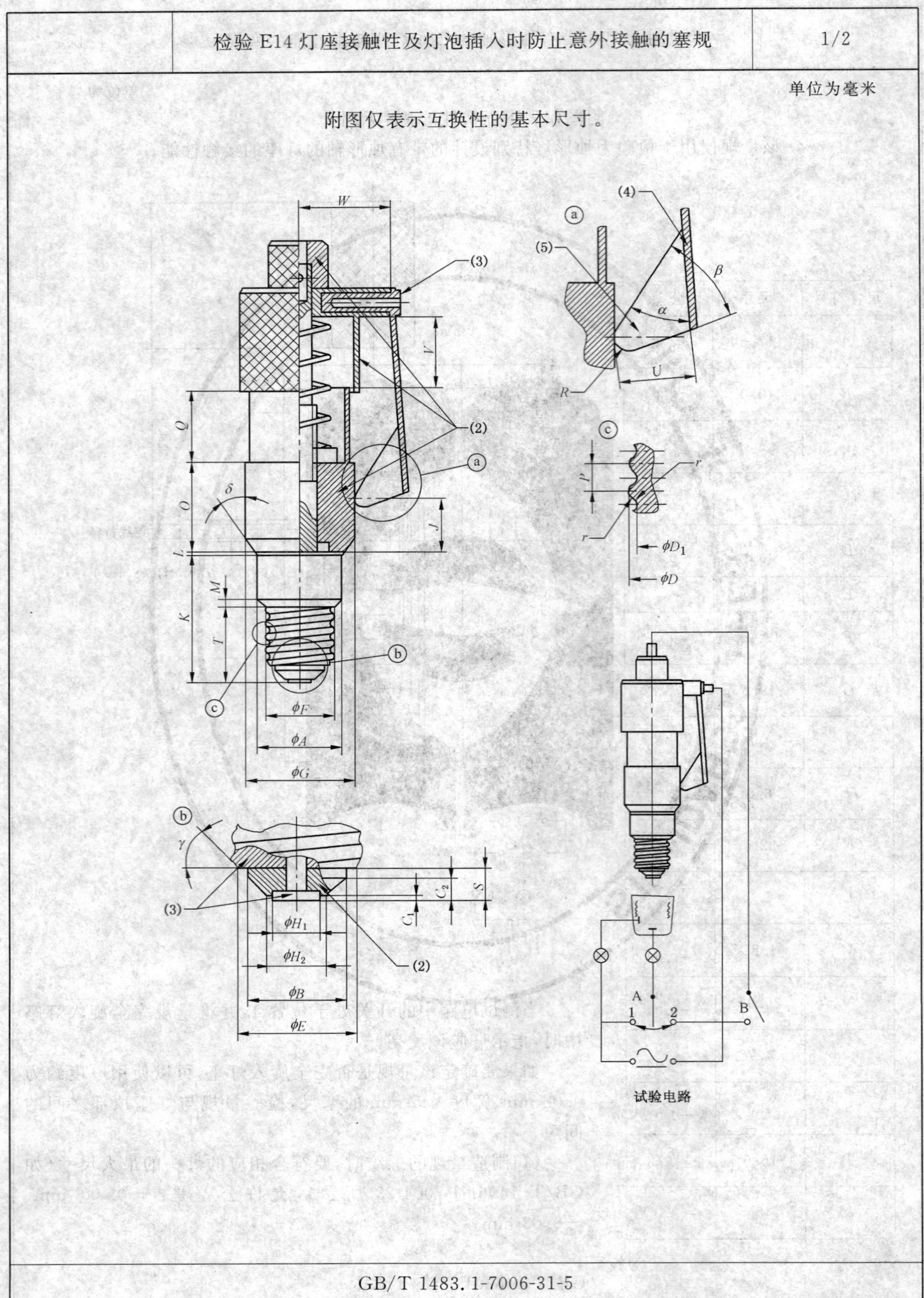

试验电路

GB/T 1483.1-7006-31-5

	检验 E14 灯座接触性及灯泡插入时防止意外接触的塞规	2/2

单位为毫米

尺寸符号	尺寸	公差	尺寸符号	尺寸	公差
A	17.1	0 −0.05	O	19	0 −0.1
B	10	+0.03 0	P	2.822	—
C_1	0.5	0 −0.05	Q	15	+0.1 −0.1
C_2	2.5	0 −0.05	R	2	0 −0.05
D	13.89	0 −0.03	S(1)	3.5	0 −0.03
D_1	12.29	0 −0.03	T	16	+0.1 −0.1
E(1)	12		U	10	+0.1 −0.1
F	13.97	0 −0.05	V	15	+0.1 −0.1
G	22.0	0 −0.02	W	18.5	+0.1 −0.1
H_1	4.8	+0.02 −0.02	r	0.822	
H_2	6	+0.02 0	α	35°	+30′ −30′
J	12	+0.1 −0.1	β	37°	+30′ −30′
K	27.15	+0.01 0	γ	45°	+10′ −10
L	0.71	+0.01 0	δ	35°	+30′ −30′
M	1.57	+0.05 0			

(1) 尺寸 E 是与尺寸 S 有关的基准直径。

(2) 绝缘材料。

(3) 金属;导电材料。

(4) 钢弹簧 8×1。

(5) 金属测试探针,厚度:6 mm。

此量规仅限用于装有带 E14 灯头的烛形灯*、球形灯、管形灯和小型灯的灯具中的灯座。关于 E14 灯头见 GB/T 1406.1-7004-23。

* 此量规也适用于检验烛形轴灯座。

目的:检验 E14 灯座的下述项目:

a) 与最不利尺寸的灯泡匹配时的接触性能。

b) 灯泡插入时防止意外接触带电部件(即灯头壳体)的性能。

检验:将灯座连接到图示的试验电路中。

a) 开关 A 处于位置 2,开关 B 断开时,将量规完全拧到位。在此位置,两灯都应该发亮。

b) 开关 A 处于位置 1,开关 B 闭合,量规缓慢拧入直到两只灯其中一盏灯发亮。量规保持在该位置将开关 B 断开,将量规侧面的测试探针应尽量下滑到量规与灯座之间的间隙处。

在此位置上,灯应不发亮。

GB/T 1483.1-7006-31-5

E17 灯座的通规

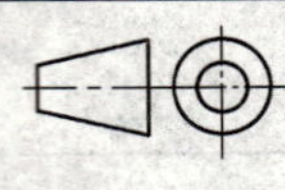

1/1

单位为毫米

附图仅表示互换性的基本尺寸。

关于 E17 灯座，见 GB/T 19148.1-7005-20。

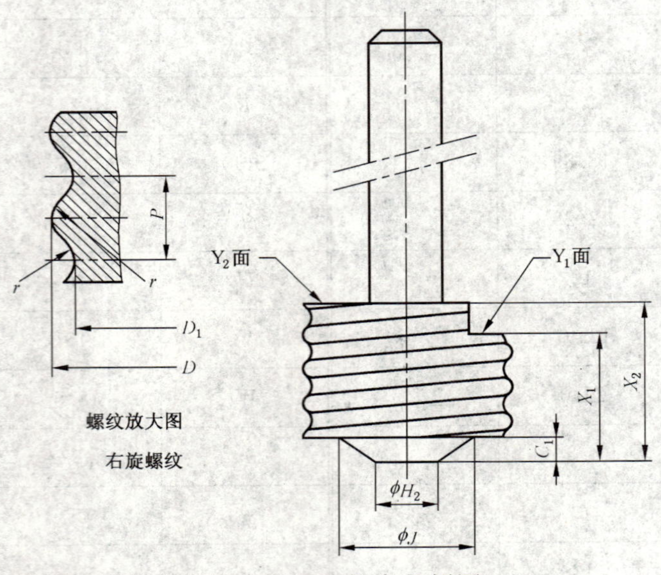

螺纹放大图

右旋螺纹

量规下部螺纹边缘的尖锐部分应以约 0.5 mm 的半径倒圆。

目的：检验 E17 灯座螺纹最小尺寸和尺寸 X。

检验：量规应能顺利的拧入灯座。当量规完全旋入灯座时，灯座的螺口口圈边沿应与 Y_1 面共面或超出 Y_1 平面。但不应超出 Y_2 面。

尺寸符号	尺寸	公差	磨损后的极限值
C_1	2.36	+0.0 −0.05	
D	16.69	+0.0 −0.025	16.66
D_1	15.32	+0.0 −0.025	15.29
H_2	5.33	+0.0 −0.05	
J	10.67	+0.0 −0.05	
P	2.822	—	
X_1	12.0	+0.0 −0.025	
X_2	14.0	+0.025 −0.0	—
r	0.897	—	

GB/T 1483.1-7006-25H-1

	E17 灯座的止规	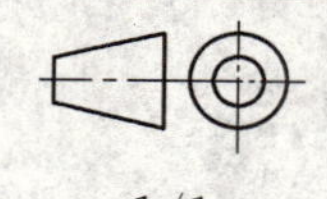 1/1

单位为毫米

附图仅表示互换性的基本尺寸。

关于 E17 灯座，见 GB/T 19148.1-7005-20。

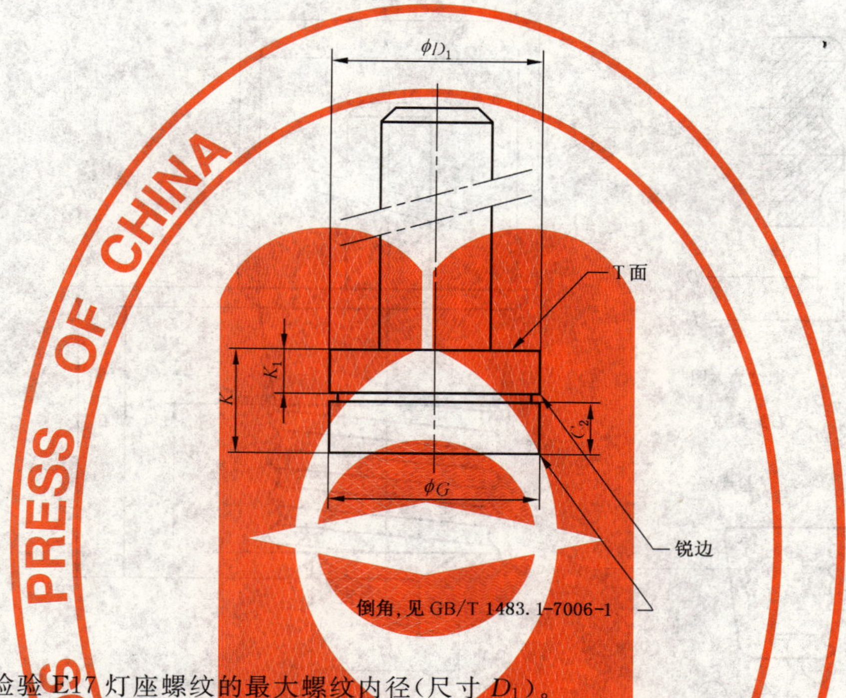

目的：检验 E17 灯座螺纹的最大螺纹内径（尺寸 D_1）。

检验：把量规放入灯座（灯座入口向上）中，灯座螺口口圈边沿不应凸出 T 面。检验只利用量规自身质量进行。

尺寸符号	尺寸	公差
C_2	3.81	+0.0 −0.08
D_1	15.49	+0.01 −0.0
G	15.24	+0.0 −0.025
K	7.62	+0.13 −0.13
K_1	3.18	+0.0 −0.05
质量	0.135 kg	+10% −10%

GB/T 1483.1-7006-26C-1

检验 E17 灯座接触性能的量规

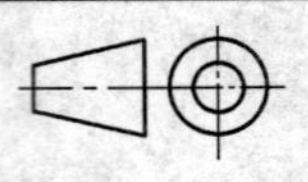

1/1

单位为毫米

附图仅表示互换性的基本尺寸。

关于 E17 灯座，见 GB/T 19148.1-7005-20。

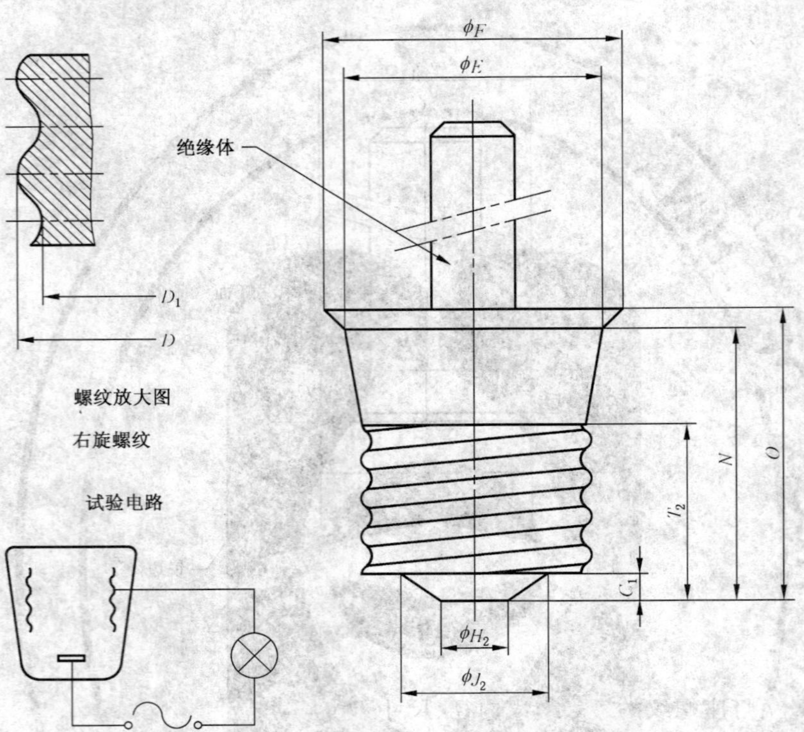

尺寸符号	尺寸	公差
C	2.36	+0.0 −0.05
D	16.64	+0.025 −0.0
D_1	15.27	+0.025 −0.0
E	19.84	+0.02 −0.0
F	23.01	+0.02 −0.0
H_2	5.33	+0.0 −0.05
J_2	10.67	+0.0 −0.05
N	22.23	+0.0 −0.02
O	23.80	+0.0 −0.02
T_2	15.11	+0.0 −0.025

螺纹的形式应符合 GB/T 1406.1-7004-26 中 E17 灯头的尺寸，量规应用金属制造，顶部绝缘把手除外。

目的：检验 E17 灯座的接触性能。

检验：当该量规完全拧入灯座中时，试验电路中的指示灯应发亮。

GB/T 1483.1-7006-26E-1

	E26 灯座的通规	1/1

单位为毫米

附图仅表示互换性的基本尺寸。

关于 E26 灯座，见 GB/T 19148.1-7005-21A。

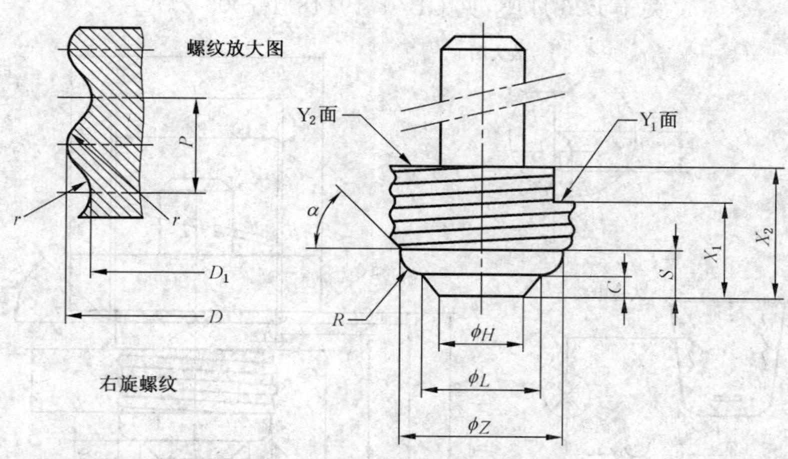

量规下部螺纹边缘的尖锐部分应以约为 0.5 mm 的半径倒圆。

Y_1-Y_2 面不适用于检验金属螺口口圈的长度超出有效螺纹的末端和有绝缘保护螺口口圈末端的灯座。

尺寸符号	尺寸	公差	磨损后的极限值
C	3.17	+0.1 −0.0	—
D	26.48	+0.0 −0.02	26.45
D_1	24.80	+0.0 −0.02	24.77
H	11.68	+0.0 −0.05	—
L	16.89	+0.0 −0.05	—
P	3.629	—	—
R	3.17	+0.1 −0.1	—
S	6.86	+0.1 −0.1	—
X_1	17.07	+0.0 −0.03	—
X_2	19.05	+0.03 −0.0	—
Z	23.0	+0.0 −0.02	—
r	1.191	—	—
α	45°	+30′ −30′	—

目的：检验 E26 灯座螺纹最小尺寸和尺寸 X。

检验：量规应能顺利地拧入灯座。当量规完全旋入灯座时，灯座的螺口口圈边沿应与 Y_1 面共面或凸出 Y_1 平面。但不应超出 Y_2 面。

GB/T 1483.1-7006-25B-2

	检验灯座接触性能的量规 E26	1/1

单位为毫米

附图仅表示互换性的基本尺寸。

关于 E26 灯座，见 GB/T 19148.1-7005-21A。

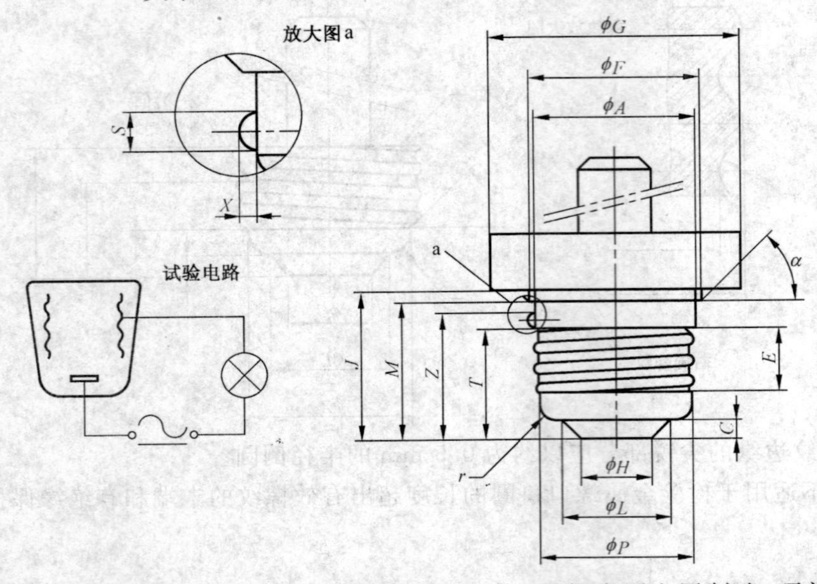

螺纹形式应该符合 GB/T 1406.1-7004-21A 中的尺寸。量规应用金属制造，顶部绝缘手柄除外。量规下部螺纹边缘的尖锐部分应以约 0.5 mm 半径倒圆。

目的：检验 E26 灯座接触性能。

检验：当该量规完全旋入灯座内时，检验电路中的指示灯应发亮。在此位置上量规与灯座上部边缘应有间隙*，否则当灯座由陶瓷或其他金属材料制造时，则有可能划伤玻壳。

* 该间隙使用 0.05 mm 厚、3.18 mm 宽的塞尺检验。

尺寸符号	尺寸	公差	尺寸符号	尺寸	公差
A	26.2	+0.02 −0.0	M	24.13	+0.0 −0.05
C	3.18	+0.05 −0.0	P	24.0	+0.0 −0.05
E	11.07	+0.05 −0.05	S	2.5	+0.0 −0.05
F	27.56	+0.02 −0.0	T	19.3	+0.0 −0.05
G	41.0	+0.02 −0.0	X	0.89	+0.03 −0.0
H	11.35	+0.0 −0.02	Z	22.0	+0.1 −0.1
J	25.65	+0.05 −0.0	r	3.18	+0.1 −0.1
L	16.89	+0.0 −0.02	α	45°	+30′ −30′

GB/T 1483.1-7006-25J-1

E26 和 E26d 灯座的止规

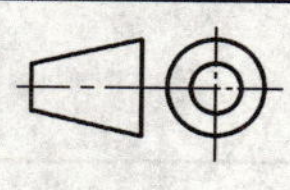

1/1

单位为毫米

附图仅表示互换性的基本尺寸。

有关 E26 和 E26d 灯座,见 GB/T 19148.1-7005-21A 和 7005-29。

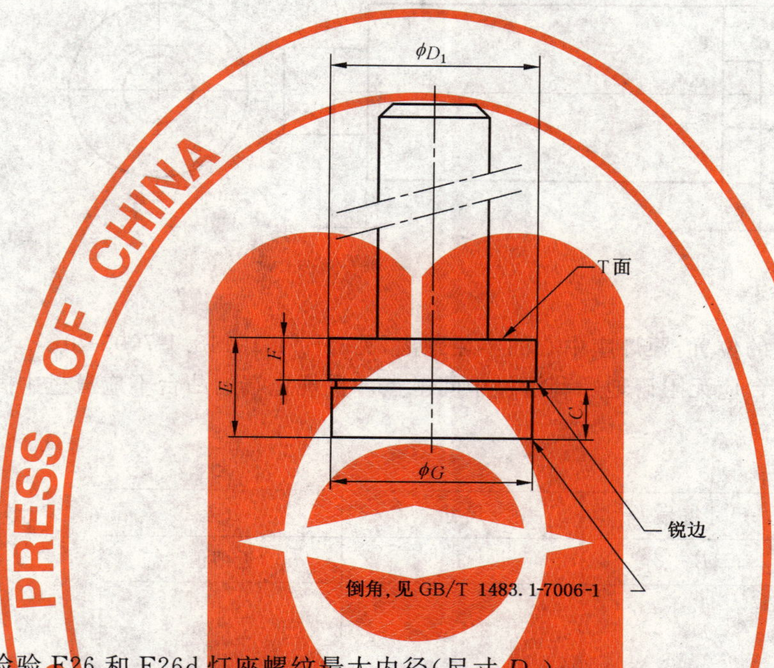

目的:检验 E26 和 E26d 灯座螺纹最大内径(尺寸 D_1)。

检验:把量规放入灯座(灯座入口向上)的螺纹中,灯座螺口口圈的边沿不应凸出 T 面。仅利用量规自身质量进行检验。

尺寸符号	尺寸	公差
C^*	4.5	+0.0 −0.2
D_1	25.07	+0.01 −0.0
E	10.2	+0.13 −0.13
F	4.0	+0.0 −0.1
G^*	24.79	+0.0 −0.04
质量	0.325 kg	+10% −10%
* 仅用于中心定位。		

GB/T 1483.1-7006-26A-2

	检验 E26d 灯座中间触点半径位置用量规	1/1

单位为毫米

附图仅表示互换性的基本尺寸。

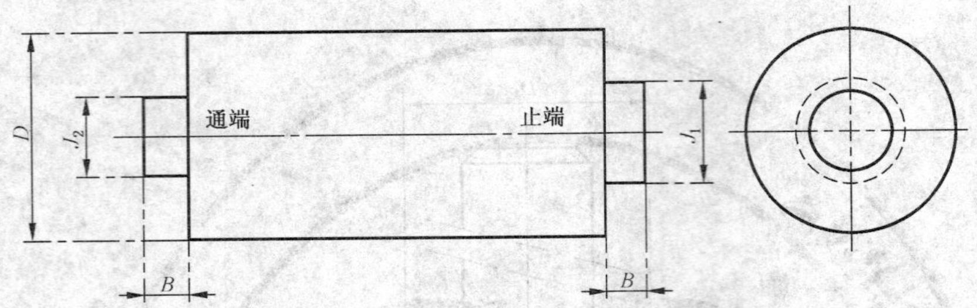

目的：检验中间触点的位置，距灯座中心的半径距离，见 GB/T 19148.1-7005-29。

检验：量规通端的凸台应无阻碍地顺利滑过中间触点。量规止端的凸台不应滑过中间触点。

注：量规应中心定位准确。

尺寸符号	尺寸	公差
B	5	近似值
D	24.87	+0.0 −0.02
J_1	13.2	+0.01 −0.0
J_2	10.4	+0.0 −0.01

GB/T 1483.1-7006-29E-1

检验 E26d 灯座相对位置接触性能的量规

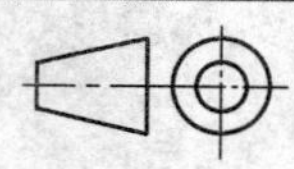

1/1

单位为毫米

附图仅表示互换性的基本尺寸。

关于 E26d 灯座，见 GB/T 19148.1-7005-29。

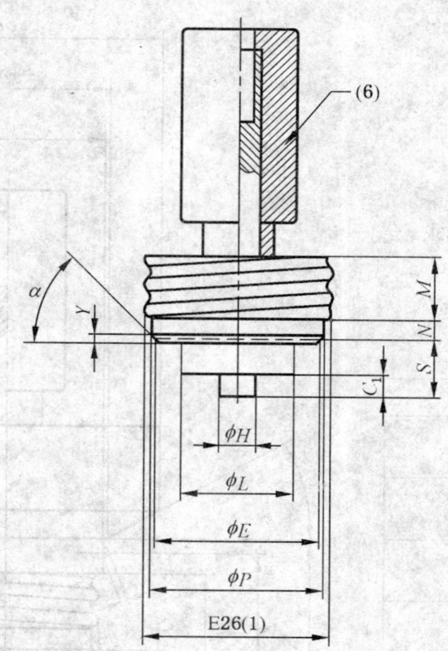

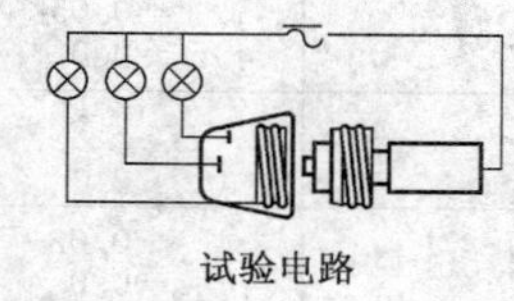

试验电路

尺寸符号	尺寸	公差
C_1 (2)(3)	0.79	+0.0 −0.01
C_1 (2)(4)	3.17	+0.01 −0.0
E	23	—
H	5	+0.1 −0.1
L	15.5	+0.1 −0.1
M	9	+0.2 −0.2
N	3	+0.2 −0.2
P	24.0	+0.0 −0.05
S(5)	8.25	+0.02 −0.0
Y	1	+0.1 −0.1
α	45°	+30′ −30′

(1) 每个量规螺纹应符合成品灯灯头最大尺寸要求，允许的公差范围＋0.0 mm，−0.03 mm。

见 GB/T 1406.1-7004-21A。

(2) 两个类似量规用于检验。以下称之为“量规 A”和“量规 B”，两者之间仅在尺寸 C_1 有差别。

(3) 只适用于量规 A。

(4) 只适用于量规 B。

(5) 在北美，对此尺寸不要求检验其合格性。

(6) 绝缘材料。其余部分均为金属。

目的：为检验灯接触性能，可同时设定相应位置：

a) 尺寸 C_1 min. 和 S_1 max. 和

b) 尺寸 C_1 max. 和 S_1 max. 规定成品灯灯头。

检验：当量规 A 和 B 依次完全旋入灯座中时，每次三个灯应发亮。

GB/T 1483.1-7006-29F-2

检验 E26d 灯座接触性能的量规

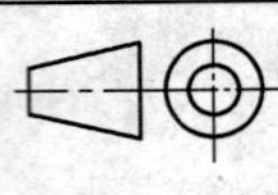

1/1

单位为毫米

附图仅表示互换性的基本尺寸。

关于 E26d 灯座，见 GB/T 19148.1-7005-29

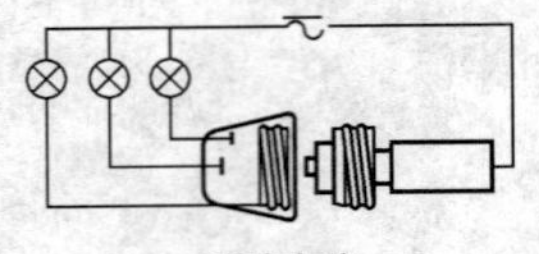

(1) 量规螺纹应符合成品灯灯头最大尺寸要求，允许的公差范围+0.0 mm，−0.03 mm。见 GB/T 1406.1-7004-21A。

(2) 绝缘材料。其余部分均为金属材料。

尺寸符号	尺寸	公差
A	26.2	+0.02 −0.0
C	2.67	+0.05 −0.0
E	23	—
F	27.56	+0.02 −0.0
G	41.0	+0.02 −0.0
H	4.37	+0.0 −0.02
L	15.49	+0.0 −0.02
M	24.0	+0.0 −0.05
N	3	+0.2 −0.2
P	24.0	+0.0 −0.05
R	0.89	+0.03 −0.0
S	7.75	+0.0 −0.05
T	19.3	+0.0 −0.05
Y	1	+0.1 −0.1
Z	22	+0.1 −0.1
β_1	30°	+30′ −30′
β_2	45°	+30′ −30′

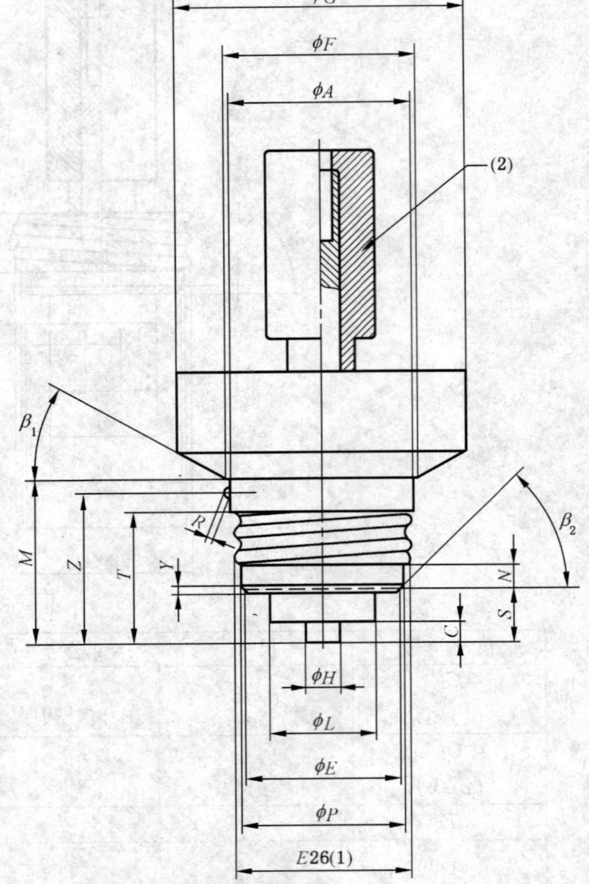

目的：检验 E26d 灯座的接触性能。

该量规不适用于检验金属外壳纸质衬里的灯座，其检验量规见 GB/T 1483.1-7006-29H。

检验：当量规完全旋入灯座时，三个灯应亮。

在此位置上，量规和灯座上部边沿之间应该留有间隙。使用厚度为 0.08 mm、宽度为 5 mm 的塞尺检验该间隙。

GB/T 1483.1-7006-29G-3

检验金属外壳纸质衬里 E26d 灯座接触性能的量规

1/2

单位为毫米

附图仅表示互换性的基本尺寸。

关于 E26d 灯座，见 GB/T 19148.1-7005-29。

试验电路

(1) 量规螺纹应符合成品灯灯头最大尺寸要求，允许的公差范围 +0.0 mm，−0.03 mm。

见 GB/T 1406.1-7004-21A。

(2) 绝缘材料。其余部分均为金属材料。

尺寸符号	尺寸	公差
A	26.2	+0.02 −0.0
C	2.67	+0.05 −0.0
E	23	—
F	27.56	+0.02 −0.0
G	41.0	+0.02 −0.0
H	4.37	+0.0 −0.02
J	25.65	+0.05 −0.0
L	15.49	+0.0 −0.02
M	24.13	+0.0 −0.05
N	3	+0.2 −0.2
P	24.0	+0.0 −0.05
R	0.89	+0.03 −0.0
S	7.75	+0.0 −0.05
T	19.3	+0.0 −0.05
Y	1	+0.1 −0.1
Z	22	+0.1 −0.1
β	45°	+30′ −30′
β_2	45°	+30′ −30′

目的：检验金属外壳纸质衬里的 E26d 灯座接触性能。

检验：当量规完全旋入灯座时，三个灯应发亮。

GB/T 1483.1-7006-29H-3

	检验 E26d 灯座防意外接触性能的塞规	1/2

单位为毫米

附图仅表示互换性的基本尺寸。

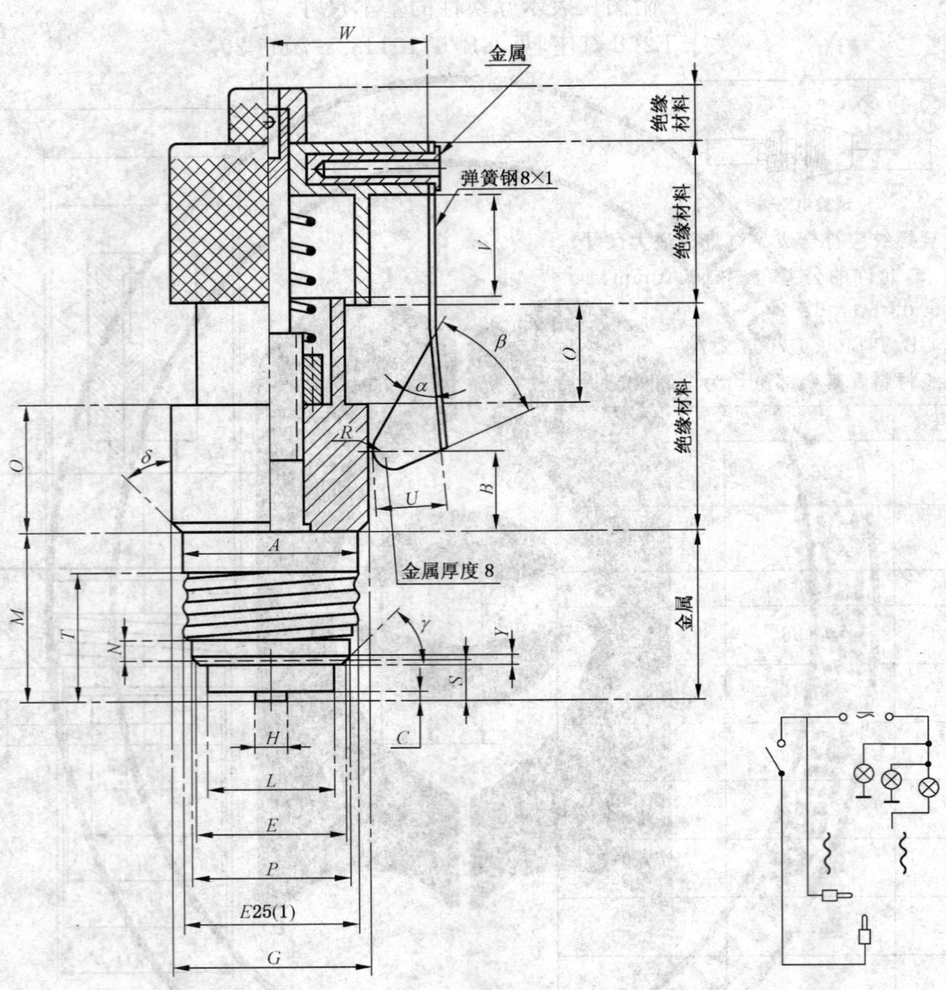

(1) 量规螺纹应符合成品灯灯头最大尺寸要求，允许的公差范围＋0.0 mm，－0.03 mm。见 GB/T 1406.1-7004-21A。

GB/T 1483.1-7006-29J-1

	检验E26d灯座防意外接触性能的塞规	2/2

单位为毫米

尺寸符号	尺寸	公差	尺寸符号	尺寸	公差
A	26.2	+0.0 −0.05	*R*	3.0	+0.0 −0.05
B	12.5	+0.1 −0.1	*S*	5.8	+0.0 −0.05
C	1.2	+0.0 −0.05	*T*	19.56	+0.05 −0.0
E	23		*U*	10.0	+0.1 −0.1
G	29.0	+0.0 −0.02	*V*	15.0	+0.1 −0.1
H	5.16	+0.02 −0.02	*W*	23.0	+0.1 −0.1
L	19.3	+0.02 −0.02	*Y*	1.0	+0.1 −0.1
M	25.32	+0.05 −0.0	α	45°	+30′ −30′
N	3.0	+0.2 −0.2	β	37°	+30′ −30′
O	19.5	+0.0 −0.1	γ	45°	+30′ −30′
P	24.0	+0.0 −0.05	δ	45°	+30′ −30′
Q	15.0	+0.1 −0.1			

目的：检验当成品灯头完全旋入灯座时的防意外接触性能。

检验：开关断开，量规完全旋入灯座。检验触点应完全进入灯座。在此位置上，指示灯应均不发亮。

注：某些国家，如果在插入灯头时应检验灯头防意外接触性能，检验方法如下：

开关闭合，将量规旋入灯座直到其中一盏指示灯点亮。

然后开关断开时，检验触点应完全进入灯座。在此位置时，指示灯均不发亮。

GB/T 1483.1-7006-29J-1

	E26d 灯座的插塞通规	1/1

单位为毫米

附图仅表示互换性的基本尺寸。

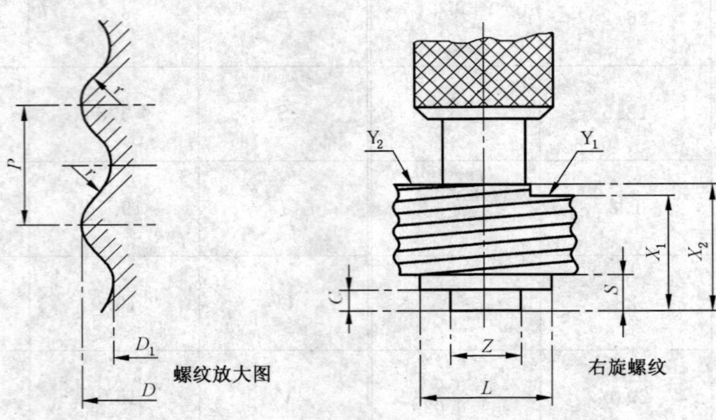

螺纹放大图　　右旋螺纹

量规下部螺纹边缘的尖锐部分应以约 0.5 mm 的半径倒圆。

目的：检验 GB/T 1406.1-7004-21A 中所示螺纹最小尺寸和 GB/T 19148.1-7005-20 中所示尺寸 X_1。

检验：量规应能顺利地旋入灯座。

当量规完全旋入灯座中时，灯座螺口口圈边缘应与 Y_1 面共面或超出 Y_1 面，但应不超过 Y_2 面。

尺寸符号	尺寸	公差	磨损后极限值
C	3.17	+0.1 −0.0	—
D	26.543	+0.0 −0.020	26.513
D_1	24.867	+0.0 −0.020	24.837
L	19.3	+0.0 −0.05	—
P	3.629	—	—
r	1.191	—	—
S	5.58	+0.1 −0.1	—
X_1	17.40	+0.0 −0.03	—
X_2	19.05	+0.03 −0.0	—
Z	10.41	+0.0 −0.05	—

GB/T 1483.1-7006-29K-1

检验 E26d 灯座不合格接触性能的量规

1/1

单位为毫米

附图仅表示互换性的基本尺寸。
关于 E26d 灯座，见 GB/T 19148.1-7005-29。

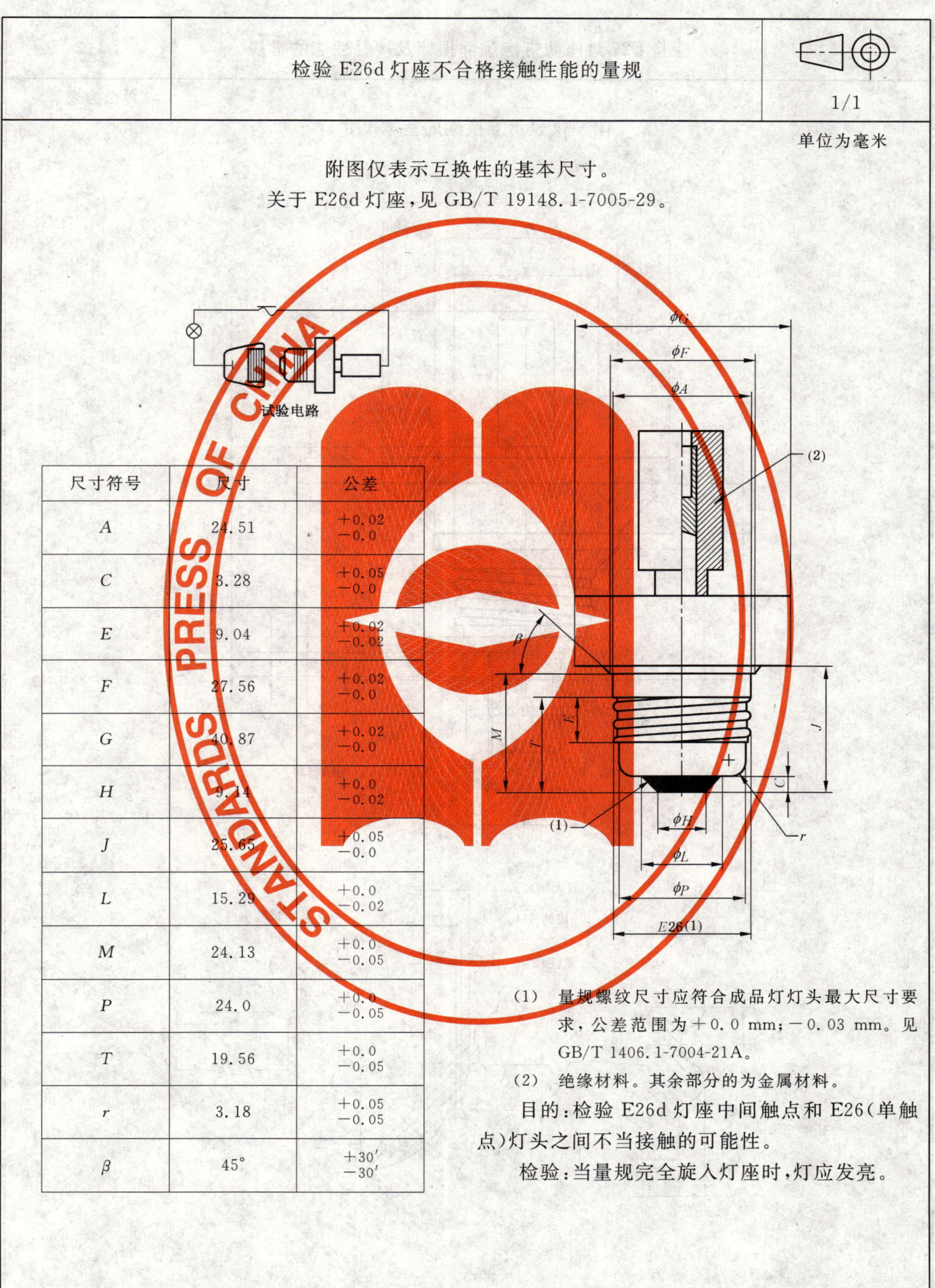

尺寸符号	尺寸	公差
A	24.51	+0.02 −0.0
C	3.28	+0.05 −0.0
E	9.04	+0.02 −0.02
F	27.56	+0.02 −0.0
G	40.87	+0.02 −0.0
H	9.14	+0.0 −0.02
J	25.65	+0.05 −0.0
L	15.29	+0.0 −0.02
M	24.13	+0.0 −0.05
P	24.0	+0.0 −0.05
T	19.56	+0.0 −0.05
r	3.18	+0.05 −0.05
β	45°	+30′ −30′

(1) 量规螺纹尺寸应符合成品灯灯头最大尺寸要求，公差范围为＋0.0 mm；－0.03 mm。见 GB/T 1406.1-7004-21A。

(2) 绝缘材料。其余部分的为金属材料。

目的：检验 E26d 灯座中间触点和 E26(单触点)灯头之间不当接触的可能性。

检验：当量规完全旋入灯座时，灯应发亮。

GB/T 1483.1-7006-29M-1

	检验 E27 灯座防灯泡颈部损坏及接触性能的量规	1/2

单位为毫米

附图仅表示互换性的基本尺寸。

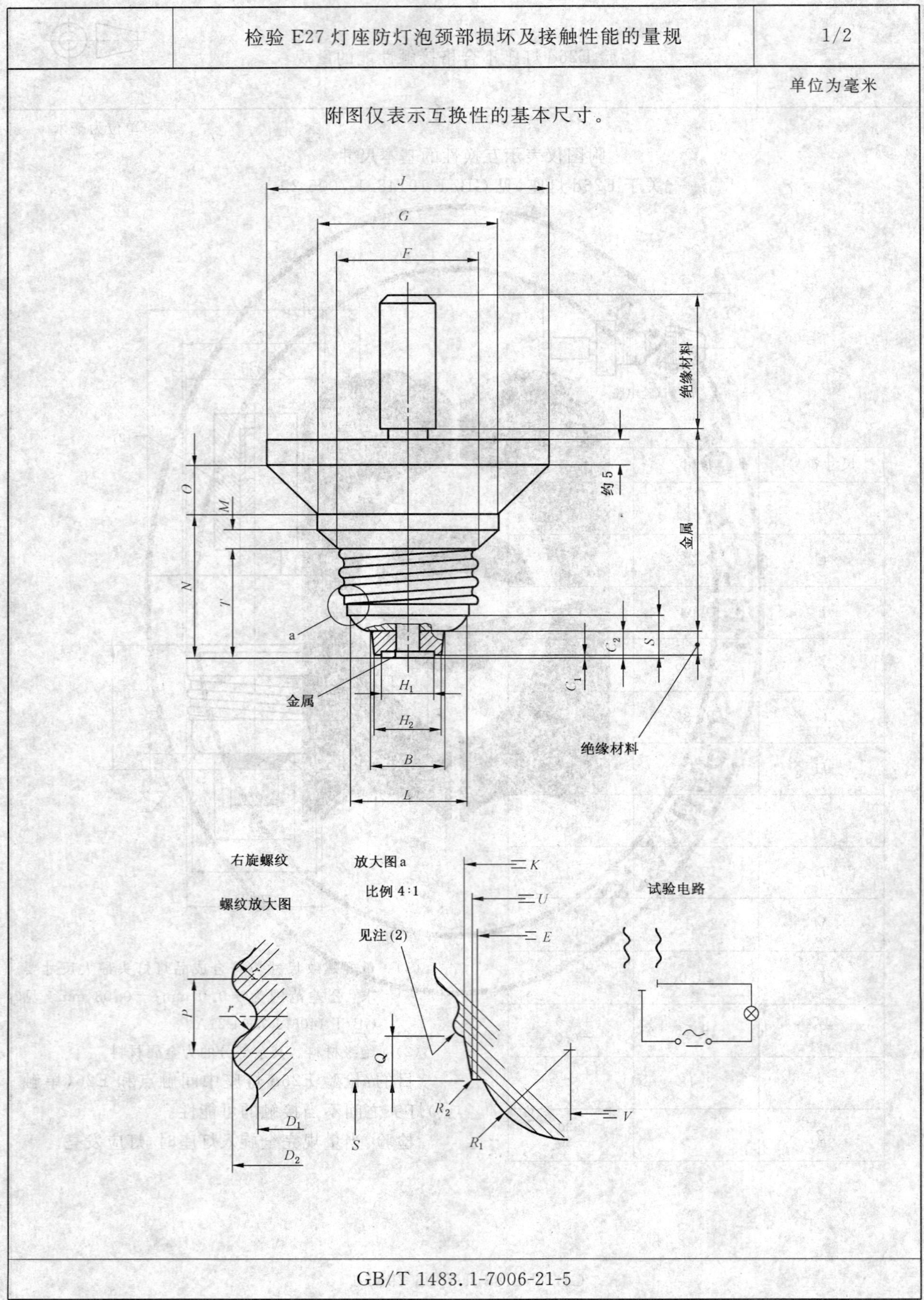

GB/T 1483.1-7006-21-5

	检验 E27 灯座防灯泡颈部损坏及接触性能的量规	2/2

单位为毫米

尺寸符号	尺寸	公差	尺寸符号	尺寸	公差
B	13.5	+0.05 −0.0	*M*	3.5	+0.0 −0.02
C_1	0.5	+0.0 −0.02	*N*	28.3	+0.0 −0.02
C_2	5.5	+0.05 −0.0	*O*	9.5	+0.0 −0.02
D_1	24.26	+0.0 −0.03	*P*	3.629	—
D_2	26.45	+0.0 −0.03	*Q*	2.2	+0.02 −0.0
E(1)	23	—	R_1	4.5	+0.05 −0.05
F	27.1	+0.05 −0.0	R_2	0.15	+0.03 −0.03
G	34.0	+0.02 −0.0	*r*	1.025	—
H_1	9.5	+0.02 −0.02	*S*	8.5	+0.02 −0.0
H_2	12.5	+0.02 −0.0	*T*	21.5	+0.0 −0.02
J	53.0	+0.03 −0.0	*U*	23.3	+0.02 −0.0
K	23.7	+0.0 −0.02	*V*	13.5	+0.03 −0.0
L	22.0	+0.0 −0.03			

(1) 尺寸 *E* 是与尺寸 *S* 有关的基准直径。

(2) 螺纹边缘的尖锐部分应以约为 0.5 mm 的半径倒圆。

目的：为了检查：

a) E27 灯座边缘防止灯颈部损坏的性能。

b) E27 灯座与具有不利于接触的尺寸的灯相接合时的接触性能。

检验：

a) 当使用下面扭矩将量规完全旋入灯座内时。

——对于陶瓷灯座是 1.0 N·m*

——对于所有其他种类灯座是 0.4 N·m*

在量规和灯座边沿之间应该留有间隙**。

b) 在此位置并且灯座连在如图所示试验电路中时，指示灯应发亮。

* 正在考虑提高该值。

** 使用厚度为 0.08 mm、宽度为 5 mm 的塞尺以确定在整个周边都留有此间隙。

GB/T 1483.1-7006-21-5

	检验 E27 灯座接触性能及防止灯插入时意外触电性能的量规	1/2

单位为毫米

附图仅表示互换性的基本尺寸。

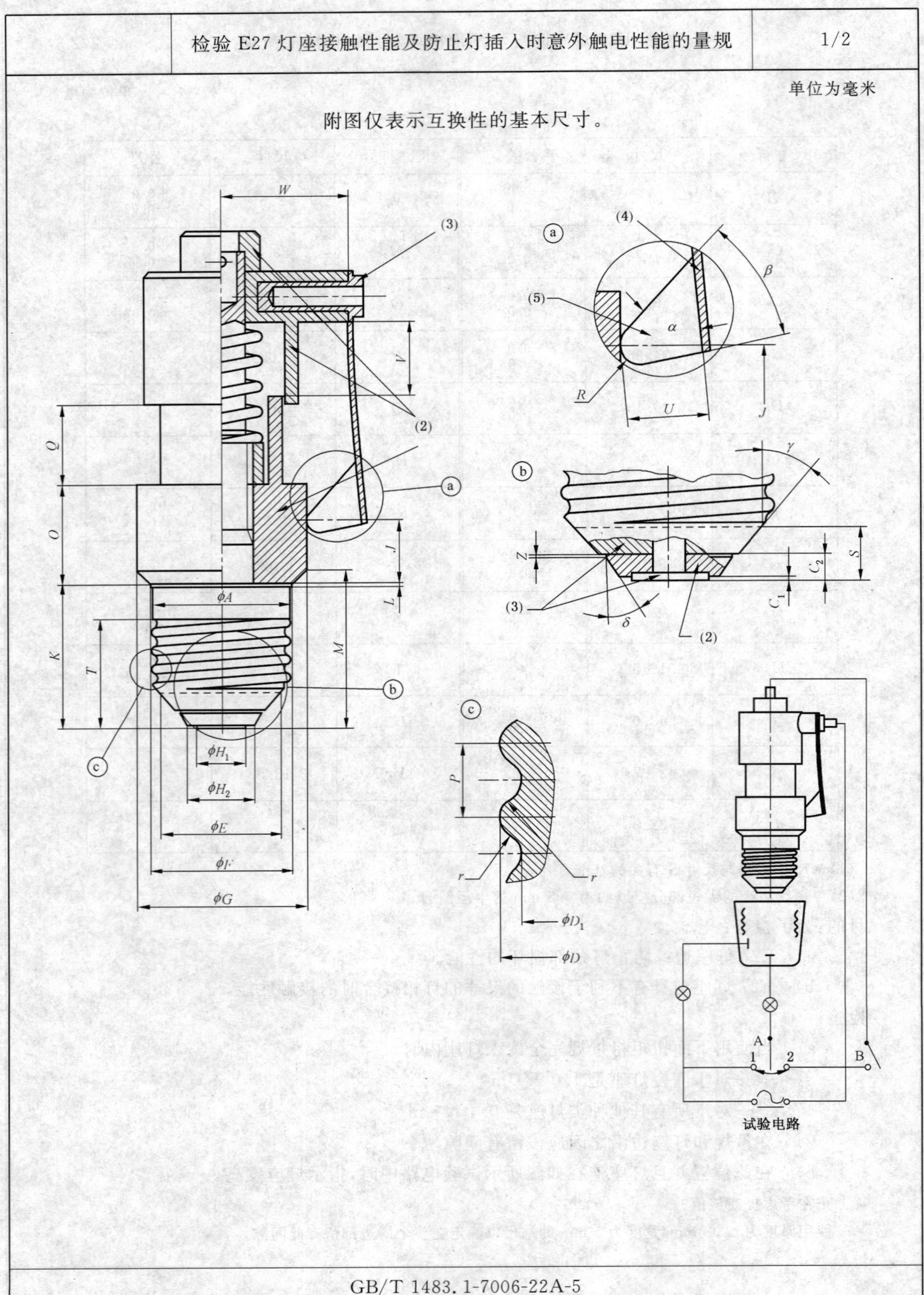

试验电路

GB/T 1483.1-7006-22A-5

	检验 E27 灯座接触性能及防止灯插入时意外触电性能的量规	2/2

尺寸符号	尺寸	公差	尺寸符号	尺寸	公差
A	26.1	0 −0.05	P	3.629	
C_1	0.5	0 −0.02	Q	15	+0.1 −0.1
C_2	3.5	0 −0.03	R	2.5	0 −0.05
D	26.45	0 −0.03	S(1)	7.0	0 −0.02
D_1	24.26	0 −0.03	T	21.5	+0.1 −0.1
E(1)	23		U	10	+0.1 −0.1
F	27.1	0 −0.05	V	15	+0.1 −0.1
G	32.0	0 −0.02	W	23	+0.1 −0.1
H_1(6)	9.5	+0.02 −0.02	Z	0.5	+0.1 −0.1
H_2	12.5	+0.02 0	r	1.025	
J	12.5	+0.1 −0.1	α	45°	+30′ −30′
K	28.3	+0.02 0	β	37°	+30′ −30′
L	0.5	+0.01 0	γ	40°	+30′ −30′
M	30.8	0 −0.02	δ	30°	+30′ −30′
O	19.5	0 −0.1			

(1) 尺寸 E 是与尺寸 S 有关的基准直径。

(2) 绝缘材料。

(3) 金属;导电材料。

(4) 弹簧钢 8×1。

(5) 金属测试探针,8 mm 厚。

(6) E27 灯头中心触点直径 4.8 mm,见 GB/T 1406.1 的 7004-21。

目的:检验 E27 灯座的下述项目

a) 与具有最不利于尺寸的灯泡接触时的接触性能;

b) 灯泡插入时防止意外接触带电部件(即灯头壳体)的性能。

检验:灯座连接在图中所示的试验电路。

a) 开关 A 处于位置 2、开关 B 断开,将量规完全拧到位。在此位置上,两只灯都应发亮。

b) 开关 A 处于位置 1、开关 B 闭合,将量规缓慢旋入直到其中一盏灯发亮。将量规保持在此位置上开关 B 断开,将量规侧面测试探针尽量下滑,让其进入量规与灯座间的间隙。在此位置上,两灯都不应发亮。

GB/T 1483.1-7006-22A-5

	检验 E27 灯座侧触片刃口的量规	1/2

单位为毫米

附图仅表示互换性的基本尺寸。

关于 E27 灯座，见 GB/T 1406.1-7004-21。

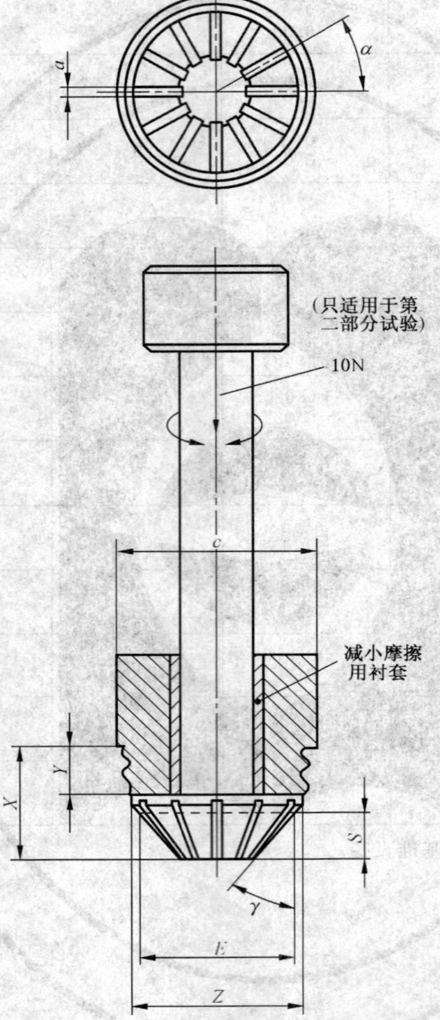

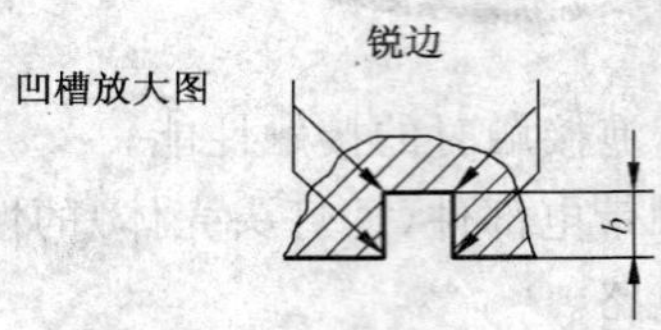

GB/T 1483.1-7006-22B-1

检验 E27 灯座侧触片刃口的量规	2/2

单位为毫米

量规的螺纹应符合 GB/T 1406.1-7004-21 所示成品灯上 E27 灯头的螺纹尺寸要求。

量规的锥形部分应符合下述要求：

——表面粗糙度：0.4 μm(见 GB/T 1031—1995)。

——硬度(回火后)：洛氏圆锥体硬度，最小为 55。

尺寸符号	尺寸	公差
E	23	—
S	7.0	+0.0 −0.1
X	17.0	+0.0 −0.1
Y	7.0	+0.0 −0.1
Z	24.20	+0.0 −0.05
a	1.0	+0.1 −0.0
b	1.0	+0.1 −0.0
c	28.0	+0.1 −0.1
α	30°	+2° −2°
γ	40°	+30′ −30′

目的：检验 E27 灯座侧触片上是否存在刃口。

检验：将量规完全旋入灯座内。然后保持此连接，使量规的柱塞处于水平位置，柱塞面紧靠灯座触片。

在此位置上，应可以按顺时针方向和逆时针方向将柱塞至少转动 60°。

在此测试之后，保持此连接，使量规柱塞处于垂直位置，用总计 10 N 的力将柱塞面压向灯座触片。

在此位置上，可以按顺时针方向和逆时针方向将柱塞至少转动 60°。

如果施加在此两项测试中的扭矩不超过 0.4 N·m，则灯座符合要求。

GB/T 1483.1-7006-22B-1

检验 E27 灯座侧触片回弹性的量规 I

1/2

单位为毫米

附图仅表示互换性的基本尺寸。

关于 E27 灯座，见 GB/T 1483.1-7006-22D。

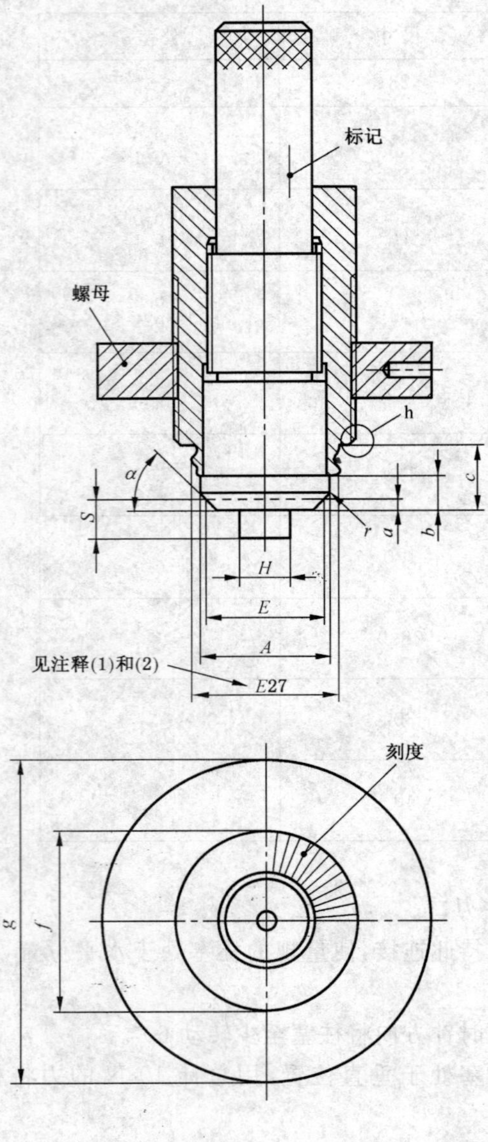

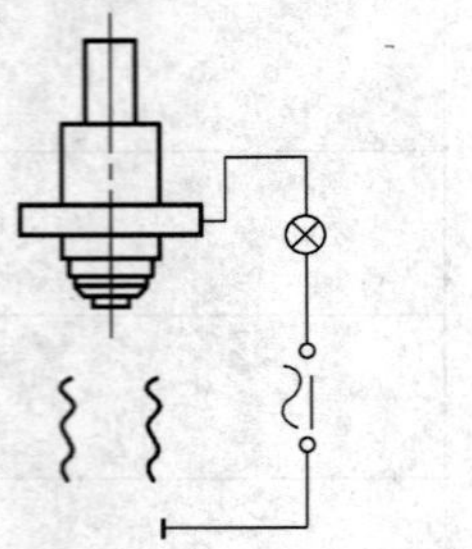

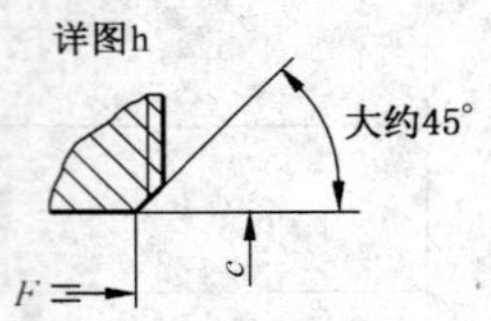

标记

螺母

h

α

S

r

a

b

c

H

E

A

见注释(1)和(2)

E27

试验电路

详图h

大约45°

F

c

刻度

g

f

GB/T 1483.1-7006-22C-1

	检验 E27 灯座侧触片回弹性的量规 Ⅰ	2/2

单位为毫米

量规的锥形部分和螺纹应符合下面要求：

——表面粗糙度：0.4 μm（见 GB/T 1031—1995）。

——硬度（回火后）：洛氏圆锥体硬度，最小 55。

芯棒的螺纹距为 1 mm。

刻度分为 50 等份；每等份表示芯棒 0.02 mm 的轴向位移。

尺寸符号	尺寸	公差
A	23.7	+0.0 −0.03
E(4)	23	—
F	27.1	+0.0 −0.2
H	9.5	+0.1 −0.0
S(4)	7.0	+0.0 −0.02
a	2.2	+0.2 −0.0
b	6.0	+0.1 −0.1
c(3)	12.0	+0.1 −0.1
f	32	+0.0 −0.2
g	60.0	+0.5 −0.5
r	0.2	+0.1 −0.0
α	45°	+30′ −30′

(1) 对于 E27 螺纹的尺寸，见 GB/T 1483.1-7006-21。

(2) 量规下部螺纹边缘的尖锐部分应以约 0.5 mm 的半径倒圆。

(3) 向下拧动芯棒时，可以将尺寸 *c* 至少增加至 16.2 mm。

(4) 尺寸 *E* 是与尺寸 *S* 相关的基准直径。

目的：检验 E27 灯座侧触片回弹性的最小值。

检验：灯座侧触片应如试验电路所示与量规进行电气连接。

将量规芯棒朝上顺利拧入灯座。通过拧紧螺母直至消除灯座和量规之间的间隙*，将量规固定。然后，用 0.4 N·m 的扭矩将芯棒拧下去。此时指示灯应该发亮。然后将芯棒拧回，直至其已经过 10 个刻度标记（=0.2 mm）。在此位置上，指示灯仍应发亮。

* 如果有疑问，则施加 0.4 N·m 的扭矩。

GB/T 1483.1-7006-22C-1

检验 E27 灯座内侧触片回弹性的量规Ⅱ

1/2

单位为毫米

附图仅表示互换性的基本尺寸。

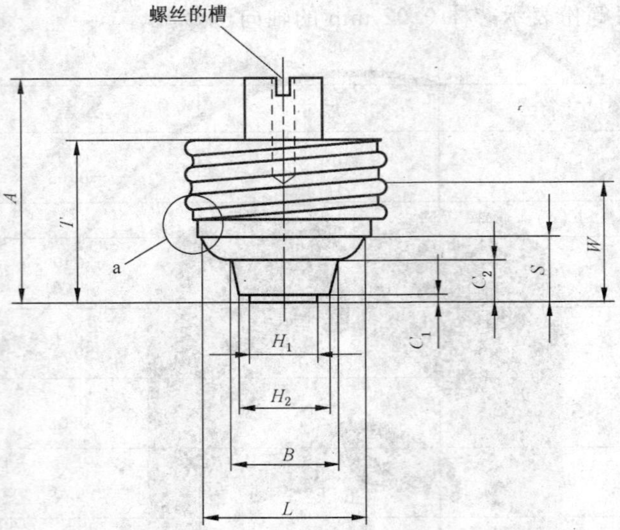

螺丝的槽

a

右旋螺纹

螺纹放大图

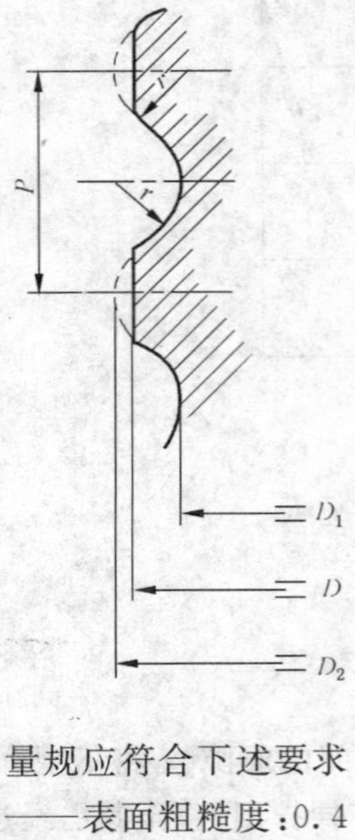

放大图a

比例 4:1

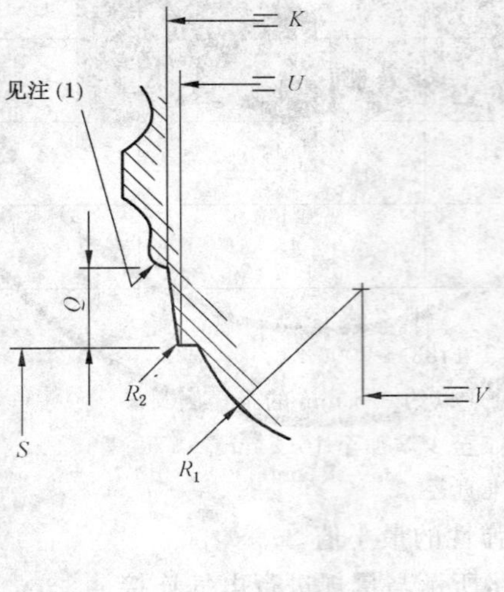

见注(1)

试验电路

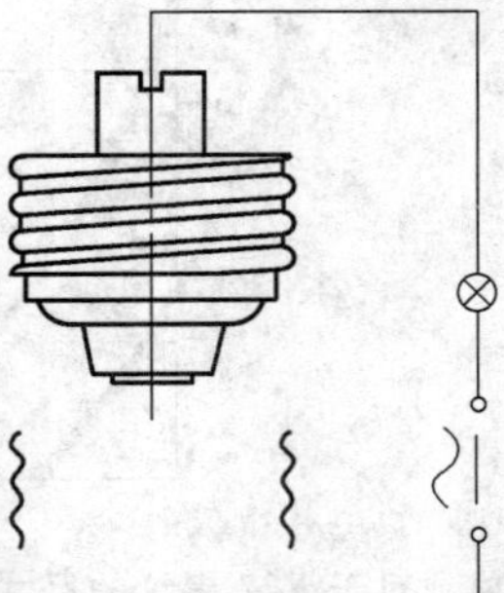

量规应符合下述要求：

——表面粗糙度：0.4 μm(见 GB/T 1031—1995)。

——硬度(回火后)：洛氏圆锥体硬度最小为 55。

GB/T 1483.1-7006-22D-1

	检验 E27 灯座内侧触片回弹性的量规Ⅱ	2/2

单位为毫米

尺寸符号	尺寸	公差	尺寸符号	尺寸	公差
A	30	+1 −1	P	3.629	—
B	13.5	+0.05 −0.0	Q	2.2	+0.02 −0.0
C_1	0.5	+0.0 −0.02	R_1	4.5	+0.05 −0.05
C_2	5.5	+0.05 −0.0	R_2	0.15	+0.03 −0.03
D(3)	26.05	+0.0 −0.03	r	1.025	—
D_1	24.26	+0.0 −0.03	S	8.5	+0.02 −0.0
D_2(2)	26.45	+0.0 −0.03	T	21.5	+0.5 −0.5
H_1	9.5	+0.02 −0.02	U	22.9	+0.02 −0.0
H_2	12.5	+0.02 −0.0	V	13.5	+0.03 −0.0
K	23.3	+0.0 −0.02	W	14.0	+0.1 −0.1
L	22	+0.0 −0.02			

(1) 螺纹边缘的尖锐部分应以约 0.5 mm 的半径倒圆。

(2) 在尺寸 W 之外适用。

(3) 在尺寸 W 之内适用。

目的：检验 E27 灯座的侧触片回弹性的最小值。

检验：灯座的侧触片应如测试电路所示与量规进行电气连接。

用 1 N·m 的扭矩将芯棒拧入灯座。

在此位置上，指示灯应发亮。

此项试验应在进行完 GB/T 1483.1-7006-21 中量规的接触性能试验之后进行。

GB/T 1483.1-7006-22D-1

	E27 灯座的通规	1/3

单位为毫米

附图仅表示互换性的基本尺寸。

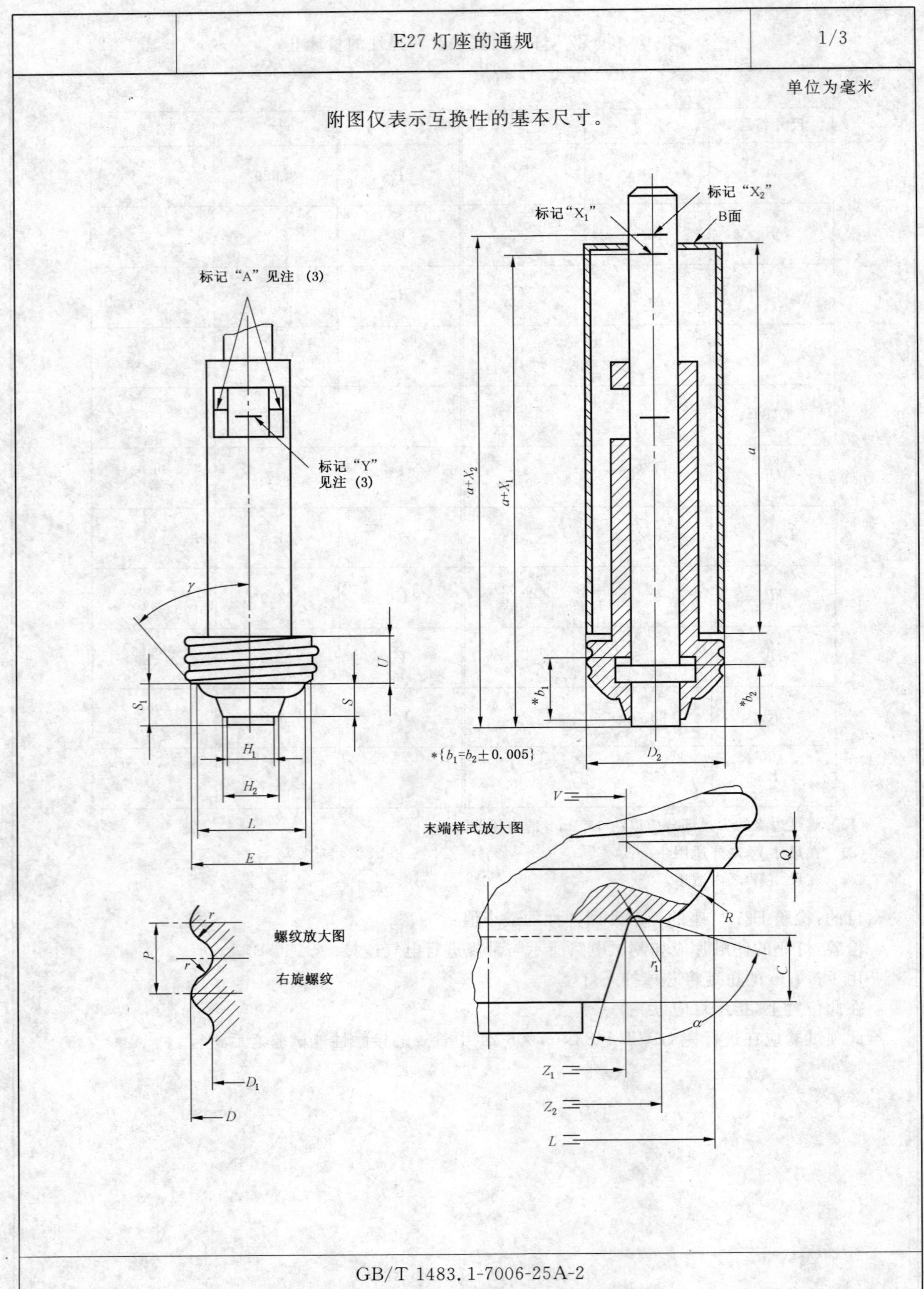

GB/T 1483.1-7006-25A-2

	E27 灯座的通规	2/3

尺寸符号	尺寸	公差	磨损后极限值
C	3.5	+0.05 −0.0	—
D	26.55	+0.0 −0.02	26.52
D_1	24.36	+0.0 −0.02	24.33
D_2(2)	26.55	+0.015 −0.0	—
E	23	+0.01 −0.0	—
H_1	9.5	+0.0 −0.1	—
H_2	11.5	+0.1 −0.0	—
L	22.0	+0.03 −0.0	—
P	3.629	—	—
Q	1.48	—	—
R	4.5	+0.05 +0.05	—
r	1.025	—	—
S(3)	7.0	+0.0 −0.02	—
S_1(1)	8.5	+0.02 −0.0	—
U	9.5	+0.0 −0.05	—
V	13.5	+0.03 −0.0	—
X_1	17.0	+0.0 −0.03	—
X_2	21.0	+0.03 −0.0	—
Z_1	13.5	+0.03 −0.0	—
Z_2	17.0	+0.03 −0.0	—
r_1	0.3	+0.0 −0.3	—
α	约 90°	—	—
γ	40°	+30′ −30′	—

(1) 当柱塞完全展开时,采用尺寸 S_1。

(2) 尺寸 D_2 是在柱塞套开口端的外径。

(3) 当柱塞完全收缩时,标记 A 和 Y 应重合,并且柱塞末端应该与量规末端共面。见尺寸 b_1 和 b_2。

GB/T 1483.1-7006-25A-2

	E27 灯座的通规	3/3

单位为毫米

目的:检验下述内容

a) 根据 GB/T 1406.1-7004-21 和 7004-27 的要求,检验灯座螺纹的最小尺寸。

b) 根据 GB/T 19148.1-7005-20 中要求检测尺寸 X。

c) 检验灯座与最不利尺寸灯泡的机械匹配性。

检验:不是用过度的力量规应可拧入灯座内(使用的扭矩可参见 GB 17935—2007 中 4.4 的要求)。

当量规完全旋入灯座内时,柱塞上的标记 Y 应与轴上的标记 A 共平面。

然后,将柱塞套放在量规的轴上,使其开口端落在灯座口纹口圈的上边缘。当柱塞套处于此位置时,将柱塞向下压使之前进到不能动为止。

此时,量规上的 B 面应该处于柱塞上的标记 X_1 和 X_2 之间,或与其中任一个共面,但不应超出此两标记。

GB/T 1483.1-7006-25A-2

	检验 E39 灯座防灯泡颈部损坏及接触性能的量规	1/2

单位为毫米

附图仅表示互换性的基本尺寸。

关于 E39 灯座，见 GB/T 19148.1-7005-24A。

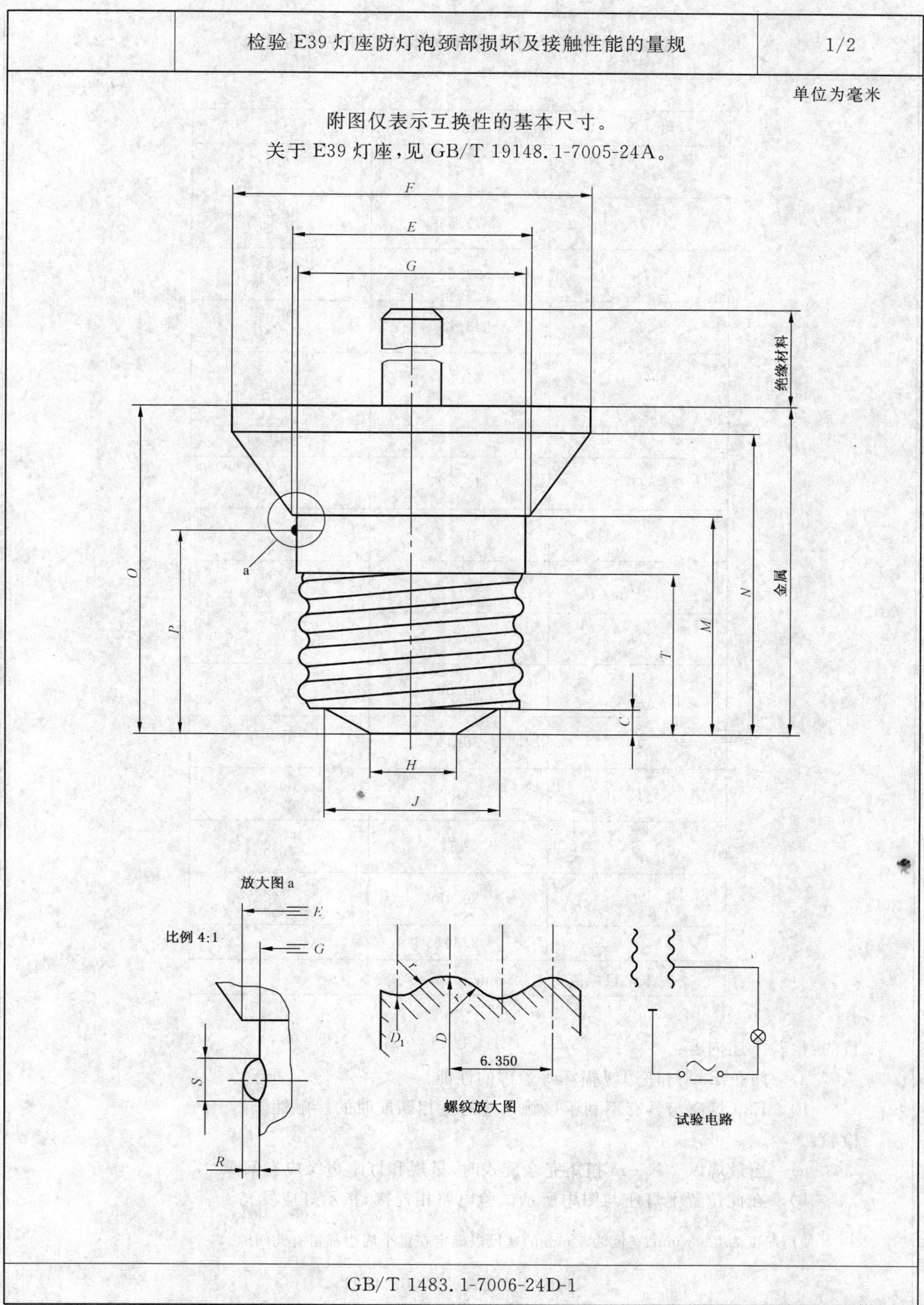

GB/T 1483.1-7006-24D-1

	检验 E39 灯座防灯泡颈部损坏及接触性能的量规	2/2

单位为毫米

尺寸符号	尺寸	公差
C	4.75	+0.0 −0.01
D	39.56	+0.0 −0.04
D_1	37.02	+0.0 −0.04
E	43.18	+0.05 −0.0
F	63.50	+0.05 −0.0
G	41.15	+0.02 −0.0
H	15.49	+0.0 −0.05
J	31.75	+0.0 −0.05
M	40.92	+0.0 −0.05
N	56.16	+0.0 −0.05
O	60.96	+0.13 −0.13
P	38.10	+0.13 −0.0
R	0.89*	+0.02 −0.0
S	2.54	+0.13 −0.0
T	30.15	+0.0 −0.05
r	2.301	—
* 未来目标值为 1.02 mm。		

目的:检验下述内容:

a) 防止 E39 灯座边缘损坏等颈部的性能。

b) E39 灯座与具有不利于接触尺寸的灯相匹配时的接触性能。

检验:

a) 当量规以 2 N·m 扭矩完全旋入时,量规和灯座边缘应有间隙**。

b) 在此位置上灯座与图中所示试验电路相连接,指示灯应发亮。

** 使用厚度为 0.08 mm、宽度为 5 mm 的塞尺以确定在整个周边都留有此间隙。

GB/T 1483.1-7006-24D-1

	检验 E39 灯座螺纹的通规	1/1

单位为毫米

附图仅表示互换性的基本尺寸。

关于 E39 灯座，见 GB/T 19148.1-7005-24A。

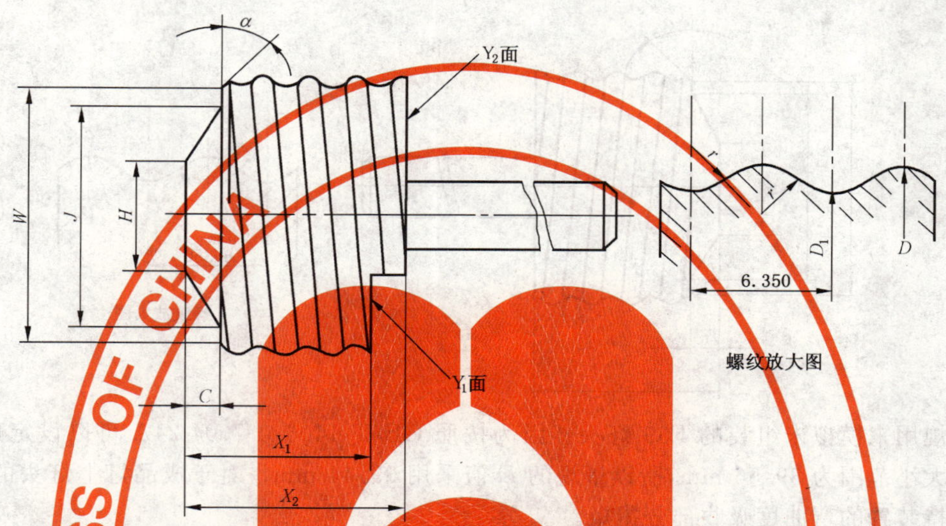

目的：检验 E39 灯座螺纹最小尺寸和尺寸 X 最大值及最小值。该量规不适用于在螺口口圈具有灯夹持部件的灯座。

检验：量规应在不使用过度的力即可旋入灯座。当量规完全旋入灯座时，灯座螺纹外壳边缘应与 Y_1 面共面或超出 Y_1 面。但不应超出 Y_2 面。

尺寸符号	尺寸	公差
C	4.75	+0.0 −0.01
D	39.66	+0.0 −0.03
D_1	37.12	+0.0 −0.03
H	15.49	+0.0 −0.1
J	31.75	+0.0 −0.1
W	36.20	+0.02 −0.02
X_1	25.40	+0.0 −0.02
X_2	30.10	+0.02 −0.0
r	2.301	—
α	标称值 45°	—

GB/T 1483.1-7006-24E-1

	检验带有夹持装置的 E39 灯座最大插入扭矩值的量规	1/2

单位为毫米

附图仅表示互换性的基本尺寸。

关于 E39 灯座，见 GB/T 19148.1-7005-24A

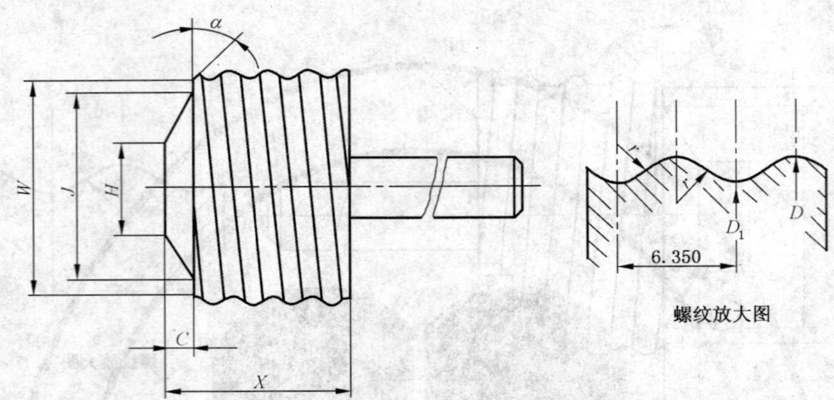

螺纹放大图

该量规用来模拟未组装的 E39 灯头。因为按照 GB/T 1406.1-7004-24A 可以设定成品灯中 D 值允许的大小范围为 39.56 mm，所以量规的 D 值采用 39.44 mm。对于成品灯上灯头的不圆度，可以通过夹持装置的弯曲度吸收部分扭矩。

该试验不适用于使用过的旧灯座，因为这将无法控制插入的扭矩值。

该量规不适用于不在灯头螺纹口口圈位置使用夹持装置的灯座。

尺寸符号	尺寸	公差
C	4.75	+0.0 −0.013
D	39.44	+0.0 −0.03
D_1	36.90	+0.0 −0.03
H	15.49	+0.0 −0.1
J	31.75	+0.0 −0.1
W	36.20	+0.03 −0.03
X	30.10	+0.5 −0.0
r	2.301	—
α	标称值 45°	—

量规螺纹表面应符合下述要求：

——表面粗糙度：0.4 μm(见 GB/T 1031—1995)。

——硬度(回火后)：洛氏圆锥体硬度最小为 55。

GB/T 1483.1-7006-24F-1

	检验带有夹持装置的E39灯座最大插入扭矩值的量规	2/2

单位为毫米

目的:检验成品灯最大尺寸灯头插入未使用的带有GB/T 19148.1-7005-24A规定的外壳夹持装置的E39灯座。

检验:将量规插入灯座,在使用不超过灯座参数表中规定的扭矩的条件下,应能将量规完全旋入灯座。

而且在使用不超过灯座参数表中规定的扭矩的情况下应能移出量规。

GB/T 1483.1-7006-24F-1

	检验带有夹持装置的 E39 灯座最小扭矩值的量规	1/2

单位为毫米

附图仅表示互换性的基本尺寸。

关于 E39 灯座，见 GB/T 19148.1-7005-24A。

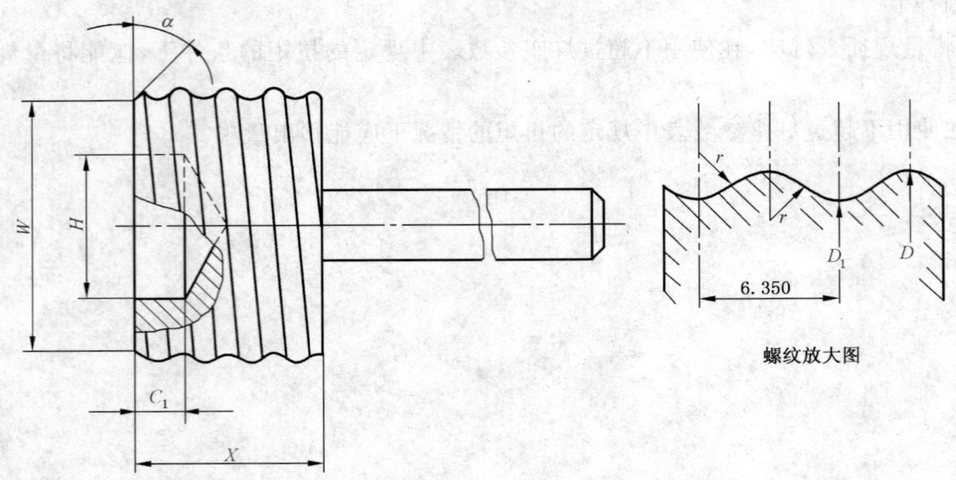

量规螺纹表面应符合下述要求：

——表面粗糙度：0.4 μm（见 GB/T 1031—1995）。

——硬度（回火后）：洛氏圆锥体硬度最小为 55。

该试验不适用于使用过的旧灯座，因为这将无法控制插入的扭矩值。

该量规不适用于不在灯头螺口口圈位置使用夹持装置的灯座。

GB/T 1483.1-7006-24G-1

	检验带有夹持装置的 E39 灯座最小扭矩值的量规	2/2

单位为毫米

尺寸符号	尺寸	公差
C_1	6.35	+0.0 −0.1
D	39.04	+0.03 −0.0
D_1	36.50	+0.03 −0.0
H(1)	19.05	+0.1 −0.0
W	36.20	+0.03 −0.03
X	25.40	+0.5 −0.0
r	2.301	—
α	标称值 45°	—

(1) 为了避免与某些灯座的中心触点相互影响，可以调整尺寸 H。
如果因尺寸 H 影响还存在，为了试验可以拆除中心触点。

目的：检验成品灯从新的带外壳夹持装置 E39 灯座中取出时的松动性能。

检验：该试验应在按 GB/T 1483.1-7006-24F 中量规检验灯座后进行。

在量规完全旋入灯座后，移出量规所需的扭矩值应不小于灯座参数表中规定的值。

GB/T 1483.1-7006-24G-1

	检验灯座防灯泡颈部损坏及接触性能的 E40 量规	1/2

单位为毫米

附图仅表示互换性的基本尺寸。

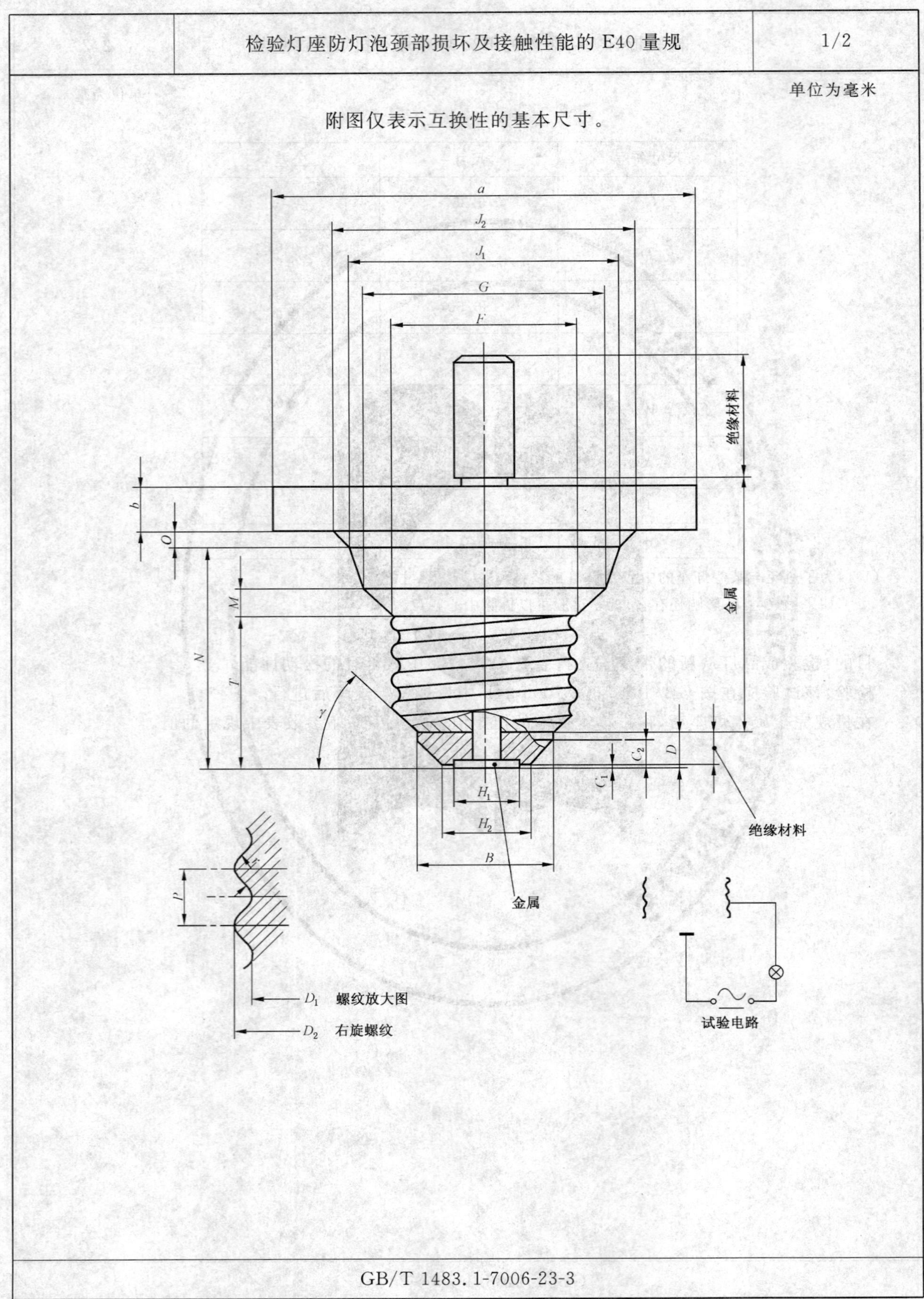

GB/T 1483.1-7006-23-3

检验灯座防灯光颈部损坏及接触性能的 E40 量规	2/2

单位为毫米

尺寸符号	尺寸	公差	尺寸符号	尺寸	公差
B	30	+0.05 −0.05	J_2	65	+0.03 −0.0
C_1	0.5	+0.0 −0.05	M	6	+0.0 −0.02
C_2	6	+0.05 −0.05	N	49	+0.0 −0.03
D	8	+0.05 −0.05	O	3.5	+0.0 −0.03
D_1	35.90	+0.0 −0.04	P	6.350	—
D_2	39.50	+0.0 −0.04	r	1.85	—
F	40	+0.05 −0.0	T	34	+0.0 −0.02
G	52	+0.02 −0.0	a	约 90	—
H_1	14	+0.02 −0.02	b	约 10	—
H_2	19	+0.05 −0.05	γ	45°	+10′ −10′
J_1	58	+0.02 −0.0			

目的：检验下述内容：

a) 防止 E40 灯座边沿损坏灯泡颈部的性能；

b) 检验 E40 灯座与最不利于接触尺寸的灯相匹配时的接触性能。

检验：

a) 当量规以 2 N·m 扭矩完全旋入时，量规和灯座的边缘之间应留有间隙*。

b) 在此位置上，灯座与图中所示试验电路相连接，指示灯应发亮。

* 使用厚度约为 0.08 mm、宽度约为 5 mm 的塞尺以确定在整个周边都留有此间隙。

GB/T 1483.1-7006-23-3

	检验灯座防意外触电性能的 E40 塞规	1/2

单位为毫米

附图仅表示互换性的基本尺寸。

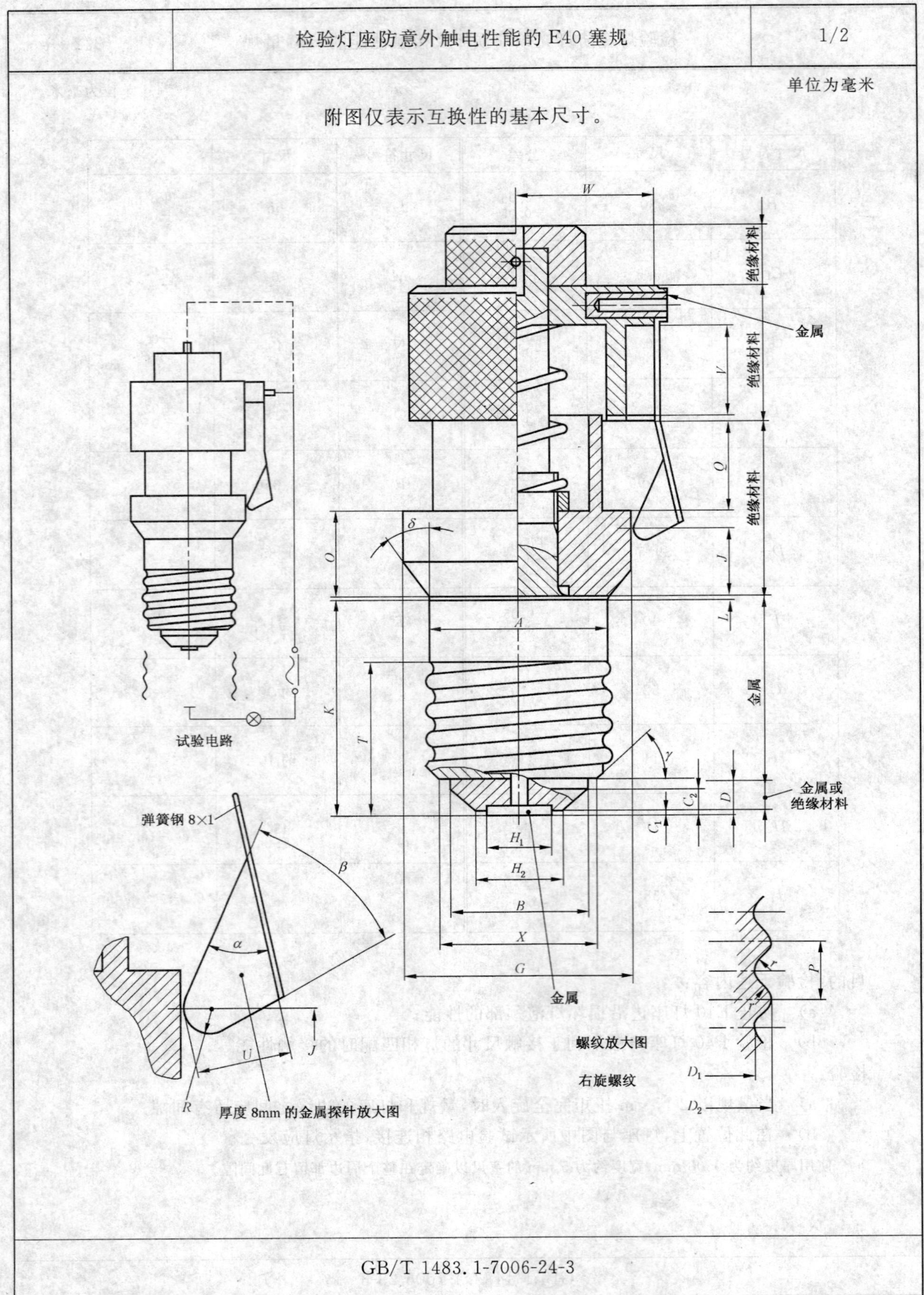

GB/T 1483.1-7006-24-3

	检验灯座防意外触电性能的 E40 塞规	2/2

单位为毫米

尺寸符号	尺寸	公差	尺寸符号	尺寸	公差
A	39	+0.0 −0.05	*P*	6.350	—
B	30.0	+0.05 −0.05	*Q*	20	+0.1 −0.1
C_1	0.5	+0.0 −0.05	*R*	3	+0.0 −0.05
C_2	6	+0.05 −0.05	*T*	34	+0.1 −0.1
D	8	+0.05 −0.05	*U*	10	+0.1 −0.1
D_1	35.90	+0.0 −0.04	*V*	20	+0.1 −0.1
D_2	39.50	+0.0 −0.04	*W*	29.5	+0.1 −0.1
G	49	+0.0 −0.02	*X*	34	+0.05 −0.05
H_1	14.0	+0.02 −0.02	*r*	1.85	—
H_2	19.0	+0.05 −0.05	α	35°	+30′ −30′
J	15	+0.1 −0.1	β	37°	+30′ −30′
K	47.79	+0.01 −0.0	γ	45°	+10′ −10′
L	0.71	+0.01 −0.0	δ	35°	+30′ −30′
O	19	+0.0 −0.1			

目的：检验 E40 灯座防意外接触性能。

检验：量规完全旋入灯座。

如虚线所示测试该试验电路。在此位置，指示灯发亮。

在量规仍然处于此位置时，柱塞将与测试探头相连，然后使其向下滑动，直至进入量规与灯座之间的间隙。在此位置时，灯应不发亮。

GB/T 1483.1-7006-24-3

ICS 29.140.10
K 74

中华人民共和国国家标准

GB/T 1483.2—2008
代替 GB/T 6997—2001,GB/T 1483.3—2002,GB 13261—1991

灯头、灯座检验量规 第2部分:插脚式灯头、灯座的量规

Gauges for caps and lampholders—Part 2:Gauges for pin caps and lampholders

(IEC 60061-3:2004,Lamp caps and holders together with gauges for the control of interchangeability and safety—Part3:Gauges,MOD)

2008-04-29 发布 2008-12-01 实施

中华人民共和国国家质量监督检验检疫总局
中国国家标准化管理委员会 发布

前　言

GB/T 1483《灯头、灯座检验量规》共分为5个部分：

——第1部分：螺口式灯头、灯座的量规；

——第2部分：插脚式灯头、灯座的量规；

——第3部分：预聚焦式灯头、灯座的量规；

——第4部分：杂类灯头、灯座的量规；

——第5部分：卡口式灯头、灯座的量规。

本部分为GB/T 1483的第2部分。

GB/T 1483的本部分修改采用IEC 60061-3:2004《灯头、灯座及检验其安全性和互换性的量规　第3部分：量规》(3.34版)的英文版。

本部分与IEC 60061-3:2004的英文版中有关插脚式灯头、灯座的量规部分在技术内容上完全一致。

为了便于使用，本部分还做了下列编辑性修改：

a) 用小数点“.”代替作为小数点的逗号“,”；

b) “本国际标准”一词改为“本部分”；

c) 删除IEC 60061-3的标准前言及引言；

d) 为了与现有的标准及本部分中的技术内容相一致，将国际标准的名称“《灯头、灯座及检验其安全性和互换性的量规　第3部分：量规》”改为“《灯头、灯座的量规　第2部分：插脚式灯头、灯座量规》”。

本部分代替GB/T 6997—2001《插脚式灯头的量规》、GB/T 1483.3—2002《插脚式灯座的量规》和GB 13261—1991《管形荧光灯座和启动器座检验量规》。

本部分与GB/T 6997—2001、GB/T 1483.3—2002和GB 13261—1991相比主要差异如下：

——插脚式灯头的量规删除了检验成品灯上GR8和GR10q灯头尺寸M的“A”和“B”量规。

——插脚式灯头的量规新增了：

检验校正成品灯上Fc2灯头的量规；

检验印刷电路GUX2.5d灯头的量规；

检验印刷电路GUX2.5d,GUY2.5d和GUZ2.5d灯头的量规A和量规B；

检验印刷电路GUX2.5d灯头的止规；

双插脚G1.27,GX1.27,GY1.3,G2.54,GX2.54,GY2.5,G3.17和GY3.2灯头的通规；

GU4双插脚灯端的通规和止规；

GZ4双插脚灯端的通规；

G5.3-4.8灯端的通规；

GU5.3双插脚灯端的通规和止规；

GX5.3双插脚灯端的通规和止规；

GY5.3双插脚灯端的通规和止规；

GU7灯端的通规和止规；

检验印刷电路GZX7d-..,GZY7d-..和GZZ7d-..灯头的量规；

检验印刷电路GZX7d-..,GZY7d-..和GZZ7d-..灯头定位键的量规；

G7.9和GX7.9灯头的通规；

2G8 灯头的通规；

检验 2G8 灯头插脚直径的通规和止规；

检验 2G8 非互换性定位键灯头的止规；

检验 2G8 灯头插脚的通规；

G8.5 灯端的通规和止规；

G9 灯端的通规和止规；

成品灯上 GRX10q-..灯头的通规；

成品灯上带定位键的 GRX10q-..灯头的止规；

成品灯上 GRX10q-..灯头的止规 A 和止规 B；

确保灯头插入最大尺寸灯座及检验其插脚间距和长度的 GRZ10d 灯头的量规；

未组装的 GRZ10d 灯头的通规(不适用于成品灯)；

确保灯头插入最大尺寸灯座及检验其插脚间距和长度的 GRZ10t 灯头的量规；

未组装的 GRZ10t 灯头的通规(不适用于成品灯)；

GU10q 灯头的通规和止规；

GZ10 灯端的通规和止规；

GX12 灯头的通规和止规；

2GX13 灯头的通规 A、通规 B 和止规；

成品灯上 G17q-7 和 GY17q-7 灯头的通规；

成品灯上 GX17q-7 灯头的通规；

成品灯上 G22 双插脚灯头和灯端；

GY22 双插脚灯头的量规；

GX38q 四插脚灯头和灯端的通规；

GX53 灯头的通规和止规；

检验 GX53 灯头定位键的通规和止规；

检验 GUX2.5d,GUY2.5d 和 GUZ2.5d 自支持印刷电路连接件的量规 A；

检验 GUX2.5d 印刷电路柱塞连接件的量规 B；

检验 GU2.5d,GUY2.5d 和 GUZ2.5d 印刷电路连接件接触性能的量规。

——插脚式灯座的量规删除了 GR8 灯座的量规；Fa4 灯座的塞规；Fa6 灯座的通规和接触规。

——插脚式灯座的量规新增了：

检验 GU4 灯座最大插入力和最大拔出力的量规；

检验 GU4 灯座最小夹持力的量规；

GU4 灯座的通规；

GZ4 连接件的通规；

检验 GZ4 和 GU4 灯座接触性能的单插脚量规；

G5.3-4.8 连接件的量规 A 和量规 B；

检验 GU5.3 灯座最大插入力和最大拔出力的量规；

检验 GU5.3 灯座最小夹持力的量规；

GU5.3 灯座的通规；

GX5.3 灯座的通规；

检验 GX5.3 灯座连接件最大拔出力的量规；

检验 GX5.3 和 GU5.3 灯座接触性能的单插脚量规；

GY5.3 灯座的通规；

检验 GY5.3 灯座连接件最大拔出力的量规；

检验 GY5.3 灯座触点最小夹持力的单插脚量规；
检验 GY6.35 灯座触点最小夹持力的量规；
检验 GU7 灯座最大插入扭矩和最大拔出扭矩的量规；
检验 GZX7d-..,GZY7d-..和 GZZ7d-..印刷电路连接件的量规；
检验 GZX7d-..,GZY7d-..和 GZZ7d-..印刷电路板连接件接触性能的量规；
检验 G7.9 和 GX7.9 灯座的通规；
检验 G7.9 和 GX7.9 灯座触点最小夹持力的量规；
检验 2G8 灯座的量规 A、量规 B 和量规 C；
检验 2G8 灯座触点最大拔出力的单插脚量规 D；
检验 2G8 灯座触点最小夹持力的单插脚量规 E；
检验 2G8 灯座的非互换性能的止规 F；
检验 2G8 灯座的量规 G；
检验 GR8 灯座最大插入力和最大拔出力的量规 A 和量规 B；
检验 GR8 灯座最小夹持力的量规 C；
检验 G8.5 灯座的量规 A、量规 B 和量规 C；
G8.5 灯座的止规；
G9 灯座的通规；
检验 G9 灯座最小夹持力的量规；
检验 G9 灯座接触性能的量规；
G9.5 灯座的通规；
GRX10q-..灯座的通规和止规；
检验 GRZ10d 灯座最大插入力和最大拔出力的量规 A 和量规 B；
检验 GRZ10d 灯座最小夹持力的量规 C；
检验 GRZ10t 灯座最大插入力和最大拔出力的量规 A 和量规 B；
检验 GRZ10t 灯座最小夹持力的量规 C；
检验 GU10 灯座最大插入和拔出扭矩的量规；
检验 GU10 和 GZ10 灯座最小拔出扭矩的量规；
GU10q 灯座的通规；
检验 GU10q 灯座最小夹持力的量规；
检验 GZ10 灯座最大插入扭矩和拔出扭矩的量规；
GZ10q 灯座的接触规；
检验 GX12 灯座的量规 A、量规 B 和量规 C；
2GX13 灯座的通规；
检验 2GX13 灯座接触性能的量规；
检验 2GX13 灯座最小夹持力的量规；
检验 G17q-7,GX17q-7 和 GY17q-7 灯座接触性能的塞规；
检验 G17q-7 和 GY17q-7 灯座的通规；
GX17q-7 灯座的通规；
检验 G17q-7,GX17q-7 和 GY17q-7 灯座的旋转规；
GY22 灯座的通规；
GX38q 灯座的通规；
检验 GX38q 灯座拔出力的量规系统；
检验 GX53 灯座的量规 A、量规 B 和量规 C；

检验GX53灯座定位槽的通规和止规；

检验GX53灯座最大定位槽间距的止规；

检验GX53灯座最小定位槽宽度的止规。

本部分由中国轻工业联合会提出。

本部分由全国照明电器标准化技术委员会(SAC/TC 224)归口。

本部分主要起草单位:北京电光源研究所。

本部分主要起草人:江姗、杨小平、赵秀荣、段彦芳。

本部分的历次发布情况为:

——GB 6997—1986,GB/T 6997—2001;

——GB/T 1483.3—2002;

——GB 1312—1977,GB 13261—1991。

灯头、灯座检验量规 第2部分:插脚式灯头、灯座的量规

1 范围

本部分规定了检验插脚式灯头和灯座的互换性尺寸的量规的型式、尺寸,使用目的及检验方法。

本部分适用于设计和制造检验按 GB/T 1406.2 插脚式灯头的型式和尺寸和 GB/T 19148.2 插脚式灯座的型式和尺寸生产的插脚式灯头和灯座的量规。

2 规范性引用文件

下列文件中的条款通过 GB/T 1483 的本部分的引用而成为本部分的条款。凡是注日期的引用文件,其随后所有的修改单(不包括勘误的内容)或修订版均不适用于本部分,然而,鼓励根据本部分达成协议的各方研究是否可使用这些文件的最新版本。凡是不注日期的引用文件,其最新版本适用于本部分。

GB/T 230.1 金属材料 洛氏硬度试验 第1部分:试验方法(A、B、C、D、E、F、G、H、K、N、T 刻度)(GB/T 230.1—2004,ISO 6508-1:1999,MOD)

GB 1312—2007 管型荧光灯灯座和启动器座(IEC 60400:2004,IDT)

GB/T 1957 光滑极限量规 技术条件(GB/T 1957—2006,ISO/DP 1938-2:1983,NEQ)

GB/T 1406.2 灯头的型式和尺寸 第2部分:插脚式灯头(GB/T 1406.2—2008,IEC 60061-1:2005 Lamp caps and holders together with gauges for the control of interchangeability and safety—Part 1:Lamp caps,MOD)

GB/T 1483.1 灯头、灯座检验量规 第1部分:螺口式灯头、灯座的量规(GB/T 1483.1—2008,IEC 60061-3:2004,Lamp caps and holders together with gauges for the control of interchangeability and safety-Part 3: Gauges,MOD)

GB/T 3505 产品几何技术规范 表面结构 轮廓法 表面结构的术语、定义及参数(GB/T 3505—2000,eqv ISO 4287:1997)

GB/T 10682 双端荧光灯 性能要求(GB/T 10682—2002,neq IEC 60081:1997)

GB/T 19148.2 灯座的型式和尺寸 第2部分:插脚式灯座(GB/T 19148.2—2008,IEC 60061-2:2005 Lamp caps and holders together with gauges for the control of interchangeability and safety—Part 1: Lampholders,MOD)

GB/T 21092 杂类灯(GB/T 21092—2007,IEC 61549:2005,IDT)

3 产品分类

本部分规定的量规按用途分为通规、止规和接触规三类。

4 技术要求

4.1 量规的材质、工作面硬度和表面粗糙度等主要技术条件应符合 GB/T 1957 的要求。

4.2 制造厂应有计量部门验证的合格证。

5 标志、包装

5.1 量规的非工作面上,应有下列清晰而牢固的标志:

a) 量规的型号:该型号与相应被检验灯头灯座一致。

b) 量规种类或专用代号:

通规——“通”或“T”;

止规——“止”或“Z”;

接触规——“触”或“C”;

防意外接触规——“防触”或“FC”;

附加通规——“副通”或“FT”。

c) 本标准号:GB/T 1483.2—2008。

d) 出厂日期和厂商标志。

5.2 量规包装前应进行防锈处理,并用硬质材料作外部包装。

6 参数表

检验印刷电路 GUX2.5d 灯头的量规

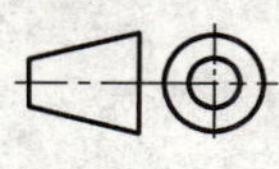

1/1

单位为毫米

附图仅表示互换性的基本尺寸。

关于 GUX2.5d 灯头，见 GB/T 1406.2-7004-137。

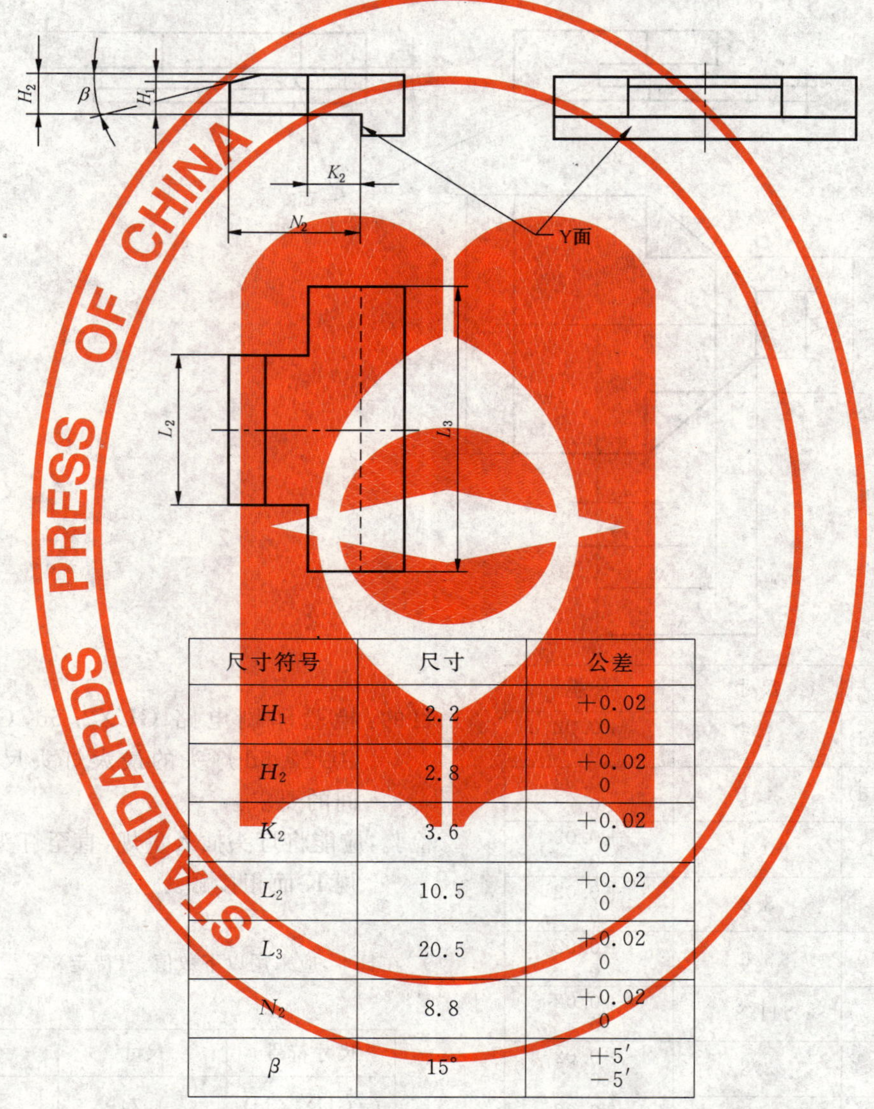

尺寸符号	尺寸	公差
H_1	2.2	+0.02 0
H_2	2.8	+0.02 0
K_2	3.6	+0.02 0
L_2	10.5	+0.02 0
L_3	20.5	+0.02 0
N_2	8.8	+0.02 0
β	15°	+5′ −5′

目的：检验印刷电路 GUX2.5d 灯头的最大灯头尺寸和最小支撑高度 H_1 和 H_2。

检验：应能将量规插入灯头，直至灯头基准面与量规 Y 面相接触。

GB/T 1483.2-7006-137-1

检验印刷电路 GUX2.5d,GUY2.5d 和 GUZ2.5d 灯头的量规 A

1/1

单位为毫米

附图仅表示互换性的基本尺寸。

关于 GUX2.5d,GUY2.5d 和 GUZ2.5d 灯头,见 GB/T 1406.2-7004-137。

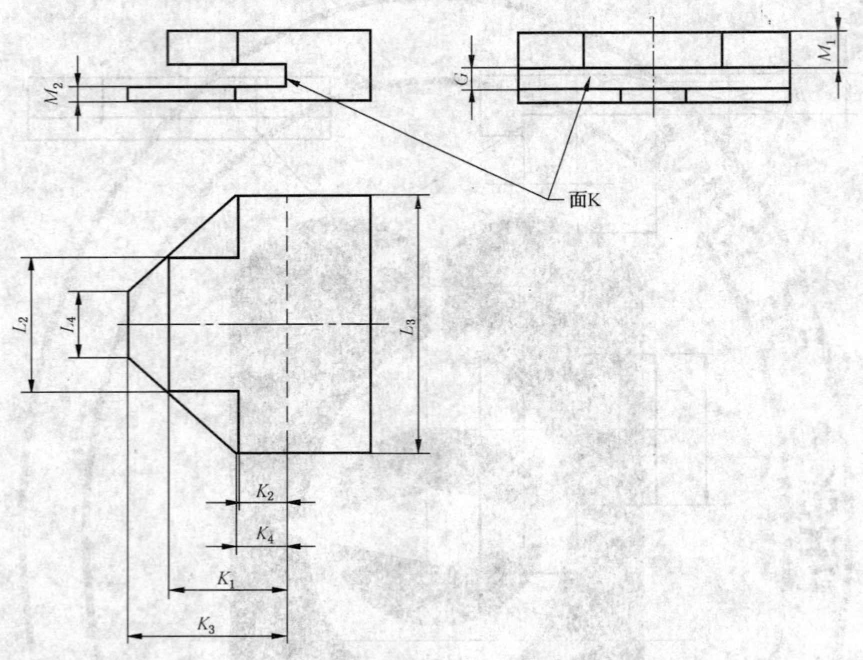

尺寸符号	尺寸	公差
G* (GUX2.5d)	1.7	+0.02 0
G* (GUY2.5d)	1.1	+0.02 0
G(GUZ2.5d)	0.4	+0.02 0
K_1	8.8	+0.02 0
K_2	3.6	+0.02 0
K_3	11.8	+0.02 0
K_4	3.8	+0.02 0
L_2	10.5	+0.02 0
L_3	20.5	+0.02 0
L_4	5.0	+0.02 0
M_1	2.7	+0.02 0
M_2	1.0	+0.02 0

目的:检验印刷电路 GUX2.5d,GUY2.5d 和 GUZ2.5d 灯头的最大灯头尺寸和自由空间的要求。

检验:应能将灯头插入量规,直至灯头基准面与量规 K 面相接触。

* 在日本,应采用以下数值。(待定)

尺寸符号	尺寸	公差
G(GUX2.5d)	1.74	+0.02 0
G(GUY2.5d)	1.14	+0.02 0

GB/T 1483.2-7006-137A-1

检验印刷电路 GUX2.5d,GUY2.5d 和 GUZ2.5d 灯头的量规 B

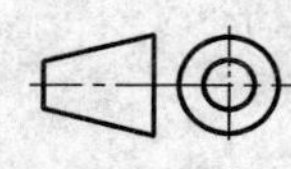

1/1

单位为毫米

附图仅表示互换性的基本尺寸。

关于 GUX2.5d,GUY2.5d 和 GUZ2.5d 灯头,见 GB/T 1406.2-7004-137。

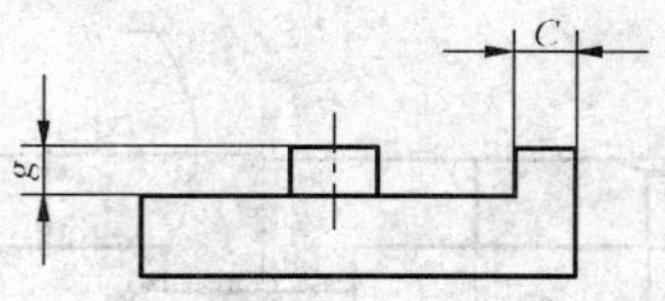

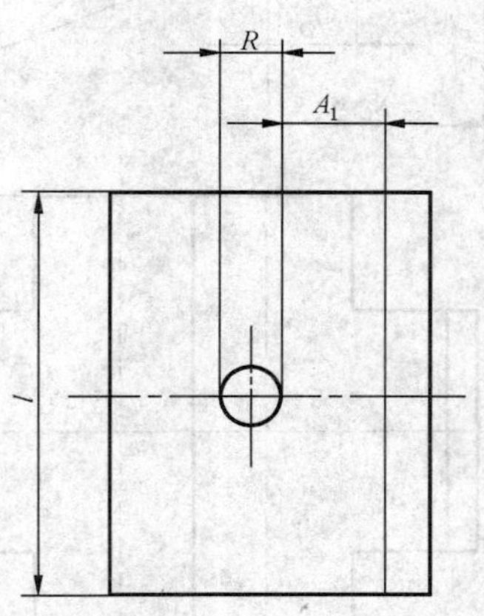

尺寸符号	尺寸	公差
A_1	5.0	+0.01 −0.01
C	2.1	0 −0.02
R	2.95	0 −0.02
g	1.8	+0.1 −0.1
l	20	+0.1 −0.1

目的:检验印刷电路 GUX2.5d,GUY2.5d,GUZ2.5d 灯头最大直径和定位孔位置。

检验印刷电路 GUX2.5d,GUY2.5d,GUZ2.5d 灯头连接件间最小距离 C 值。

检验:应能将量规完全插入灯头,且应能将量规完全插入灯头连接件。

GB/T 1483.2-7006-137B-1

检验印刷电路 GUX2.5d 灯头的止规

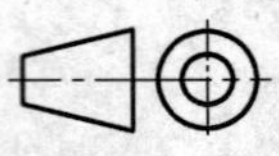

1/1

单位为毫米

附图仅表示互换性的基本尺寸。

关于 GUX2.5d 灯头，见 GB/T 1406.2-7004-137。

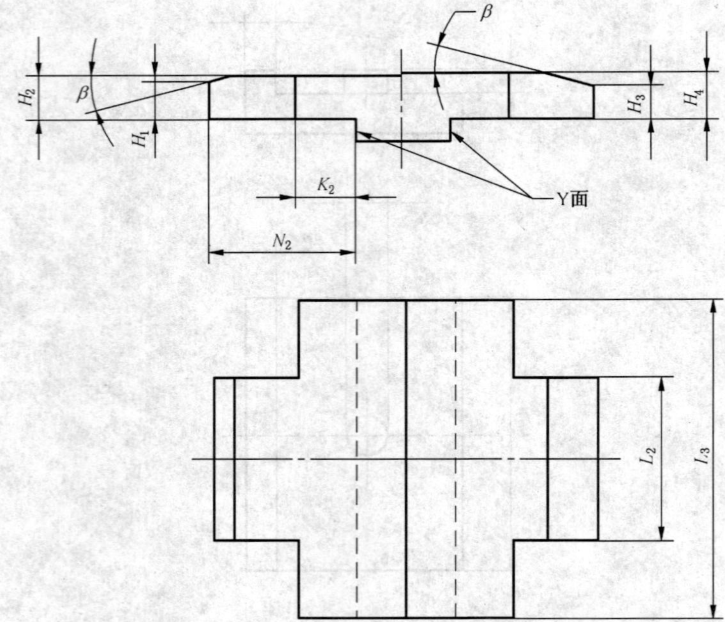

尺寸符号	尺寸	公差
H_1	2.45	0 −0.02
H_2	2.8	+0.02 0
H_3	2.2	+0.02 0
H_4	3.05	0 −0.02
K_2	3.6	+0.02 0
L_2	10.5	+0.02 0
L_3	20.5	+0.02 0
N_2	8.7	0 −0.02
β	15°	+5′ −5′

目的：检验印刷电路 GUX2.5d 灯头插入式柱塞连接件和最大高度 H_1 和 H_2。

检验：当 Y 面接触到灯头基准面时，量规的各端应均不能插入灯头。

GB/T 1483.2-7006-137C-1

双插脚 G1.27,GX1.27,GY1.3,G2.54,GX2.54,GY2.5,G3.17 和 GY3.2 灯头的通规	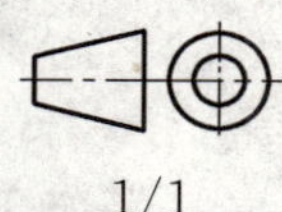 1/1

单位为毫米

附图仅表示互换性的基本尺寸。

关于 G1.27,GX1.27,GY1.3,G2.54,GX2.54,GY2.5,G3.17 和 GY3.2 灯头,分别见 GB/T 1406.2-7004-2,7004-3 和 7004-4。

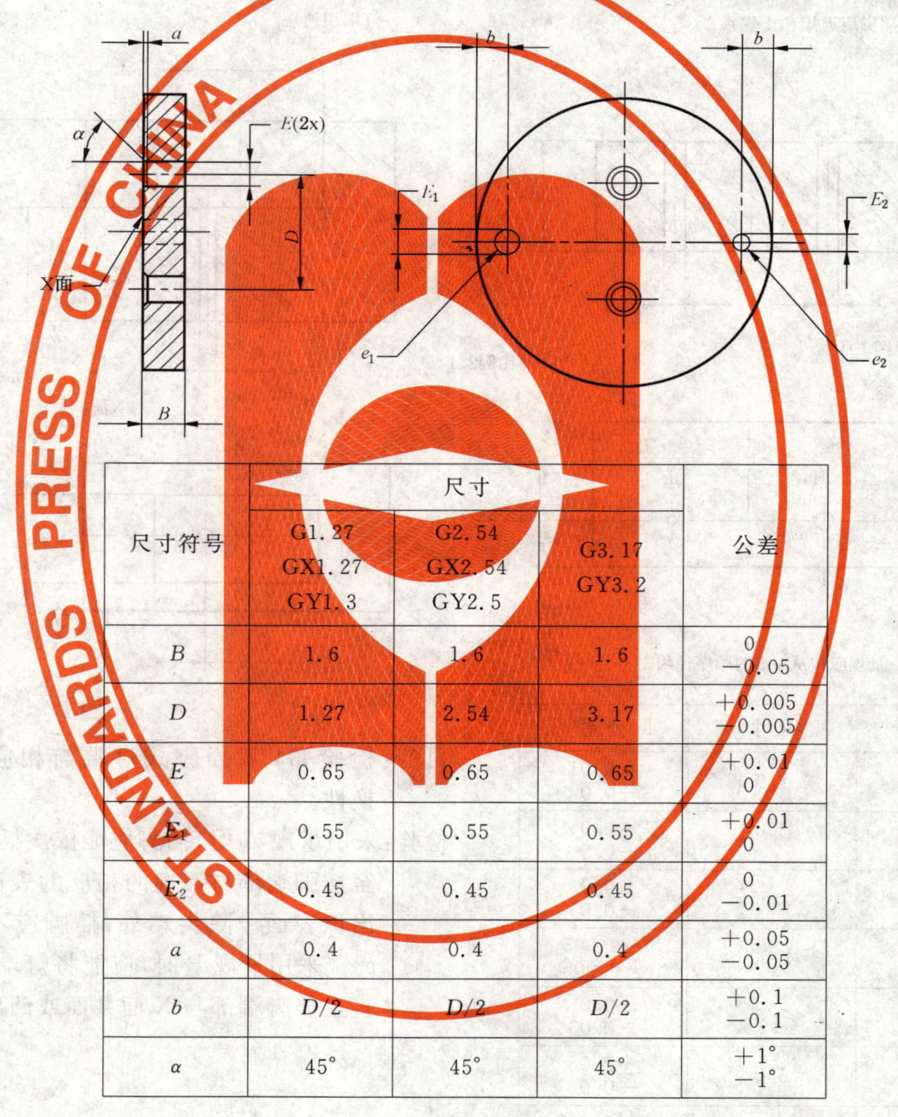

尺寸符号	尺寸			公差
	G1.27 GX1.27 GY1.3	G2.54 GX2.54 GY2.5	G3.17 GY3.2	
B	1.6	1.6	1.6	0 −0.05
D	1.27	2.54	3.17	+0.005 −0.005
E	0.65	0.65	0.65	+0.01 0
E_1	0.55	0.55	0.55	+0.01 0
E_2	0.45	0.45	0.45	0 −0.01
a	0.4	0.4	0.4	+0.05 −0.05
b	$D/2$	$D/2$	$D/2$	+0.1 −0.1
α	45°	45°	45°	+1° −1°

目的:检验接触插脚的直径和位置。

检验:不使用过度的力,应能在接触插脚从 X 面插入量规时,将量规置于插脚上面,直至绝缘件底部与 X 面相接触。

灯头绝缘部分与量规表面相接触时,每一个插脚应能插入孔 e_1,但不能插入孔 e_2。

注:检验绝缘部分对于接触插脚的最大偏移量的量规待定。

GB/T 1483.2-7006-4-1

	G4 双插脚灯端的通规和止规	1/1

单位为毫米

附图仅表示互换性的基本尺寸。

关于 G4 双插脚灯端，见 GB/T 1406.2-7004-72。

量规 A
（插脚用通规和止规）

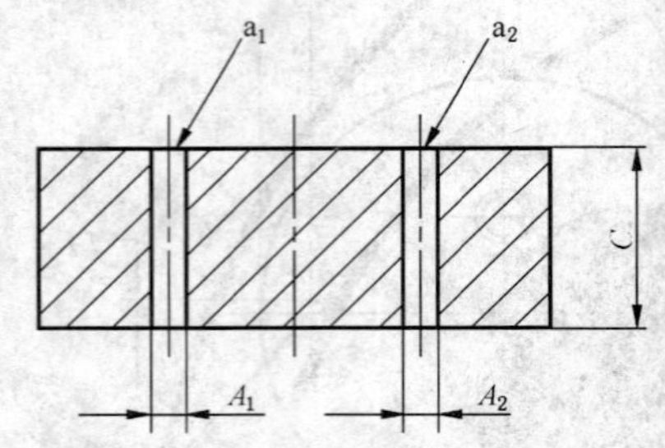

剖面图 I-I

量规 B
（灯端用通规）

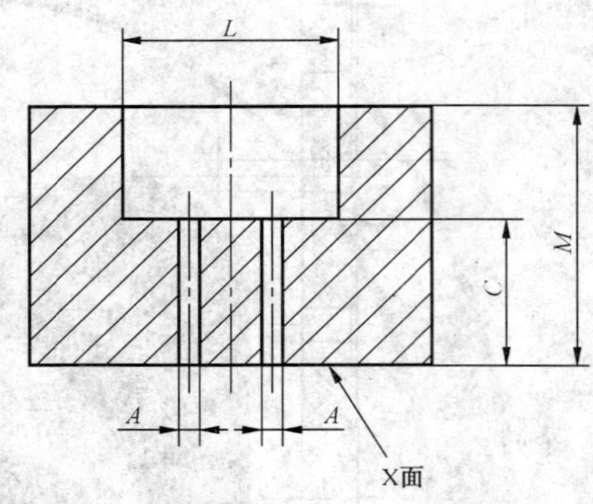

比例2:1

通　止　b　I　I

E　B

量规应按从A-B的顺序使用。

尺寸符号	尺寸	公差
A	1.0	+0.01 −0.0
A_1	0.75	+0.01 −0.0
A_2	0.65	+0.0 −0.01
B	4.00	+0.005 −0.005
C	7.5	+0.0 −0.03
E	6.0	+0.03 −0.0
L	11.0	+0.03 −0.0
M	13.5	+0.0 −0.06
b	3.1	最大值

目的：检验 G4 双插脚式灯端与相应灯座的互换性。

检验：采用量规 A 时，插脚应能依次插入孔 a_1，直至插脚端部与量规的相反的表面共面或凸出该表面。除尖端外，插脚应不能插入孔 a_2。采用量规 B 时，应能将灯端插入量规，直至插脚端部与 X 面共面或凸出 X 面。

GB/T 1483.2-7006-72-1

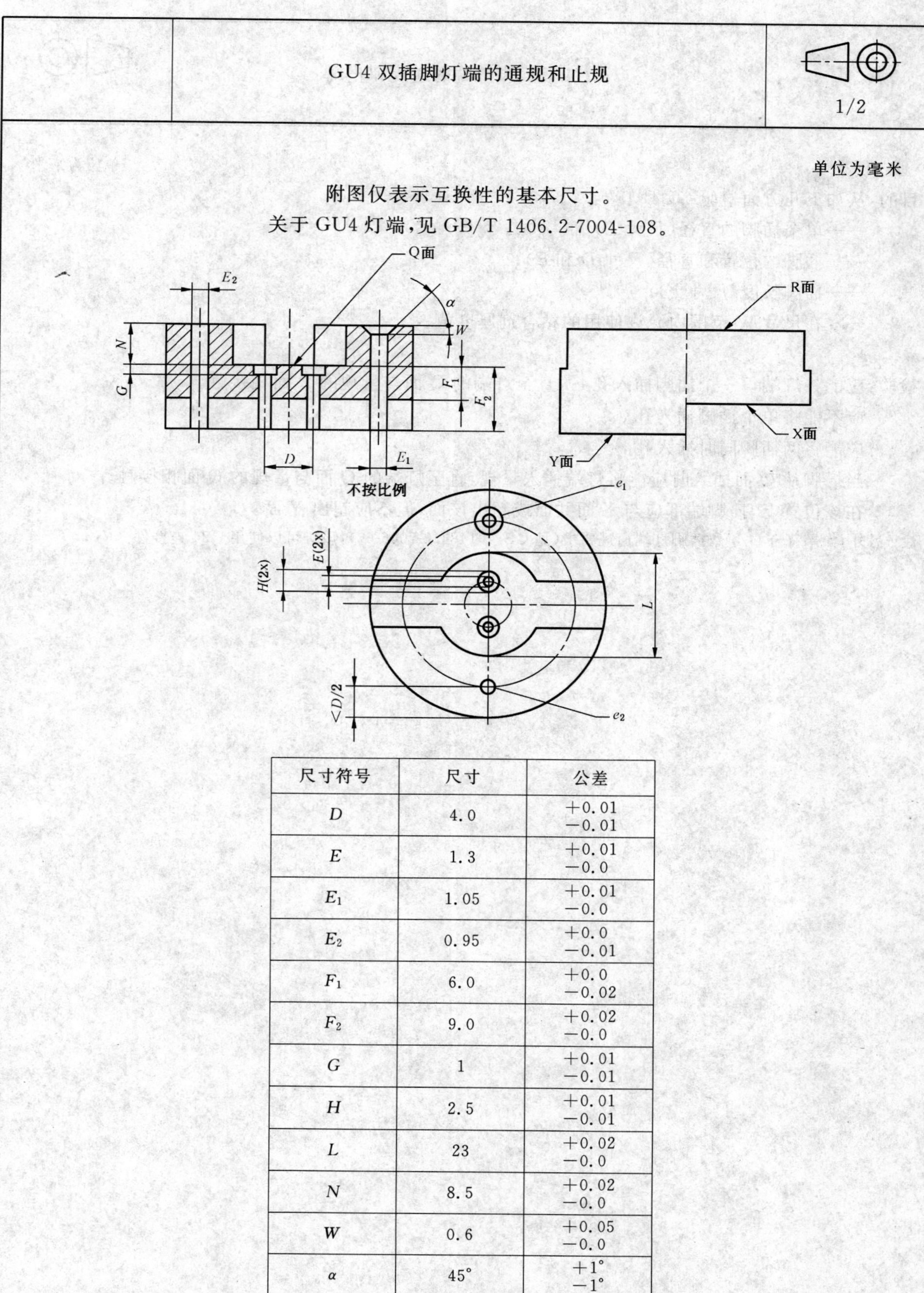

GU4 双插脚灯端的通规和止规

单位为毫米

附图仅表示互换性的基本尺寸。

关于 GU4 灯端,见 GB/T 1406.2-7004-108。

尺寸符号	尺寸	公差
D	4.0	+0.01 −0.01
E	1.3	+0.01 −0.0
E_1	1.05	+0.01 −0.0
E_2	0.95	+0.0 −0.01
F_1	6.0	+0.0 −0.02
F_2	9.0	+0.02 −0.0
G	1	+0.01 −0.01
H	2.5	+0.01 −0.01
L	23	+0.02 −0.0
N	8.5	+0.02 −0.0
W	0.6	+0.05 −0.0
α	45°	+1° −1°

GB/T 1483.2-7006-108-2

	GU4 双插脚灯端的通规和止规	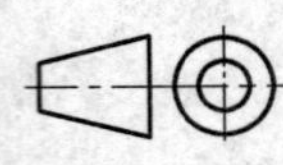 2/2

单位为毫米

目的：从如下几方面检验 GU4 灯端：

——单个插脚的直径(尺寸 E)；

——插脚的位置和直径(尺寸 D 和 E)；

——插脚长度(尺寸 F)；

——在尺寸 W 范围内允许使用的粘合剂厚度值。

检验：应能将灯端每一个插脚插入孔 e_1，直至灯端的 Q 面与量规的 R 面相接触。

应不能将单个插脚插入孔 e_2。

应能将两插脚同时插入孔 e。

当插脚从 Q 面插入时应能将灯端插入量规，直至灯端的 Q 面与量规的 Q 面相接触。

在该位置上，插脚端部应与 X 面共面或超出该面，但不应超出 Y 面。

注：另外，如果符合 GZ4 双插脚灯端通规要求(见 GB/T 1483.2-7006-67)，该灯可以使用 GZ4 连接件。

GB/T 1483.2-7006-108-2

	GZ4 双插脚灯端的通规	1/1

单位为毫米

附图仅表示互换性的基本尺寸。

关于 GZ4 双插脚灯端，见 GB/T 1406.2-7004-67。

X面

Y面

Z面

C_1

C_2

B

L

边缘稍倒角(见7006-1)

N

观察槽

A

尺寸符号	尺寸	公差
A	1.3	+0.01 −0.0
B	4.0	+0.01 −0.01
C_1	6.0	+0.0 −0.02
C_2	11.5	+0.02 −0.0
L	25.0	+0.0 −0.02
N	10.0	+0.02 −0.0

目的：检验 GZ4 双插脚灯端的尺寸 C 和连接件匹配性。

检验：当灯完全插入量规，且与 X 面相接触时，插脚应与 Y 面共面或凸出该面，但不应凸出 Z 面。

GB/T 1483.2-7006-67-1

	未组装的 G5 双插脚灯头的通规和止规	1/1

单位为毫米

附图仅表示互换性的基本尺寸。

关于 G5 灯头，见 GB/T 1406.2-7004-52。

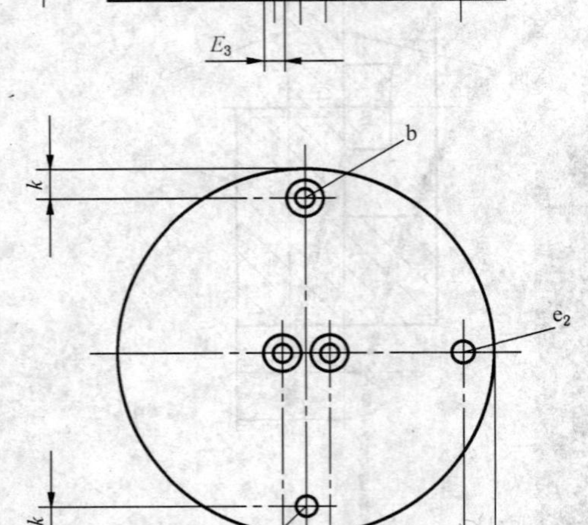

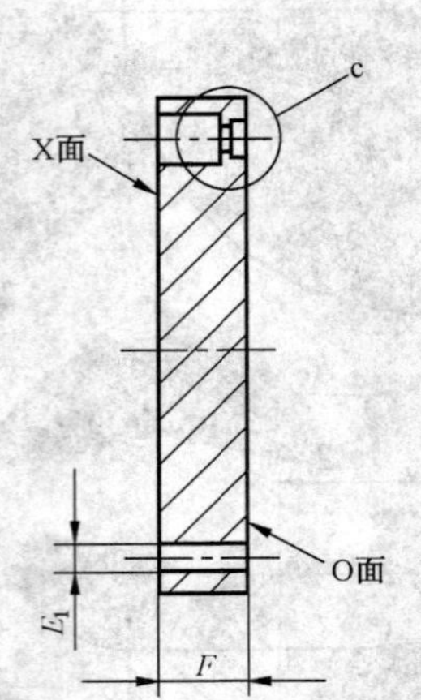

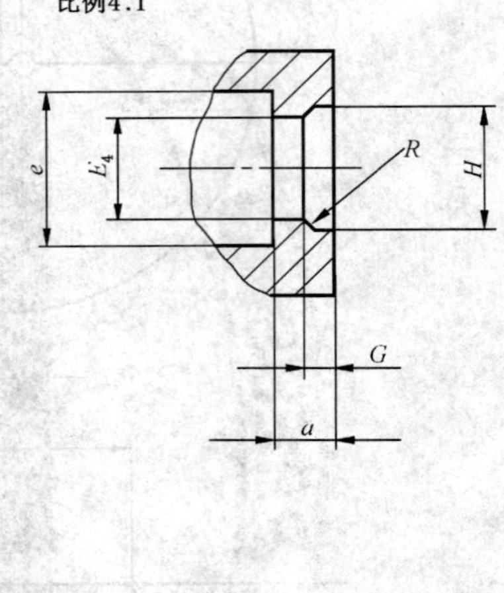

尺寸符号	尺寸	公差	尺寸符号	尺寸	公差
D	4.75	+0.005 −0.005	H	3.3	+0.01 −0.0
E_1	2.29	+0.0 −0.01	R	0.38	+0.0 −0.05
E_2	2.44	+0.01 −0.0	a	1.5	+0.1 −0.1
E_3	2.6	+0.01 −0.0	e	4.0	+0.1 −0.1
E_4	2.67	+0.01 −0.0	g	1.0	+0.1 −0.1
F	6.6	+0.0 −0.025	h	4.0	+0.1 −0.1
G	0.86	+0.01 −0.0	k	最大值 3	

目的：检验未组装的 G5 双插脚灯头的尺寸 E_{min}，E_{max}，F_{min}，G_{max}，H_{max} 和插脚直径及插脚（包括止挡）的位置。

检验：将灯头插脚从 O 面完全插入量规时，灯头表面应与量规表面相接触，在此位置上，插脚的端部应与 X 面共面或凸出 X 面。每个单独的插脚应能插入孔 e_2 直至插脚止挡和量规表面相接触，但不应插入孔 e_1。单个插脚的止挡从 O 面进入孔 b 直至灯头表面与量规相接触。

GB/T 1483.2-7006-46-3

	成品灯上 G5 双插脚灯头的通规	1/1

单位为毫米

附图仅表示互换性的基本尺寸。

关于 G5 灯头，见 GB/T 1406.2-7004-52。

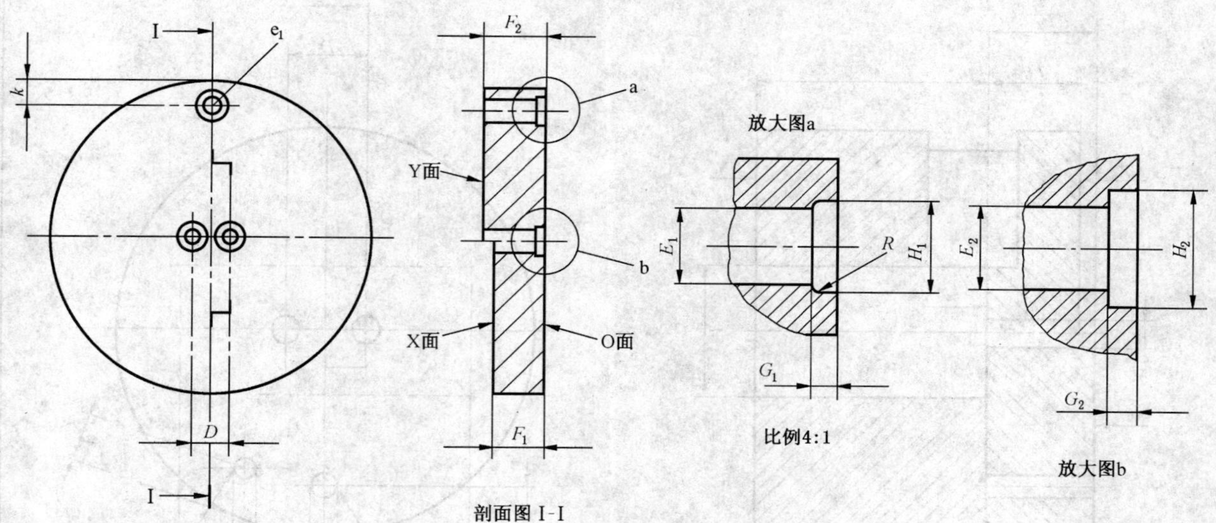

尺寸符号	尺寸	公差
D	4.75	+0.005 −0.005
E_1	2.67	+0.01 −0.0
E_2	2.79	+0.01 −0.0
F_1	6.60	+0.0 −0.025
F_2	7.62	+0.025 −0.0
G_1	0.86	+0.01 −0.0
G_2	1.0	+0.1 −0.1
H_1	3.30	+0.01 −0.0
H_2	4.0	+0.1 −0.1
R	0.38	+0.0 −0.05
k	最大值 3	

目的：检验成品灯上 G5 双插脚灯头的尺寸 E_{max}，F_{min}，F_{max} 和插脚直径及插脚(包括止挡)的位置。

检验：成品灯上的灯头插脚从 O 面完全插入量规时，灯头表面应与量规表面相接触，在此位置上，插脚的端部应与 X 面共面或凸出 X 面，但不应凸出 Y 面。单独的插脚应能从 O 面插入孔 e1 直至灯头端面与量规表面相接触。

GB/T 1483.2-7006-46A-3

	成品灯上 G5.3 双插脚灯头的通规	1/2

单位为毫米

附图仅表示互换性的基本尺寸。

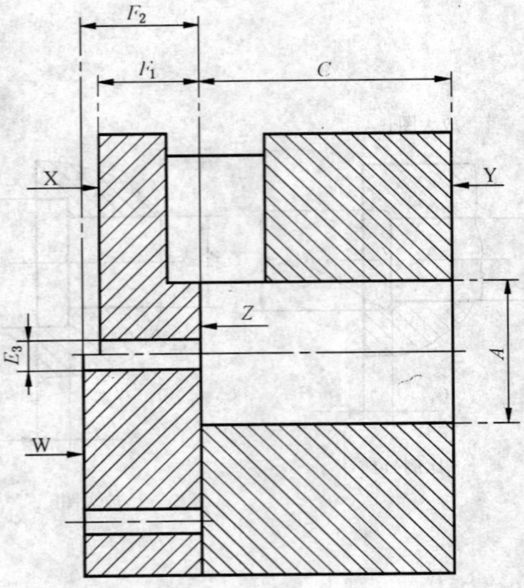

F_2 F_1 C X Y Z A E_3 W

剖面图 I—II

比例2:1

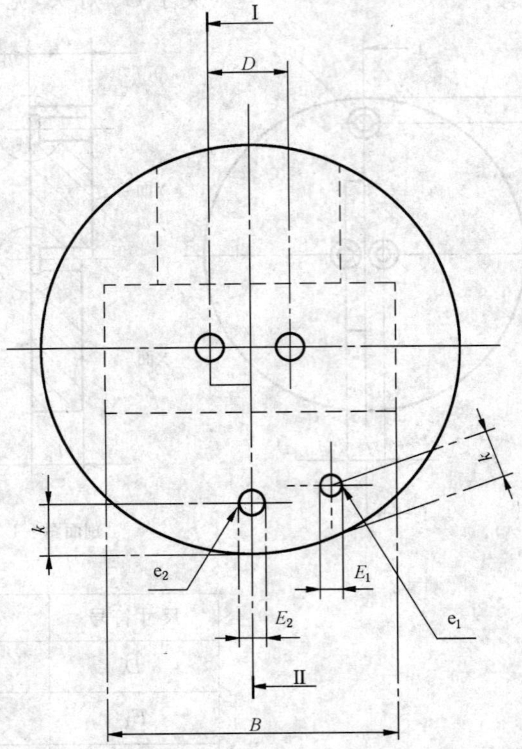

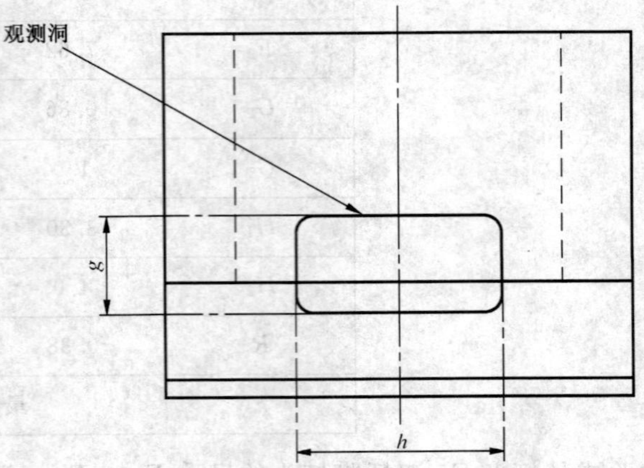

I D k k e_2 E_1 E_2 e_1 II B

观测洞

g h

GB/T 1483.2-7006-73-1

	成品灯上 G5.3 双插脚灯头的通规	2/2

单位为毫米

目的：检验 GB/T 1406.2-7004-73 所示 G5.3 灯头的下述几个方面：

——在灯头的最大水平截面上（尺寸 A_{max} 和 B_{max}）插脚的位置和直径（尺寸 D 和 E）；

——灯头壳体的最小高度（尺寸 C_{min}）；

——每只插脚的直径（尺寸 E）；

——插脚长度（尺寸 F）。

检验：

——应能将灯头从 Z 面插入量规，直至灯头壳体的支撑脚与 Z 面相接触。在此位置上，插脚的端部应与 X 面共面或凸出 X 面，但不应凸出 W 面。此外，灯头壳体的上部边缘应与 Y 面共面或凸出 Y 面。

检验时所用的力应不超过 5N。

——每只插脚应能插入孔 e_2，直至支撑脚的平面与 W 面一致。

——每只插脚应不能插入孔 e_1。

尺寸符号	尺寸	公差
A	8.89	+0.025 −0.0
B	19.05	+0.025 −0.0
C	15.24	+0.0 −0.025
D	5.33	+0.005 −0.005
E_1	1.47	+0.0 −0.013
E_2	1.65	+0.013 −0.0
E_3	1.91	+0.013 −0.0
F_1	6.10	+0.0 −0.025
F_2	7.11	+0.025 −0.0
g	约 6	
h	约 12	
k	最大值 3.5	

GB/T 1483.2-7006-73-1

	G5.3-4.8 灯端的通规	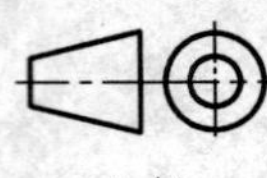 1/1

单位为毫米

附图仅表示互换性的基本尺寸。

关于 G5.3-4.8 灯端，见 GB/T 1406.2-7004-126。

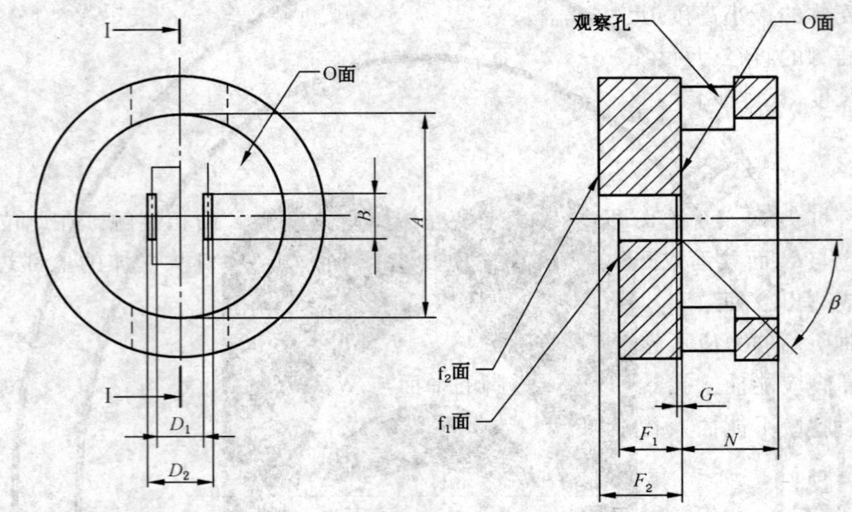

目的：检验成品灯 G5.3-4.8 灯端对自由空间的要求(尺寸 A 和 N)，止动翼片的长度、宽度及位置。

检验：应将灯端插入量规，直至灯端基准面与 O 面相接触。

在此位置上，两个止动翼片端部应与 f_1 面共面或超出该面，但不应超出 f_2 面。

尺寸符号	尺寸	公差
A	25	+0.0 −0.02
B	5.4	+0.02 −0.0
D_1	4.5	+0.0 −0.02
D_2	6.1	+0.02 −0.0
F_1	6.7	+0.0 −0.02
F_2	7.3	+0.02 −0.0
G	0.6	+0.02 −0.0
N	9	+0.0 −0.02
β	45°	+1° −1°

GB/T 1483.2-7006-126-1

GU5.3 双插脚灯端的通规和止规

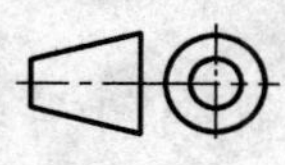

1/2

单位为毫米

附图仅表示互换性的基本尺寸。

关于 GU5.3 灯端，见 GB/T 1406.2-7004-109。

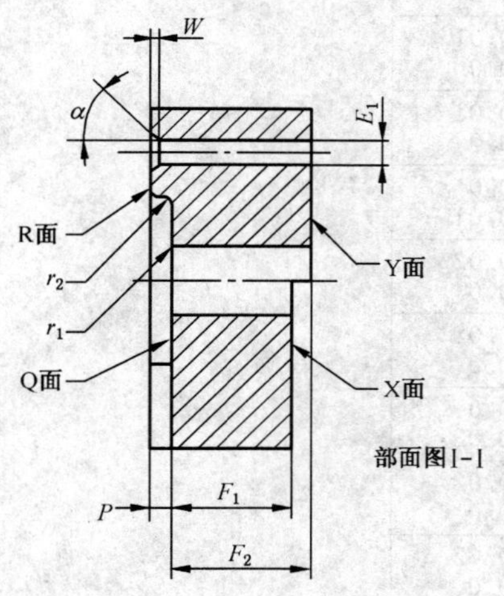

部面图Ⅰ-Ⅰ

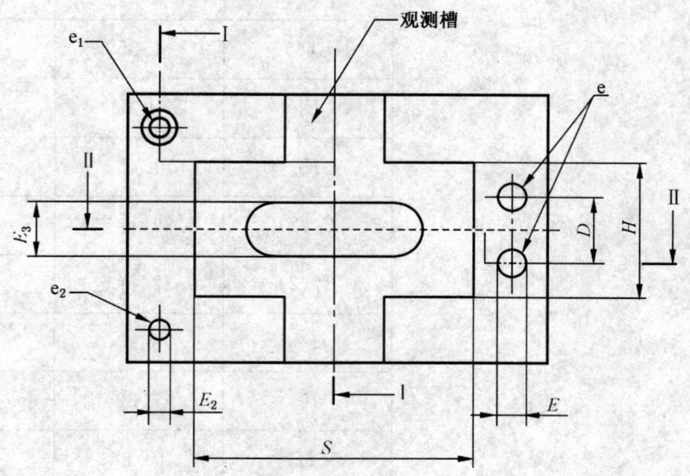

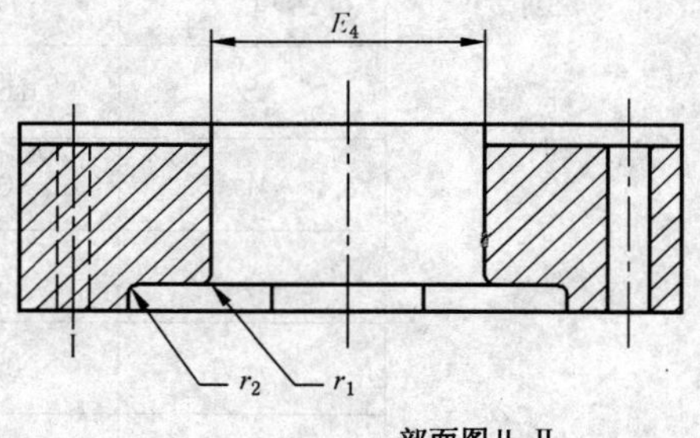

部面图Ⅱ-Ⅱ

目的：从下述几方面检验 GU5.3 灯端：

——单个插脚直径(尺寸 E)；

——插脚的位置和直径(尺寸 D 和 E)；

——插脚长度(尺寸 F)；

——尺寸 S_{max} 和 H_{max}；

——在尺寸 W 范围内允许使用的粘合剂厚度值；

检验：应能将灯端的每一个插脚插入孔 e_1，直至灯端的 O 面与量规的 R 面相接触。

应不能将每一个插脚插入 e_2 孔。

应能将两个插脚同时插入 e 孔。

当插脚从 Q 面插入时应能将灯端插入量规，直至灯端的 Q 面与量规的 Q 面相接触。

在该位置上，插脚末端应与 X 面共面或超出 X 面，但不应超出 Y 面。

GB/T 1483.2-7006-109-1

	GU5.3 双插脚灯端的通规和止规	2/2

单位为毫米

尺寸符号	尺寸	公差
D	5.33	+0.01 −0.01
E(1)	1.85	+0.01 −0.0
E_1	1.6	+0.01 −0.0
E_2	1.45	+0.0 −0.01
E_3(2)	3.89(待定)	+0.02 −0.0
E_4(2)	9.22(待定)	+0.02 −0.0
F_1	6.1	+0.0 −0.02
F_2	7.62	+0.02 −0.0
H	10.54	+0.02 −0.0
P	1.52	+0.02 −0.02
S	16.76	+0.02 −0.0
W	0.6	+0.05 −0.0
r_1	0.51	+0.02 −0.0
r_2	0.38	+0.02 −0.0
α	45°	+1° −1°

(1) 公差 0.25 mm 包括插脚的间距和校直误差。

(2) 公差 1.02 mm 除注(1)外，还包括成对插脚对于尺寸 H 和 S 的中心的位置。

GB/T 1483.2-7006-109-1

	GX5.3 双插脚灯端的通规和止规	1/2

单位为毫米

附图仅表示互换性的基本尺寸。

关于 GX5.3 灯端，见 GB/T 1406.2-7004-73A。

目的：从下述几方面检验 GX5.3 灯端：

——单个插脚直径(尺寸 E)；

——插脚的位置和直径(尺寸 D 和尺寸 E)；

——插脚长度(尺寸 F)，插脚有效长度(长度 $F_{min}-W_{max}$)；

——尺寸 R_{max}，S_{max}，G_{max}，H_{max} 和 J_{max}。

检验：

——应能将灯端每个插脚从 U 面插入孔 e_1，直至每只插脚端部凸出 F 面。

——应不能将单个插脚插入孔 e_2。

——应能将两插脚同时从 U 面插入孔 e，直至两插脚端部凸出 F 面。

——应能将灯端插脚从 Z 面插入量规，直至灯端的 Z 面与量规的 Z 面相接触。在该位置上，插脚端部应与 X 面共面或凸出 X 面，但不应凸出 Y 面。

GB/T 1483.2-7006-73B-2

	GX5.3 双插脚灯端的通规和止规	2/2

单位为毫米

尺寸符号	尺寸	公差
D	5.33	+0.025 −0.025
E(1)	1.85	+0.025 −0.0
E_1	1.60	+0.025 −0.0
E_2	1.45	+0.0 −0.025
E_3(2)	3.89	+0.025 −0.0
E_4(2)	9.22	+0.025 −0.0
F_1	5.21	+0.0 −0.025
F_2	6.73	+0.025 −0.0
F_3	3.94	+0.0 −0.025
G	7.49	+0.025 −0.0
H	10.54	+0.025 −0.0
J	0.76	+0.025 −0.0
P	0.76	+0.025 −0.025
R	13.08	+0.025 −0.0
S	16.76	+0.025 −0.0
r_1	0.51	+0.025 −0.0
r_2	0.38	+0.025 −0.0

(1) 公差 0.25 mm 包括插脚的间距和校直误差。

(2) 公差 1.02 mm 除注(1)外，还包括成对插脚对于尺寸 H 和 S 的中心的位置。

GB/T 1483.2-7006-73B-2

GY5.3 双插脚灯端的通规和止规

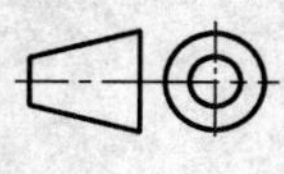

1/2

单位为毫米

附图仅表示互换性的基本尺寸。

关于 GY5.3 灯端，见 GB/T 1406.2-7004-73B。

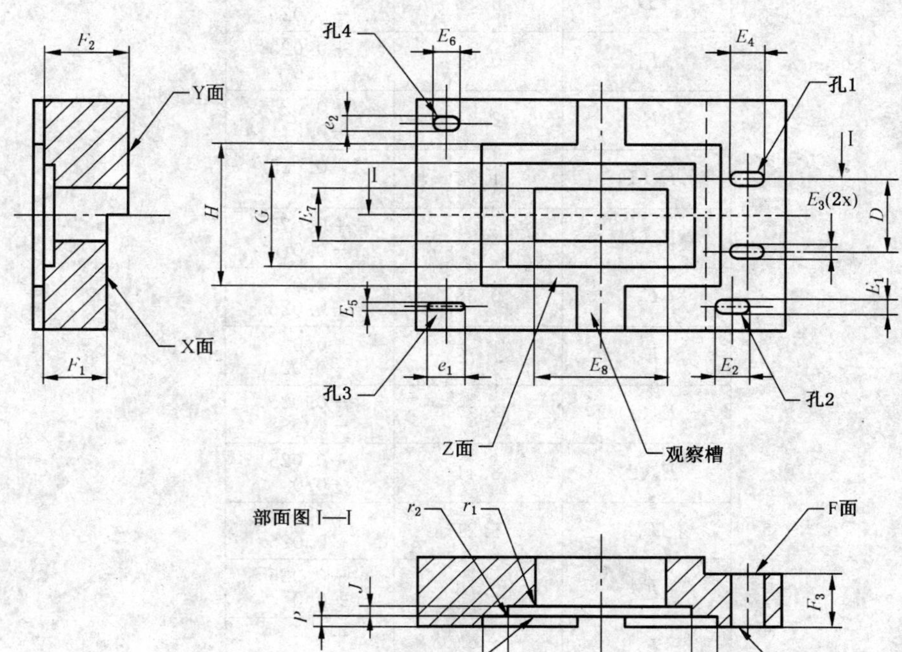

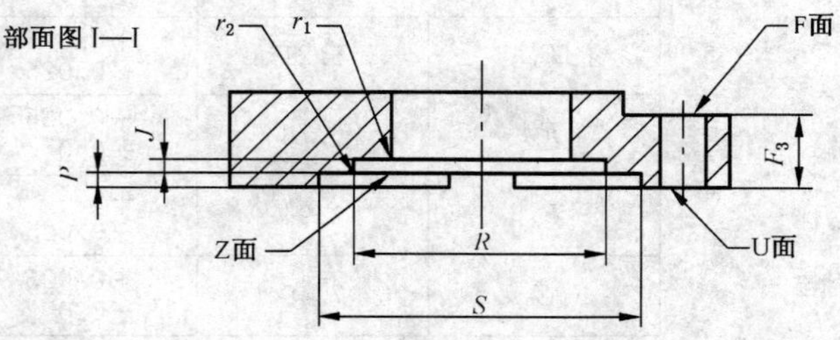

目的：从如下几方面检验 GY5.3 灯端：

——单个插脚剖面尺寸(尺寸 E_1 和 E_2)；

——插脚间距和排列(尺寸 D)；

——插脚长度(尺寸 F)和插脚有效长度(长度 $F_{min}-W_{max}$)；

——尺寸 R_{max}，S_{max}，G_{max}，H_{max} 和 J_{max}。

检验：

——应能将灯端每个插脚从 U 面插入孔 e_1，直至每个插脚端部凸出 F 面。

——应不能将单个插脚插入孔 3 或孔 4。

——应能将两插脚同时从 U 面插入孔 1，直至两插脚端部凸出 F 面。

——应能将灯端插脚从 Z 面插入量规，直至灯端的 Z 面与量规的 Z 面相接触。在该位置上，插脚端部应与 X 面共面或凸出 X 面，但不应凸出 Y 面。

GB/T 1483.2-7006-73C-2

	GY5.3 双插脚灯端的通规和止规	2/2

单位为毫米

尺寸符号	尺寸	公差
D	5.33	+0.025 −0.025
E_1	0.81	+0.025 −0.0
E_2	2.31	+0.025 −0.0
E_3(1)	1.04	+0.025 −0.0
E_4(1)	2.54	+0.025 −0.0
E_5	0.58	+0.0 −0.025
E_6	1.78	+0.0 −0.025
E_7(2)	4.57	+0.025 −0.0
E_8(2)	8.41	+0.025 −0.0
F_1	5.21	+0.0 −0.025
F_2	6.73	+0.025 −0.0
F_3	3.94	+0.0 −0.025
G	7.49	+0.025 −0.0
H	10.54	+0.025 −0.0
J	0.76	+0.025 −0.0
P	0.76	+0.025 −0.025
R	13.08	+0.025 −0.0
S	16.76	+0.025 −0.0
e_1	2.6	+0.2 −0.0
e_2	1.1	+0.2 −0.0
r_1	0.51	+0.025 −0.0
r_2	0.38	+0.025 −0.0

(1) 公差 0.25 mm 包括插脚的间距和校直误差。

(2) 公差 1.02 mm 除注(1)外，还包括成对插脚对于尺寸 H 和 S 的中心的位置。

GB/T 1483.2-7006-73C-2

G6.35、GX6.35、GY6.35 和 GZ6.35 灯端的通规和止规

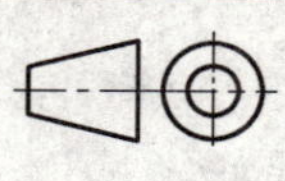

单位为毫米

附图仅表示互换性的基本尺寸。

关于 G6.35、GX6.35、GY6.35 和 GZ6.35 灯端，分别见 GB/T 1406.2-7004-59 和 7004-59A。

尺寸符号	尺寸		公差
	G6.35 GX6.35 GZ6.35	GY6.35	
E_1	1.05	1.3	+0.01 0
E_2	0.95	1.2	0 −0.01
W	0.5	—	+0.05 0
a	4	4	+0.5 −0.5
b	4	4	+0.5 −0.5
c	8.5	8	+0.2 0
d	10	10	+0.5 −0.5
α	约 45°	—	—

目的：检验 G6.35、GX6.35、GY6.35 灯端尺寸 E_{max}，E_{min} 和 GZ6.35 灯端尺寸 A_{max} 和 A_{min}。

检验：各灯端插脚应能插入孔 e_1。只有 GX6.35 和 GZ6.35 灯端的端面才应与量规表面相接触。各灯端插脚应不能插入孔 e_2。

GB/T 1483.2-7006-61-5

G6.35、GX6.35 和 GY6.35 灯端的通规

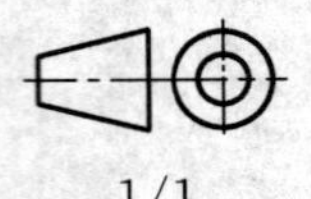

1/1

单位为毫米

附图仅表示互换性的基本尺寸。

关于 G6.35、GX6.35 和 GY6.35 灯端，见 GB/T 1406.2-7004-59。

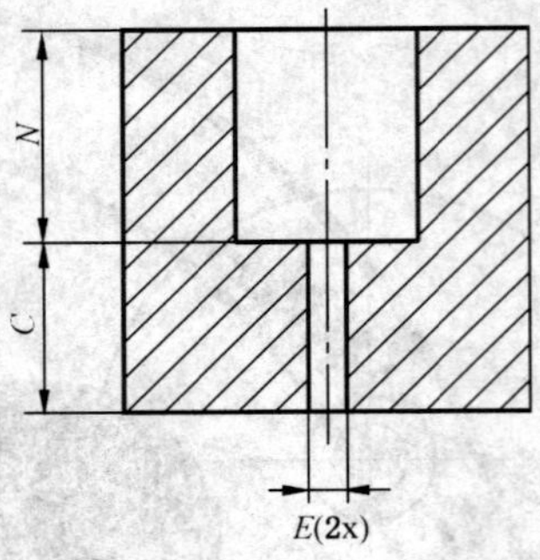

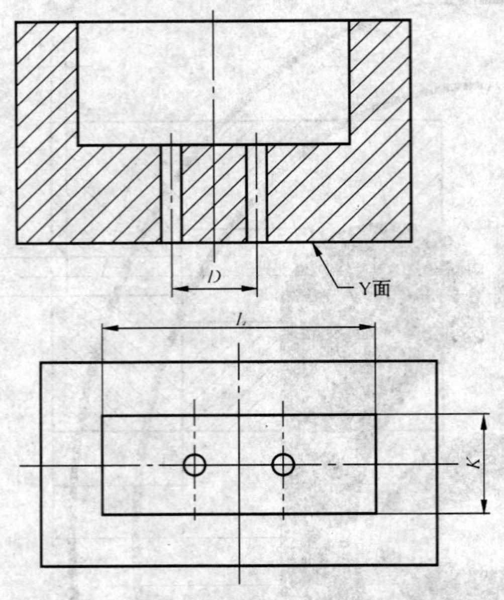

目的：检验 G6.35、GX6.35、GY6.35 灯端与灯座的匹配性。

检验：

——对于 G6.35、GY6.35 灯端

当灯端完全插入相应的量规时，其插脚应与 Y 面共面或凸出 Y 面。

——对于 GX6.35 灯端。

当灯端完全插入相应的量规时，其插脚不应凸出 Y 面。

尺寸符号	G6.35-15 GX6.35-15 GY6.35-15	G6.35-20 GX6.35-20 GY6.35-20	G6.35-25 GX6.35-25 GY6.35-25	G6.35-30 GX6.35-30 GY6.35-30	公差
C(G&GY)	7.5	7.5	7.5	7.5	0 −0.03
C(GX)	7.5	7.5	7.5	7.5	+0.03 0
D	6.35	6.35	6.35	6.35	+0.01 −0.01
E(G&GX)	1.3	1.3	1.3	1.3	+0.01 0
E(GY)	1.55	1.55	1.55	1.55	+0.01 0
K	7.5	7.5	9.0	9.0	+0.02 0
L	15.0	20.0	25.0	30.0	+0.02 0
N	9.5	9.5	13	13	0 −0.03

GB/T 1483.2-7006-61A-3

	GZ6.35 双插脚灯端的通规	1/1

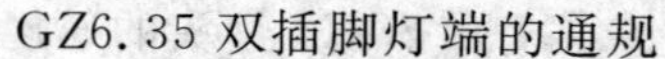

单位为毫米

附图仅表示互换性的基本尺寸。

关于 GZ6.35 双插脚灯端，见 GB/T 1406.2-7004-59A。

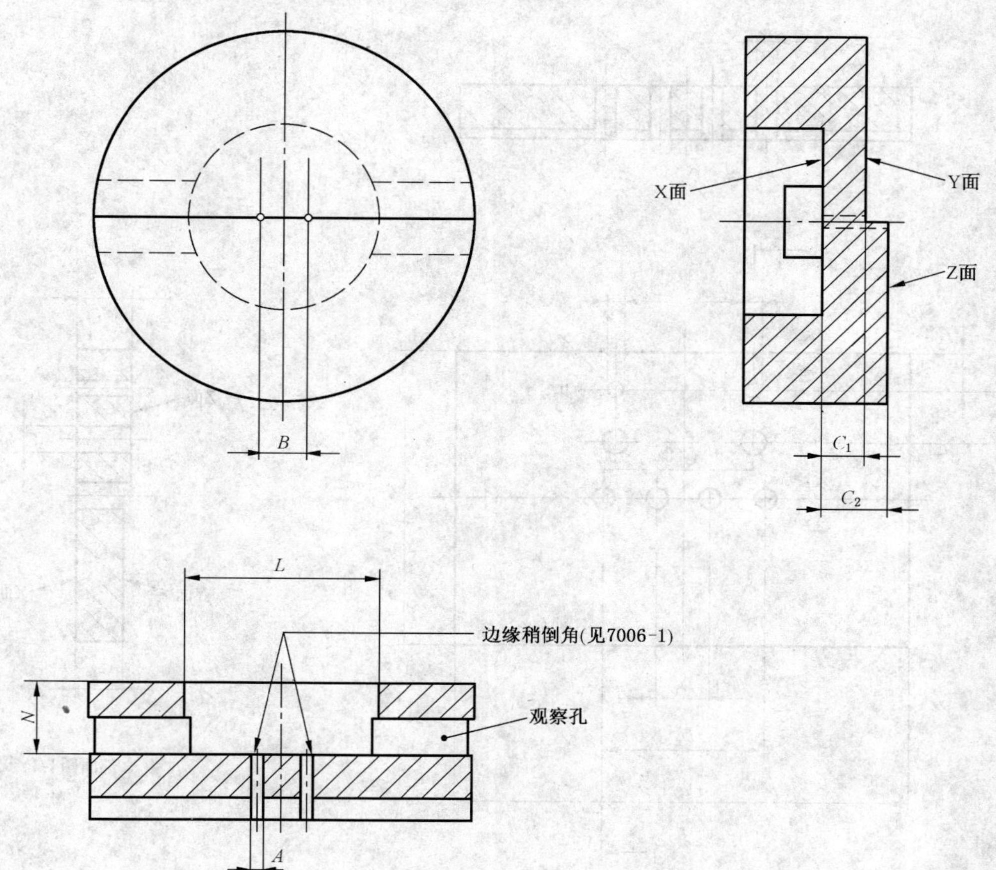

尺寸符号	尺寸	公差
A	1.3	+0.01 −0.0
B	6.35	+0.01 −0.01
C_1	6.0	+0.0 −0.02
C_2	8.5	+0.02 −0.0
L	25.0	+0.0 −0.02
N	10.0	+0.02 −0.0

目的：检验 GZ6.35 双插脚灯端的尺寸 C 和连接件的匹配性。

检验：当灯完全插入量规直至灯与 X 面相接触时，其插脚应与 Y 面共面或凸出 Y 面，但不应凸出 Z 面。

GB/T 1483.2-7006-59B-1

成品灯上 2G7 和 2GX7 灯头的通规和止规	1/2

单位为毫米

附图仅表示互换性的基本尺寸。

关于 2G7 和 2GX7 灯头，分别见 GB/T 1406.2-7004-102 和 7004-103。

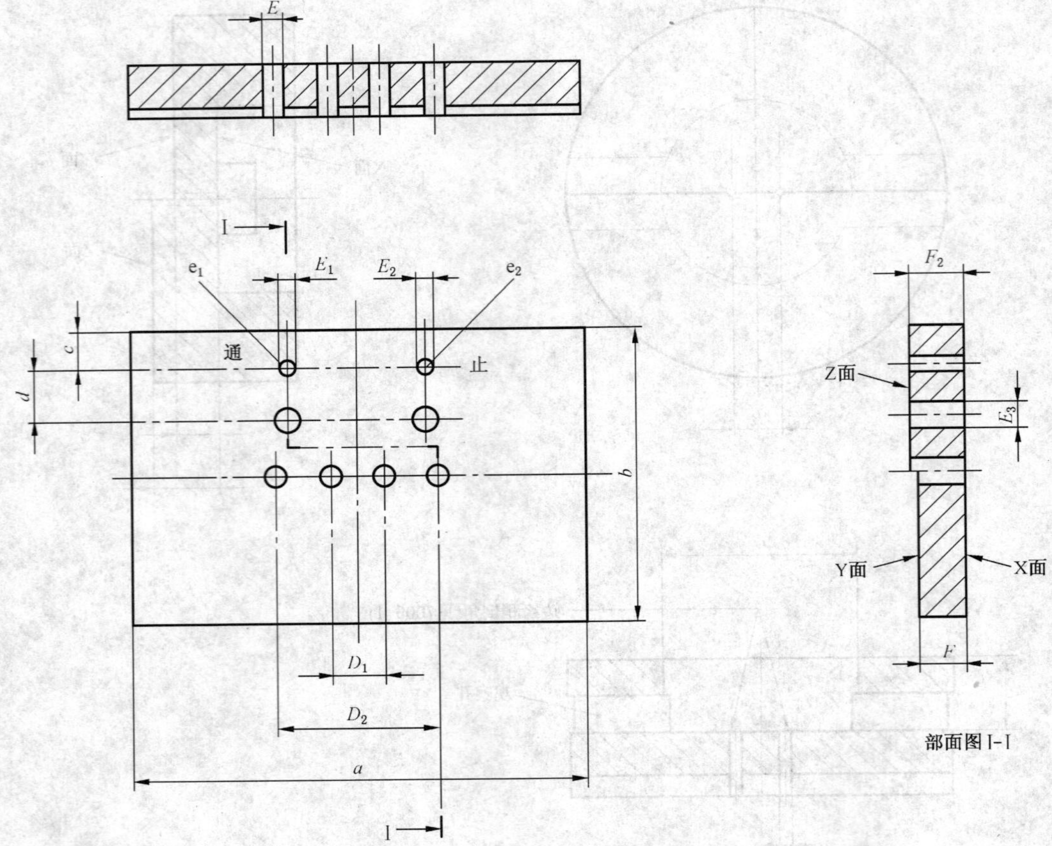

目的：检验成品灯上 2G7 和 2GX7 灯头的尺寸 E_{min}，E_{max}，F_{min}，F_{max} 和灯头插脚的直径及位移。

检验：将灯头从 X 面完全插入量规时，灯头的基准面应与量规的 X 面相接触。在此位置上，插脚端部应与 Z 面共面或凸出 Z 面。

应能将灯头插脚依次插入孔 e_1，直至灯头的基准面与量规表面相接触。灯头的插脚(不包括其尖端)应不能插入孔 e_2。

GB/T 1483.2-7006-59B-1

成品灯上 2G7 和 2GX7 灯头的通规和止规　　2/2

单位为毫米

尺寸符号	尺寸	公差
D_1	7.0	+0.005 −0.005
D_2	21.0	+0.005 −0.005
E	2.79	+0.01 −0.0
E_1	2.67	+0.01 −0.0
E_2	2.29	+0.0 −0.01
E_3	3.5	+0.2 −0.0
F	6.0	+0.0 −0.025
F_2	6.8	+0.025 −0.0
a	60	+0.5 −0.5
b	40	+0.5 −0.5
c	5	+0.0 −0.2
d	7.0	+0.1 −0.1

GB/T 1483.2-7006-59B-1

GU7 灯端的通规和止规	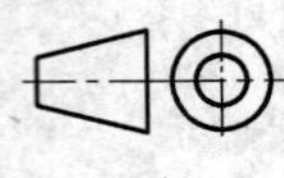 1/2

单位为毫米

附图仅表示互换性的基本尺寸。

关于 GU7 灯端，见 GB/T 1406.2-7004-113。

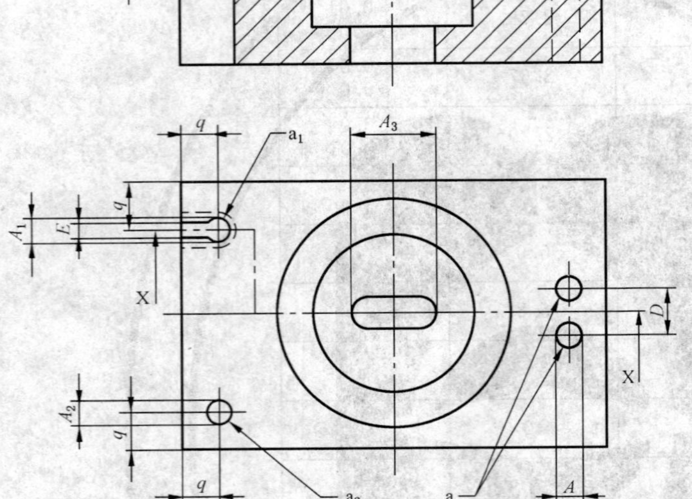

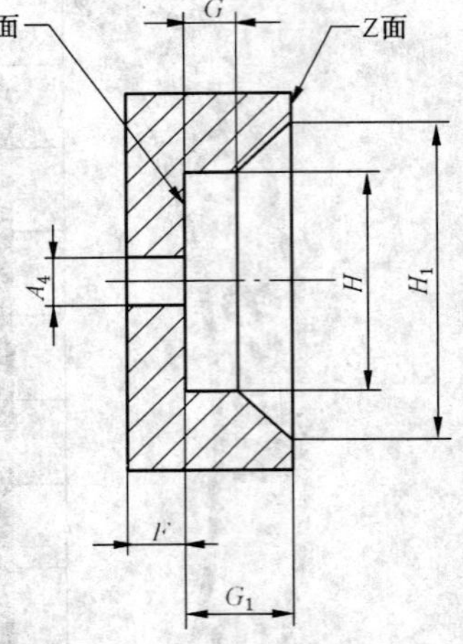

目的：从下述几方面检验 GU7 灯端：

——单个插脚直径(尺寸 A)；

——插脚直径和位置(尺寸 A 和 D)；

——插脚的长度(尺寸 F_1 加 J)；

——插脚嵌入的长度和直径(尺寸 F_2 和 E)。

检验：应能将各灯端插脚从 Z 面插入孔 a_1，并从插槽中移除。

应不能将灯端插脚插入孔 a_2。

应能将两灯端插脚同时插入孔 a，直至灯端基准面与量规 Z 面相接触。

应能将灯端插入量规，直至灯端基准面与量规 Y 面相接触。在该位置上，插脚端部不应凸出量规表面。

GB/T 1483.2-7006-113-2

GU7 灯端的通规和止规

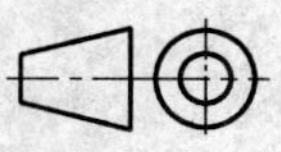

2/2

单位为毫米

尺寸符号	尺寸	公差
A(1)	3.85	+0.02 −0.0
A_1	3.6	+0.02 −0.0
A_2	3.4	+0.0 −0.02
A_3	10.85	+0.02 −0.0
A_4	3.6	+0.02 −0.0
D	7.0	+0.025 −0.025
E	2.1	+0.02 −0.0
F	6.3	+0.02 −0.0
F_2	2.4	+0.0 −0.02
G	6.0	+0.02 −0.0
G_1	12.0	+0.02 −0.0
H	20.0	+0.0 −0.02
H_1	32.0	+0.02 −0.0
q	4.95	最大值

(1) 公差 0.25 mm 包括插脚的间距和校直误差。

GB/T 1483.2-7006-113-2

检验印刷电路 GZX7d-..,GZY7d-..和 GZZ7d-..灯头的量规

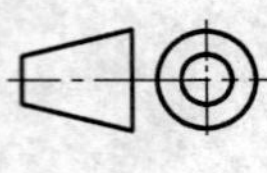

1/1

单位为毫米

附图仅表示互换性的基本尺寸。

关于 GZX7d-..,GZY7d-..和 GZZ7d-..灯头,见 GB/T 1406.2-7004-136。

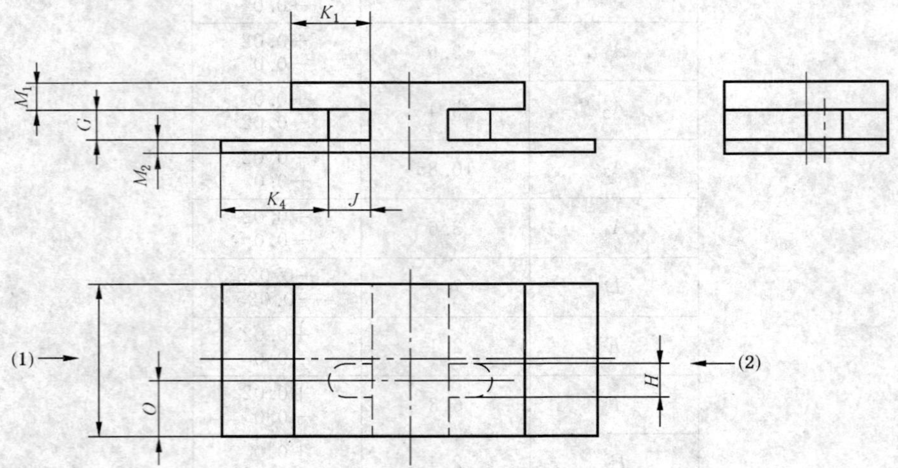

(1) 检验键-1 时灯头插入方向。

(2) 检验键-2 时灯头插入方向。

目的:检验印刷电路 GZX7d-..,GZY7d-..和 GZZ7d-..灯头最大直径和自由空间要求。

检验:应能将灯头插入量规相应定位键的末端直至灯头基准线应与量规定位键顶部相接触。

尺寸符号	尺寸	公差
G(GZX7d-..)	1.7	+0.02 0
G(GZY7d-..)	1.1	+0.02 0
G(GZZ7d-..)	0.4	+0.02 0
H	1.85	0 −0.02
J	2.5	+0.02 0
K_1	4.45	+0.02 0
K_4	6.0	+0.02 0
l	9.2	+0.1 −0.1
M_1	1.8	+0.02 0
M_2	0.8	+0.02 0
O	3.6	+0.01 −0.01

* 在日本,应采用以下数值。(待定)

尺寸符号	尺寸	公差
G(GZX7d-..)	1.74	+0.02 0
G(GZY7d-..)	1.14	+0.02 0

GB/T 1483.2-7006-136-1

检验印刷电路 GZX7d-..,GZY7d-.. 和 GZZ7d-.. 灯头定位键的量规

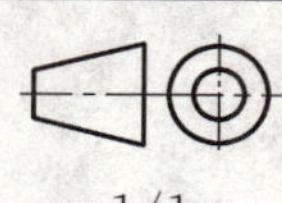

1/1

单位为毫米

附图仅表示互换性的基本尺寸。

关于 GZX7d-..,GZY7d-.. 和 GZZ7d-.. 灯头,见 GB/T 1406.2-7004-136。

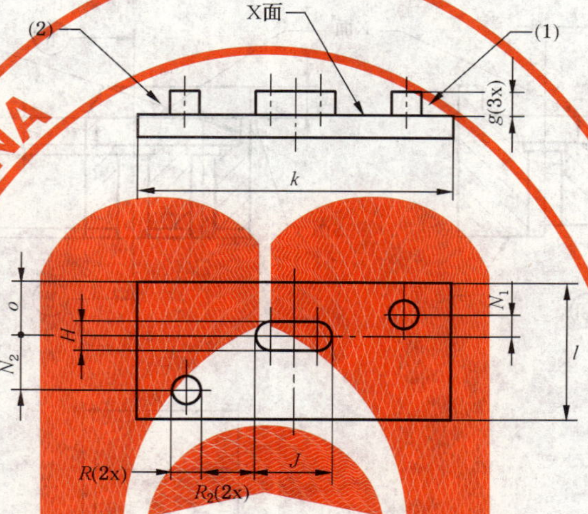

(1) 检验键-1 时灯头插入方向。

(2) 检验键-2 时灯头插入方向。

尺寸符号	尺寸	公差
H	1.85	0 −0.02
J	4.85	0 −0.02
N_1(定位键 1)	1.5	+0.01 −0.01
N_2(定位键 2)	3.5	+0.01 −0.01
R	1.45	0 −0.02
R_2	3.55	+0.01 −0.01
g	1.6	+0.1 −0.1
k	17	+0.1 −0.1
l	9	+0.1 −0.1
o	3.5	+0.1 −0.1

目的:检验印刷电路 GZX7d-..,GZY7d-.. 和 GZZ7d-.. 灯头定位键尺寸和位移。

检验:应能将量规插入灯头相应的定位键孔,直至印刷电路板底面与量规 X 面相接触。

还应能将量规插入非分离式灯头相应的定位键孔,直至印刷电路板底面与量规 X 面相接触。

GB/T 1483.2-7006-136A-1

G7.9 和 GX7.9 灯头的通规

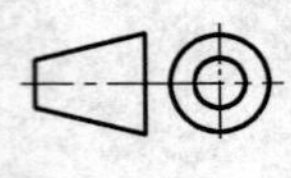

1/2

单位为毫米

附图仅表示互换性的基本尺寸。

关于 G7.9 和 GX7.9 灯头，见 GB/T 1406.2-7004-139。

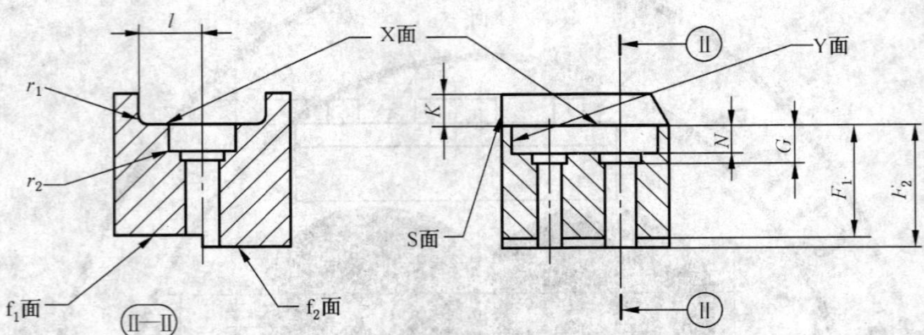

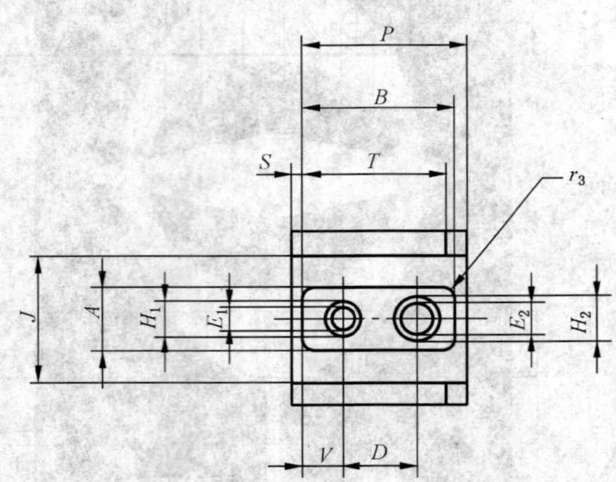

附图表示 G7.9 灯头用量规。

对于 GX7.9 灯头用量规，大孔和小孔可互换。

GB/T 1483.2-7006-139-1

	G7.9 和 GX7.9 灯头的通规	2/2

单位为毫米

尺寸符号	尺寸	公差	尺寸符号	尺寸	公差
A	7.06	+0.025 0	J	14.32	+0.025 0
B	15.80	+0.025 0	K	3.86	0 −0.025
D	7.92	+0.005 −0.005	N	3.12	+0.025 0
E_1(1)	2.74	+0.025 0	P	17.93	0 −0.025
E_2(1)	3.55	+0.025 0	S	2.72	+0.025 0
F_1	13.36	0 −0.025	T	15.24	+0.025 0
F_2	14.61	+0.025 0	V	3.99	+0.025 0
G	4.24	+0.025 0	r_1	1.17	0 −0.025
H_1(1)	3.68	+0.025 0	r_2	0.53	0 −0.025
H_2(1)	4.82	+0.025 0	r_3	1.45	0 −0.025
l	7.16	+0.02 0			

(1) 公差 0.25 mm 包括插脚的间距和校直误差。

目的：从如下几方面检验 G7.9 和 GX7.9 灯头：

——插脚直径和位移；

——插脚长度；

——尺寸 Amax，Bmax，Gmax，I，Jmax，Kmin，Nmax，Pmin，Smax，Tmin，Vmax，$r_1$min，$r_2$min 和 $r_3$min。

检验：应能将灯头插入量规，直至灯头 X 面与量规 X 面相接触。在此位置上，插脚端部应与 f_1 面共面或凸出该面，但不应凸出 f_2 面。

灯头按 Y 面方向推压，直至不能再移动，灯头任何部分不应凸出尺寸 K 和尺寸 J 规定的 S 面。

GB/T 1483.2-7006-139-1

	2G8 灯头的通规	1/2

单位为毫米

附图仅表示互换性的基本尺寸。

关于 2G8 灯头，见 GB/T 1406.2-7004-141。

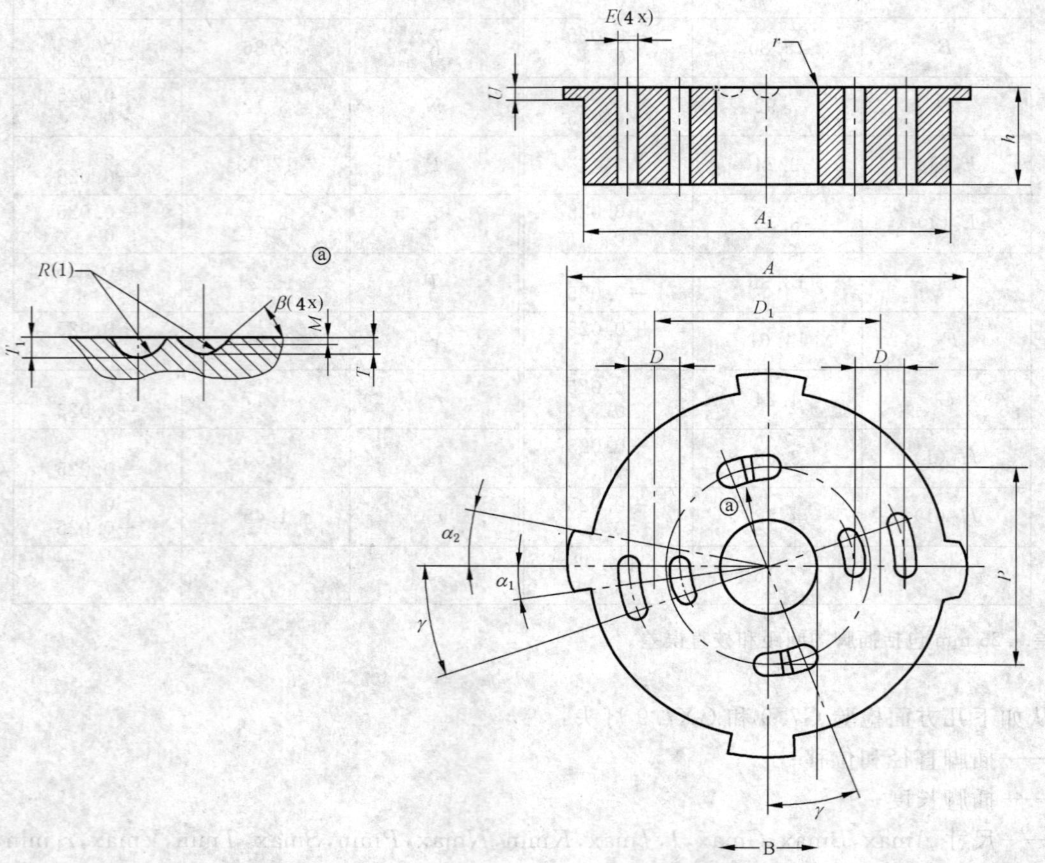

(1) 半球形。

目的：检验 2G8 灯头。

检验：不用过度的力，应能将灯头插入量规，直至到达工作位置。

不用过度的力，应能将灯头拔出。

2G8 灯头的通规

2/2

单位为毫米

尺寸符号	尺寸	公差
A	59.4	0 −0.02
A_1	53.6	0 −0.02
B	14.6	+0.02 0
D	7.5	+0.005 −0.005
D_1	32.5	+0.005 −0.005
E	3.1	+0.02 0
M	0.5	+0.01 −0.01
P	30.0	+0.01 −0.01
R	1.6	0 −0.02
T	1.5	+0.02 0
T_1	1.8	+0.02 0
U	2.3	0 −0.02
h	15	+0.1 −0.1
r	1.1	+0.02 0
α_1	9°	+10′ 0
α_2	7°	+30′ −30′
β	45°	+1° −1°
γ	20°	+10′ −10′

GB/T 1483.2-7006-141-1

检验 2G8 灯头插脚直径的通规和止规

1/1

单位为毫米

附图仅表示互换性的基本尺寸。

关于 2G8 灯头，见 GB/T 1406.2-7004-141。

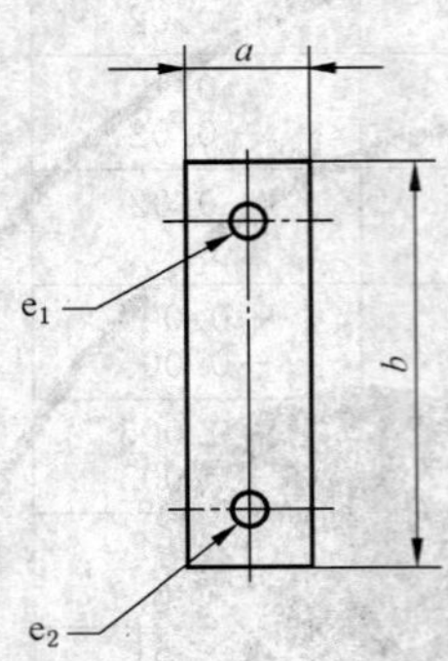

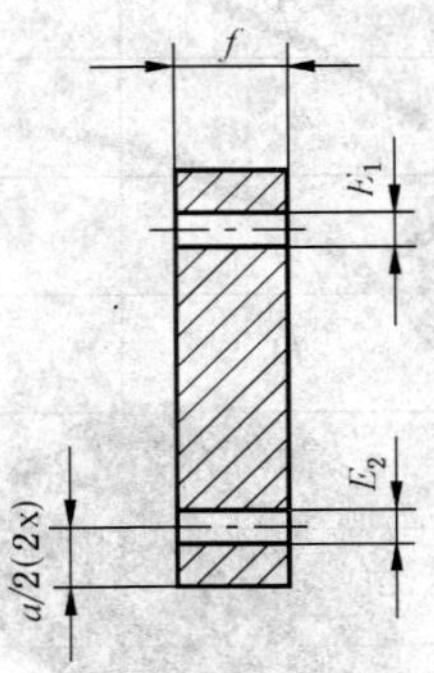

目的：检验 2G8 灯头插脚直径。

检验：应能将各插脚依次插入孔 e_1，直至灯头和量规表面相接触。除尖端外应不能将插脚插入孔 e_2。

尺寸符号	尺寸	公差
E_1	2.67	+0.01 0
E_2	2.29	0 −0.01
a	8	+0.1 −0.1
b	28	+0.1 −0.1
f	7	+0.1 −0.1

GB/T 1483.2-7006-141H-1

检验 2G8 非互换性定位键灯头的止规

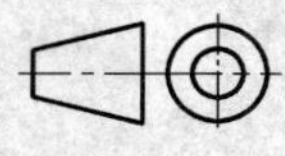

1/2

单位为毫米

附图仅表示互换性的基本尺寸。
关于 2G8 灯头，见 GB/T 1406.2-7004-141。

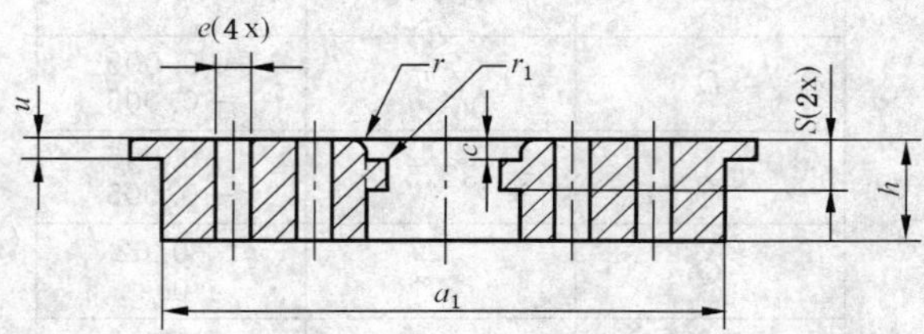

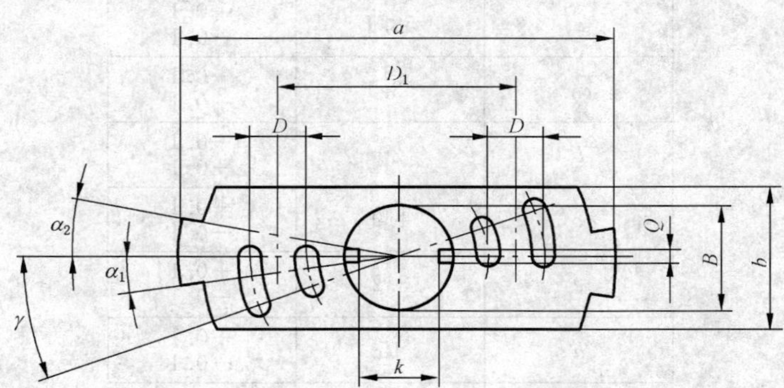

附图仅表示检验 2G8-2，2G8-3，2G8-4，2G8-5 和 2G8-6 灯头用止规，其他五种不同量规见下图。

其他量规定位键

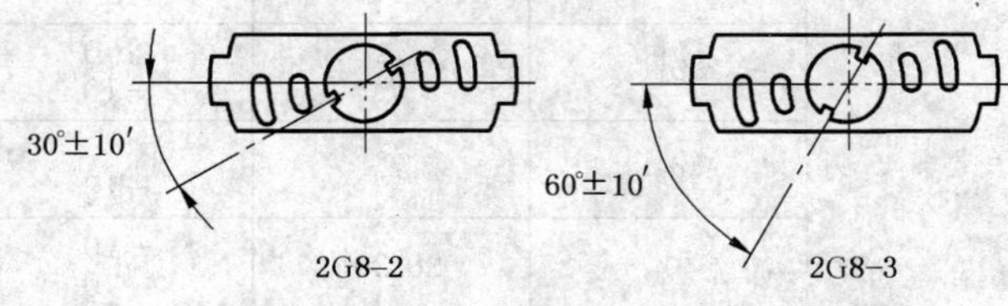

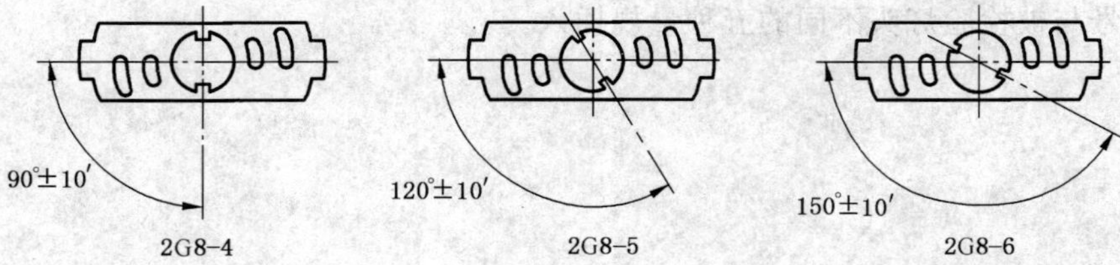

GB/T 1483.2-7006-141J-1

	检验 2G8 非互换性定位键灯头的止规	2/2

单位为毫米

尺寸符号	尺寸	公差
B	14.6	+0.02 0
D	7.5	+0.005 −0.005
D_1	32.5	+0.005 −0.005
Q	2.5	+0.02 0
S	4.5	0 −0.02
u	1.9	+0.1 −0.1
a	59.1	+0.1 −0.1
a_1	53.1	+0.1 −0.1
b	20	+0.1 −0.1
c	1.9	+0.1 −0.1
e	3.2	+0.1 −0.1
h	15	+0.1 −0.1
k	10	+0.1 −0.1
r	2	+0.1 0
r_1	0.5	+0.1 0
α_1	8°	0 −10′
α_2	7°	0 −10′
γ	20°30′	+10′ 0

目的：检验特定的 2G8-..灯头是否能防止插入非匹配型号(连字符之后的数字不同)的 2G8-..灯座。

检验：应不能将型号与被检验灯头不同的五种量规插入。

GB/T 1483.2-7006-141J-1

检验 2G8 灯头插脚的通规

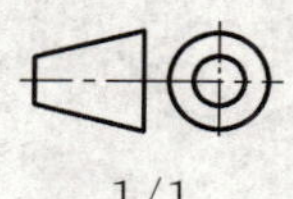

1/1

单位为毫米

附图仅表示互换性的基本尺寸。

关于 2G8 灯头，见 GB/T 1406.2-7004-141。

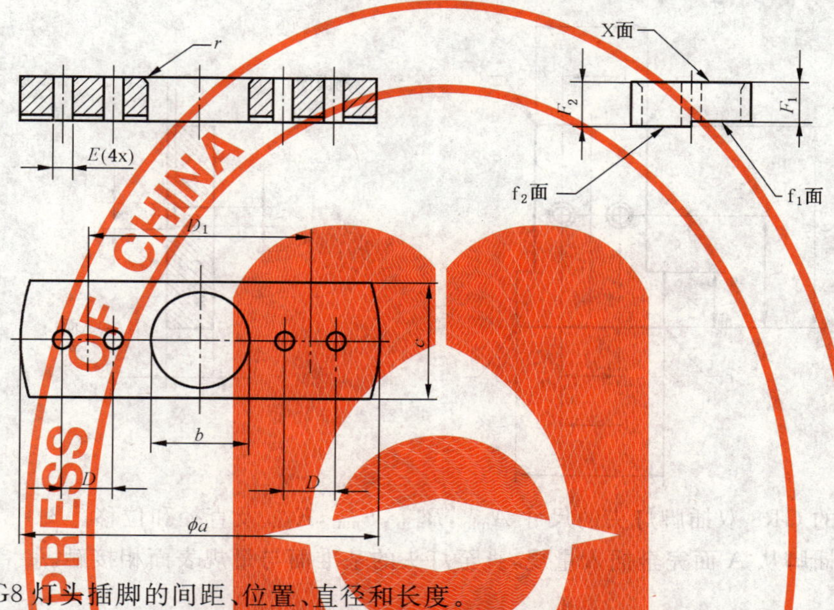

目的：检验 2G8 灯头插脚的间距、位置、直径和长度。

检验：应能将灯头插入量规，直至灯头基准面与量规 X 面相接触。

在此位置上，所有插脚端部应与 f_1 面共面或凸出该面，但不应凸出 f_2 面。

尺寸符号	尺寸	公差
D	7.5	+0.005 −0.005
D_1	32.5	+0.005 −0.005
F_1	6	0 −0.02
F_2	6.8	+0.02 0
E	2.9	+0.02 0
a	53	+0.1 −0.1
b	14.8	+0.1 −0.1
c	18	+0.1 −0.1
r	1.2	+0.1 −0.1

GB/T 1483.2-7006-141K-1

未组装的 GR8 灯头的通规

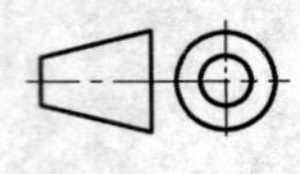

1/1

单位为毫米

附图仅表示互换性的基本尺寸。

关于 GR8 灯头，见 GB/T 1406.2-7004-68。

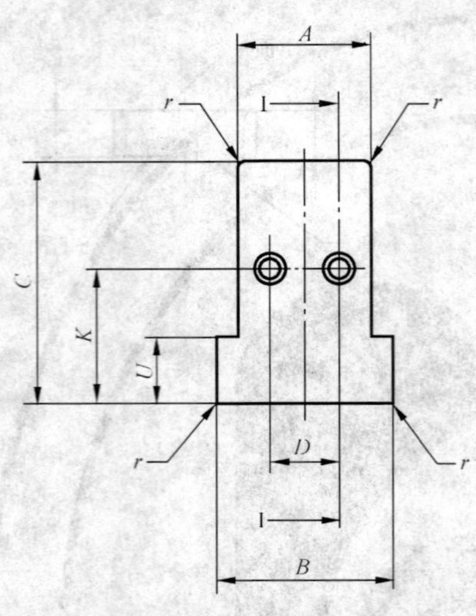

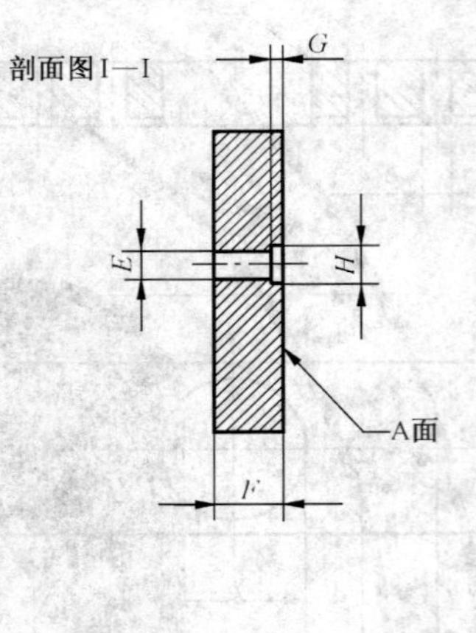

目的：检验未组装的 GR8 双插脚灯头的尺寸 $A_{\min}$，$B_{\min}$，$F_{\min}$，$K_{\min}$ 及直径和位移。

检验：应能将灯头插脚从 A 面完全插入量规，直至灯头的基准面与量规表面相接触。

表面粗糙度：0.4 μm。

尺寸符号	尺寸	公差
A	15.5	+0.0 −0.01
B	20.3	+0.0 −0.01
C	29.0	+0.0 −0.01
D	8.0	+0.005 −0.005
E	2.6	+0.01 −0.0
F	6.6	+0.0 −0.01
G	1.27	+0.01 −0.0
H	3.61	+0.02 −0.0
K	16.1	+0.0 −0.02
U	8.0	+0.5 −0.5
r	0.8	+0.05 −0.0

GB/T 1483.2-7006-68-2

确保灯头插入最大尺寸灯座及检验其插脚间距和长度的 GR8 灯头的插入规

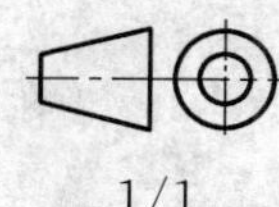

1/1

单位为毫米

附图仅表示互换性的基本尺寸。

关于 GR8 灯头，见 GB/T 1406.2-7004-68。

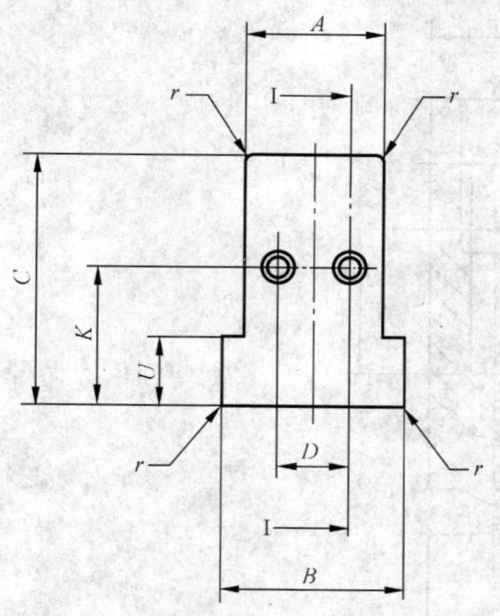

剖面图Ⅰ—Ⅰ

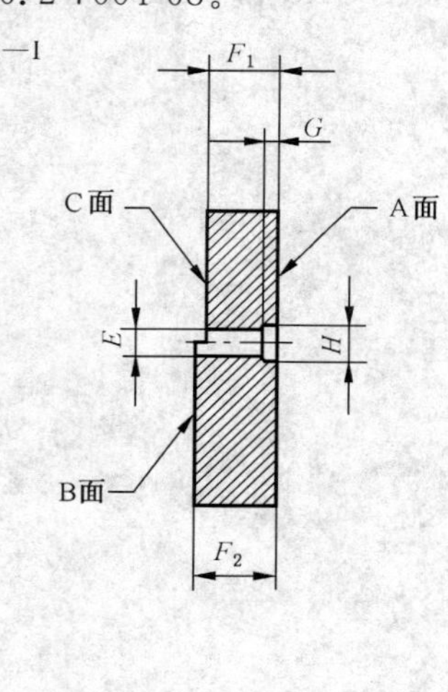

目的：检验成品灯上 GR8 灯头的尺寸 A_{min}，B_{min}，F_{min}，F_{max}，K_{min}和灯头插脚的直径及位移。

检验：应能将灯头插脚从 A 面完全插入量规，直至灯头的基准面与量规表面相接触。在此位置上，插脚端部应与 C 面共面或凸出 C 面，但不应凸出 B 面。

表面粗糙度：0.4 μm。

尺寸符号	尺寸	公差
A	15.5	+0.0 −0.01
B	20.3	+0.0 −0.01
C	29.0	+0.0 −0.01
D	8.0	+0.005 −0.005
E	2.79	+0.01 −0.0
F_1	6.6	+0.0 −0.01
F_2	7.77	+0.01 −0.0
G	1.27	+0.01 −0.0
H	3.61	+0.02 −0.0
K	16.1	+0.0 −0.02
U	8.0	+0.5 −0.5
r	0.8	+0.05 −0.0

GB/T 1483.2-7006-68A-2

	成品灯上 GR8 和 GR10q 灯头插脚的通规	1/1

单位为毫米

附图仅表示互换性的基本尺寸。

关于 GR8 和 GR10q 灯头，分别见 GB/T 1406.2-7004-68 和 7004-77。

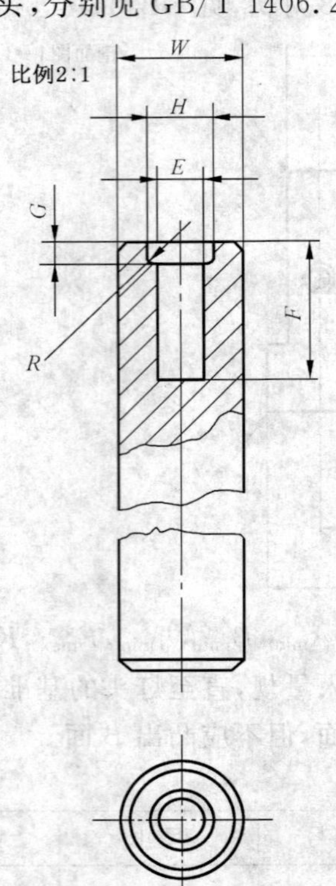

表面粗糙度为 0.4 μm

目的：分别检验 GR8 和 GR10q 灯头的尺寸 E_{max} 和 F_{max}。

检验：应能将各插脚依次插入孔中，直至灯头的基准面与量规表面相接触。

尺寸符号	尺寸	公差
E	2.67	+0.01 −0.0
F	7.77	+0.01 −0.0
G	1.27	+0.01 −0.0
H	3.61	+0.02 −0.0
R	0.38	+0.0 −0.05
W	6.9	+0.1 −0.1

GB/T 1483.2-7006-68E-1

	GR8 和 GR10q 灯头插脚的通规和止规	1/1

单位为毫米

附图仅表示互换性的基本尺寸。

关于 GR8 和 GR10q 灯头，分别见 GB/T 1406.2-7004-68 和 7004-77。

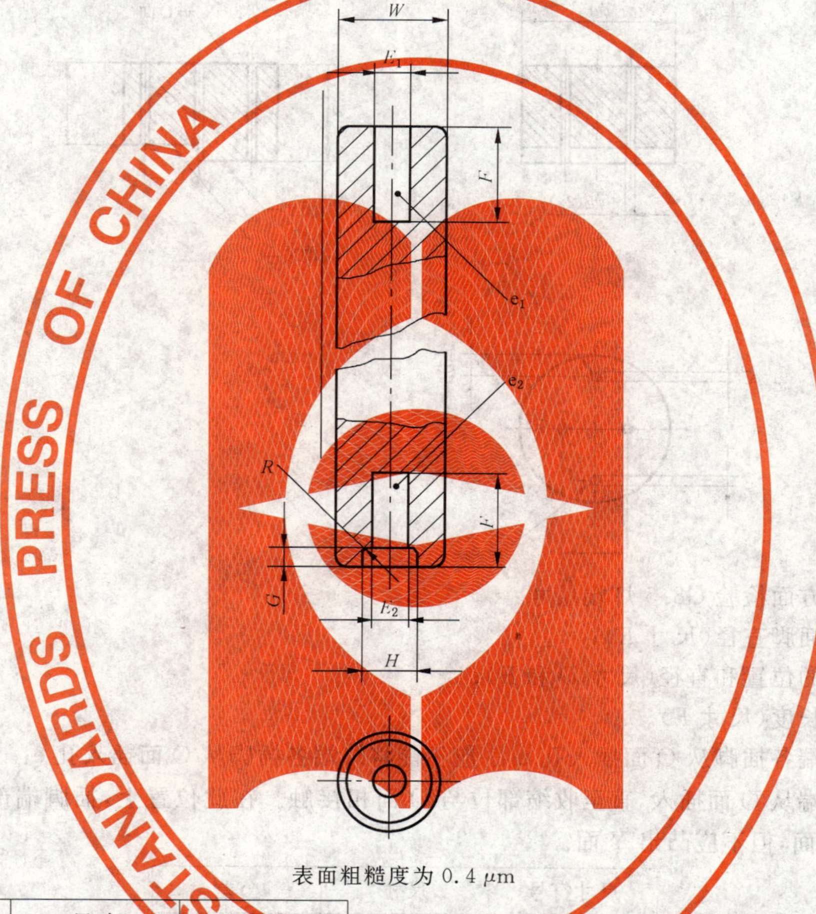

表面粗糙度为 0.4 μm

尺寸符号	尺寸	公差
E_1	2.29	+0.0 −0.01
E_2	2.44	+0.01 −0.0
F	6.60	+0.0 −0.01
G	1.27	+0.02 −0.0
H	3.30	+0.01 −0.0
R	0.38	+0.0 −0.05
W	6.9	+0.01 −0.01

目的：分别检验未组装的 GR8 和 GR10q 灯头的尺寸 E_{min} 和 F_{min}。

检验：应能依次将各插脚插入孔 e_2。灯头的基准面不应与量规表面相接触。灯头插脚（不包括其尖端）应不能插入孔 e_1。

GB/T 1483.2-7006-68F-1

G8.5 灯端的通规和止规

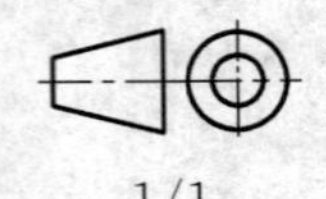

1/1

单位为毫米

附图仅表示互换性的基本尺寸。

关于 G8.5 灯端，见 GB/T 1406.2-7004-122。

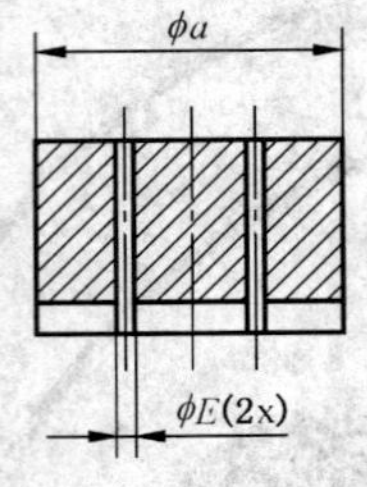

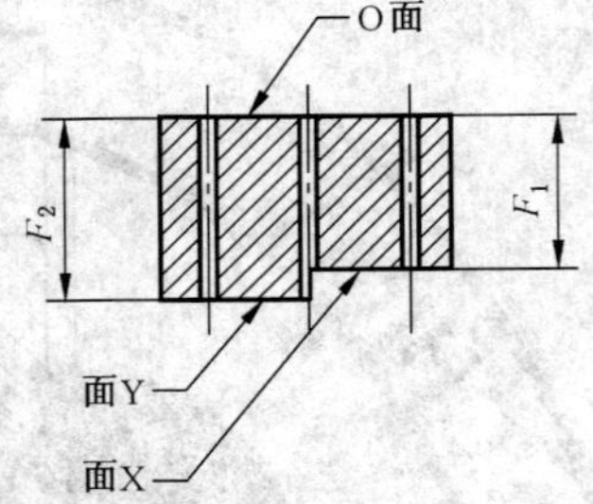

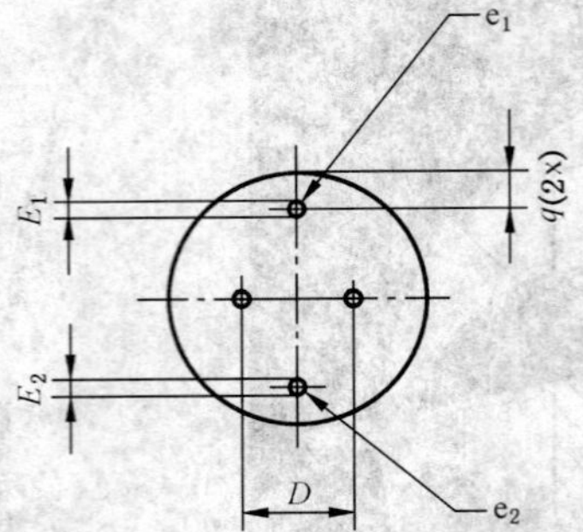

目的：从以下几方面检验 G8.5 灯端尺寸：

——单个插脚直径（尺寸 E）；

——插脚的位置和直径（尺寸 D 和 E）；

——插脚长度（尺寸 F）。

检验：应能将灯端各插脚从 O 面插入孔 e_1。应不能将灯端各插脚从 O 面插入孔 e_2。

应能将灯端从 O 面插入，直至收缩部位与 O 面相接触。在此位置上，插脚端部应与 X 面共面或凸出 X 面，但不应凸出 Y 面。

尺寸符号	尺寸	公差
D	8.5	+0.01 −0.01
E	1.45	+0.01 −0.0
E_1	1.05	+0.01 −0.0
E_2	0.95	+0.0 −0.01
F_1	11.0	+0.0 −0.01
F_2	13.0	+0.01 −0.0
a	20	最小值
q	5	+0.2 −0.2

GB/T 1483.2-7006-122-1

G9 灯端的通规

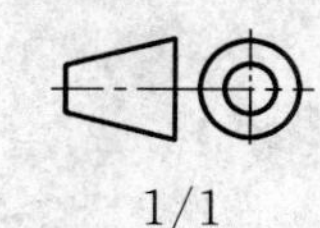

1/1

单位为毫米

附图仅表示互换性的基本尺寸。

关于 G9 灯端，见 GB/T 1406.2-7004-129。

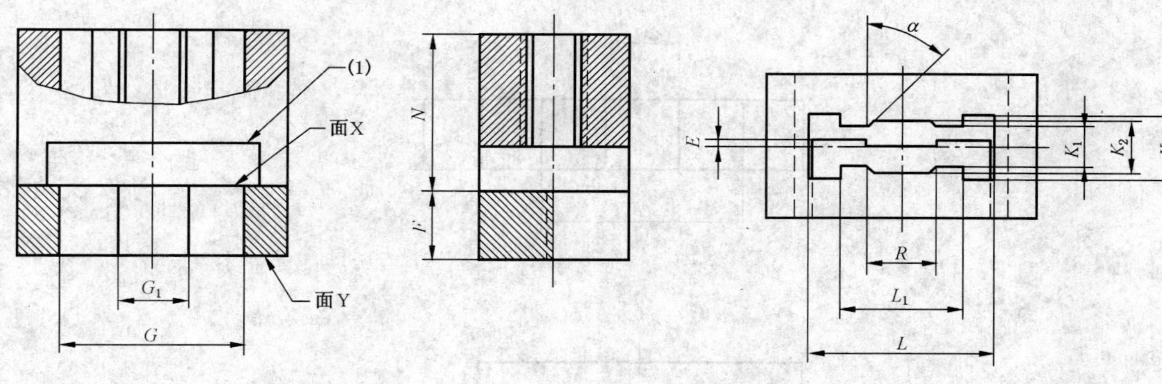

(1) 观察槽。

目的：检验 G9 灯端最大外形轮廓线。

检验：应能将灯端平稳插入量规，直至其基准面与 X 面相接触。

在该位置上灯端的接触部分应不凸出 Y 面。

尺寸符号	尺寸	公差
E	0.5	+0.1 0
F	5.3	+0.02 0
G	13.3	0 −0.02
G_1	5.2	+0.02 0
K	4.9	+0.02 0
K_1	3.0	+0.02 0
K_2	4.0	+0.02 0
L	13.7	+0.02 0
L_1	9.0	+0.02 0
N	12.3	+0.02 0
R	5.0	+0.02 0
α	45°	+1° 0

GB/T 1483.2-7006-129-1

G9 灯端的止规

1/1

单位为毫米

附图仅表示互换性的基本尺寸。

关于 G9 灯端，见 GB/T 1406.2-7004-129。

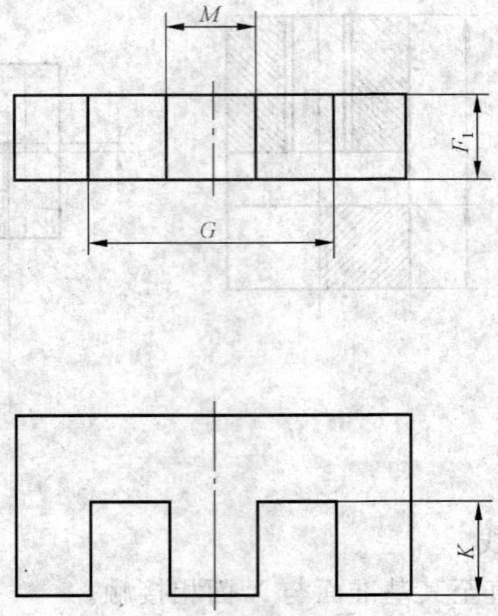

M

F_1

G

K

目的：检验 G9 灯端尺寸 G_{min}。

检验：不用过度的力，在灯插入量规的过程中，应不能使灯端的基准面与量规表面相接触。

尺寸符号	尺寸	公差
F_1	3.0	+0.02 0
G	12.4	+0.02 0
M	5.2	0 −0.02
K	4.9	0 −0.02

GB/T 1483.2-7006-129A-1

	成品灯上 G9.5 双插脚灯头的通规	1/1

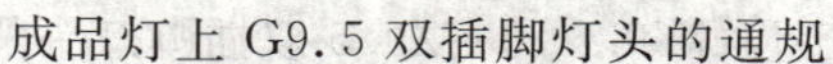

单位为毫米

附图仅表示互换性的基本尺寸。

关于 G9.5 灯头，见 GB/T 1406.2-7004-20。

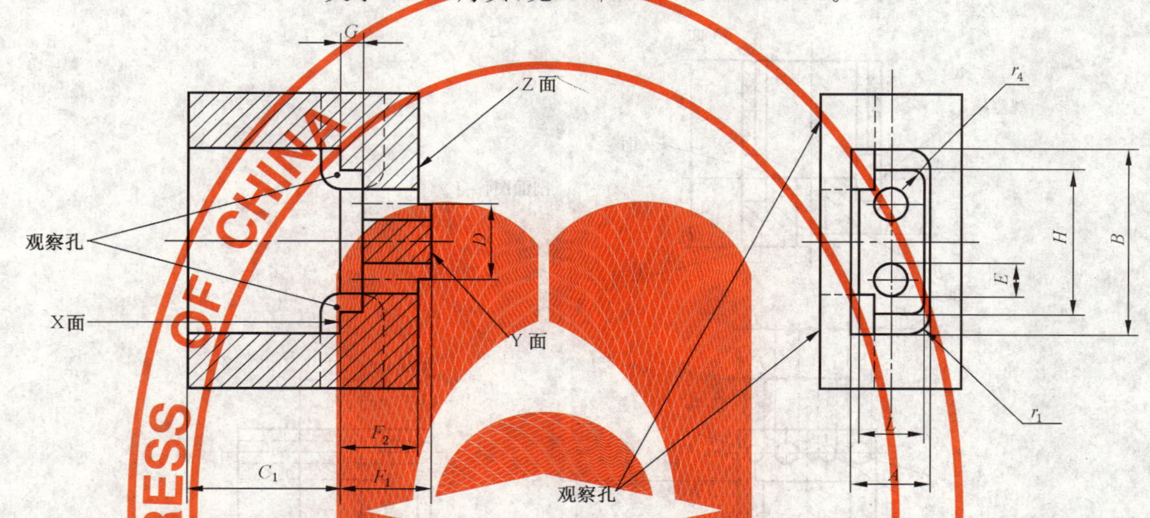

目的：检验成品灯上 G9.5 双插脚灯头的插脚长度的最大值和最小值，插脚的直径和位置，以及插脚凸出的长度和宽度的最大值。

检验：当成品灯上的灯头插脚完全插入量规时，灯头的基准面应与量规 X 面相接触，在此位置上，两只插脚的端部应与 Z 面共面或凸出 Z 面，但不应凸出 Y 面。

尺寸符号	尺寸	公差
A	9.78	+0.025 −0.0
B	23.95	+0.025 −0.0
C_1	19.05	+0.0 −0.025
D	9.53	+0.005 −0.005
E	3.99	+0.013 −0.0
F_1	11.43	+0.025 −0.0
F_2	9.53	+0.0 −0.025
G	3.02	+0.025 −0.0
H	18.29	+0.025 −0.0
L	7.87	+0.025 −0.0
r_1	3.18	+0.0 −0.127
r_4	1.27	+0.0 −0.127

GB/T 1483.2-7006-70D-1

	成品灯上 GY9.5 和 GZ9.5 双插脚灯头的通规	1/1

单位为毫米

附图仅表示互换性的基本尺寸。

关于 GY9.5 和 GZ9.5 灯头，见 GB/T 1406.2-7004-70B。

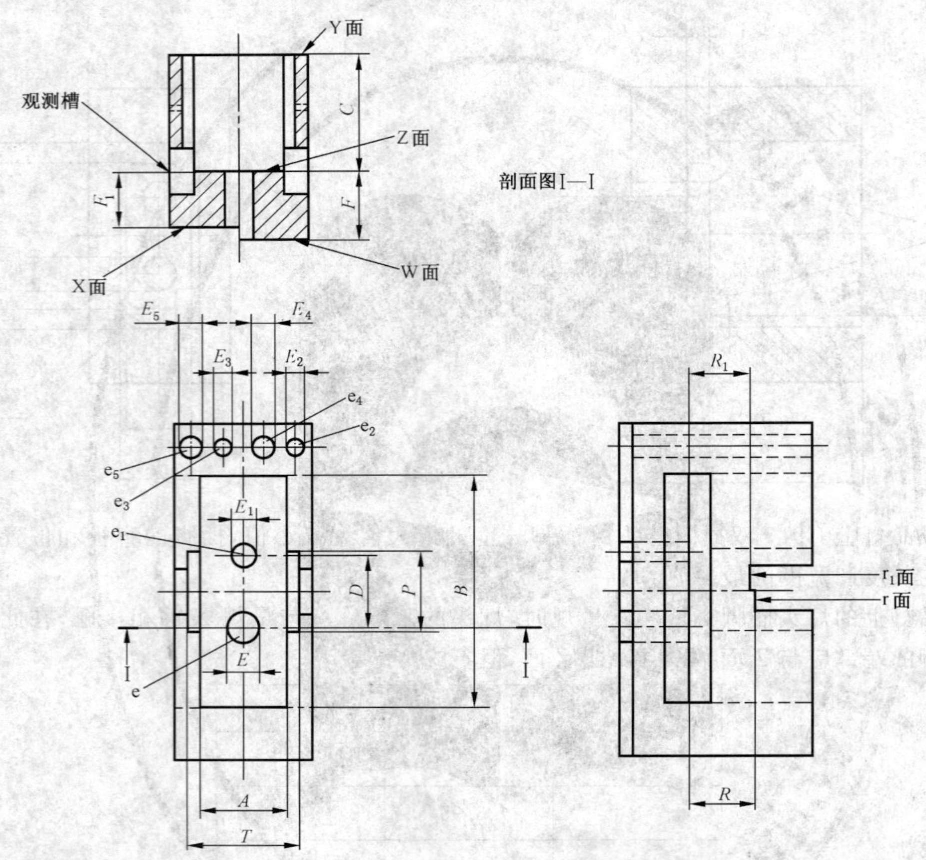

GY9.5 和 GZ9.5 灯头量规仅在尺寸 B 上有差别。

目的：从下述几方面检验成品灯上 GY9.5 和 GZ9.5 灯头：

——相对于灯头最大水平剖面图（尺寸 A_{max}，B_{max}，P_{max} 和 T_{max}）的插脚位移和直径（尺寸 D 和 E）；

——壳体最小高度（尺寸 C）；

——定位键的高度（尺寸 R）；

——插脚的长度（尺寸 F）；

——各只插脚直径（尺寸 E_1 和 E_2）。

检验：应能将灯头插入量规，直至支台与 Z 面相接触，在此位置上，插脚端部应与 X 面共面或凸出 X 面，但不应凸出 W 面。此外，灯头壳体上部边缘应凸出 Y 面或与 Y 面共面，并且定位键的边缘应位于 r 面和 r_1 面之间或与它们共面。应能将灯头插脚插入孔 e_5 或 e_3，直至支台位置，但应不能将相应的插脚插入孔 e_4 或 e_2，量规表面与支台之间至少要留有 5.08 mm 的距离。也可以用单独的量规检验插脚直径。

GB/T 1483.2-7006-70C-2

成品灯上 GY9.5 和 GZ9.5 双插脚灯头的通规

2/2

单位为毫米

尺寸符号	尺寸	公差
A	11.18	+0.025 −0.0
B(1)	30.00	+0.025 −0.0
B(2)	24.38	+0.025 −0.0
C	15.75	+0.0 −0.025
D	9.53	+0.01 −0.01
E	3.51	+0.01 −0.0
E_1	2.62	+0.01 −0.0
E_2	2.29	+0.0 −0.01
E_3	2.44	+0.01 −0.0
E_4	3.1	+0.0 −0.01
E_5	3.25	+0.01 −0.0
F	8.64	+0.025 −0.0
F_1	7.11	+0.0 −0.025
P	10.16	+0.025 −0.0
R	8.26	+0.025 −0.0
R_1	7.75	+0.0 −0.025
T	14.35	+0.025 −0.0

(1) 用于 GY9.5 灯头的量规。

(2) 用于 GZ9.5 灯头的量规。

GB/T 1483.2-7006-70C-2

G10q、GX10q、GY10q 和 GZ10q 灯头的通规

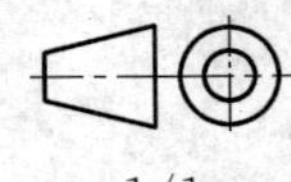

1/1

单位为毫米

附图仅表示互换性的基本尺寸。

关于 G10q、GX10q、GY10q 和 GZ10q 灯头，分别见 GB/T 1406.2-7004-54，7004-84，7004-85 和 7004-124。

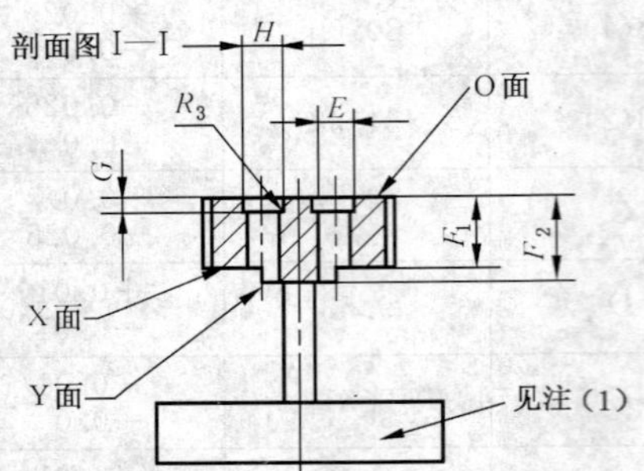

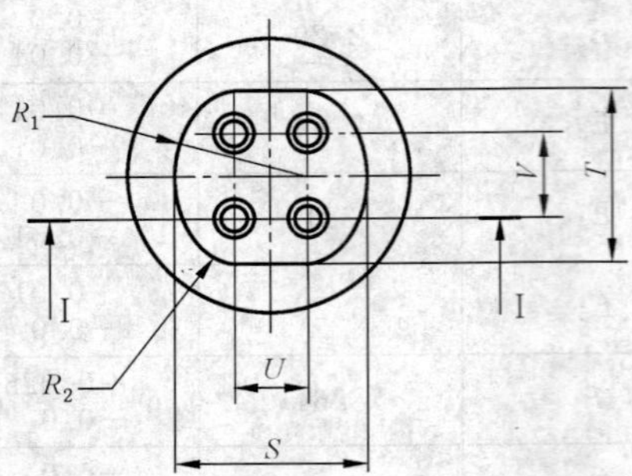

注 1：该部分仅用于提供附加的质量，以便使量规的总质量达到规定的数值。

目的：分别检验 G10q、GX10q、GY10q 和 GZ10q 灯头的尺寸 F_{min}，F_{max} 和插脚直径及插脚（包括止挡）的位移。

检验：将量规 O 面套在成品灯的灯头的插脚上，仅依靠量规自身重量，量规的 O 面应能与灯头端面相接触，在此位置上，四只插脚的端部不应低于 X 面，也不应凸出 Y 面。

尺寸符号	尺寸	公差	尺寸符号	尺寸	公差
E	2.74	+0.01 −0.0	R_3	0.4	+0.0 −0.01
F_1	6.35	+0.0 −0.025	S	16.31	+0.0 −0.025
F_2	7.62	+0.025 −0.0	T	15.70	+0.0 −0.025
G	1.27	+0.025 −0.0	U	6.35	+0.005 −0.005
H	3.5	+0.01 −0.0	V	7.92	+0.005 −0.005
R_1	11.61	+0.08 −0.08	质量	0.45 kg	+10% −10%
R_2	3.81	+0.08 −0.08			

GB/T 1483.2-7006-79-2

未组装的 GR10q 灯头的通规

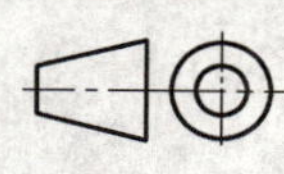

1/1

单位为毫米

附图仅表示互换性的基本尺寸。

关于 GR10q 灯头，见 GB/T 1406.2-7004-77。

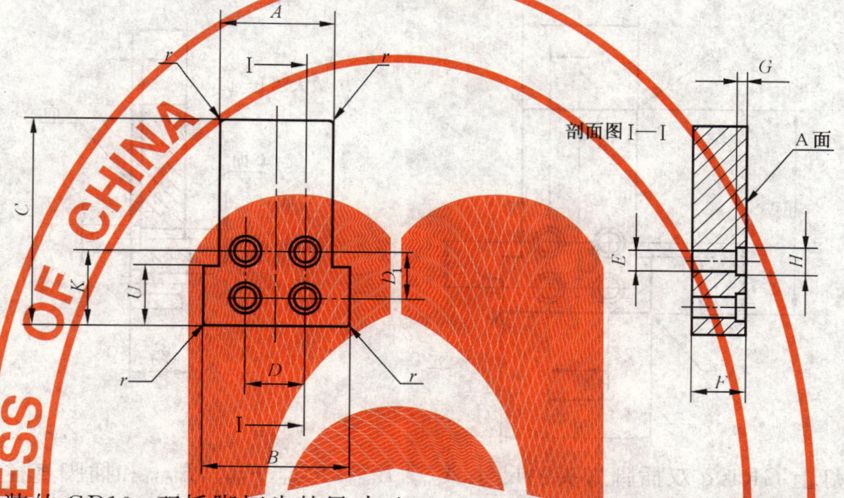

目的：检验未组装的 GR10q 双插脚灯头的尺寸 A_{min}，B_{min}，F_{min}，K_{min} 和插脚直径及其位移。

检验：将灯头插脚从 A 面完全插入量规时，灯头的基准面应能与量规的表面相接触。

表面粗糙度：0.4 μm。

尺寸符号	尺寸	公差
A	15.5	+0.0 −0.01
B	20.3	+0.0 −0.01
C	29.0	+0.0 −0.01
D	8.0	+0.005 −0.005
D_1	6.35	+0.005 −0.005
E	2.6	+0.01 −0.0
F	6.6	+0.0 −0.01
G	1.27	+0.01 −0.0
H	3.61	+0.02 −0.0
K	9.9	+0.0 −0.02
U	8.0	+0.5 −0.5
r	0.8	+0.05 −0.0

GB/T 1483.2-7006-77-2

确保灯头插入最大尺寸灯座及检验其插脚间距和长度的GR10q灯头的插入规

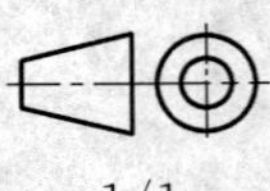

1/1

单位为毫米

附图仅表示互换性的基本尺寸。

关于GR10q灯头，见GB/T 1406.2-7004-77。

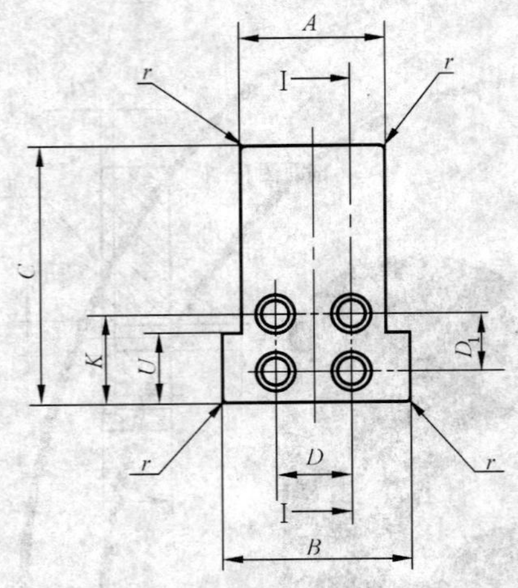

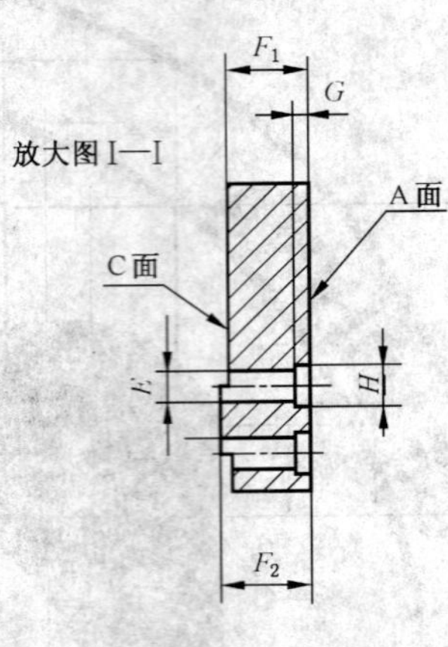

目的：检验成品灯上GR10q双插脚灯头的尺寸A_{min}，B_{min}，F_{min}，F_{max}，K_{min}和插脚直径及位移。

检验：将灯头插脚从A面完全插入量规时，灯头的基准面应能与量规的表面相接触。在此位置上，插脚端部应与C面共面或凸出C面，但不应凸出B面。

表面粗糙度：0.4 μm。

尺寸符号	尺寸	公差
A	15.5	+0.0 −0.01
B	20.3	+0.0 −0.01
C	29.0	+0.0 −0.01
D	8.0	+0.005 −0.005
D_1	6.35	+0.005 −0.005
E	2.79	+0.01 −0.0
F_1	6.6	+0.0 −0.01
F_2	7.77	+0.01 −0.0
G	1.27	+0.01 −0.0
H	3.61	+0.02 −0.0
K	9.9	+0.0 −0.02
U	8.0	+0.5 −0.5
r	0.8	+0.05 −0.0

GB/T 1483.2-7006-77A-2

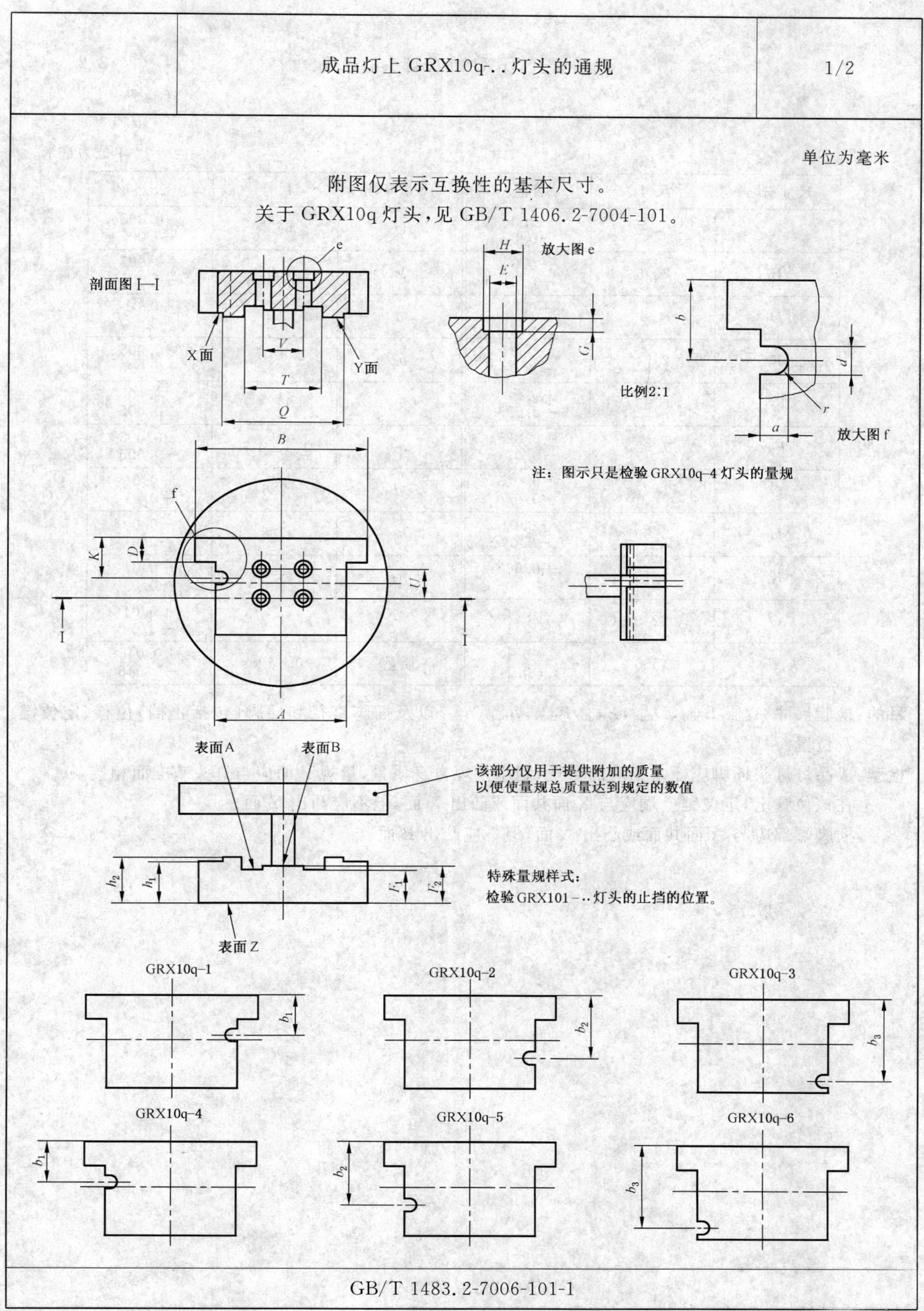
成品灯上 GRX10q-..灯头的通规
1/2
单位为毫米
附图仅表示互换性的基本尺寸。
关于 GRX10q 灯头，见 GB/T 1406.2-7004-101。
剖面图 I—I
e
X 面
Y 面
V
T
Q
H
E
G
放大图 e
比例2:1
b
d
r
a
放大图 f
B
f
K
D
U
I
I
A
注：图示只是检验 GRX10q-4 灯头的量规
表面 A
表面 B
该部分仅用于提供附加的质量
以便使量规总质量达到规定的数值
h2
h1
F1
F2
表面 Z
特殊量规样式：
检验 GRX101-..灯头的止挡的位置。
GRX10q-1
GRX10q-2
GRX10q-3
GRX10q-4
GRX10q-5
GRX10q-6
b1
b2
b3
b1
b2
b3
GB/T 1483.2-7006-101-1

	成品灯上 GRX10q-..灯头的通规	2/2

单位为毫米

尺寸符号	尺寸	公差	尺寸符号	尺寸	公差
A	24.5	+0.0 −0.01	U	6.35	+0.005 −0.005
B	30.6	+0.0 −0.01	V	7.92	+0.005 −0.005
D	4.8	+0.0 −0.01	a	2.3	+0.01 −0.0
E	2.74	+0.01 −0.0	b_1	7.4	+0.005 −0.005
F_1	6.35	+0.0 −0.025	b_2	11.4	+0.005 −0.005
F_2	7.62	+0.025 −0.0	b_3	15.4	+0.005 −0.005
G	1.27	+0.025 −0.0	d	2.6	+0.0 −0.01
H	3.50	+0.01 −0.0	h_1	7.8	+0.0 −0.01
K	8.15	+0.005 −0.005	h_2	8.2	+0.01 −0.0
Q	22.5	+0.1 −0.1	r	1.3	+0.01 −0.0
T	15.0	+0.1 −0.1	质量	0.45 kg	+0.045 −0.045

目的：检验尺寸 A_{min}，B_{min}，D_{min}，F_{min}，F_{max}，h_{min}，h_{max} 以及插脚直径和插脚（包括止档）位移、定位键及位置。

检验：成品灯灯头插脚应插入相应的量规，利用量规自身质量，量规 Z 面应与灯头基准面相接触。

在该位置上，定位键上端应与 X 面共面或凸出 X 面，但不应凸出 Y 面。

插脚端部应与 A 面共面或凸出 A 面，但不应凸出 B 面。

GB/T 1483.2-7006-101-1

	成品灯上带定位键的 GRX10q-..灯头的止规	1/1

单位为毫米

附图仅表示互换性的基本尺寸。

关于 GRX10q 灯头，见 GB/T 1406.2-7004-101。

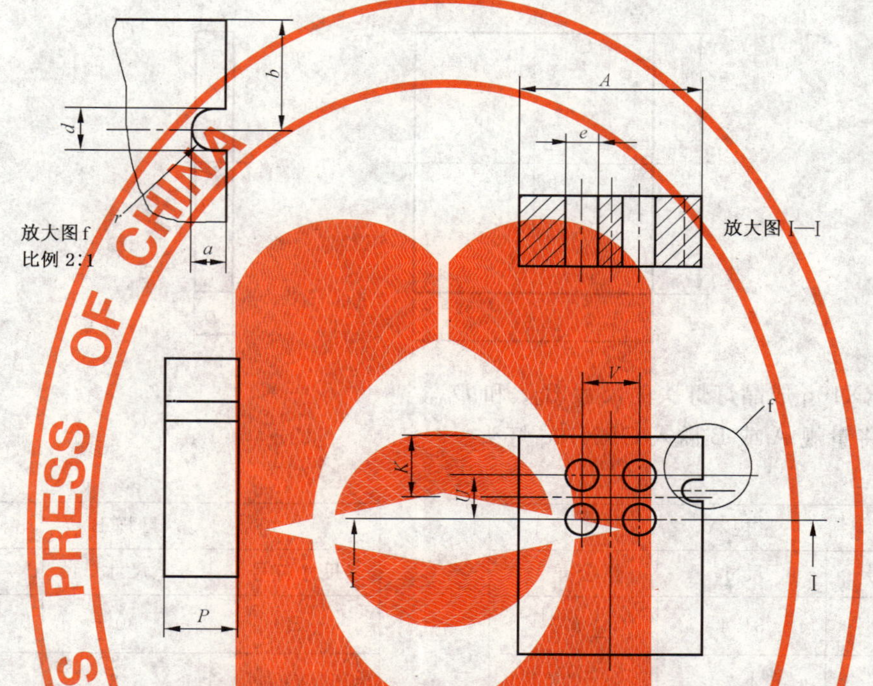

目的：检验特定的 GRX10q-..灯头是否能防止插入非匹配灯座(连字符之后的数字不同)。

检验：应不能将五种不同规格的量规插入灯头。

注：量规应按照预定方式插入，即当灯头定位键在右手边时，量规及其键槽也应在右手边位置。

尺寸符号	尺寸	公差	尺寸符号	尺寸	公差
A	24.5	+0.0 −0.01	GRX10q-1	7.4	+0.005 −0.005
K	8.15	+0.005 −0.005	GRX10q-2	11.4	+0.005 −0.005
U	6.35	+0.005 −0.005	GRX10q-3	15.4	+0.005 −0.005
V	7.92	+0.005 −0.005	GRX10q-4	7.4	+0.005 −0.005
a	2.3	+0.01 −0.0	GRX10q-5	11.4	+0.005 −0.005
d	2.6	+0.0 −0.01	GRX10q-6	15.4	+0.005 −0.005
e	4.5	+0.1 −0.0			
p	10.0	+0.1 −0.1			
r	1.3	+0.01 −0.0			

GB/T 1483.2-7006-101A-1

	成品灯上 GRX10q-..灯头的止规 A 和止规 B	1/1

单位为毫米

附图仅表示互换性的基本尺寸。

关于 GRX10q 灯头，见 GB/T 1406.2-7004-101。

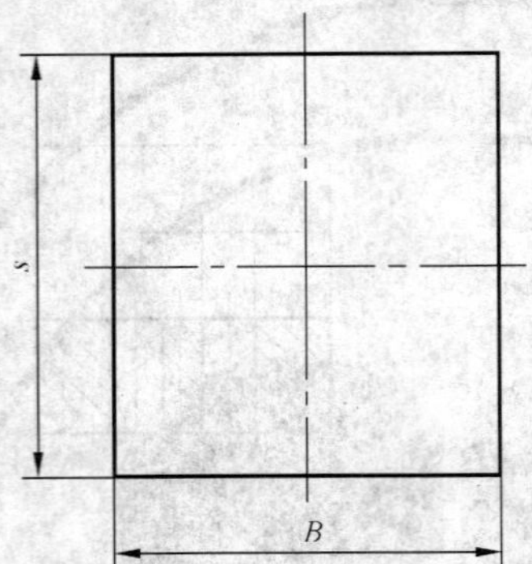

目的：检验 GRX10q 成品灯灯头的尺寸 B_{max} 和 D_{max}。

检验：应不能将量规 A 或 B 插入 GRX10q 灯头。

量规 A		
尺寸符号	尺寸	公差
B	31.4	+0.01 −0.0
D	4.7	+0.1 −0.1
s	35.0	+0.1 −0.1

量规 B		
尺寸符号	尺寸	公差
B	30	+0.1 −0.1
D	5.3	+0.01 −0.0
s	35.0	+0.1 −0.1

GB/T 1483.2-7006-101B-1

	确保灯头插入最大尺寸灯座及检验其插脚间距和 长度的 GRZ10d 灯头的量规	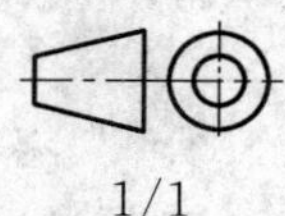 1/1

单位为毫米

附图仅表示互换性的基本尺寸。

关于 GRZ10d 灯头，见 GB/T 1406.2-7004-131。

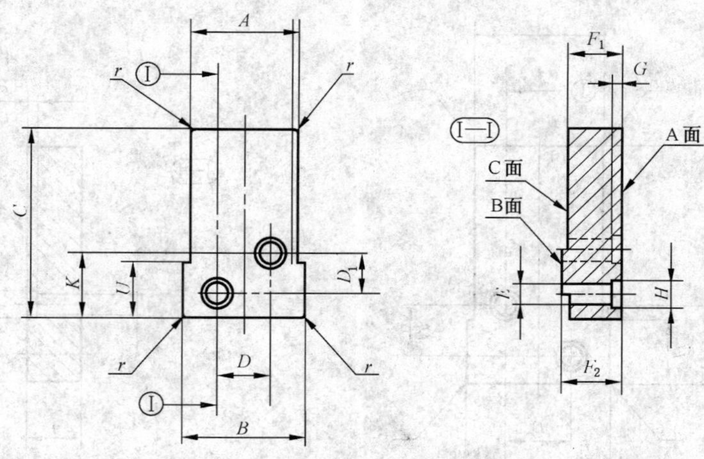

目的：检验尺寸 A_{min}，B_{min}，F_{min}，F_{max}，K_{min} 和双插脚 GRZ10d 灯头的直径和位移。

检验：灯头插脚从 A 面完全插入量规时，灯头基准面应与量规表面相接触。在该位置上，插脚端部应与 C 面共面或凸出 C 面，但不应凸出 B 面。

表面粗糙度：Ra=0.4 μm（见 GB/T 3505）。

尺寸符号	尺寸	公差
A	15.5	0 −0.01
B	17.4	0 −0.01
C	29.0	0 −0.01
D	8.0	+0.005 −0.005
D_1	6.35	+0.005 −0.005
E	2.79	+0.01 0
F_1	6.6	0 −0.01
F_2	7.77	+0.01 0
G	1.27	+0.01 0
H	3.61	+0.02 0
K	9.9	0 −0.02
U	8.0	+0.5 −0.5
r	0.8	+0.05 0

GB/T 1483.2-7006-131-1

未组装的 GRZ10d 灯头的通规(不适用于成品灯)

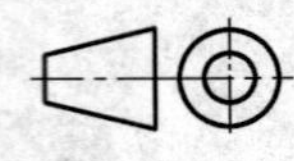

1/1

单位为毫米

附图仅表示互换性的基本尺寸。

关于 GRZ10d 灯头,见 GB/T 1406.2-7004-131。

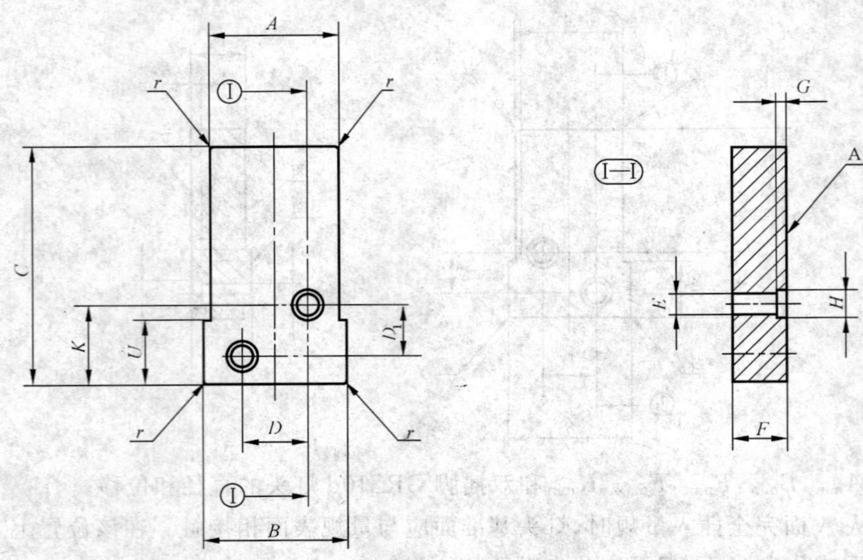

目的:检验尺寸 A_{min},B_{min},F_{min},K_{min} 和未组装的双插脚 GRZ10d 灯头插脚的直径和位移。

检验:灯头插脚从 A 面完全插入量规时,灯头基准面应与量规表面相接触。

表面粗糙度:Ra=0.4 μm(见 GB/T 3505)。

尺寸符号	尺寸	公差
A	15.5	0 −0.01
B	17.4	0 −0.01
C	29.0	0 −0.01
D	8.0	+0.005 −0.005
D_1	6.35	+0.005 −0.005
E	2.6	+0.01 0
F	6.6	0 −0.01
G	1.27	+0.01 0
H	3.61	+0.02 0
K	9.9	0 −0.02
U	8.0	+0.5 −0.5
r	0.8	+0.05 0

GB/T 1483.2-7006-131B-1

确保灯头插入最大尺寸灯座及检验其插脚间距和长度的 GRZ10t 灯头的量规

1/1

单位为毫米

附图仅表示互换性的基本尺寸。
关于 GRZ10t 灯头，见 GB/T 1406.2-7004-132。

目的：检验尺寸 A_{min}，B_{min}，F_{min}，F_{max}，K_{min} 和双插脚 GRZ10t 灯头插脚的直径和位移。

检验：灯头插脚从 A 面完全插入量规时，灯头基准面应与量规表面相接触。在该位置上，插脚端部应与 C 面共面或凸出 C 面，但不应凸出 B 面。

表面粗糙度：$Ra=0.4\ \mu m$（见 GB/T 3505）。

尺寸符号	尺寸	公差
A	15.5	0 −0.01
B	17.4	0 −0.01
C	29.0	0 −0.01
D	8.0	+0.005 −0.005
D_1	6.35	+0.005 −0.005
E	2.79	+0.01 0
F_1	6.6	0 −0.01
F_2	7.77	+0.01 0
G	1.27	+0.01 0
H	3.61	+0.02 0
K	9.9	0 −0.02
U	8.0	+0.5 −0.5
r	0.8	+0.05 0

GB/T 1483.2-7006-132-1

	未组装的 GRZ10t 灯头的通规(不适用于成品灯)	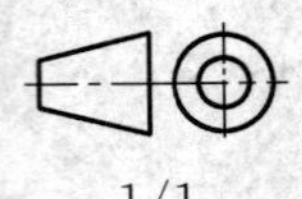 1/1

单位为毫米

附图仅表示互换性的基本尺寸。

关于 GRZ10t 灯头,见 GB/T 1406.2-7004-132。

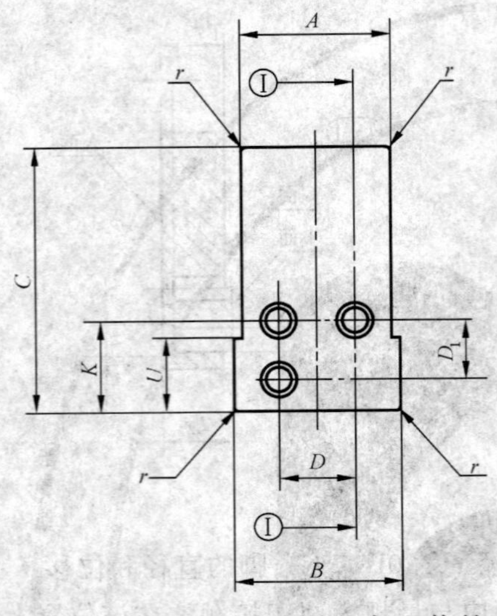

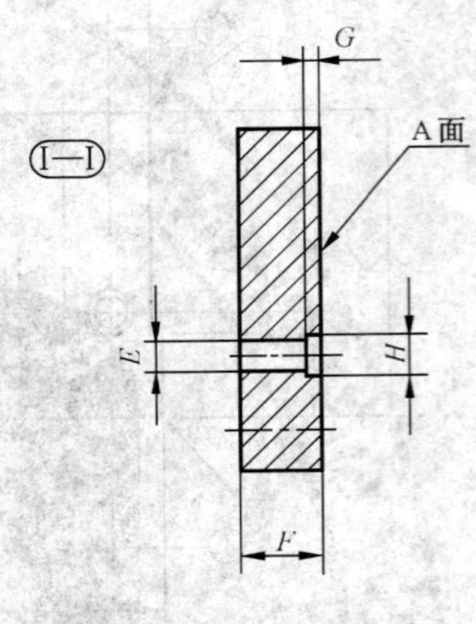

目的:检验尺寸 A_{min},B_{min},F_{min},K_{min}和未组装的双插脚 GRZ10t 灯头插脚的直径和位移。

检验:灯头插脚从 A 面完全插入量规时,灯头基准面应与量规表面相接触。

表面粗糙度:Ra=0.4 μm(见 GB/T 3505)。

尺寸符号	尺寸	公差
A	15.5	0 −0.01
B	17.4	0 −0.01
C	29.0	0 −0.01
D	8.0	+0.005 −0.005
D_1	6.35	+0.005 −0.005
E	2.6	+0.01 0
F	6.6	0 −0.01
G	1.27	+0.01 0
H	3.61	+0.02 0
K	9.9	0 −0.02
U	8.0	+0.5 −0.5
r	0.8	+0.05 0

GB/T 1483.2-7006-132B-1

GU10q 灯头的通规

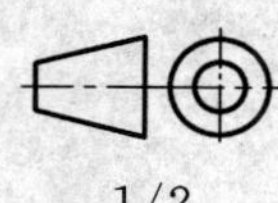

1/2

单位为毫米

附图仅表示互换性的基本尺寸。

关于 GU10q 灯头，见 GB/T 1406.2-7004-123。

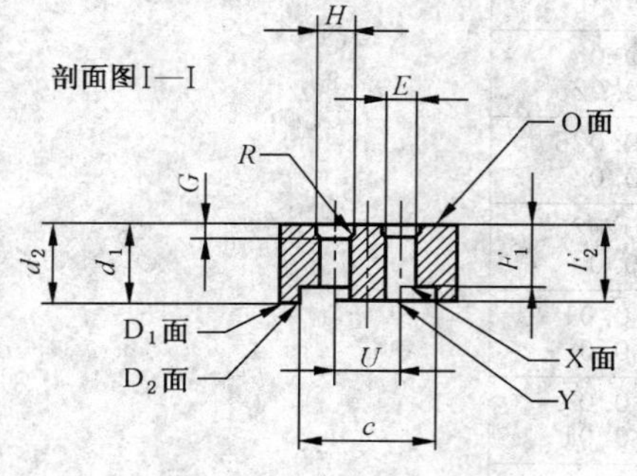

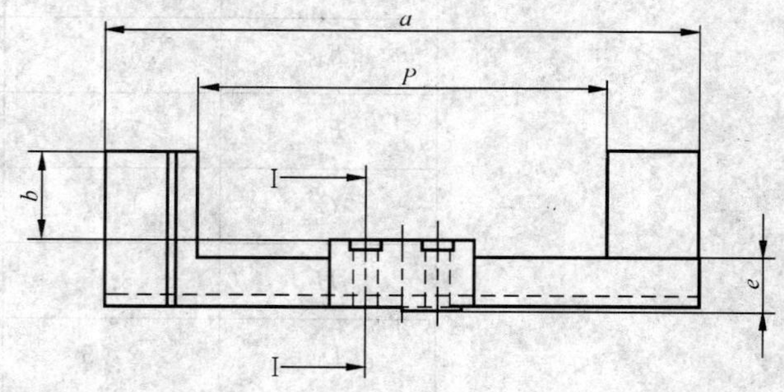

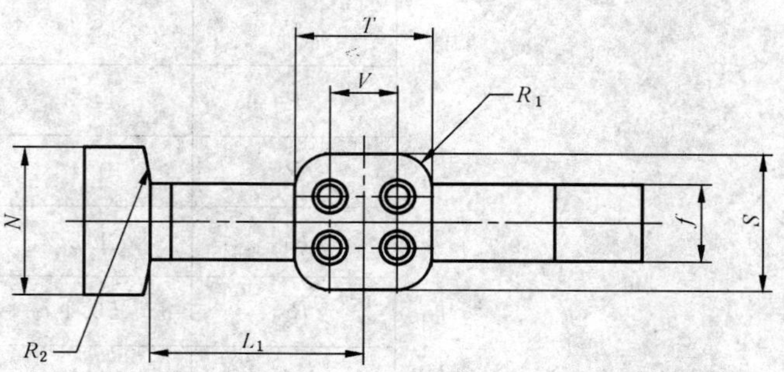

目的：检验灯头轮廓线相应尺寸 P_{max}，$R_{1\,max}$，$R_{2\,min}$，S_{min}，T_{min}，d_{min}，d_{max}，f_{min} 和尺寸 F_{min}，F_{max}，以及 GU10q 灯头插脚的直径和插脚(包括止挡)的位移。

检验：成品灯灯头插脚从 O 面完全插入量规时，灯头基准面应与量规 O 面相接触。在该位置上，四只插脚应与 X 面共面或凸出 X 面，但不应凸出 Y 面。灯头表面应与 D_1 面共面或凸出 D_1 面，但不应凸出 D_2 面。

GB/T 1483.2-7006-123-1

GU10q 灯头的通规

2/2

单位为毫米

尺寸符号	尺寸	公差
E	2.74	+0.01 −0.0
F_1	6.35	+0.0 −0.025
F_2	7.62	+0.025 −0.0
G	1.27	+0.025 −0.0
H	3.5	+0.01 −0.0
L_1	24.5	+0.0 −0.01
N	18.5	+0.0 −0.01
P	44.3	+0.0 −0.01
R	0.4	+0.01 −0.0
R_1	4.2	+0.0 −0.02
R_2	50.1	+0.02 −0.0
S	16.69	+0.01 −0.0
T	15.9	+0.01 −0.0
U	6.35	+0.005 −0.005
V	7.92	+0.005 −0.005
a	64.3	+0.5 −0.5
b	10	+0.2 −0.2
c	12.9	+0.1 −0.1
d_1	7.70	+0.0 −0.025
d_2	8.00	+0.025 −0.0
e	6.00	+0.025 −0.0
f	9.5	+0.01 −0.0

GB/T 1483.2-7006-123-1

	GU10q 灯头的止规	1/1

单位为毫米

附图仅表示互换性的基本尺寸。

关于 GU10q 灯头，见 GB/T 1406.2-7004-123。

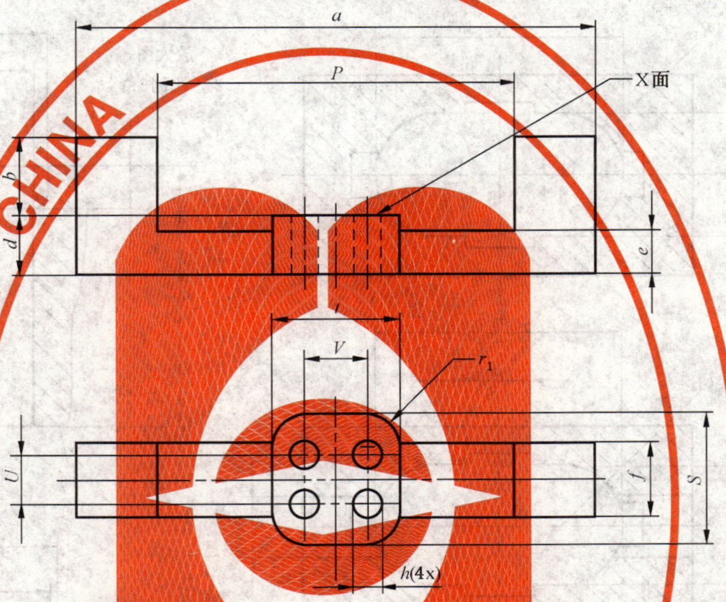

a P X面 b d e V r_1 U f s h(4x)

尺寸符号	尺寸	公差
P	43.7	+0.01 −0.0
U	6.35	+0.005 −0.005
V	7.92	+0.005 −0.005
a	63.7	+0.5 −0.5
b	10	+0.2 −0.2
d	8.3	+0.2 −0.2
e	5.7	+0.2 −0.2
f	9.2	+0.2 −0.2
h	3.6	+0.2 −0.2
r_1	4.5	+0.2 −0.2
s	16.4	+0.2 −0.2
t	15.6	+0.2 −0.2
质量	0.05 kg	+10% −10%

目的：检验 GU10q 灯头尺寸 P_{min}。

检验：将量规套在灯头上时(灯头向上)，灯头基准面不应与量规的 X 面相接触。

仅依靠量规自身重量进行检验。

GB/T 1483.2-7006-123A-1

成品灯上 GX10q-.. 灯头的通规

1/2

单位为毫米

附图仅表示互换性的基本尺寸。

关于 GX10q-.. 灯头，见 GB/T 1406.2-7004-84。

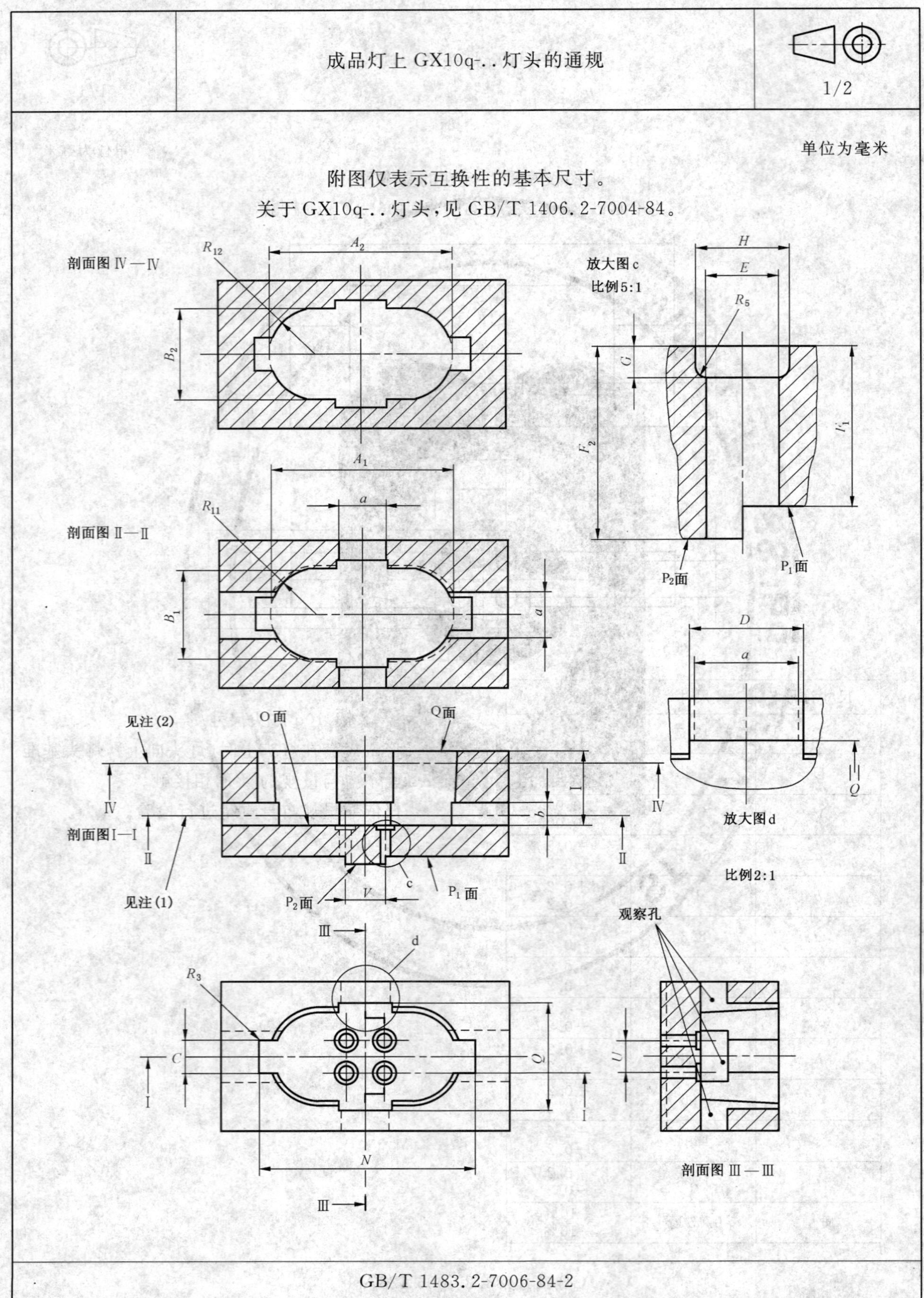

GB/T 1483.2-7006-84-2

	成品灯上 GX10q-..灯头的通规	2/2

单位为毫米

尺寸符号	尺寸	公差	尺寸符号	尺寸	公差
A_1(1)(3)	35.8	+0.01 −0.0	N	42.2	+0.01 −0.0
A_2(2)(3)	36.2	+0.01 −0.0	Q	21.2	+0.01 −0.0
B_1(1)	18.0	+0.01 −0.0	R_3	0.5	+0.0 −0.02
B_2(2)	18.4	+0.01 −0.0	R_5	0.4	+0.0 −0.01
C	6.1	+0.01 −0.0	R_{11}(1)	9.0	+0.01 −0.0
D	10.2	+0.01 −0.0	R_{12}(2)	9.2	+0.01 −0.0
E	2.74	+0.01 −0.0	U	6.35	+0.005 −0.005
F_1	6.35	+0.0 −0.025	V	7.92	+0.005 −0.005
F_2	7.62	+0.025 −0.0	a	10.0	+0.1 −0.1
G	1.27	+0.025 −0.0	b	5.0	+0.1 −0.1
H	3.5	+0.01 −0.0	质量	0.45 kg	+10% −10%
I	14.8	+0.0 −0.01			

(1) 尺寸 A_1,B_1 和 R_{11} 应从距 O 面 2.0 mm 处测量。

(2) 尺寸 A_2,B_2 和 R_{12} 应从距 O 面 12.3 mm 处测量。

(3) 尺寸 A_1,A_2 为设计值,其大小分别由半径 R_{11} 和 R_{12} 的尺寸决定。

目的:检验 GX10q-..灯头的主要配合尺寸。

检验:仅依靠量规自身重量应能使灯头和灯头插脚插入量规,直至量规 O 面与灯头基准面相接触。

在该位置上,四只插脚的端部应与 P_1 面共面或凸出 P_1 面,但应不凸出 P_2 面。

灯头的上端不应低于量规的 Q 面。

GB/T 1483.2-7006-84-2

	成品灯上 GX10q 灯头的止规 A	1/1

单位为毫米

附图仅表示互换性的基本尺寸。

关于 GX10q 灯头，见 GB/T 1406.2-7004-84。

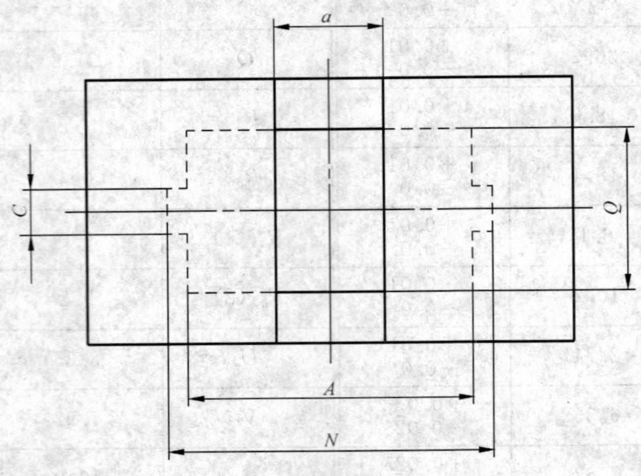

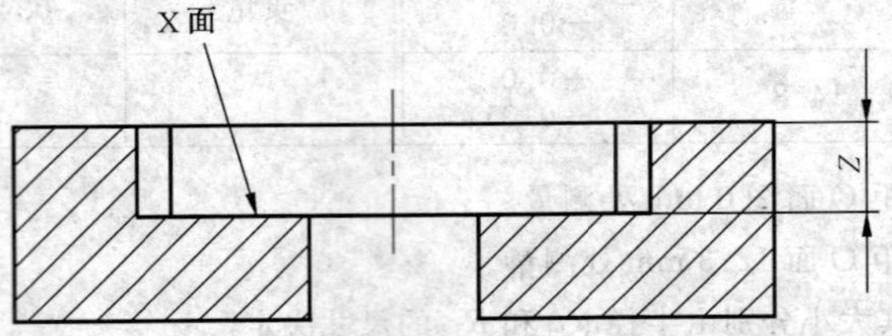

目的：检验尺寸 N_{min}。

检验：将量规套在成品灯灯头上时（灯头向上），灯头基准面不应与量规 X 面相接触。

尺寸符号	尺寸	公差
A	36.8	+0.5 −0.5
C	6.2	+0.5 −0.0
N	41.8	+0.0 −0.01
Q	21.8	+0.5 −0.5
Z	8.15	+0.1 −0.1
a	14.0	+0.5 −0.5

GB/T 1483.2-7006-84A-1

成品灯上 GX10q 灯头的止规 B

1/1

单位为毫米

附图仅表示互换性的基本尺寸。

关于 GX10q 灯头,见 GB/T 1406.2-7004-84。

a
Q
B
D
N
X面
Z

目的:检验尺寸 Q_{min}。

检验:当量规置于成品灯灯头上时,握住灯头上部,灯头基准面不应与量规 X 面相接触。

尺寸符号	尺寸	公差
B	19.0	+0.5 −0.5
D	11.8	+0.5 −0.5
N	42.8	+0.5 −0.5
Q	20.8	+0.0 −0.01
Z	6.5	+0.1 −0.1
a	14.0	+0.5 −0.5

GB/T 1483.2-7006-84B-1

成品灯上 GX10q-..灯头定位键的通规

1/2

单位为毫米

附图仅表示互换性的基本尺寸。

关于 GX10q-..灯头，见 GB/T 1406.2-7004-84。

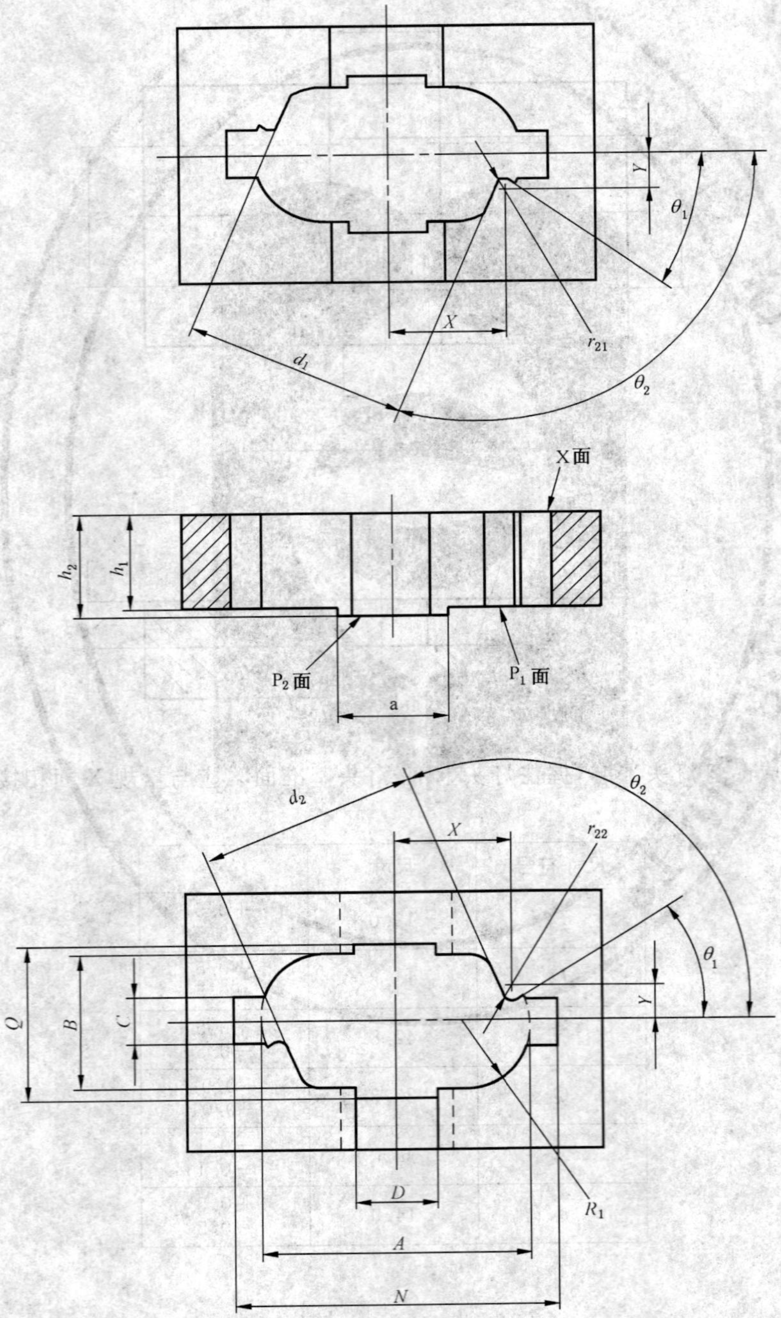

Y
θ_1
X
r_{21}
d_1
θ_2
X 面
h_2
h_1
P_2 面
P_1 面
a
d_2
θ_2
X
r_{22}
θ_1
Q
B
C
Y
D
R_1
A
N

GB/T 1483.2-7006-84E-1

	成品灯上 GX10q-..灯头定位键的通规	2/2

单位为毫米

表 1

尺寸符号	尺寸		公差
	GX10q-1 GX10q-2 GX10q-3	GX10q-4 GX10q-5 GX10q-6	
A(1)	35.998	36.271	+0.01 −0.0
B	18.198	18.470	+0.01 −0.0
C	6.1	6.1	+0.01 −0.0
D	11.0	11.0	+0.5 −0.5
N	43.5	43.5	+0.5 −0.5
Q	22.0	22.0	+0.5 −0.5
R_1	9.099	9.235	+0.01 −0.0
a	15.0	15.0	+0.5 −0.5
h_1	7.0	14.0	+0.0 −0.01
h_2	7.2	14.2	+0.01 −0.0
r_{21}	1.50	1.50	+0.01 −0.0
r_{22}	1.30	1.30	+0.01 −0.0

表 2

尺寸符号	尺寸			公差
	GX10q-1 GX10q-4	GX10q-2 GX10q-5	GX10q-3 GX10q-6	
X	15.98	13.05	10.27	+0.005 −0.005
Y	4.81	7.42	8.33	+0.005 −0.005
d_1	30.178	26.936	23.384	+0.0 −0.02
d_2	30.578	27.336	23.784	+0.0 −0.02
θ_1	34°	61°	81°	+30′ −30′
θ_2	113°	124°	133°	+30′ −30′

(1) 尺寸 A_1 为设计值，其大小由半径 R_1 的尺寸决定。

目的：检验 GX10q-..灯头键槽的尺寸。

检验：不使用过度的力，应能将灯头从 X 面插入相应的量规，直至定位键槽端部与 X 面相接触。灯头的基准面应与 P_1 面共面或凸出 P_1 面，但不应凸出 P_2 面。

GB/T 1483.2-7006-84E-1

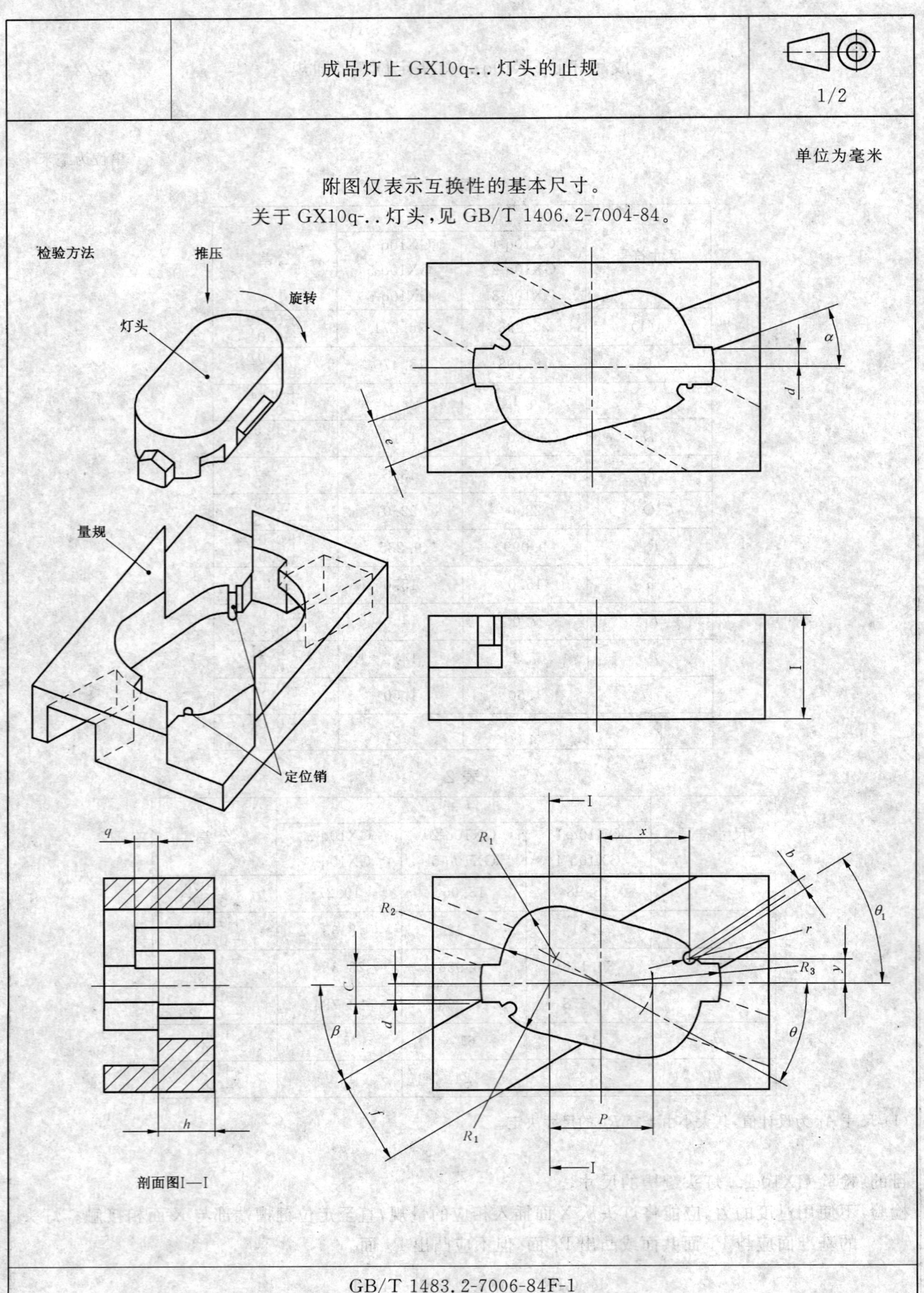
成品灯上 GX10q-.. 灯头的止规
1/2
单位为毫米
附图仅表示互换性的基本尺寸。
关于 GX10q-.. 灯头，见 GB/T 1406.2-7004-84。
检验方法
推压
旋转
灯头
量规
定位销
α
d
e
I
q
h
剖面图I—I
R1
R2
x
b
θ1
r
R3
y
C
d
β
θ
f
P
GB/T 1483.2-7006-84F-1

	成品灯上 GX10q-..灯头的止规	2/2

单位为毫米

表 1

尺寸符号	尺寸	公差	尺寸符号	尺寸	公差
C	7.3	+0.01 −0.0	d	3.0	+0.1 −0.1
I	20.0	+0.1 −0.1	e	9.3	+1 −1
P	18.4	+0.01 −0.0	f	16.6	+1 −1
R_1	9.45	+0.01 −0.0	r	0.95	+0.0 −0.01
R_2	18.65	+0.01 −0.0	α	20°	+3° −3°
R_3	22.0	+0.5 −0.5	β	30°	+3° −3°
b	1.9	+0.0 −0.02	θ	30°	+5° −5°

表 2

尺寸符号	尺寸						公差
	GX10q-1	GX10q-2	GX10q-3	GX10q-4	GX10q-5	GX10q-6	
h	10.0	10.0	10.0	15.0	15.0	15.0	+0.1 −0.1
q	4.3	4.3	4.3	—	—	—	+0.01 −0.0
q	—	—	—	1.6	1.6	1.6	+0.0 −0.01
x	16.155	13.247	10.472	16.155	13.247	10.472	+0.005 −0.005
y	4.725	7.391	8.346	4.725	7.391	8.346	+0.005 −0.005
θ_1	34°	61°	81°	34°	61°	81°	+1° −1°

目的：检验特定的 GX10q-..灯头是否能防止插入非匹配灯座(连字符之后的数字表示不同型号)。

检验：当把灯头插入量规并沿顺时针方向旋转时，量规定位键应能防止灯头到达预定的位置。灯头的两个止挡保持(部分地)可见，不应完全穿过量规的开口部分。试验应按下列顺序进行几次。

受试灯头	采 用 量 规		
GX10q-1	GX10q-2	GX10q-3	GX10q-4
GX10q-2	GX10q-1	GX10q-3	GX10q-5
GX10q-3	GX10q-1	GX10q-2	GX10q-6
GX10q-4	GX10q-2	GX10q-3	
GX10q-5	GX10q-1	GX10q-3	
GX10q-6	GX10q-1	GX10q-2	

GB/T 1483.2-7006-84F-1

成品灯上 GY10q-.. 灯头的通规

1/2

单位为毫米

附图仅表示互换性的基本尺寸。

关于 GY10q-.. 灯头，见 GB/T 1406.2-7004-85。

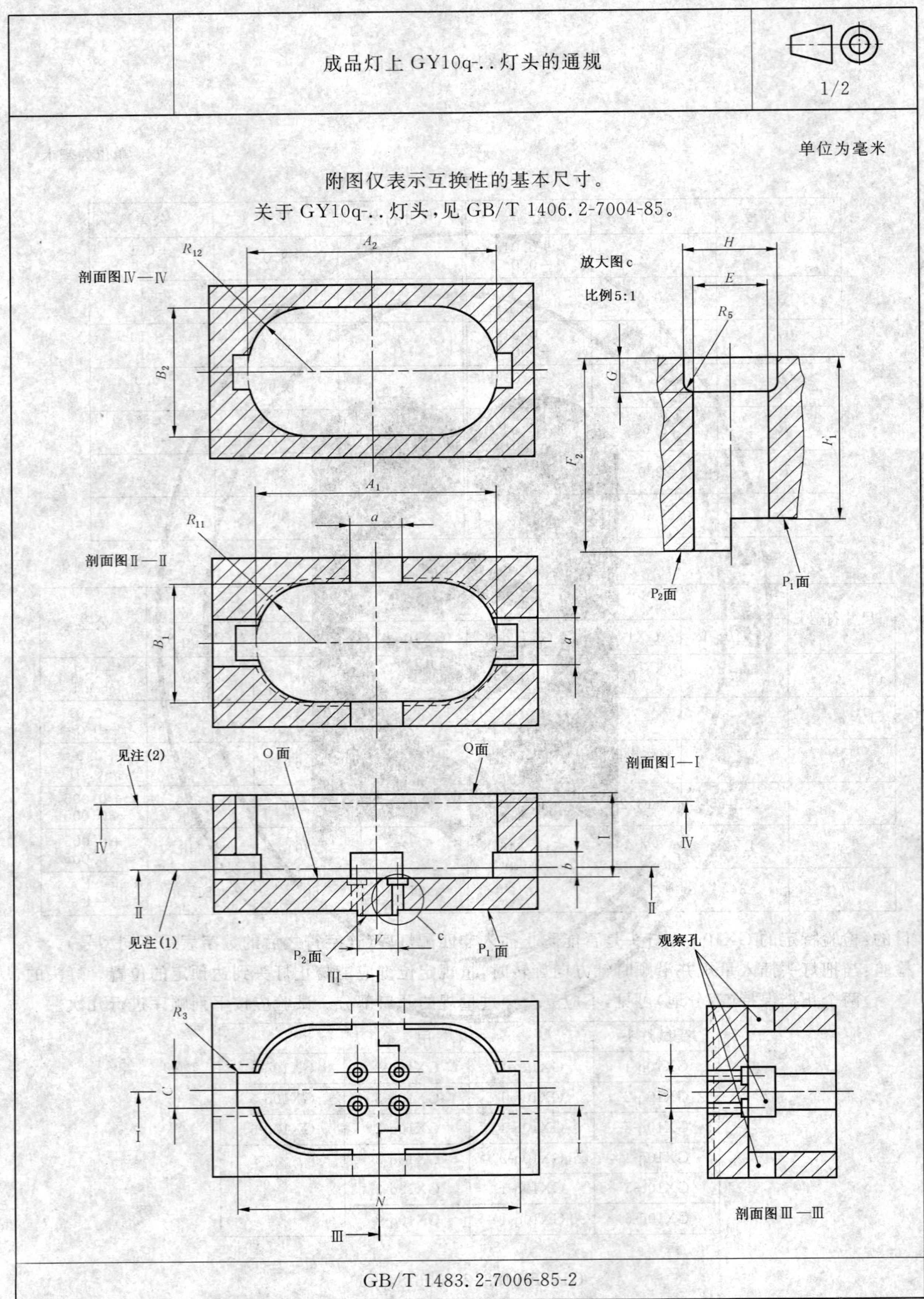

GB/T 1483.2-7006-85-2

	成品灯上 GY10q-..灯头的通规	2/2

单位为毫米

尺寸符号	尺寸	公差	尺寸符号	尺寸	公差
A_1(1)(3)	47.1	+0.01 −0.0	N	54.2	+0.01 −0.0
A_2(2)(3)	47.5	+0.01 −0.0	R_3	1.0	+0.0 −0.02
B_1(1)	24.8	+0.01 −0.0	R_5	0.4	+0.0 −0.01
B_2(2)	25.2	+0.01 −0.0	R_{11}(1)	12.4	+0.01 −0.0
C	7.1	+0.01 −0.0	R_{12}(2)	12.6	+0.01 −0.0
E	27.4	+0.01 −0.0	U	6.35	+0.005 −0.005
F_1	6.35	+0.0 −0.025	V	7.92	+0.005 −0.005
F_2	7.62	+0.025 −0.0	a	10.0	+0.1 −0.1
G	1.27	+0.025 −0.0	b	5.0	+0.1 −0.1
H	3.5	+0.01 −0.0	质量	0.45 kg	+10% −10%
I	16.8	+0.0 −0.01			

(1) 尺寸 A_1,B_1 和 R_{11} 应从距 O 面 2.0 mm 处测量。

(2) 尺寸 A_2,B_2 和 R_{12} 应从距 O 面 14.8 mm 处测量。

(3) 尺寸 A_1,A_2 为设计值,其大小分别由半径 R_{11} 和 R_{12} 的尺寸决定。

目的:检验 GY10q-..灯头的主要配合尺寸。

检验:仅依靠量规自身质量,灯头和灯头插脚应能插入量规,直至量规 O 面与灯头基准面相接触。在该位置上,四只插脚端部应与 P_1 面共面或凸出 P_1 面,但应不凸出 P_2 面。

灯头上端不应低于量规 Q 面。

GB/T 1483.2-7006-85-2

	成品灯上 GY10q 灯头的止规 A	1/1

单位为毫米

附图仅表示互换性的基本尺寸。

关于 GY10q 灯头，见 GB/T 1406.2-7004-85。

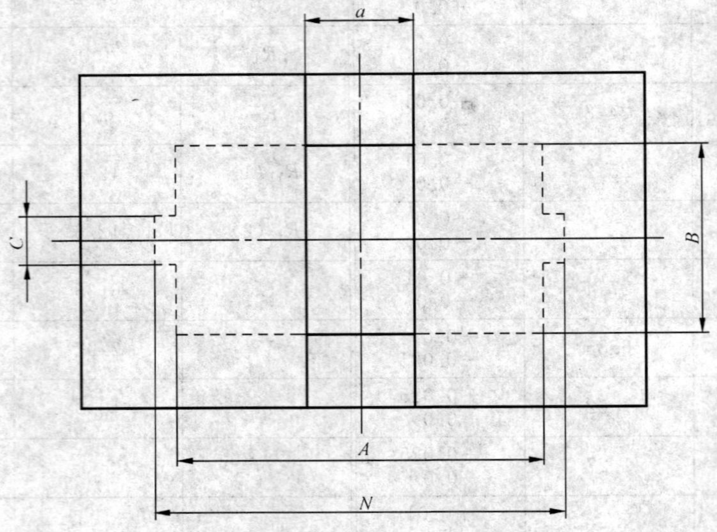

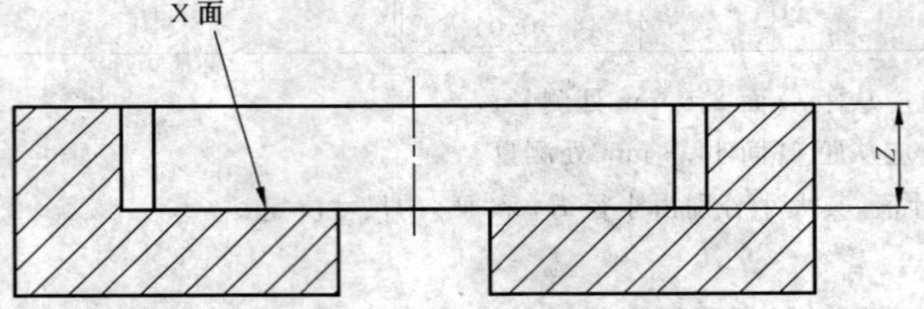

目的：检验尺寸 N_{min}。

检验：将量规套在成品灯灯头上时（灯头向上），灯头基准面应不能接触到量规 X 面。

尺寸符号	尺寸	公差
A	48.1	+0.5 −0.5
B	25.8	+0.5 −0.5
C	7.2	+0.5 −0.0
N	53.8	+0.0 −0.01
Z	10.05	+0.1 −0.1
a	14.0	+0.5 −0.5

GB/T 1483.2-7006-85A-1

	成品灯上 GY10q-. . 灯头定位键的止规	1/2

单位为毫米

附图仅表示互换性的基本尺寸。

关于 GY10q-. . 灯头，见 GB/T 1406.2-7004-85。

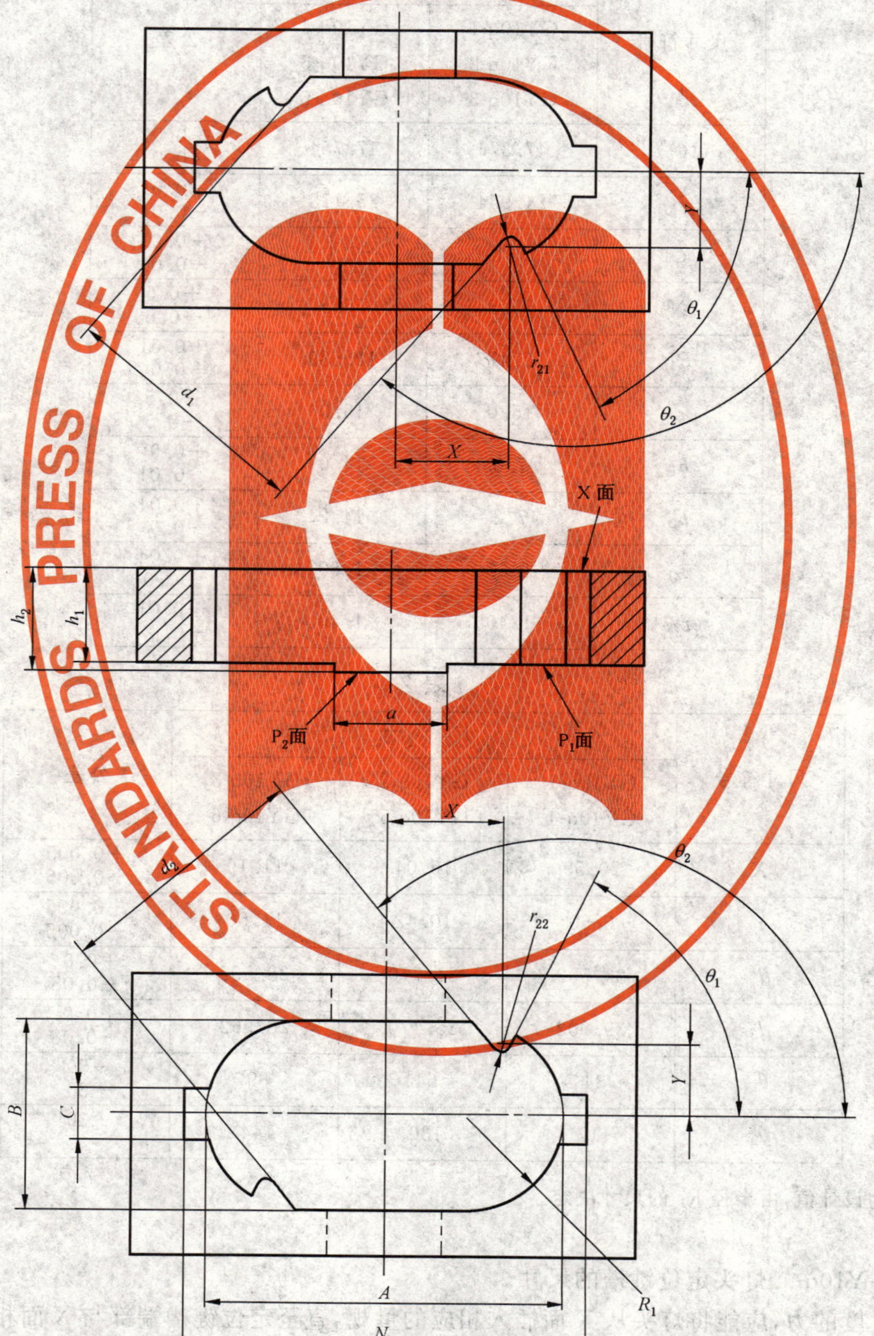

GB/T 1483.2-7006-85D-1

成品灯 GY10q-..灯头定位键的止规 2/2

单位为毫米

表 1

尺寸符号	尺寸		公差
	GY10q-1 GY10q-2 GY10q-3	GY10q-4 GY10q-5 GY10q-6	
A(1)	47.376	47.754	+0.01 −0.0
B	24.954	25.178	+0.01 −0.0
C	7.1	7.1	+0.01 −0.0
N	55.5	55.5	+0.5 −0.5
R_1	12.477	12.589	+0.01 −0.0
a	15.0	15.0	+0.5 −0.5
h_1	7.0	14.0	+0.0 −0.01
h_2	7.2	14.2	+0.01 −0.0
r_{21}	1.60	1.60	+0.04 −0.0
r_{22}	1.40	1.40	+0.01 −0.0

表 2

尺寸符号	尺寸			公差
	GY10q-1 GY10q-4	GY10q-2 GY10q-5	GY10q-3 GY10q-6	
X	20.59	16.04	11.19	+0.005 −0.005
Y	6.60	10.42	11.50	+0.005 −0.005
d_1	39.502	34.770	28.562	+0.0 −0.08
d_2	39.902	35.170	28.962	+0.0 −0.08
θ_1	34°	64°	89°	+30′ −30′
θ_2	117°	130°	144°	+30′ −30′

(1) 尺寸 A_1 为设计值，由半径 R_1 的尺寸决定。

目的：检验 GY10q-..灯头定位键槽的尺寸。

检验：不用过度的力，应能将灯头从 X 面插入相应的量规，直至定位键槽端部与 X 面相接触。灯头基准面应与 P_1 面共面或凸出 P_1 面，但不应凸出 P_2 面。

GB/T 1483.2-7006-85D-1

	成品灯上 GY10q-..灯头的止规	1/2

单位为毫米

附图仅表示互换性的基本尺寸。

关于 GY10q-..灯头，见 GB/T 1406.2-7004-85。

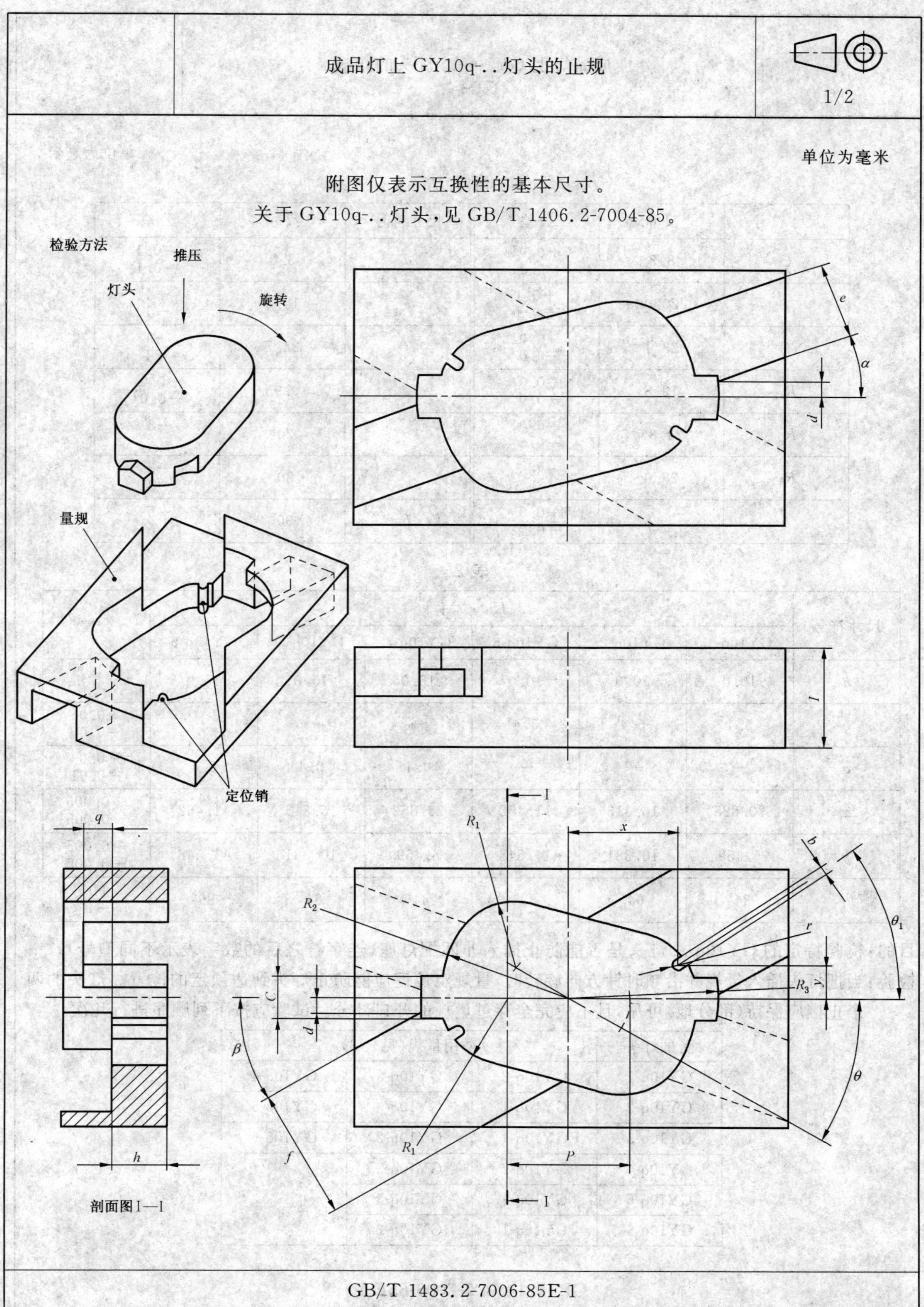

剖面图Ⅰ—Ⅰ

GB/T 1483.2-7006-85E-1

	成品灯上 GY10q-..灯头的止规	2/2

单位为毫米

表 1

尺寸符号	尺寸	公差	尺寸符号	尺寸	公差
C	8.3	+0.01 −0.0	d	3.0	+0.1 −0.1
I	20.0	+0.1 −0.1	e	14.8	+1 −1
P	23.1	+0.01 −0.0	f	24.7	+1 −1
R_1	12.8	+0.01 −0.0	r	0.95	+0.0 −0.01
R_2	24.35	+0.01 −0.0	α	20°	+3° −3°
R_3	28.0	+0.5 −0.5	β	30°	+3° −3°
b	1.9	+0.0 −0.02	θ	30°	+5° −5°

表 2

尺寸符号	尺寸						公差
	GY10q-1	GY10q-2	GY10q-3	GY10q-4	GY10q-5	GY10q-6	
h	10.0	10.0	10.0	15.0	15.0	15.0	+0.1 −0.1
q	5.4	5.4	5.4	—	—	—	+0.01 −0.0
q	—	—	—	0.4	0.4	0.4	+0.0 −0.01
x	20.825	16.313	11.452	20.852	16.313	11.452	+0.005 −0.005
y	6.459	10.381	11.548	6.459	10.381	11.548	+0.005 −0.005
θ_1	34°	64°	89°	34°	64°	89°	+1° −1°

目的：检验特定的 GY10q-..灯头是否能防止插入非匹配灯座（连字符之后的数字表示不同型号）。

检验：当把灯头插入量规并沿顺时针方向旋转时，量规定位键应能防止灯头到达预定的位置。灯头的两个止挡应保持（部分地）可见，且不应完全穿过量规的开口部分。试验应按下列顺序进行几次。

受试灯头	采用量规（见表 2）		
GY10q-1	GY10q-2	GY10q-3	GY10q-4
GY10q-2	GY10q-1	GY10q-3	GY10q-5
GY10q-3	GY10q-1	GY10q-2	GY10q-6
GY10q-4	GY10q-2	GY10q-3	
GY10q-5	GY10q-1	GY10q-3	
GY10q-6	GY10q-1	GY10q-2	

GB/T 1483.2-7006-85E-1

GZ10 灯端的通规和止规

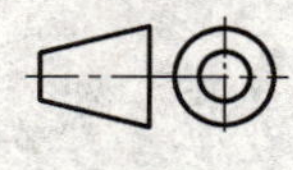

1/1

单位为毫米

附图仅表示互换性的基本尺寸。

关于 GZ10 灯端,见 GB/T 1406.2-7004-120。

(1) 公差 0.25 mm 包括插脚的间距和校直误差。

目的:从如下方面检验 GZ10 灯端:

——插脚直径(尺寸 A);

——插脚直径和位移(尺寸 A 和 D);

——插脚长度(尺寸 F_1 和 J);

——插脚的嵌入长度和直径(尺寸 F_2 和 E)。

尺寸符号	尺寸	公差
A(1)	5.35	+0.02 −0.0
A_1	5.1	+0.02 −0.0
A_2	4.9	+0.0 −0.02
D	10.0	+0.025 −0.025
E	3.1	+0.02 −0.0
F_1	7.0	+0.02 −0.0
F_2	2.9	+0.0 −0.02
G	11.98	+0.02 −0.0
H	22.58	+0.02 −0.0
q	4.5	最大值

检验:应能将灯端插脚从 Z 面插入孔 a_1,并沿着槽拔出插脚。应不能将灯端插脚插入孔 a_2。应能将灯端插入量规,直至灯端基准面与量规 Y 面相接触。在此位置上,插脚的端部不应凸出量规表面。

GB/T 1483.2-7006-120-1

成品灯上 2G10 灯头的通规

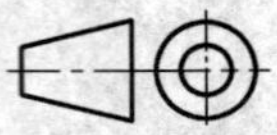

1/1

单位为毫米

附图仅表示互换性的基本尺寸。

关于 2G10 灯头，见 GB/T 1406.2-7004-118。

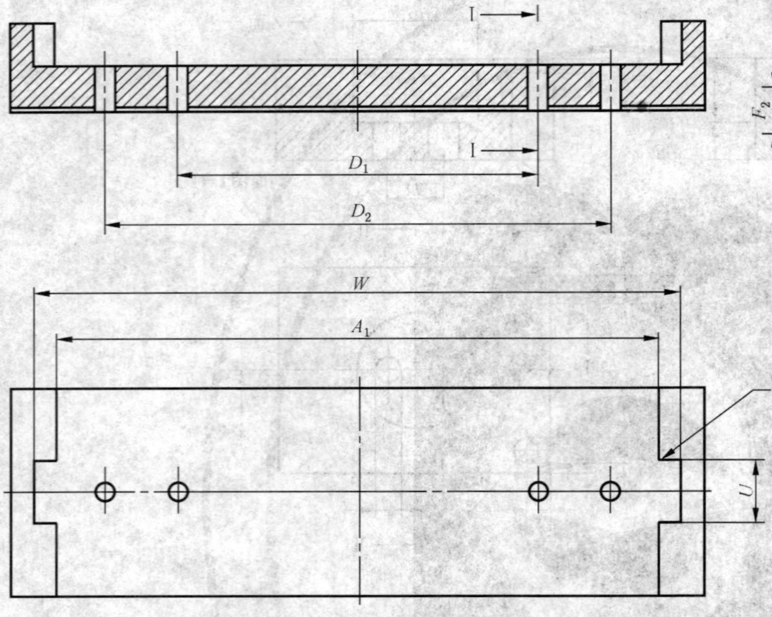

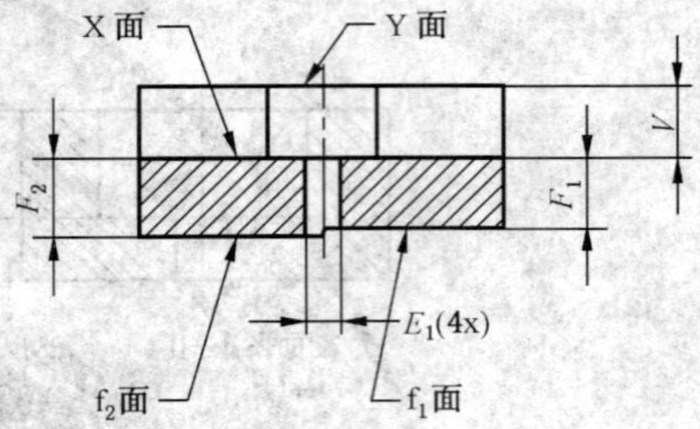

X 面
Y 面
D_1
D_2
F_2
F_1
V
E_1(4x)
f_2面
f_1面

剖面图 I—I

W
A_1
r_3(4x)
U

目的：检验成品灯上 2G10 灯头插脚的间距、位移、直径和长度，以及尺寸 Vmax 和 Wmax。

检验：应能将灯头插入量规，直至其基准面与量规 X 面相接触。在该位置上，所有插脚的端部应与 f_1 面共面或凸出 f_1 面，但不应凸出 f_2 面。此外，定位键不应凸出 Y 面。

尺寸符号	尺寸	公差
A_1	83.7	+0.05 −0.0
D_1	50.00	+0.005 −0.005
D_2	70.00	+0.005 −0.005
E_1	2.9	+0.01 −0.0
F_1	6.0	+0.0 −0.02
F_2	6.8	+0.02 −0.0
U	6.0	+0.02 −0.0
V	6.0	+0.02 −0.0
W	89.7	+0.05 −0.0
r_3	0.3	+0.05 −0.05

GB/T 1483.2-7006-118-1

	成品灯上 2G11 灯头的通规	1/1

单位为毫米

附图仅表示互换性的基本尺寸。

关于 2G11 灯头，见 GB/T 1406.2-7004-82。

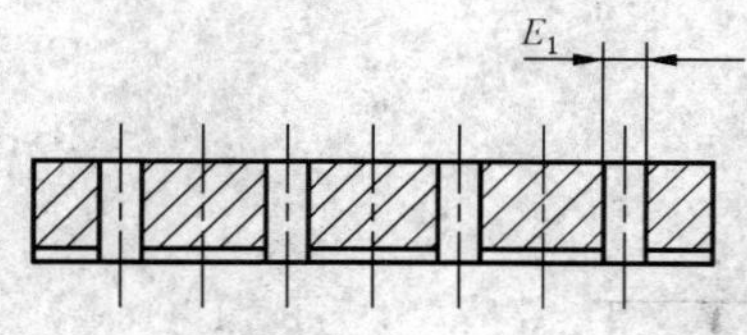

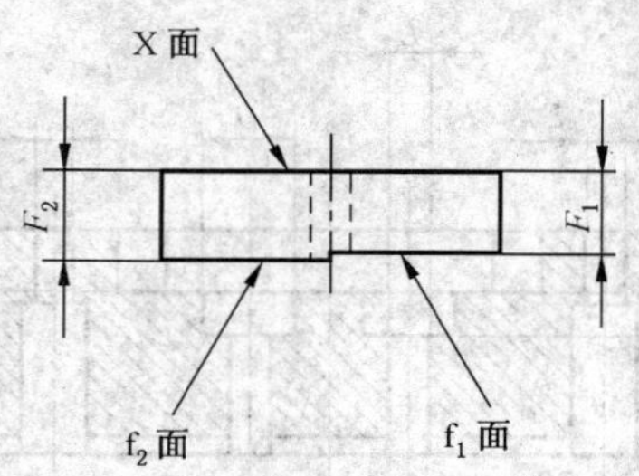

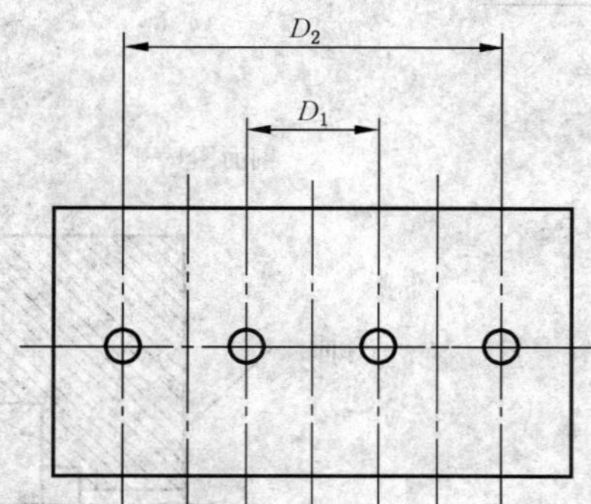

目的：检验成品灯上 2G11 灯头插脚的间距、位移、直径和长度。

检验：应能将灯头插入量规，直至其基准面与量规 X 面相接触。在该位置上，所有插脚的端部应与 f_1 面共面或凸出 f_1 面，但不应凸出 f_2 面。

尺寸符号	尺寸	公差
D_1	11	+0.005 −0.005
D_2	33	+0.005 −0.005
E_1	2.9	+0.01 −0.0
F_1	6.0	+0.0 −0.025
F_2	6.8	+0.025 −0.0

GB/T 1483.2-7006-82-1

成品灯上 G12 灯头的通规和止规

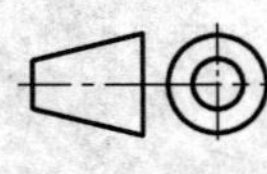

1/2

单位为毫米

附图仅表示互换性的基本尺寸。

关于 G12 灯头,见 GB/T 1406.2-7004-63。

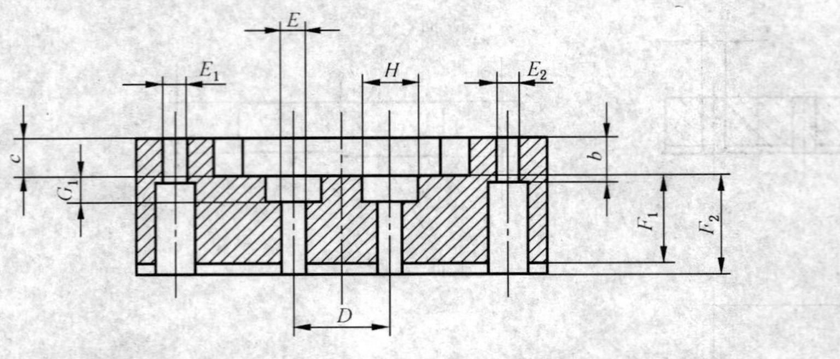

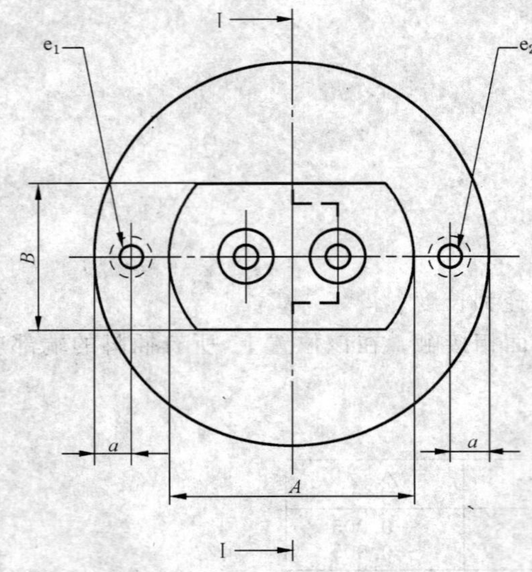

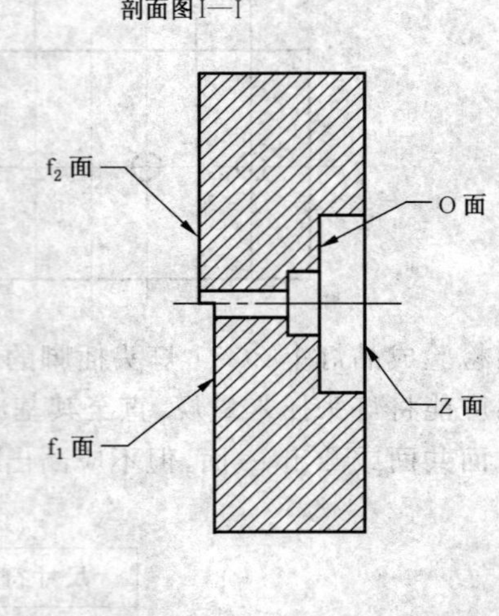

目的:检验灯头最大外形尺寸 Amax,Bmax,插脚直径和位移、插脚止挡尺寸,以及各插脚尺寸 Emin,Emax,Fmin 和 Fmax。

检验:灯头应能从 Z 面插入量规,直至其基准面与量规 O 面相接触。在该位置上,插脚的端部应与 f_1 面共面或凸出 f_1 面,但不应凸出 f_2 面。应能将每只插脚依次插入孔 e_1,直至插脚止挡与 Z 面相接触。除尖端外,插脚应不能插入孔 e_2。

GB/T 1483.2-7006-80-1

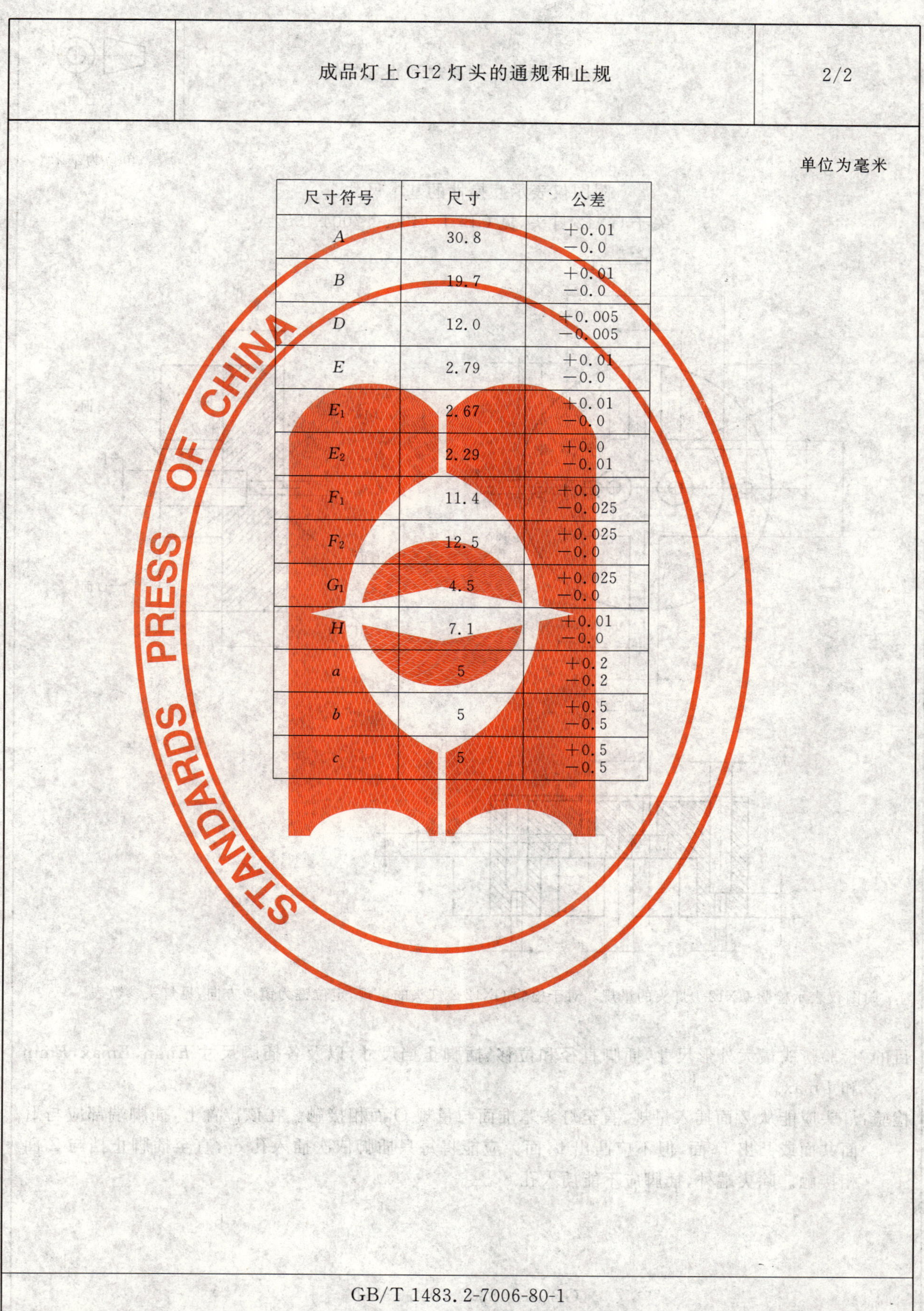

成品灯上 G12 灯头的通规和止规　2/2

单位为毫米

尺寸符号	尺寸	公差
A	30.8	+0.01 −0.0
B	19.7	+0.01 −0.0
D	12.0	+0.005 −0.005
E	2.79	+0.01 −0.0
E_1	2.67	+0.01 −0.0
E_2	2.29	+0.0 −0.01
F_1	11.4	+0.0 −0.025
F_2	12.5	+0.025 −0.0
G_1	4.5	+0.025 −0.0
H	7.1	+0.01 −0.0
a	5	+0.2 −0.2
b	5	+0.5 −0.5
c	5	+0.5 −0.5

GB/T 1483.2-7006-80-1

GX12 灯头的通规和止规

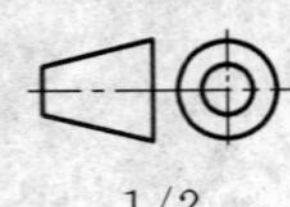

1/2

单位为毫米

附图仅表示互换性的基本尺寸。

关于 GX12 灯头,见 GB/T 1406.2-7004-135。

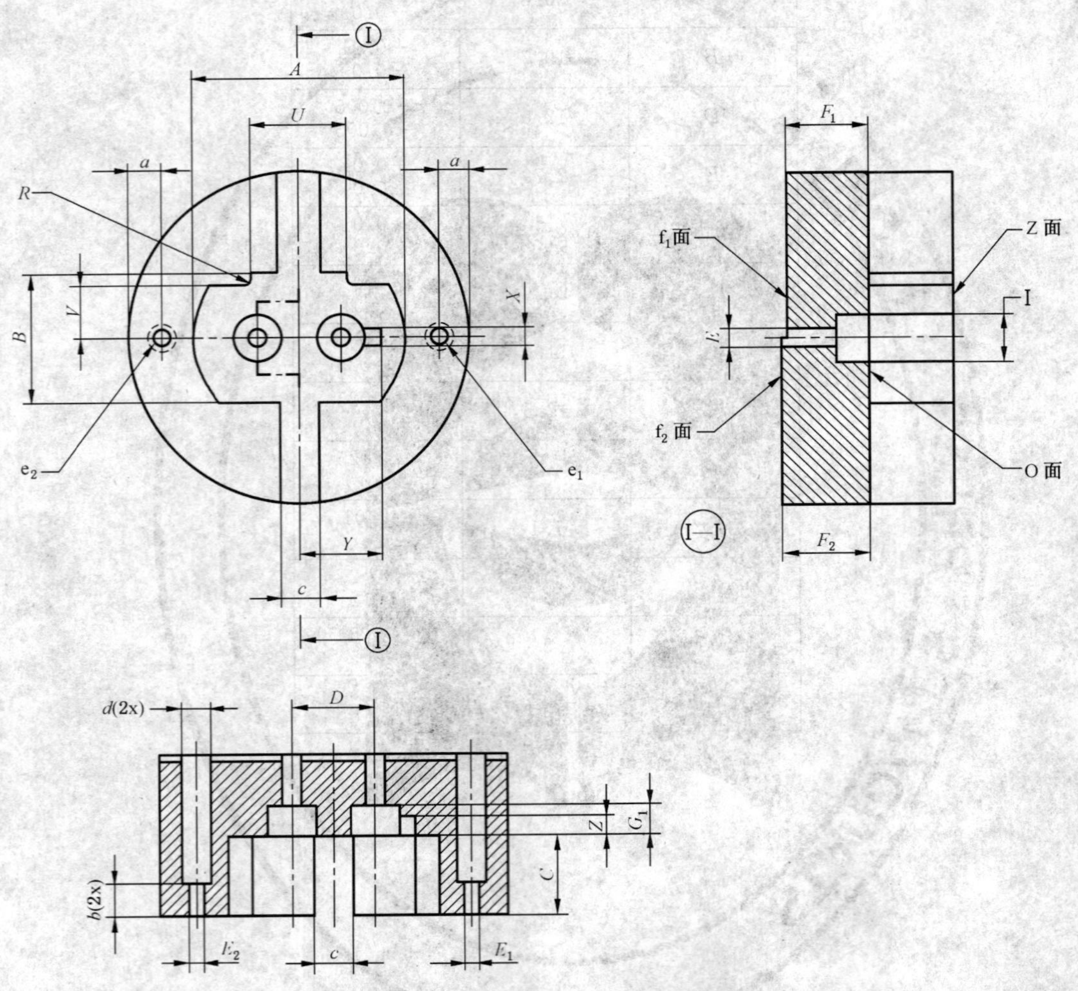

注:附图仅表示检验 GX12-1 灯头的量规。对于检验 GX12-2 灯头的量规,定位键为镜像方向,见灯头参数表。

目的:检验灯头最大外形尺寸,插脚直径和位移、插脚止挡尺寸,以及各插脚尺寸 Emin,Emax,Fmin 和 Fmax。

检验:灯头应能从 Z 面插入量规,直至灯头基准面与量规 O 面相接触。在该位置上,插脚端部应与 f_1 面共面或凸出 f_1 面,但不应凸出 f_2 面。应能将每只插脚依次插入孔 e_1,直至插脚止挡与 Z 面相接触。除尖端外,插脚应不能插入孔 e_2。

GB/T 1483.2-7006-135-1

	GX12 灯头的通规和止规	2/2

单位为毫米

尺寸符号	尺寸	公差
A	30.8	+0.01 0
B	19.7	+0.01 0
C	12	0 −0.02
D	12.0	+0.005 −0.005
E	2.79	+0.01 0
E_1	2.67	+0.01 0
E_2	2.29	0 −0.01
F_1	11.4	0 −0.02
F_2	12.5	+0.02 0
G_1	4.5	+0.02 0
H	7.1	+0.01 0
R	1.2	+0.05 0
U	13.84	+0.02 0
V	7.94	+0.02 0
X	2.57	+0.02 0
Y	11.67	+0.02 0
Z	3.07	+0.02 0
a	5	+0.2 −0.2
b	5	+0.5 −0.5
c	5	+0.5 −0.5
d	3.5	+0.2 −0.2

GB/T 1483.2-7006-135-1

	未组装的 G13 双插脚灯头的通规和止规	1/1

单位为毫米

附图仅表示互换性的基本尺寸。

关于 G13 灯头，见 GB/T 1406.2-7004-51。

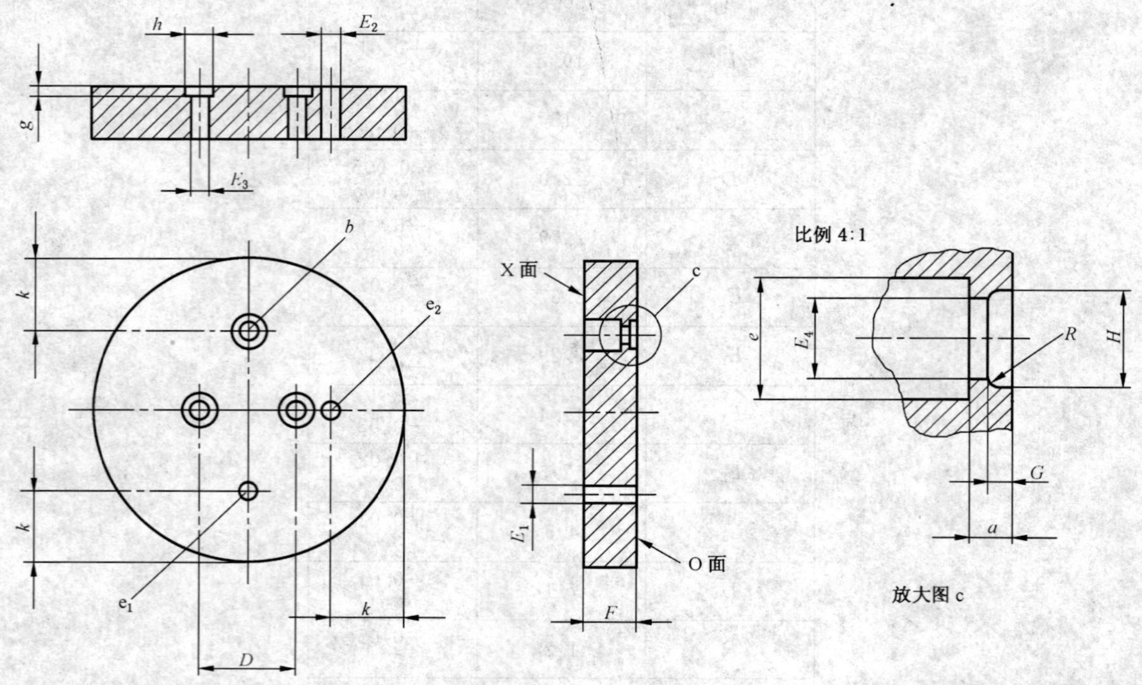

目的：检验未组装的 G13 双插脚灯头的尺寸 Emin，Emax，Fmin，Gmax 和 Hmax 插脚（包括止挡）的直径和位移。

检验：将灯头插脚从量规的 O 面完全插入量规时，灯头表面应与量规的表面相接触。在此位置上，两只插脚的端部应与 X 面共面或凸出 X 面，每只插脚应能单独插入孔 e_2 直至插脚止挡与量规表面相接触，但应不能插入孔 e_1。单只插脚的止挡应能从 O 面插入孔 b，直至灯头表面与量规表面相接触。

尺寸符号	尺寸	公差	尺寸符号	尺寸	公差
D	12.7	+0.005 −0.005	H	3.3	+0.01 −0.0
E_1	2.29	+0.0 −0.01	R	0.38	+0.0 −0.05
E_2	2.44	+0.01 −0.0	a	1.5	+0.1 −0.1
E_3	2.6	+0.01 −0.0	e	4.0	+0.1 −0.1
E_4	2.67	+0.01 −0.0	g	1.0	+0.1 −0.1
F	6.6	+0.0 −0.025	h	4.0	+0.1 −0.1
G	0.86	+0.01 −0.0	k	最大值 10	

GB/T 1483.2-7006-44-4

	成品灯上 G13 双插脚灯头的通规	1/1

单位为毫米

附图仅表示互换性的基本尺寸。

关于 G13 灯头，见 GB/T 1406.2-7004-51。

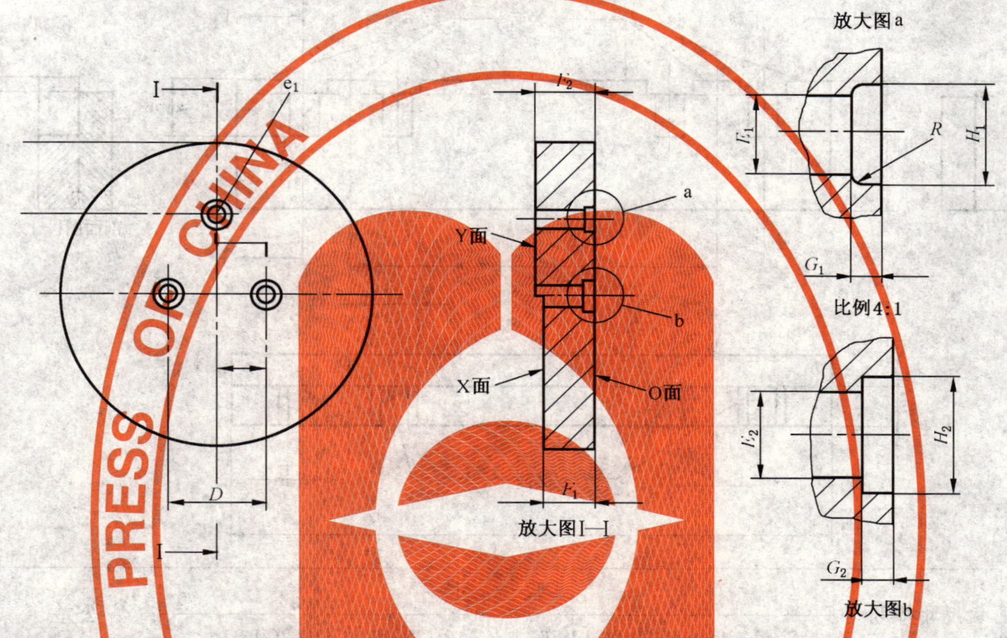

目的：检验成品灯上 G13 双插脚灯头的尺寸 Emax，Fmin，Fmax 和插脚(包括止挡)的直径和位移。

检验：当成品灯上的灯头插脚从量规的 O 面完全插入量规时，灯头表面应与量规的表面相接触。在此位置上，两只插脚的端部应与 X 面共面或凸出 X 面，但不应凸出 Y 面。每单只插脚应能从量规 O 面插入孔 e_1，直至灯头表面与量规表面相接触。

尺寸符号	尺寸	公差	尺寸符号	尺寸	公差
D	12.7	+0.005 −0.005	G_2	1.0	+0.1 −0.1
E_1	2.67	+0.01 −0.0	H_1	3.30	+0.01 −0.0
E_2	2.79	+0.01 −0.0	H_2	4.0	+0.1 −0.1
F_1	6.60	+0.0 −0.025	R	0.38	+0.0 −0.05
F_2	7.62	+0.025 −0.0	k	最大值 10	
G_1	0.86	+0.01 −0.0			

GB/T 1483.2-7006-45-4

2G13 灯头的通规

1/1

单位为毫米

附图仅表示互换性的基本尺寸。
关于 2G13 灯头，见 GB/T 1406.2-7004-33。

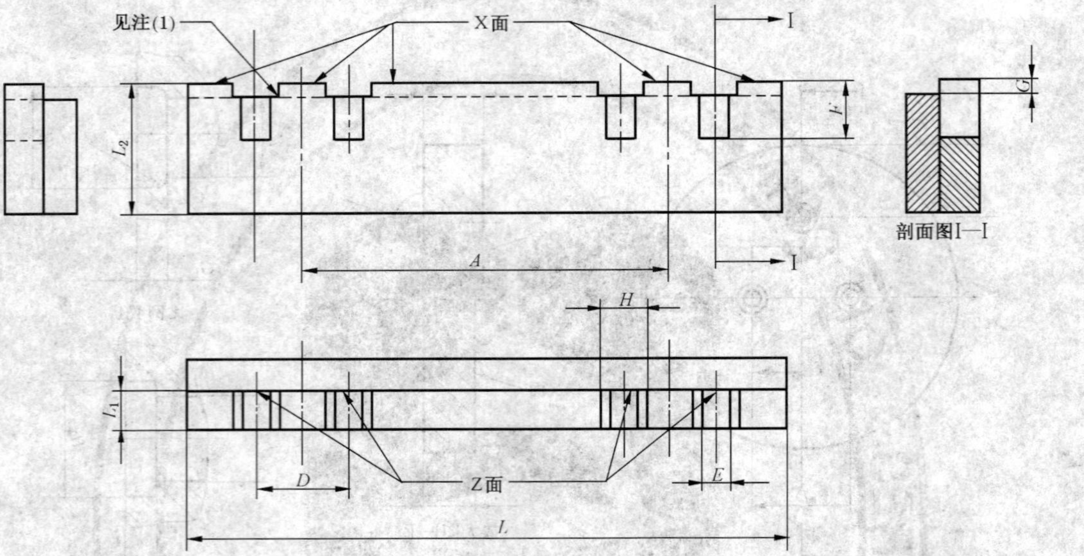

见注(1)
X面
剖面图I—I
Z面

尺寸符号	尺寸				公差
	2G13-41	2G13-56	2G13-92	2G13-152	
A	41.3	56.0	92.0	152.4	+0.01 −0.01
D	12.7	12.7	12.7	12.7	+0.01 −0.01
E	4.79	4.79	4.79	4.79	+0.01 −0.0
F	8	8	8	8	+0.1 −0.0
G	1.5	1.5	1.5	1.5	+0.1 −0.0
H	6	6	6	6	+0.1 −0.0
L	81	96	132	192	近似值
L_1	5	5	5	5	近似值
L_2	18	18	18	18	近似值

(1) 所有槽边稍倒角，见 GB/T 1483.1-7006-1。

目的：检验成品 U 形荧光灯上 2G13 灯头的尺寸 A。

检验：不用过度的力，应能将灯头插脚插入相应量规的槽内，使每对插脚至少有一只插脚的侧面与 Z 面相接触。试验时，两个 G13 灯头中至少应有一个灯头的底面与量规的 X 面相接触。

GB/T 1483.2-7006-33-2

2GX13 灯头的通规 A 和止规

1/1

单位为毫米

附图仅表示互换性的基本尺寸。

关于 2GX13 灯头，见 GB/T 1406.2-7004-125。

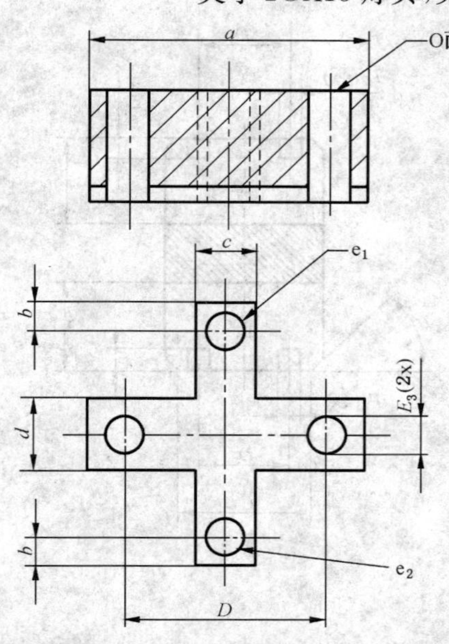

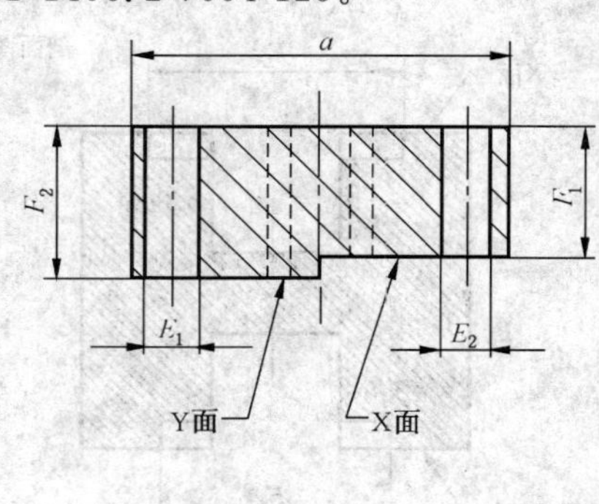

目的：检验成品灯上 2GX13 灯头的尺寸 Emax，Emin，Fmax，Fmin，以及插脚直径和位移。

检验：该试验在灯头两侧进行两次。灯头插脚从 O 面完全插入量规时，灯头表面应与量规表面相接触。在该位置上，插脚端部应与 X 面共面或凸出 X 面，但不应凸出 Y 面。

每只插脚应能从 O 面插入孔 e_1，直至灯头正面与量规表面相接触，但不应插入孔 e_2。

尺寸符号	尺寸	公差
D	13.0	+0.005 −0.005
E_1	2.67	+0.01 −0.0
E_2	2.29	+0.0 −0.01
E_3	2.79	+0.01 −0.0
F_1	6.0	+0.0 −0.025
F_2	6.8	+0.025 −0.0
a	18	+0.2 −0.2
b	3	+0.0 −0.2
c	5.8	+0.2 −0.2
d	6.5	+0.2 −0.2

GB/T 1483.2-7006-125A-1

2GX13 灯头的通规 B 和止规

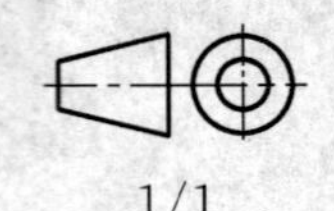

1/1

单位为毫米

附图仅表示互换性的基本尺寸。

关于 2GX13 灯头，见 GB/T 1406.2-7004-125。

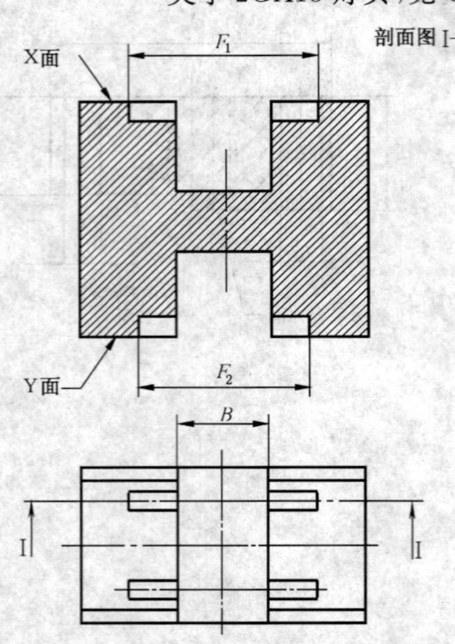

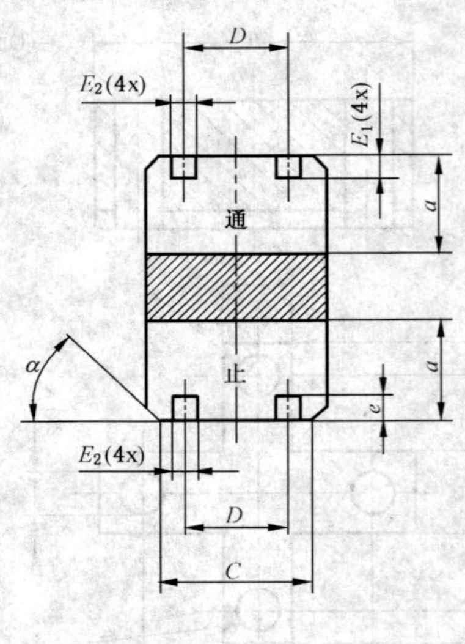

尖角部分应稍微倒角或倒圆。

目的：检验成品灯上 2GX13 灯头的四只插脚的定位和尺寸 F_2max，F_2min。

检验：灯头的四只插脚应能从 X 面插入量规，插入后插脚的任何部分均不应凸出 X 面。应不能有两个以上尺寸为 E_2 的插脚从 Y 面接触到孔的底部。

尺寸符号	尺寸	公差
B	13.5	+0.2 −0.2
C	19.0	+0.0 −0.02
D	13.0	+0.005 −0.005
E_1	2.9	+0.01 −0.0
E_2	3	+0.2 −0.2
F_1	26.6	+0.02 −0.0
F_2	24.6	+0.0 −0.02
a	12	+0.2 −0.2
e	3	+0.0 −0.2
α	45°	+2° −0

GB/T 1483.2-7006-125B-1

	成品灯上 G16t 和 G16d 接触片的通规和止规	1/1

单位为毫米

附图仅表示互换性的基本尺寸。

关于 G16t 和 G16d 接触片，分别见 GB/T 1406.2-7004-100 和 7004-20。

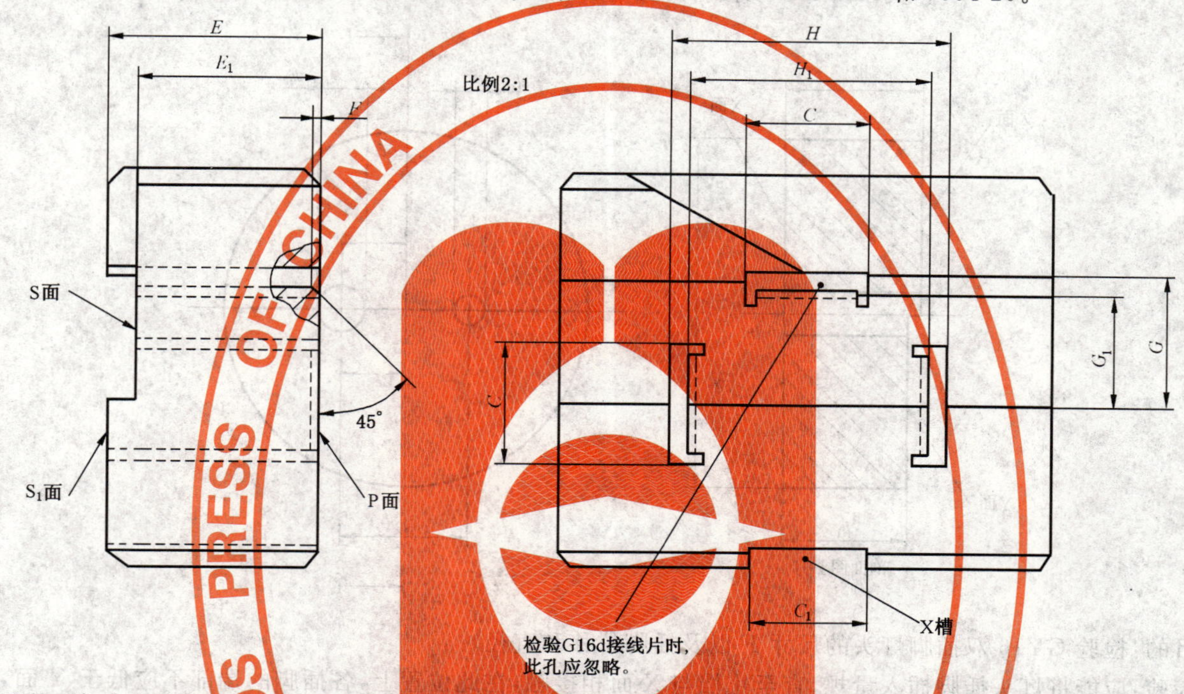

目的：检验成品灯上 G16t 和 G16d 接触片的互换性，例如检验接触片的长度和最小宽度，接触片的相对位置和宽度。

检验：接触片应能从 P 面进入孔内而不弯曲，焊点或止点压在 P 面上时，接触片的端部应在 S 面与 S_1 面之间。接触片应不能进入 X 槽。

尺寸符号	尺寸	公差
C	8.1	+0.01 −0.0
C_1	7.7	+0.0 −0.01
E	13.6	+0.01 −0.0
E_1	11.8	+0.0 −0.01
F	0.6	+0.2 −0.0
G	9.0	+0.01 −0.0
G_1	7.7	+0.0 −0.01
H	17.9	+0.01 −0.0
H_1	15.4	+0.0 −0.01

GB/T 1483.2-7006-95-3

	成品灯上 GY16 双插脚灯头的通规	1/1

单位为毫米

附图仅表示互换性的基本尺寸。

关于 GY16 双插脚灯头，见 GB/T 1406.2-7004-74。

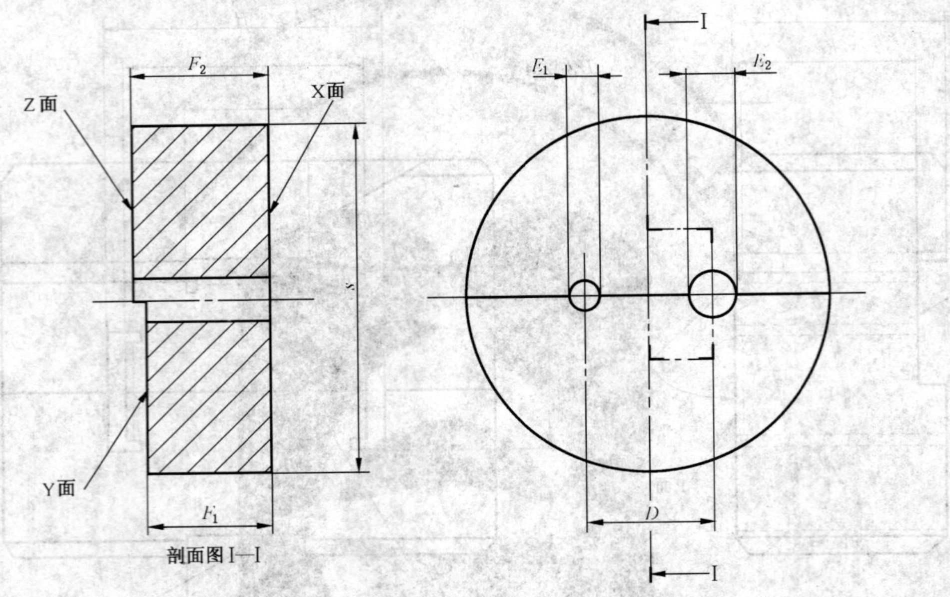

剖面图 I—I

目的：检验 GY16 双插脚灯头的尺寸 F 以及插脚位移和直径。

检验：应能将灯头插脚插入量规，直至止档与 X 面相接触，在此位置上，各插脚的端部不应低于 Y 面，且不应凸出 Z 面。

尺寸符号	尺寸	公差
D	15.87	+0.005 −0.005
E_1	3.7	+0.01 −0.0
E_2	5.2	+0.01 −0.0
F_1	15.4	+0.0 −0.01
F_2	17.0	+0.01 −0.0
s	约 45	

GB/T 1483.2-7006-74-1

	成品灯上 G17q-7 和 GY17q-7 灯头的通规	1/2

单位为毫米

附图仅表示互换性的基本尺寸。

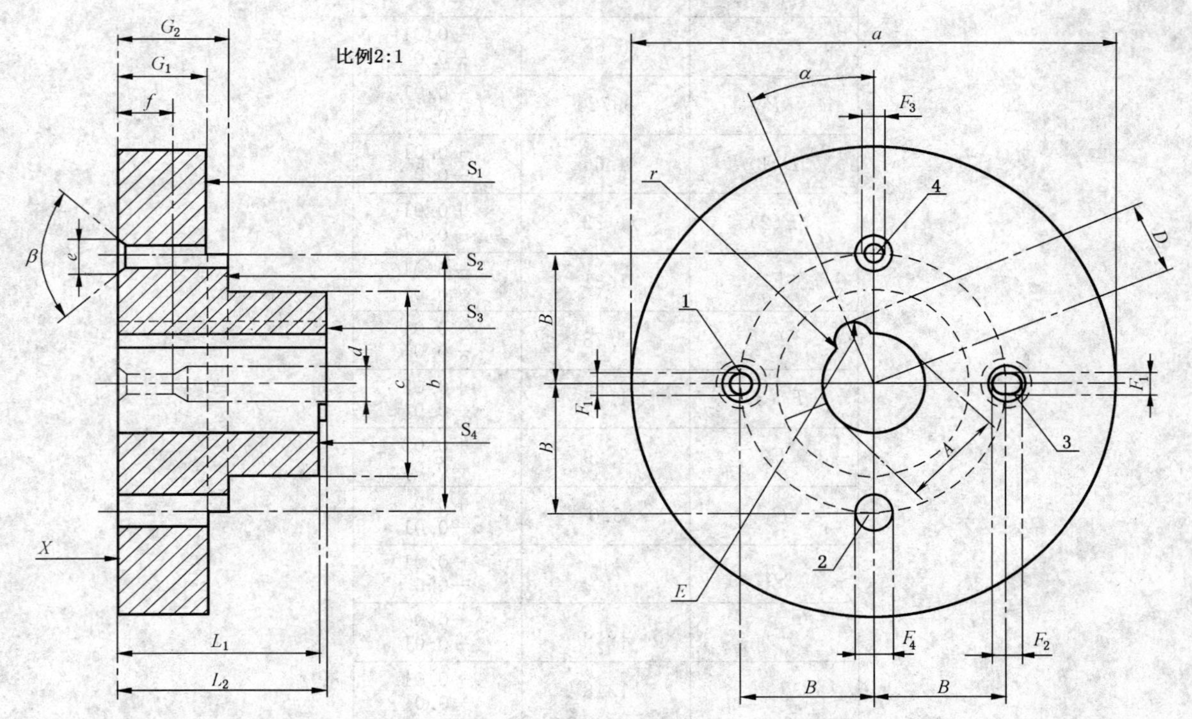

目的：检验 G17q-7 和 GY17q-7 灯头的互换性及尺寸 A,B,D,E,F 和角度 α,GB/T 1406.2-7004-45 中尺寸 Gmax,Gmin,Lmax 和 Lmin。

检验：灯头应能插入量规，直至灯头与 X 面紧密接触。在该位置上，四只小插脚的端部应位于 S_1 面和 S_2 面之间，中心插脚应位于 S_3 面和 S_4 面之间。

GB/T 1483.2-7006-58A-3

	成品灯上 G17q-7 和 GY17q-7 灯头的通规	2/2

单位为毫米

尺寸符号	尺寸	公差
A	6.88	+0.01 −0.0
B	8.725	+0.01 −0.01
D(1)	4.66	+0.01 −0.0
E(2)	1.22	+0.01 −0.0
F_1	1.31	+0.01 −0.0
F_2	1.78	+0.01 −0.0
F_3(3)	1.65	+0.02 −0.0
F_4	2.29	+0.02 −0.0
G_1	6.0	+0.0 −0.01
G_2	7.5	+0.01 −0.0
L_1	13.3	+0.0 −0.01
L_2	13.8	+0.01 −0.0
a	32	+0.5 −0.5
b	17.45	+0.1 −0.1
c	12.7	+0.5 −0.5
d	2.4	+0.2 −0.2
e	2.29	+0.0 −0.03
f	3.81	+0.02 −0.02
r	0.79	+0.05 −0.0
α	22°30′	+5′ −5′
β	80°	+1° −1°

(1) 在美国,D 的标准值为 4.64 mm。

(2) 在美国,E 的标准值为 1.19 mm。

(3) 在美国,F_3 的标准值为 1.55 mm。

GB/T 1483.2-7006-58A-3

	成品灯上 GX17q-7 灯头的通规	1/2

单位为毫米

附图仅表示互换性的基本尺寸。

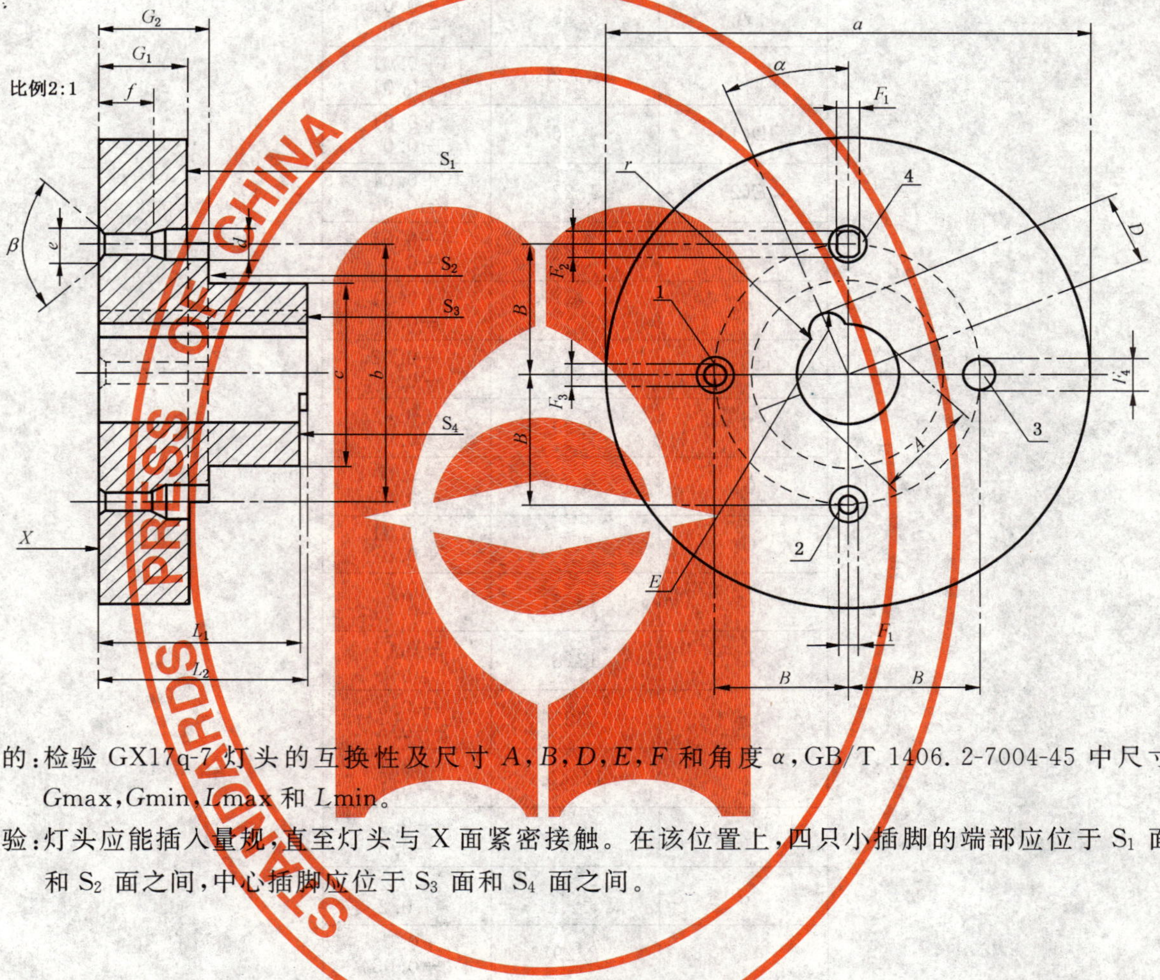

目的：检验 GX17q-7 灯头的互换性及尺寸 A, B, D, E, F 和角度 α，GB/T 1406.2-7004-45 中尺寸 Gmax，Gmin，Lmax 和 Lmin。

检验：灯头应能插入量规，直至灯头与 X 面紧密接触。在该位置上，四只小插脚的端部应位于 S_1 面和 S_2 面之间，中心插脚应位于 S_3 面和 S_4 面之间。

GB/T 1483.2-7006-58B-3

	成品灯上 GX17q-7 灯头的通规	2/2

单位为毫米

尺寸符号	尺寸	公差
A	6.88	+0.01 −0.0
B	8.725	+0.01 −0.01
D(1)	4.66	+0.01 −0.0
E(2)	1.22	+0.01 −0.0
F_1	1.31	+0.01 −0.0
F_2	1.78	+0.01 −0.0
F_3(3)	1.65	+0.02 −0.0
F_4	2.29	+0.02 −0.0
G_1	6.0	+0.0 −0.01
G_2	7.5	+0.01 −0.0
L_1	13.3	+0.0 −0.01
L_2	13.8	+0.01 −0.0
a	32	+0.5 −0.5
b	17.45	+0.1 −0.1
c	12.7	+0.5 −0.5
d	2.4	+0.2 −0.2
e	2.29	+0.0 −0.03
f	3.81	+0.02 −0.02
r	0.79	+0.05 −0.0
α	22°30′	+5′ −5′
β	80°	+1° −1°

(1) 在美国，D 的标准值为 4.64 mm。

(2) 在美国，E 的标准值为 1.19 mm。

(3) 在美国，F_3 的标准值为 1.55 mm。

GB/T 1483.2-7006-58B-3

	成品灯上 G22 双插脚灯头和灯端	1/2

单位为毫米

附图仅表示互换性的基本尺寸。

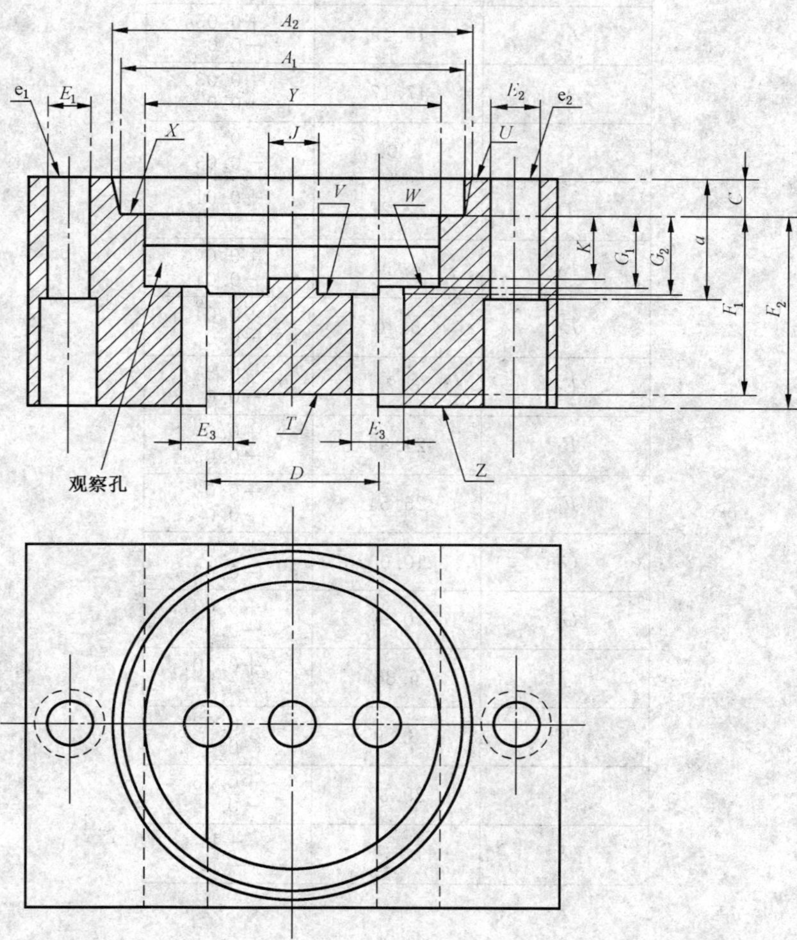

虽然量规中含有检验插脚直径最大值和最小值的功能，但也可采用单独的量规进行检验。

目的：检验 GB/T 1406.2-7004-75 中成品灯上灯头和灯端的尺寸 E，F，G 和 K，插脚的位移和直径，以及基准面上方的灯头和灯端外形。

检验：应能将灯头和灯端完全插入量规，在此位置上，应符合下述要求：

——灯头和灯端底面应与 X 面相接触；

——各插脚的端部应与 T 面共面或凸出 T 面，但不应凸出 Z 面；

——插脚上的环槽的下端应与 V 面共面或凸出 V 面，但不应凸出 W 面；

——灯头和灯端的单只插脚从 U 面插入孔 e_2 至少应达到插脚上的环槽处；

——灯头和灯端的单只插脚从 U 面应不能插入孔 e_1。

GB/T 1483.2-7006-75-1

	成品灯上 G22 双插脚灯头和灯端	2/2

单位为毫米

尺寸符号	尺寸	公差
A_1	45.49	+0.03 −0.0
A_2	47.17	+0.03 −0.0
C	5.00	+0.0 −0.03
D	22.22	+0.01 −0.01
E_1	6.30	+0.0 −0.01
E_2	6.40	+0.01 −0.0
E_3	6.71	+0.01 −0.0
F_1	24.89	+0.0 −0.03
F_2	26.54	+0.03 −0.0
G_1	10.00	+0.0 −0.03
G_2	10.90	+0.03 −0.0
J	6.35	+0.10 −0.0
K	8.89	+0.03 −0.0
Y	39.37	+0.05 −0.0
a	16	+1 −1

GB/T 1483.2-7006-75-1

GY22 双插脚灯头的量规

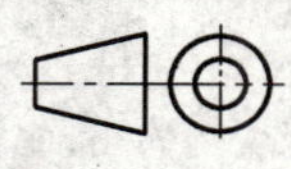

1/2

单位为毫米

附图仅表示互换性的基本尺寸。

关于 GY22 灯头，见 GB/T 1406.2-7004-119。

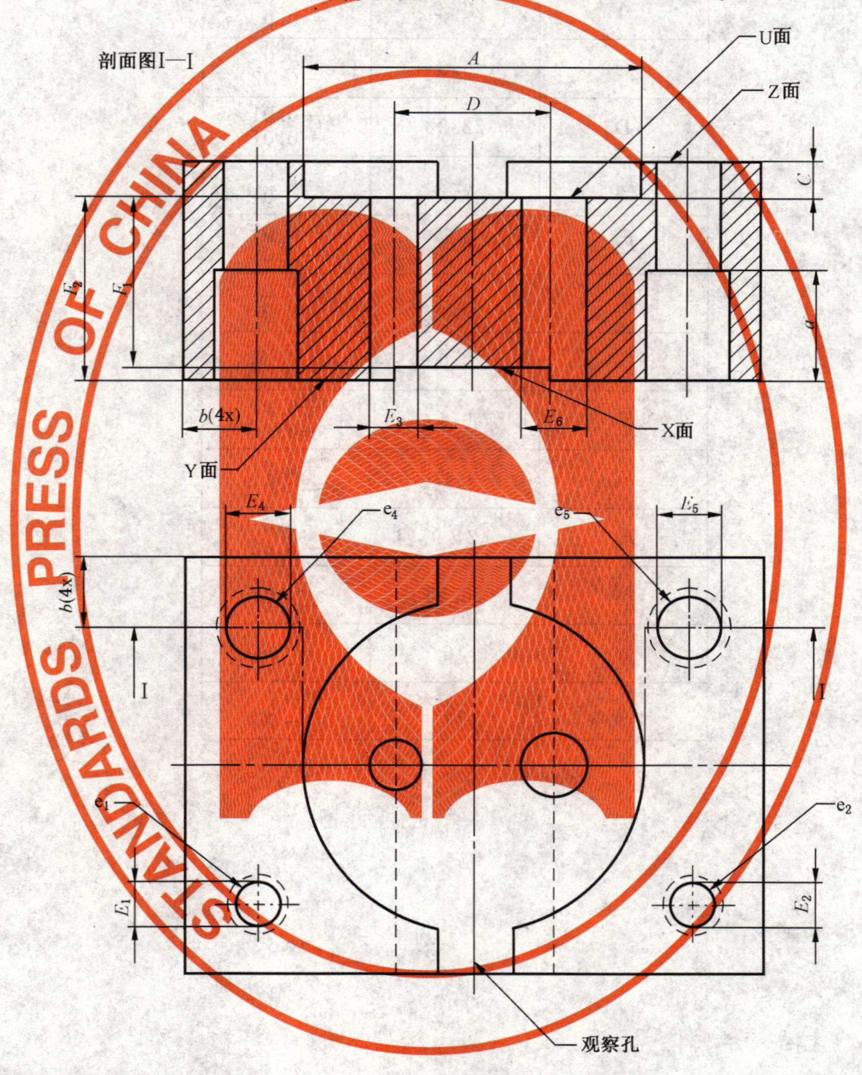

灯头插脚插入端应稍倒角。

目的：检验成品灯上 GY22 灯头尺寸 E,E_1 和 F，插脚的位移和直径以及基准面以上的灯头外形。

检验：应能将灯头插入量规，直至其基准面与 U 面相接触。在此位置上，应符合下述要求：

——插脚末端应与 X 面共面或凸出 X 面，但不应凸出 Y 面；

——单个灯头细插脚应从 Z 面插入孔 e_2，直至其基准面与 Z 面相接触；

——单个灯头细插脚应不能从 Z 面插入孔 e_1(除其尖端外)；

——单个灯头粗插脚应从 Z 面插入孔 e_5，直至其基准面与 Z 面相接触；

——单个灯头粗插脚应不能从 Z 面插入孔 e_4(除其尖端外)。

GB/T 1483.2-7006-119-1

	GY22 双插脚灯头的量规	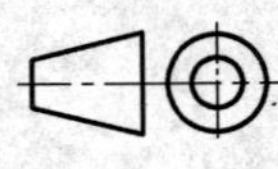 2/2

单位为毫米

尺寸符号	尺寸	公差
A	47.2	+0.02 −0.0
C	5.0	+0.0 −0.02
D	22.22	+0.01 −0.01
E_1	6.3	+0.0 −0.01
E_2	6.4	+0.01 −0.0
E_3	6.71	+0.01 −0.0
E_4	9.0	+0.0 −0.01
E_5	9.1	+0.01 −0.0
E_6	9.41	+0.01 −0.0
F_1	24.9	+0.0 −0.02
F_2	26.55	+0.02 −0.0
a	16	+1 −1
b	10	+1 −1

GB/T 1483.2-7006-119-1

成品灯上 G23 双插脚灯头的通规和止规

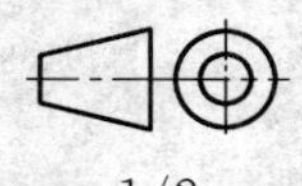

1/2

单位为毫米

附图仅表示互换性的基本尺寸。

关于 G23 双插脚灯头，见 GB/T 1406.2-7004-69。

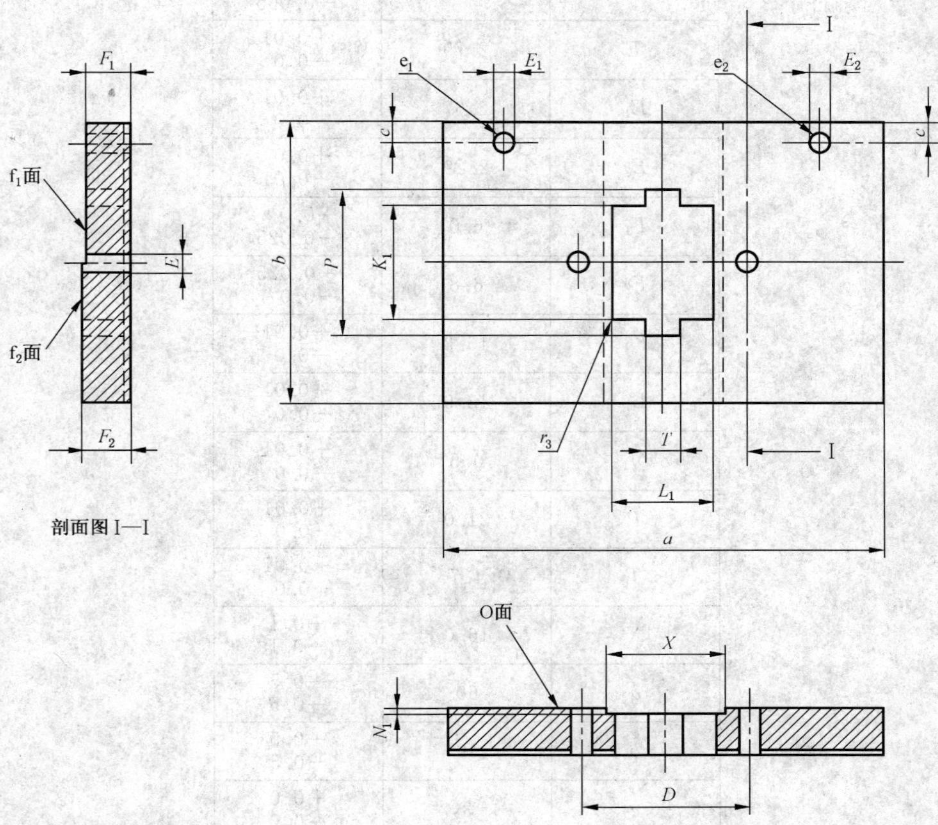

目的：检验成品灯上 G23 双插脚灯头的尺寸 K_1max，L_1max，Pmax，Tmax，$r_3$min，Fmin，Fmax，Emin，Emax 以及插脚的直径和位移。

检验：将灯头的中心柱和插脚从 O 面完全插入量规时，灯头基准面应与量规的表面相接触。在此位置上，插脚的端部应与 f_1 面共面或凸出 f_1 面，但不应凸出 f_2 面。应能将灯头的各个插脚依次插入孔 e_1，直至灯头基准面与量规的表面相接触。灯头的插脚(除其尖端外)应不能插入孔 e_2。

GB/T 1483.2-7006-69-2

	成品灯上 G23 双插脚灯头的通规和止规	2/2

单位为毫米

尺寸符号	尺寸	公差
D	23.0	+0.005 −0.005
E	2.79	+0.01 −0.0
E_1	2.67	+0.01 −0.0
E_2	2.29	+0.0 −0.01
F_1	6.0	+0.0 −0.025
F_2	6.8	+0.025 −0.0
K_1	16.3	+0.01 −0.0
L_1	13.9	+0.01 −0.0
N_1	0.5	+0.01 −0.0
P	21.0	+0.01 −0.0
T	4.7	+0.01 −0.0
X	16.0	+0.1 −0.1
a	60	+0.5 −0.5
b	40	+0.5 −0.5
c	3	+0.0 −0.2
r_3	0.5	+0.0 −0.05

GB/T 1483.2-7006-69-2

	成品灯上 GX23 双插脚灯头的通规和止规	1/2

单位为毫米

附图仅表示互换性的基本尺寸。

关于 GX23 双插脚灯头，见 GB/T 1406.2-7004-86。

目的：检验成品灯上 GX23 双插脚灯头的尺寸 Emin，Emax，Fmin，Fmax，K_1max，L_1max，Pmax 和 Xmin 以及插脚直径和位移。

检验：将灯头的中心柱和两插脚从 O 面完全插入量规时，灯头基准面应与量规的 O 面相接触。在此位置上，插脚的端部应与 f_1 共面或凸出 f_1 面，但不应凸出 f_2 面。应能将灯头的各个插脚依次插入孔 e_1，直至灯头基准面与量规的表面相接触。灯头的插脚(除其尖端外)应不能插入孔 e_2。

GB/T 1483.2-7006-86-1

成品灯上 GX23 双插脚灯头的通规和止规 2/2

单位为毫米

尺寸符号	尺寸	公差
D	23.0	+0.005 −0.005
E	2.79	+0.01 −0.0
E_1	2.67	+0.01 −0.0
E_2	2.29	+0.0 −0.01
F_1	6.0	+0.0 −0.025
F_2	6.8	+0.025 −0.0
K_1	16.3	+0.01 −0.0
L_1	13.9	+0.01 −0.0
N_1	0.5	+0.01 −0.0
P	21.0	+0.01 −0.0
X	3.3	+0.0 −0.01
a	60	+0.5 −0.5
b	40	+0.5 −0.5
c	3	+0.0 −0.2
d	16	+0.1 −0.1

GB/T 1483.2-7006-86-1

G24、GX24 和 GY24 灯头的通规和止规

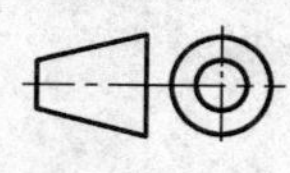

1/2

单位为毫米

附图仅表示互换性的基本尺寸。

关于 G24、GX24 和 GY24 灯头，见 GB/T 1406.2-7004-78。

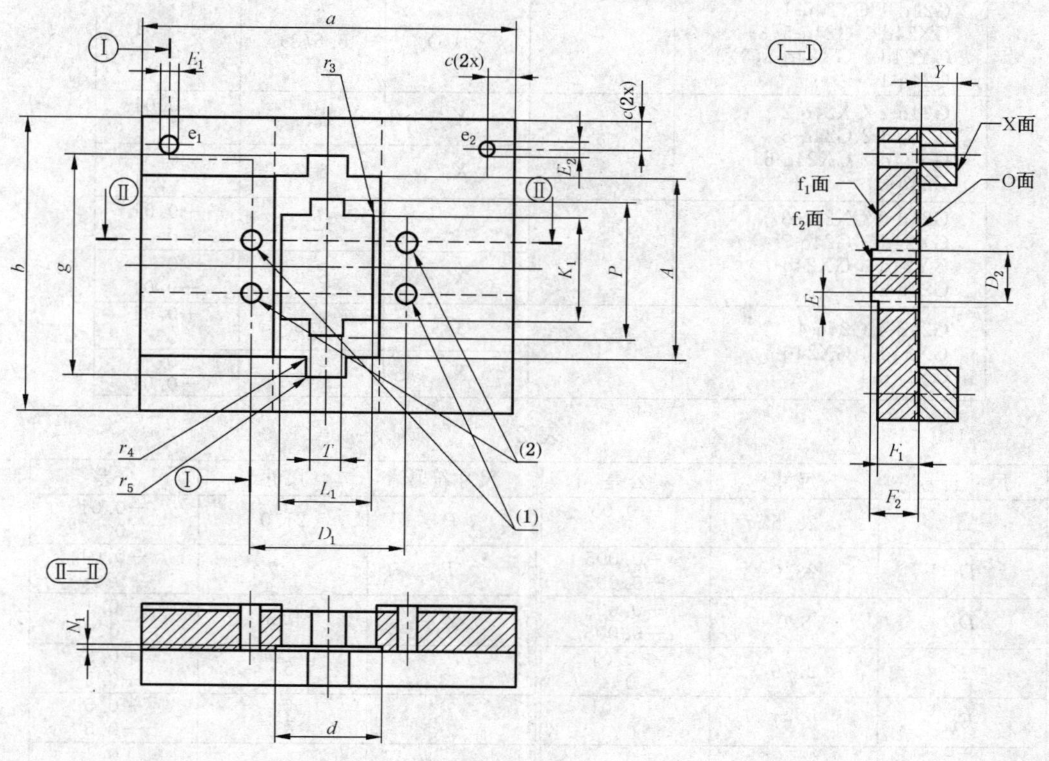

特定量规结构：(从 X 面和 O 面观察)

分别用于检验 G24d-..，GX24d-..，GY24d-..，G24q-.. 和 GX24-.. 灯头的定位键孔外形图。

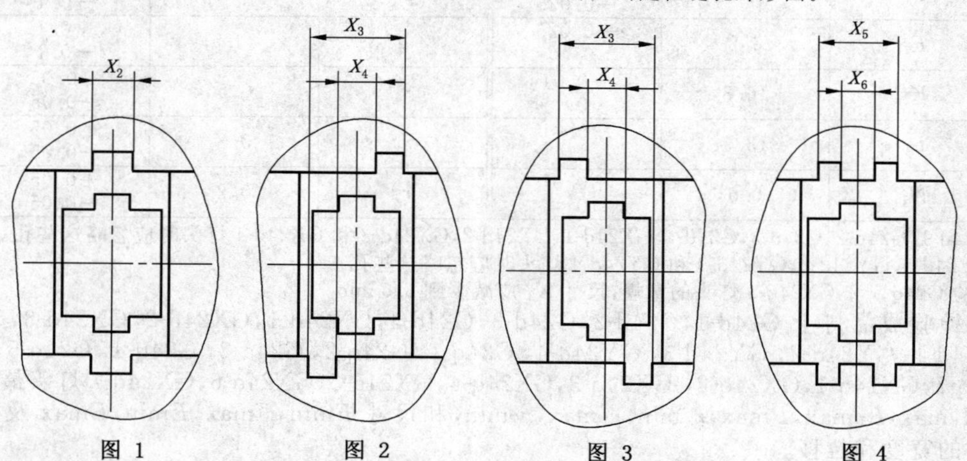

图 1　　图 2　　图 3　　图 4

图中仅表示检验 G24q-1，GX24q-1，G24q-5 和 GX24q-5 灯头的量规。

GB/T 1483.2-7006-78-5

	G24、GX24 和 GY24 灯头的通规和止规	2/2

单位为毫米

表 1

型　号	图号	尺寸符号	尺寸	公差
G24d-1 GX24q-1 GX24d-1 G24q-5(3) GY24d-1 GX24q-5(3) G24q-1	1	X_2(3)	6.6(3)	+0.01 0
G24d-2 GX24q-2 GX24d-2 G24q-6 GY24d-2 GX24q-6 G24q-2	2	X_3	12.4	+0.01 0
		X_4	6.2	0 −0.01
G24d-3 GX24q-3 GX24d-3 G24q-7 GY24d-3 GX24q-7 G24q-3	3	X_3	12.4	+0.01 0
		X_4	6.2	0 −0.01
G24d-4 G24q-4 GX24d-4 GX24q-4 GY24d-4	4	X_5	9.6	+0.01 0
		X_6	5.4	0 −0.01

表 2

尺寸符号	尺寸	公差	尺寸符号	尺寸	公差
A	28.5	+0.05 0	P	21.0	+0.01 0
D_1	23.0	+0.005 −0.005	T	4.7	+0.01 0
D_2	8.0	+0.005 −0.005	Y	5.5	+0.1 0
E	2.79	+0.01 0	a	55	+0.5 −0.5
E_1	2.67	+0.01 0	b	45	+0.5 −0.5
E_2	2.29	0 −0.01	c	4	0 −0.2
F_1	6.0	0 −0.025	d	16	+0.1 −0.1
F_2	6.8	+0.025 0	g	33.5	+0.1 −0.1
K_1	16.3	+0.01 0	r_3	0.5	+0.05 −0.05
L_1	13.9	+0.01 0	r_4	0.2	+0.05 −0.05
N_1	0.5	+0.01 0	r_5	0.2	+0.05 −0.05

(1) 检验 G24d-1,G24d-2,G24d-3,G24d-4,GX24d-1,GX24d-2,GX24d-3 和 GX24d-4 灯头时应忽略这些孔。

(2) 检验 GY24d-1,GY24d-2,GY24d-3 和 GY24d-4 灯头时应忽略这些孔。

(3) 对于检验 G24q-5 和 GX24q-5 灯头的量规,尺寸 X_2 应减少到 3.5 mm。

目的:分别检验成品灯上 G24d-1,G24d-2,G24d-3,G24d-4,GX24d-1,GX24d-2,GX24d-3,GX24d-4,GY24d-1,GY24d-2,GY24d-3,GY24d-4,G24q-1,G24q-2,G24q-3,G24q-4,G24q-5,G24q-6,G24q-7,GX24q-1,GX24q-2,GX24q-3,GX24q-4,GX24q-5,GX24q-6,GX24q-7 灯头最大外形尺寸 K_1max,L_1max,Pmax,$r_3$min,$r_4$max,$r_5$min,和尺寸 Fmin,Fmax,Emin,Emax 及灯头的定位键的宽度和位移。

检验:将灯头中心柱和插脚完全从 O 面插入量规时,灯头基准面应与量规 O 面相接触。在该位置上,插脚端部应与 f_1 面共面或凸出 f_1 面,但不应凸出 f_2 面。应能将各个插脚依次插入孔 e_1,直至灯头基准面与量规 X 面相接触。插脚(除其尖端外)应不能插入孔 e_2。

GB/T 1483.2-7006-78-5

	成品灯上 G32、GX32 和 GY32 灯头的通规和止规	1/2

单位为毫米

附图仅表示互换性的基本尺寸。

关于 G32d-..,G32q-..,GX32d-..,GX32q-..和 GY32d-..灯头,见 GB/T 1406.2-7004-87。

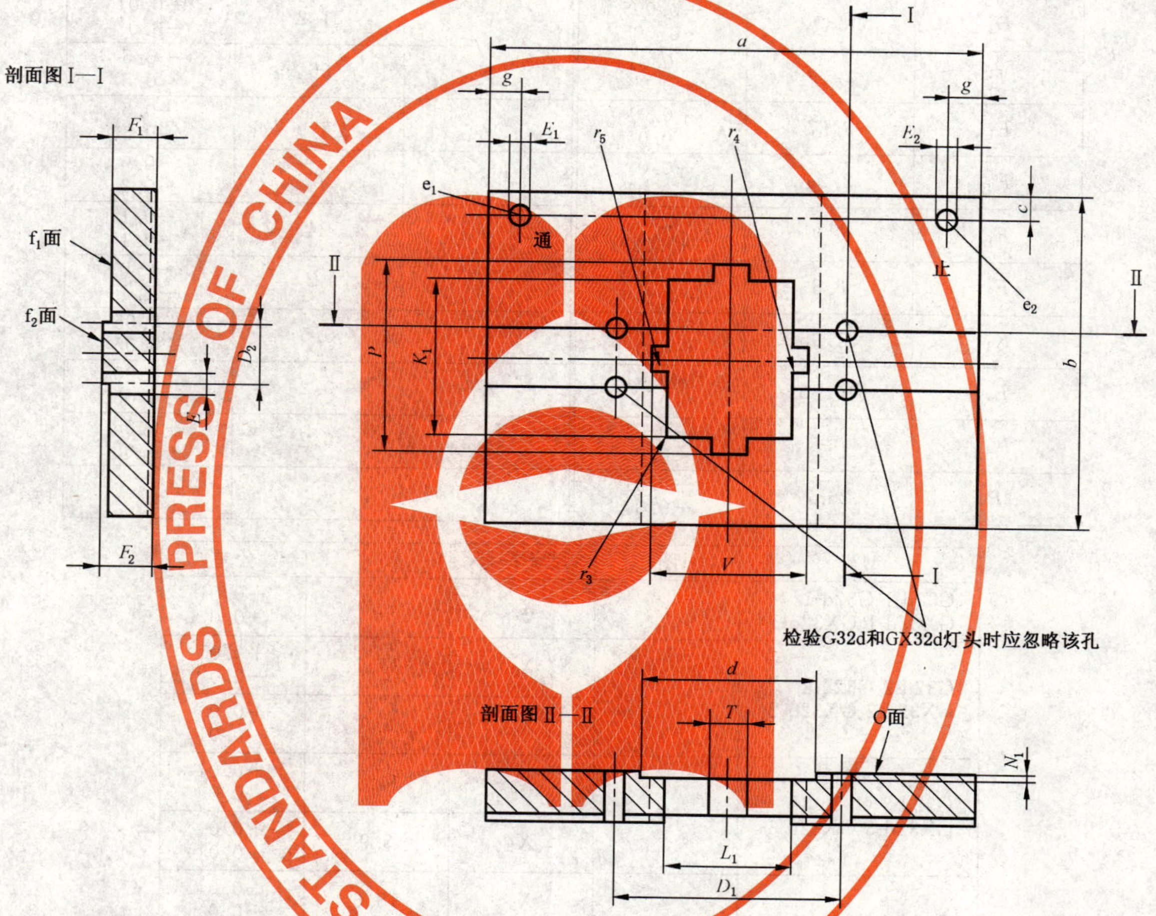

注：所示量规仅用于检验 G32q-1 和 GX32q-1 灯头。

特定量规结构：

用于检验 G32d-..、GX32d-..、GX32q-..和 G32q-..灯头的定位键孔外形图。

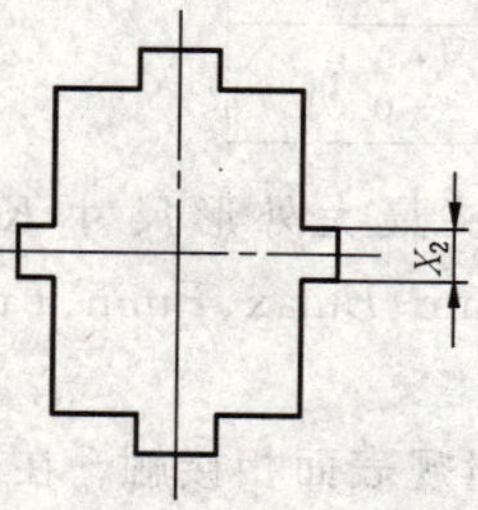

图 1 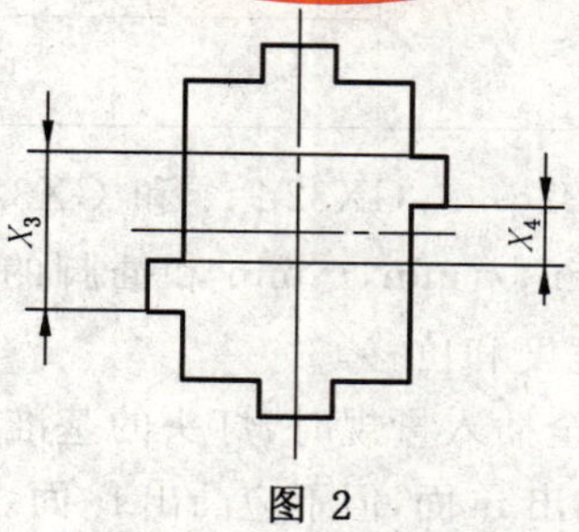　图 2 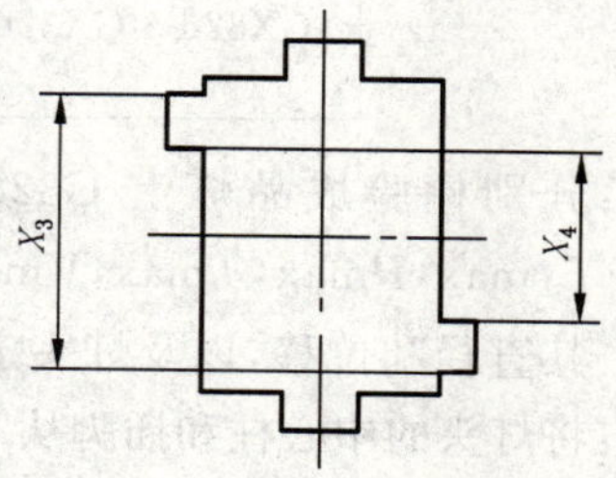　图 3

从 f_1 面和 f_2 面观察

GB/T 1483.2-7006-87-2

成品灯上 G32、GX32 和 GY32 灯头的通规和止规 2/2

单位为毫米

尺寸符号	尺寸	公差	尺寸符号	尺寸	公差
D_1	31.0	+0.005 −0.005	T	4.7	+0.01 −0.0
D_2	8.0	+0.005 −0.005	V	21.2	+0.01 −0.0
E	2.79	+0.01 −0.0	a	66	+0.5 −0.5
E_1	2.67	+0.01 −0.0	b	46	+0.5 −0.5
E_2	2.29	+0.0 −0.01	c	3	+0.0 −0.2
F_1	6.0	+0.0 −0.025	d	24	+0.1 −0.1
F_2	6.8	+0.025 −0.0	g	4	+0.0 −0.1
K_1	21.95	+0.01 −0.0	r_3	0.5	+0.05 −0.05
L_1	16.35	+0.01 −0.0	r_4	0.2	+0.05 −0.05
N_1	0.5	+0.01 −0.0	r_5	0.2	+0.05 −0.05
P	26.7	+0.01 −0.0			

型号	图	尺寸符号	尺寸	公差
G32d-1 G32q-1 GX32d-1 GX32q-1	1	X_2	3.6	+0.01 −0.0
G32d-2 G32q-2 GX32d-2 GX32q-2	2	X_3	11.1	+0.01 −0.0
		X_4	3.9	+0.0 −0.01
G32d-3 G32q-3 GX32d-3 GX32q-3	3	X_3	11.1	+0.01 −0.0
		X_4	3.9	+0.0 −0.01
G32d-4 G32q-4 GX32d-4 GX32q-4	2	X_3	18.6	+0.01 −0.0
		X_4	11.4	+0.0 −0.01
G32d-5 G32q-5 GX32d-5 GX32q-5	3	X_3	18.6	+0.01 −0.0
		X_4	11.4	+0.0 −0.01

目的：分别检验成品灯上 G32d-..，G32q-..，GX32d-.. 和 GX32q-.. 灯头最大外形尺寸 K_1max，L_1max，Pmax，Tmax，Vmax，$r_3$min，$r_4$min，$r_5$min 和插脚的尺寸 Emin、Emax、Fmin、Fmax 及其直径和位移，以及灯头定位键宽度和位移。

检验：将灯头的中心柱和插脚从 O 面完全插入量规时，灯头的基准面应与量规表面相接触。在此位置上，插脚的端部应与 f_1 面共面或凸出 f_1 面，但不应凸出 f_2 面。应能将灯头的各个插脚依次插入孔 e_1，直至灯头基准面与量规的表面相接触。灯头的插脚(不包括其尖端)应不能插入孔 e_2。

GB/T 1483.2-7006-87-2

	成品灯上 G38 双插脚灯头和灯端的通规	1/2

单位为毫米

附图仅表示互换性的基本尺寸。

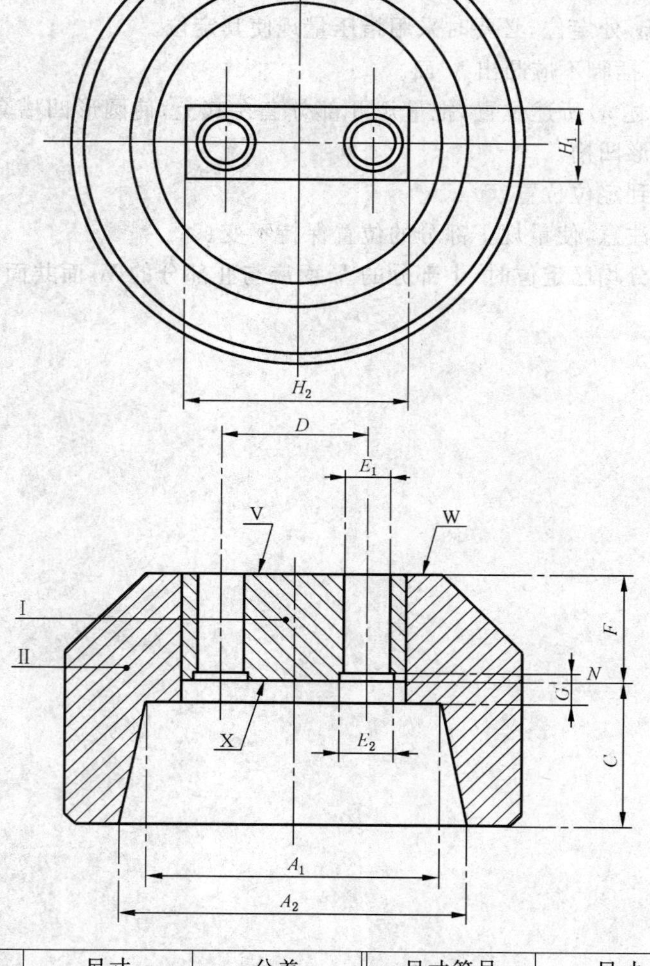

比例1:2

尺寸符号	尺寸	公差	尺寸符号	尺寸	公差
A_1	76.5	+0.05 −0.0	F	29.36	+0.05 −0.0
A_2	89.0	+0.05 −0.0	G	6.5	+0.0 −0.05
C	41.0	+0.0 −0.05	H_1	20.2	+0.05 −0.0
D	38.1	+0.01 −0.01	H_2	58.1	+0.05 −0.0
E_1	11.83	+0.02 −0.0	N	1.2	+0.05 −0.0
E_2	14.23	+0.01 −0.01			

GB/T 1483.2-7006-76-1

	成品灯上 G38 双插脚灯头和灯端的通规	2/2

目的：检验 GB/T 1406.2-7004-76 中 G38 灯头和灯端在基准面以上的最大外形，插脚的位移和直径以及插脚最大长度。

检验：

a) 灯的灯头朝上放置，将量规Ⅰ部分套在插脚上，插脚应从 X 面插入量规。
应能将插脚插入量规，直至一只或两只插脚的止挡或灯头表面与 X 面相接触，也可以按照灯头的设计，在 E_2 处定位，必要时采用指压量规使其定位。
量规在此位置时，插脚不应凸出 V 面。

b) 量规Ⅰ部分在上述 a)所述位置，把量规Ⅱ部分套在其上，使圆形凹槽套住灯头和灯端，量规Ⅰ部分进入矩形凹槽。
使量规Ⅱ部分达到定位位置。
在操作过程中应注意，使量规Ⅰ部分的位置保持不变。
当量规的两个部分均已定位时，Ⅰ部分的 V 面应与Ⅱ部分的 W 面共面或凸出 W 面。

GB/T 1483.2-7006-76-1

	成品灯上 G38 双插脚灯头和灯端插脚的通规和止规	1/1

单位为毫米

附图仅表示互换性的基本尺寸。

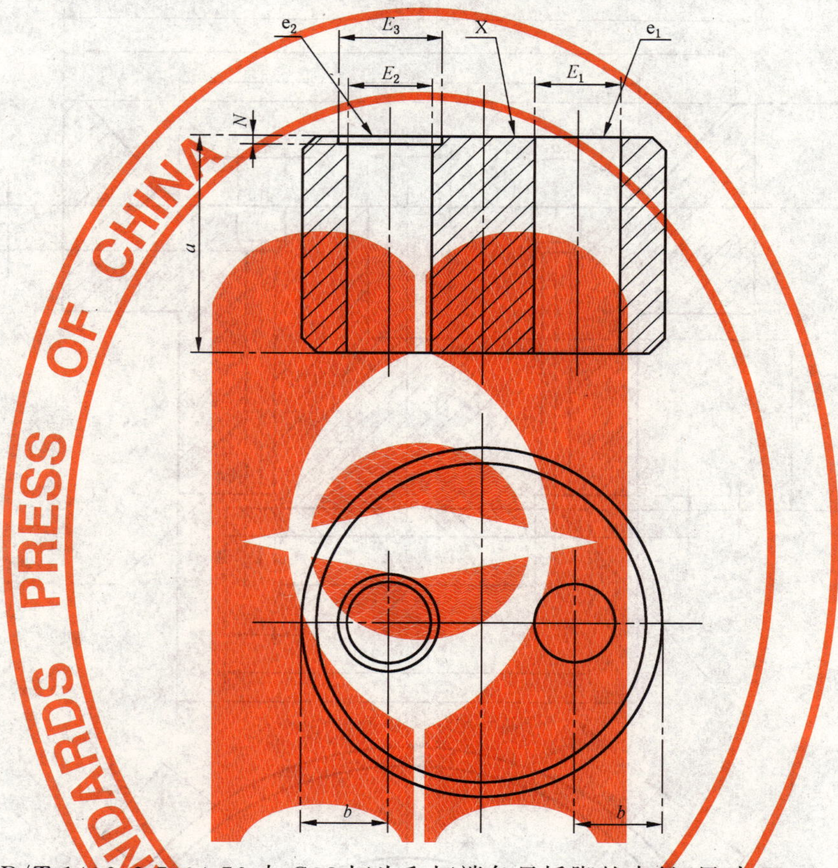

目的：检验 GB/T 1406.2-7004-76 中 G38 灯头和灯端各只插脚的直径（尺寸 E）。

检验：

——应能将灯头或灯端的单只插脚插入孔 e_2，直至插脚止挡或灯头表面与量规的表面相接触。

——单只插脚应不能从 X 面插入孔 e_1。此要求不适用于插脚的端部。

尺寸符号	尺寸	公差
E_1	10.97	+0.0 −0.01
E_2	11.23	+0.01 −0.0
E_3	13.63	+0.01 −0.01
N	1.2	+0.05 −0.0
a	30	+1 −1
b	最大值 12	

GB/T 1483.2-7006-76A-1

7.1	GX38q 四插脚灯头和灯端的通规	1/2

单位为毫米

附图仅表示互换性的基本尺寸。

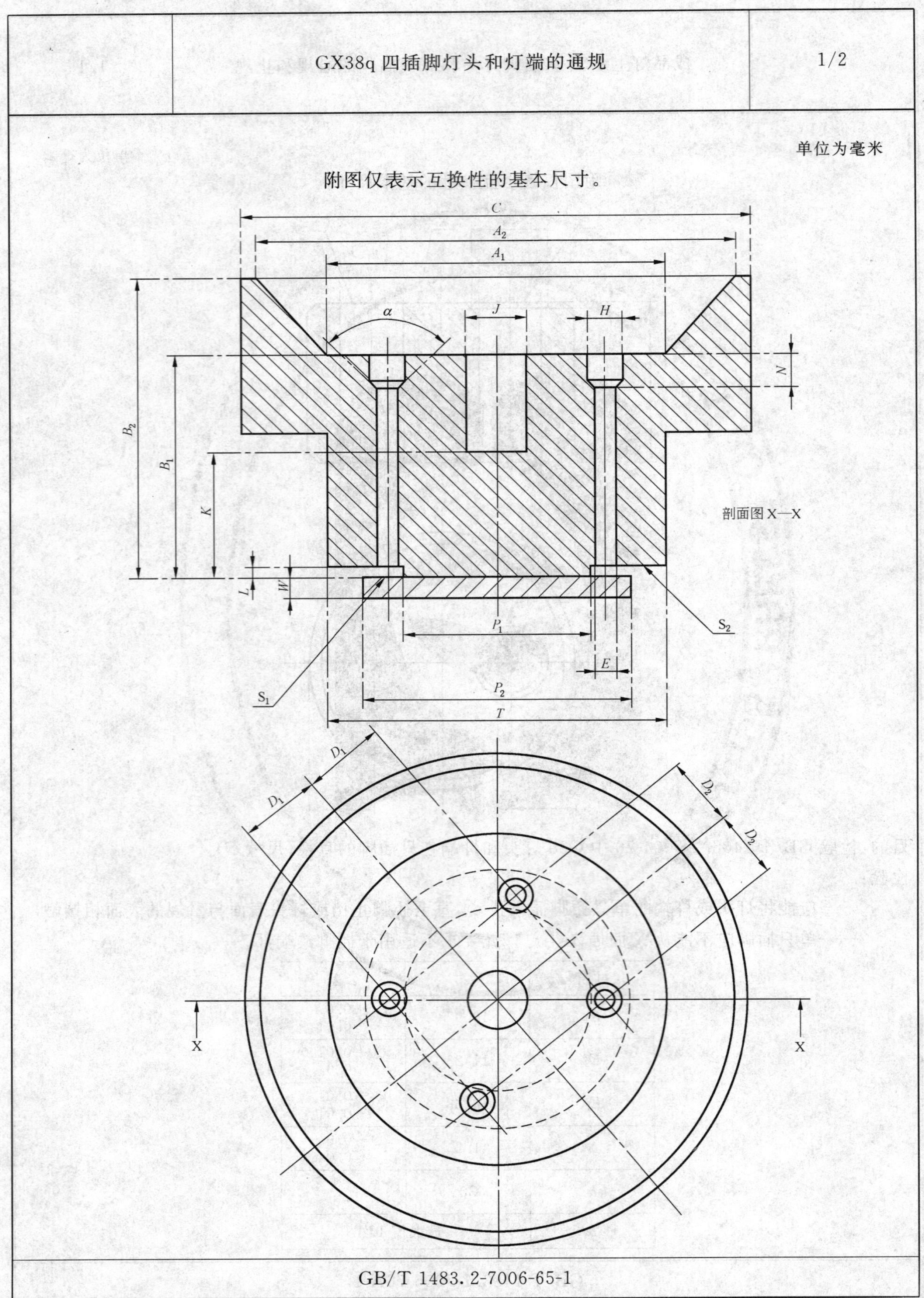

GB/T 1483.2-7006-65-1

	GX38q 四插脚灯头和灯端的通规	2/2

单位为毫米

尺寸符号	尺寸	公差	尺寸符号	尺寸	公差
A_1	60.0	+0.05 −0.0	J	10.5	+0.02 −0.0
A_2	85.0	+0.05 −0.0	K	23.0	+0.0 −0.02
B_1	41.0	+0.02 −0.0	L	1.6	+0.02 −0.0
B_2	55.0	+0.02 −0.0	N	6.0	+0.02 −0.0
C	约 90		P_1	33	+0.1 −0.1
D_1	14.75	+0.01 −0.01	P_2	47	+0.1 −0.1
D_2	12.25	+0.01 −0.01	T	约 60	
E	4.0	+0.02 −0.0	W	4	+0.1 −0.1
H	6.5	+0.02 −0.0	α	最小值 90°	

目的：检验 GB/T 1406.2-7004-65 中 GX38q 灯头和灯端的尺寸 A_1，A_2，D_1，D_2，F，H，J 和 K。

检验：灯头或灯端应尽量插入量规，在该位置上，至少应有一只插脚与 S_1 面相接触，并保持插脚端部与 S_2 面共面或凸出 S_2 面。

GB/T 1483.2-7006-65-1

	GX53 灯头的通规和止规	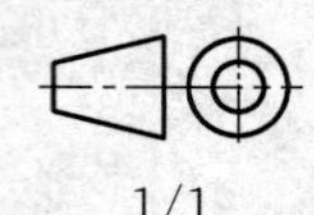 1/1

单位为毫米

附图仅表示互换性的基本尺寸。

关于 GX53 灯头，见 GB/T 1406.2-7004-142。

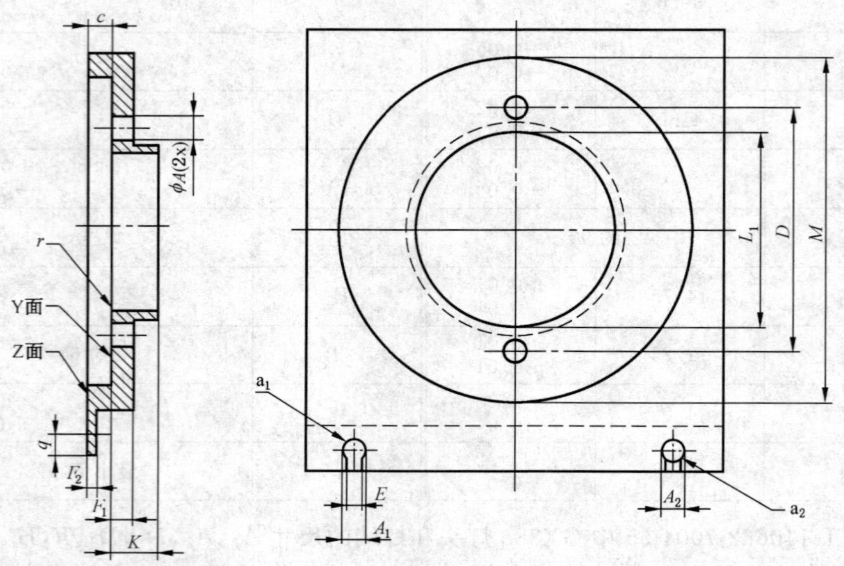

(1) 公差 0.25 mm 包括插脚间距和校直误差。

目的：从如下方面检验 GX53-.. 灯头：

——各只插脚的直径（尺寸 A）；

——各只插脚的位移和直径（尺寸 A 和 D）；

——插脚长度（尺寸 F_1）；

——嵌入长度和插脚直径（尺寸 F_2 和 E）；

——灯头最大外形尺寸 M, L_1 和 K。

检验：应能将灯头各只插脚从 Z 面插入孔 a_1，并沿槽拔出。应不能将灯头插脚插入孔 a_2。应能从 Z 面将灯头插入量规，直至灯头基准面与量规 Y 面相接触。在该位置上，插脚和中心柱均不应凸出量规表面。

尺寸符号	尺寸	公差	尺寸符号	尺寸	公差
A(1)	5.25	+0.02 0	K	9.4	+0.02 0
A_1	5.0	+0.02 0	L_1	42.5	+0.02 0
A_2	4.7	0 −0.02	M	75.2	+0.02 0
D	53.00	+0.005 −0.005	c	5	+0.1 −0.1
E	3.2	+0.02 0	q	4.5	最大值
F_1	4.3	+0.02 0	r	0.2	0 −0.05
F_2	1.55	0 −0.02			

GB/T 1483.2-7006-142-1

	GX53 灯头的止规	1/1

单位为毫米

附图仅表示互换性的基本尺寸。

关于 GX53 灯头，见 GB/T 1406.2-7004-142。

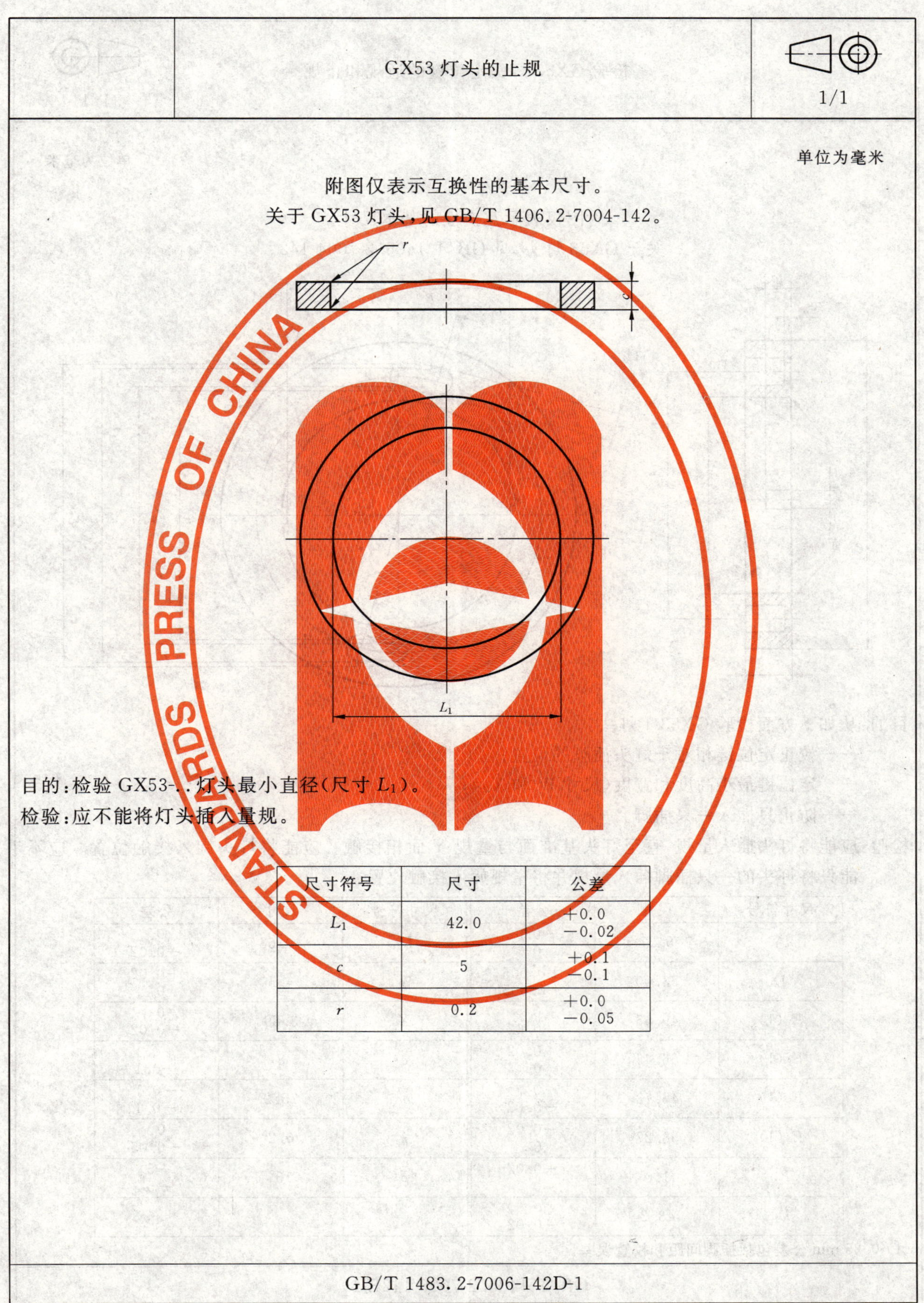

目的：检验 GX53-..灯头最小直径（尺寸 L_1）。

检验：应不能将灯头插入量规。

尺寸符号	尺寸	公差
L_1	42.0	+0.0 −0.02
c	5	+0.1 −0.1
r	0.2	+0.0 −0.05

GB/T 1483.2-7006-142D-1

检验 GX53 灯头定位键的通规和止规

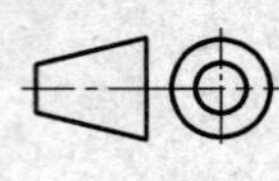

1/1

单位为毫米

附图仅表示互换性的基本尺寸。

关于 GX53 灯头，见 GB/T 1406.2-7004-142。

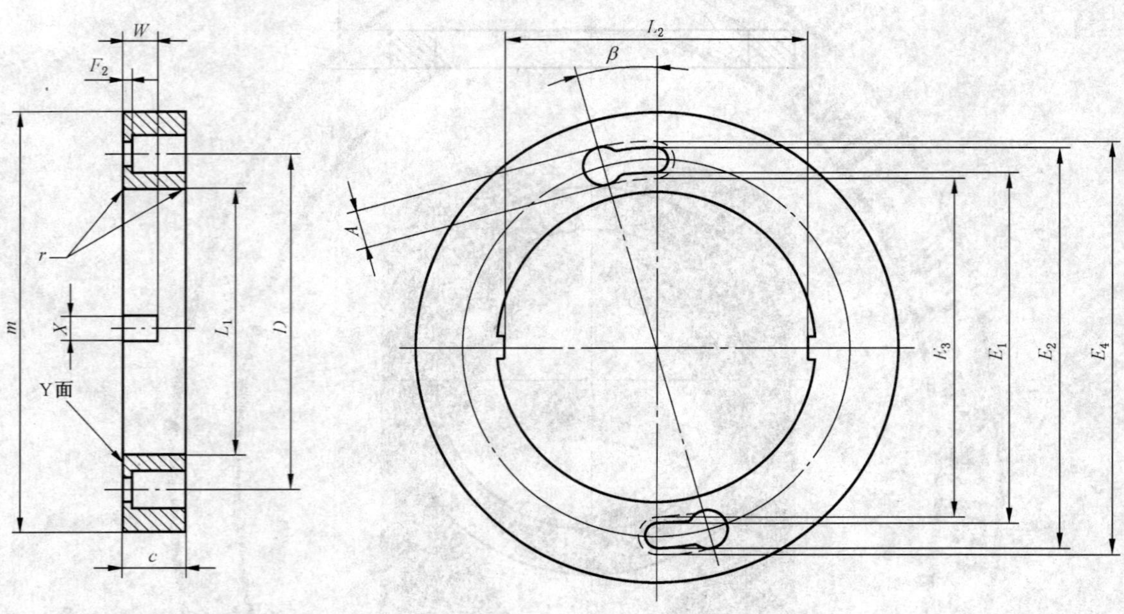

目的：从如下方面检验 GX53-1 灯头：

——校正定位键相对于灯头插脚的位置；

——定位键最小高度和宽度(尺寸 W 和 X_2)；

——防止只插入一只插脚。

检验：应能将灯头插入量规，直至灯头基准面与量规 Y 面相接触。应能将灯头旋入接触位置。应不能只将灯头的一只插脚插入量规并将量规旋入接触位置。

尺寸符号	尺寸	公差	尺寸符号	尺寸	公差
A	5.27	+0.02 0	L_2	40.63	0 −0.02
D	53.00	+0.005 −0.005	W	4.5	+0.02 0
E_1(1)	49.55	0 −0.02	X	3.89	0 −0.02
E_2(1)	56.45	+0.02 0	c	8	+0.1 −0.1
E_3(1)	47.73	0 −0.02	m	75.2	+0.1 −0.1
E_4(1)	58.27	+0.02 0	r	0.2	0 −0.05
F_2	1.0	+0.02 0	β	15°	+5′ −5′
L_1	43.2	0 −0.02			

(1) 0.25 mm 公差包括插脚间距和校直误差。

GB/T 1483.2-7006-142E-1

检验 GX53 灯头定位键的止规

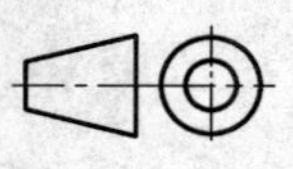

单位为毫米

附图仅表示互换性的基本尺寸。

关于 GX53 灯头,见 GB/T 1406.2-7004-142。

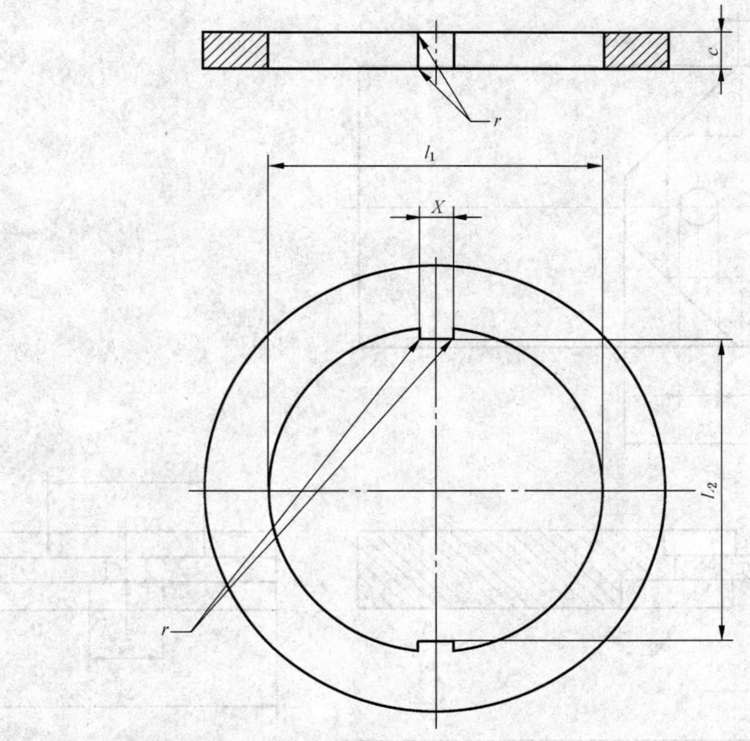

目的:检验 GX53-..灯头定位键宽度最大值(尺寸 X)。

检验:应不能将灯头插入量规。

尺寸符号	尺寸	公差
L_2	40.6	+0.02 0
c	5	+0.1 −0.1
l_1	43.2	+0.1 0
r	0.2	0 −0.05
X	4.4	+0.02 0

GB/T 1483.2-7006-142F-1

检验 GUX2.5d,GUY2.5d 和 GUZ2.5d 自支持印刷电路连接件的量规 A

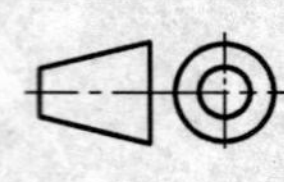

1/2

单位为毫米

附图仅表示互换性的基本尺寸。

关于 GUX2.5d,GUY2.5d 和 GUZ2.5d 连接件,见 GB/T 19148.2-7005-137。

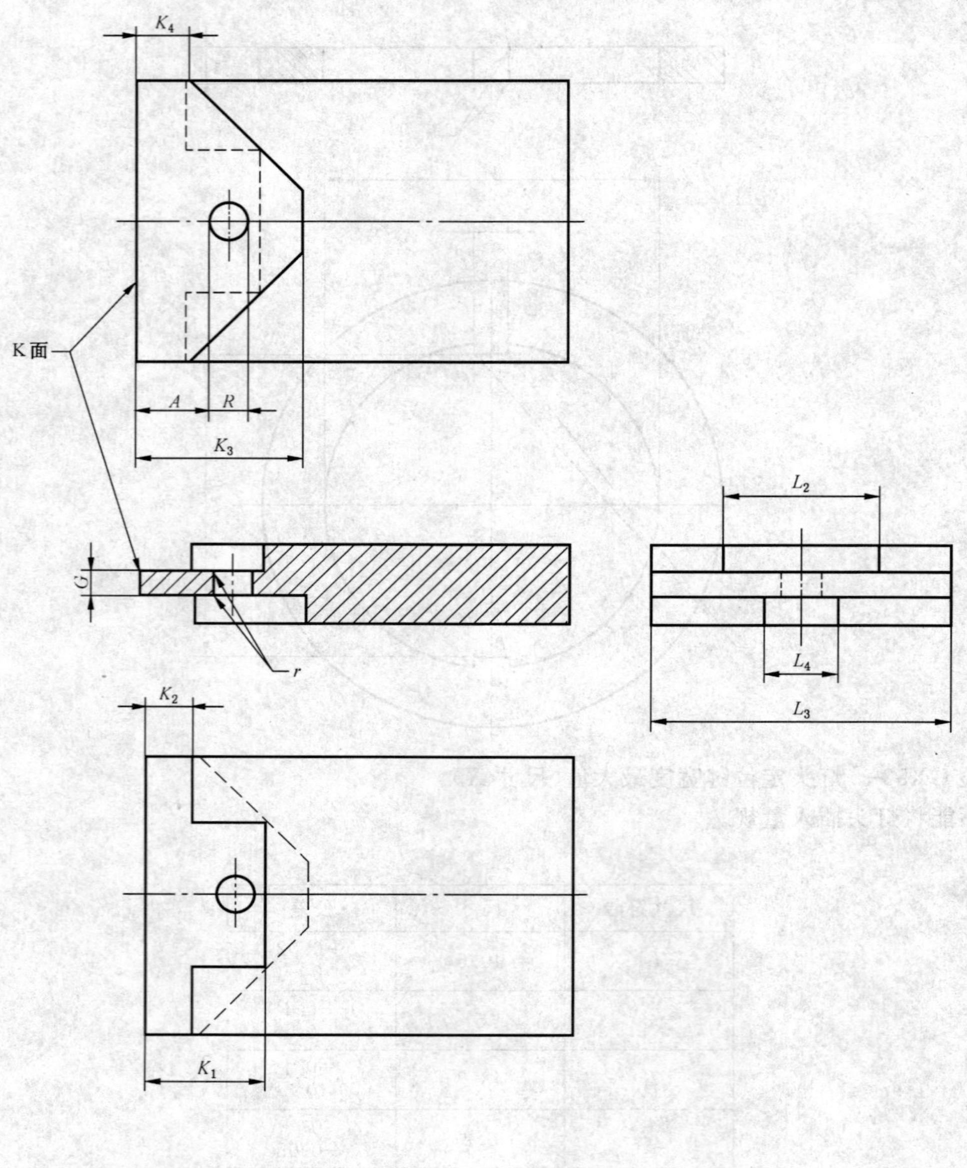

GB/T 1483.2-7006-137D-1

	检验 GUX2.5d,GUY2.5d 和 GUZ2.5d 自支持印刷电路连接件的量规 A	2/2

单位为毫米

尺寸符号	尺寸	公差
A	5.1	0 −0.02
G^*(GUX2.5d)	1.75	0 −0.02
G^*(GUY2.5d)	1.15	0 −0.02
G^*(GUZ2.5d)	0.45	0 −0.02
K_1	8.7	0 −0.02
K_2	3.5	0 −0.02
K_3	11.8	0 −0.02
K_4	3.8	0 −0.02
L_2	10.4	0 −0.02
L_3	20.4	0 −0.02
L_4	5.0	0 −0.02
R	2.8	0 −0.02
r	0.2	+0.05 0

目的:检验 GUX2.5d,GUY2.5d 和 GUZ2.5d(A 型)灯头自支持印刷电路连接件最小尺寸。

检验:应能将量规插入连接件,直至连接件基准面与量规 K 面相接触。在该位置上,连接键定位柱应与量规定位孔良好接合。

* 在日本采用下述值。(待定)

尺寸符号	尺寸	公差
G(GUX2.5d)	1.79	0 −0.02
G(GUY2.5d)	1.19	0 −0.02

GB/T 1483.2-7006-137D-1

	检验 GUX2.5d 印刷电路柱塞连接件的量规 B	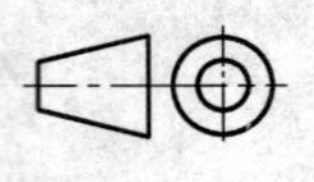 1/1

单位为毫米

附图仅表示互换性的基本尺寸。

关于 GUX2.5d 连接件，见 GB/T 19148.2-7005-137。

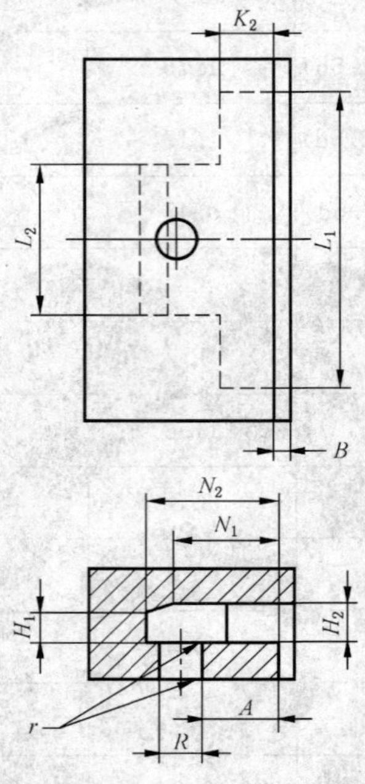

目的：检验 GX2.5d(B 型)印刷电路柱塞连接件最小支撑连接尺寸和定位柱最大尺寸及位移。

检验：应能将连接键完全插入量规。在该位置上，连接件定位柱应与量规定位孔良好接合。

尺寸符号	尺寸	公差
A	5.1	+0.02 0
B	1.05	+0.02 0
H_1	2.2	0 −0.02
H_2	2.7	+0.02 0
K_2	3.5	+0.02 0
L_1	20.4	0 −0.02
L_2	10.4	0 −0.02
N_1	7.0	0 −0.02
N_2	8.8	0 −0.02
R	2.8	0 −0.02
r	0.2	+0.05 0

GB/T 1483.2-7006-137E-1

检验GUX2.5d，GUY2.5d和GUZ2.5d印刷电路连接件接触性能的量规

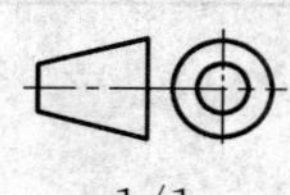

1/1

单位为毫米

附图仅表示互换性的基本尺寸。

关于GUX2.5d，GUY2.5d和GUZ2.5d连接件，见GB/T 19148.2-7005-137。

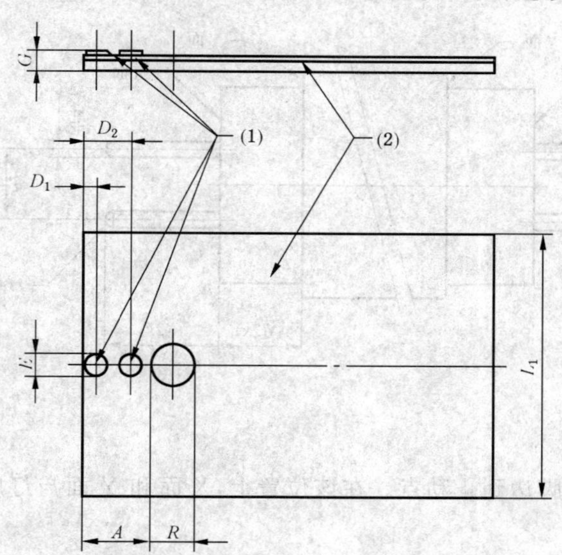

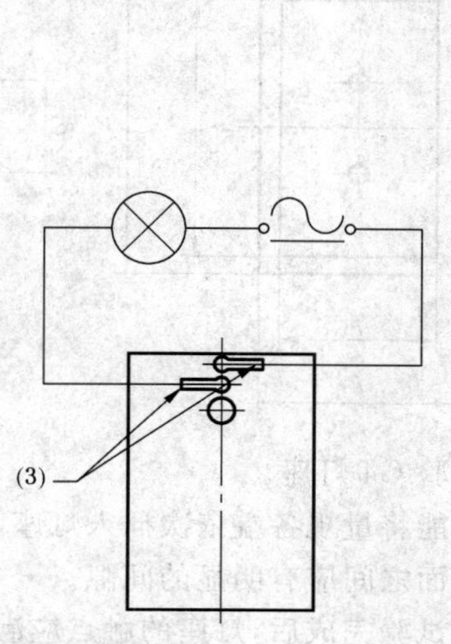

尺寸符号	尺寸	公差
A	4.95	+0.02 0
D_1	1.0	+0.005 −0.005
D_2	3.5	+0.005 −0.005
E	1.65	0 −0.02
G^*(GUX2.5d)(4)	1.4	0 −0.02
G^*(GUY2.5d)(4)	0.9	0 −0.02
G^*(GUZ2.5d)(5)	0.2	0 −0.02
L_1	20.4	+0.02 0
R	3.15	0 −0.02

* 在日本采用下述值。(待定)

尺寸符号	尺寸	公差
G(GUX2.5d)	1.46	0 −0.02
G(GUY2.5d)	0.86	0 −0.02

(1) 触点。量规触点应电接触。

(2) 绝缘材料。

(3) 连接件触点。

(4) 尺寸G的公差只适用于量规接触部分，应确保接触面凸出绝缘面。

(5) 无需特定结构的量规。该试验可使用特定用途的灯头。

目的：检验GUX2.5d，GUY2.5d和GUZ2.5d印刷电路连接件接触性能。

检验：将连接件按试验电路所示连接。插入量规并模拟印刷电路模块所有工作状态时指示灯应点亮并保持点亮状态。

GB/T 1483.2-7006-137F-1

G4 灯座的通规

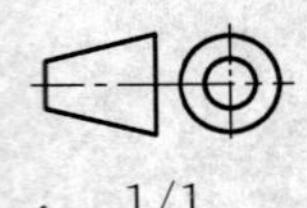

1/1

单位为毫米

附图仅表示互换性的基本尺寸。

关于 G4 灯座，见 GB/T 19148.2-7005-72。

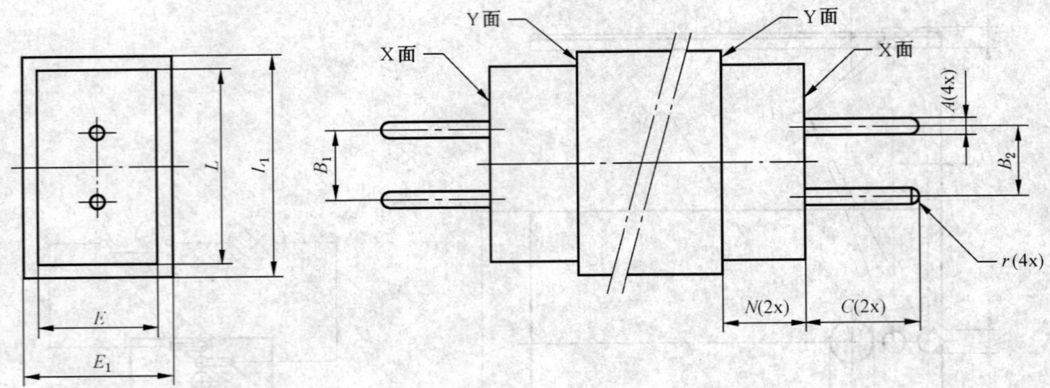

目的：检验 G4 灯座。

检验：应能将量规各端依次插入灯座，直至插脚达到止动点。在该位置上，X 面和 Y 面与灯座相应的表面之间应有明显的间隙。

该试验完成后，灯座的触点应满足 GB/T 1483.2-7006-72B 中 G4 灯座的最小接触力的要求。

尺寸符号	尺寸	公差
A	0.77	+0.0 −0.01
B_1	4.27	+0.0 −0.01
B_2	3.73	+0.01 −0.0
C	7.45	+0.01 −0.0
E(1)	6.1	+0.0 −0.01
E_1	11.0	+0.5 −0.5
L(1)	11.1	+0.0 −0.01
L_1	17.0	+0.5 −0.5
N	5.95	+0.02 −0.0
r	1/2 A	

(1) 尺寸 E 和 L 规定了量规两端的尺寸。

GB/T 1483.2-7006-72A-3

检验 G4 灯座最小夹持力的量规

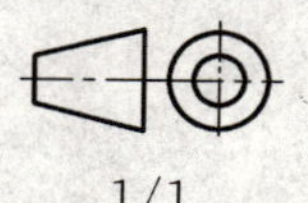

1/1

单位为毫米

附图仅表示互换性的基本尺寸。

关于 G4 灯座,见 GB/T 19148.2-7005-72。

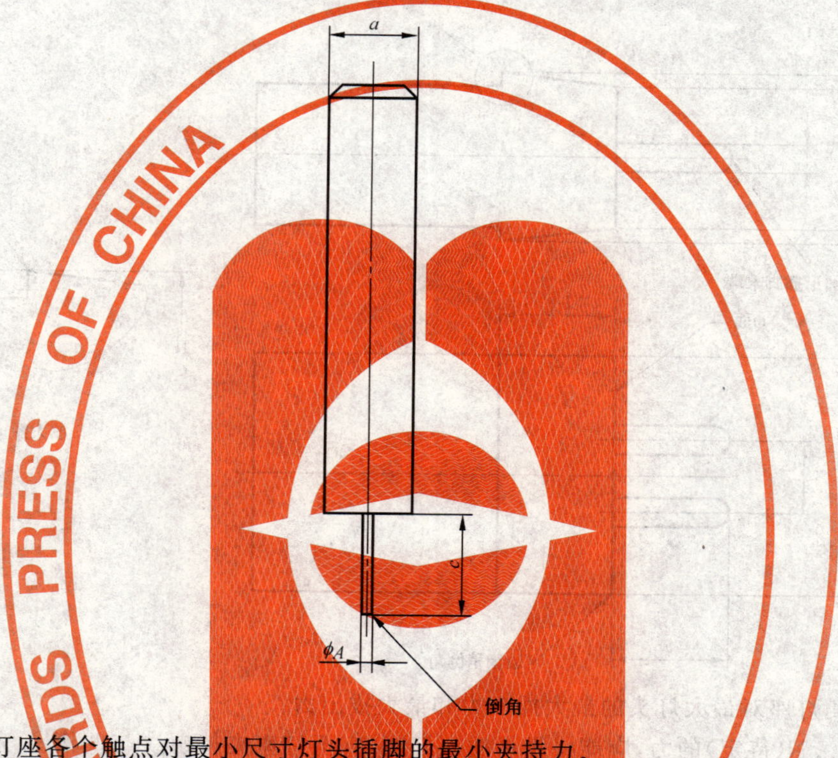

目的:检验 G4 灯座各个触点对最小尺寸灯头插脚的最小夹持力。

检验:检验前,灯座应满足 GB/T 1483.2-7006-72A 所示量规检验要求。检验时,将灯座倒置,将量规依次插入灯座的各个接触插孔,并直至底端,然后松开量规,此时量规仅凭自身重量不应脱落。

材料:淬火钢。

C 所示范围内的表面粗糙度为 0.4 μm。

尺寸符号	尺寸	公差
A	0.64	+0.005 −0.0
C	7.5	+0.2 −0.0
a	5	+0.0 −0.2
质量	0.05 kg	+0% −10%

GB/T 1483.2-7006-72B-2

检验 GU4 灯座最大插入力和最大拔出力的量规

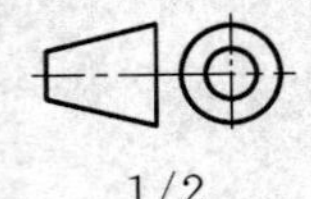

1/2

单位为毫米

附图仅表示互换性的基本尺寸。

关于 GU4 灯座,见 GB/T 19148.2-7005-108。

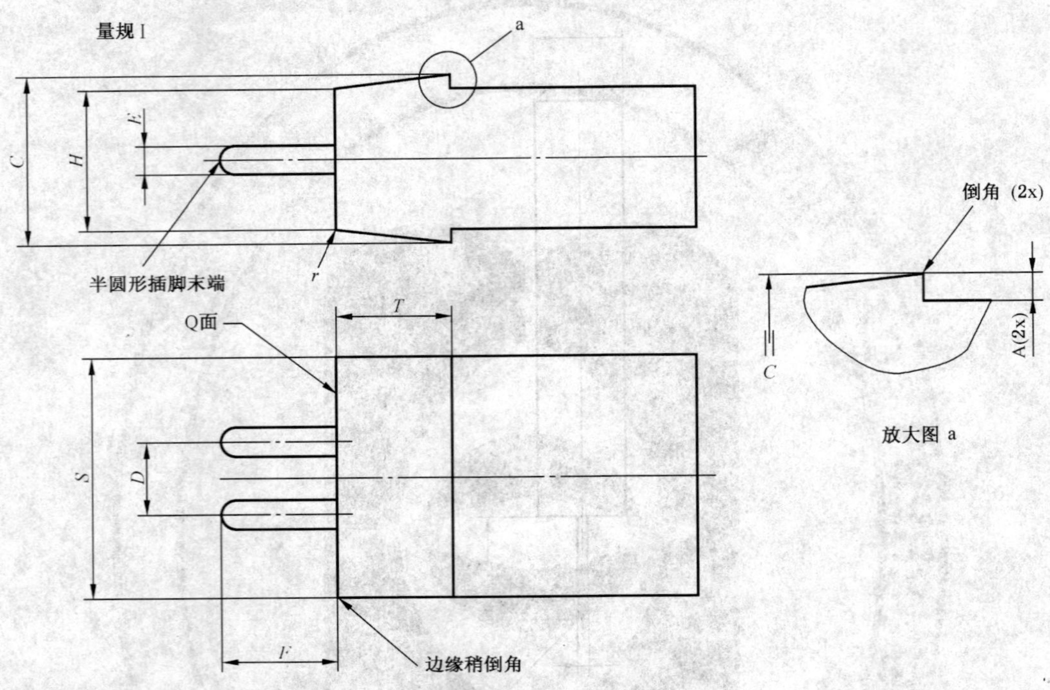

目的:检验 GU4 灯座对最大灯头的最大插入力和最大拔出力。

检验:用不超过..N(待定)的力,应能将量规插入灯座,直至灯座夹持螺纹与凹槽 A 完全吻合。该试验完成后,用不超过..N(待定)的力,应能将量规拔出灯座。

尺寸符号	尺寸	公差
A	0.8	+0.1 −0.0
C	11.0	+0.02 −0.0
D	4.0	+0.01 −0.01
E	1.05	+0.01 −0.0
F	9.05	+0.0 −0.02
H	10.5	+0.02 −0.0
S	15.2	+0.0 −0.5
T	3.7	+0.0 −0.02
r	0.4	+0.05 −0.05

GB/T 1483.2-7006-108A-2

检验 GU4 灯座最大插入力和最大拔出力的量规

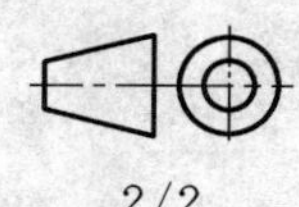

2/2

单位为毫米

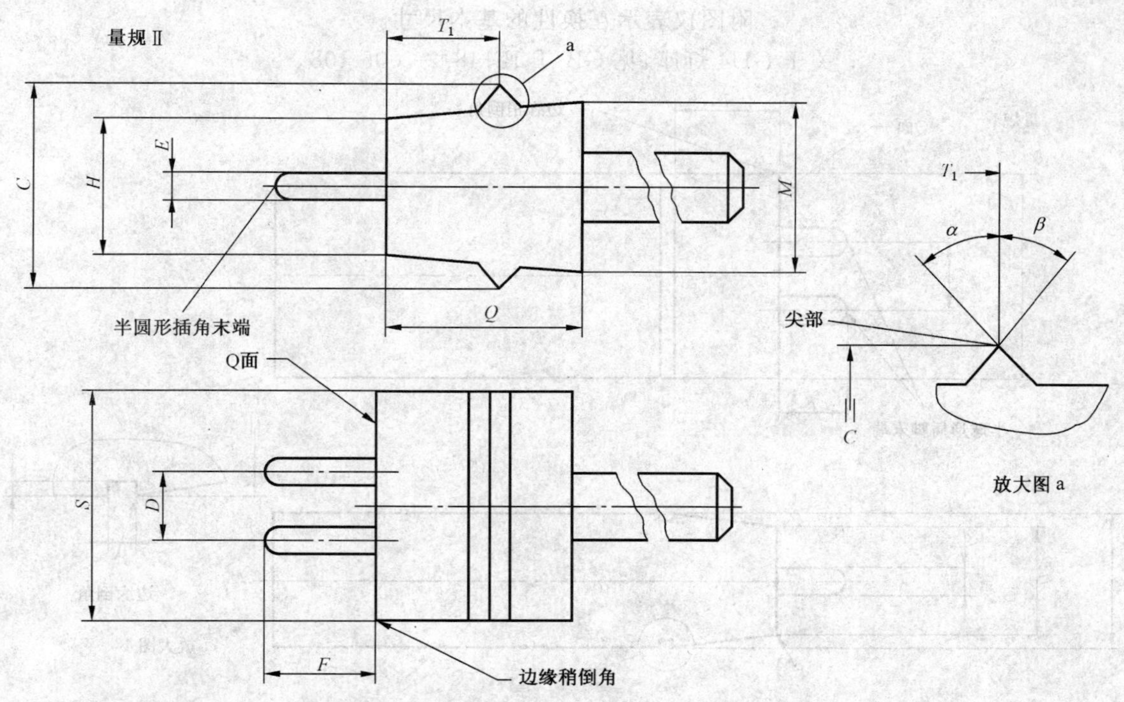

目的：检验 GU4 灯座对最大灯头的最大插入力和最大拔出力。

试验：用不超过..N(待定)的力，应能将量规插入灯座，直至量规 Q 面与灯座表面相接触。该试验完成后，用不超过..N(待定)的力，应能将量规拔出灯座。

尺寸符号	尺寸	公差
C	13.0	+0.02 −0.0
D	4.0	+0.01 −0.01
E	1.05	+0.01 −0.0
F	9.05	+0.0 −0.02
H	10.5	+0.02 −0.0
M	11.5	+0.02 −0.0
Q	8.0	+0.02 −0.02
S	15.2	+0.02 −0.0
T_1	3.3	+0.0 −0.02
α	47°	+1° −1°
β	47°	+1° −1°

GB/T 1483.2-7006-108A-2

检验 GU4 灯座最小夹持力的量规

1/2

单位为毫米

附图仅表示互换性的基本尺寸。

关于 GU4 灯座，见 GB/T 19148.2-7005-108。

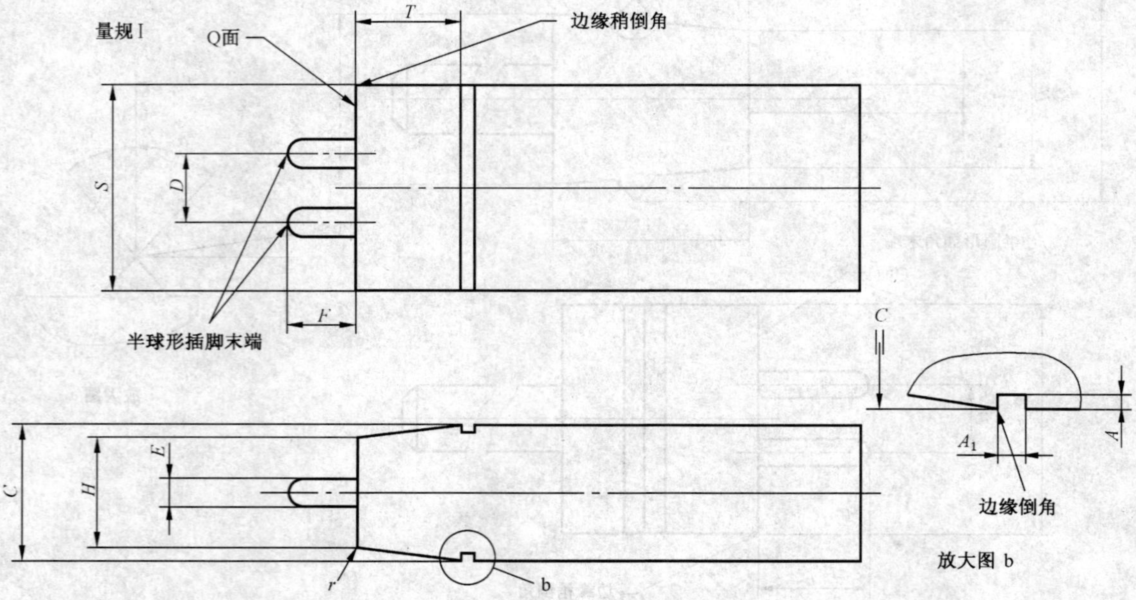

(1) 在灯座中，插脚只用于量规定位导向。

目的：检验 GU4 灯座对最小尺寸灯头的最小夹持力。

检验：在量规完全插入灯座后，A 槽应完全与灯座夹持螺纹吻合，量规拔出力应不小于..N(待定)。

尺寸符号	尺寸	公差
A	0.4	+0.1 −0.0
A_1	1.5	+0.01 −0.0
C	9.0	+0.0 −0.02
D(1)	4.0	+0.025 −0.025
E(1)	0.8	+0.0 −0.1
F	6.0	+0.0 −0.02
H	8.5	+0.0 −0.02
S	13.5	+0.0 −0.02
T	3.7	+0.0 −0.02
r	0.4	+0.05 −0.05

GB/T 1483.2-7006-108B-1

检验 GU4 灯座最小夹持力的量规

2/2

单位为毫米

附图仅表示互换性的基本尺寸。

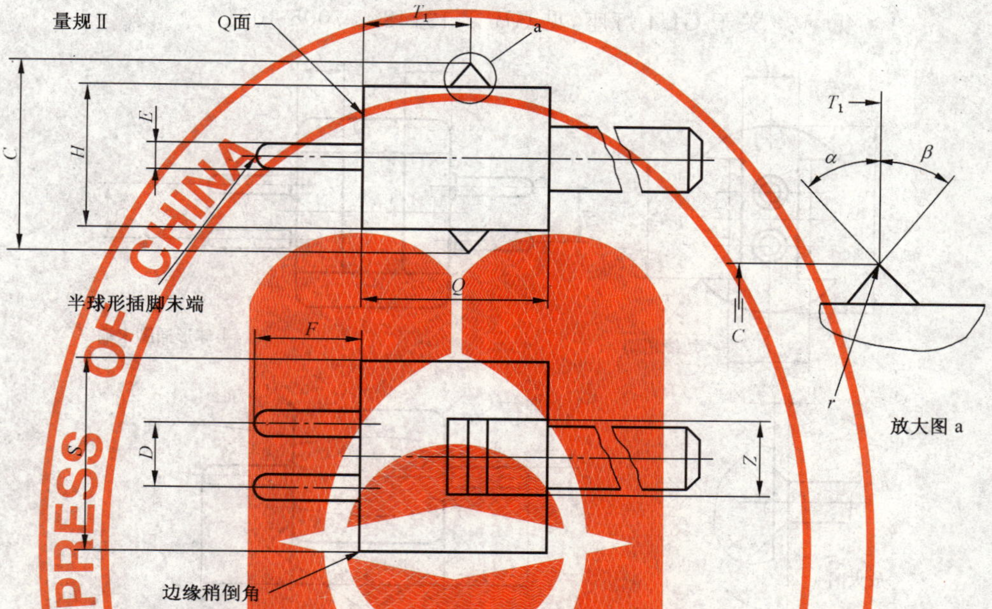

量规Ⅱ

Q面

T_1

a

C

H

E

半球形插脚末端

Q

F

S

D

Z

边缘稍倒角

T_1

α

β

C

r

放大图 a

(1) 在灯座中，插脚只用于量规定位导向。

目的：检验 GU4 灯座对最小尺寸灯头的最小夹持力。

检验：在量规完全插入灯座后，量规拔出力应不小于..N(待定)。

尺寸符号	尺寸	公差
C	11.5	+0.0 −0.02
D(1)	4.0	+0.025 −0.025
E(1)	0.8	+0.0 −0.1
F	6.0	+0.0 −0.02
H	8.5	+0.0 −0.01
Q	8.0	+0.02 −0.02
S	13.5	+0.0 −0.02
T_1	3.6	+0.0 −0.02
Z	5.5	+0.0 −0.02
r	0.8	+0.0 −0.02
α	43°	+1° −1°
β	43°	+1° −1°

GB/T 1483.2-7006-108B-1

GU4 灯座的通规

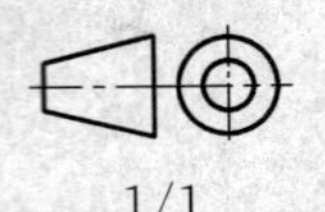

1/1

单位为毫米

附图仅表示互换性的基本尺寸。

关于 GU4 灯座,见 GB/T 19148.2-7005-108。

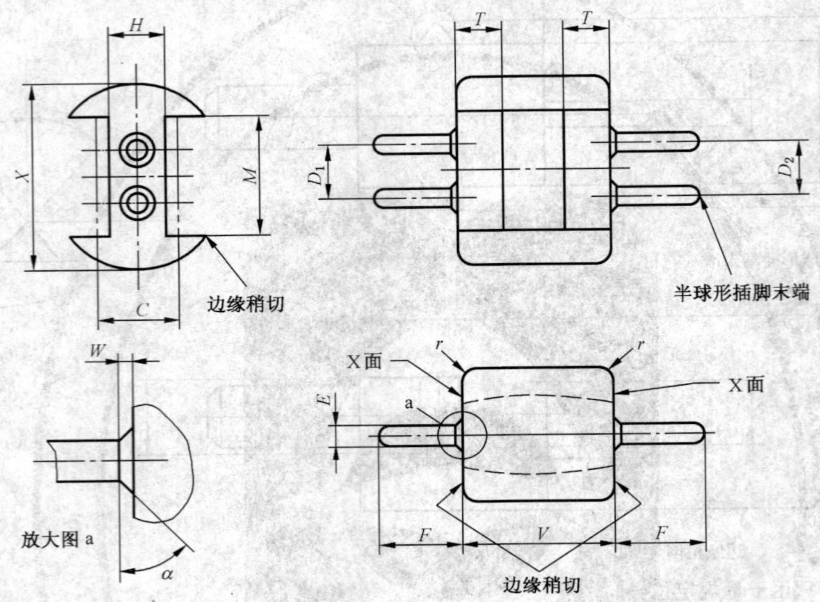

目的:检验 GU4 灯座和灯端的匹配性。

检验:应能将量规各端依次插入灯座,直至相应的 X 面与灯座定位面相接触。

尺寸符号	尺寸	公差
C	13.0	+0.01 −0.0
D_1	3.74	+0.025 −0.0
D_2	4.26	+0.0 −0.025
E	1.05	+0.0 −0.01
F	9.0	+0.0 −0.02
H	10.5	+0.0 −0.02
M	10.5	+0.1 −0.1
T	3.3	+0.01 −0.01
V	16	+0.1 −0.1
W	0.65	+0.02 −0.0
X	23.0	+0.01 −0.01
r	1	+0.1 −0.1
α	45°	+1° −1°

GB/T 1483.2-7006-108C-2

GZ4 连接件的通规

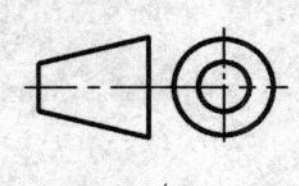

1/1

单位为毫米

附图仅表示互换性的基本尺寸。

关于 GZ4 连接件，见 GB/T 19148.2-7005-67。

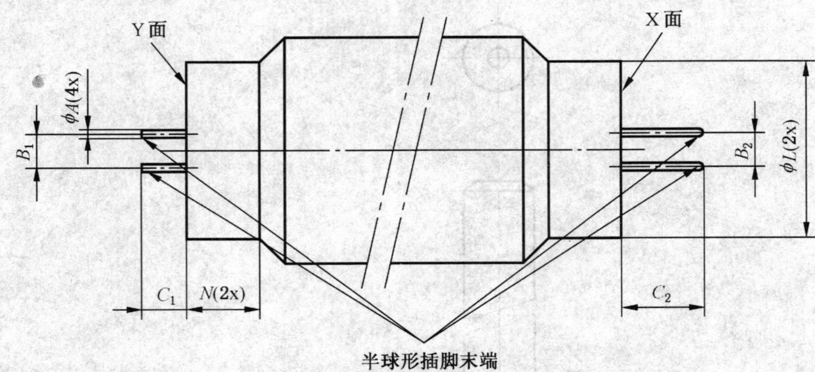

目的：检验 GZ4 连接件与灯端的匹配性。

检验：应能将量规短插脚端部插入灯座，直至 Y 面与相邻的连接件表面相接触。应能将长插脚端部插入，直至 X 面与相邻的连接件表面相接触或插脚接近接触点。如果插脚接近接触点，插入宽度应不小于 6 mm。该试验完成后，连接件接触性能应满足 GB/T 1483.2-7006-59A 检验 GZ4 连接件最小接触力的量规的要求。

尺寸符号	尺寸	公差
A	1.06	+0.01 −0.0
B_1	4.26	+0.02 −0.0
B_2	3.74	+0.0 −0.02
C_1	6.0	+0.0 −0.02
C_2	11.5	+0.0 −0.02
L	25.0	+0.02 −0.0
N	10.0	+0.0 −0.02

GB/T 1483.2-7006-67A-2

	检验 GZ4 和 GU4 灯座接触性能的单插脚量规	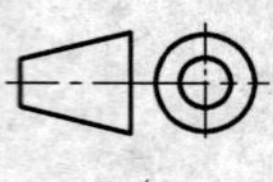 1/1

单位为毫米

附图仅表示互换性的基本尺寸。

关于 GZ4 和 GU4 灯座，见 GB/T 19148.2-7005-108。

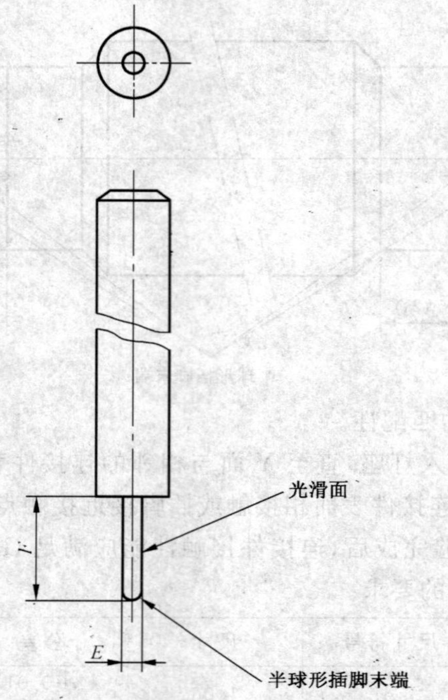

目的：检验 GZ4 和 GU4 灯座单只插脚接触性能。

检验：在量规完全插入灯座的一个触点后，拔出力应不小于检验该灯座用量规参数表(待定)的值。

检验其他接触部件时应重复该试验。

插脚材料应为淬火钢。

F 所示范围内的表面粗糙度为 0.4 μm。

尺寸符号	尺寸	公差
E	0.95	+0.0 −0.01
F	6.0	+0.0 −0.02

GB/T 1483.2-7006-108D-1

	检验 G5 灯座防触电性能的塞规	1/1

单位为毫米

附图仅表示互换性的基本尺寸。

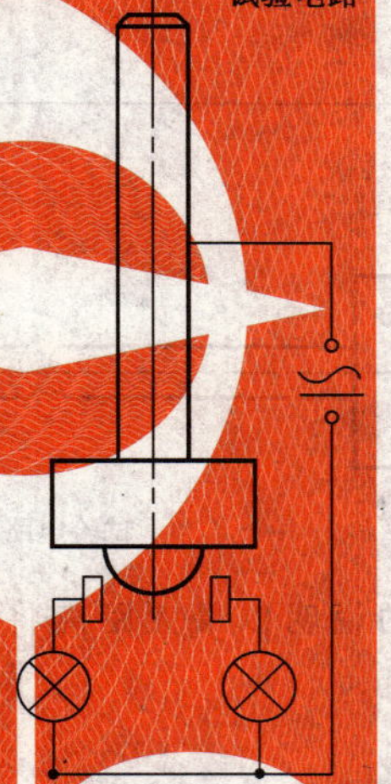

比列 2:1

试验电路

目的:检验 G5 灯座防触电性能。

检验:当半球体 Y 插入灯座的插口中,直至底端,此时指示灯不应点亮。

尺寸符号	尺寸	公差
S	4.0	+0.1 −0.0
m	约 16	
r(1)	4.0	+0.0 −0.05

(1) 在某些国家,半球面 Y 的半径为 5.2 mm。

GB/T 1483.2-7006-47A-2

检验成对G5灯座接触性能的双端量规

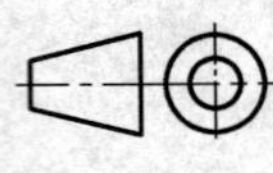

1/2

单位为毫米

附图仅表示互换性的基本尺寸。

关于成对挠性G5灯座，见GB/T 19148.2-7005-51。

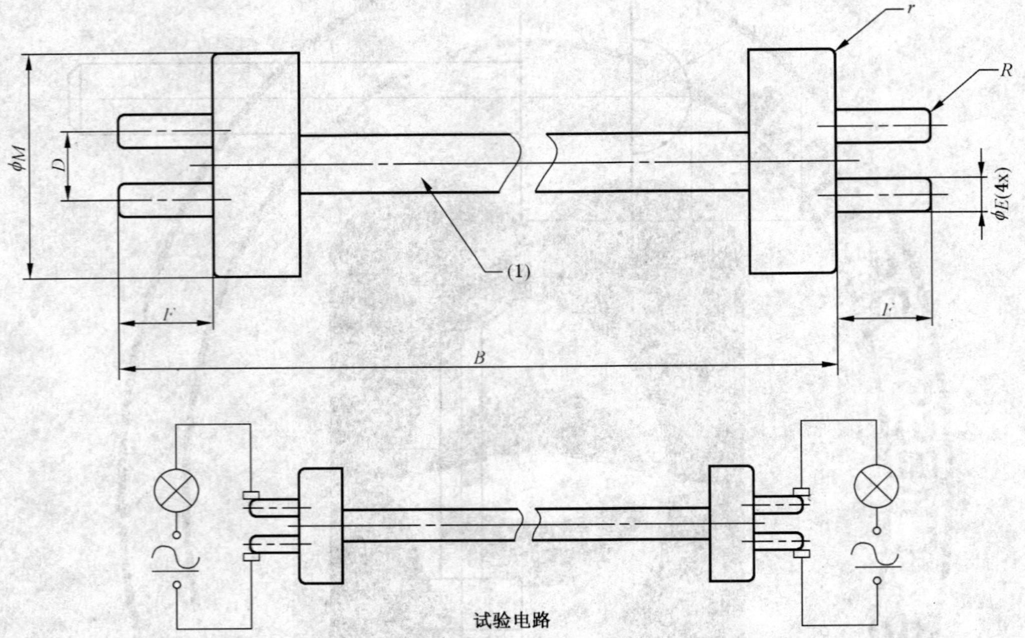

试验电路

进行试验时，应按照生产厂家的说明以最大距离将灯座安装在一试验装置中，该试验装置的详情见GB 1312—2007。

试验包括量规Ⅲ、Ⅳ和Ⅴ。

目的：检验成对挠性或刚性G5灯座的接触性能。

检验：将三个量规依次插入成对的G5灯座中，模拟灯可能出现的所有燃点状态，此时如果两个指示灯全部发光，则该对G5灯座应视为合格。见GB 1312—2007第10章：结构。

GB/T 1483.2-7006-47B-4

	检验成对 G5 灯座接触性能的双端量规	2/2

单位为毫米

	量规Ⅲ		量规Ⅳ		量规Ⅴ	
尺寸符号	尺寸	公差	尺寸	公差	尺寸	公差
B	140.6(2)	0 −0.05	140.6(2)	0 −0.05	140.6(2)	0 −0.05
D	4.25	0 −0.01	4.75	+0.005 −0.005	5.25	+0.01 0
E	2.29	0 −0.01	2.29	0 −0.01	2.29	0 −0.01
F	6.6	0 −0.01	6.6	0 −0.01	6.6	0 −0.01
M	16	+0.1 −0.1	16	+0.1 −0.1	16.0	+0.1 −0.1
R	0.40	+0.025 −0.025	0.40	+0.025 −0.025	0.40	+0.025 −0.025
r	0.5	+0.1 −0.1	0.5	+0.1 −0.1	0.5	+0.1 −0.1
质量	0.2 kg	+0.01 −0.01	0.2 kg	+0.01 −0.01	0.2 kg	+0.01 −0.01

(1) 绝缘材料。

(2) 在将成对灯座安装在灯具中进行试验时，尺寸 *B* 的值应等于相应灯的尺寸 *B*min，公差为−0.05 mm。灯的尺寸 *B*min 的值见 GB/T 10682。

GB/T 1483.2-7006-47B-4

	检验成对 G5 灯座接触性能的双端通规	1/2

单位为毫米

附图仅表示互换性的基本尺寸。

关于成对刚性 G5 灯座的安装，见 GB/T 19148.2-7005-51。

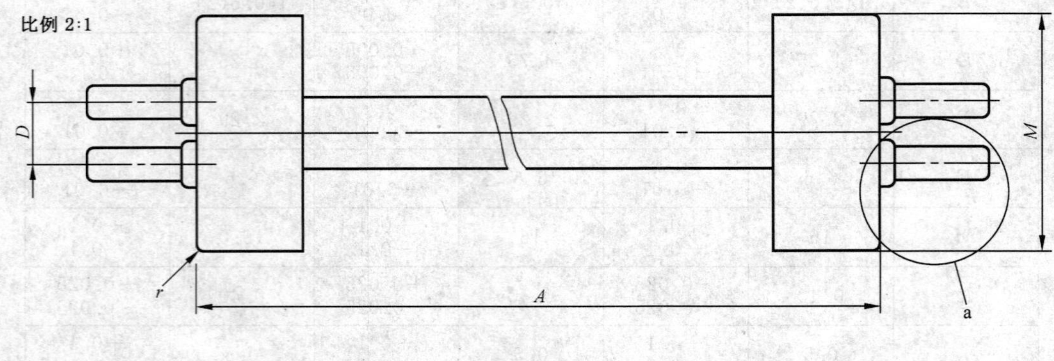

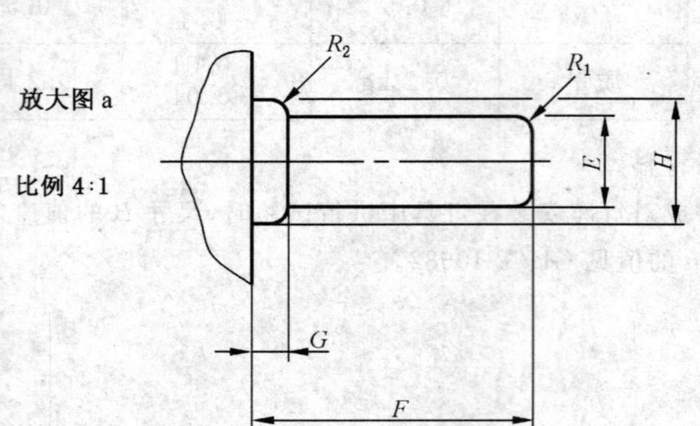

结构：以顺时针方向转动量规Ⅰ和以逆时针方向转动量规Ⅱ，均能使其一端两插脚轴线所在的平面与另一端两插脚轴线所在的平面成一角度，在这种情况下，不用过度的力也能将量规恰好插入两个槽宽均为 2.87 mm 的平行槽中(见 GB/T 10682 相应条款)。

目的：检验灯的插脚对成对挠性或刚性 G5 灯座的插入性能。

检验：应能将各量规依次插入成对的灯座中，最大插入力见 GB 1312—2007 的 10.5。

注：进行检验时，应按照生产厂家的说明，将灯座以最小安装距离安装在一试验装置里，该试验装置的详情见 GB 1312。

GB/T 1483.2-7006-47C-3

	检验成对 G5 灯座接触性能的双端通规	2/2

单位为毫米

量规Ⅰ			量规Ⅱ		
尺寸符号	尺寸	公差	尺寸符号	尺寸	公差
A	135.9(1)	+0.05 −0.0	A	135.9(1)	+0.05 −0.0
D	4.5	+0.0 −0.01	D	5.0	+0.01 −0.0
E	2.54	+0.01 −0.0	E	2.54	+0.01 −0.0
F	7.1	+0.01 −0.0	F	7.1	+0.01 −0.0
G	0.86	+0.01 −0.0	G	0.86	+0.01 −0.0
H	3.3	+0.01 −0.0	H	3.3	+0.01 −0.0
M	16.0	+0.1 −0.1	M	16.0	+0.1 −0.1
R_1	0.50	+0.025 −0.025	R_1	0.50	+0.025 −0.025
R_2	0.38	+0.1 −0.05	R_2	0.38	+0.0 −0.05
r	0.5	+0.1 −0.1	r	0.5	+0.1 −0.1

(1) 该值等于 4 W 灯的尺寸 A_{max}(见 GB/T 10682)。在将成对灯座安装在灯具中进行检验时,尺寸 A 的值应等于相应灯的 A_{min},公差为+0.05 mm。

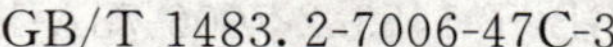
GB/T 1483.2-7006-47C-3

	G5.3 灯座的通规	1/1

单位为毫米

附图仅表示互换性的基本尺寸。

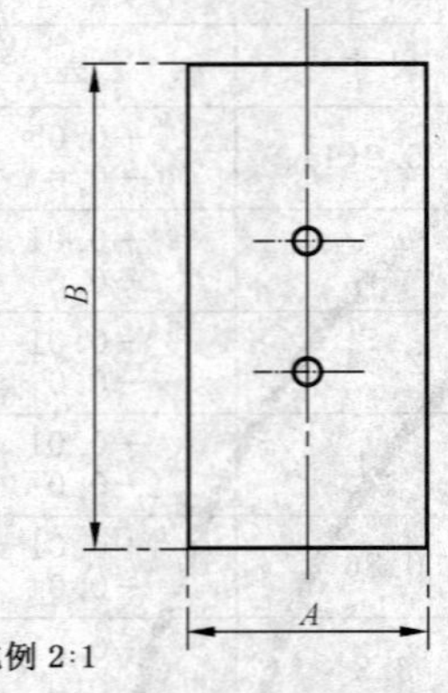

比例 2:1

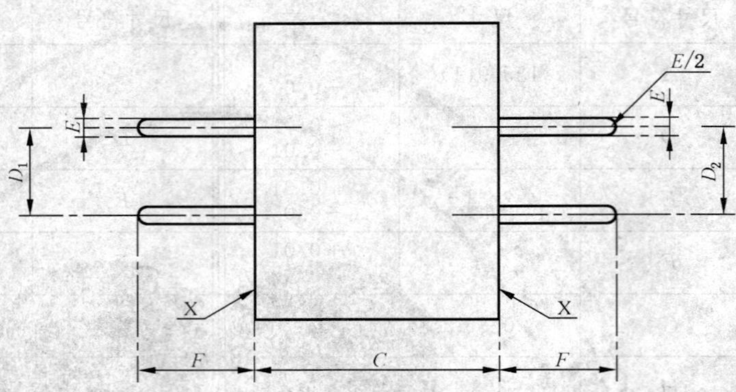

目的：检验 G5.3 灯座(见 GB/T 19148.2-7005-73)与具有最大插脚长度、最大插脚直径及最小和最大插脚间距的灯头的匹配性能，并检验最小支撑面($A \times B$)和凹孔的最大深度(C)。

检验：量规的各端应能依次插入灯座，直至相应的 X 面与灯座的支撑面相接触。在各种情况下，远离基准面的 X 面应与容纳灯头壳体的凹孔的边缘共面或凸出于这些边缘。

尺寸符号	尺寸	公差
A	8.94	+0.0 −0.025
B	19.10	+0.0 −0.025
C	15.20	+0.015 −0.0
D_1	5.59	+0.01 −0.01
D_2	5.07	+0.01 −0.01
E	1.68	+0.0 −0.01
F	7.16	+0.0 −0.025

GB/T 1483.2-7006-73A-1

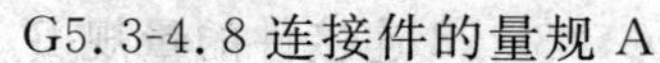
G5.3-4.8 连接件的量规 A

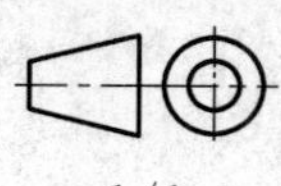
1/1

单位为毫米

附图仅表示互换性的基本尺寸。

关于 G5.3-4.8 连接件，见 GB/T 19148.2-7005-126。

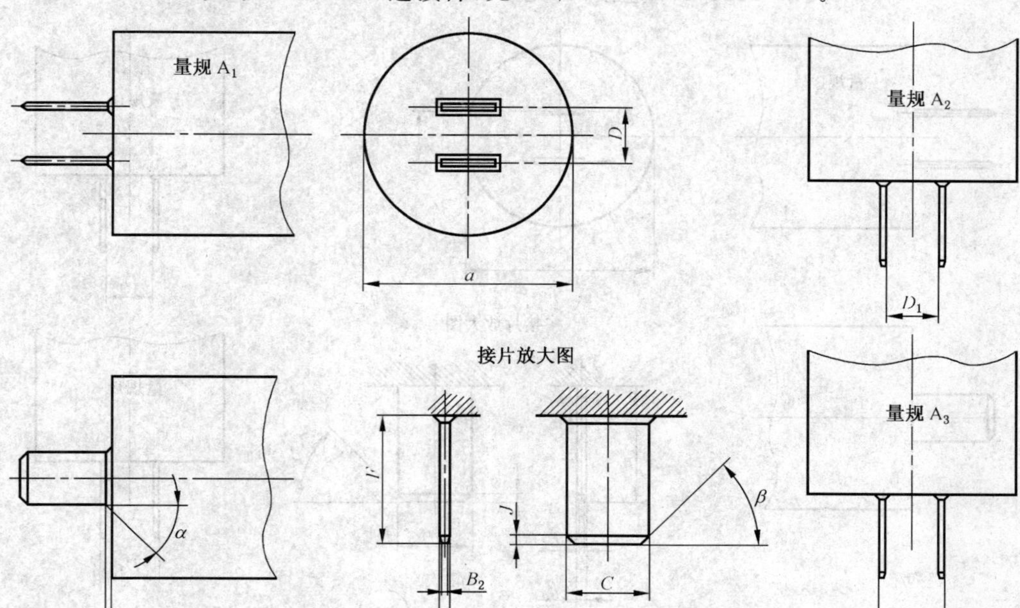

尺寸符号	尺寸	公差
B_1	0.54	+0.02 −0.0
B_2	0.3	+0.02 −0.0
C	5.45	+0.02 −0.0
D	5.3	+0.005 −0.005
D_1	4.46	+0.02 −0.0
D_2	6.14	+0.0 −0.02
F	7.3	+0.02 −0.0
G	0.6	+0.0 −0.02
J	0.6	+0.0 −0.02
a	20	+0.1 −0.1
α	45°	+1° −1°
β	45°	+1° −1°

目的：在标称、最小和最大间距范围内检验G5.3-4.8连接件插入最大灯头的最大插入力。

检验：应能将三个量规中每一个量规依次插入连接件，插入力不超过连接件参数表中量规所规定的最大值，直至量规表面与连接件基准面相接触。每个量规拔出力应不小于连接件参数表中量规的规定值。

GB/T 1483.2-7006-126A-1

G5.3-4.8 连接件的量规 B

1/1

单位为毫米

附图仅表示互换性的基本尺寸。

关于 G5.3-4.8 连接件，见 GB/T 19148.2-7005-126。

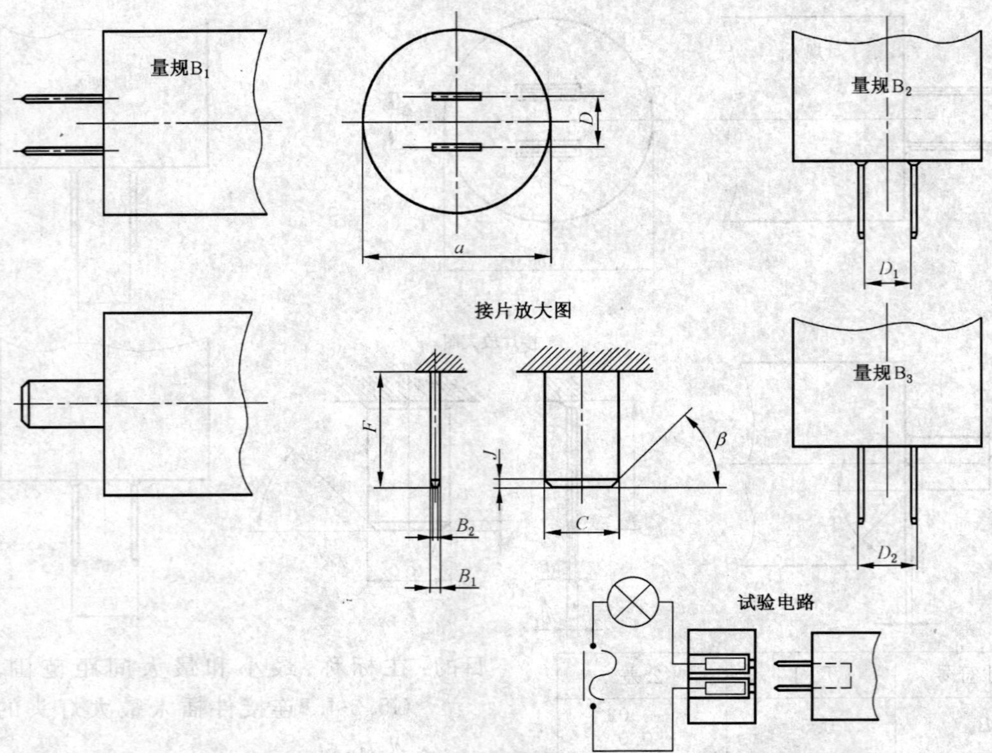

尺寸符号	尺寸	公差
B_1	0.47	+0.0 −0.02
B_2	0.1	+0.0 −0.02
C	4.7	+0.0 −0.02
D	5.3	+0.005 −0.005
D_1	4.46	+0.02 −0.0
D_2	6.14	+0.0 −0.02
F	6.66	+0.02 −0.0
J	0.9	+0.02 −0.0
a	20	+0.1 −0.1
β	45°	+1° −1°

目的：在标称、最小和最大间距范围内检验 G5.3-4.8 连接件接触性能和对最小灯头的最小夹持力。

检验：应能将三个量规中的每一个依次插入连接件，插入力不超过连接件参数表中量规所规定的最大值，直至量规表面与连接件基准面相接触。在该位置时指示灯应点亮。每个量规的拔出力应不小于连接件参数表中这些量规的规定值。

GB/T 1483.2-7006-126B-1

检验 GU5.3 灯座最大插入力和最大拔出力的量规

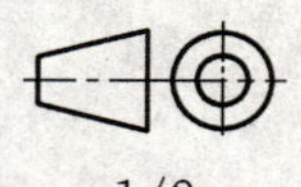

1/2

单位为毫米

附图仅表示互换性的基本尺寸。

关于 GU5.3 灯座,见 GB/T 19148.2-7005-109。

目的:检验最大灯头在 GU5.3 灯座中最大插入力和最大拔出力。

检验:用不超过..N(待定)的力,应能将量规插入灯座,直至灯座夹持螺纹完全与 A 槽吻合。

该试验完成后,用不超过..N(待定)的力,应能将量规拔出。

尺寸符号	尺寸	公差
A	0.8	+0.1 −0.0
C	11.5	+0.02 −0.0
D	5.33	+0.025 −0.025
E	1.6	+0.01 −0.0
F	7.67	+0.0 −0.02
H	10.54	+0.02 −0.0
S	16	+0.5 −0.0
T	7.55	+0.0 −0.02
r	0.4	+0.05 −0.05

GB/T 1483.2-7006-109A-1

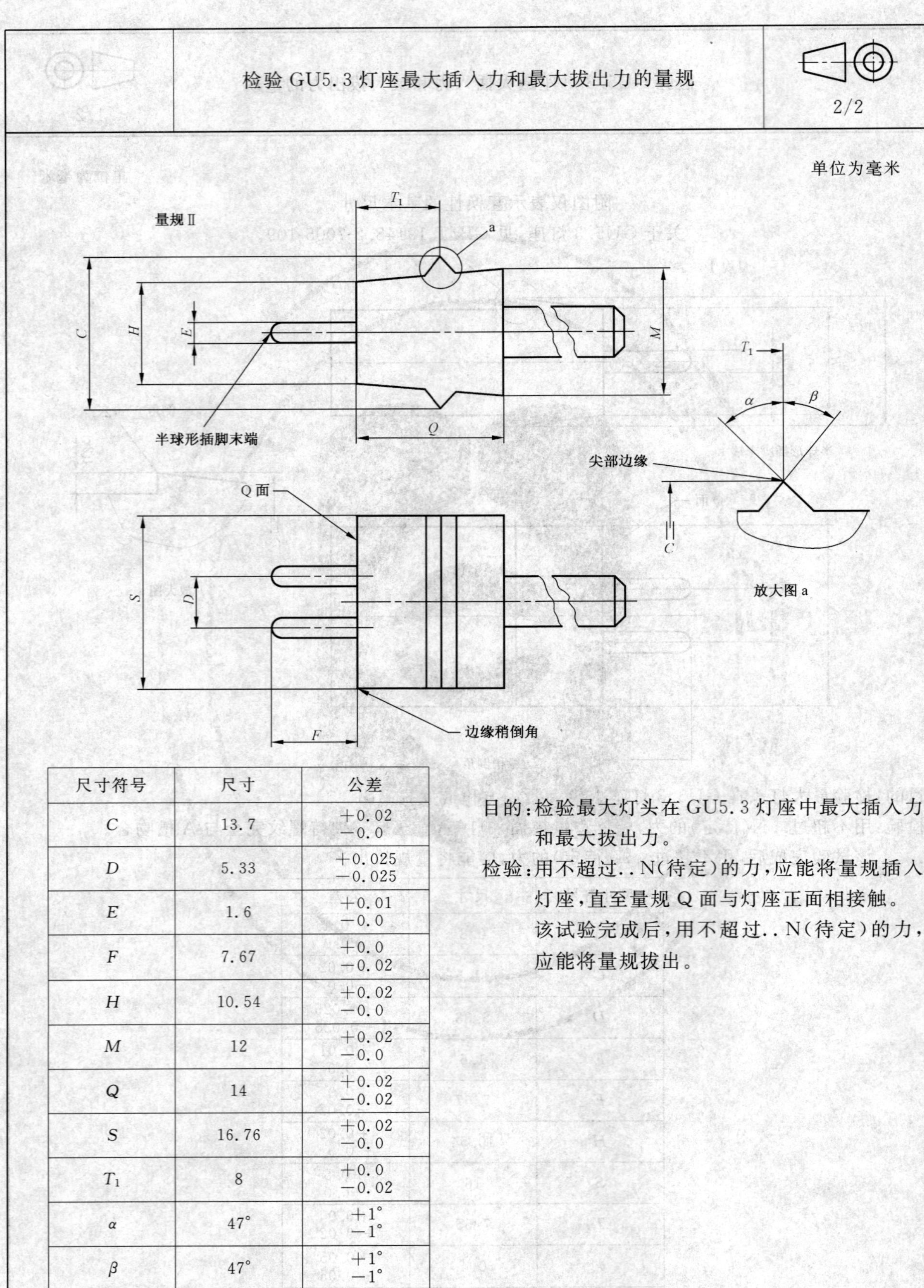

尺寸符号	尺寸	公差
C	13.7	+0.02 −0.0
D	5.33	+0.025 −0.025
E	1.6	+0.01 −0.0
F	7.67	+0.0 −0.02
H	10.54	+0.02 −0.0
M	12	+0.02 −0.0
Q	14	+0.02 −0.02
S	16.76	+0.02 −0.0
T_1	8	+0.0 −0.02
α	47°	+1° −1°
β	47°	+1° −1°

目的：检验最大灯头在 GU5.3 灯座中最大插入力和最大拔出力。

检验：用不超过..N(待定)的力，应能将量规插入灯座，直至量规 Q 面与灯座正面相接触。

该试验完成后，用不超过..N(待定)的力，应能将量规拔出。

检验 GU5.3 灯座最小夹持力的量规

1/2

单位为毫米

附图仅表示互换性的基本尺寸。

关于 GU5.3 灯座，见 GB/T 19148.2-7005-109。

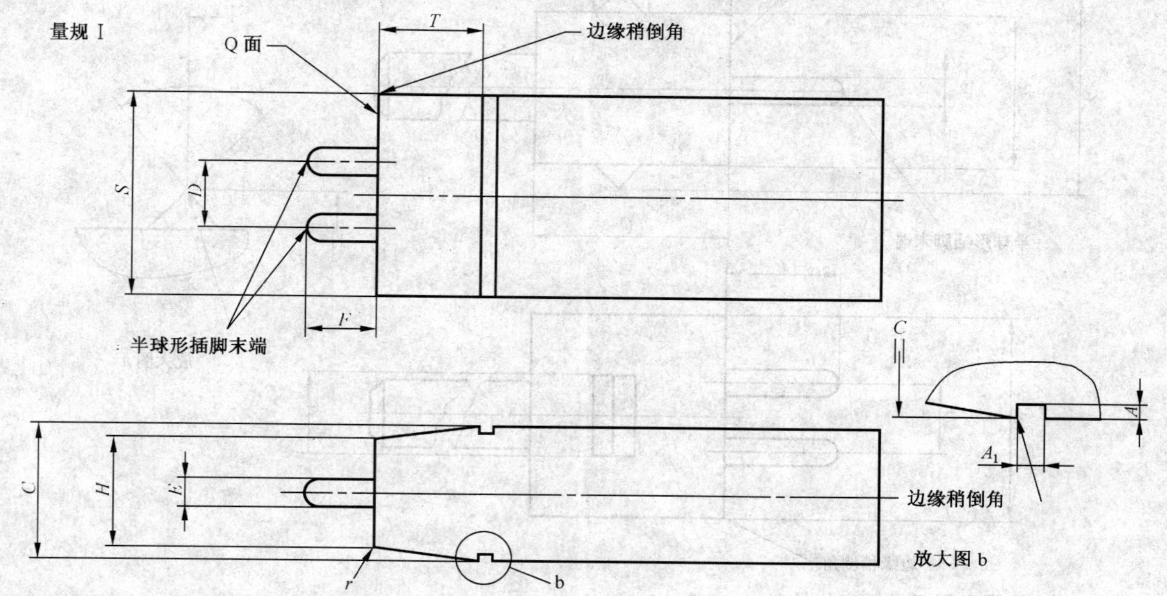

(1) 在灯座中，插脚只用于量规定位导向。

目的：检验 GU5.3 灯座对最小灯头的最小夹持力。

检验：量规完全插入灯座后，A 槽完全与灯座夹持螺纹吻合，量规拔出力应不小于..N(待定)。

尺寸符号	尺寸	公差
A	0.4	+0.1 −0.0
A_1	1.5	+0.01 −0.0
C	9.87	+0.0 −0.02
D(1)	5.33	+0.025 −0.025
E(1)	1.0	+0.0 −0.1
F	6.1	+0.0 −0.02
H	9.02	+0.0 −0.02
S	15.24	+0.0 −0.02
T	7.55	+0.0 −0.02
r	0.4	+0.05 −0.05

GB/T 1483.2-7006-109B-1

检验 GU5.3 灯座最小夹持力的量规

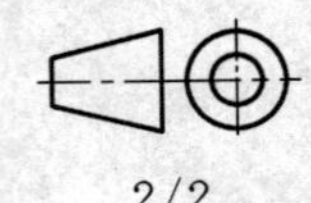

2/2

单位为毫米

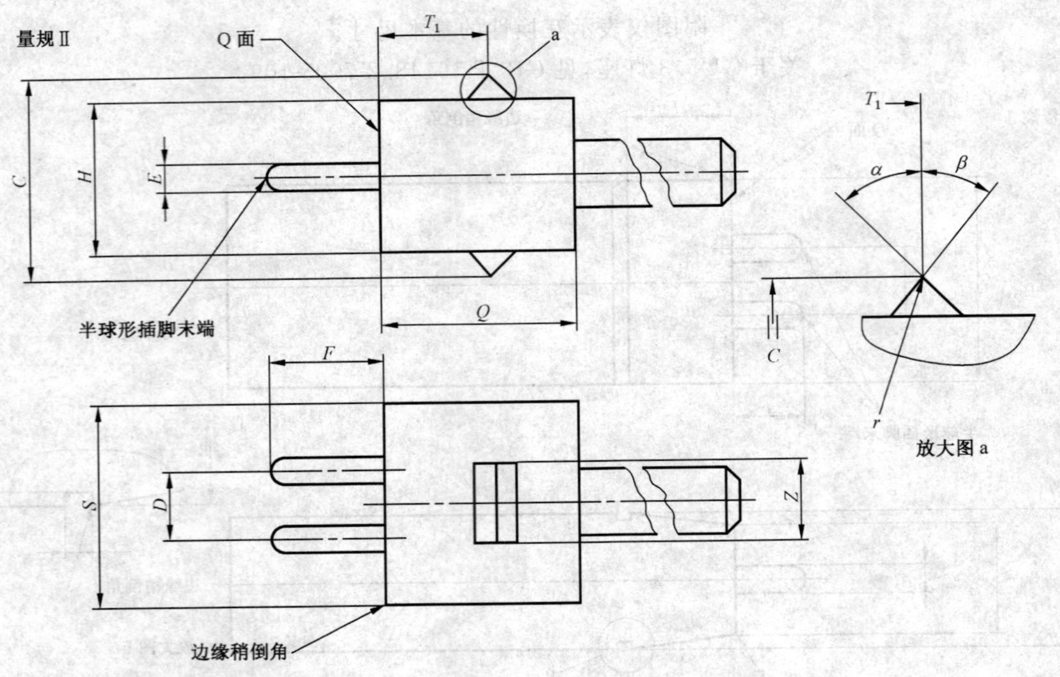

(1) 在灯座中,插脚只用于量规定位导向。

目的:检验在 GU5.3 灯座对最小灯头的最小夹持力。

检验:量规完全插入灯座后,量规拔出力应不小于..N(待定)。

尺寸符号	尺寸	公差
C	11.7	+0.0 −0.02
D(1)	5.33	+0.025 −0.025
E(1)	1.0	+0.0 −0.1
F	6.1	+0.0 −0.02
H	9.02	+0.0 −0.01
Q	14.0	+0.02 −0.02
S	15.24	+0.0 −0.02
T_1	8.4	+0.0 −0.02
Z	5.5	+0.0 −0.02
r	0.8	+0.0 −0.02
α	43°	+1° −1°
β	43°	+1° −1°

GB/T 1483.2-7006-109B-1

GU5.3 灯座的通规

1/1

单位为毫米

附图仅表示互换性的基本尺寸。

关于 GU5.3 灯座，见 GB/T 19148.2-7005-109。

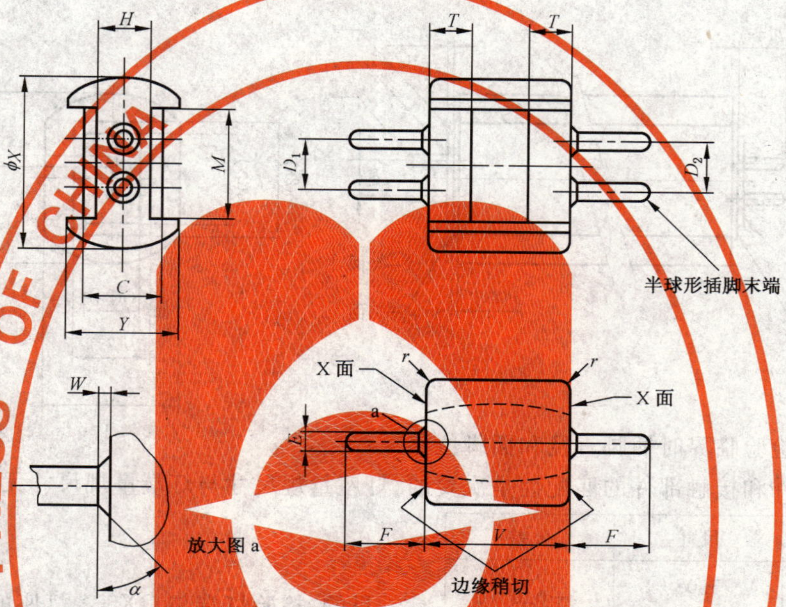

尺寸符号	尺寸	公差
C	13.7	+0.01 −0.0
D_1	5.08	+0.02 −0.0
D_2	5.58	+0.0 −0.02
E	1.65	+0.0 −0.01
F	7.67	+0.0 −0.02
H	10.54	+0.0 −0.02
M(1)	13.5	+0.1 −0.1
T	7.6	+0.01 −0.01
V	16	+0.1 −0.1
W	0.65	+0.02 −0.0
X	25.0	+0.02 −0.0
Y	19.0	+0.02 −0.0
r	1	+0.1 −0.1
α	45°	+1° −0

目的：检验灯端与 GU5.3 灯座的匹配性。

检验：应将量规各端依次插入灯座，直至量规相应 X 面与灯座定位面相接触。

(1) 对于现有的灯座，该尺寸为 17.5 mm。

GB/T 1483.2-7006-109C-2

GX5.3 灯座的通规

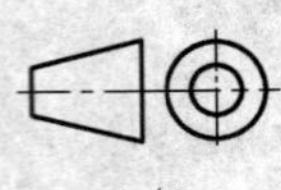

1/1

单位为毫米

附图仅表示互换性的基本尺寸。

关于 GX5.3 灯座，见 GB/T 19148.2-7005-73A。

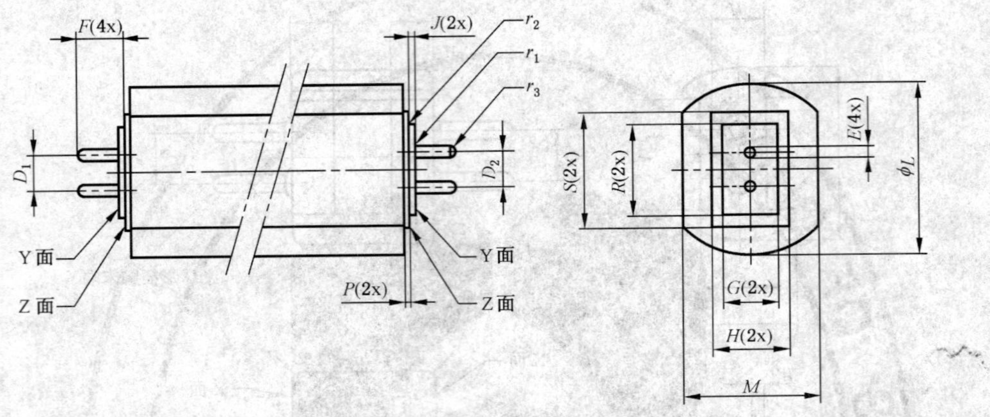

该量规只适用于检验临界时插脚直径和插脚位移。

由于灯端与连接件和接触部件的匹配性是次要的，灯座量规尺寸与灯端量规尺寸无需十分精确。

尺寸符号	尺寸	公差
D_1	5.08	+0.025 −0.0
D_2	5.58	+0.0 −0.025
E	1.65	+0.0 −0.025
F	6.78(1)	+0.0 −0.025
G	7.54	+0.0 −0.025
H	10.59	+0.0 −0.025
J	0.81	+0.0 −0.025
L	25.0	+0.02 −0.0
M	19.0	+0.02 −0.0
P	0.76	+0.0 −0.025
R	13.13	+0.0 −0.025
S	16.81	+0.0 −0.025
r_1	0.46	+0.0 −0.025
r_2	0.43	+0.0 −0.025
r_3	1/2E	—

目的：检验灯端与 GX5.3 灯座的匹配性。

检验：对于连接件，应能将量规各端插入，直至量规 Y 面与连接件正面相接触。对于接触部件，应能将量规各端按预定方式滑入，并使量规 Z 面与灯座 Z 面保持接触。

(1) 在欧洲该值为 7.67 mm。

GB/T 1483.2-7006-73D-3

检验 GX5.3 灯座连接件最大拔出力的量规

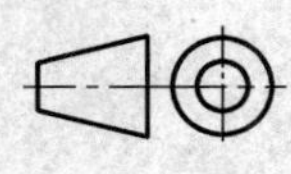

1/1

单位为毫米

附图仅表示互换性的基本尺寸。

关于 GX5.3 灯座，见 GB/T 19148.2-7005-73A。

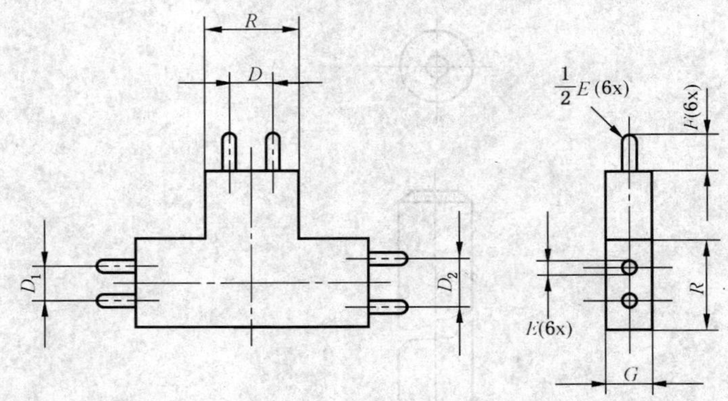

目的：检验 GX5.3 灯座中有相反的插脚和插脚间距尺寸的模拟灯端的最大拔出力。

检验：该试验应在量规的各端进行三次。

量规应保持在与灯座正面垂直的位置上。

——对于连接件

量规的插脚应置于连接件的孔内并推入。量规拔出力应不超过灯座参数表中该量规的规定值。

——对于接触部件

量规插脚应按照预定方向放置于灯座凹槽中，并将量规插入凹槽直至止动点。量规拔出力应不超过灯座参数表中该量规的规定值。

尺寸符号	尺寸	公差
D	5.33	+0.025 −0.025
D_1	4.88	+0.025 −0.0
D_2	5.78	+0.0 −0.025
E	1.45	+0.0 −0.025
F	6.0	+0.05 −0.05
G	6.0	+0.1 −0.0
R	12.0	+0.1 −0.0

插脚材料应为淬火钢。

F 所示范围内的表面粗糙度为 0.4 μm。

GB/T 1483.2-7006-73F-2

检验 GX5.3 和 GU5.3 灯座接触性能的单插脚量规

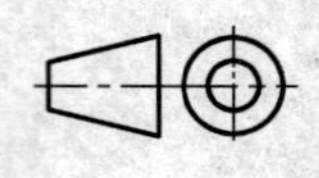

1/1

单位为毫米

附图仅表示互换性的基本尺寸。

关于 GX5.3 和 GU5.3 灯座，分别见 GB/T 19148.2-7005-73A 和 7005-109。

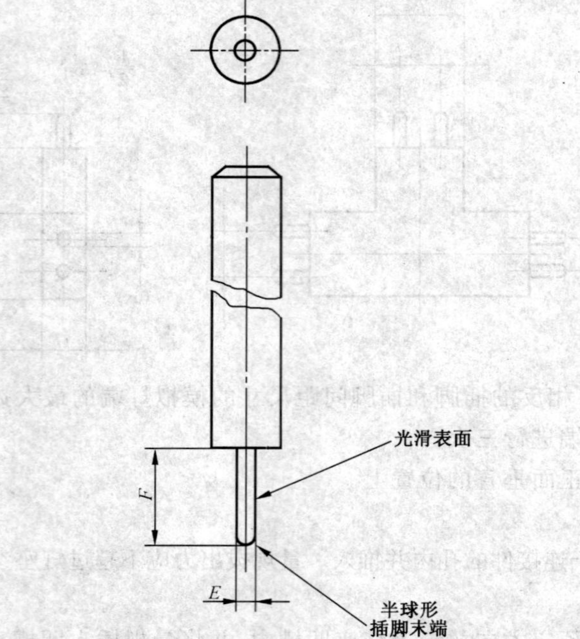

目的：检验 GX5.3 和 GU5.3 灯座单个触点的接触性能。

检验：在量规完全插入灯座的一个触点后，拔出力应不小于灯座参数表（待定）中该量规的规定值。在其他触点上应重复该试验。

尺寸符号	尺寸	公差
E	1.45	+0.0 −0.01
F	4.45	+0.0 −0.02

插脚材料应为淬火钢。

F 所示范围内的表面粗糙度为 0.4 μm。

GB/T 1483.2-7006-73G-2

GY5.3 灯座的通规

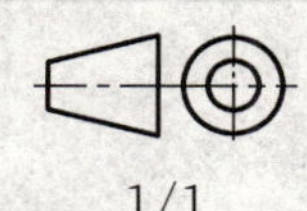

1/1

单位为毫米

附图仅表示互换性的基本尺寸。

关于 GY5.3 灯座，见 GB/T 19148.2-7005-73B。

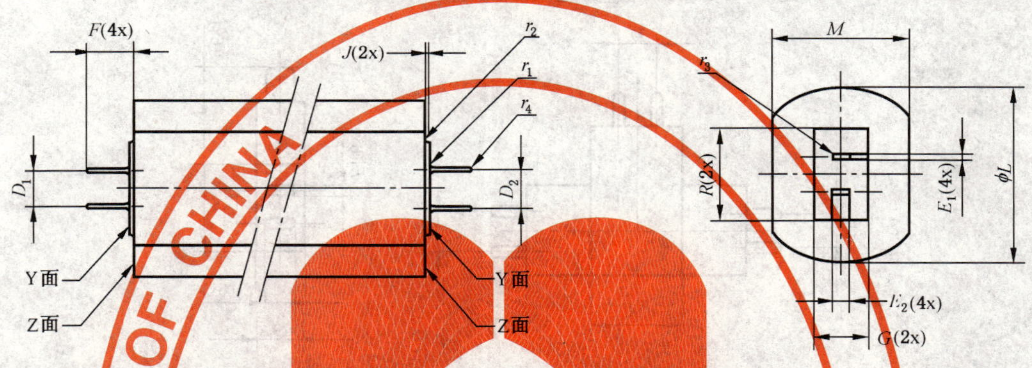

半径 r_3 和 r_4 之间应有光滑过渡以防止出现尖角。

该量规公差只包括插脚厚度和插脚位移。

由于灯端与连接件和接触部件的匹配性是次要的，灯座量规尺寸与灯端量规尺寸无需十分精确。

目的：检验灯端与 GY5.3 灯座的匹配性。

检验：对于连接件，应能将量规各端插入，直至量规 Y 面与连接件正面相接触。对于接触部件，应能将量规各端按预定方式滑入，并使量规 Z 面与灯座 Z 面保持接触。

尺寸符号	尺寸	公差
D_1	5.08	+0.025 −0.0
D_2	5.58	+0.0 −0.025
E_1	0.84	+0.0 −0.025
E_2	2.34	+0.0 −0.025
F	6.78(1)	+0.0 −0.025
G	7.54	+0.0 −0.025
J	0.81	+0.0 −0.025
L	25.0	+0.02 −0.0
M	19.0	+0.02 −0.0
R	13.13	+0.0 −0.025
r_1	0.46	+0.0 −0.025
r_2	0.43	+0.0 −0.025
r_3	0.30	+0.025 −0.0
r_4	1/2E	—

(1) 在欧洲该值为 7.67 mm。

GB/T 1483.2-7006-73E-3

检验 GY5.3 灯座连接件最大拔出力的量规	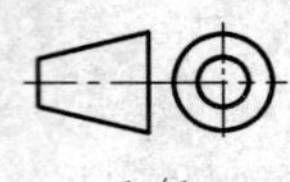 1/1

单位为毫米

附图仅表示互换性的基本尺寸。

关于 GY5.3 灯座，见 GB/T 19148.2-7005-73B。

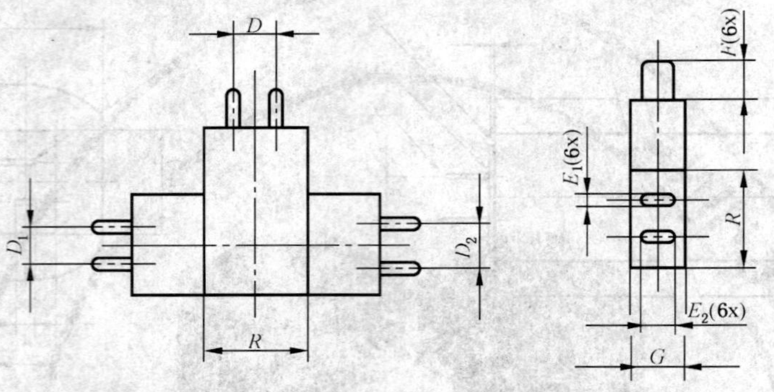

目的：检验 GY5.3 灯座中有相反的插脚和插脚间距尺寸的模拟灯端最大拔出力。

检验：该试验应在量规各端进行三次。

量规应保持在与灯座正面垂直的位置上。

——对于连接件

量规的插脚应置于连接件的孔内并推入，量规拔出力应不超过灯座参数表中该量规的规定值。

——对于接触部件

量规插脚应按照预定方向放置于灯座凹槽中，并将量规插入凹槽直至止动点。量规拔出力应不超过灯座参数表中该量规的规定值。

尺寸符号	尺寸	公差
D	5.33	+0.025 −0.025
D_1	5.08	+0.025 −0.0
D_2	5.59	+0.0 −0.025
E_1	0.58	+0.0 −0.025
E_2	1.78	+0.0 −0.025
F	6.0	+0.05 −0.05
G	6.0	+0.10 −0.0
R	12.0	+0.10 −0.0

插脚端部应倒圆。

插脚材料应为淬火钢。

F 所示范围内的表面粗糙度为 0.4 μm。

GB/T 1483.2-7006-73H-2

	检验 GY5.3 灯座触点最小夹持力的单插脚量规	1/1

单位为毫米

附图仅表示互换性的基本尺寸。

关于 GY5.3 灯座，见 GB/T 19148.2-7005-73B。

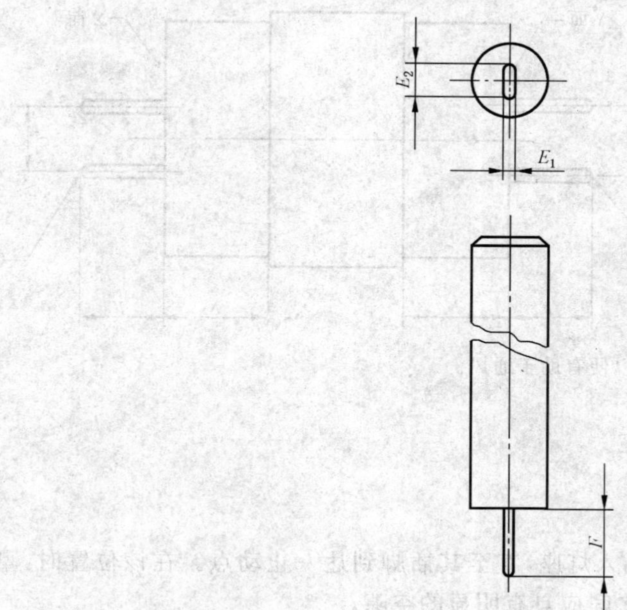

目的：检验 GY5.3 灯座的单个触点对最小尺寸的灯头插脚的最小夹持力。

检验：在量规完全插入灯座触点后，拔出力应不小于该量规在灯座参数表中规定值。

对另一个触点进行此项试验。

尺寸符号	尺寸	公差
E_1	0.58	+0.0 −0.001
E_2	1.78	+0.0 −0.001
F	4.45	+0.005 −0.005

插脚端部应倒圆。

插脚材料应为淬火钢。

F 所示范围内的表面粗糙度为 0.4 μm。

G6.35,GX6.35 和 GY6.35 灯座的通规	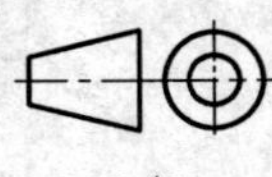 1/1

单位为毫米

附图仅表示互换性的基本尺寸。

关于 G6.35,GX6.35 和 GY6.35 灯座,见 GB/T 19148.2-7005-59。

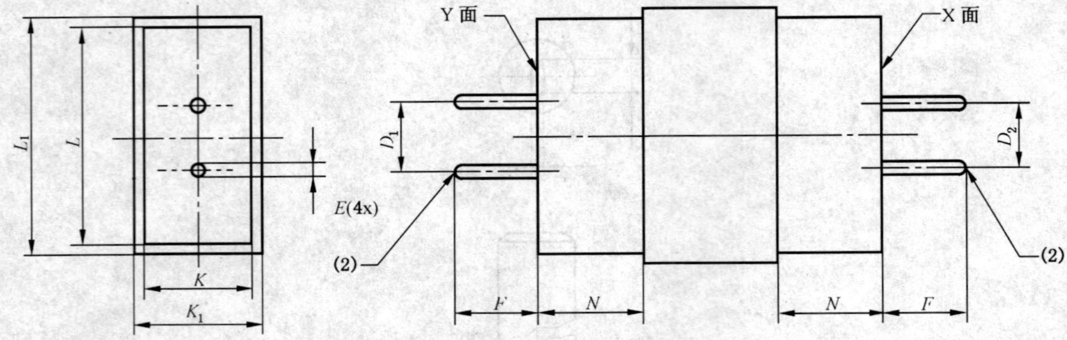

(1) 尺寸 *K* 和 *L* 应能为灯端提供一自由空间,以便有助于通风。

(2) 半球形插脚端部。

目的:检验 G6.35,GX6.35,GY6.35 灯座。

检验:

——G6.35,GY6.35 灯座

应能将相应量规的各端依次插入灯座,直至其插脚到达一止动点。在该位置时,量规的 X 面或 Y 面与灯座的相应表面之间应具有明显的空隙;

——GX6.35 灯座

应能将量规的各端依次插入灯座,直至其 X 面或 Y 面与灯座的相应表面相接触。

尺寸符号	G6.35-15 GX6.35-15 GY6.35-15	G6.35-20 GX6.35-20 GY6.35-20	G6.35-25 GX6.35-25 GY6.35-25	G6.35-30 GX6.35-30 GY6.35-30	公差
D_1	6.62	6.62	6.62	6.62	0 −0.01
D_2	6.08	6.08	6.08	6.08	+0.01 0
E(G&GX)	1.07	1.07	1.07	1.07	0 −0.01
E(GY)	1.32	1.32	1.32	1.32	0 −0.01
F(G&GY)	7.5	7.5	7.5	7.5	+0.01 0
F(GX)	7.5	7.5	7.5	7.5	0 −0.01
K(1)	9.5	9.5	11.0	11.0	0 −0.01
K_1	11.5	11.5	13	13	+0.5 −0.5
L(1)	17.0	22.0	27.0	32.0	0 −0.01
L_1	19	24	29	34	+0.5 −0.5
N	9.45	9.45	12.95	12.95	+0.02 0

GB/T 1483.2-7006-61B-4

检验 G6.35 和 GX6.35 灯座触点最小夹持力的量规

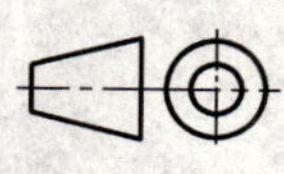

1/1

单位为毫米

附图仅表示互换性的基本尺寸。

关于 G6.35 和 GX6.35 灯座,见 GB/T 19148.2-7005-59。

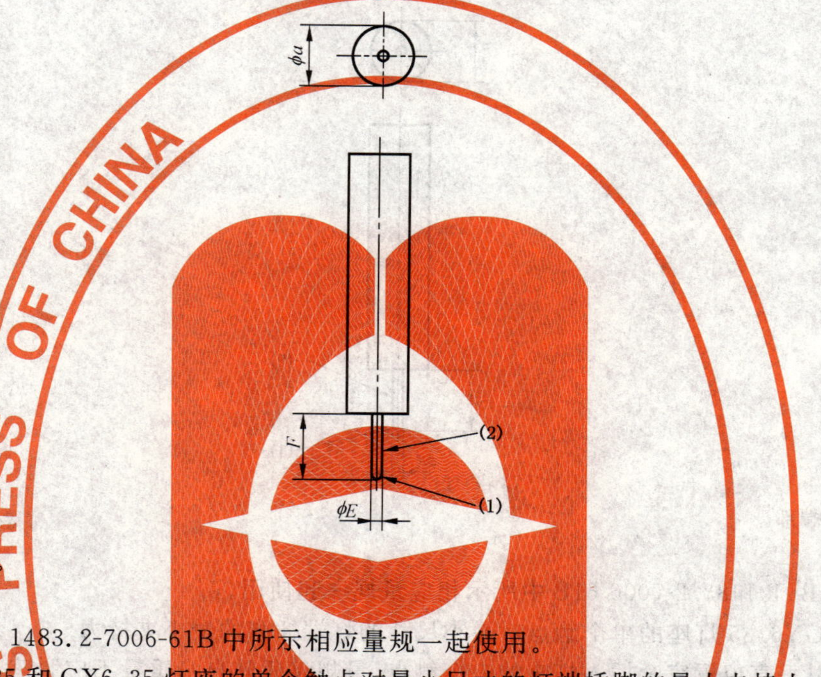

(1) 半球形插脚端部。

(2) 表面光滑。

该量规应与 GB/T 1483.2-7006-61B 中所示相应量规一起使用。

目的:检验在 G6.35 和 GX6.35 灯座的单个触点对最小尺寸的灯端插脚的最小夹持力。

检验:将量规以垂直位置完全插入灯座的一个触点,量规仅凭其自身重量不应脱落。

对另一个触点进行此项试验。

尺寸符号	尺寸	公差
E	0.94	$^{+0.005}_{0}$
F	7.5	$^{+0.2}_{0}$
a	8	$^{0}_{-0.2}$
质量	0.05 kg	$^{0}_{-0.005}$

表面粗糙度:F 所示范围内 $Ra=0.4\ \mu m$(见 GB/T 3505)。

硬度(回火后):F 所示范围内最小值 55 HRC(见 GB/T 230.1)。

GB/T 1483.2-7006-61C-4

检验 GY6.35 灯座触点最小夹持力的量规

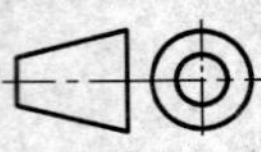

1/1

单位为毫米

附图仅表示互换性的基本尺寸。

关于 GY6.35 灯座，见 GB/T 19148.2-7005-59。

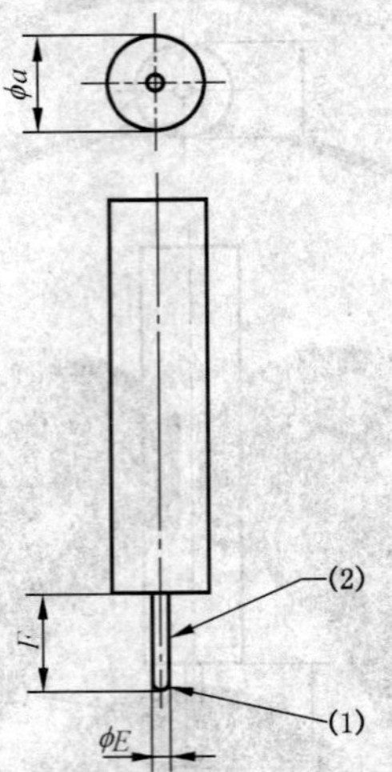

(1) 半球形插脚端部。

(2) 表面光滑。

该量规应与 GB/T 1483.2-7006-61B 中所示相应量规一起使用。

目的：检验在 GY6.35 灯座的单个触点对最小尺寸的灯端插脚的最小夹持力。

检验：将量规以垂直位置完全插入灯座的一个触点，量规仅凭其自身重量不应脱落。

对另一个触点进行此项试验。

尺寸符号	尺寸	公差
E	1.19	+0.005 0
F	7.5	+0.2 0
A	8	0 −0.2
质量	0.05 kg	0 −0.005

表面粗糙度：*F* 所示范围内 Ra=0.4 μm(见 GB/T 3505)。

硬度(回火后)：*F* 所示范围内最小值 55 HRC(见 GB/T 230.1)。

GB/T 1483.2-7006-59D-2

	检验 GZ6.35 和 GZ4 连接件对双插脚灯端的最小夹持力的量规	1/1

单位为毫米

附图仅表示互换性的基本尺寸。

关于 GZ6.35 和 GZ4 连接件,见 GB/T 19148.2-7005-67。

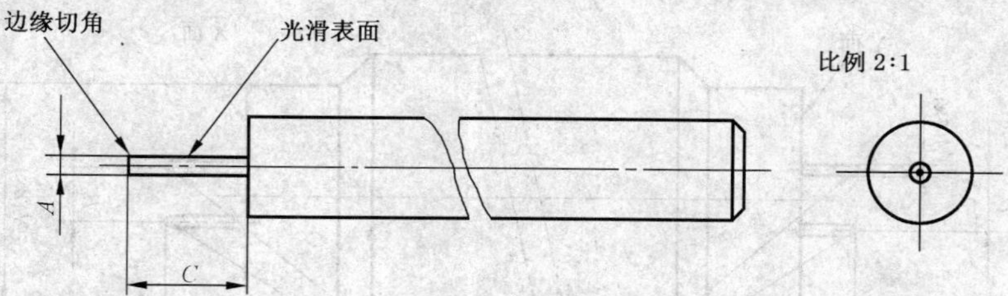

目的:检验 GZ6.35 和 GZ4 连接件触点对双插脚灯端的最小夹持力。

检验:将连接件倒置,再将量规依次插入各个触孔中,并插到头。松开后,量规仅凭其自身重量不应脱落。

尺寸符号	尺寸	公差
A	0.94	+0.005 −0.0
C	6.0	+0.2 −0.0
质量	0.05 kg	+0% −10%

GB/T 1483.2-7006-59A-2

检验 GZ6.35 连接件的通规

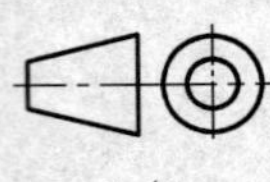

1/1

单位为毫米

附图仅表示互换性的基本尺寸。

关于 GZ6.35 连接件，见 GB/T 19148.2-7005-59A。

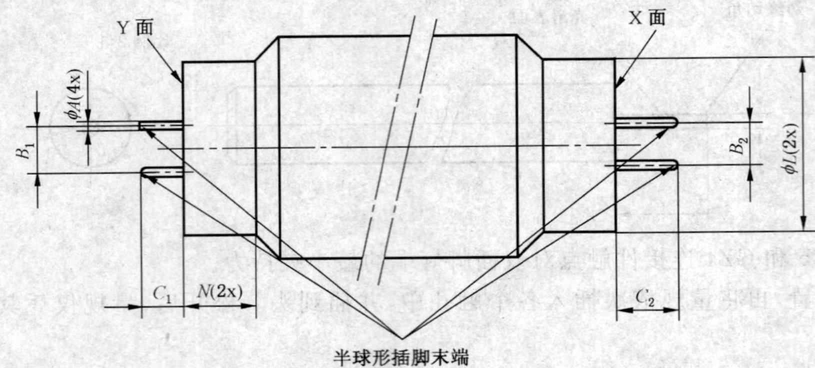

目的：检验 GZ6.35 连接件与灯端的匹配性。

检验：应能将量规的短插脚一端插入连接件，直至其 Y 面与连接件相邻的一面相接触。应能将量规的长插脚一端插入连接件，直至其 X 面与连接件相邻的一面相接触，或其插脚到达止动点。当插脚到达止动点时，其插入深度应至少为 6 mm。

该项检验完成之后，连接件的触点应满足 GB/T 1483.2-7006-59A 所示检验 GZ6.35 连接件最小接触力量规的要求。

尺寸符号	尺寸	公差
A	1.07	+0.0 −0.01
B_1	6.63	+0.0 −0.02
B_2	6.07	+0.02 −0.0
C_1	6.0	+0.0 −0.02
C_2	8.5	+0.0 −0.02
L	25.0	+0.02 −0.0
N	10.0	+0.0 −0.02

GB/T 1483.2-7006-59C-2

检验 2G7 灯座最大插入力和最大拔出力的量规 A	1/2

单位为毫米

附图仅表示互换性的基本尺寸。

关于 2G7 灯座，见 GB/T 19148.2-7005-102。

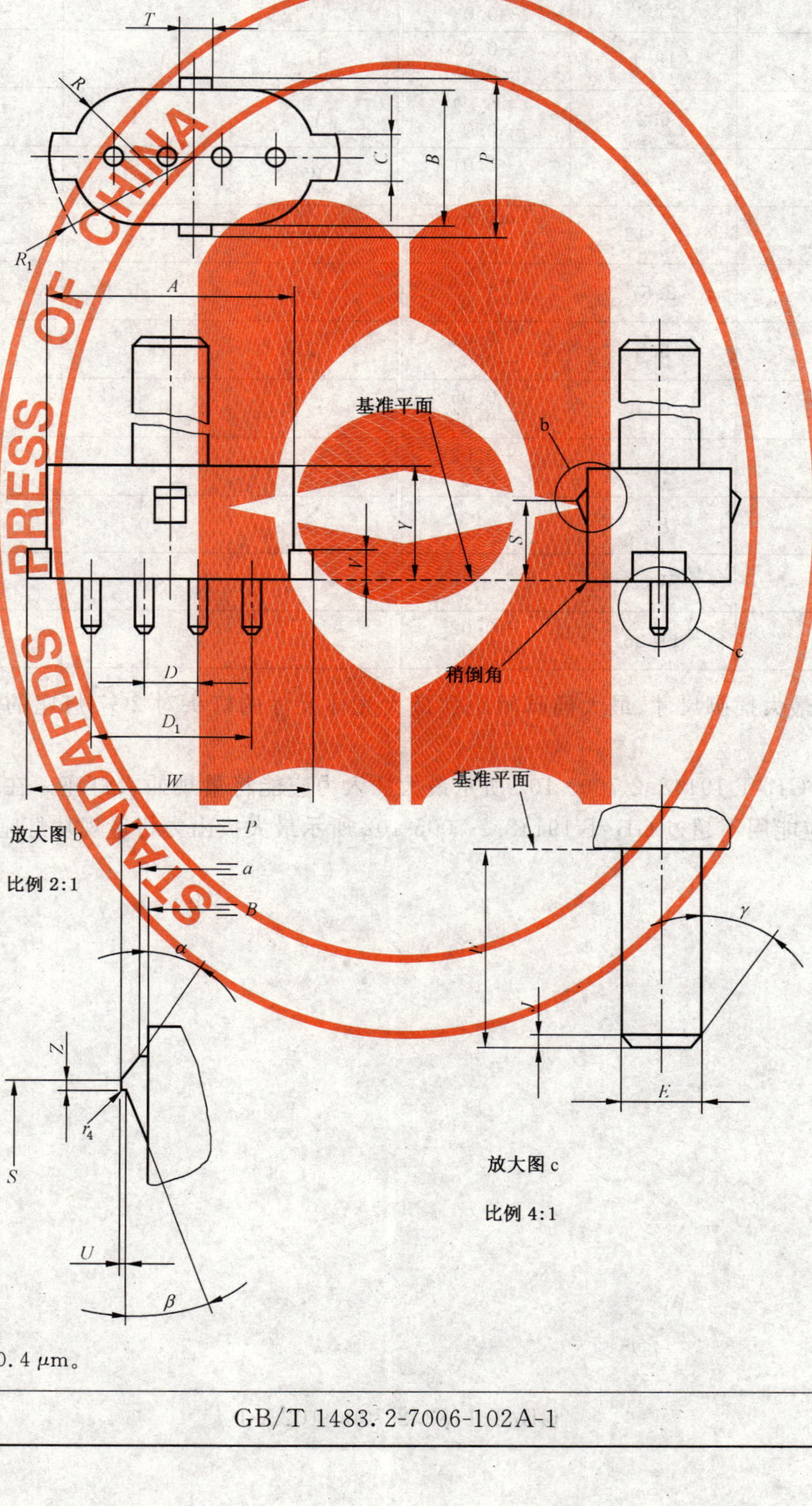

T R C B P R_1 A 基准平面 b Y S V D D_1 W 稍倒角 c 基准平面

放大图 b

比例 2:1

P a B α Z S r_4 U β

V y E γ

放大图 c

比例 4:1

插脚表面粗糙度为 0.4 μm。

GB/T 1483.2-7006-102A-1

	检验 2G7 灯座最大插入力和最大拔出力的量规 A	2/2

单位为毫米

尺寸符号	尺寸	公差	尺寸符号	尺寸	公差
A	32.5	+0.02 −0.0	T	4.7	+0.02 −0.0
B	18.1	+0.02 −0.0	U	0.2	+0.02 −0.0
C	6.2	+0.02 −0.0	V	4.1	+0.02 −0.0
D	7.12	+0.01 −0.0	W	37.5	+0.02 −0.0
D_1	21.12	+0.01 −0.0	Y	15.5	+0.05 −0.0
E	2.67	+0.01 −0.0	Z	0.5	+0.05 −0.0
F	6.8	+0.02 −0.0	a	19.0	+0.01 −0.01
J	0.4	+0.05 −0.05	r_4	0.15	+0.05 −0.05
P	21.0	+0.02 −0.0	α	35°	+1° −1°
R	$B/2$	—	β	20°	+1° −1°
R_1	$W/2$	—	γ	35°	+1° −1°
S	11.25	+0.02 −0.0			

目的:检验具有最大插脚尺寸、最大插脚间距和最大壳体尺寸的灯头对 2G7 灯座的最大插入力和最大拔出力。

检验:用不超过 GB/T 19148.2-7005-102 所示最大插入力应能将量规插入灯座。在量规完全被插入灯座后,应能用不超过 GB/T 19148.2-7005-102 所示最大拔出力将量规从灯座中拔出。

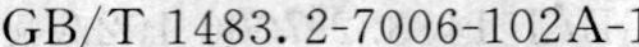

GB/T 1483.2-7006-102A-1

检验 GU7 灯座最大插入扭矩和最大拔出扭矩的量规

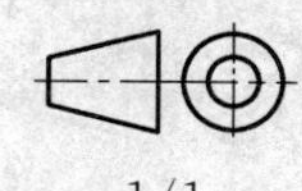

1/1

单位为毫米

附图仅表示互换性的基本尺寸。

关于 GU7 灯座，见 GB/T 19148.2-7005-113。

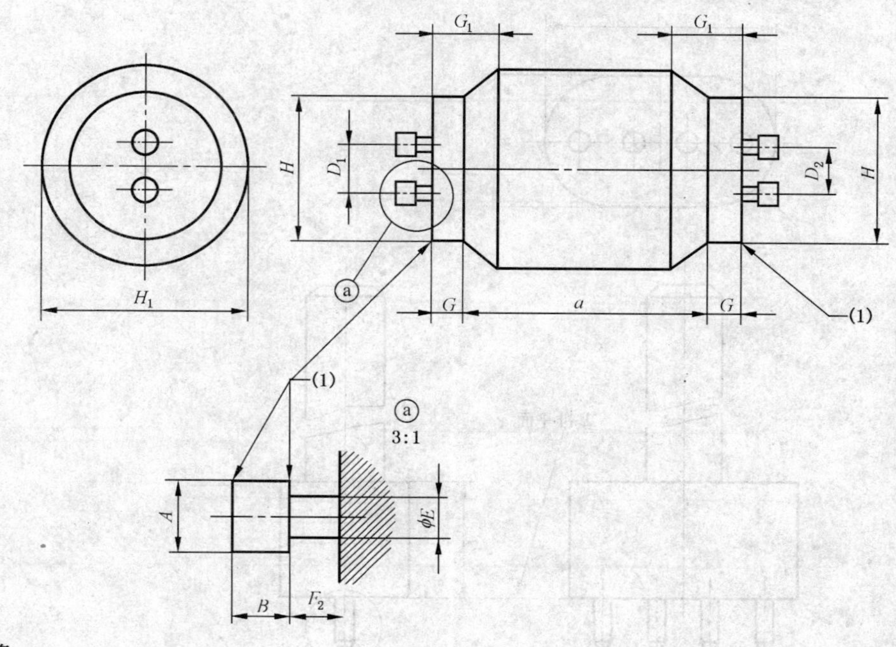

(1) 边缘稍倒角。

尺寸符号	尺寸	公差
A	3.6	+0.02 0
B	4.1	0 −0.02
D_1	7.25	0 −0.025
D_2	6.75	+0.025 0
E	2.1	+0.02 0
F_2	2.4	0 −0.02
G	6.0	0 −0.02
G_1	12.0	0 −0.02
H	20.0	0 −0.02
H_1	32.0	0 −0.02
a	25	+0.1 −0.1

目的：检验 GU7 灯座的最大插入扭矩和最大拔出扭矩。检验对最大 GU7 灯端的适用性。

检验：将量规各端依次插入量规，最大插入扭矩应不超过灯座参数表中规定的最大插入扭矩。将量规从灯座中拔出的扭矩应不超过灯座参数表中规定的最大拔出扭矩。

GB/T 1483.2-7006-113A-3

	检验 2G7 和 2GX7 灯座最大插入力的量规 B	1/2

单位为毫米

附图仅表示互换性的基本尺寸。

关于 2G7 和 2GX7 灯座，分别见 GB/T 19148.2-7005-102 和 7005-103。

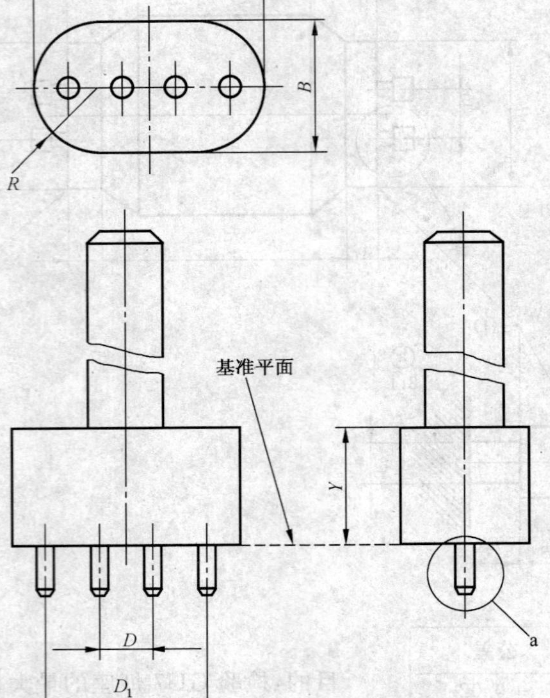

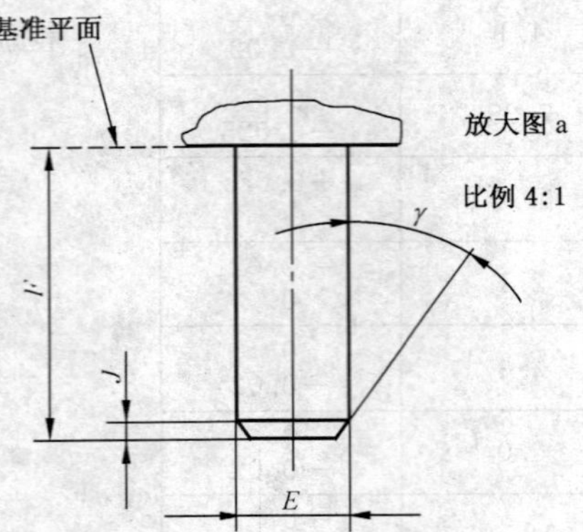

插脚表面粗糙度为 0.4 μm。

GB/T 1483.2-7006-102B-1

	检验 2G7 和 2GX7 灯座最大插入力的量规 B	2/2

单位为毫米

尺寸符号	尺寸	公差
A	30	+0.5 −0.5
B	17	+0.5 −0.5
D	6.88	+0.0 −0.01
D_1	20.88	+0.0 −0.01
E	2.67	+0.01 −0.0
F	6.8	+0.02 −0.0
J	0.4	+0.05 −0.05
R	$B/2$	—
Y	16.0	+0.5 −0.5
γ	35°	+1° −1°

目的:检验具有最大插脚尺寸和最小插脚间距的灯头对 2G7 和 2GX7 灯座的最大插入力。

检验:分别用不超过 GB/T 19148.2-7005-102 和 7005-103 所示最大插入力应能将量规插入灯座。

GB/T 1483.2-7006-102B-1

	检验 2G7 灯座最小夹持力的量规 C	1/2

单位为毫米

附图仅表示互换性的基本尺寸。

关于 2G7 灯座，见 GB/T 19148.2-7005-102。

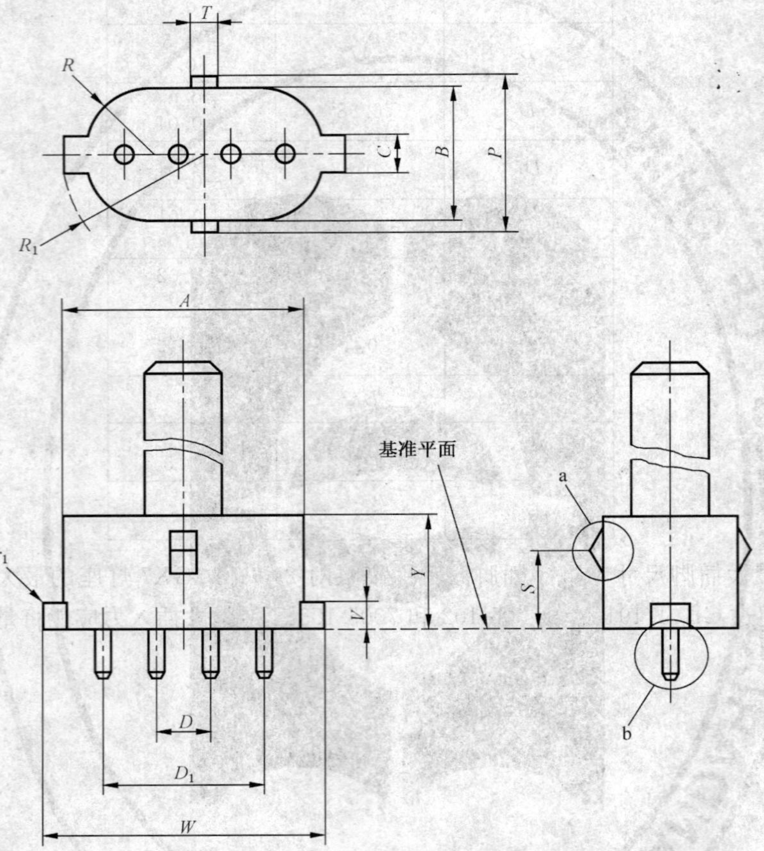

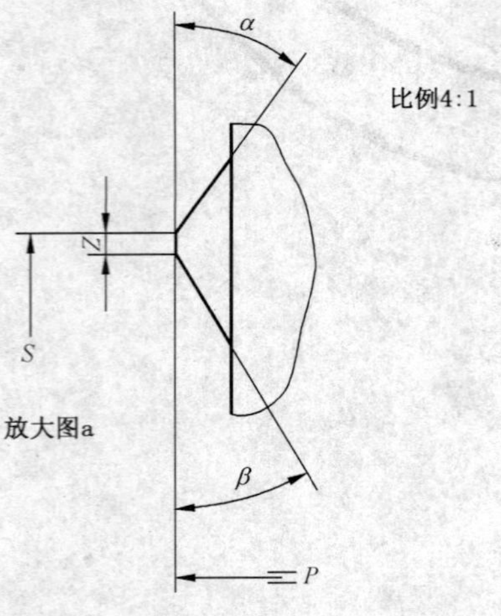

基准平面

比例4:1

放大图a

基准平面

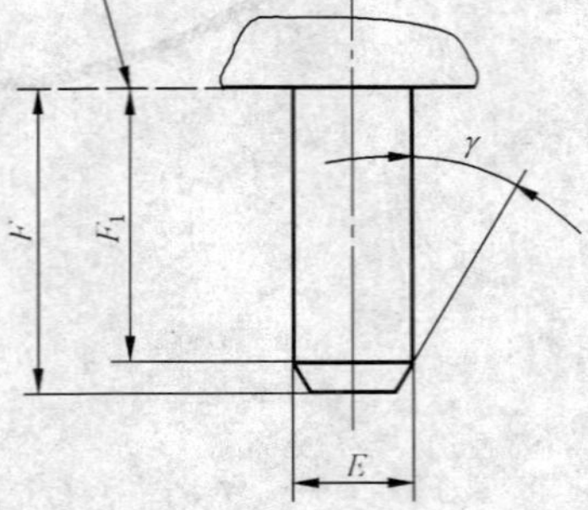

放大图b

插脚表面粗糙度为 0.4 μm。

GB/T 1483.2-7006-102C-1

检验 2G7 灯座最小夹持力的量规 C 2/2

单位为毫米

尺寸符号	尺寸	公差	尺寸符号	尺寸	公差
A	31.5	+0.0 −0.02	S	10.75	+0.0 −0.02
B	17.7	+0.0 −0.02	T	3.5	+0.0 −0.02
C	5.0	+0.0 −0.02	V	3.5	+0.0 −0.02
D	7.0	+0.005 −0.005	W	36.5	+0.0 −0.02
D_1	21.0	+0.005 −0.005	Y	15.5	+0.0 −0.05
E	2.29	+0.0 −0.01	Z	0.5	+0.0 −0.05
F	6.0	+0.0 −0.02	r_1	0.4	+0.0 −0.1
F_1	5.5	+0.0 −0.05	α	35°	+1° −1°
P	20.6	+0.0 −0.02	β	30°	+1° −1°
R	$B/2$	—	γ	30°	+1° −1°
R_1	$W/2$	—			

目的：检验 2G7 灯座对具有最小插脚尺寸和壳体尺寸的灯头的最小夹持力。

检验：将量规完全插入灯座后，再将量规拔出灯座，所用拔出力应不低于 GB/T 19148.2-7005-102 所示之值。

GB/T 1483.2-7006-102C-1

检验 2G(X)7,2G10,2G11,G(X)23,G(X)(Y)24 和 G(X)(Y)32
灯座最大拔出力的单插脚量规 D

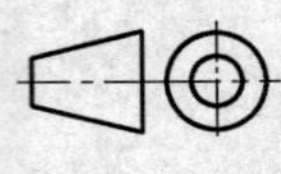

1/1

单位为毫米

附图仅表示互换性的基本尺寸。

关于 2G7,2GX7,2G10,2G11,G23,GX23,G24,GX24,GY24,G32,GX32 和 GY32 灯座,
分别见 GB/T 19148.2-7005-102,7005-103,7005-118,7005-82,7005-69,
7005-86,7005-78 和 7005-87。

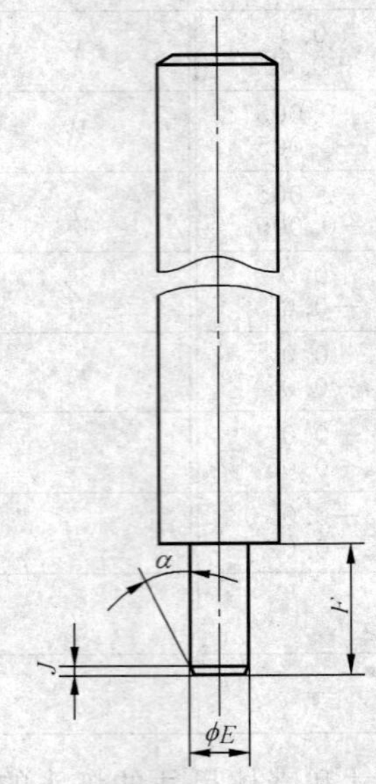

目的:检验具有最大尺寸的灯头插脚相对于 2G7,2GX7,2G10,2G11,G23,GX23,G24d-..,G24q-..,GY24d-..,G32d-..,G32q-..,GX32d-和 GX32q-..灯座的单个触点的最大拔出力。

检验:将量规完全插入灯座的一个触点,再将量规从灯座中拔出,所需拔出力应不超过 GB/T 19148.2-7005-102,7005-103,7005-118,7005-82,7005-69,7005-86,7005-78 和 7005-87 所示之值。

尺寸符号	尺寸	公差
E	2.67	+0.01 −0.0
F	6.8	+0.01 −0.0
J	0.4	+0.05 −0.05
α	30°	+1° −1°

关于 GY32d-..灯座的检验,见灯座的相关注释。

F 所示范围内的表面粗糙度为 0.4 μm。

GB/T 1483.2-7006-69D-5

	检验 G5,2G(X)7,2G10,2G11,G13,G(X)23 和 G(X)(Y)32 灯座触点最小夹持力的单插脚量规 E	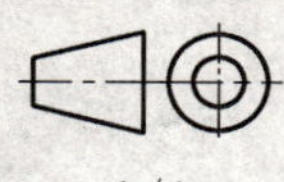 1/1

单位为毫米

附图仅表示互换性的基本尺寸。

关于 G5,2G7,2GX7,2G10,2G11,G13,G23,GX23,G32,GX32 和 GY32 灯座,分别见 GB/T 19148.2-7005-51,7005-102,7005-103,7005-118,7005-50,7005-82,7005-69,7005-86,7005-78 和 7005-87。

目的:检验 G5,2G7,2GX7,2G10,2G11,G13,G23,GX23,G24d-..,G24q-..,GX24d-..,GX24q-..,GY24d-..,G32d-..,G32q-..,GX32d 和 GX32q-.. 灯座的单个触点对具有最小尺寸的灯头插脚的最小夹持力。

检验:将量规完全插入灯座的一个触点,再将量规从灯座中拔出,所用拔出力应不低于 GB/T 19148.2-7005-102,7005-103,7005-118,7005-82,7005-69,7005-86,7005-78,7005-87 或 GB 1312—2007 中所示之值。

该项检验还应在其他触点上进行。

尺寸符号	尺寸	公差
E	2.29	+0.0 −0.01
F	6.0	+0.0 −0.02
F_1	5.5	+0.0 −0.05
α	30°	+1° −1°

对于检验 GY32d-.. 灯座,见相关灯座中的注释。

F 所示范围内的表面粗糙度为 0.4 μm。

GB/T 1483.2-7006-69E-5

	检验 2GX7 灯座最大插入力和最大拔出力的量规 A	1/2

单位为毫米

附图仅表示互换性的基本尺寸。

关于 2GX7 灯座，见 GB/T 19148.2-7005-103。

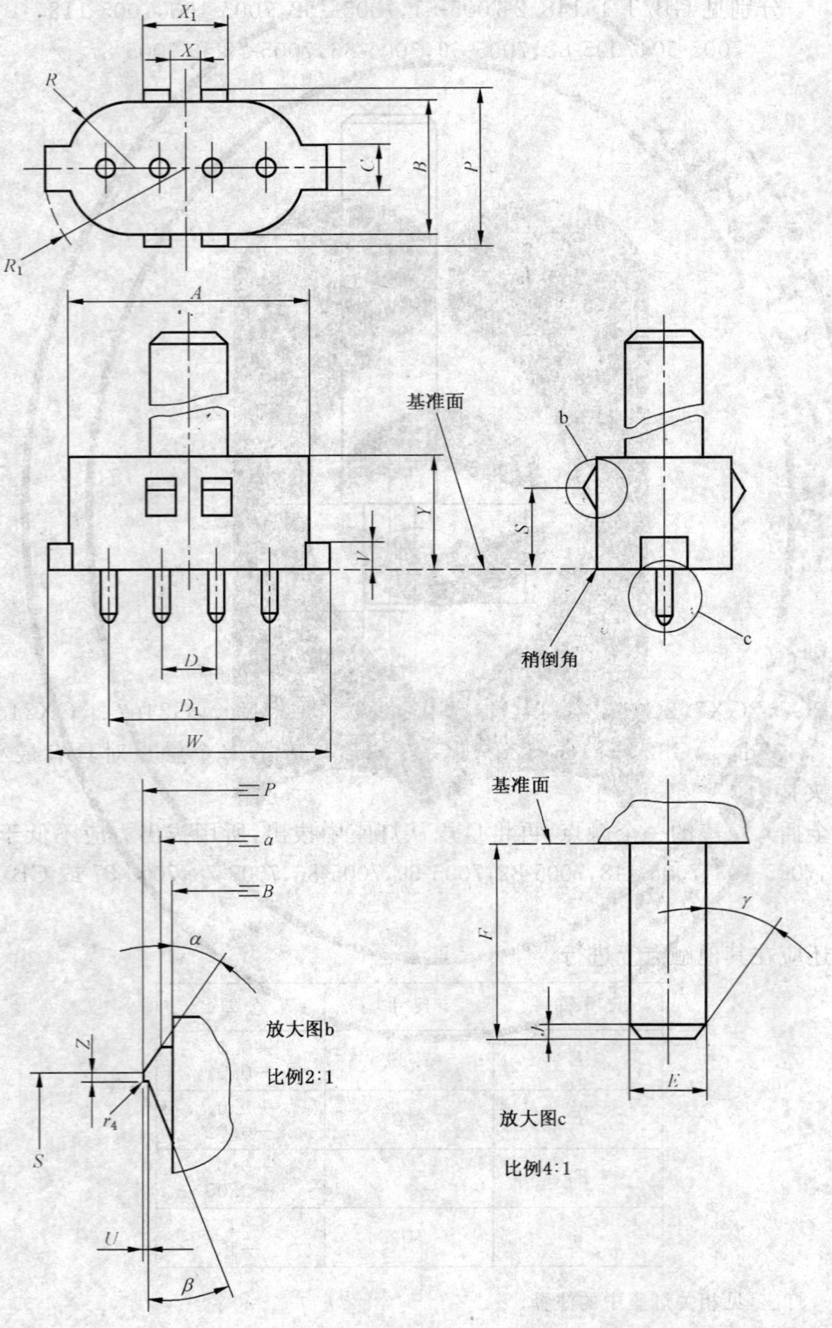

插脚表面粗糙度为 0.4 μm。

GB/T 1483.2-7006-103-1

	检验 2GX7 灯座最大插入力和最大拔出力的量规 A	2/2

单位为毫米

尺寸符号	尺寸	公差	尺寸符号	尺寸	公差
A	32.5	+0.02 −0.0	U	0.2	+0.02 −0.0
B	18.1	+0.02 −0.0	V	4.1	+0.02 −0.0
C	6.2	+0.02 −0.0	W	37.5	+0.02 −0.0
D	7.12	+0.01 −0.0	X	3.3	+0.0 −0.02
D_1	21.12	+0.01 −0.0	X_1	12.2	+0.02 −0.0
E	2.67	+0.01 −0.0	Y	15.5	+0.05 −0.0
F	6.8	+0.02 −0.0	Z	0.5	+0.05 −0.0
J	0.4	+0.05 −0.05	a	19.0	+0.01 −0.01
P	21.0	+0.02 −0.0	r_4	0.15	+0.05 −0.05
R	$B/2$	—	α	35°	+1° −1°
R_1	$W/2$	—	β	20°	+1° −1°
S	11.25	+0.02 −0.0	γ	35°	+1° −1°

目的：检验具有最大插脚尺寸、最大插脚间距和最大壳体尺寸的灯头对 2GX7 灯座的最大插入力和最大拔出力。

检验：用不超过 GB/T 19148.2-7005-103 所示最大插入力应能将量规插入灯座。

在量规完全被插入灯座后，应能用不超过 GB/T 19148.2-7005-103 所示最大拔出力将量规从灯座中拔出。

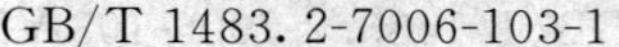

GB/T 1483.2-7006-103-1

	检验 2GX7 灯座最小夹持力的量规 C	1/2

单位为毫米

附图仅表示互换性的基本尺寸。

关于 2GX7 灯座,见 GB/T 19148.2-7005-103。

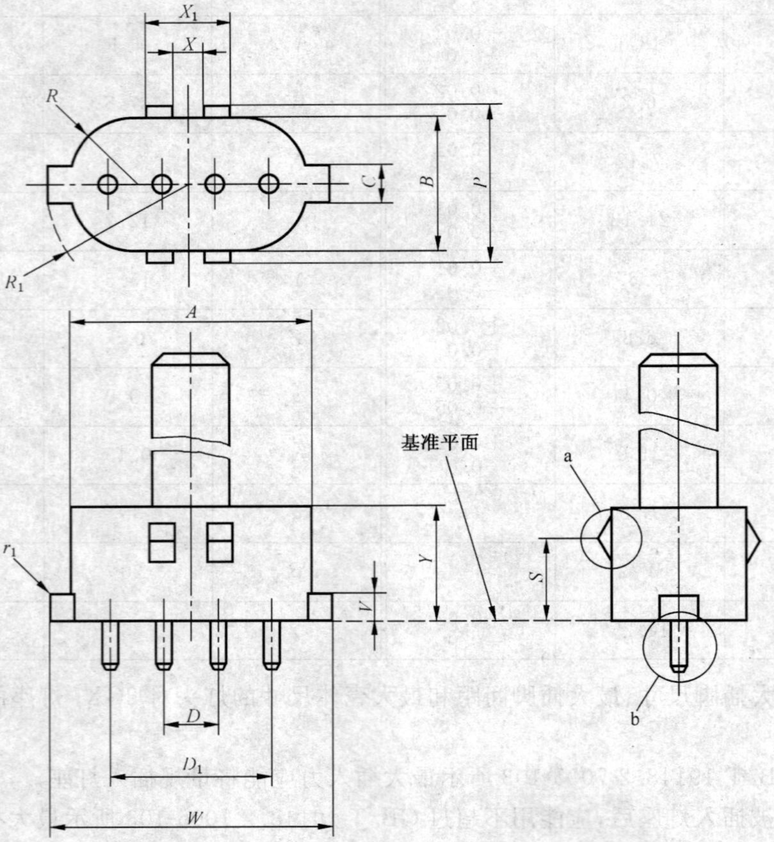

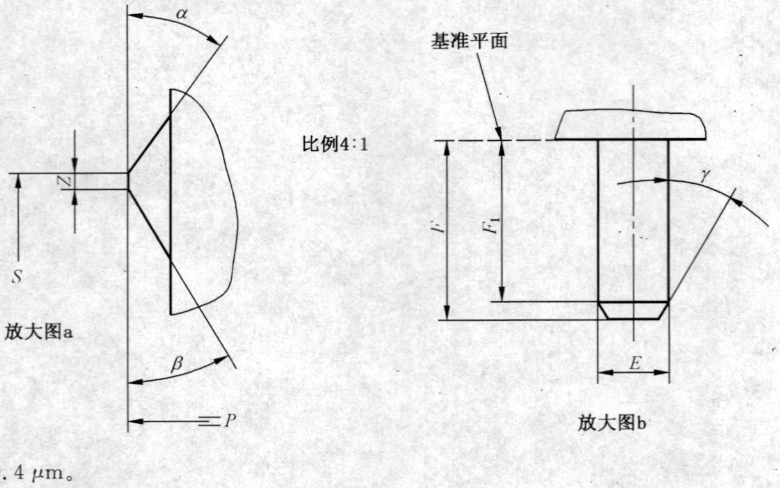

插脚表面粗糙度为 0.4 μm。

GB/T 1483.2-7006-103A-1

	检验 2GX7 灯座最小夹持力的量规 C	2/2

单位为毫米

尺寸符号	尺寸	公差	尺寸符号	尺寸	公差
A	31.5	+0.0 −0.02	S	10.75	+0.0 −0.02
B	17.7	+0.0 −0.02	V	3.5	+0.0 −0.02
C	5.0	+0.0 −0.02	W	36.5	+0.0 −0.02
D	7.0	+0.005 −0.005	X	4.5	+0.02 −0.0
D_1	21.0	+0.005 −0.005	X_1	10.5	+0.0 −0.02
E	2.29	+0.0 −0.01	Y	15.5	+0.0 −0.05
F	6.0	+0.0 −0.02	Z	0.5	+0.0 −0.05
F_1	5.5	+0.0 −0.05	r_1	0.4	+0.0 −0.1
P	20.6	+0.0 −0.02	α	35°	+1° −1°
R	$B/2$	—	β	30°	+1° −1°
R_1	$W/2$	—	γ	30°	+1° −1°

目的：检验 2G7 灯座对具有最小插脚尺寸和壳体尺寸的灯头的最小夹持力。

检验：将量规完全插入灯座，再将量规拔出灯座，所用拔出力应不低于 GB/T 19148.2-7005-103 所示之值。

GB/T 1483.2-7006-103A-1

检验 GZX7d-..,GZY7d-.. 和 GZZ7d-.. 印刷电路连接件的量规

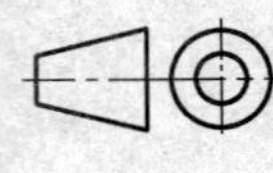

1/2

单位为毫米

附图仅表示互换性的基本尺寸。

关于 GZX7d-..,GZY7d-.. 和 GZZ7d-.. 连接件,见 GB/T 19148.2-7005-136。

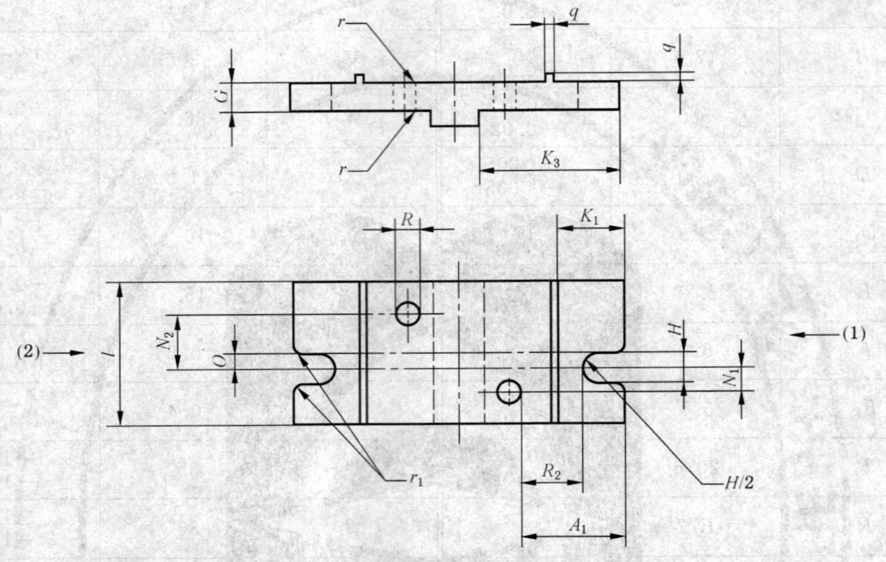

(1) 检验定位键-1 的连接件插入方向。

(2) 检验定位键-2 的连接件插入方向。

目的:检验最大尺寸灯头插入 GZX7d-..,GZY7d-.. 和 GZZ7d-.. 连接件时的匹配性及最大印刷电路板厚度和自由空间。

检验:应能将量规插入连接件直至量规基准线与相应量规定位键开口的顶端相接触。

该试验应在连接件定位键的另一边重复进行。

GB/T 1483.2-7006-136B-1

检验 GZX7d-..,GZY7d-..和 GZZ7d-..印刷电路连接件的量规

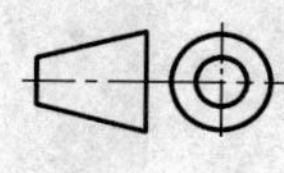

2/2

单位为毫米

尺寸符号	尺寸	公差
A_1	6.3	+0.02 0
G^*(GZX7d-..)	1.75	0 −0.02
G^*(GZY7d-..)	1.15	0 −0.02
G(GZZ7d-..)	0.45	0 −0.02
H	1.9	0 −0.02
K_1	4.45	+0.02 0
K_3	8.5	+0.02 0
N_1(定位键-1)	1.5	+0.01 −0.01
N_2(定位键-2)	3.5	+0.01 −0.01
O	1.0	+0.01 −0.01
R	1.35	0 −0.02
R_2	3.8	+0.02 0
l	9	+0.1 −0.1
q	1.1	+0.1 −0.1
r	0.2	+0.05 0
r_1	0.5	+0.05 0

* 在日本使用该数值。(待定)

尺寸符号	尺寸	公差
G(GZX7d-..)	1.79	0 −0.02
G(GZY7d-..)	1.19	0 −0.02

GB/T 1483.2-7006-136B-1

	检验 GZX7d-..,GZY7d-..和 GZZ7d-..印刷电路板 连接件接触性能的量规	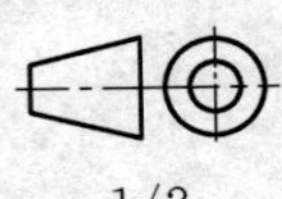 1/2

单位为毫米

附图仅表示互换性的基本尺寸。

关于 GZX7d-..,GZY7d-..和 GZZ7d-..连接件,见 GB/T 19148.2-7005-136。

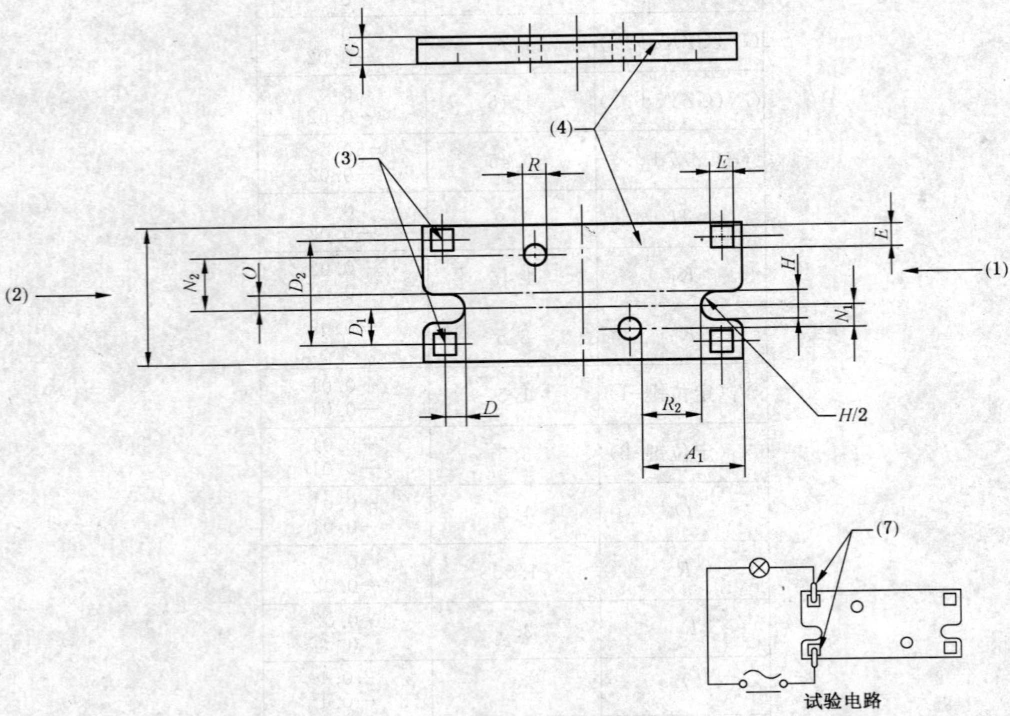

目的:检验 GZX7d-..,GZY7d-..和 GZZ7d-..连接件接触性能。

检验:将连接件按试验电路所示连接。插入量规并模拟印刷电路模块所有工作状态时指示灯应点亮并保持点亮状态。

该检验还应在连接件其他定位键面上进行。

GB/T 1483.2-7006-136C-1

检验 GZX7d-..,GZY7d-.. 和 GZZ7d-.. 印刷电路板连接件接触性能的量规

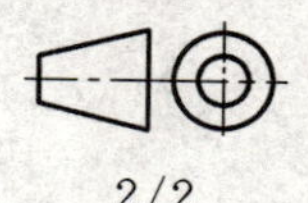

2/2

单位为毫米

尺寸符号	尺寸	公差
A_1	5.9	+0.02 0
D	1.2	+0.005 −0.005
D_1	2.4	+0.005 −0.005
D_2	7.0	+0.005 −0.005
E	1.45	0 −0.02
G^*(GZX7d-..)(5)	1.4	0 −0.02
G^*(GZY7d-..)(5)(6)	0.9	0 −0.02
G(GZZ7d-..)(6)	0.2	0 −0.02
H	1.9	+0.02 0
N_1(定位键-1)	1.5	+0.01 −0.01
N_2(定位键-2)	3.5	+0.01 −0.01
O	1.0	+0.01 −0.01
R	1.35	0 −0.02
R_2	3.8	+0.02 0
l	9	+0.1 −0.1

* 在日本使用该数值。(待定)

尺寸符号	尺寸	公差
G(GZX7d-..)	1.46	0 −0.02
G(GZY7d-..)	0.86	0 −0.02

(1) 检验定位键-1 的连接件插入方向。

(2) 检验定位键-2 的连接件插入方向。

(3) 触点。量规触点应电接触。

(4) 绝缘材料。

(5) 尺寸 G 的公差只适用于量规接触部分,应确保接触面凸出绝缘面。

(6) 无需特定结构的量规,商业用途的灯头可用于该试验。

(7) 连接件触点。

GB/T 1483.2-7006-136C-1

检验 G7.9 和 GX7.9 灯座的通规

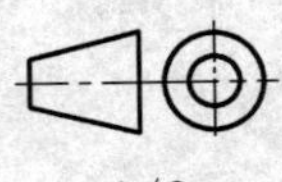

1/2

单位为毫米

附图仅表示互换性的基本尺寸。

关于 G7.9 和 GX7.9 灯座，见 GB/T 19148.2-7005-139。

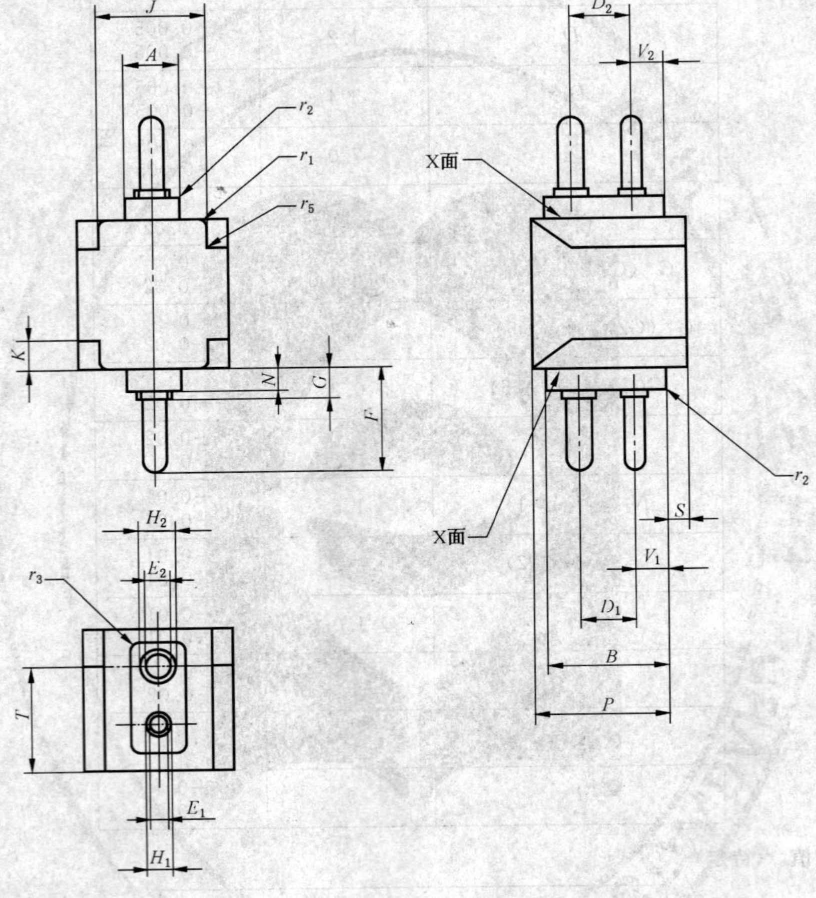

图示为 G7.9 灯座量规。

对于 GX7.9 灯座量规，大插脚和小插脚可互换。

	检验 G7.9 和 GX7.9 灯座的通规	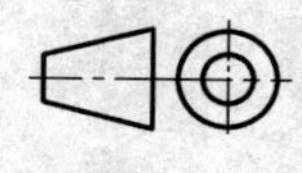 2/2

单位为毫米

尺寸符号	尺寸	公差	尺寸符号	尺寸	公差
A	7.21	0 −0.025	K	4.24	+0.025 0
B	16.0	0 −0.025	N	3.17	0 −0.025
D_1(1)	7.65	+0.025 0	P	17.93	+0.025 0
D_2(2)	8.23	0 −0.025	S	2.64	+0.025 0
E_1	2.49	+0.025 0	T	15.19	+0.025 0
E_2	3.30	+0.025 0	V_1(1)	4.04	0 −0.025
F	14.66	0 −0.025	V_2(1)	4.14	0 −0.025
G	4.29	0 −0.025	r_1	1.12	+0.025 0
H_1	3.43	+0.025 0	r_2	0.48	+0.025 0
H_2	4.57	+0.025 0	r_3	1.40	+0.025 0
J	14.35	0 −0.025	r_5	0.41	0 −0.025

(1) 除 D_1、D_2、V_1 和 V_2 外，所有尺寸适用于量规的两端。

目的：检验 G7.9 或 GX7.9 灯座和具有最大和最小插脚间距的最大尺寸灯头的匹配性。

检验：应能将量规插入灯座直至量规的 X 面与灯座的 X 面相接触。

该检验还应在量规另一面上进行。

GB/T 1483.2-7006-139A-1

	检验 G7.9 和 GX7.9 灯座触点最小夹持力的量规	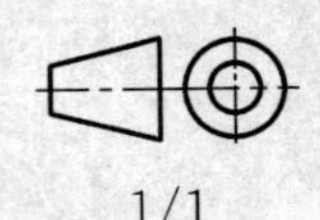 1/1

单位为毫米

附图仅表示互换性的基本尺寸。

关于 G7.9 和 GX7.9 灯座，见 GB/T 19148.2-7005-139。

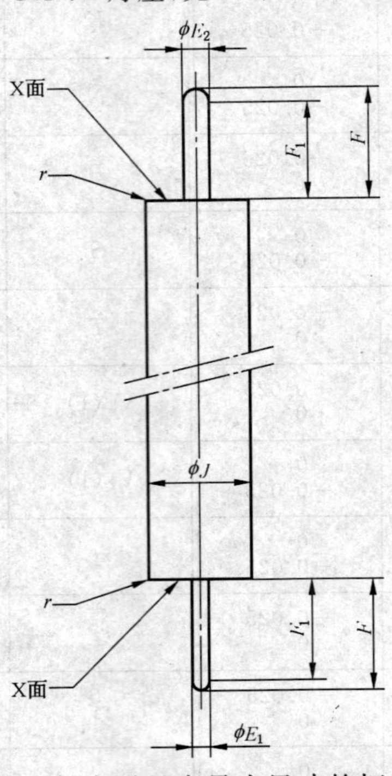

目的：检验 G7.9 和 GX7.9 灯座的单个触点对具有最小尺寸的灯头插脚的最小夹持力。

检验：将量规适合的一端插入灯座相应的触点，并使量规 X 面与灯座 X 面相接触。使灯座处于凹孔朝下垂直位置，量规仅凭其自身重量不应脱落。

尺寸符号	尺寸	公差
E_1	2.31	0 −0.025
E_2	3.12	0 −0.025
F	13.31	+0.025 0
F_1	11.71	0 −0.025
J	12.7	+0.1 −0.1
r	1.12	+0.025 0
质量	0.45 kg	+10% −10%

F 所示范围内的表面粗糙度：$Ra=0.4\ \mu m$(见 GB/T 3505)。

硬度(回火后)：最小 HRC 55(见 GB/T 3505)。

GB/T 1483.2-7006-139B-1

	检验 2G8 灯座的量规 A	1/2

单位为毫米

附图仅表示互换性的基本尺寸。

关于 2G8 灯座，见 GB/T 19148.2-7005-141。

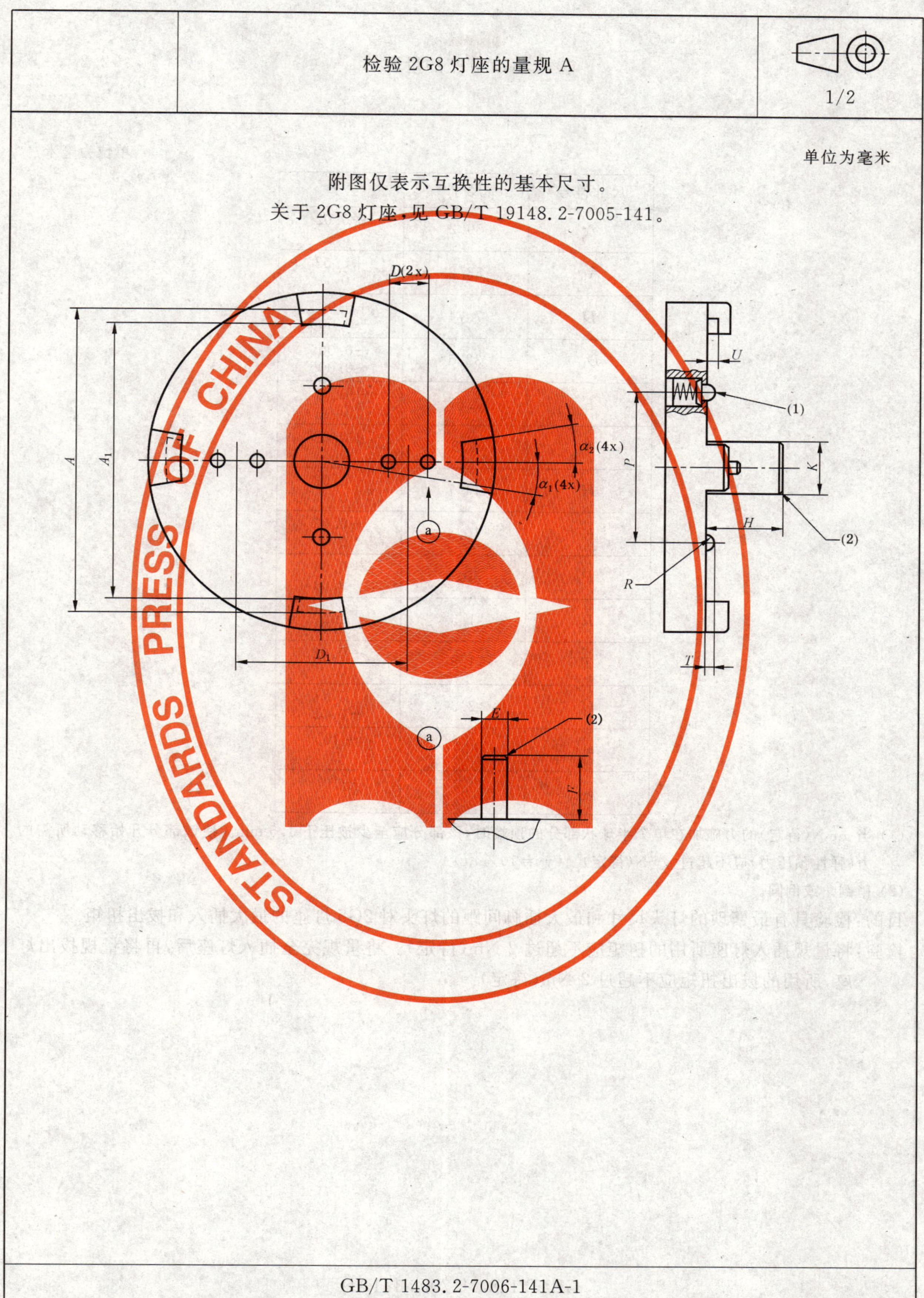

GB/T 1483.2-7006-141A-1

	检验 2G8 灯座的量规 A	2/2

单位为毫米

尺寸符号	尺寸	公差
A	59.2	+0.02 0
A_1	53.2	+0.02 0
D	7.74	+0.005 −0.005
D_1	32.5	+0.005 −0.005
E	2.67	+0.01 0
F	6.8	+0.02 0
H	14.7	+0.02 0
K	10.4	+0.02 0
P	30.0	+0.01 −0.01
R	1.5	+0.01 −0.01
T	1.8	+0.02 0
U	2.3	0 −0.02
α_1	9°	+10′ 0
α_2	9°	+10′ 0

(1) 当 xx N(待定)的力施加在单个半球状部分的顶端时，该部分应至少被压下 1.5 mm。使该部分开始移动所需的力(弹性预压力)应不超过 yy N(待定)。($yy=10\%xx$)

(2) 稍倒角或倒圆。

目的：检验具有最繁琐的灯头尺寸和最大插脚间距的灯头对 2G8 灯座的最大插入和拔出扭矩。

检验：将量规插入灯座所用的扭矩应不超过 2 Nm(待定)。将量规完全插入灯座后，再将量规拔出灯座，所用的拔出扭矩应不超过 2 Nm(待定)。

GB/T 1483.2-7006-141A-1

检验 2G8 灯座的量规 B

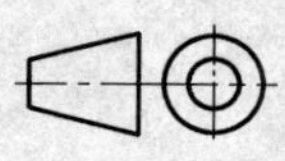

1/2

单位为毫米

附图仅表示互换性的基本尺寸。

关于 2G8 灯座，见 GB/T 19148.2-7005-141。

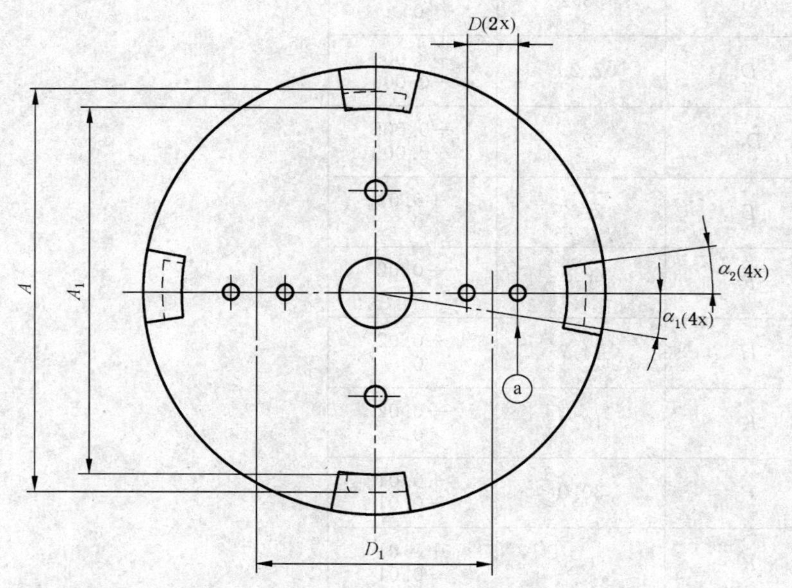

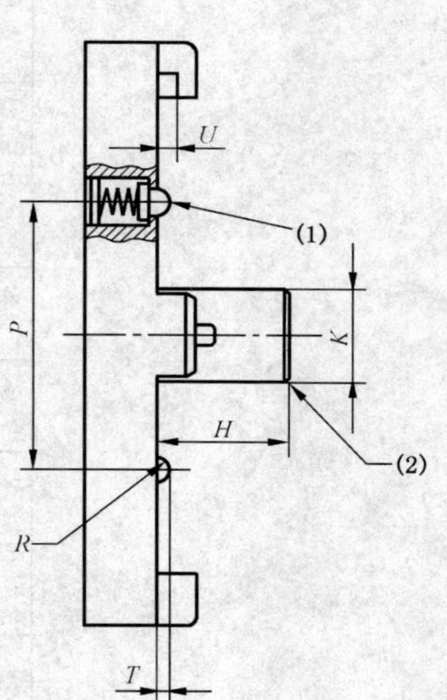

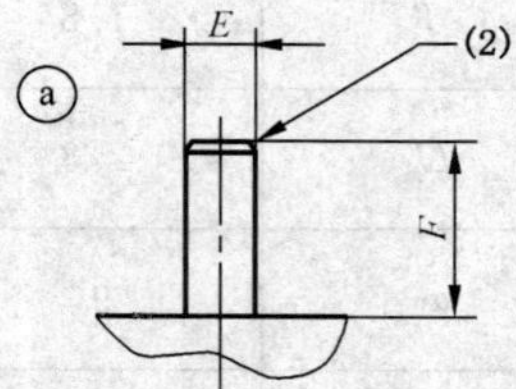

GB/T 1483.2-7006-141B-1

	检验 2G8 灯座的量规 B	2/2

单位为毫米

尺寸符号	尺寸	公差
A	59.2	+0.02 0
A_1	53.2	+0.02 0
D	7.25	+0.005 −0.005
D_1	32.5	+0.005 −0.005
E	2.67	+0.01 0
F	6.8	+0.02 0
H	14.7	+0.02 0
K	10.4	+0.02 0
P	30.0	+0.01 −0.01
R	1.5	+0.01 −0.01
T	1.8	+0.02 0
U	2.3	0 −0.02
α_1	9°	+10′ 0
α_2	9°	+10′ 0

(1) 当 xx N(待定)的力施加在单个半球状部分的顶端时，该部分应至少被压下 1.5 mm。使该部分开始移动所需的力(弹性预压力)应不超过 yy N(待定)。($yy=10\%xx$)

(2) 稍倒角或倒圆。

目的：检验具有最繁琐的灯头尺寸和最小插脚间距的灯头对 2G8 灯座的最大插入和拔出扭矩。

检验：将量规插入灯座所用的扭矩应不超过 2 Nm(待定)。将量规完全插入灯座后，再将量规拔出灯座，所用的拔出扭矩应不超过 2 Nm(待定)。

GB/T 1483.2-7006-141B-1

	检验 2G8 灯座的量规 C	1/2

单位为毫米

附图仅表示互换性的基本尺寸。

关于 2G8 灯座，见 GB/T 19148.2-7005-141。

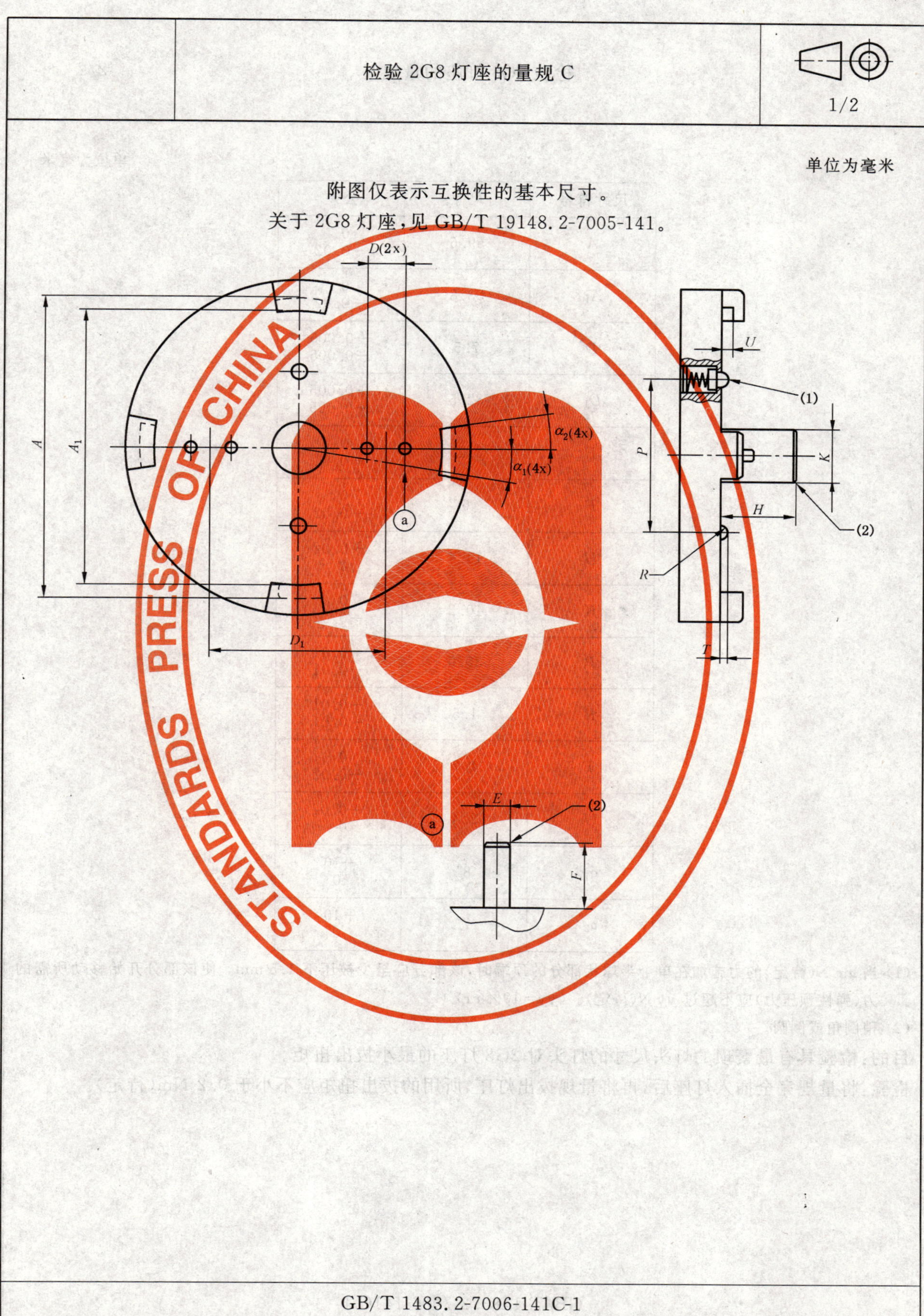

GB/T 1483.2-7006-141C-1

	检验 2G8 灯座的量规 C	2/2

单位为毫米

尺寸符号	尺寸	公差
A	59.6	0 −0.02
A_1	53.8	0 −0.02
D	7.5	+0.005 −0.005
D_1	32.5	+0.005 −0.005
E	2.29	0 −0.01
F	6	0 −0.02
H	14.4	+0.02 0
K	10.2	0 −0.02
P	30.0	+0.01 −0.01
R	1.5	+0.01 −0.01
T	1.7	0 −0.02
U	2.4	+0.02 0
α_1	8°	+10′ 0
α_2	7°	+10′ 0

(1) 当 xx N(待定)的力施加在单个半球状部分的顶端时，该部分应至少被压下 1.5 mm。使该部分开始移动所需的力(弹性预压力)应不超过 yy N(待定)。($yy=10\%xx$)

(2) 稍倒角或倒圆。

目的：检验具有最繁琐的灯头尺寸的灯头对 2G8 灯座的最小拔出扭矩。

检验：将量规完全插入灯座后，再将量规拔出灯座，所用的拔出扭矩应不小于 0.2 Nm(待定)。

GB/T 1483.2-7006-141C-1

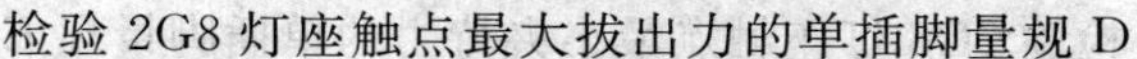

检验 2G8 灯座触点最大拔出力的单插脚量规 D

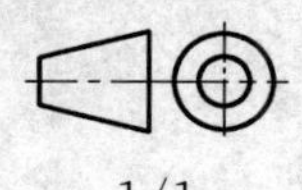

1/1

单位为毫米

附图仅表示互换性的基本尺寸。

关于 2G8 灯座,见 GB/T 19148.2-7005-141。

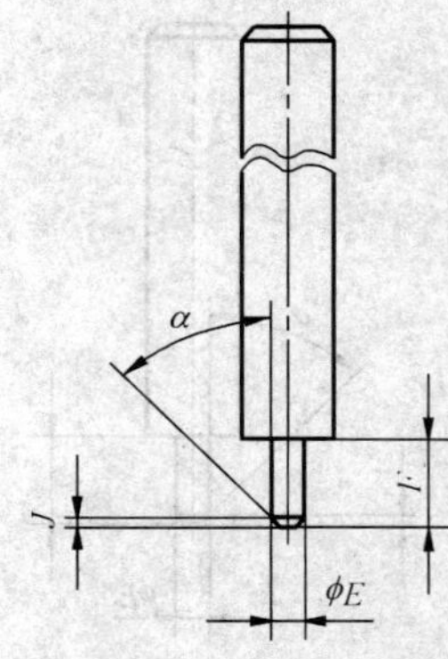

目的:检验 2G8 灯座的单个触点对具有最大尺寸的灯头插脚的最大拔出力。

检验:将量规完全插入灯座的一个触点,并抵达预定位置,再将量规从灯座中拔出,所用拔出力应不超过 6 N。

该项检验还应在其他触点上进行。

尺寸符号	尺寸	公差
E	2.67	+0.01 0
F	6.8	+0.01 0
J	0.4	+0.05 −0.05
α	30°	+1° −1°

F 所示范围内的表面粗糙度:Ra=0.4 μm(见 GB/T 3505)。

GB/T 1483.2-7006-141D-1

	检验 2G8 灯座触点最小夹持力的单插脚量规 E	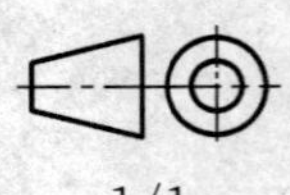 1/1

单位为毫米

附图仅表示互换性的基本尺寸。

关于 2G8 灯座，见 GB/T 19148.2-7005-141。

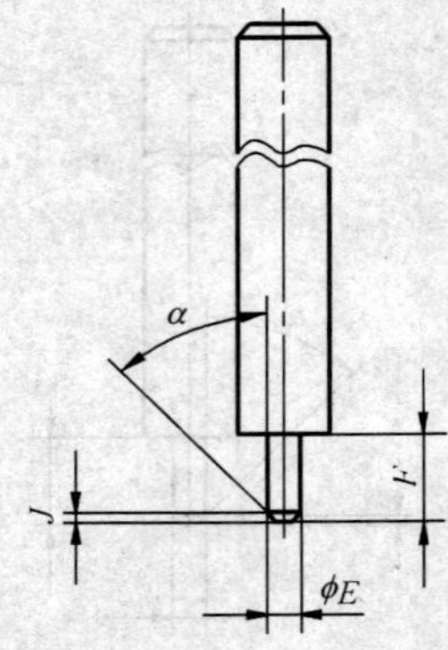

目的：检验 2G8 灯座的单个触点对具有最小尺寸的灯头插脚的最小夹持力。

检验：将量规完全插入灯座的一个触点，并抵达预定位置，再将量规从灯座中拔出，所用拔出力应不小于 0.5 N。

该项检验还应在其他触点上进行。

尺寸符号	尺寸	公差
E	2.29	0 −0.01
F	6.0	0 −0.02
J	0.5	+0.05 −0.05
α	30°	+1° −1°

F 所示范围内的表面粗糙度：*Ra*＝0.4 μm(见 GB/T 3505)。

GB/T 1483.2-7006-141E-1

	检验 2G8 灯座的非互换性能的止规 F	1/2

单位为毫米

附图仅表示互换性的基本尺寸。

关于 2G8 灯座，见 GB/T 19148.2-7005-141。

注：附图只给出了检验 2G8-2，2G8-3，2G8-4，2G8-5，2G8-6 灯座的止规。其他 5 个不同型号的量规见下图。

不同型号量规的键槽

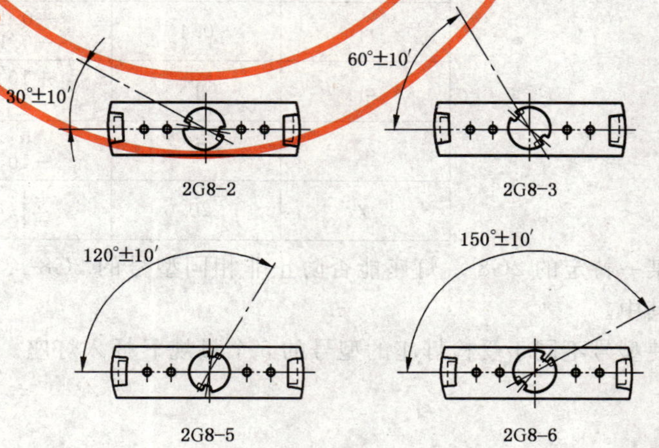

GB/T 1483.2-7006-141F-1

检验 2G8 灯座的非互换性能的止规 F

2/2

单位为毫米

尺寸符号	尺寸	公差
B	14.1	0 −0.02
D	7.5	+0.005 −0.005
D_1	32.5	+0.005 −0.005
Q	2.5	+0.02 0
S	5.7	+0.02 0
U	2.4	+0.02 0
a	59.6	+0.1 0
a_1	53.8	+0.1 0
a_2	65	+0.1 −0.1
b	20	+0.1 −0.1
c	10	+0.1 −0.1
e	2.5	+0.1 −0.1
f	6.4	+0.1 −0.1
h	14.7	+0.1 0
k	10.3	+0.1 −0.1
r	0.5	+0.1 −0.1
r_1	0.4	+0.1 −0.1
α_1	9°	+10′ 0
α_2	7°	0 −10′
γ	20°	+10′ −10′

目的:检验某一特定的 2G8-..灯座能否防止非相同型号的 2G8-..灯头(连字符后标有不同的数字)插入其中。

检验:不应使型号不同于受检灯座的型号的 5 个量规 F 插入灯座。

GB/T 1483.2-7006-141F-1

检验 2G8 灯座的量规 G

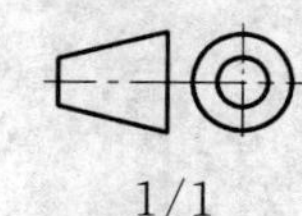

1/1

单位为毫米

附图仅表示互换性的基本尺寸。

关于 2G8 灯座,见 GB/T 19148.2-7005-141。

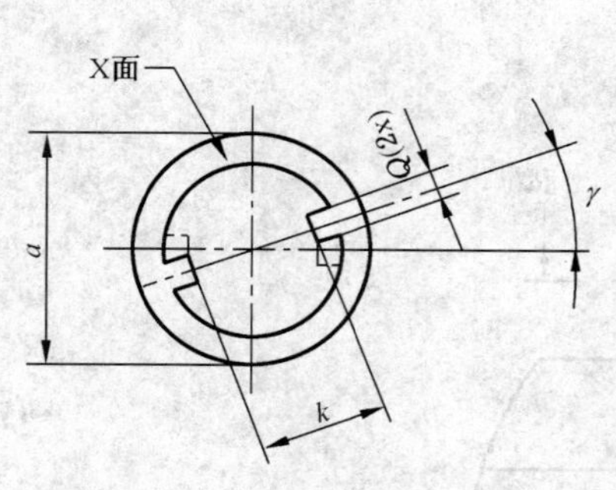

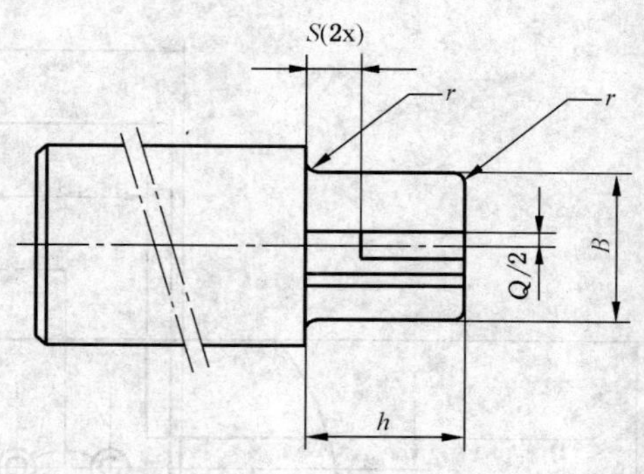

目的:检验 2G8 灯座的 *B*min,*Q*min 和 *S*max。

检验:应能将量规插入灯座的中心插孔,直至量规的 X 面与灯座的基准面相接触。应能使量规旋转约 20°,并达到预定位置。

尺寸符号	尺寸	公差
B	15.0	0 −0.02
S	5.0	+0.02 0
Q	2.0	+0.02 0
a	20	+0.1 −0.1
h	15	0 −0.1
k	10.4	+0.1 0
r	0.8	0 −0.1
γ	20°	+10′ −10′

GB/T 1483.2-7006-141G-1

	检验 GR8 灯座最大插入力和最大拔出力的量规 A 和量规 B	1/2

单位为毫米

附图仅表示互换性的基本尺寸。

关于 GR8 灯座，见 GB/T 19148.2-7005-68。

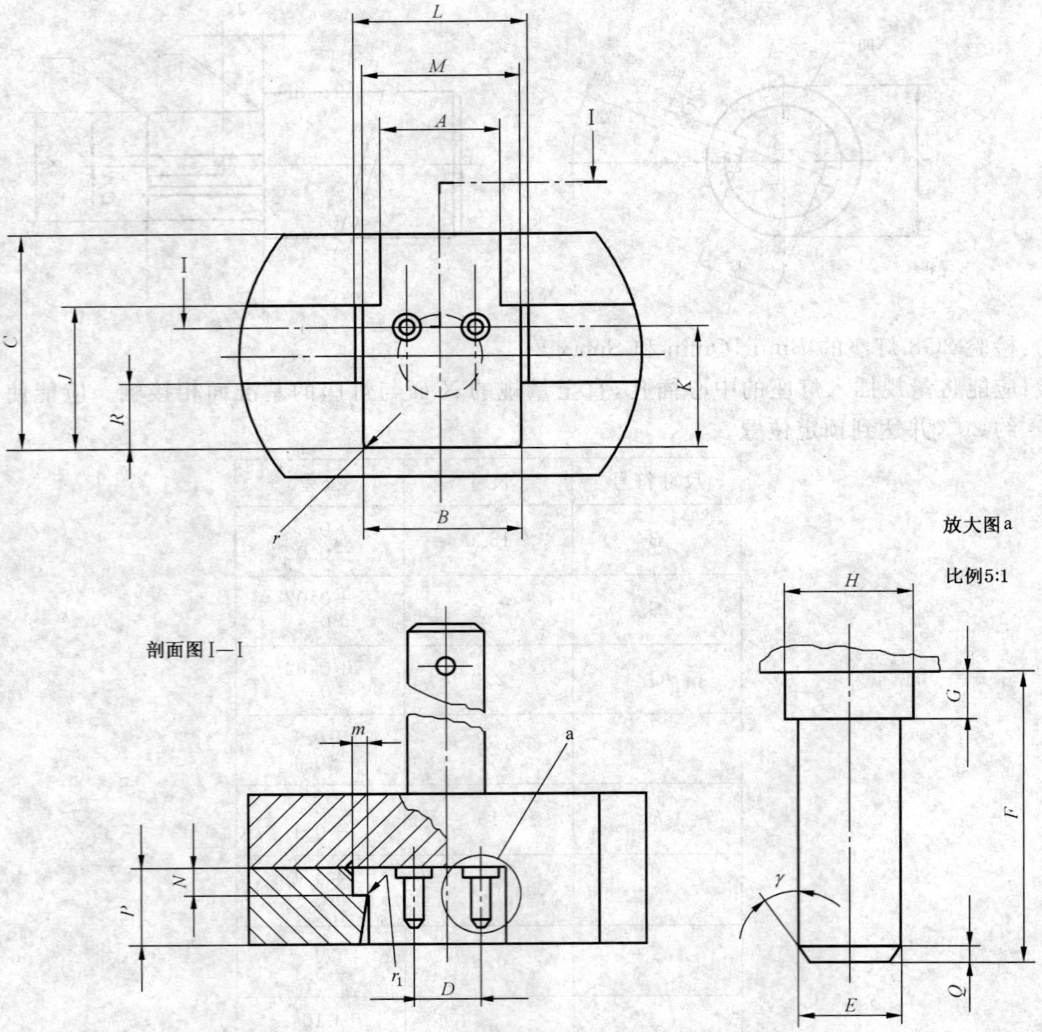

表面粗糙度 0.4 μm。

GB/T 1483.2-7006-68C-1

检验 GR8 灯座最大插入力和最大拔出力的量规 A 和量规 B	2/2

单位为毫米

量规 A		
尺寸符号	尺寸	公差
A	15.3	+0.05 −0.0
B	20.15	+0.01 −0.0
C	29.0	+0.3 −0.0
D	8.14	+0.005 −0.005
E	2.67	+0.01 −0.0
F	7.77	+0.01 −0.0
G	1.27	+0.01 −0.0
H	3.3	+0.01 −0.0
J	19.3	+0.05 −0.0
K	16.2	+0.01 −0.01
L	22.0	+0.0 −0.01
M	20.3	+0.0 −0.01
N	3.6	+0.01 −0.0
P	9.9	+0.0 −0.01
Q	0.4	+0.1 −0.1
R	9.0	+0.0 −0.05
m	2.0	+0.5 −0.5
r	0.9	+0.05 −0.0
r_1	0.5	+0.0 −0.2
γ	35°	+1° −1°

量规 B		
尺寸符号	尺寸	公差
A	15.3	+0.05 −0.0
B	20.15	+0.01 −0.0
C	29.0	+0.3 −0.0
D	7.86	+0.005 −0.005
E	2.67	+0.01 −0.0
F	7.77	+0.01 −0.0
G	1.27	+0.01 −0.0
H	3.3	+0.01 −0.0
J	19.3	+0.05 −0.0
K	16.2	+0.01 −0.01
L	22.0	+0.0 −0.01
M	20.3	+0.0 −0.01
N	3.6	+0.01 −0.0
P	9.9	+0.0 −0.01
Q	0.4	+0.1 −0.1
R	9.0	+0.0 −0.05
m	2.0	+0.5 −0.5
r	0.9	+0.05 −0.0
r_1	0.5	+0.0 −0.2
γ	35°	+1° −1°

注：进行检验时使用量规 A 和量规 B。

目的：检验具有最大插脚尺寸及最大插脚间距(量规 A)和最小插脚间距(量规 B)的灯头对 GR8 灯座的最大插入力和最大拔出力。

检验：用不超过 50 N 的力应能将各量规依次插入灯座并达到预定位置。量规被完全插入灯座后，应能用不超过 40 N 的力将量规拔出。

GB/T 1483.2-7006-68C-1

	检验 GR8 灯座最小夹持力的量规 C	1/2

单位为毫米

附图仅表示互换性的基本尺寸。

关于 GR8 灯座，见 GB/T 19148.2-7005-68。

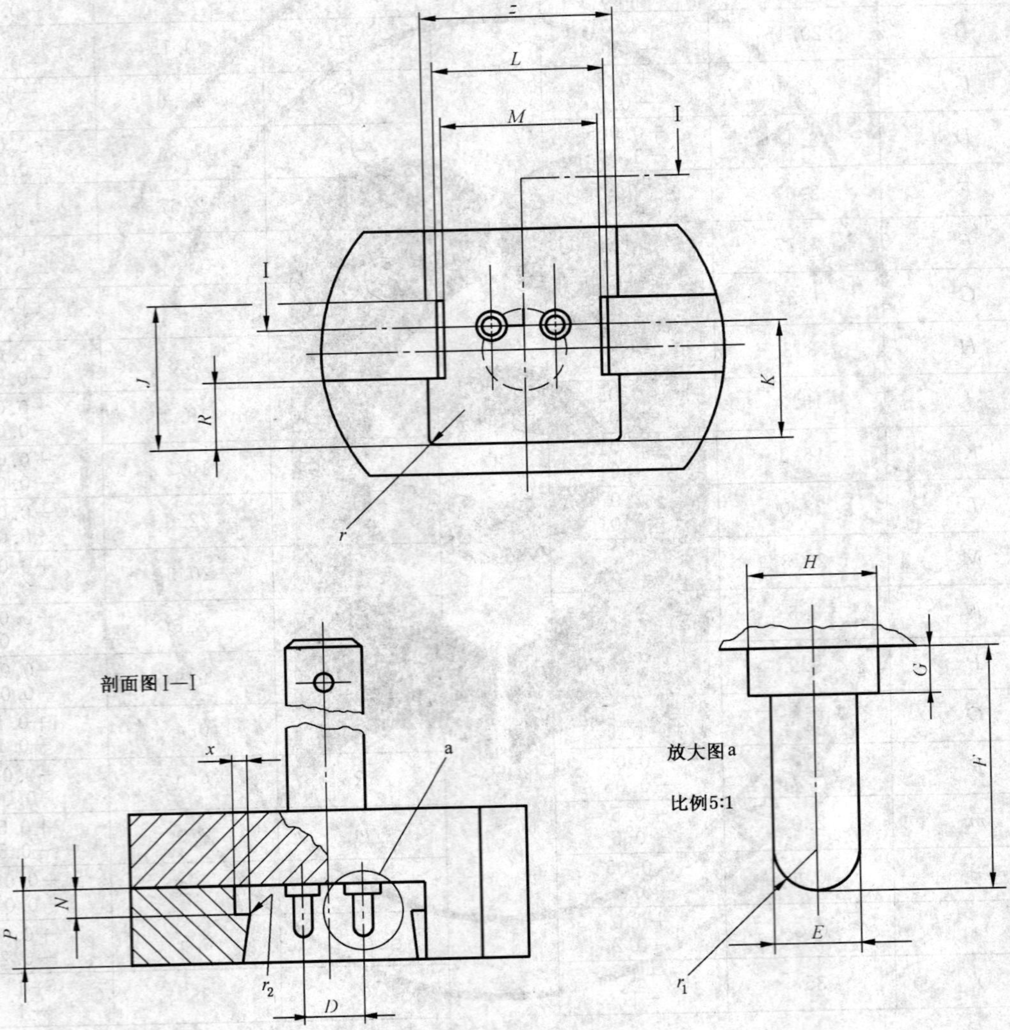

表面粗糙度 0.4 μm。

GB/T 1483.2-7006-68D-1

检验 GR8 灯座最小夹持力的量规 C

2/2

单位为毫米

尺寸符号	尺寸	公差
D	8.0	+0.01 −0.01
E	2.29	+0.0 −0.01
F	6.6	+0.0 −0.01
G	1.27	+0.0 −0.01
H	3.30	+0.0 −0.01
J	19.3	+0.05 −0.0
K	16.2	+0.01 −0.01
L	22.0	+0.0 −0.01
M	20.5	+0.01 −0.0
N	3.4	+0.0 −0.01
P	9.9	+0.01 −0.0
R	9.0	+0.0 −0.05
r	0.9	+0.05 −0.0
r_1	$E/2$	—
r_2	0.5	+0.0 −0.2
x	2.0	+0.5 −0.5
z	24.5	+0.5 −0.5

目的：检验 GR8 灯座对具有最小插脚尺寸的灯头的最小夹持力。

检验：将量规完全插入灯座，再将其从灯座中拔出，所用之力应不小于 5 N。

GB/T 1483.2-7006-68D-1

检验 G8.5 灯座的量规 A

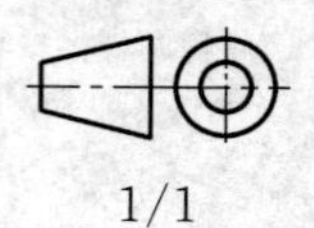

1/1

单位为毫米

附图仅表示互换性的基本尺寸。
关于 G8.5 灯座，见 GB/T 19148.2-7005-122。

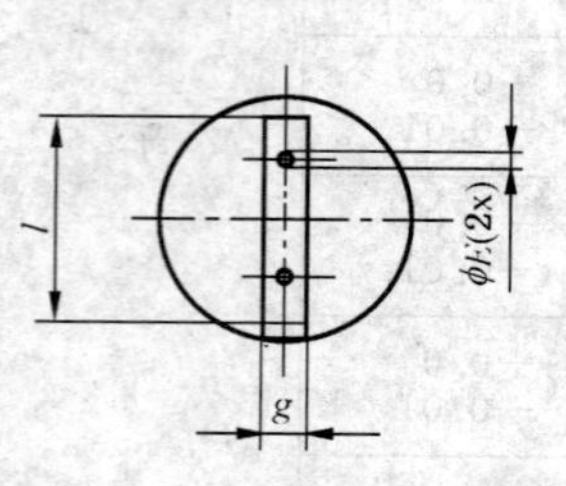

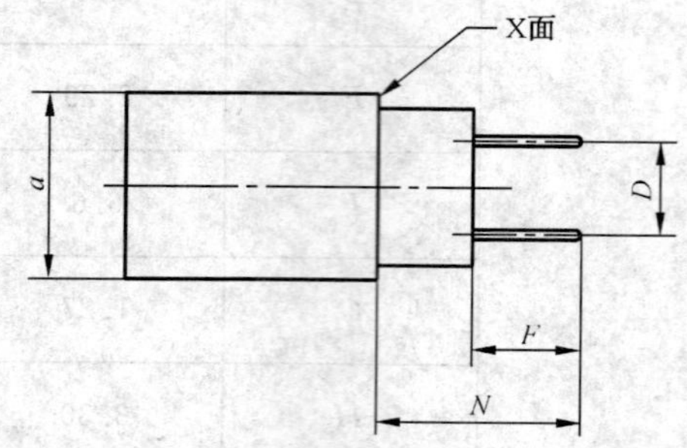

目的：检验 G8.5 灯座的尺寸 Nmax，以及具有最大插脚尺寸和极限及标称插脚间距的灯头对 G8.5 灯座的插入力和拔出力。

检验：将三个量规分别依次插入灯座，并使插脚到达止动点，所用插入力应不超过 GB/T 19148.2-7005-122 所示的最大值。

在该位置上，X 面和灯座相应的面之间应有一个明显的间隙。

将量规从灯座中拔出的力应在 GB/T 19148.2-7005-122 所示的最小拔出力和最大插入力之间。

尺寸符号	尺寸	公差
D(1)	8.5	+0.005 −0.005
D(2)	8.08	+0.01 −0.0
D(3)	8.92	+0.0 −0.01
E	1.07	+0.0 −0.01
F	10.8	+0.0 −0.01
N	23.6	+0.01 0.0
a	17	+0.2 −0.2
g	4.3	+0.1 −0.1
l	15.2	+0.1 −0.1

(1) 用于量规 1。
(2) 用于量规 2。
(3) 用于量规 3。

插脚端部为半球状。
插脚表面粗糙度：$Ra=0.4\ \mu m$（见GB/T 3505）。
硬度（回火后）：*F* 所示范围内最小洛氏硬度为 55。

GB/T 1483.2-7006-122A-1

	检验 G8.5 灯座的量规 B	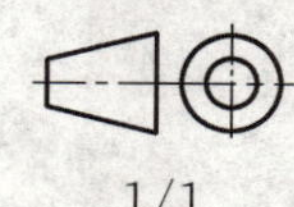 1/1

单位为毫米

附图仅表示互换性的基本尺寸。

关于 G8.5 灯座，见 GB/T 19148.2-7005-122。

目的：检验具有最小插脚尺寸和极限及标称插脚间距的灯头对 G8.5 灯座的插入力和拔出力。

检验：将三个量规分别依次插入灯座，并使插脚到达止动点，所用插入力应不超过 GB/T 19148.2-7005-122 所示的最大值。

将量规从灯座中拔出的力应在 GB/T 19148.2-7005-122 所示的最小拔出力和最大插入力之间。

尺寸符号	尺寸	公差
D	8.5	+0.005 −0.005
D_1	7.96	+0.01 −0.0
D_2	9.04	+0.0 −0.01
E	0.94	+0.0 −0.01
F	10.8	+0.0 −0.01
g	4.3	+0.1 −0.1
l	13	+0.1 −0.1
n	25	+0.1 −0.1

插脚端部为半球状。

插脚表面粗糙度：$Ra=0.4\ \mu m$（见 GB/T 3505）。

硬度（回火后）：F 所示范围内最小洛氏硬度为 55。

GB/T 1483.2-7006-122B-1

	检验 G8.5 灯座的量规 C	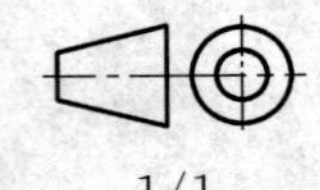 1/1

单位为毫米

附图仅表示互换性的基本尺寸。

关于 G8.5 灯座，见 GB/T 19148.2-7005-122。

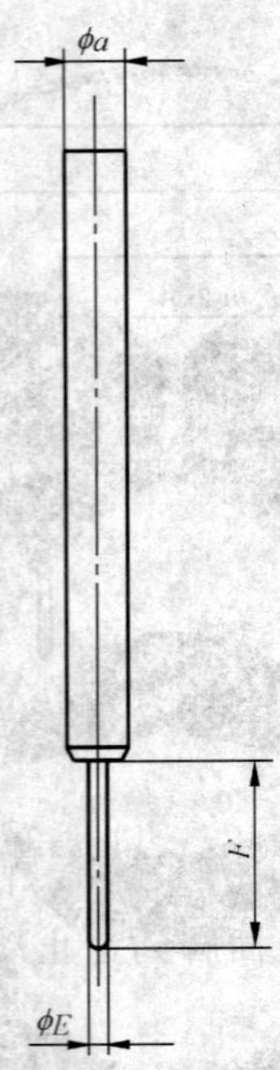

目的：检验 G8.5 灯座的单个触点对具有最小插脚尺寸的灯端的最小夹持力。

检验：将量规完全插入灯座的一个接触点，使灯座处于垂直位置，量规仅凭其自身重量不应脱落。

该检验还应在另一个触点上进行。

尺寸符号	尺寸	公差
E	0.94	+0.005 −0.0
F	10.8	+0.2 −0.0
a	5	最大值
质量	0.2 kg	+0 −0.04 kg

插脚端部为半球状。

插脚表面粗糙度：Ra=0.4 μm(见 GB/T 3505)。

硬度(回火后)：F 所示范围内最小洛氏硬度为 55。

GB/T 1483.2-7006-122C-1

G8.5 灯座的止规

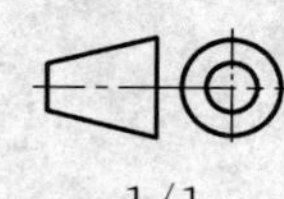

1/1

单位为毫米

附图仅表示互换性的基本尺寸。

关于 G8.5 灯座，见 GB/T 19148.2-7005-122。

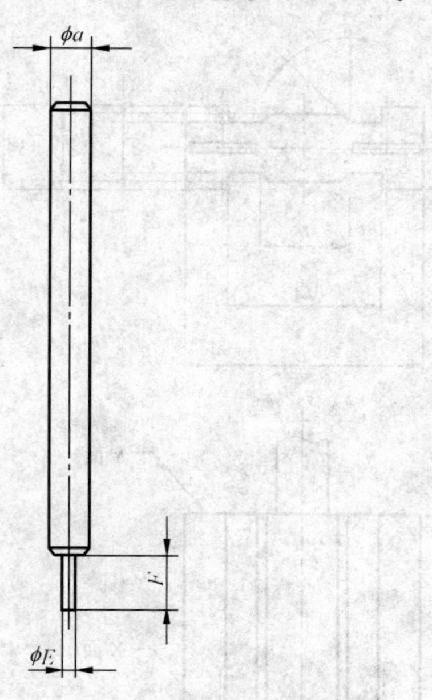

目的：检验 G8.5 灯座的尺寸 Emax。

检验：应不能将量规插脚插入任何一个灯座触点。

尺寸符号	尺寸	公差
E	1.8	+0.02 −0.0
F	8	+0.2 −0.2
a	5	最大值

插脚表面粗糙度：Ra=0.4 μm(见 GB/T 3505)。

硬度(回火后)：F 所示范围内最小洛氏硬度为 55。

GB/T 1483.2-7006-122D-1

G9 灯座的通规

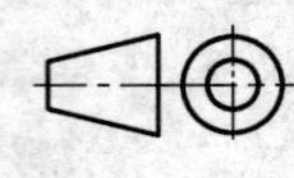

1/2

单位为毫米

附图仅表示互换性的基本尺寸。

关于 G9 灯座，见 GB/T 19148.2-7005-129。

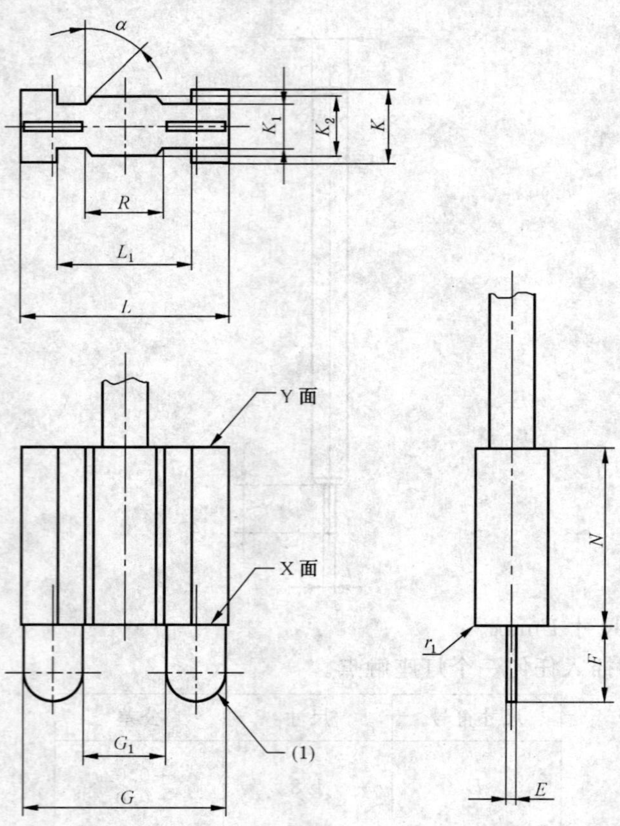

目的：检验 G9 灯座。

检验：应能将量规平稳插入灯座，直至量规的 X 面与灯座的正面相接触。在该位置上灯座的边缘不应凸出于量规的 Y 面。

GB/T 1483.2-7006-129B-1

G9 灯座的通规

2/2

单位为毫米

尺寸符号	尺寸	公差
E	0.7	+0.02 0
F	5.4	+0.02 0
G	13.3	+0.02 0
G_1	5.2	0 −0.02
K	5.0	0 −0.02
K_1	3.1	0 −0.02
K_2	4.1	0 −0.02
L	13.9	0 −0.02
L_1	8.9	+0.02 0
N	12.2	+0.02 0
R	5.1	0 −0.02
r_1(2)	1.0	+0.1 −0.1
α	45°	0 −1°

(1) 边缘应稍倒角。

(2) 半径或以相同值倒角。

(3) 尖角应以最大值为 0.5 mm 的半径倒圆或以相同值倒角。

表面粗糙度：F 所示范围内 Ra=0.4 μm(见 GB/T 3505)。

硬度(回火后)：F 所示范围内最小 55 HRC(见 GB/T 230.1)。

GB/T 1483.2-7006-129B-1

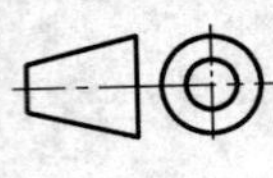

检验 G9 灯座最小夹持力的量规

1/1

单位为毫米

附图仅表示互换性的基本尺寸。

关于 G9 灯座，见 GB/T 19148.2-7005-129。

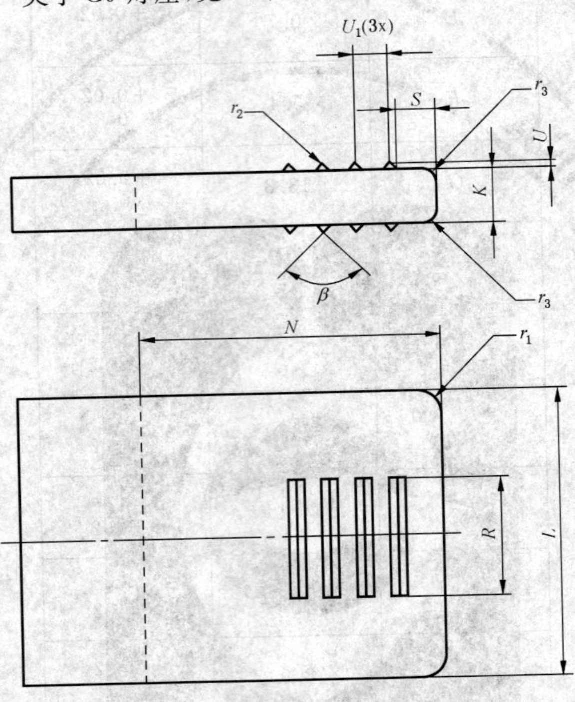

尺寸符号	尺寸	公差
K(1)	2.3	+0.02 −0.02
L(1)	13.5	+0.02 −0.02
N(1)	12.3	+0.02 0
R	5.0	+0.02 −0.02
S	1.5	0 −0.02
U	0.3	+0.02 −0.02
U_1	1.4	+0.02 0
r_1(2)	1	+0.1 −0.1
r_2	0.2	+0.02 −0.02
r_3(2)	0.5	+0.1 −0.1
β	90°	+6′ −6′
质量	100 g	+2% 0

(1) 尺寸 K 和 L 在尺寸 N 范围内使用。

(2) 允许以相同值倒角。

目的：检验 G9 灯座的最小夹持力。

检验：应能将量规完全插入灯座。使灯座处于倒置状态，量规仅凭其自身质量不应脱落。

GB/T 1483.2-7006-129C-1

检验 G9 灯座接触性能的量规

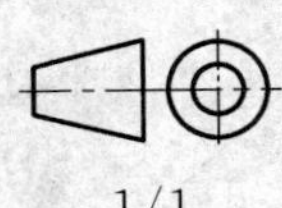
1/1

单位为毫米

附图仅表示互换性的基本尺寸。
关于 G9 灯座，见 GB/T 19148.2-7005-129。

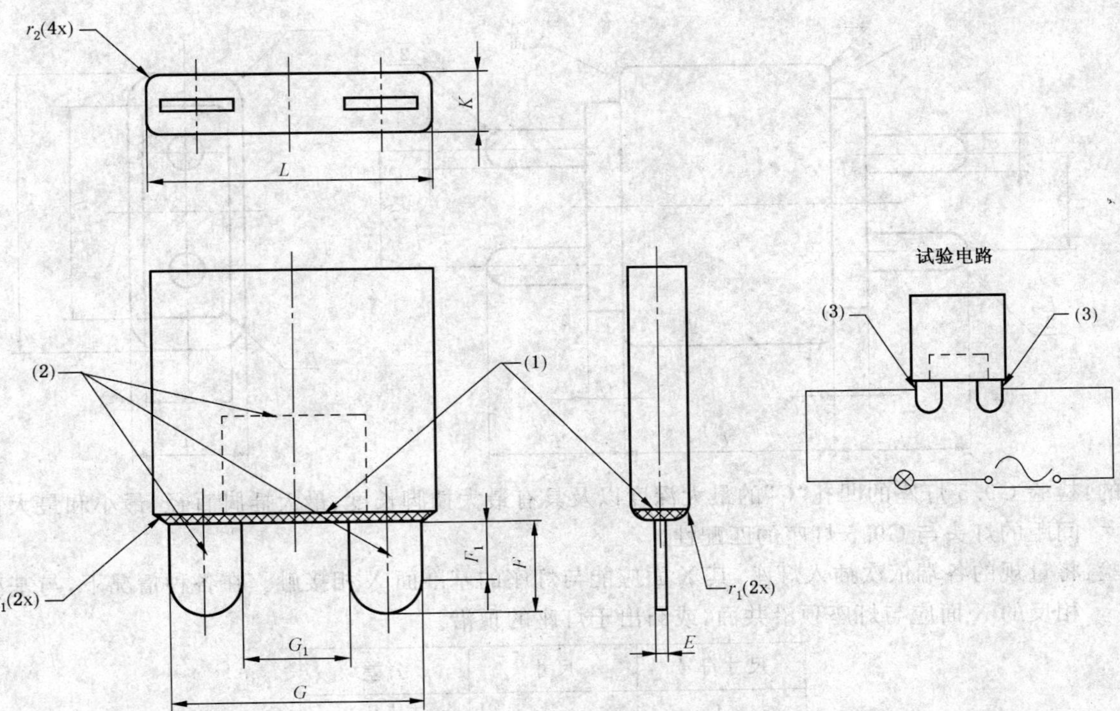

尺寸符号	尺寸	公差
E	0.5	0 −0.02
F	4.8	0 −0.02
F_1	3.0	0 −0.02
G	12.4	0 −0.02
G_1	5.4	+0.02 0
K	3.0	+0.02 0
L	13.7	+0.02 0
r_1(4)	0.5	+0.1 −0.1
r_2(4)	0.5	+0.1 −0.1

(1) 绝缘材料：防止量规和灯座触点的电接触。

(2) 量规的两个金属触点应电接触。

(3) 灯座触点。

(4) 允许以相同值倒角。

目的：检验 G9 灯座的接触性能。

检验：将灯座如试验电路所示连接。插入量规并模拟灯的所有工作状态时指示灯应点亮并保持点亮状态。

GB/T 1483.2-7006-129D-1

	G9.5 灯座的通规	1/1

单位为毫米

附图仅表示互换性的基本尺寸。

关于 G9.5 灯座，见 GB/T 19148.2-7005-70。

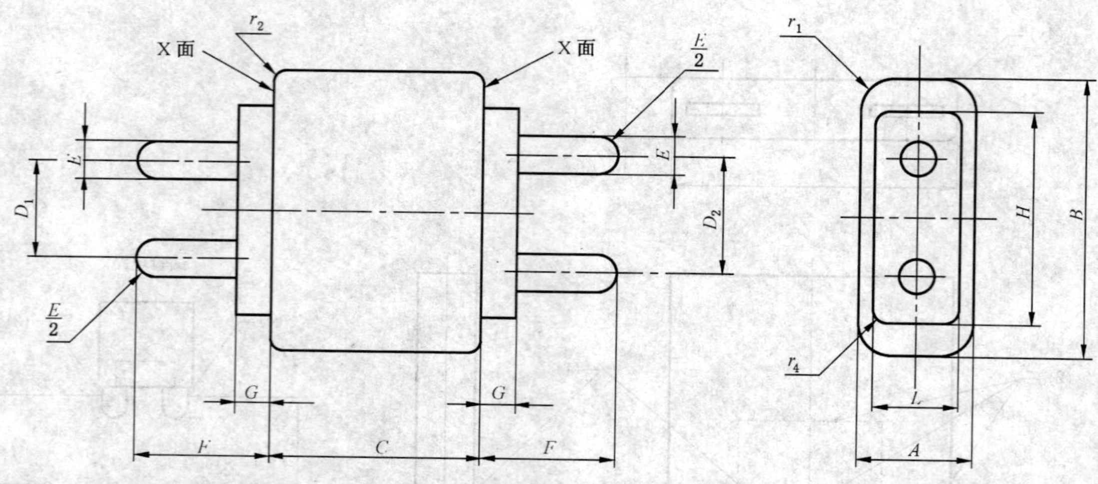

目的：检验 G9.5 灯座的凹孔“C”的最大深度以及具有最大插脚长度、最大插脚直径、最小和最大插脚间距的灯头与 G9.5 灯座的匹配性。

检验：将量规的各端依次插入灯座，其 X 面应能与灯座的基准面 X 相接触。在各种情况下，与基准面相反的 X 面应与灯座顶沿共面，或凸出于灯座的顶沿。

尺寸符号	尺寸	公差
A	9.83	+0.0 −0.025
B	24.00	+0.0 −0.025
C	17.14	+0.025 −0.0
D_1	8.76	+0.015 −0.015
D_2	10.29	+0.015 −0.015
E	3.28	+0.0 −0.025
F	11.48	+0.0 −0.025
G	3.07	+0.0 −0.025
H	18.34	+0.0 −0.025
L	7.92	+0.0 −0.025
r_1	2.79	+0.127 −0.0
r_2	0.51	+0.127 −0.0
r_4	1.02	+0.127 −0.0

GB/T 1483.2-7006-70E-1

检验 G9.5 灯座触点最小夹持力的量规	1/1

单位为毫米

附图仅表示互换性的基本尺寸。

关于 G9.5 灯座，见 GB/T 19148.2-7005-70。

目的：检验 G9.5 灯座触点的最小夹持力。

检验：首先用 GB/T 1483.2-7006-70E 所示通规检验灯座的插入性能，再用本量规依次插入灯座的各个触点，并使 X 面与灯座的基准面 X 相接触。使灯座处于凹孔朝下垂直状态，量规仅凭其自身质量不应脱落。

尺寸符号	尺寸	公差
A	6.98	+0.0 −0.025
B	23.44	+0.0 −0.025
C	17.14	+0.0 −0.025
D	4.78	+0.025 −0.025
E	3.10	+0.0 −0.025
F	9.52	+0.0 −0.025
r_2	0.51	+0.127 −0.0
质量	454 g	+10% −0%

GB/T 1483.2-7006-70F-1

	GX9.5 灯座的通规	1/1

单位为毫米

附图仅表示互换性的基本尺寸。

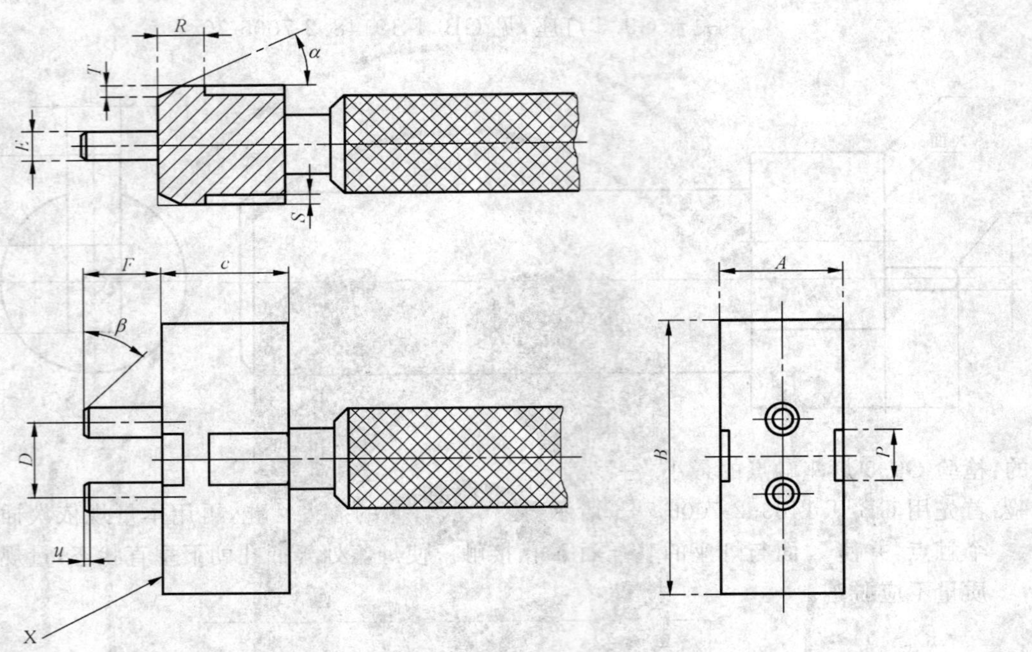

目的：检验 GB/T 19148.2-7005-70A 所示 GX9.5 灯座与“最大”灯头的匹配性。

检验：将量规 A 和量规 B 依次平稳插入灯座，量规的 X 面应能与灯座的正面相接触。

尺寸符号	量规 A	量规	公差
A	16.2	16.2	+0.0 −0.02
B	36.2	36.2	+0.0 −0.02
D	9.43	9.63	+0.005 −0.005
E	3.53	3.53	+0.0 −0.01
F	10.0	10.0	+0.0 −0.03
P	6.5	6.5	+0.0 −0.02
R	6.2	6.2	+0.02 −0.0
S	1.1	1.1	+0.0 −0.01
T	1.1	1.1	+0.0 −0.01
c	16	16	+0.1 −0.0
u	0.5	0.5	+0.1 −0.0
α	25°	25°	+30′ −0′
β	标称值 45°		

GB/T 1483.2-7006-70-1

	检验 GX9.5 灯座最小夹持力的量规	1/1

单位为毫米

附图仅表示互换性的基本尺寸。

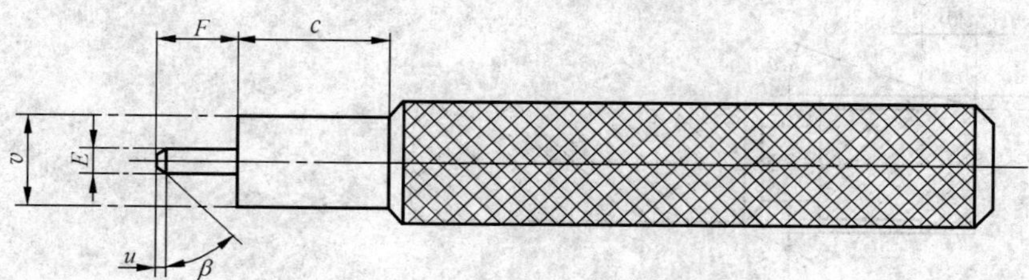

目的:检验 GB/T 19148.2-7005-70A 所示 GX9.5 灯座触点的最小夹持力。

检验:将量规插入灯座的各个触点,一直插到头,再使量规处于垂直状态,量规仅凭其自身重量不应脱落。

尺寸符号	尺寸	公差
E	3.1	+0.0 −0.01
F	8.4	+0.0 −0.01
c	16	+0.2 −0.2
u	1	+0.1 −0.1
v	10	+0.2 −0.2
β	标称值 45°	
质量	150 g	+5 g −0

GB/T 1483.2-7006-70A-1

	检验 GX9.5 灯座夹持力的量规	1/1

单位为毫米

附图仅表示互换性的基本尺寸。

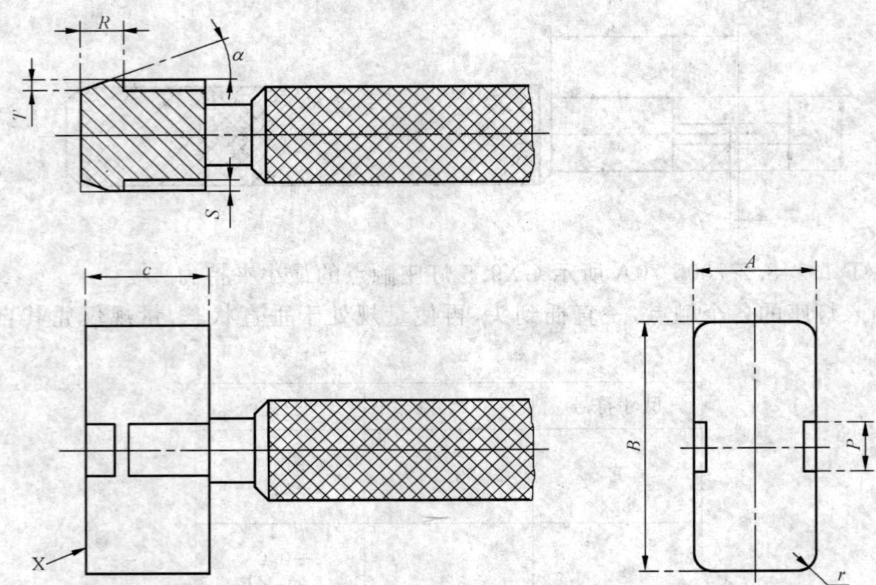

目的:检验 GB/T 19148.2-7005-70A 所示 GX9.5 灯座对"最小"灯头的夹持力。

检验:将量规完全插入灯座,量规的 X 面应借助灯座的簧片抵压在灯座的正面。再将量规从灯座中拔出,所用之力应至少为 5 N。

尺寸符号	尺寸	公差
A	15.4	+0.0 −0.02
B	34.4	+0.0 −0.02
P	7.5	+0.05 −0.0
R	5.8	+0.0 −0.02
S	1.5	+0.01 −0.0
T	1.5	+0.01 −0.0
c	16	+0.1 −0.1
r	2.5	+0.1 −0.0
α	20°	+0′ −30′

GB/T 1483.2-7006-70B-1

	检验 GY9.5 和 GZ9.5 灯座的量规	1/2

单位为毫米

附图仅表示互换性的基本尺寸。

关于 GY9.5 和 GZ9.5 灯座，见 GB/T 19148.2-7005-70B。

GY9.5 灯座的量规与 GZ9.5 灯座的量规只在尺寸 B 和 J 上有所不同。

目的：检验 GY9.5 和 GZ9.5 灯座的下述性能：

——灯座与具有最大插脚长度和最大插脚直径，以及最小和最大插脚间距的灯头的匹配性。（尺寸 D，E_1max，E_2max 和 Fmax）

——最小安装平面的主要尺寸。（尺寸 J）

——灯头基准面上方的最小水平空间。（尺寸 A，B，P，R 和 T）

——基准面至壳体或类似凸出部件边沿间的最大距离。（尺寸 C）

——灯的夹持装置的有效性。

GB/T 1483.2-7006-70G-1

	检验 GY9.5 和 GZ9.5 灯座的量规	2/2

单位为毫米

检验:将量规的各端依次插入灯座,其 X 面和 Y 面应能分别与灯座预期的安装面相接触。并且 Y 面不应超出另一侧的安装面。

在各种情况下,W 面应与容纳灯头的壳体或凹孔边沿共面或凸出于此边沿。

当 X 面或 Y 面与安装面相接触时,如果灯座上装有夹持装置定位件,则该定位件应有效占据临近插脚的模拟定位件的凸出部分的表面。

尺寸符号	尺寸	公差
A	11.43	+0.0 −0.025
B(1)	30.48	+0.0 −0.025
B(2)	24.64	+0.0 −0.025
C	15.24	+0.025 −0.0
D_1	9.3	+0.01 −0.01
D_2	9.75	+0.01 −0.01
E_1	2.46	+0.0 −0.01
E_2	3.28	+0.0 −0.01
F_1(3)	8.69	+0.0 −0.025
F_2(3)	7.5	+0.05 −0.05
J(1)	22.86	+0.0 −0.05
J(2)	17.78	+0.0 −0.05
N	1.0	+0.05 −0.05
P	9.91	+0.0 −0.025
R	8.26	+0.0 −0.025
T	14.35	+0.0 −0.025
α	40°	+0° −1°

(1) 适用于 GY9.5 灯座的量规。

(2) 适用于 GZ9.5 灯座的量规。

(3) 在各插脚端部,其边沿的半径约为 0.5 mm。

GB/T 1483.2-7006-70G-1

	检验 G10q,GX10q,GY10q 和 GZ10q 灯座触点的通规	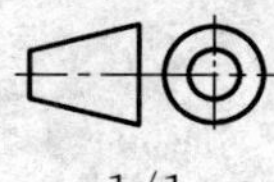 1/1

单位为毫米

附图仅表示互换性的基本尺寸。

关于 G10q,GX10q,GY10q 和 GZ10q 灯座,分别见 GB/T 19148.2-7005-56,7005-84,7005-85 和 7005-124。

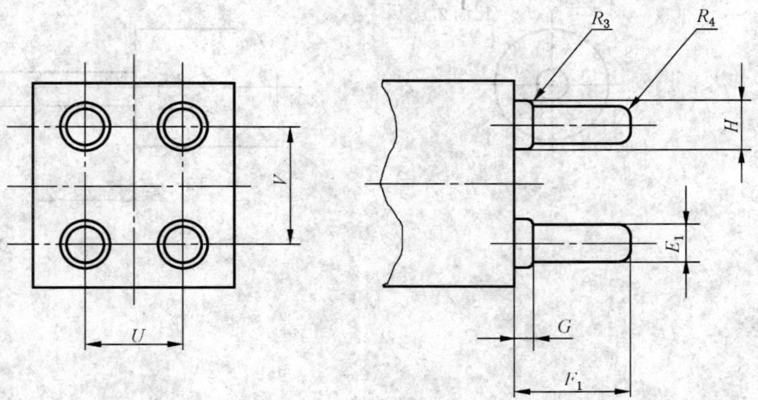

进行检验时使用量规 A 和量规 B。对 GX10q 和 GY10q 灯座的检验,只采用量规 A。

目的:检验 G10q,GX10q,GY10q 和 GZ10q 灯座的触点与其相应的具有最大插脚尺寸、最大插脚间距(量规 A)和最小插脚间距(量规 B)的灯头插脚的匹配性。

检验:不用过度的力* 应能将各个量规的插脚依次插入相应灯座的插孔中,并使量规的正面与灯座的基准面相接触。

* 关于 GX10q 和 GY10q 灯座的最大接触力,分别见 GB/T 19148.2-7005-84 和 7005-85。

量规 A		
尺寸符号	尺寸	公差
E_1	2.54	+0.01 −0.0
F_1	7.67	+0.0 −0.025
G	1.30	+0.0 −0.01
H	3.31	+0.0 −0.01
R_3	0.38	+0.01 −0.0
R_4	0.81	+0.13 −0.13
U	6.57	+0.005 −0.005
V	8.14	+0.005 −0.005

量规 B		
尺寸符号	尺寸	公差
E_1	2.54	+0.01 −0.0
F_1	7.67	+0.0 −0.025
G	1.30	+0.0 −0.01
H	3.31	+0.0 −0.01
R_3	0.38	+0.01 −0.0
R_4	0.81	+0.13 −0.13
U	6.13	+0.005 −0.005
V	7.70	+0.005 −0.005

GB/T 1483.2-7006-79A-2

	检验 G10q,GX10q 和 GY10q 灯座的接触规	1/1

单位为毫米

附图仅表示互换性的基本尺寸。

关于 G10q,GX10q 和 GY10q 灯座,分别见 GB/T 19148.2-7005-56,7005-84 和 7005-85。

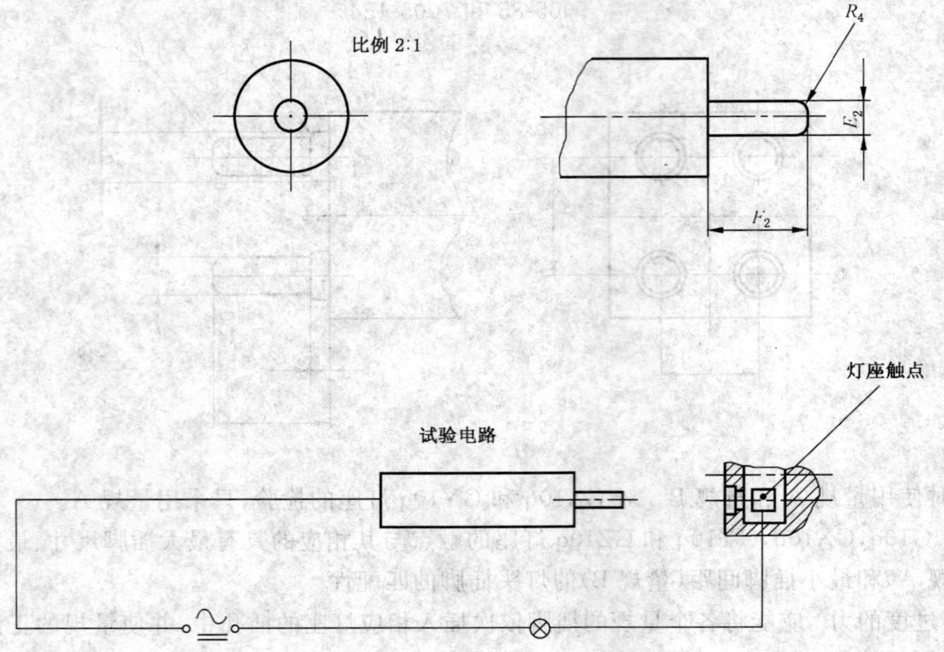

本量规应在分别完成 GB/T 1483.2-7006-79A,7006-84C 和 7006-85B 所示的通规检验之后使用。

目的:检验 G10q,GX10q 和 GY10q 灯座的单个触点的接触性能。

检验:在将量规的插脚以其轴线垂直于灯座基准面的方向依次插入灯座的四个触点时,量规插脚所触及的任一部位均不应使指示灯熄灭。

尺寸符号	尺寸	公差
E_2	2.28	+0.01 −0.0
F_2	6.30	+0.025 −0.0
R_4	0.70	+0.13 −0.13

GB/T 1483.2-7006-79B-1

	检验 GR10q 灯座最大插入力和最大拔出力的量规 A 和量规 B	1/2

单位为毫米

附图仅表示互换性的基本尺寸。

关于 GR10q 灯座，见 GB/T 19148.2-7005-77。

GB/T 1483.2-7006-77B-1

	检验 GR10q 灯座最大插入力和最大拔出力的量规 A 和量规 B	2/2

单位为毫米

量规 A		
尺寸符号	尺寸	公差
A	15.3	+0.05 −0.0
B	20.15	+0.01 −0.0
C	29.0	+0.3 −0.0
D	8.14	+0.005 −0.005
D_1	6.49	+0.005 −0.005
E	2.67	+0.01 −0.0
F	7.77	+0.01 −0.0
G	1.27	+0.01 −0.0
H	3.3	+0.01 −0.0
J	19.3	+0.05 −0.0
K	10.0	+0.01 −0.01
L	22.0	+0.0 −0.01
M	20.3	+0.0 −0.01
N	3.6	+0.01 −0.0
P	9.9	+0.0 −0.01
Q	0.4	+0.1 −0.1
R	9.0	+0.0 −0.05
m	2.0	+0.5 −0.5
r	0.9	+0.05 −0.0
r_1	0.5	+0.0 −0.2
γ	35°	+1° −1°

量规 B		
尺寸符号	尺寸	公差
A	15.3	+0.05 −0.0
B	20.15	+0.01 −0.0
C	29.0	+0.3 −0.0
D	7.86	+0.005 −0.005
D_1	6.49	+0.005 −0.005
E	2.67	+0.01 −0.0
F	7.77	+0.01 −0.0
G	1.27	+0.01 −0.0
H	3.3	+0.01 −0.0
J	19.3	+0.05 −0.0
K	10.0	+0.01 −0.01
L	22.0	+0.0 −0.01
M	20.3	+0.0 −0.01
N	3.6	+0.01 −0.0
P	9.9	+0.0 −0.01
Q	0.4	+0.1 −0.1
R	9.0	+0.0 −0.05
m	2.0	+0.5 −0.5
r	0.9	+0.05 −0.0
r_1	0.5	+0.0 −0.2
γ	35°	+1° −1°

注:进行检验时使用量规 A 和量规 B。

目的:检验具有最大插脚尺寸及最大插脚间距(量规 A)和最小插脚间距(量规 B)的灯头对 GR10q 灯座的最大插入力和最大拔出力。

检验:用不超过 50 N 的力应能将各量规依次插入灯座并达到预定位置。在量规被完全插入灯座后,应能用不超过 40 N 的力将量规拔出。

GB/T 1483.2-7006-77B-1

	检验 GR10q 灯座最小夹持力的量规 C	1/2

单位为毫米

附图仅表示互换性的基本尺寸。

关于 GR10q 灯座，见 GB/T 19148.2-7005-77。

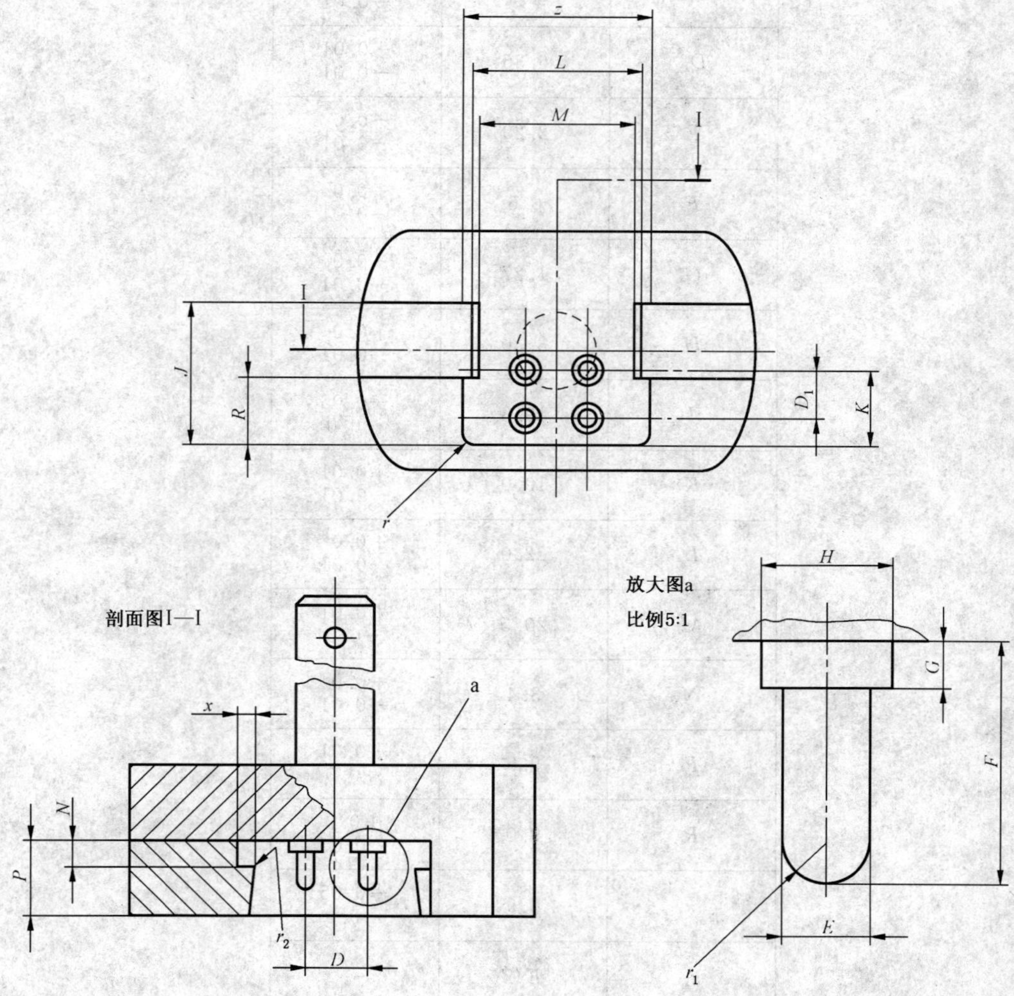

表面粗糙度 0.4 μm。

GB/T 1483.2-7006-77C-1

	检验 GR10q 灯座最小夹持力的量规 C	2/2

单位为毫米

尺寸符号	尺寸	公差
D	8.0	+0.01 −0.01
D_1	6.35	+0.01 −0.01
E	2.29	+0.0 −0.01
F	6.6	+0.0 −0.01
G	1.27	+0.0 −0.01
H	3.30	+0.0 −0.01
J	19.3	+0.05 −0.0
K	10.0	+0.01 −0.01
L	22.0	+0.0 −0.01
M	20.5	+0.01 −0.0
N	3.4	+0.0 −0.01
P	9.9	+0.01 −0.0
R	9.0	+0.0 −0.05
r	0.9	+0.05 −0.0
r_1	$E/2$	—
r_2	0.5	+0.0 −0.2
x	2.0	+0.5 −0.5
z	24.5	+0.5 −0.5

目的：检验 GR10q 灯座对具有最小插脚尺寸的灯头的最小夹持力。

检验：将量规完全插入灯座，再将其从灯座中拔出，所用之力应不小于 5 N。

GB/T 1483.2-7006-77C-1

	GRX10q-..灯座的通规	1/2

单位为毫米

附图仅表示互换性的基本尺寸。

关于 GRX10q 灯座，见 GB/T 19148.2-7005-101。

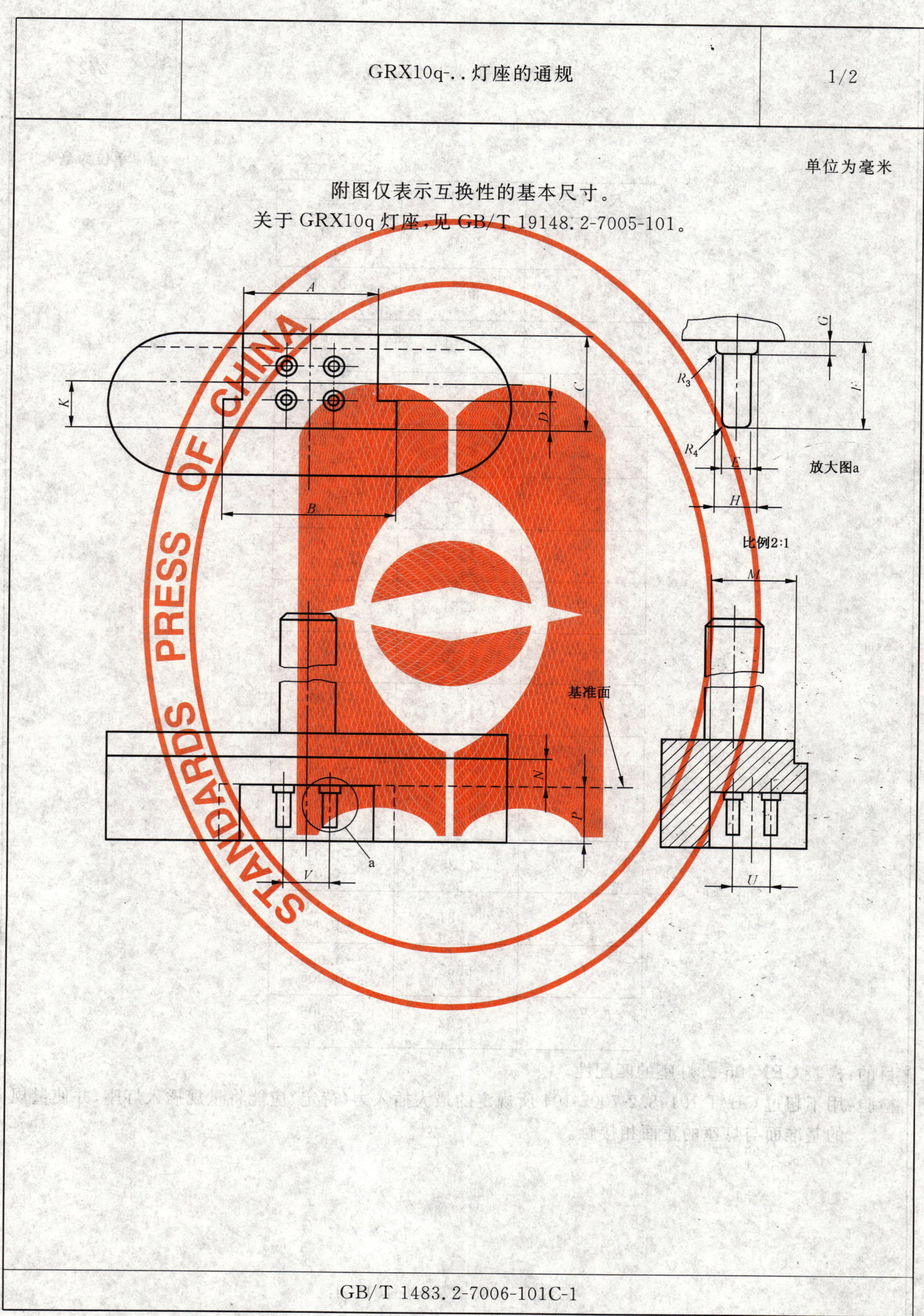

GB/T 1483.2-7006-101C-1

	GRX10q-..灯座的通规	2/2

单位为毫米

尺寸符号	尺寸	公差
A	24.4	+0.01 −0.0
B	30.5	+0.01 −0.0
C	16.9	+0.01 −0.0
D	4.9	+0.01 −0.0
E	2.54	+0.01 −0.0
F	7.67	+0.0 −0.025
G	1.30	+0.0 −0.01
H	3.31	+0.0 −0.01
K	8.10	+0.005 −0.005
M	14.5	+0.01 −0.0
N	5.3	+0.0 −0.01
P	10.0	+0.0 −0.01
R_3	0.38	+0.01 −0.0
R_4	0.81	+0.13 −0.13
U	6.35	+0.005 −0.005
V	7.92	+0.005 −0.005

目的:检验 GRX10q-..灯座的匹配性。

检验:用不超过 GB/T 19148.2-7005-101 所规定的最大插入力(待定)应能将量规插入灯座,并使量规的基准面与灯座的正面相接触。

GB/T 1483.2-7006-101C-1

	GRX10q-..灯座的止规	1/2

单位为毫米

附图仅表示互换性的基本尺寸。

关于 GRX10q 灯座，见 GB/T 19148.2-7005-101。

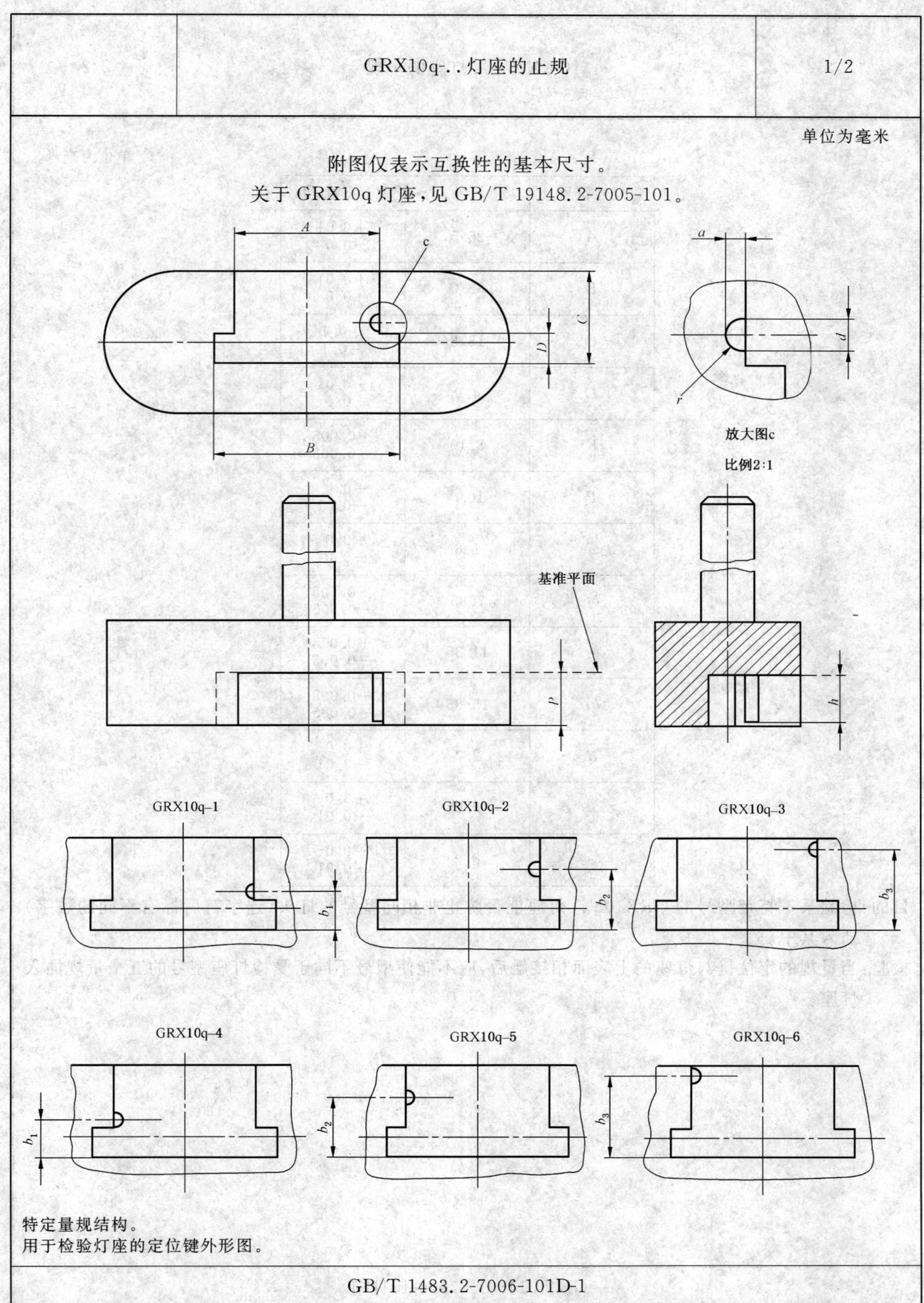

特定量规结构。

用于检验灯座的定位键外形图。

GB/T 1483.2-7006-101D-1

	GRX10q-..灯座的止规	2/2

单位为毫米

尺寸符号	尺寸	公差
A	25.5	+0.01 −0.0
B	32.0	+0.01 −0.0
C	16.3	+0.1 −0.1
D	4.9	+0.01 −0.0
K	8.10	+0.005 −0.005
P	10.0	+0.0 −0.01
a	1.8	+0.0 −0.01
b_1	7.35	+0.005 −0.005
b_2	11.35	+0.005 −0.005
b_3	15.35	+0.005 −0.005
d	2.7	+0.0 −0.01
h	9.0	+0.0 −0.01
r	d/2	+0.0 −0.01

目的:检验某一特定型号的 GRX10q-..灯座能否防止非相同型号的灯头(连字符后标有不同的数字)插入其中。

检验:当量规的定位键与灯座的上表面相接触后,应不能使型号不同于受检灯座型号的五个量规插入灯座。

GB/T 1483.2-7006-101D-1

检验 GRZ10d 灯座最大插入力和最大拔出力的量规 A 和量规 B	1/2

单位为毫米

附图仅表示互换性的基本尺寸。

关于 GRZ10d 灯座，见 GB/T 19148.2-7005-131。

L M A Ⓘ C J R K D_1 r B H G F γ Q E P N r_1 D m ⓐ

表面粗糙度：Ra＝0.4 μm（见 GB/T 3505）。

GB/T 1483.2-7006-131A-1

	检验 GRZ10d 灯座最大插入力和最大拔出力的量规 A 和量规 B	2/2

单位为毫米

量规 A		
尺寸符号	尺寸	公差
A	15.3	+0.05 0
B	17.35	+0.01 0
C	29	+0.3 0
D	8.14	+0.005 −0.005
D_1	6.49	+0.005 −0.005
E	2.67	+0.01 0
F	7.77	+0.01 0
G	1.27	+0.01 0
H	3.3	+0.01 0
J	19.3	+0.05 0
K	10.0	+0.01 −0.01
L	22.0	0 −0.01
M	20.3	0 −0.01
N	3.6	+0.01 0
P	9.9	0 −0.01
Q	0.4	+0.1 −0.1
R	9.0	0 −0.05
m	2.0	+0.5 −0.5
r	0.9	+0.05 0
r_1	0.5	0 −0.2
γ	35°	+1° −1°

量规 B		
尺寸符号	尺寸	公差
A	15.3	+0.05 0
B	17.35	+0.01 0
C	29	+0.3 0
D	7.86	+0.005 −0.005
D_1	6.21	+0.005 −0.005
E	2.67	+0.01 0
F	7.77	+0.01 0
G	1.27	+0.01 0
H	3.3	+0.01 0
J	19.3	+0.05 0
K	10.0	+0.01 −0.01
L	22.0	0 −0.01
M	20.3	0 −0.01
N	3.6	+0.01 0
P	9.9	0 −0.01
Q	0.4	+0.1 −0.1
R	9.0	0 −0.05
m	2.0	+0.5 −0.5
r	0.9	+0.05 0
r_1	0.5	0 −0.2
γ	35°	+1° −1°

注：进行检验时使用量规 A 和量规 B。

目的：检验具有最大插脚尺寸及最大插脚间距（量规 A）和最小插脚间距（量规 B）的灯头对 GRZ10d 灯座的最大插入力和最大拔出力。

检验：用不超过 50 N 的力应能将各量规依次插入灯座并达到预定位置。在量规被完全插入灯座后，应能用不超过 40 N 的力将量规拔出。

GB/T 1483.2-7006-131A-1

检验 GRZ10d 灯座最小夹持力的量规 C

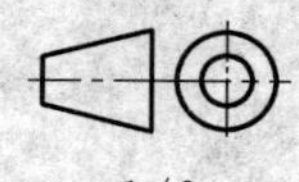

1/2

单位为毫米

附图仅表示互换性的基本尺寸。

关于 GRZ10d 灯座，见 GB/T 19148.2-7005-131。

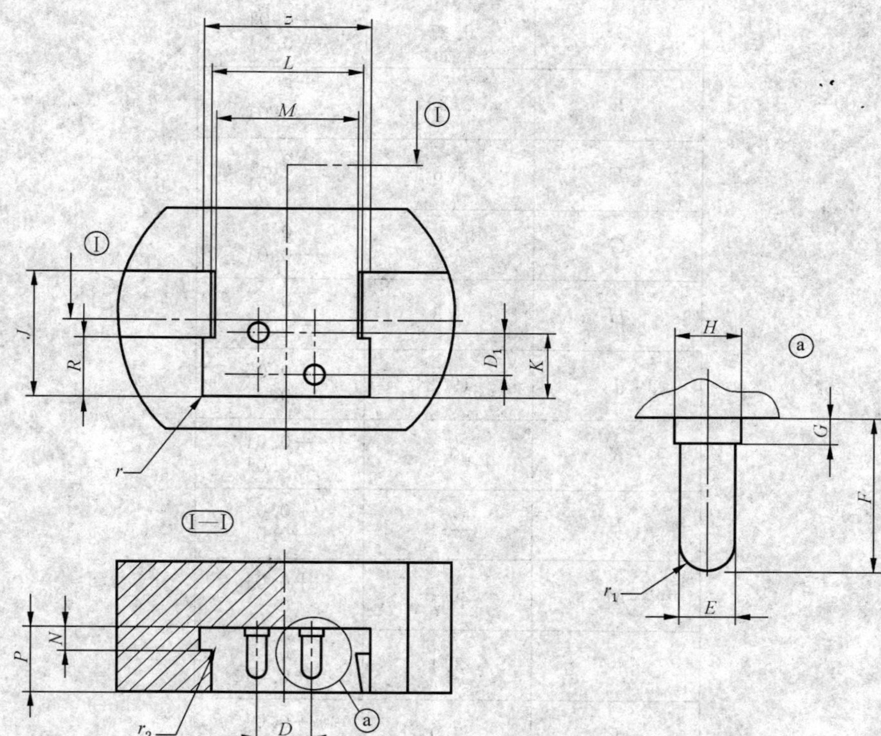

表面粗糙度：Ra=0.4 μm(见 GB/T 3505)。

GB/T 1483.2-7006-131C-1

	检验 GRZ10d 灯座最小夹持力的量规 C	2/2

单位为毫米

尺寸符号	尺寸	公差
D	8.0	+0.01 −0.01
D_1	6.35	+0.01 −0.01
E	2.29	0 −0.01
F	6.6	0 −0.01
G	1.27	0 −0.01
H	3.3	0 −0.01
J	19.3	+0.05 0
K	10.0	+0.01 −0.01
L	22.0	+0.0 −0.01
M	20.5	+0.01 0
N	3.4	0 −0.01
P	9.9	+0.01 0
R	9.0	0 −0.05
r	0.9	+0.05 0
r_1	$E/2$	
r_2	0.5	+0 −0.2
z	24.5	+0.5 −0.5

目的：检验 GRZ10d 灯座对具有最小插脚尺寸的灯头的最小夹持力。

检验：将量规完全插入灯座，再将其从灯座中拔出，所用之力应不小于 5 N。

GB/T 1483.2-7006-131C-1

	检验 GRZ10t 灯座最大插入力和最大拔出力的量规 A 和量规 B	1/2

单位为毫米

附图仅表示互换性的基本尺寸。

关于 GRZ10t 灯座，见 GB/T 19148.2-7005-132。

表面粗糙度：Ra＝0.4 μm(见 GB/T 3505)。

GB/T 1483.2-7006-132A-1

	检验 GRZ10t 灯座最大插入力和最大拔出力的量规 A 和量规 B	2/2

单位为毫米

量规 A		
尺寸符号	尺寸	公差
A	15.3	+0.05 0
B	17.35	+0.01 0
C	29	+0.3 0
D	8.14	+0.005 −0.005
D_1	6.49	+0.005 −0.005
E	2.67	+0.01 0
F	7.77	+0.01 0
G	1.27	+0.01 0
H	3.3	+0.01 0
J	19.3	+0.05 0
K	10.0	+0.01 −0.01
L	22.0	0 −0.01
M	20.3	0 −0.01
N	3.6	+0.01 0
P	9.9	0 −0.01
Q	0.4	+0.1 −0.1
R	9.0	0 −0.05
m	2.0	+0.5 −0.5
r	0.9	+0.05 0
r_1	0.5	0 −0.2
γ	35°	+1° −1°

量规 B		
尺寸符号	尺寸	公差
A	15.3	+0.05 0
B	17.35	+0.01 0
C	29	+0.3 0
D	7.86	+0.005 −0.005
D_1	6.21	+0.005 −0.005
E	2.67	+0.01 0
F	7.77	+0.01 0
G	1.27	+0.01 0
H	3.3	+0.01 0
J	19.3	+0.05 0
K	10.0	+0.01 −0.01
L	22.0	0 −0.01
M	20.3	0 −0.01
N	3.6	+0.01 0
P	9.9	0 −0.01
Q	0.4	+0.1 −0.1
R	9.0	0 −0.05
m	2.0	+0.5 −0.5
r	0.9	+0.05 0
r_1	0.5	0 −0.2
γ	35°	+1° −1°

注：进行检验时使用量规 A 和量规 B。

目的：检验具有最大插脚尺寸及最大插脚间距（量规 A）和最小插脚间距（量规 B）的灯头对 GRZ10t 灯座的最大插入力和最大拔出力。

检验：用不超过 50 N 的力应能将各量规依次插入灯座并达到预定位置。在量规被完全插入灯座后，应能用不超过 40 N 的力将量规拔出。

GB/T 1483.2-7006-132A-1

检验 GRZ10t 灯座最小夹持力的量规 C	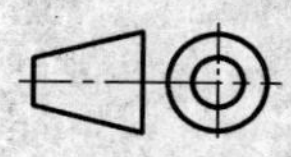 1/2

单位为毫米

附图仅表示互换性的基本尺寸。

关于 GRZ10t 灯座，见 GB/T 19148.2-7005-132。

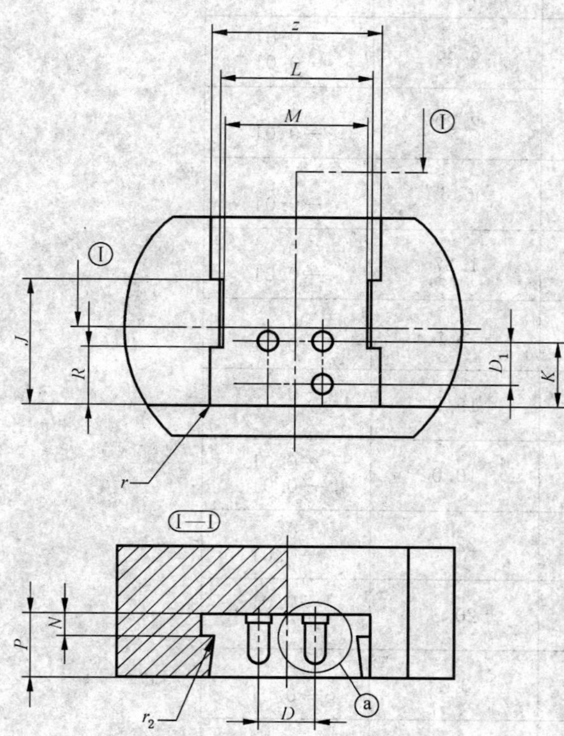

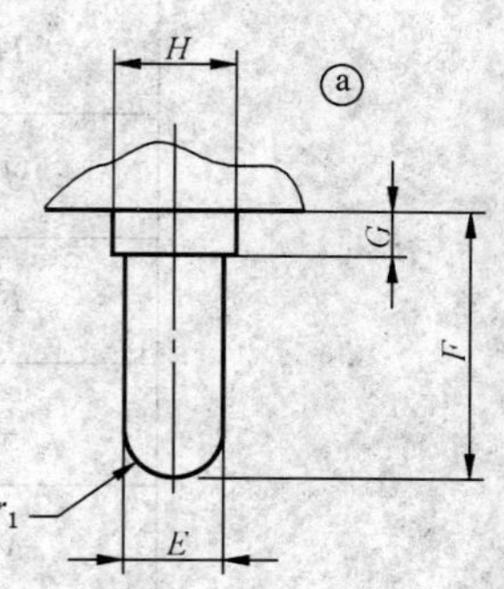

表面粗糙度：$Ra=0.4\ \mu m$（见 GB/T 3505）。

GB/T 1483.2-7006-132C-1

	检验 GRZ10t 灯座最小夹持力的量规 C	2/2

单位为毫米

尺寸符号	尺寸	公差
D	8.0	+0.01 −0.01
D_1	6.35	+0.01 −0.01
E	2.29	0 −0.01
F	6.6	0 −0.01
G	1.27	0 −0.01
H	3.3	0 −0.01
J	19.3	+0.05 0
K	10.0	+0.01 −0.01
L	22.0	0 −0.01
M	20.5	+0.01 0
N	3.4	0 −0.01
P	9.9	+0.01 0
R	9.0	0 −0.05
r	0.9	+0.05 0
r_1	$E/2$	
r_2	0.5	+0 −0.2
x	2	+0.5 −0.5
z	24.5	+0.5 −0.5

目的：检验 GRZ10t 灯座对具有最小插脚尺寸的灯头的最小夹持力。

检验：将量规完全插入灯座，再将其从灯座中拔出，所用之力应不小于 5 N。

GB/T 1483.2-7006-132C-1

	检验 GU10 灯座最大插入和拔出扭矩的量规	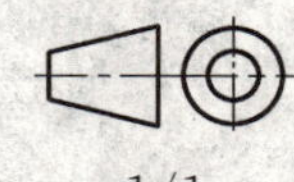 1/1

单位为毫米

附图仅表示互换性的基本尺寸。

关于 GU10 灯座，见 GB/T 19148.2-7005-121。

尺寸符号	尺寸	公差
A	5.15	0 −0.02
D_1	10.15	0 −0.025
D_2	9.85	+0.025 0
E	3.15	0 −0.02
F_1	7.05	0 −0.02
F_2	2.9	0 −0.02
G	12.0	+0.02 0
H	22.6	+0.02 0
M	16.5	0 −0.02
b	25	+0.2 −0.2
c	30	+0.2 −0.2
r	0.3	0 −0.02
α	45°	+1° −1°
β	44°	0 −30′

目的：检验 GU10 灯座的最大插入扭矩和最大拔出扭矩。

检验与“最大”尺寸的 GU10 灯端的匹配性。

检验：用不超过灯座参数表所规定的最大插入扭矩应能将量规的各端依次插入灯座，用不超过灯座参数表所规定的最大拔出扭矩应能将量规从灯座中拔出。

(1) 边沿稍倒角。

GB/T 1483.2-7006-121A-2

检验 GU10 和 GZ10 灯座最小拔出扭矩的量规

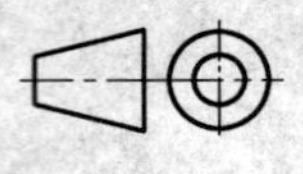

1/1

单位为毫米

附图仅表示互换性的基本尺寸。

关于 GU10 和 GZ10 灯座，分别见 GB/T 19148.2-7005-121 和 7005-120。

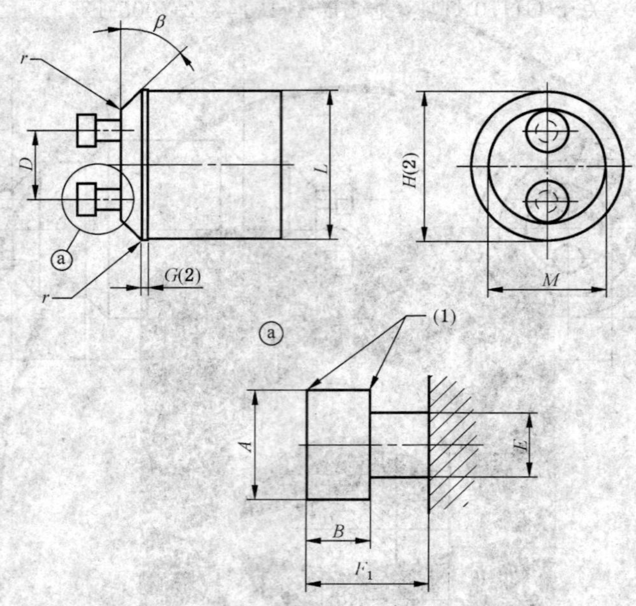

(1) 边沿稍倒角。

(2) 尺寸 G 和 H 用于引导量规从边沿插入灯座。

(3) 使用该量规的检验应与使用 GB/T 1483.2-7006-121A(GU10)或 7006-120A(GZ10)中的灯座量规进行的检验一起进行。

尺寸符号	尺寸	公差
A	4.9	0 −0.02
B	2.9	0 −0.02
D	10.0	+0.01 −0.01
E	3.1	0 −0.02
F_1	6.4	0 −0.02
G(2)	1	+0.1 −0.1
H(2)	22	+0.1 −0.1
L	21.5	+0.1 −0.1
M	16.0	0 −0.02
r	0.3	0 −0.02
β	45°	0 −10′

目的：检验 GU10 和 GZ10 灯座的最小拔出扭矩。在每项检验之前应先检验量规以确保其清洁且完全没有润滑剂和润滑脂。

检验：将量规插入灯座，用不小于相应的灯座参数表所规定的最小拔出扭矩应能将量规从灯座中拔出。

GB/T 1483.2-7006-120B-1

	检验 GU10q 灯座的通规	1/2

单位为毫米

附图仅表示互换性的基本尺寸。

关于 GU10q 灯座，见 GB/T 19148.2-7005-123。

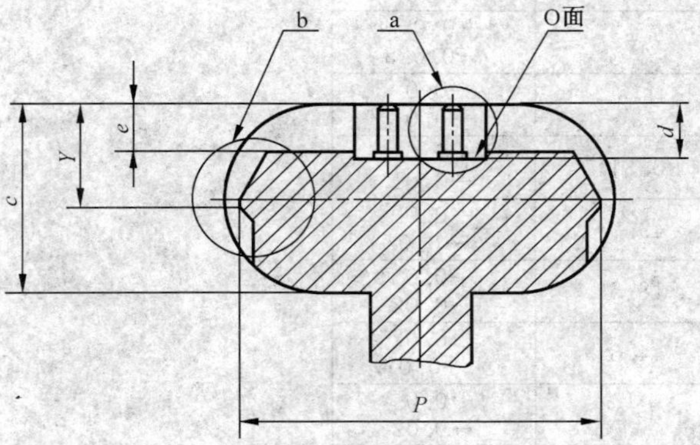

b a O面 e d Y c P 放大图 a H E R_3 R_4 F G L 剖面图 I—I Y Z 放大图 b Q β_1 β_2 T R_1 R_2 N S f U I I V L

GB/T 1483.2-7006-123B-1

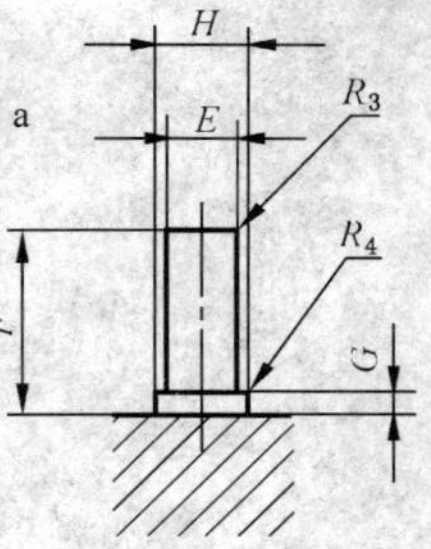

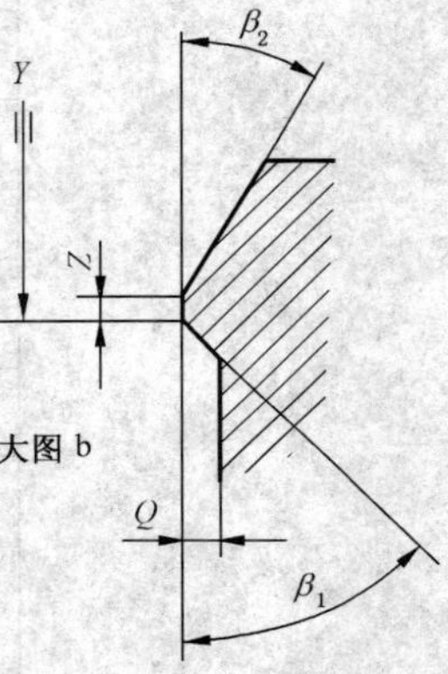

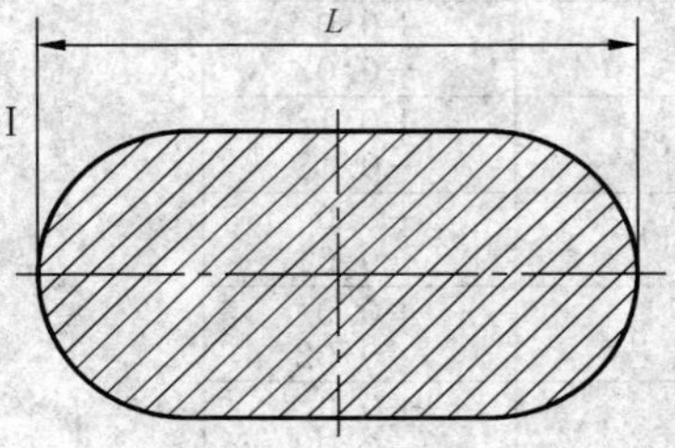

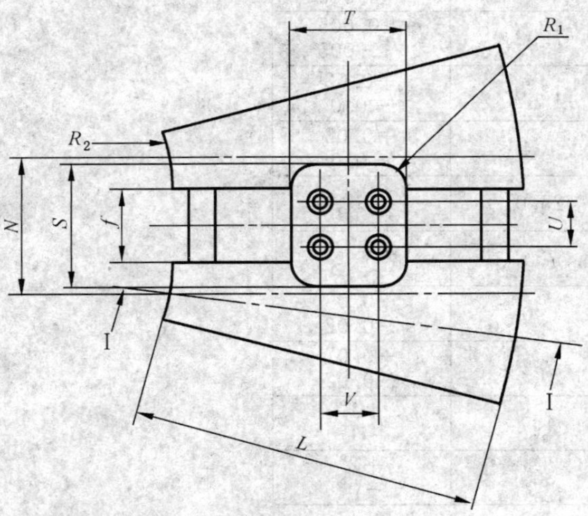

	检验 GU10q 灯座的通规	2/2

单位为毫米

尺寸符号	尺寸	公差
E	2.67	+0.01 −0.0
F	7.67	+0.0 −0.025
G	1.3	+0.0 −0.01
H	3.31	+0.0 −0.01
L(1)	49.0	+0.02 −0.0
N(1)	18.5	+0.0 −0.02
P	44.3	+0.02 −0.0
Q	1.7	+0.0 −0.02
R_1	3.8	+0.02 −0.0
R_2(1)	50.1	+0.0 −0.02
R_3	0.81	+0.13 −0.13
R_4	0.38	+0.0 −0.01
S	16.3	+0.0 −0.02
T	15.5	+0.0 −0.02
U	6.35	+0.005 −0.005
V	7.92	+0.005 −0.005
Y	13.0	+0.02 −0.0
Z	1.4	+0.02 −0.0
c	25.0	+0.02 −0.0
d	7.4	+0.02 −0.0
e	6.0	+0.0 −0.02
f	9.2	+0.0 −0.02
β_1	45°	+1° −1°
β_2	35°	+2° −0°

(1) N 表示尺寸 L 和 R_2 应符合要求的范围。

目的：检验 GU10q 灯座的主要尺寸。

检验：用不超过 50 N(待定)的力应能将量规插入灯座，并使量规的 O 面与灯座的基准面相接触。在量规被完全插入灯座后，应能用不超过 40 N(待定)的力将量规拔出。

GB/T 1483.2-7006-123B-1

	检验 GU10q 灯座最小夹持力的量规	1/2

单位为毫米

附图仅表示互换性的基本尺寸。

关于 GU10q 灯座，见 GB/T 19148.2-7005-123。

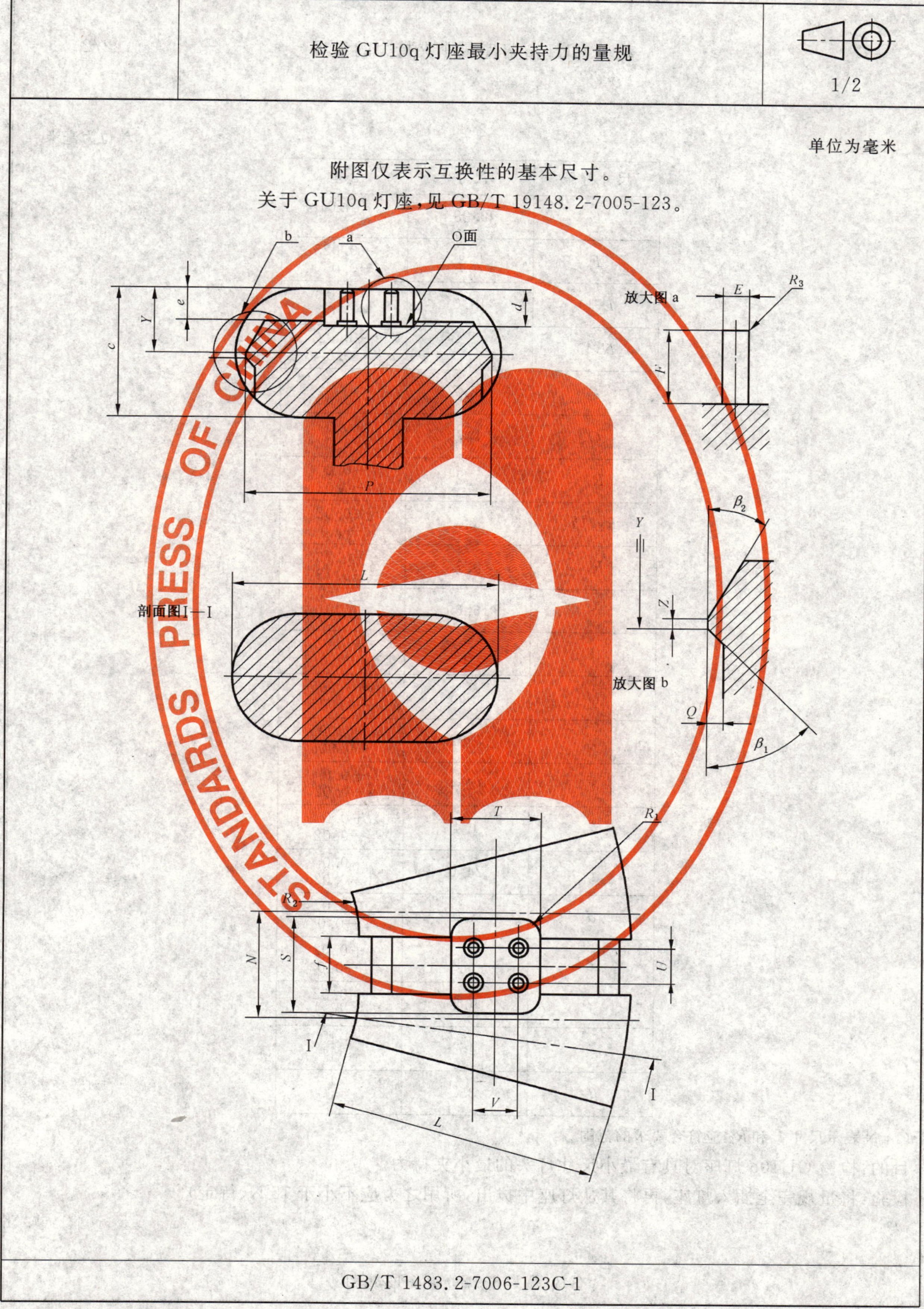

GB/T 1483.2-7006-123C-1

	检验 GU10q 灯座最小夹持力的量规	2/2

单位为毫米

尺寸符号	尺寸	公差
E	2.28	+0.01 −0.0
F	6.3	+0.025 −0.0
L(1)	48.0	+0.0 −0.02
N(1)	18.5	+0.02 −0.0
P	43.7	+0.0 −0.02
Q	1.7	+0.0 −0.02
R_1	4.2	+0.0 −0.02
R_2(1)	50.1	+0.02 −0.0
R_3	0.7	+0.13 −0.13
S	16.69	+0.02 −0.0
T	15.9	+0.02 −0.0
U	6.35	+0.005 −0.005
V	7.92	+0.005 −0.005
Y	12.4	+0.0 −0.02
Z	1.4	+0.0 −0.02
c	24.0	+0.0 −0.02
d	8.0	+0.02 −0.0
e	6.5	+0.02 −0.0
f	9.5	+0.02 −0.0
β_1	45°	+1° −1°
β_2	35°	+1° −1°

(1) N 表示尺寸 L 和 R_2 应符合要求的范围。

目的：检验 GU10q 灯座对具有最小尺寸灯头的最小夹持力。

检验：将量规完全插入灯座，再将其从灯座中拔出，所用之力应不小于 15 N(待定)。

GB/T 1483.2-7006-123C-1

检验 GX10q-..灯座的通规

1/3

单位为毫米

附图仅表示互换性的基本尺寸。

关于 GX10q-..灯座，见 GB/T 19148.2-7005-84。

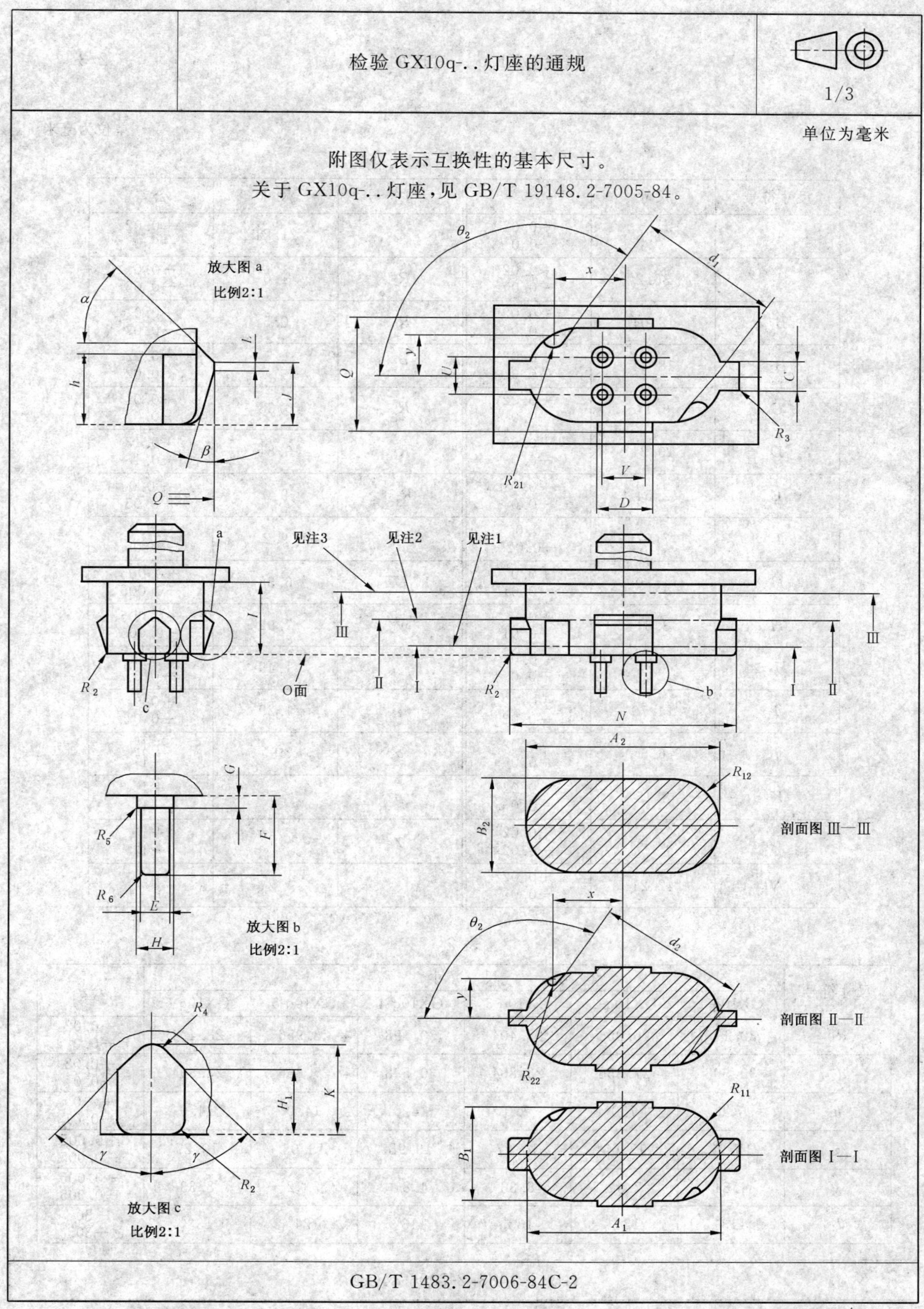

GB/T 1483.2-7006-84C-2

检验 GX10q-..灯座的通规 2/3

单位为毫米

表 1

尺寸符号	尺寸	公差	尺寸符号	尺寸	公差
A_1	35.8	+0.02 −0.0	Q	21.21	+0.02 −0.0
A_2	36.2	+0.02 −0.0	R_2	1.0	+0.0 −0.03
B_1	18.01	+0.02 −0.0	R_3	0.5	+0.0 −0.02
B_2	18.41	+0.02 −0.0	R_4	2.0	+0.02 −0.02
C	6.11	+0.02 −0.0	R_5	0.38	+0.01 −0.0
D	10.21	+0.02 −0.0	R_6	0.81	+0.13 −0.13
E	2.54	+0.01 −0.0	R_{11}	9.0	+0.0 −0.05
F	7.67	+0.0 −0.025	R_{12}	9.2	+0.0 −0.05
G	1.30	+0.0 −0.01	U	6.35	+0.005 −0.005
H	3.31	+0.0 −0.01	V	7.92	+0.005 −0.005
H_1	6.0	+0.02 −0.0	r_{21}	1.49	+0.0 −0.01
I	14.79	+0.02 −0.02	r_{22}	1.29	+0.0 −0.01
J	6.5	+0.02 −0.0	α	45°	+1° −1°
K	8.15	+0.02 −0.0	β	15°	+1° −1°
L	0.5	+0.02 −0.02	γ	45°	+1° −1°
N	42.21	+0.02 −0.0			

表 2

尺寸符号	尺寸						公差
	GX10q-1	GX10q-2	GX10q-3	GX10q-4	GX10q-5	GX10q-6	
d_1	30.198	26.956	23.404	30.198	26.956	23.404	+0.02 −0.0
d_2	30.598	27.356	23.804	30.598	27.356	23.804	+0.02 −0.0
h	7.0	7.0	7.0	14.0	14.0	14.0	+0.0 −0.01
x	15.98	13.05	10.27	15.98	13.05	10.27	+0.005 −0.005
y	4.81	7.42	8.33	4.81	7.42	8.33	+0.005 −0.005
θ_2	113°	124°	133°	113°	124°	133°	+30′ −30′

GB/T 1483.2-7006-84C-2

	检验 GX10q-..灯座的通规	3/3

单位为毫米

(1) 尺寸 A_1，B_1 和 R_{11} 在距离 O 面 2.0 mm 处测量。

(2) 对于 GX10q-1，GX10q-2 和 GX10q-3 量规，尺寸 d_2，r_{22}，θ_2，x 和 y 在距离 O 面 6.99 mm 处测量，对于 GX10q-4，GX10q-5 和 GX10q-6 量规，在距离 O 面 13.99 mm 处测量。

(3) 尺寸 A_2，B_2 和 R_{12} 在距离 O 面 12.3 mm 处测量。

目的：检验 GX10q-..灯座的主要匹配尺寸。

检验：对于“A”类灯座，用不超过 70 N 的力应能将相应的量规插入其中，再转动量规，使止动翼片通过制动槽的最低点。在解除推力后，量规的止动翼片应靠在灯座的止动面上。

对于“B”类灯座，用不超过 70 N 的力应能将相应的量规插入其中，并使量规的 O 面与灯座的正面相接触。

GB/T 1483.2-7006-84C-2

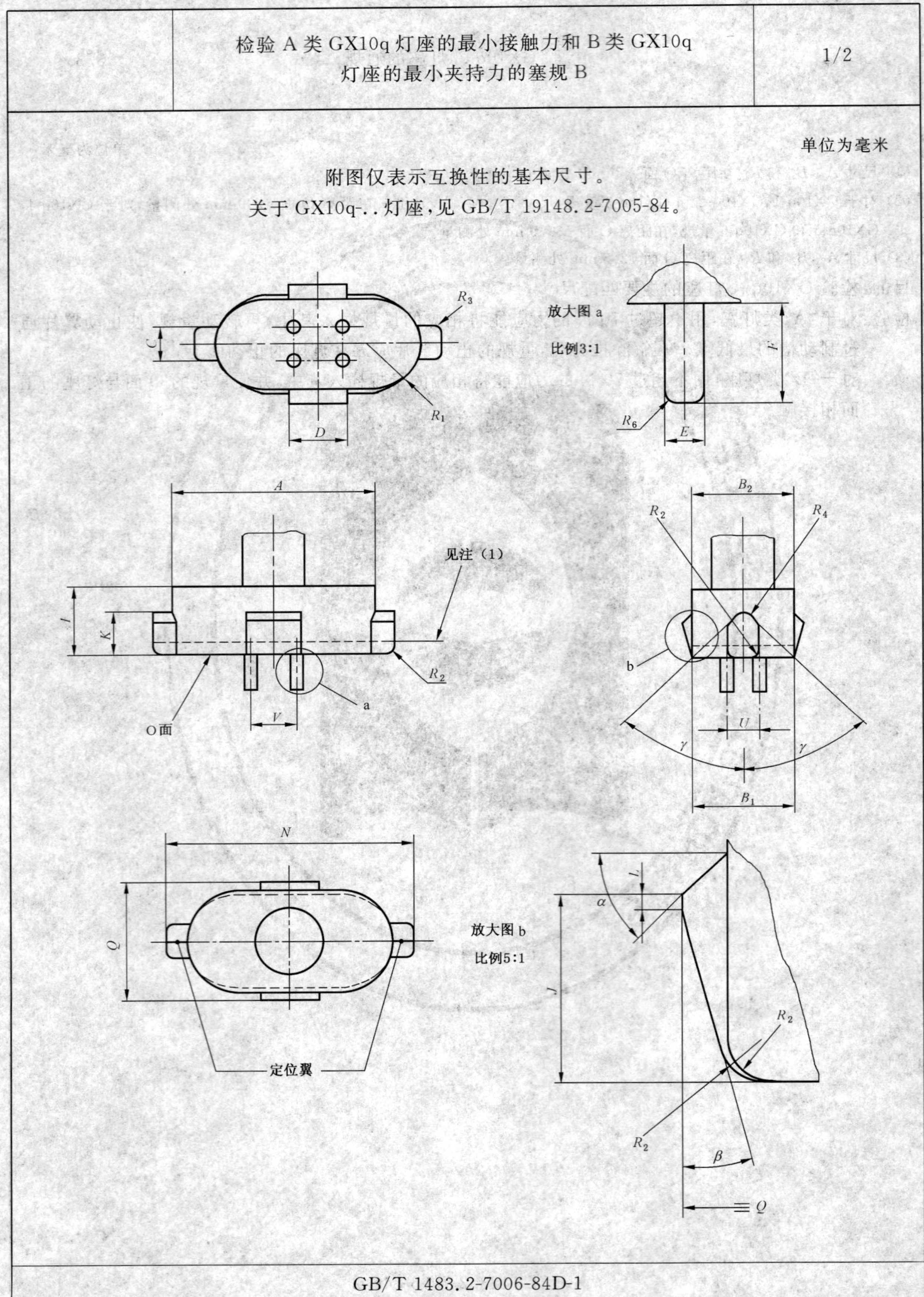
检验 A 类 GX10q 灯座的最小接触力和 B 类 GX10q
灯座的最小夹持力的塞规 B
1/2
单位为毫米
附图仅表示互换性的基本尺寸。
关于 GX10q-..灯座，见 GB/T 19148.2-7005-84。
R3
C
R1
D
放大图 a
比例3:1
F
R6
E
A
见注（1）
J
K
R2
V
a
O面
B2
R2
R4
b
U
γ
γ
B1
N
Q
定位翼
放大图 b
比例5:1
L
α
J
R2
R2
β
≡ Q
GB/T 1483.2-7006-84D-1

	检验 A 类 GX10q 灯座的最小接触力和 B 类 GX10q 灯座的最小夹持力的塞规 B	2/2

单位为毫米

尺寸符号	尺寸	公差	尺寸符号	尺寸	公差
A_1	35.8	+0.0 −0.02	Q	20.79	+0.0 −0.02
B_1(1)	17.6	+0.0 −0.02	R_1	8.8	+0.05 −0.0
B_2	18.0	+0.0 −0.02	R_2	1.5	+0.1 −0.1
C	5.9	+0.0 −0.02	R_3	2.0	+0.1 −0.1
D	9.8	+0.0 −0.02	R_4	2.0	+0.02 −0.02
E	2.28	+0.01 −0.0	R_6	0.7	+0.13 −0.13
F	6.3	+0.025 −0.0	U	6.35	+0.005 −0.005
I	12.3	+0.01 −0.01	V	7.92	+0.005 −0.005
J	6.3	+0.0 −0.02	α	45°	+1° −1°
K	7.85	+0.0 −0.02	β	15°	+1° −1°
L	0.5	+0.02 −0.02	γ	45°	+1° −1°
N	41.79	+0.0 −0.02			

(1) 尺寸 B_1 在距离 O 面 2 mm 处测量。

目的：检验 A 类 GX10q 灯座与最小尺寸的灯头的最小接触力和 B 类 GX10q 灯座对该灯头的最小夹持力。

检验：对于 A 类灯座，将量规插入其中，并且使止动翼片靠压在灯座的止动面上，再推动量规向下，并使其脱离止动面，所需之力应不小于 GB/T 19148.2-7005-84 所规定的值。

对于 B 类灯座，将量规完全插入其中，再将量规拔出，所需之力应不小于 GB/T 19148.2-7005-84 所规定的值。

GB/T 1483.2-7006-84D-1

	检验 GX10q-..灯座的止规	1/2

单位为毫米

附图仅表示互换性的基本尺寸。

关于 GX10q-..灯座，见 GB/T 19148.2-7005-84。

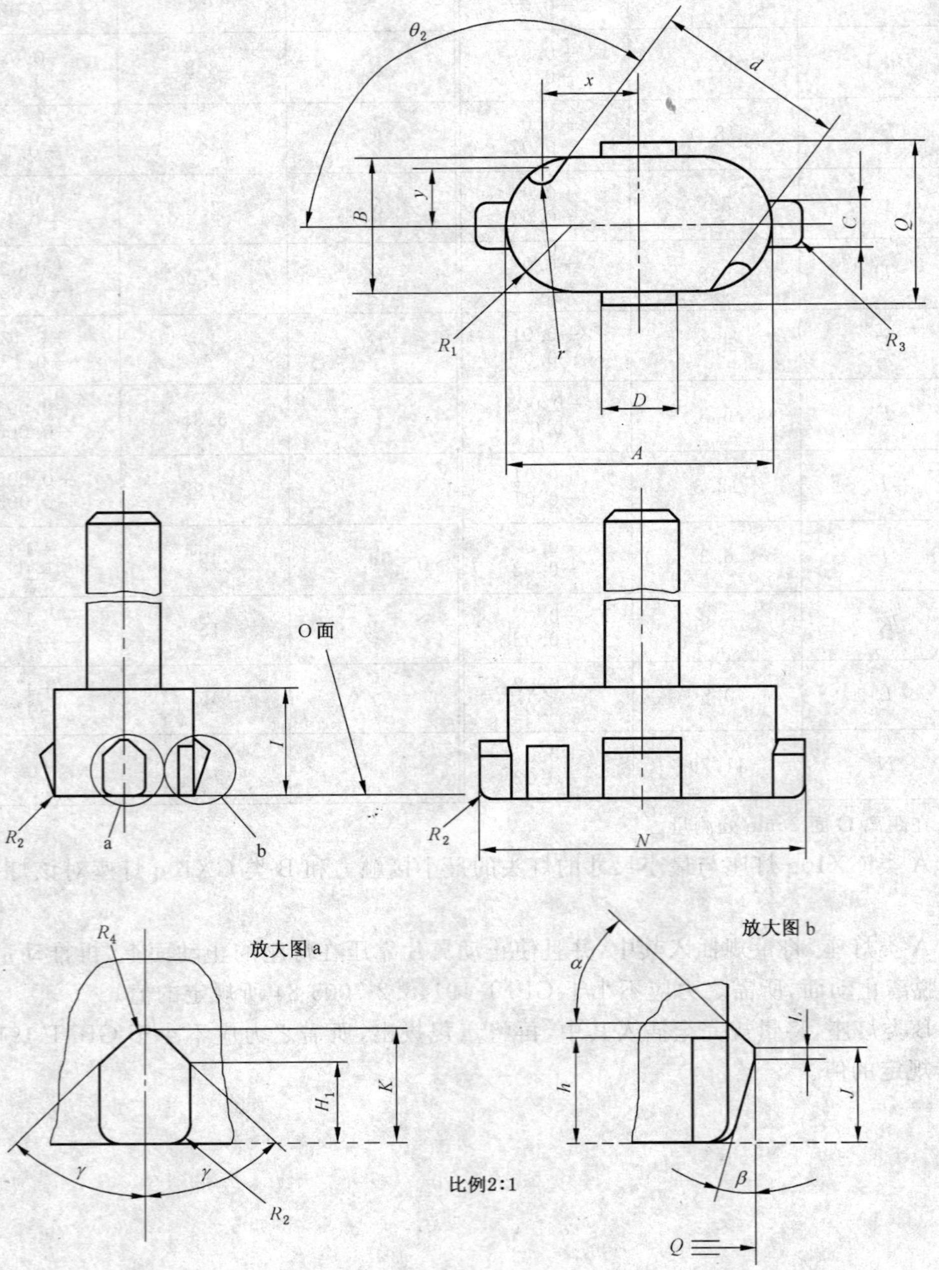

θ₂ x d y B C Q R₁ r R₃ D A

O面

l R₂ a b N

放大图 a

R₄ H₁ K γ γ R₂

放大图 b

α l₁ h J β Q

比例2:1

GB/T 1483.2-7006-84G-1

检验 GX10q-..灯座的止规 2/2

单位为毫米

表 1

尺寸符号	尺寸	公差	尺寸符号	尺寸	公差
A	35.8	+0.0 −0.02	*Q*	20.79	+0.0 −0.02
B	17.6	+0.0 −0.02	R_1	8.8	+0.0 −0.02
C	5.9	+0.0 −0.02	R_2	1.5	+0.1 −0.1
D	9.8	+0.0 −0.02	R_3	2.0	+0.1 −0.1
H_1	5.7	+0.0 −0.01	R_4	2.0	+0.02 −0.02
I	14.8	+0.02 −0.02	*r*	2.0	+0.01 −0.0
J	6.3	+0.0 −0.02	*α*	45°	+1° −1°
K	7.85	+0.0 −0.02	*β*	15°	+1° −1°
L	0.5	+0.02 −0.02	*γ*	45°	+1° −1°
N	41.79	+0.0 −0.02			

表 2

尺寸符号	尺寸						公差
	GX10q-1	GX10q-2	GX10q-3	GX10q-4	GX10q-5	GX10q-6	
d	29.279	25.958	22.342	29.279	25.958	22.342	+0.01 −0.01
h	7.2	7.2	7.2	14.2	14.2	14.2	+0.01 −0.0
x	16.008	12.954	10.098	16.008	12.954	10.098	+0.005 −0.005
y	5.055	7.663	8.536	5.055	7.663	8.536	+0.005 −0.005
θ_2	115°	126°	135°	115°	126°	135°	+30′ −30′

目的：检验 GX10q-..灯座的止动销。

检验：将相应的量规推入“A”类灯座，并按顺时针方向转动量规时，量规应不能匹配该灯座。

将相应的量规推入“B”类灯座时，量规应不能匹配该灯座。

GB/T 1483.2-7006-84G-1

	检验 GY10q-..灯座的通规	1/3

单位为毫米

附图仅表示互换性的基本尺寸。

关于 GY10q-..灯座,见 GB/T 19148.2-7005-85。

未按比例

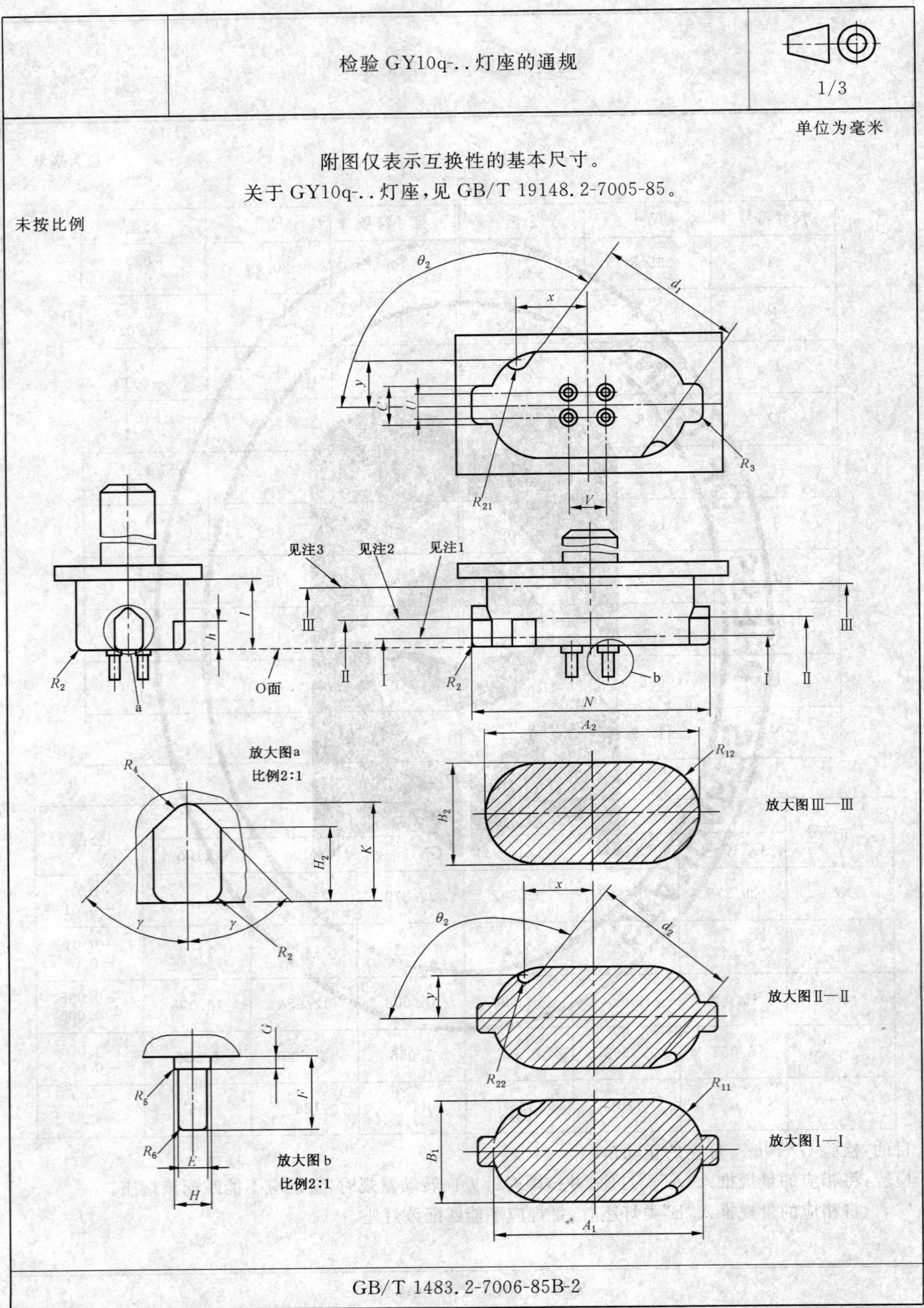

GB/T 1483.2-7006-85B-2

	检验 GY10q-. . 灯座的通规	2/3

单位为毫米

表 1

尺寸符号	尺寸	公差	尺寸符号	尺寸	公差
A_1	47.1	+0.02 −0.0	R_2	2.0	+0.0 −0.03
A_2	47.5	+0.02 −0.0	R_3	1.5	+0.0 −0.02
B_1	24.81	+0.02 −0.0	R_4	2.0	+0.02 −0.02
B_2	25.21	+0.02 −0.0	R_5	0.38	+0.01 −0.0
C	7.11	+0.02 −0.0	R_6	0.81	+0.13 −0.13
E	2.54	+0.01 −0.0	R_{11}	12.4	+0.0 −0.05
F	7.67	+0.0 −0.025	R_{12}	12.6	+0.0 −0.05
G	1.30	+0.0 −0.01	U	6.35	+0.005 −0.005
H	3.31	+0.0 −0.01	V	7.92	+0.005 −0.005
H_1	7.3	+0.02 −0.0	r_{21}	1.59	+0.0 −0.04
I	16.79	+0.02 −0.02	r_{22}	1.39	+0.0 −0.04
K	10.05	+0.02 −0.0	γ	45°	+1° −1°

表 2

尺寸符号	尺寸						公差
	GY10q-1	GY10q-2	GY10q-3	GY10q-4	GY10q-5	GY10q-6	
d_1	39.522	34.790	28.582	39.522	34.790	28.582	+0.08 −0.0
d_2	39.922	35.190	29.982	39.922	35.190	29.982	+0.08 −0.0
h	7.0	7.0	7.0	14.0	14.0	14.0	+0.0 −0.01
x	20.60	16.04	11.19	20.60	16.04	11.19	+0.005 −0.005
y	6.60	10.42	11.50	6.60	10.42	11.50	+0.005 −0.005
θ_2	117°	130°	144°	117°	130°	144°	+30′ −30′

GB/T 1483.2-7006-85B-2

	检验 GY10q-..灯座的通规	3/3

单位为毫米

(1) 尺寸 A_1，B_1 和 R_{11} 在距离 O 面 2.0 mm 处测量。

(2) 对于 GY10q-1，GY10q-2 和 GY10q-3 量规，尺寸 d_2，r_{22}，θ_2，x 和 y 在距离 O 面 6.99 mm 处测量，对于 GY10q-4，GY10q-5 和 GY10q-6 量规，在距离 O 面 13.99 mm 处测量。

(3) 尺寸 A_2，B_2 和 R_{12} 在距离 O 面 14.6 mm 处测量。

目的：检验 GY10q-..灯座的主要匹配尺寸。

检验：对于“A”类灯座，用不超过 90 N 的力应能将相应的量规插入其中，再转动量规，使止动翼片通过制动槽的最低点。在解除推力后，量规的止动翼片应靠在灯座的止动面上。

对于“B”类灯座，用不超过 90 N 的力应能将相应的量规插入其中，并使量规的 O 面与灯座的正面相接触。

GB/T 1483.2-7006-85B-2

	检验 GY10q 灯座的最小接触力的量规 B	1/2

单位为毫米

附图仅表示互换性的基本尺寸。

关于 GY10q-..灯座,见 GB/T 19148.2-7005-85。

GB/T 1483.2-7006-85C-1

	检验 GY10q 灯座的最小接触力的量规 B	2/2

单位为毫米

尺寸符号	尺寸	公差	尺寸符号	尺寸	公差
A	46.5	+0.0 −0.02	R_1	12.2	+0.05 −0.0
B_1(1)	24.4	+0.0 −0.02	R_2	2.5	+0.1 −0.1
B_2	24.8	+0.0 −0.02	R_3	3.5	+0.1 −0.1
C	6.9	+0.0 −0.02	R_4	2.0	+0.02 −0.02
E	2.28	+0.01 −0.0	R_6	0.7	+0.13 −0.13
F	6.3	+0.025 −0.0	U	6.35	+0.005 −0.005
I	14.8	+0.01 −0.01	V	7.92	+0.005 −0.005
K	9.75	+0.0 −0.02	γ	45°	+1° −1°
N	53.79	+0.0 −0.02			

(1) 尺寸 B_1 在距离 O 面 2 mm 处测量。

目的：检验 A 类 GY10q 灯座与最小尺寸的灯头的最小接触力。

检验：将量规插入灯座，并使止动翼片靠压在灯座的止动面上，再推动量规向下，并使其脱离止动面，所需之力应不小于 GB/T 19148.2-7005-85 所规定的值。

GB/T 1483.2-7006-85C-1

	GY10q-..灯座的止规	1/2

单位为毫米

附图仅表示互换性的基本尺寸。

关于 GY10q-..灯座，见 GB/T 19148.2-7005-85。

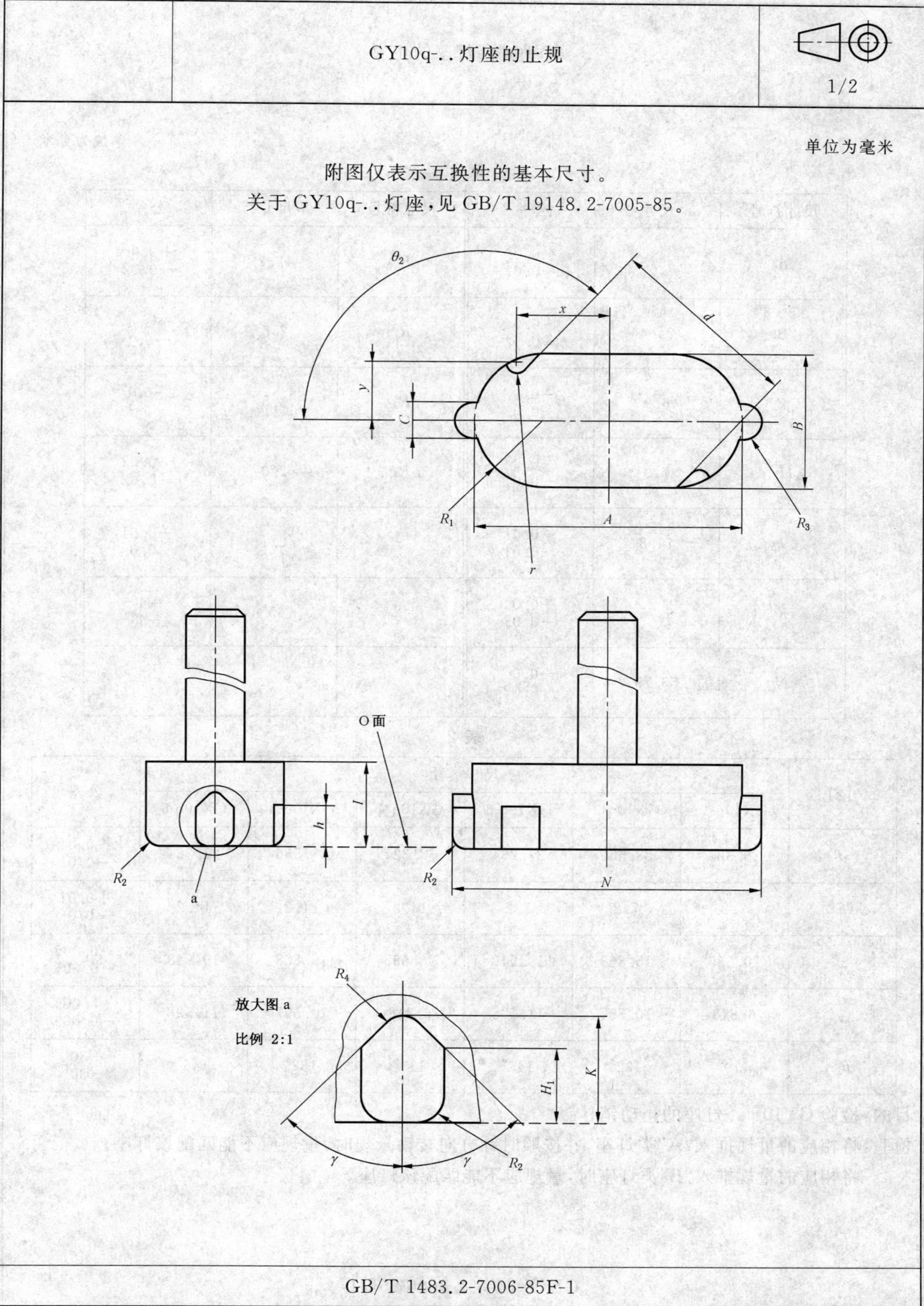

GB/T 1483.2-7006-85F-1

	GY10q-..灯座的止规	2/2

单位为毫米

表 1

尺寸符号	尺寸	公差	尺寸符号	尺寸	公差
A	46.5	+0.0 −0.02	R_1	12.2	+0.0 −0.02
B	24.4	+0.0 −0.02	R_2	2.5	+0.1 −0.1
C	6.9	+0.0 −0.02	R_3	3.5	+0.1 −0.1
H_1	7.0	+0.0 −0.01	R_4	2.0	+0.02 −0.02
I	14.8	+0.01 −0.01	r	2.1	+0.01 −0.0
K	9.75	+0.0 −0.02	γ	45°	+1° −1°
N	53.79	+0.0 −0.02			

表 2

尺寸符号	尺　　寸						公差
	GX10q-1	GX10q-2	GX10q-3	GX10q-4	GX10q-5	GX10q-6	
d	38.321	33.556	27.264	38.321	33.556	27.264	+0.01 −0.01
h	7.2	7.2	7.2	14.2	14.2	14.2	+0.01 −0.0
x	20.535	15.868	10.948	20.535	15.868	10.948	+0.005 −0.005
y	6.818	10.597	11.598	6.818	10.597	11.598	+0.005 −0.005
θ_2	119°	132°	146°	119°	132°	146°	+30′ −30′

目的：检验 GY10q-..灯座的止动销。

检验：将相应的量规推入“A”类灯座，并按顺时针方向转动量规时，量规应不能匹配该灯座。

将相应的量规推入“B”类灯座时，量规应不能匹配该灯座。

GB/T 1483.2-7006-85F-1

检验 GZ10 灯座最大插入扭矩和拔出扭矩的量规

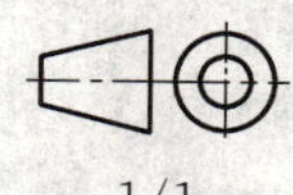

1/1

单位为毫米

附图仅表示互换性的基本尺寸。

关于 GZ10 灯座，见 GB/T 19148.2-7005-120。

尺寸符号	尺寸	公差
A	5.15	0 −0.02
D_1	10.15	0 −0.025
D_2	9.85	+0.025 0
E	3.15	0 −0.02
F_1	7.05	0 −0.02
F_2	2.9	0 −0.02
G	12.0	+0.02 0
H	22.6	+0.02 0
b	25	+0.2 −0.2
c	30	+0.2 −0.2
r	0.3	0 −0.02
α	45°	+1° −1°

目的：检验 GZ10 灯座的最大插入扭矩和最大拔出扭矩。

检验与“最大”尺寸的 GZ10 灯端的匹配性。

检验：用不超过灯座参数表所规定的最大插入扭矩应能将量规的各端依次插入灯座，用不超过灯座参数表所规定的最大拔出扭矩应能将量规从灯座中拔出。

(1) 边沿稍倒角。

GB/T 1483.2-7006-120A-2

	GZ10q 灯座的接触规	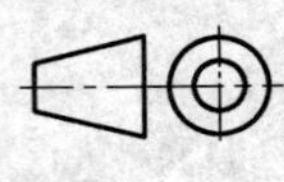 1/1

单位为毫米

附图仅表示互换性的基本尺寸。

关于 GZ10q 灯座，见 GB/T 19148.2-7005-124。

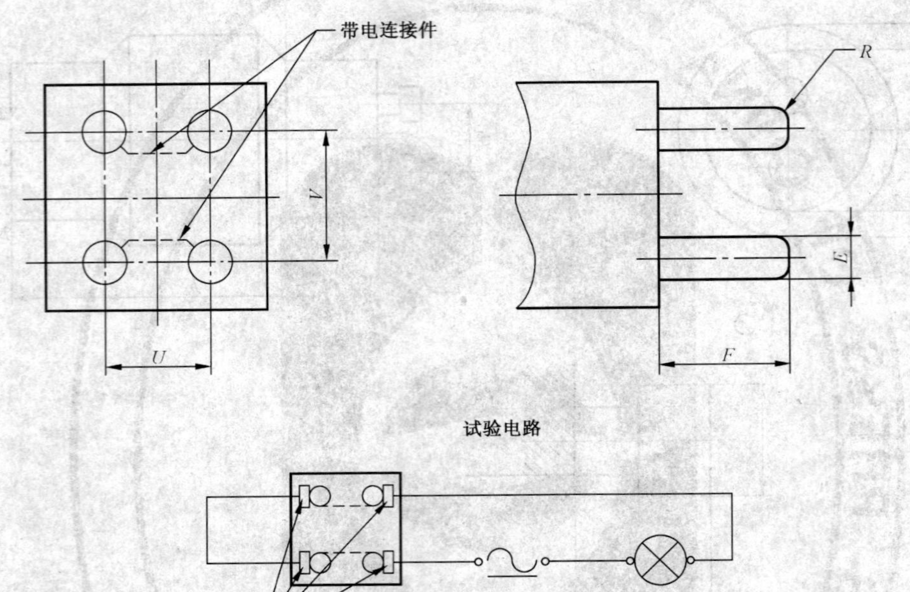

本量规应在完成 GB/T 1483.2-7006-79A 所示的通规检验之后使用。

目的：检验 GZ10q 灯座的接触性能。

检验：将灯座如试验电路所示连接。插入量规并模拟灯的所有工作状态时指示灯应点亮并保持点亮状态。该项检验还应在具有最小插脚尺寸、最大插脚间距（量规 A）和最小插脚间距（量规 B）的灯头上进行。

GB/T 1483.2-7006-124-1

	检验 2G10 灯座最大插入力和最大拔出力的量规 A	1/2

单位为毫米

附图仅表示互换性的基本尺寸。

关于 2G10 灯座,见 GB/T 19148.2-7005-118。

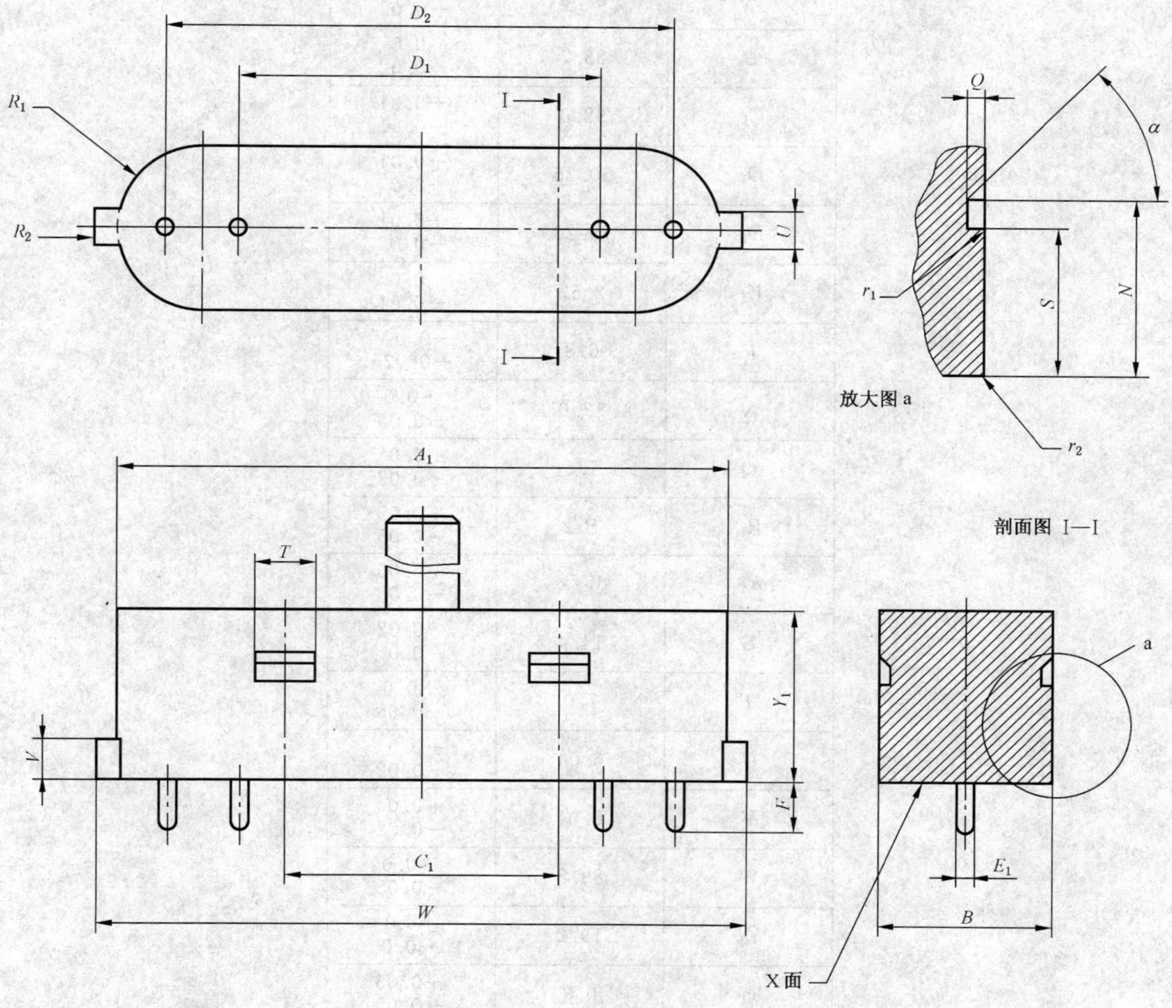

D_2 D_1 R_1 R_2 I—I U Q α r_1 S N r_2

放大图 a

A_1 T V Y_1 F C_1 W

剖面图 I—I

a E_1 B X面

插脚表面粗糙度为 0.4 μm。

GB/T 1483.2-7006-118A-1

	检验 2G10 灯座最大插入力和最大拔出力的量规 A	2/2

单位为毫米

尺寸符号	尺寸	公差
A	83.8	+0.0 −0.02
B	23.7	+0.0 −0.02
C_1	38.0	+0.01 −0.01
D_1	50.26	+0.01 −0.0
D_2	70.26	+0.01 −0.0
E_1	2.67	+0.0 −0.01
F	6.8	+0.0 −0.025
N	17.0	+0.0 −0.05
Q	1.5	+0.0 −0.02
R_1	$B/2$	+0.05 −0.05
R_2	$W/2$	+0.05 −0.05
S	14.4	+0.02 −0.0
T	7.0	+0.0 −0.05
U	6.04	+0.0 −0.02
V	6.04	+0.0 −0.02
W	89.8	+0.0 −0.05
Y_1	19.2	+0.1 −0.0
r_1	0.3	+0.05 −0.05
r_2	0.2	+0.05 −0.05
α	45°	+30′ −30′

目的：检验具有最大插脚尺寸和最大插脚间距的灯头对 2G10 灯座的最大插入力和最大拔出力。

检验：量规的插脚应能插入灯座的插孔，并使其 X 面与灯座的正面相接触。插入时依据受检灯座的类型采取轴向运动或横向运动，相应的插入力应不超过 GB/T 19148.2-7005-118 所规定的最大值。再用不超过 GB/T 19148.2-7005-118 所规定的拔出力的最大值，以轴向或横向方式应能将量规拔出灯座。

GB/T 1483.2-7006-118A-1

检验 2G10 灯座最大插入力和最大拔出力的量规 B

1/2

单位为毫米

附图仅表示互换性的基本尺寸。

关于 2G10 灯座，见 GB/T 19148.2-7005-118。

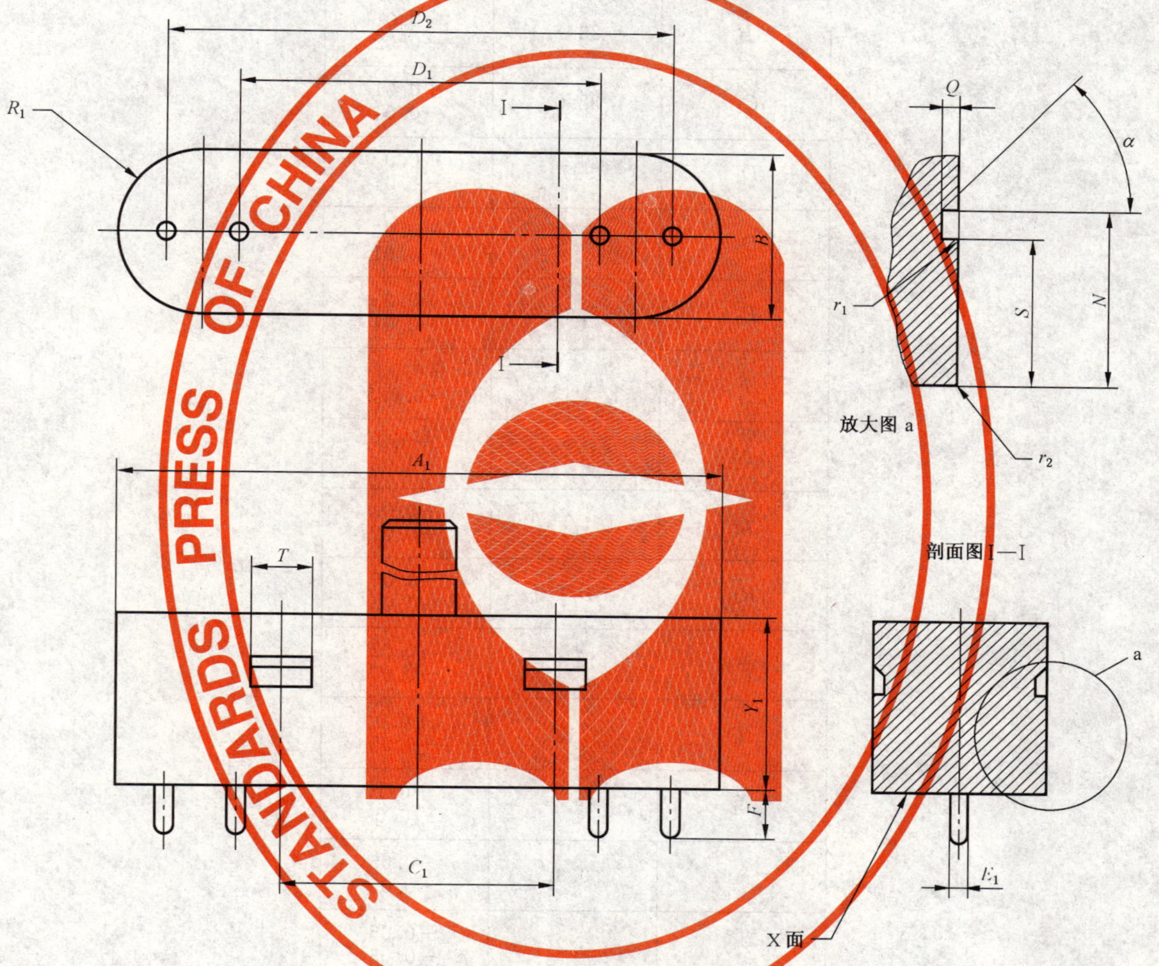

插脚表面粗糙度为 0.4 μm。

GB/T 1483.2-7006-118B-1

	检验 2G10 灯座最大插入力和最大拔出力的量规 B	2/2

单位为毫米

尺寸符号	尺寸	公差
A_1	83.8	+0.0 −0.02
B	23.7	+0.0 −0.02
C_1	38.0	+0.01 −0.01
D_1	49.74	+0.0 −0.01
D_2	69.74	+0.0 −0.01
E_1	2.67	+0.0 −0.01
F	6.8	+0.0 −0.025
N	17.0	+0.0 −0.05
Q	1.5	+0.0 −0.02
R_1	$B/2$	+0.05 −0.05
S	14.4	+0.02 −0.0
T	7.0	+0.0 −0.05
Y_1	19.2	+0.1 −0.0
r_1	0.3	+0.05 −0.05
r_2	0.2	+0.05 −0.05
α	45°	+30′ −30′

目的：检验具有最大插脚尺寸和最小插脚间距的灯头对 2G10 灯座的最大插入力和最大拔出力。

检验：量规的插脚应能插入灯座的插孔，并使其 X 面与灯座的正面相接触。插入时依据受检灯座的类型采取轴向运动或横向运动，相应的插入力应不超过 GB/T 19148.2-7005-118 所规定的最大值。再用不超过 GB/T 19148.2-7005-118 所规定的拔出力的最大值，以轴向或横向方式应能将量规拔出灯座。

GB/T 1483.2-7006-118B-1

	检验 2G10 灯座最小夹持力的量规 C	1/2

单位为毫米

附图仅表示互换性的基本尺寸。

关于 2G10 灯座，见 GB/T 19148.2-7005-118。

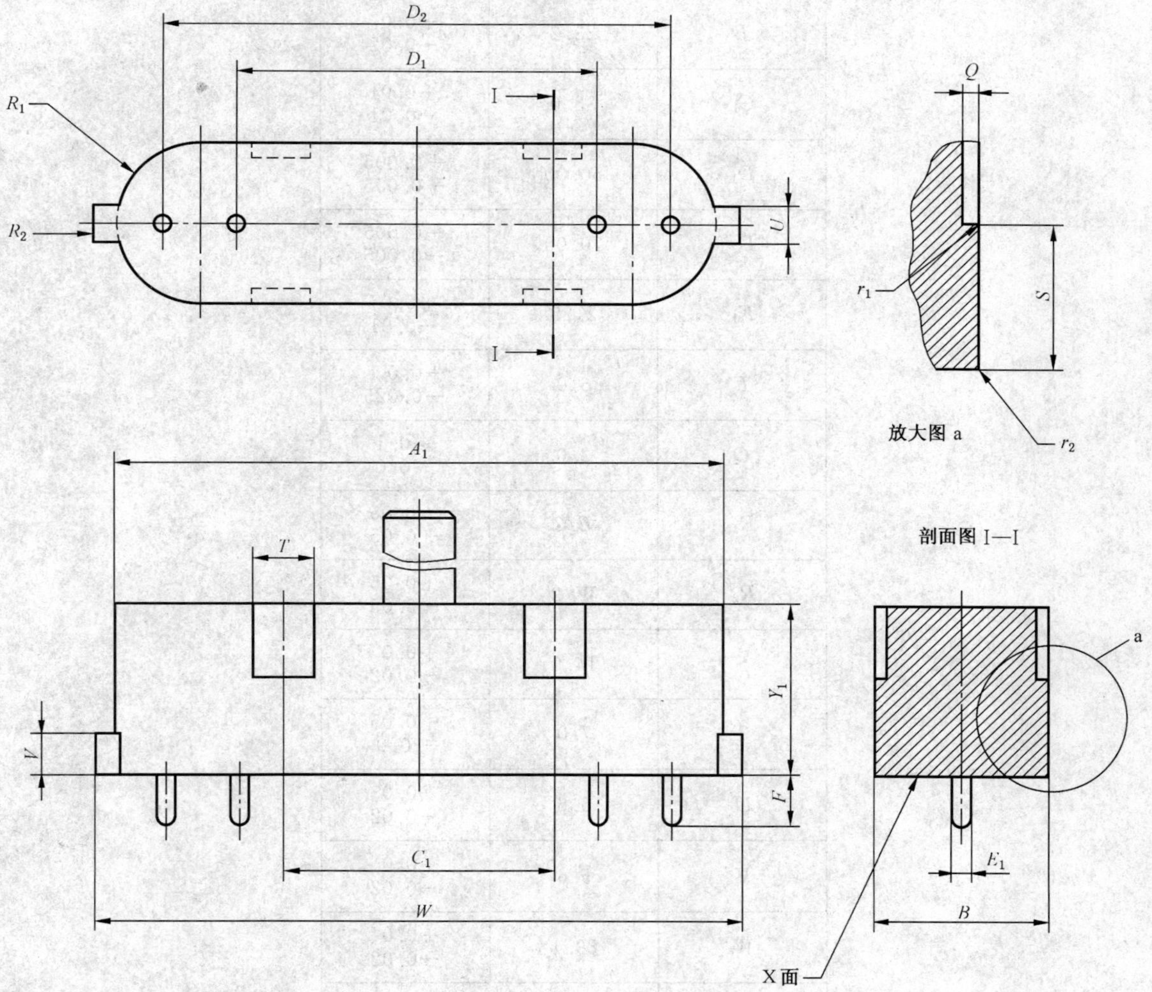

D_2 D_1 I R_1 R_2 U I Q r_1 S 放大图 a r_2

A_1 T 剖面图 I—I a Y_1 V F C_1 W E_1 B X 面

插脚表面粗糙度为 0.4 μm。

GB/T 1483.2-7006-118C-1

	检验 2G10 灯座最小夹持力的量规 C	2/2

单位为毫米

尺寸符号	尺寸	公差
A_1	83.1	+0.0 −0.02
B	23.2	+0.0 −0.02
C_1	38.0	+0.01 −0.01
D_1	50.00	+0.005 −0.005
D_2	70.00	+0.005 −0.005
E_1	2.29	+0.0 −0.01
F	6.0	+0.0 −0.025
Q	2.0	+0.1 −0.0
R_1	$B/2$	+0.05 −0.05
R_2	$W/2$	+0.05 −0.05
S	14.0	+0.0 −0.02
T	7.0	+0.05 −0.0
U	5.6	+0.0 −0.02
V	5.6	+0.0 −0.02
W	89.1	+0.0 −0.02
Y_1	19.2	+0.1 −0.0
r_1	0.5	+0.05 −0.05
r_2	0.5	+0.05 −0.05

目的:检验 2G10 灯座对具有最小插脚尺寸和标称插脚间距的灯头的最小夹持力。

检验:应能将量规插入灯座,并使其 X 面与灯座的正面相接触。再用不小于 GB/T 19148.2-7005-118 所规定的拔出力以相应的轴向或横向运动的方式应能将量规拔出灯座。

GB/T 1483.2-7006-118C-1

	检验 2G11 灯座最大插入力和最大拔出力的量规 A	1/2

单位为毫米

附图仅表示互换性的基本尺寸。

关于 2G11 灯座，见 GB/T 19148.2-7005-82。

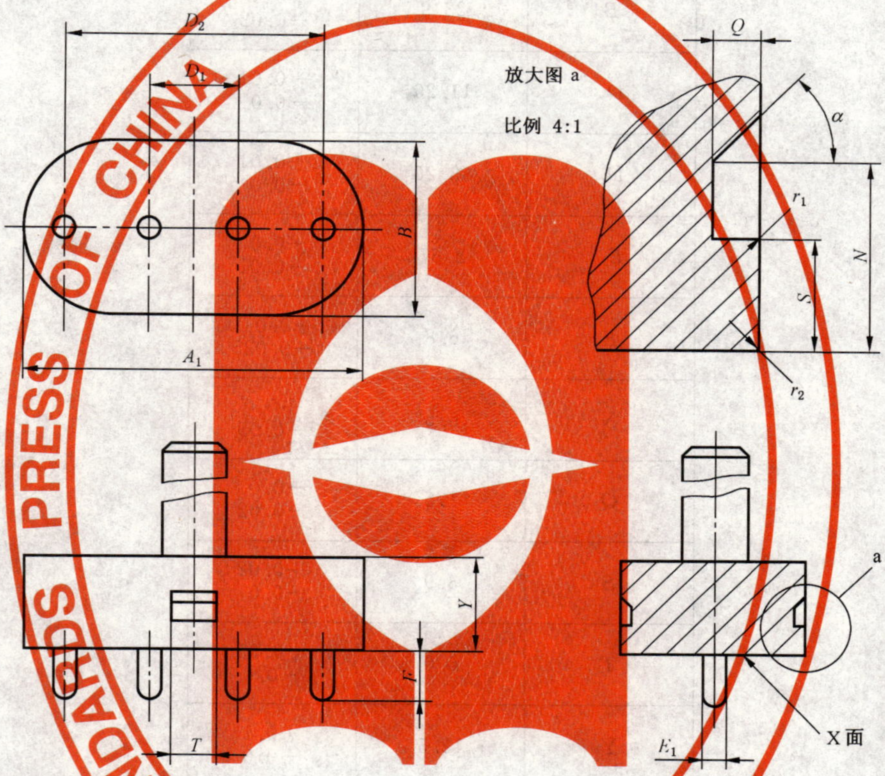

插脚表面粗糙度为 0.4 μm。

GB/T 1483.2-7006-82A-1

	检验 2G11 灯座最大插入力和最大拔出力的量规 A	2/2

单位为毫米

尺寸符号	尺寸	公差
A_1	44.2	+0.0 −0.02
B	23.9	+0.0 −0.02
D_1	11.26	+0.01 −0.0
D_2	33.26	+0.01 −0.0
E_1	2.67	+0.0 −0.01
F	6.8	+0.0 −0.025
N	6.5	+0.0 −0.05
Q	1.5	+0.0 −0.02
S	3.9	+0.02 −0.0
T	6.0	+0.05 −0.0
Y	12.5	+0.1 −0.0
r_1	0.3	+0.05 −0.05
r_2	0.2	+0.05 −0.05
α	45°	+30′ −30′

目的:检验具有最大插脚尺寸和最大插脚间距的灯头对 2G11 灯座的最大插入力和最大拔出力。

检验:将量规的插脚插入灯座的插孔,并使其 X 面与灯座的正面相接触。插入时依据受检灯座的类型采取轴向运动或横向运动,相应的插入力应不超过 GB/T 19148.2-7005-82 所规定的最大值。再用不超过 GB/T 19148.2-7005-82 所规定的拔出力的最大值,以轴向或横向方式应能将量规拔出灯座。

GB/T 1483.2-7006-82A-1

	检验2G11灯座最大插入力和最大拔出力的量规B	1/2

单位为毫米

附图仅表示互换性的基本尺寸。

关于2G11灯座，见GB/T 19148.2-7005-82。

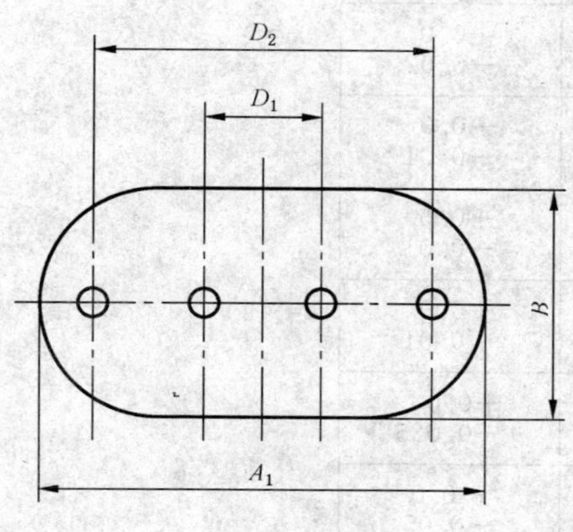

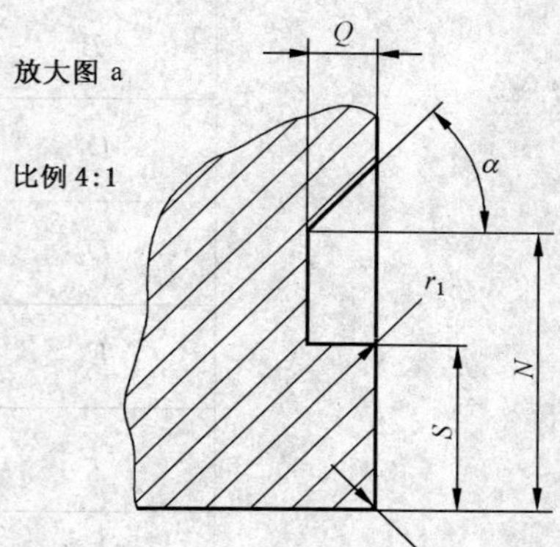

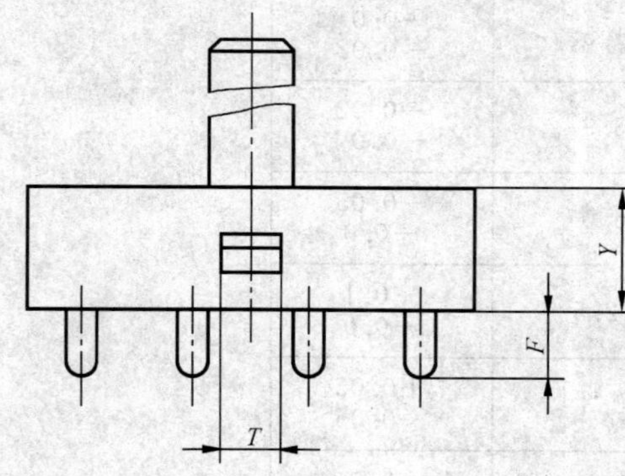

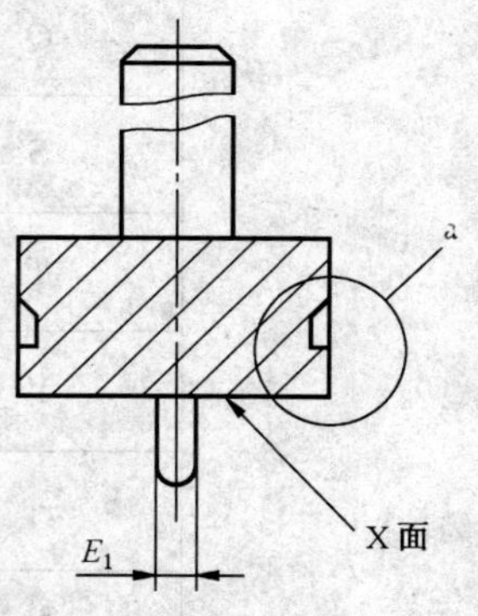

插脚表面粗糙度为0.4 μm。

	检验 2G11 灯座最大插入力和最大拔出力的量规 B	2/2

单位为毫米

尺寸符号	尺寸	公差
A_1	44.2	+0.0 −0.02
B	23.9	+0.0 −0.02
D_1	10.74	+0.0 −0.01
D_2	32.74	+0.0 −0.01
E_1	2.67	+0.0 −0.01
F	6.8	+0.0 −0.025
N	6.5	+0.0 −0.05
Q	1.5	+0.0 −0.02
S	3.9	+0.02 −0.0
T	6.0	+0.05 −0.0
Y	12.5	+0.1 −0.0
r_1	0.3	+0.05 −0.05
r_2	0.2	+0.05 −0.05
α	45°	+30′ −30′

目的：检验具有最大插脚尺寸和最小插脚间距的灯头对 2G11 灯座的最大插入力和最大拔出力。

检验：量规的插脚应能插入灯座的插孔，直至其 X 面与灯座的正面相接触。插入时依据受检灯座的类型采取轴向运动或横向运动，相应的插入力应不超过 GB/T 19148.2-7005-82 所规定的最大值。再用不超过 GB/T 19148.2-7005-82 所规定的拔出力的最大值，以轴向或横向方式能将量规拔出灯座。

GB/T 1483.2-7006-82B-1

	检验 2G11 灯座最小夹持力的量规 C	1/2

单位为毫米

附图仅表示互换性的基本尺寸。

关于 2G11 灯座，见 GB/T 19148.2-7005-82。

插脚表面粗糙度为 0.4 μm。

GB/T 1483.2-7006-82C-1

	检验 2G11 灯座最小夹持力的量规 C	2/2

单位为毫米

尺寸符号	尺寸	公差
A_1	43.3	+0.0 −0.02
B	23.2	+0.0 −0.02
D_1	11.00	+0.005 −0.005
D_2	33.0	+0.005 −0.005
E_1	2.29	+0.0 −0.01
F	6.0	+0.0 −0.025
Q	2.0	+0.1 −0.0
S	3.5	+0.0 −0.02
T	7.0	+0.05 −0.0
Y	12.5	+0.1 −0.0
r_1	0.5	+0.05 −0.05
r_2	0.5	+0.05 −0.05

目的:检验 2G11 灯座对具有最小插脚尺寸和标称插脚间距的灯头的最小夹持力。

检验:量规应能插入相应的受试灯座中,并使其 X 面与灯座的正面相接触。再以适宜的方式(轴向移动或横向移动)将量规从灯座中拔出,所需之力应不小于 GB/T 19148.2-7005-82 中所规定之值。

此外,只以轴向移动方式并用小于 GB/T 19148.2-7005-82 中所规定之值的力应不能将已经插入轴向-横向式灯座中的量规拔出。

GB/T 1483.2-7006-82C-1

	检验 G12 灯座的量规 A	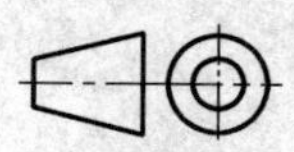 1/2

单位为毫米

附图仅表示互换性的基本尺寸。

关于 G12 灯座，见 GB/T 19148.2-7005-63。

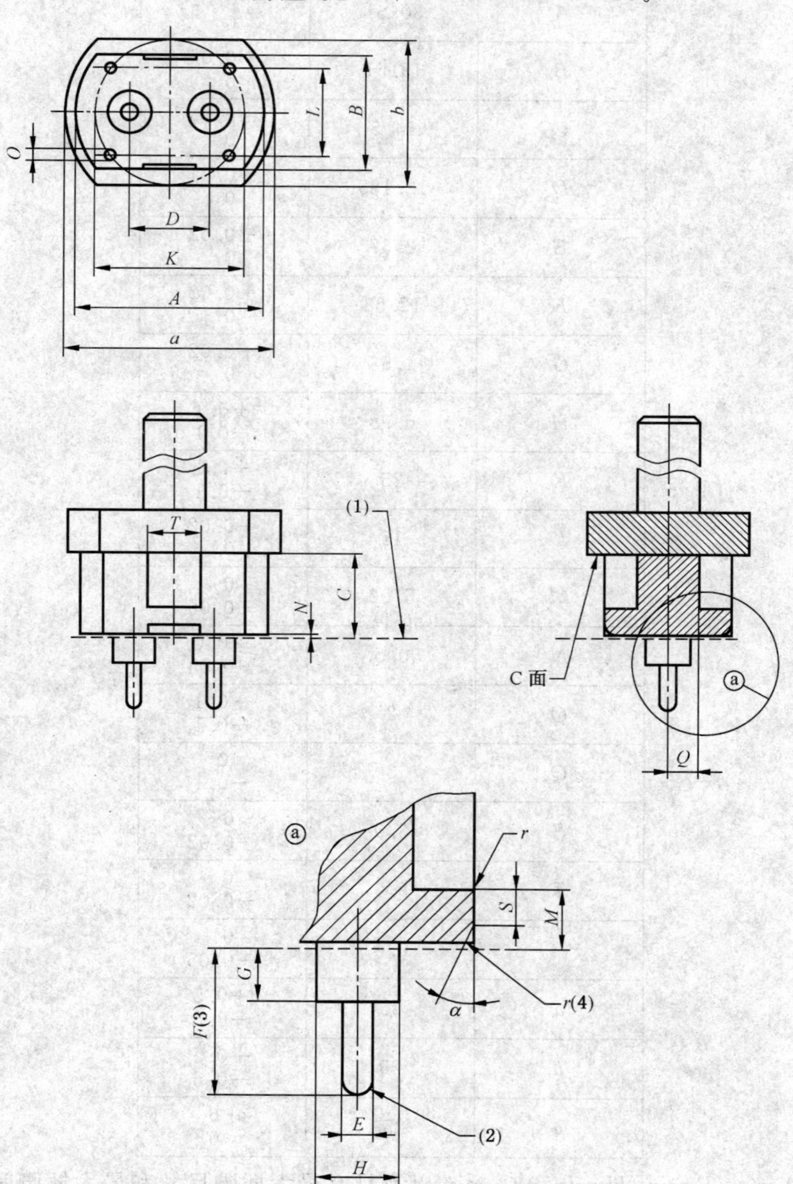

(1) 基准面。

(2) 插脚端部为半球状。

(3) F 所示范围内表面粗糙度 $Ra = 0.4\ \mu m$(见 GB/T 3505)。

(4) 半径 r 用于整个量规。

GB/T 1483.2-7006-80A-2

检验 G12 灯座的量规 A

2/2

单位为毫米

尺寸符号	尺寸	公差
A	30.61	+0.02 0
B	19.51	+0.02 0
C	14.5	+0.05 0
D	12.135	+0.01 0
E	2.67	+0.02 0
F	12.53	+0.02 0
G	4.53	+0.02 0
H	6.98	+0.1 −0.1
K	25	+0.1 −0.1
L	15	+0.02 0
M	5.02	0 −0.05
N	0.5	+0.0 −0.05
O	2	+0.1 −0.1
Q	5	0 −0.1
S	3.0	0 −0.02
T	9.0	0 −0.02
r(4)	0.4	0 −0.05
a	35	+0.5 −0.5
b	25	+0.5 −0.5
α	25°	+6′ 0

目的：检验尺寸 *A* min，*B* min，*H* min和 G_1 min 以及具有最大插脚尺寸和最大插脚间距的灯头对灯座的最大插入力和拔出力。

检验：用不超过 GB/T 19148.2-7005-63 所规定的最大插入力应能将量规插入灯座，并使量规的至少三个支撑止档与灯座的正面相接触。在该位置上，灯座的边沿和量规的 C 面之间应有明显的空隙。然后，用不超过 GB/T 19148.2-7005-63 所规定的最大拔出力应能将量规从灯座中拔出。

GB/T 1483.2-7006-80A-2

	检验 G12 灯座的量规 B	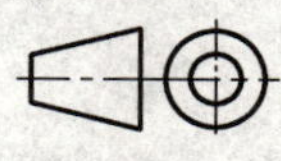 1/2

单位为毫米

附图仅表示互换性的基本尺寸。

关于 G12 灯座，见 GB/T 19148.2-7005-63。

(1) 基准面。

(2) 插脚端部为半球状。

(3) F 所示范围内表面粗糙度 $Ra=0.4\ \mu m$(见 GB/T 3505)。

(4) 半径 r 用于整个量规。

GB/T 1483.2-7006-80B-2

检验 G12 灯座的量规 B　　2/2

单位为毫米

尺寸符号	尺寸	公差
A	30.61	+0.02 0
B	19.51	+0.02 0
C	14.5	+0.1 −0.1
D	11.865	0 −0.01
E	2.67	+0.01 0
F	12.53	+0.02 0
G	4.53	+0.02 0
H	6.98	+0.02 0
K	25	+0.1 −0.1
L	15	+0.1 −0.1
M	5.02	+0.02 0
N	0.5	0 −0.05
O	2	+0.1 −0.1
Q	7.25	+0.02 0
S	3.0	0 −0.02
T	9.0	0 −0.02
r(4)	0.4	0 −0.05
α	25°	+6′ 0

目的:检验具有最大插脚尺寸和最小插脚间距的灯头对 G12 灯座的最大插入力。

检验:用不超过 GB/T 19148.2-7005-63 所规定的最大插入力应能将量规插入灯座,并使其至少三个支撑止挡与灯座的正面相接触。

GB/T 1483.2-7006-80B-2

检验 G12 灯座的量规 C

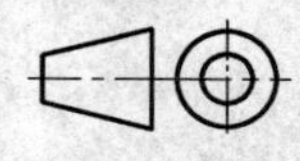

1/2

单位为毫米

附图仅表示互换性的基本尺寸。

关于 G12 灯座，见 GB/T 19148.2-7005-63。

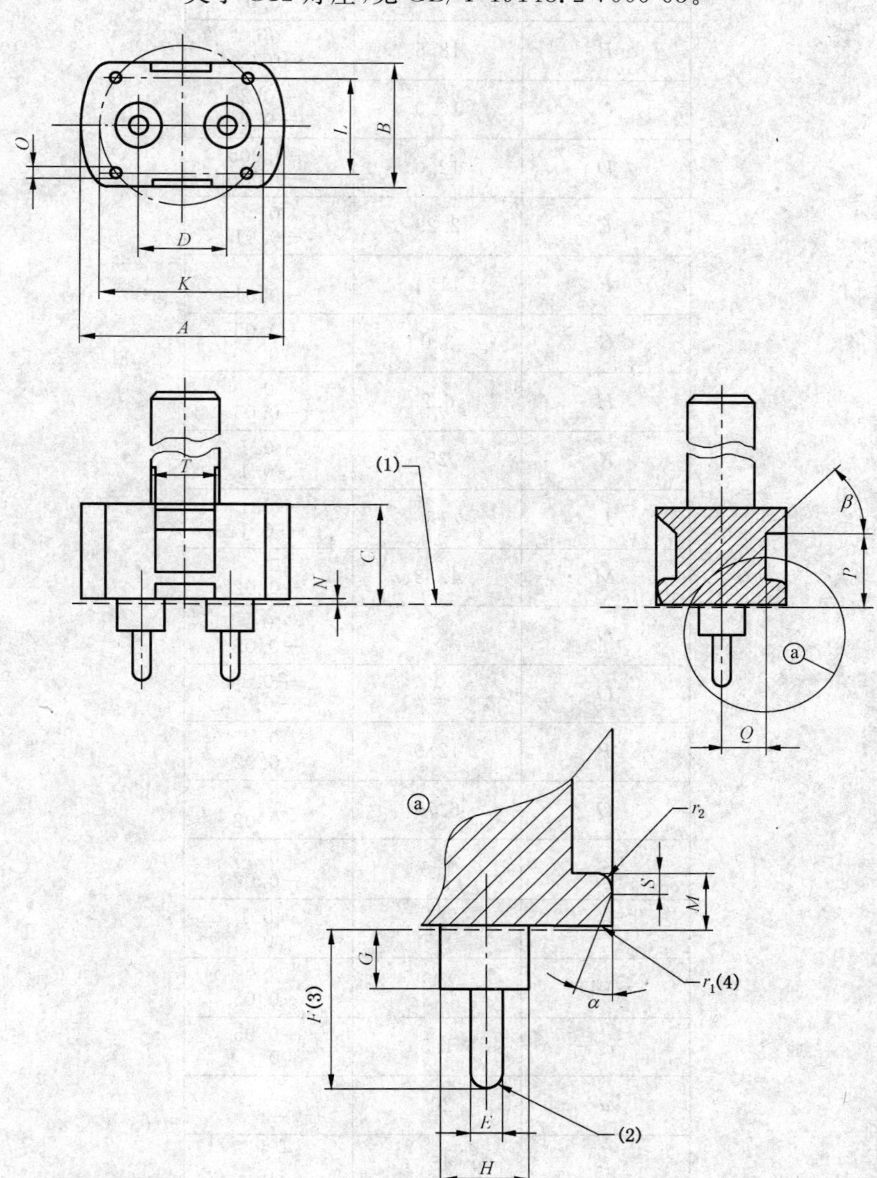

(1) 基准面。

(2) 插脚端部为半球状。

(3) F 所示范围内表面粗糙度 $Ra=0.4\ \mu m$(见 GB/T 3505)。

(4) 半径 r_1 用于整个量规。

GB/T 1483.2-7006-80C-2

	检验 G12 灯座的量规 C	2/2

单位为毫米

尺寸符号	尺寸	公差
A	29.4	0 −0.02
B	18.5	0 −0.02
C	16.0	+0.2 −0.2
D	12.0	+0.005 −0.005
E	2.29	0 −0.01
F	11.4	0 −0.01
G	3.0	+0.05 0
H	6.2	0 −0.05
K	25	+0.1 −0.1
L	15	+0.1 −0.1
M	4.58	0 −0.02
N	0.5	0 −0.05
O	2	+0.1 −0.1
P	12.0	0 −0.02
Q	6.75	0 −0.02
S	1.5	0 −0.02
T	11	+0.1 0
r_1(4)	0.4	0 −0.05
r_2	1.5	+0.05 0
α	20°	0 −6′
β	45°	+30′ 0
质量	待定	

目的：检验灯座对具有最小插脚尺寸、标称插脚间距和最小外形尺寸的灯头的最小夹持力。

检验：应能将量规插入灯座，直至量规的至少三个支撑止档与灯座的正面相接触。然后，调转灯座使量规朝下，此时，量规仍应保持原位不动。将量规从灯座中拔出，所需之力应不小于 GB/T 19148.2-7005-63 所规定之值。

GB/T 1483.2-7006-80C-2

	检验 G12,GX12,PG12-..和 PGX12-..灯座的量规 D	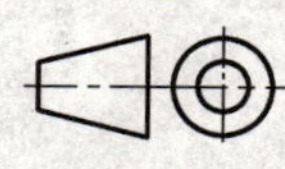 1/1

单位为毫米

附图仅表示互换性的基本尺寸。

关于 G12,GX12,PG12 和 PGX12 灯座,分别见 GB/T 19148.2-7005-63,7005-135 和 7005-64。

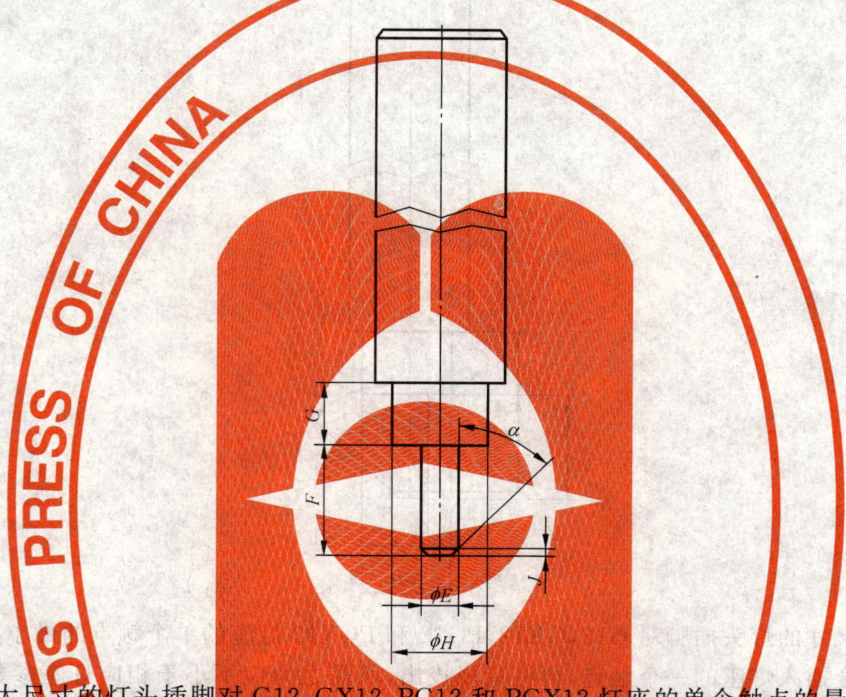

目的:检验最大尺寸的灯头插脚对 G12,GX12,PG12 和 PGX12 灯座的单个触点的最大拔出力。

检验:将量规完全插入灯座的一个触点,再将量规拔出,所需之力应不超过相应灯座参数表中对量规所规定之值。

该检验还应在另一个触点上进行。

尺寸符号	尺寸	公差
E	2.67	+0.01 0
F	8.0	+0.05 −0.05
G	4.5	0 −0.1
H	6.7	0 −0.1
J	0.4	+0.05 −0.05
α	30°	+1° −1°

F 所示范围内表面粗糙度 $Ra=0.4\ \mu m$(见 GB/T 3505)。

GB/T 1483.2-7006-80D-4

	检验 G12,PG12 和 PGX12 灯座的量规 E	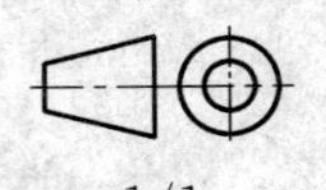 1/1

单位为毫米

附图仅表示互换性的基本尺寸。

关于 G12,PG12 和 PGX12 灯座,分别见 GB/T 19148.2-7005-63,7005-135 和 7005-64。

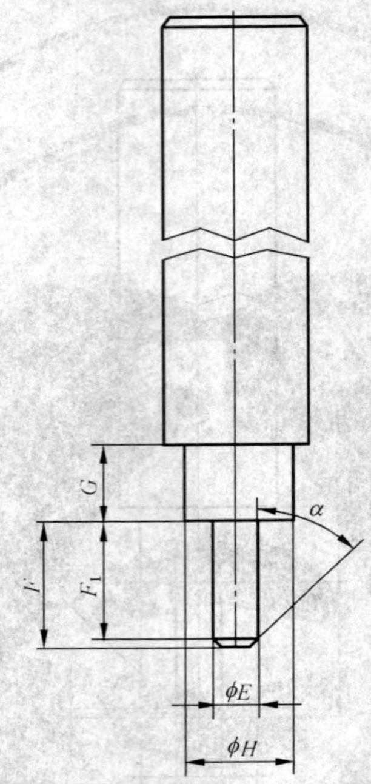

目的:检验最小尺寸的灯头插脚对 G12,GX12,PG12 和 PGX12 灯座的单个触点的最小夹持力。

检验:将量规完全插入灯座的一个触点,再将量规拔出,所需之力应不小于相应灯座参数表中对量规所规定之值。

该检验还应在另一个触点上进行。

尺寸符号	尺寸	公差
E	2.29	0 −0.01
F	7.0	+0.05 −0.05
F_1	6.6	+0.05 −0.05
G	4.5	0 −0.1
H	6.7	0 −0.1
α	30°	+1° −1°

F 所示范围内表面粗糙度 $Ra=0.4\ \mu m$(见 GB/T 3505)。

GB/T 1483.2-7006-80E-4

检验 GX12 灯座的量规 A

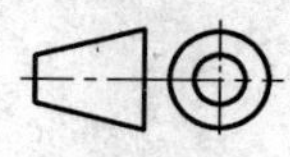

1/2

单位为毫米

附图仅表示互换性的基本尺寸。

关于 GX12 灯座,见 GB/T 19148.2-7005-135。

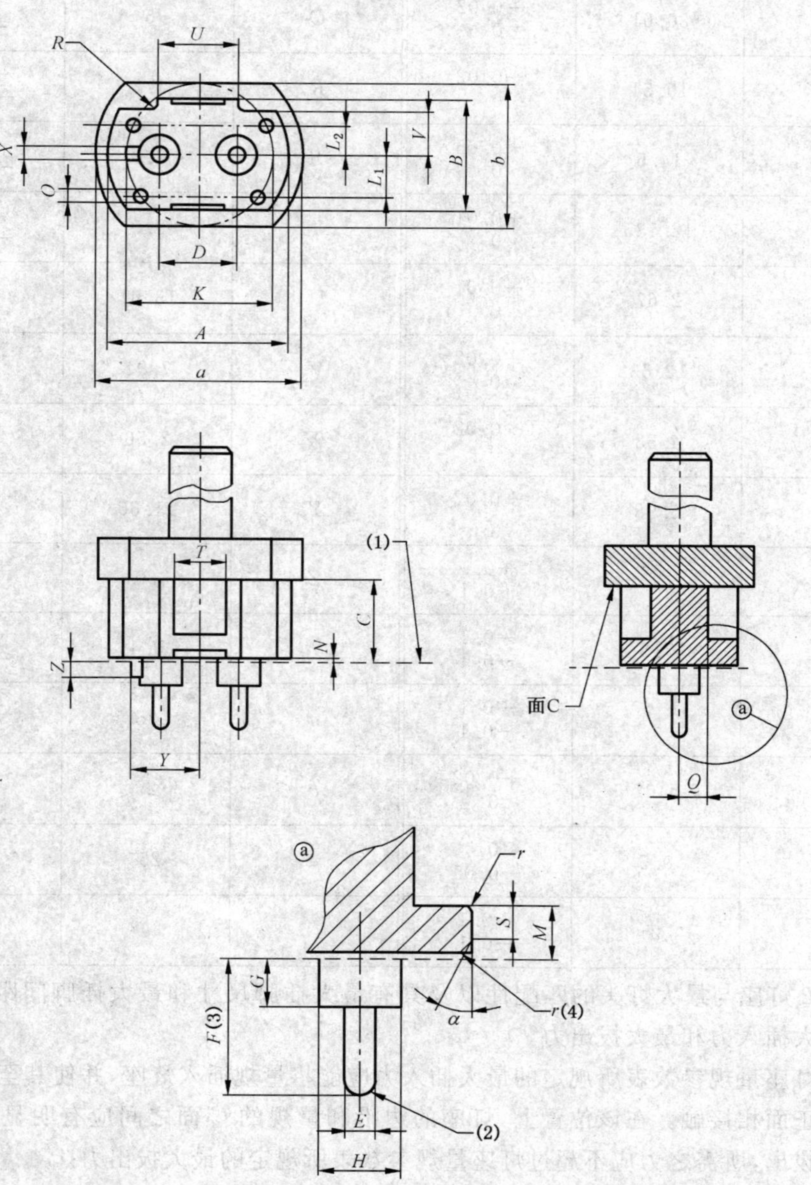

注:只显示检验 GX12-1 灯座的量规。对于检验 GX12-2 灯座的量规,定位键为镜像方向,见灯座参数表。

(1) 基准面。

(2) 插脚端部为半球状。

(3) F 所示范围内表面粗糙度 $Ra=0.4\ \mu m$(见 GB/T 3505)。

(4) 半径 r 用于整个量规。

GB/T 1483.2-7006-135A-1

	检验 GX12 灯座的量规 A	2/2

单位为毫米

尺寸符号	尺寸	公差	尺寸符号	尺寸	公差
A	30.61	+0.02 0	*Q*	5	0 −0.1
B	19.51	+0.02 0	*R*	1.2	+0.02 −0.02
C	14.5	+0.05 0	*S*	3.0	0 −0.02
D	12.135	+0.01 0	*T*	9.0	0 −0.02
E	2.67	+0.01 0	*U*	13.81	+0.02 0
F	12.53	+0.02 0	*V*	7.91	+0.02 0
G	4.53	+0.02 0	*X*	2.56	+0.02 0
H	6.98	+0.02 0	*Y*	11.66	+0.02 0
K	25	+0.1 −0.1	*Z*	3.01	+0.02 0
L_1	7.5	+0.1 −0.1	*r*	0.4	0 −0.05
L_2	5	+0.1 −0.1	*a*	35	+0.5 −0.5
M	5.02	+0.02 0	*b*	25	+0.5 −0.5
N	0.5	0 −0.05	*α*	25°	+1° −1°
O	2	+0.1 −0.1			

目的:检验 GX12 灯座与最大灯头的匹配性以及具有最大插脚尺寸和最大插脚间距的灯头对 GX12 灯座的最大插入力和最大拔出力。

检验:用不超过灯座量规参数表所规定的最大插入力应能将量规插入灯座,并使其至少三个支撑止挡与灯座的正面相接触。在该位置上,灯座的边沿和量规的 C 面之间应有明显的间隙。将量规从灯座中拔出,所需之力应不超过灯座量规参数表所规定的最大拔出力。

GB/T 1483.2-7006-135A-1

	检验 GX12 灯座的量规 B	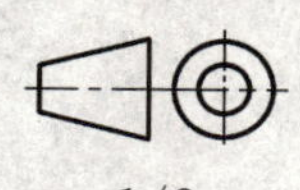 1/2

单位为毫米

附图仅表示互换性的基本尺寸。

关于 GX12 灯座，见 GB/T 19148.2-7005-135。

注：只显示检验 GX12-1 灯座的量规。对于检验 GX12-2 灯座的量规，定位键为镜像方向，见灯座参数表。

(1) 基准面。

(2) 插脚端部为半球状。

(3) F 所示范围内表面粗糙度 $Ra=0.4\ \mu m$(见 GB/T 3505)。

(4) 半径 r 用于整个量规。

GB/T 1483.2-7006-135B-1

	检验 GX12 灯座的量规 B	2/2

单位为毫米

尺寸符号	尺寸	公差	尺寸符号	尺寸	公差
A	30.61	+0.02 0	*O*	2	+0.1 −0.1
B	19.51	+0.02 0	*Q*	7.25	+0.02 0
C	14.5	+0.1 −0.1	*R*	1.2	+0.02 −0.02
D	11.865	0 −0.01	*S*	3.0	0 −0.02
E	2.67	+0.01 0	*T*	9.0	0 −0.02
F	12.53	+0.02 0	*U*	13.81	+0.02 0
G	4.53	+0.02 0	*V*	7.91	+0.02 0
H	6.98	+0.02 0	*X*	2.56	+0.02 0
K	25	+0.1 −0.1	*Y*	11.66	+0.02 0
L_1	7.5	+0.1 −0.1	*Z*	3.01	+0.02 0
L_2	5	+0.1 −0.1	*r*	0.4	0 −0.05
M	5.02	+0.02 0	α	25°	+6′ 0
N	0.5	0 −0.05			

目的：检验具有最大插脚尺寸和最小插脚间距的灯头对 GX12 灯座的最大插入力。

检验：用不超过灯座参数表对量规所规定的最大插入力应能将量规插入灯座，并使其至少三个支撑止挡与灯座的正面相接触。

GB/T 1483.2-7006-135B-1

检验 GX12 灯座的量规 C

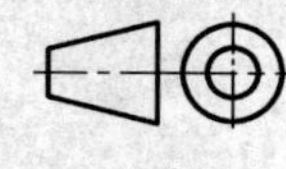

1/2

单位为毫米

附图仅表示互换性的基本尺寸。

关于 GX12 灯座，见 GB/T 19148.2-7005-135。

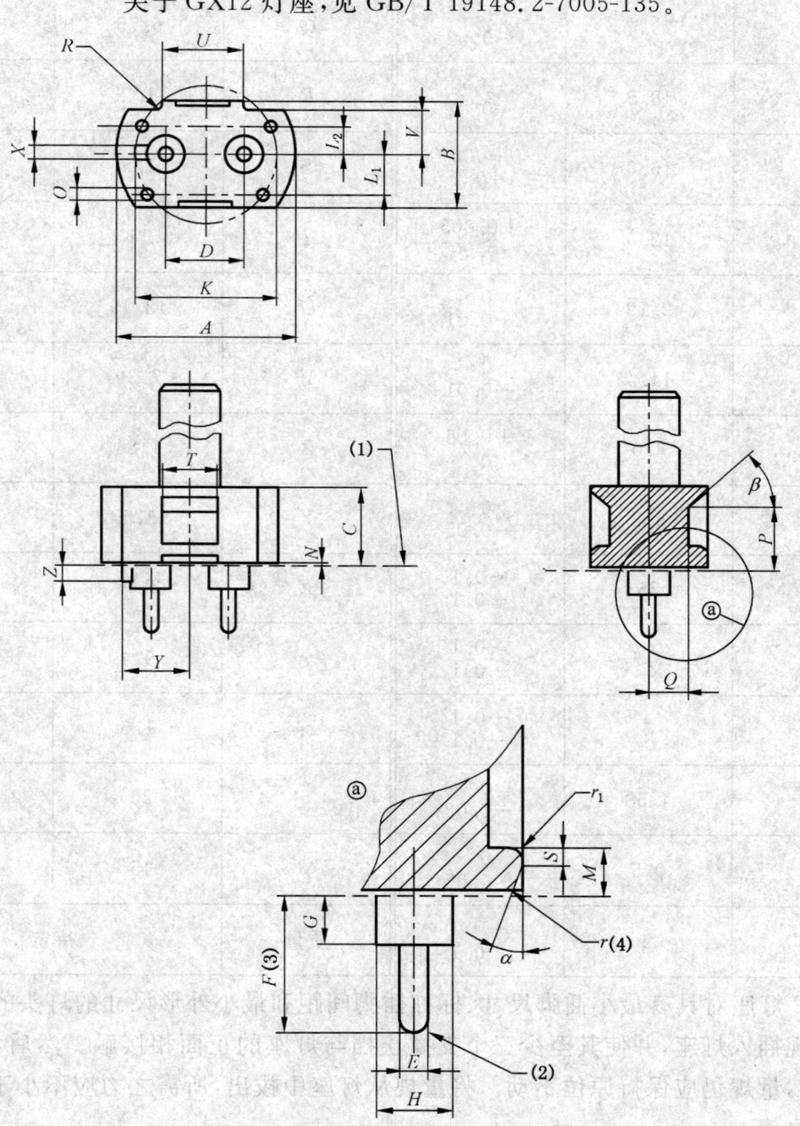

注：只显示检验 GX12-1 灯座的量规。对于检验 GX12-2 灯座的量规，定位键为镜像方向，见灯座参数表。

(1) 基准面。

(2) 插脚端部为半球状。

(3) F 所示范围内表面粗糙度 $Ra=0.4\ \mu m$(见 GB/T 3505)。

(4) 半径 r 用于整个量规。

GB/T 1483.2-7006-135C-1

	检验 GX12 灯座的量规 C	2/2

单位为毫米

尺寸符号	尺寸	公差	尺寸符号	尺寸	公差
A	29.4	0 −0.02	Q	6.75	0 −0.02
B	18.5	0 −0.02	R	1.2	+0.02 −0.02
C	16.0	+0.2 −0.2	S	1.5	0 −0.02
D	12.0	+0.005 −0.005	T	11	+0.1 0
E	2.29	0 −0.01	U	13.19	0 −0.02
F	11.4	0 −0.01	V	7.39	0 −0.02
G	3.0	+0.05 0	X	1.84	0 −0.02
H	6.2	0 −0.05	Y	11.14	0 −0.02
K	25	+0.1 −0.1	Z	2.69	0 −0.02
L_1	7.5	+0.1 −0.1	r	0.4	0 −0.05
L_2	5	+0.1 −0.1	r_1	1.5	+0.05 0
M	4.58	0 −0.02	α	20°	0 −6″
N	0.5	0 −0.05	β	45°	+30′ 0
O	2	+0.1 −0.1	质量	待定	

目的：检验 GX12 灯座对具有最小插脚尺寸、标称插脚间距和最小外形尺寸的灯头的最小夹持力。

检验：应能将量规插入灯座，并使其至少三个支撑止挡与灯座的正面相接触。然后，调转灯座使量规朝下，此时，量规仍应保持原位不动。将量规从灯座中拔出，所需之力应不小于灯座参数表对量规所规定之值。

GB/T 1483.2-7006-135C-1

	检验成对 G13 灯座接触性能的双端量规	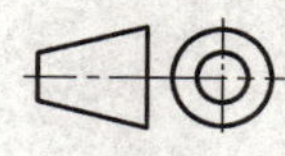 1/2

单位为毫米

附图仅表示互换性的基本尺寸。

关于成对 G13 刚性灯座的安装，见 GB/T 19148.2-7005-50。

注：检验时使用量规Ⅲ、Ⅳ和Ⅴ。

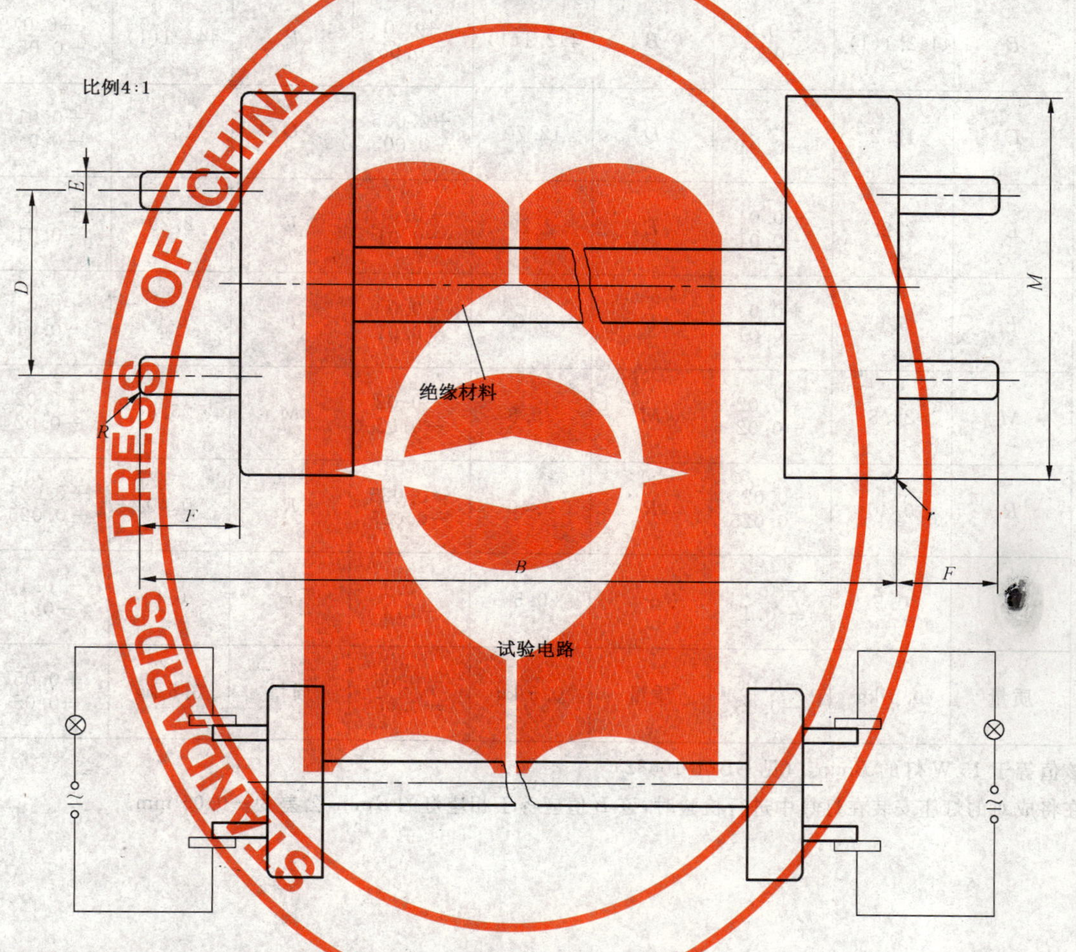

目的：检验成对 G13 挠性或刚性灯座的接触性能。

检验：将三个量规依次插入成对的 G13 灯座，并模拟灯可能出现的所有燃点状态，此时如果两个指示灯全都发光，则该对灯座应视为合格。见 GB 1312—2007 第 10 章：构造。

注：进行试验时，应按照生产厂家的说明以最大安装距离将灯座安装在一试验装置中，该试验装置的详情见 GB 1312—2007。

GB/T 1483.2-7006-60B-4

	检验成对 G13 灯座接触性能的双端量规	2/2

单位为毫米

量规Ⅲ			量规Ⅳ			量规Ⅴ		
尺寸符号	尺寸	公差	尺寸符号	尺寸	公差	尺寸符号	尺寸	公差
B	442.1(1)	+0.0 −0.05	*B*	442.1(1)	+0.0 −0.05	*B*	442.1(1)	+0.0 −0.05
D	12.2	+0.0 −0.01	*D*	12.70	+0.005 −0.005	*D*	13.2	+0.01 −0.0
E	2.29	+0.0 −0.01	*E*	2.29	+0.0 −0.01	*E*	2.29	+0.0 −0.01
F	6.6	+0.0 −0.01	*F*	6.6	+0.0 −0.01	*F*	6.6	+0.0 −0.01
M	25.8	+0.02 −0.02	*M*	25.8	+0.02 −0.02	*M*	25.8	+0.02 −0.02
R	0.40	+0.025 −0.025	*R*	0.40	+0.025 −0.025	*R*	0.40	+0.025 −0.025
[illegible]	0.5	+0.1 −0.1	*r*	0.5	+0.1 −0.1	*r*	0.5	+0.1 −0.1
质量	0.5 kg	+0.05 −0.05	质量	0.5 kg	+0.05 −0.05	质量	0.5 kg	+0.05 −0.05

(1) 该值等于 15 W 灯的 $B\min$。(见 GB/T 10682)

在将成对的灯座安装在灯具中进行检验时,该 B 值应等于相应灯的 $B\min$,公差为−0.05 mm。

GB/T 1483.2-7006-60B-4

	成对 G13 灯座的双端通规	1/2

单位为毫米

附图仅表示互换性的基本尺寸。

关于成对 G13 刚性灯座的安装，见 GB/T 19148.2-7005-50。

注：检验时使用量规Ⅰ和Ⅱ。

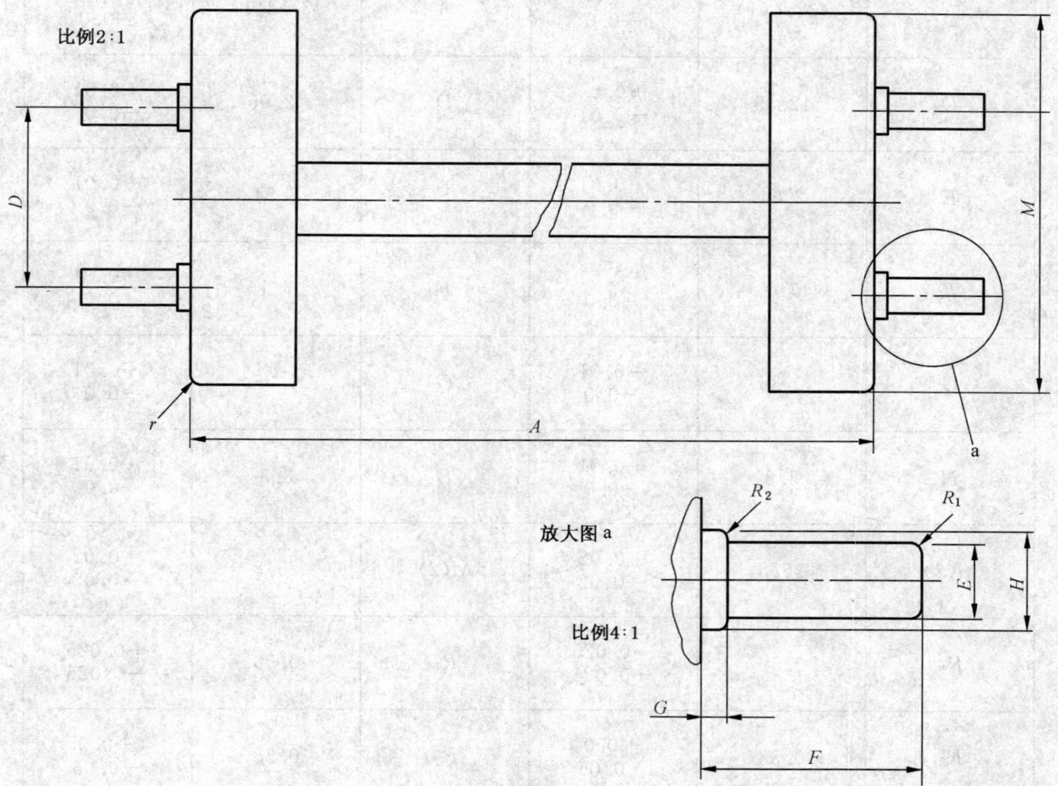

结构：以顺时针方向转动量规Ⅰ及以逆时针方向转动量规Ⅱ，均能使其一端两插脚轴线所在的平面与另一端两插脚轴线所在的平面成一角度。在这种情况下，不用过度的压力也能将量规的各端恰好插入两个槽宽均为 3.05 mm 且相互平行的槽中。（见 GB/T 10682）

GB/T 1483.2-7006-60C-3

	成对 G13 灯座的双端通规	2/2

单位为毫米

量规Ⅰ			量规Ⅱ		
尺寸符号	尺寸	公差	尺寸符号	尺寸	公差
A	437.4(1)	+0.05 −0.0	*A*	437.4(1)	+0.05 −0.0
D	12.45	+0.0 −0.01	*D*	12.95	+0.01 −0.0
E	2.54	+0.01 −0.0	*E*	2.54	+0.01 −0.0
F	7.1	+0.01 −0.0	*F*	7.1	+0.01 −0.0
G	0.86	+0.01 −0.0	*G*	0.86	+0.01 −0.0
H	3.3	+0.01 −0.0	*H*	3.3	+0.01 −0.0
M(2)	25.8	+0.02 −0.02	*M*(2)	25.8	+0.02 −0.02
R_1	0.50	+0.025 −0.025	R_1	0.50	+0.025 −0.025
R_2	0.38	+0.0 −0.05	R_2	0.38	+0.0 −0.05
r	0.5	+0.1 −0.1	*r*	0.5	+0.1 −0.1

(1) 该值等于 15 W 灯的 *A*min。(见 GB/T 10682)

在将成对的灯座安装在灯具中进行检验时,该 *A* 值应等于相应灯的 *A*min,公差为+0.05 mm。

(2) 对于标称直径大于 25 mm 的灯所用的灯座,还应用一简单的测量装置(如:插头)对其进行检验,该装置的直径与 GB/T 1406.2-7004-51 中尺寸 *A* 所表示的灯头最大外壳直径相符。

目的:检验灯的插脚对成对 G13 挠性或刚性灯座的插入性能。

检验:各量规应能插入成对的灯座中。关于所施加的最大外力,见 GB 1312—2007 的 10.5。

注:进行检验时,应按照生产厂家的说明,将灯座以最小安装距离安装在一试验装置中。

该试验装置的详情见 GB 1312—2007。

GB/T 1483.2-7006-60C-3

检验 2G13 灯座的插入及接触性能的量规	1/3

单位为毫米

附图仅表示互换性的基本尺寸。

关于 2G13 灯座，见 GB/T 19148.2-7005-33。

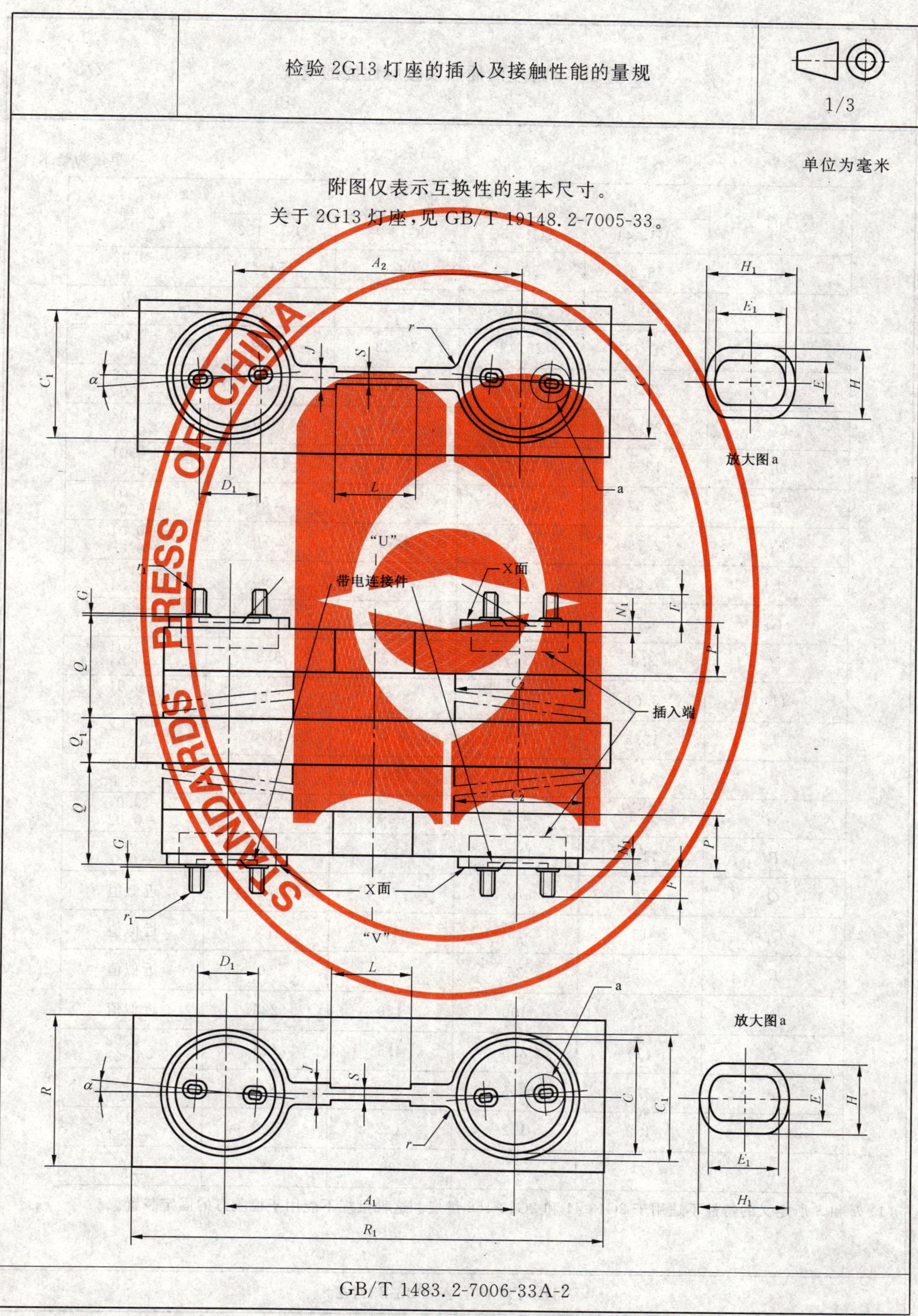

GB/T 1483.2-7006-33A-2

检验 2G13 灯座的插入及接触性能的量规 2/3

单位为毫米

尺寸符号	尺寸				公差
	2G13-41	2G13-56	2G13-92	2G13-152	
A_1	43.2	58.0	94.0	154.4	+0.02 −0.0
A_2	39.1	54.0	90.0	150.4	+0.0 −0.02
C	25.78	25.78	36.52	36.52	+0.02 −0.0
C_1	27.0	27.0	38.5	38.5	+0.02 −0.0
C_2	27.0	27.0	39.5	39.5	+0.02 −0.0
D_1	12.7	12.7	12.7	12.7	+0.01 −0.01
E	2.67	2.67	2.67	2.67	+0.01 −0.0
E_1	2.79	2.79	2.79	2.79	+0.01 −0.0
F	7.65	7.65	7.65	7.65	+0.0 −0.01
G	0.76	0.76	0.76	0.76	+0.01 −0.0
H	3.3	3.3	3.3	3.3	+0.01 −0.0
H_1	3.61	3.61	3.61	3.61	+0.01 −0.0
J	13.5	4.5	6.0	13.5	+0.02 −0.0
L	(1)	10	29	(1)	+0.0 −0.1
N_1	2.5	2.5	2.5	2.5	+0.0 −0.02
P	11.5	11.5	13	13	+0.1 −0.0
Q	70	70	70	70	近似值
Q_1	15	15	15	15	近似值
R	35	35	50	50	近似值
R_1	80	100	150	225	近似值
S	(1)	3.5	4.5	(1)	+0.02 −0.0
r	3.5	3.5	3.5	3.5	+0.1 −0.0
r_1	1.2	1.2	1.2	1.2	+0.2 −0.2
α	3°	3°	3°	3°	+5′ −5′

(1) L 和 S 所定义的特性不适用于 2G13-41 和 2G13-152 量规。这种量规不能用于检验灯的固定装置。

GB/T 1483.2-7006-33A-2

	检验 2G13 灯座的插入及接触性能的量规	3/3

单位为毫米

目的：检验 2G13 灯座的插入和接触性能。

检验：不需用过度的压力，应能将相应的量规的各端插入灯座中，并使其 X 面与灯座的正面相接触。此时用适宜的试验电路检验灯座触点的电接触性。然后绕“U-V”轴线旋转量规 180°，再重复进行该检验。

上述检验完成之后，再用 GB/T 1483.2-7006-33B 所示量规检验该灯座。

GB/T 1483.2-7006-33A-2

	检验 2G13 灯座接触性能的量规	1/1

单位为毫米

附图仅表示互换性的基本尺寸。

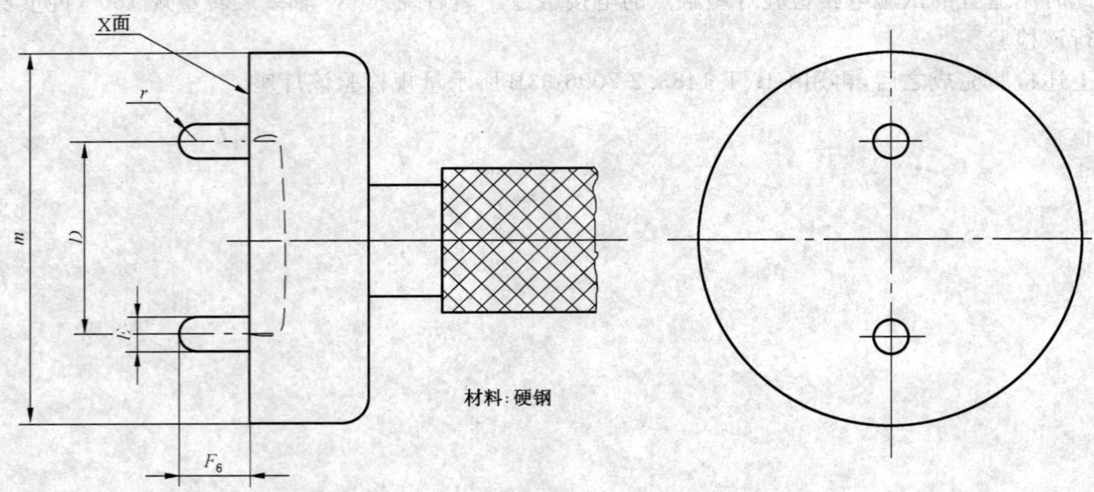

目的:检验 2G13 灯座的接触性能。

检验:在进行此项检验之前,灯座应已符合 GB/T 1483.2-7006-33A 所示相应量规的要求。

将量规依次插入灯座的各部分,直至其 X 面与灯座的正面相接触。然后再沿任一水平方向移动量规,此时,由试验电路显示出的电接触应保持在量规的两插脚和灯座的触点之间。

尺寸符号	尺寸	公差
D	12.70	+0.005 −0.005
E	2.29	+0.0 −0.01
F_6	4.35	+0.0 −0.01
m	约 24	
r	约 $E/2$	

GB/T 1483.2-7006-33B-1

	2GX13 灯座的通规	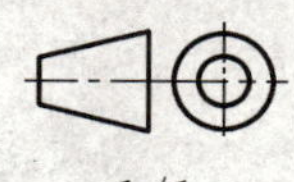 1/1

单位为毫米

附图仅表示互换性的基本尺寸。

关于 2GX13 灯座，见 GB/T 19148.2-7005-125。

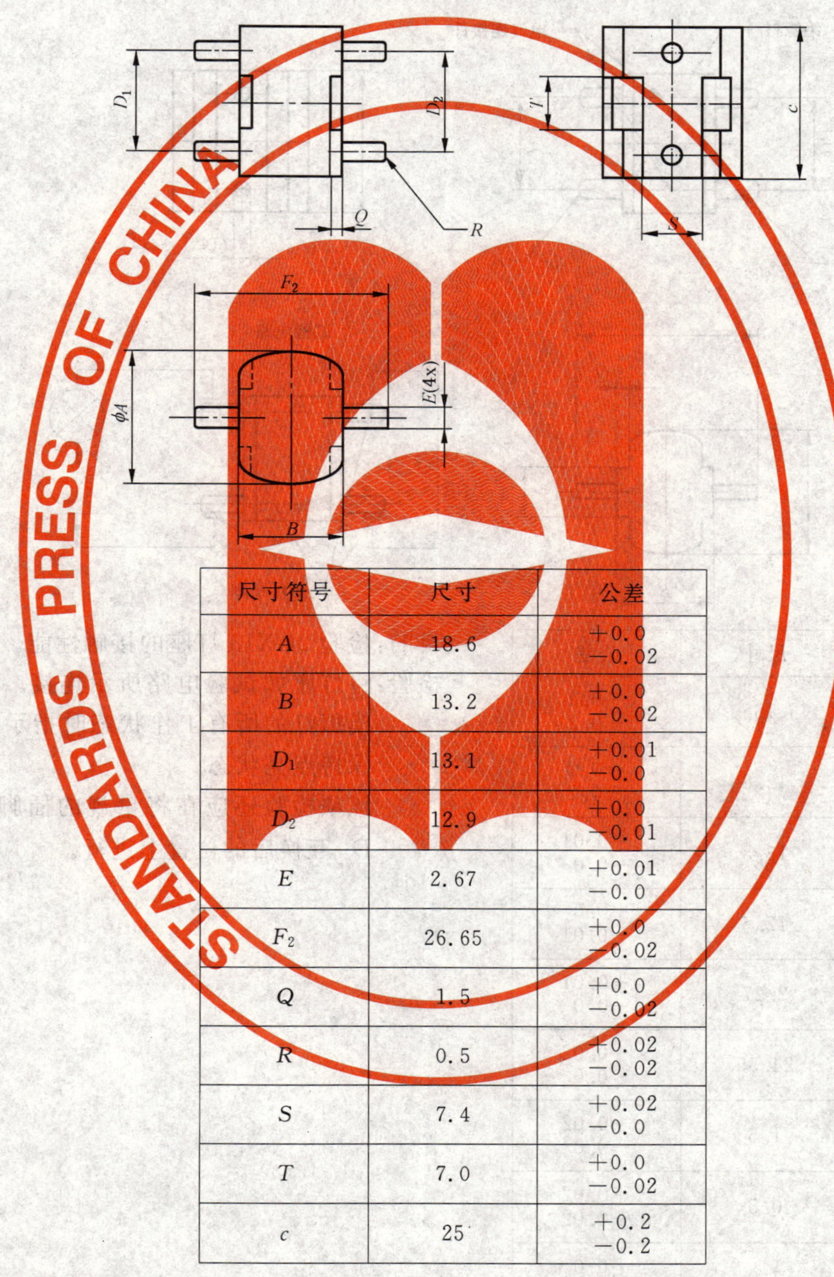

尺寸符号	尺寸	公差
A	18.6	+0.0 −0.02
B	13.2	+0.0 −0.02
D_1	13.1	+0.01 −0.0
D_2	12.9	+0.0 −0.01
E	2.67	+0.01 −0.0
F_2	26.65	+0.0 −0.02
Q	1.5	+0.0 −0.02
R	0.5	+0.02 −0.02
S	7.4	+0.02 −0.0
T	7.0	+0.0 −0.02
c	25	+0.2 −0.2

目的：检验灯头对 2GX13 灯座的插入性能。

检验：用不超过灯座参数表所规定的最大插入力应能将量规的一面插入灯座。

该项检验还应在量规的另一面上进行。

GB/T 1483.2-7006-125-1

检验 2GX13 灯座接触性能的量规

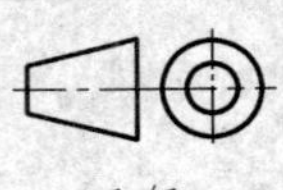

1/1

单位为毫米

附图仅表示互换性的基本尺寸。

关于 2GX13 灯座，见 GB/T 19148.2-7005-125。

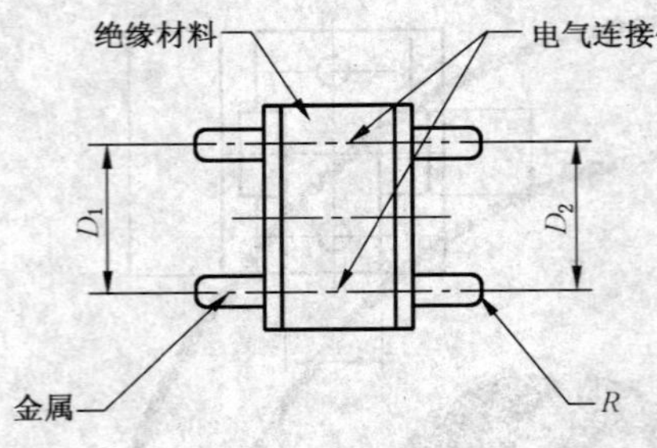

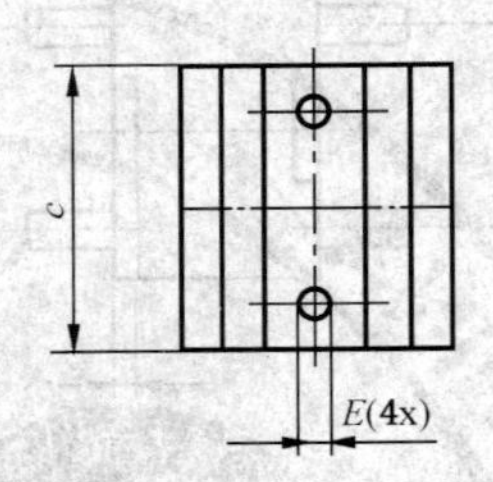

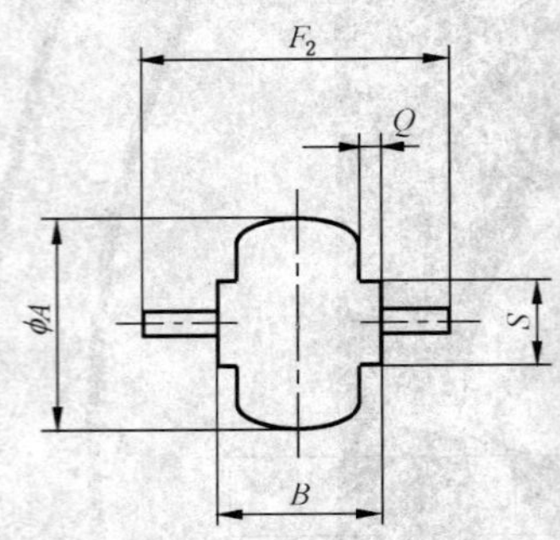

试验电路

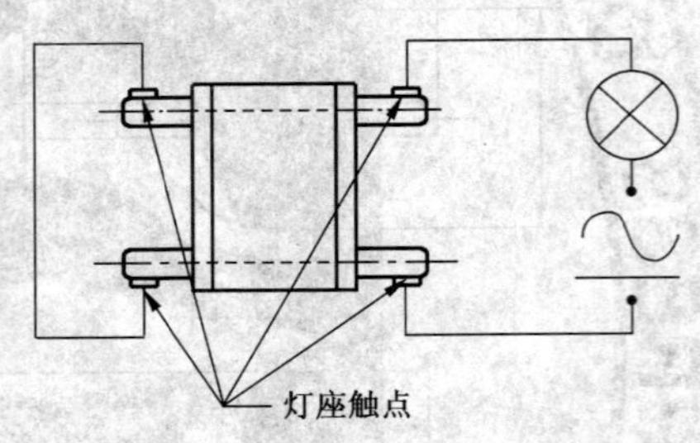

尺寸符号	尺寸	公差
A	18	+0.2 −0.2
B	12.8	+0.2 −0.2
D_1	13.5	+0.01 −0.0
D_2	12.5	+0.0 −0.01
E	2.27	+0.01 −0.0
F_2	24.55	+0.02 −0.0
Q	1.5	+0.02 −0.0
R	0.5	+0.02 −0.02
S	7.0	+0.0 −0.02
c	25	+0.2 −0.2

目的：检验 2GX13 灯座的接触性能。

检验：将灯座如试验电路所示连接。插入量规并模拟灯的所有工作状态时指示灯应点亮并保持点亮状态。

该项检验还应在将量规的插脚间距 D_1 和 D_2 互换后的位置上进行。

GB/T 1483.2-7006-125C-1

	检验 2GX13 灯座最小夹持力的量规	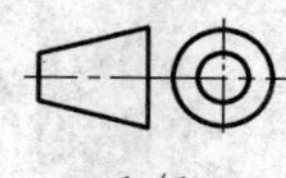 1/1

单位为毫米

附图仅表示互换性的基本尺寸。

关于 2GX13 灯座，见 GB/T 19148.2-7005-125。

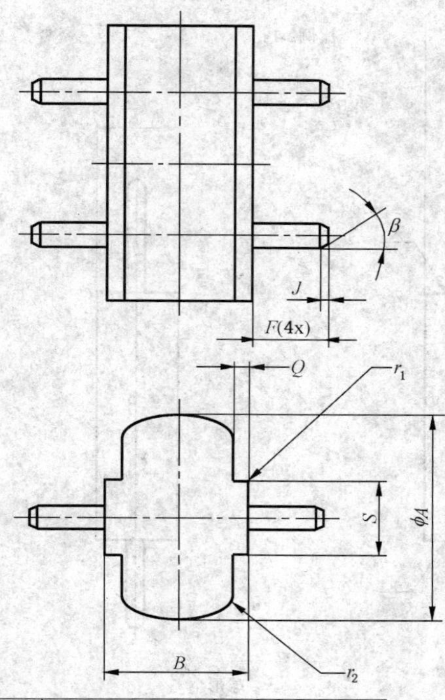

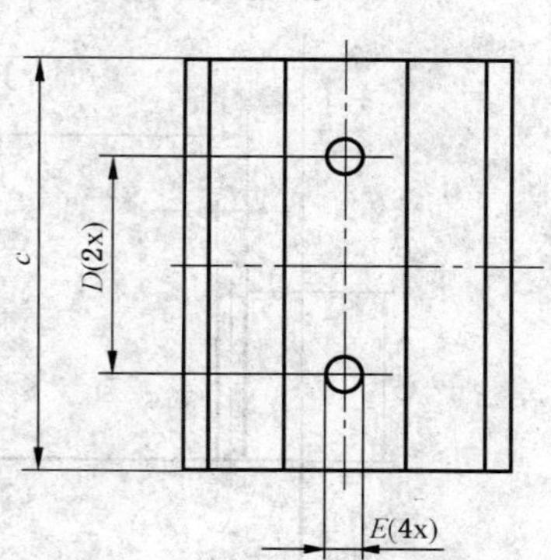

尺寸符号	尺寸	公差
A	18.5	+0.02 −0.01
B	12.6	0 −0.02
D	13	+0.02 −0.02
E	2.1	+0.01 0
F	6.4	+0.02 −0.02
J	0.4	+0.1 −0.1
Q	1.5	+0.02 0
S	7.0	+0.02 0
r_1	0.5	+0.02 −0.02
r_2	0.4	+0.1 −0.1
c	25	+0.2 −0.2
β	30°	+1° −1°

目的：检验 2GX13 灯座对最小尺寸的灯头的最小夹持力。

检验：将量规完全插入灯座后，再将量规拔出灯座，所用拔出力应不小于 GB/T 19148.2-7005-125 所示之值。

F 所示范围内的表面粗糙度 $Ra = 0.4\ \mu m$（见 GB/T 3505）。

GB/T 1483.2-7006-125D-1

	检验 G17q-7,GX17q-7 和 GY17q-7 灯座接触性能的塞规	1/1

单位为毫米

附图仅表示互换性的基本尺寸。

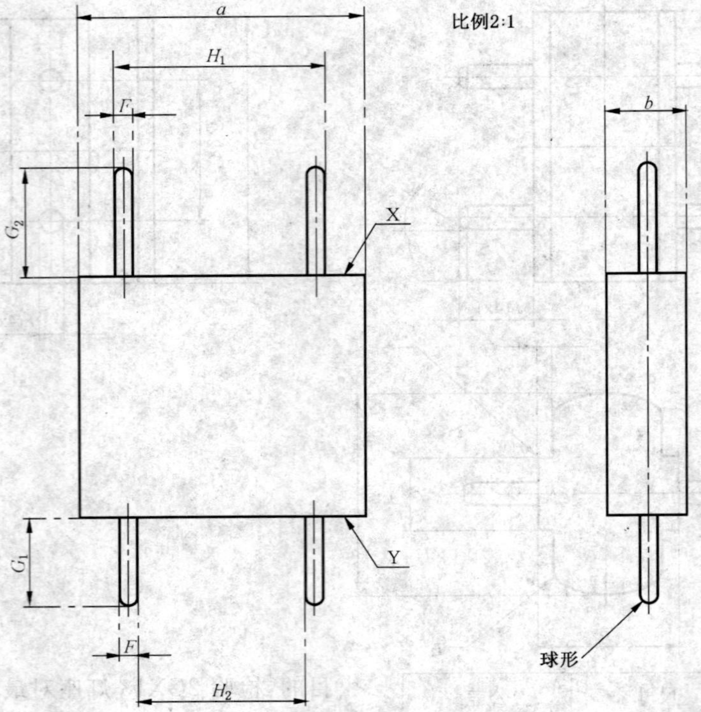

比例2:1

a H1 F G2 X Y G1 F H2 b 球形

尺寸符号	尺寸	公差
F	1.24	+0.0 −0.005
G_1	6.0	+0.0 −0.02
G_2	7.5	+0.02 +0.0
H_1	13.77	+0.01 +0.0
H_2	10.91	+0.0 −0.01
a	19	+0.5 −0.5
b	5	+0.5 −0.5

目的:检验灯座与相应灯的接触插脚的电接触性能。

检验:将量规各面同时插入灯座的两个接触孔,并使量规相应的面(X 或 Y)与灯座的表面紧密接触时,应产生电接触。

GB/T 1483.2-7006-58C-1

	检验 G17q-7 和 GY17q-7 灯座的通规	1/1

单位为毫米

附图仅表示互换性的基本尺寸。

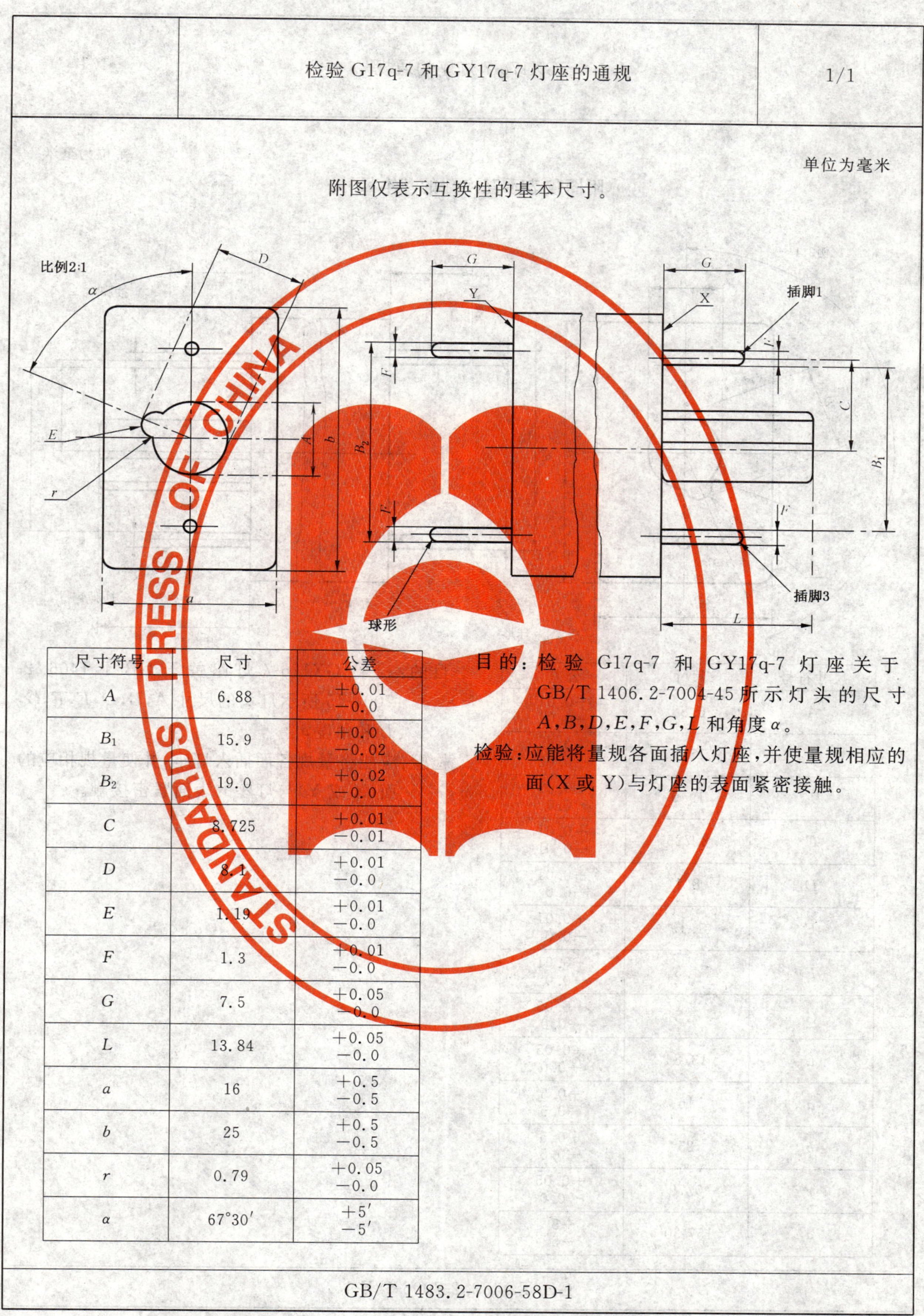

尺寸符号	尺寸	公差
A	6.88	+0.01 −0.0
B_1	15.9	+0.0 −0.02
B_2	19.0	+0.02 −0.0
C	8.725	+0.01 −0.01
D	8.1	+0.01 −0.0
E	1.19	+0.01 −0.0
F	1.3	+0.01 −0.0
G	7.5	+0.05 −0.0
L	13.84	+0.05 −0.0
a	16	+0.5 −0.5
b	25	+0.5 −0.5
r	0.79	+0.05 −0.0
α	67°30′	+5′ −5′

目的：检验 G17q-7 和 GY17q-7 灯座关于 GB/T 1406.2-7004-45 所示灯头的尺寸 A,B,D,E,F,G,L 和角度 α。

检验：应能将量规各面插入灯座，并使量规相应的面(X 或 Y)与灯座的表面紧密接触。

GB/T 1483.2-7006-58D-1

	GX17q-7 灯座的通规	1/1

单位为毫米

附图仅表示互换性的基本尺寸。

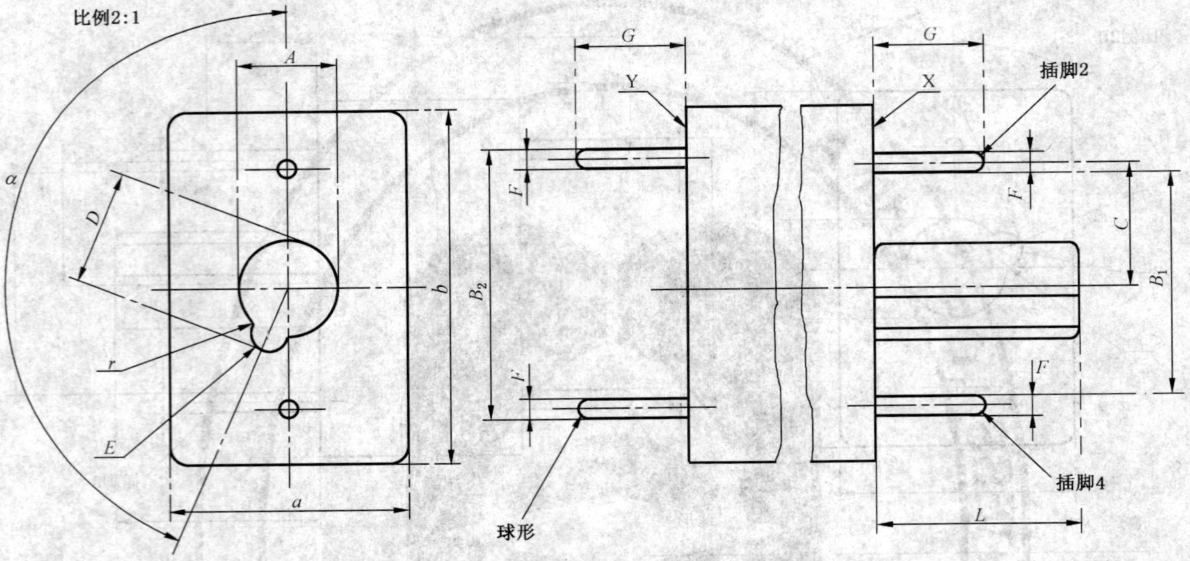

比例2:1

尺寸符号	尺寸	公差
A	6.88	+0.01 −0.0
B_1	15.9	+0.0 −0.02
B_2	19.0	+0.02 −0.0
C	8.725	+0.01 −0.01
D	8.1	+0.01 −0.0
E	1.19	+0.01 −0.0
F	1.3	+0.01 −0.0
G	7.5	+0.05 −0.0
L	13.84	+0.05 −0.0
a	16	+0.5 −0.5
b	25	+0.5 −0.5
r	0.79	+0.05 −0.0
α	157°30′	+5′ −5′

目的：检验 GX17q-7 灯座关于 GB/T 1406.2-7004-45 所示灯头的尺寸 A,B,D,E,F,G,L 和角度 α。

检验：应能将量规各面插入灯座，并使量规相应的面(X 或 Y)与灯座的表面紧密接触。

GB/T 1483.2-7006-58E-1

	检验 G17q-7，GX17q-7 和 GY17q-7 灯座的旋转规	1/1

单位为毫米

附图仅表示互换性的基本尺寸。

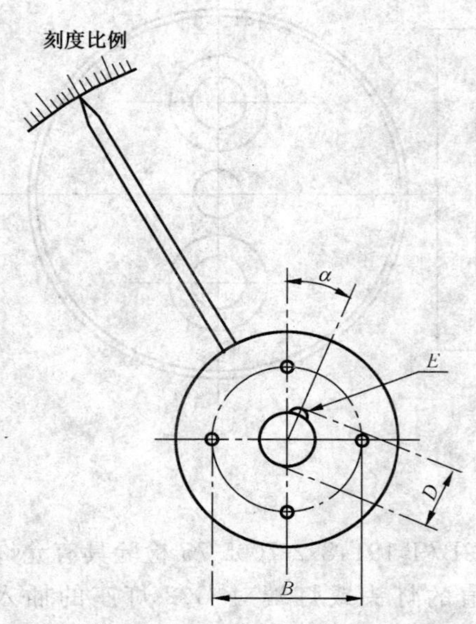

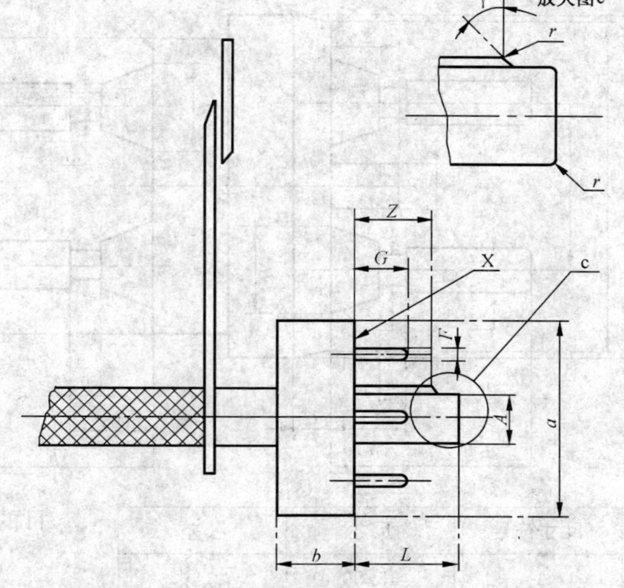

尺寸符号	尺寸	公差
A	6.56	+0.0 −0.01
B	17.45	+0.01 −0.01
D	7.64	+0.0 −0.01
E	1.05	+0.0 −0.01
F	1.24	+0.005 −0.005
G	6.75	+0.1 −0.1
L	13.6	+0.1 −0.1
Z	10	+0.1 −0.1
a	27	+0.5 −0.5
b	10	+0.5 −0.5
r	约 0.4	
α	20°30′	+5′ −5′
γ	45°	+30′ −30′

目的：检验灯头在灯座内旋转的程度。

检验：将量规插入灯座，并使其 X 面与灯座的表面紧密接触。将量规旋转到极限位置，读出旋转角度的数值。用于内部聚光镜面反射型灯的灯座允许量规旋转的角度应不超过±1°，非用于内部聚光镜面反射型灯的灯座允许量规旋转的角度应不超过±3°。

注：该量规也用于检验灯座的安装孔与灯端校准插脚孔轴之间的角关系。

GB/T 1483.2-7006-58F-1

	G22 灯座的通规	1/1

单位为毫米

附图仅表示互换性的基本尺寸。

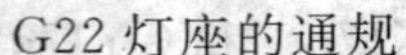

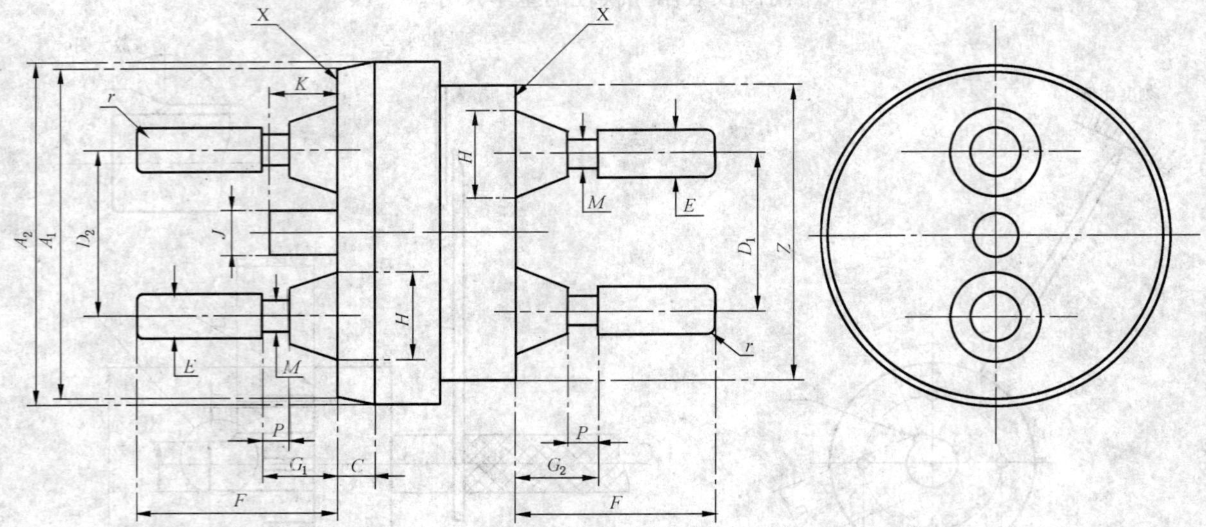

尺寸符号	尺寸	公差
A_1	45.59	+0.0 −0.03
A_2	47.24	+0.0 −0.03
C	4.94	+0.03 −0.0
D_1	21.89	+0.01 −0.01
D_2	22.56	+0.01 −0.01
E	6.42	+0.0 −0.01
F	26.59	+0.0 −0.02
G_1	9.95	+0.02 −0.0
G_2	10.95	+0.0 −0.02
H	11.81	+0.03 −0.0
J	6.05	+0.0 −0.03
K	8.94	+0.0 −0.02
M	4.04	+0.03 −0.0
P	3.86	+0.02 −0.0
Z	41.15	+0.0 −0.03
r	1.02	+0.0 −0.03

目的:按照 GB/T 19148.2-7005-75 检验具有允许极限值的灯头或灯端对 G22 灯座的插入性能。

检验:量规的各端均能插入灯座,并使相应的 X 面与灯座的基准面相接触。

此外,如果灯座上装有一能使灯朝下固定的装置,则该装置应能以预定方式开始工作。

GB/T 1483.2-7006-75A-1

GY22 灯座的通规

1/1

单位为毫米

附图仅表示互换性的基本尺寸。

关于 GY22 灯座,见 GB/T 19148.2-7005-119。

尺寸符号	尺寸	公差
A	47.22	+0.0 −0.02
C	4.95	+0.02 −0.0
D_1	21.89	+0.01 −0.01
D_2	22.56	+0.01 −0.01
E	6.42	+0.0 −0.01
E_1	9.12	+0.0 −0.01
F	26.6	+0.0 −0.02
b	50	+1 −1
r	1.0	+0.0 −0.03

目的:检验具有允许极限值的灯头对 GY22 灯座的插入性能。

检验:量规的各端均应能插入灯座,并使其 X 面与灯座的基准面相接触。

GB/T 1483.2-7006-119A-1

	检验 G23 灯座的最大插入力和最大拔出力的塞规 A	1/2

单位为毫米

附图仅表示互换性的基本尺寸。

关于 G23 灯座，见 GB/T 19148.2-7005-69。

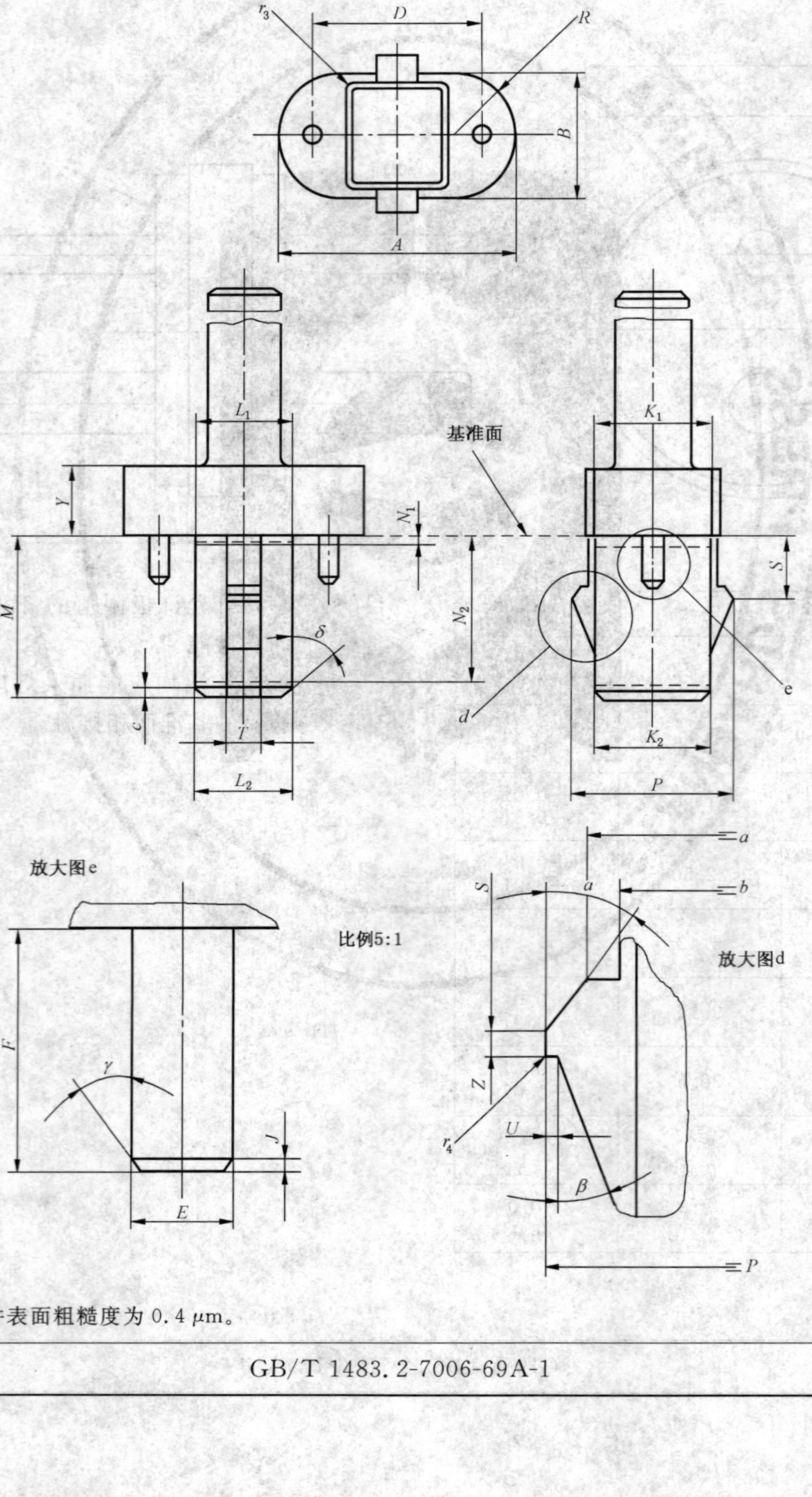

基准面以下各部件表面粗糙度为 0.4 μm。

GB/T 1483.2-7006-69A-1

	检验 G23 灯座的最大插入力和最大拔出力的塞规 A	2/2

单位为毫米

尺寸符号	尺寸	公差	尺寸符号	尺寸	公差
A	32.5	+0.02 −0.0	S	8.85	+0.0 −0.02
B	18.1	+0.02 −0.0	T	4.7	+0.02 −0.0
D	23.12	+0.01 −0.0	U	0.2	+0.02 −0.0
E	2.67	+0.01 −0.0	Y	10	+0.05 −0.0
F	6.8	+0.02 −0.0	Z	0.5	+0.05 −0.0
J	0.4	+0.05 −0.05	a	19.0	+0.01 −0.01
K_1 *	16.3	+0.02 −0.0	b	17.0	+0.01 −0.01
K_2 **	15.75	+0.02 −0.0	c	0.5	+0.1 −0.0
L_1 *	13.9	+0.02 −0.0	r_3	0.5	+0.05 −0.05
L_2 **	13.35	+0.02 −0.0	r_4	0.15	+0.05 −0.05
M	23.0	+0.02 −0.0	α	35°	+ 1° −1°
N_1 *	0.5	—	β	20°	+ 1° −1°
N_2 **	21.0	—	γ	35°	+ 1° −1°
P	21.0	+0.02 −0.0	δ	45°	+ 1° −1°
R	B/2	—			

* 在距离基准面 N_1 处测量。

** 在距离基准面 N_2 处测量。

目的:检验具有最大插脚尺寸、最大插脚间距和最大中心支柱尺寸的灯头对 G23 灯座的最大插入力和最大拔出力。

检验:用不超过 GB/T 19148.2-7005-69 所规定的最大插入力应能将量规插入灯座。在量规被完全插入灯座之后,再用不超过 GB/T 19148.2-7005-69 所规定的最大拔出力应能将量规从灯座中拔出。

GB/T 1483.2-7006-69A-1

	检验 G23 和 GX23 灯座最大插入力的塞规 B	1/2

单位为毫米

附图仅表示互换性的基本尺寸。

关于 G23 和 GX23 灯座，分别见 GB/T 19148.2-7005-69 和 7005-86。

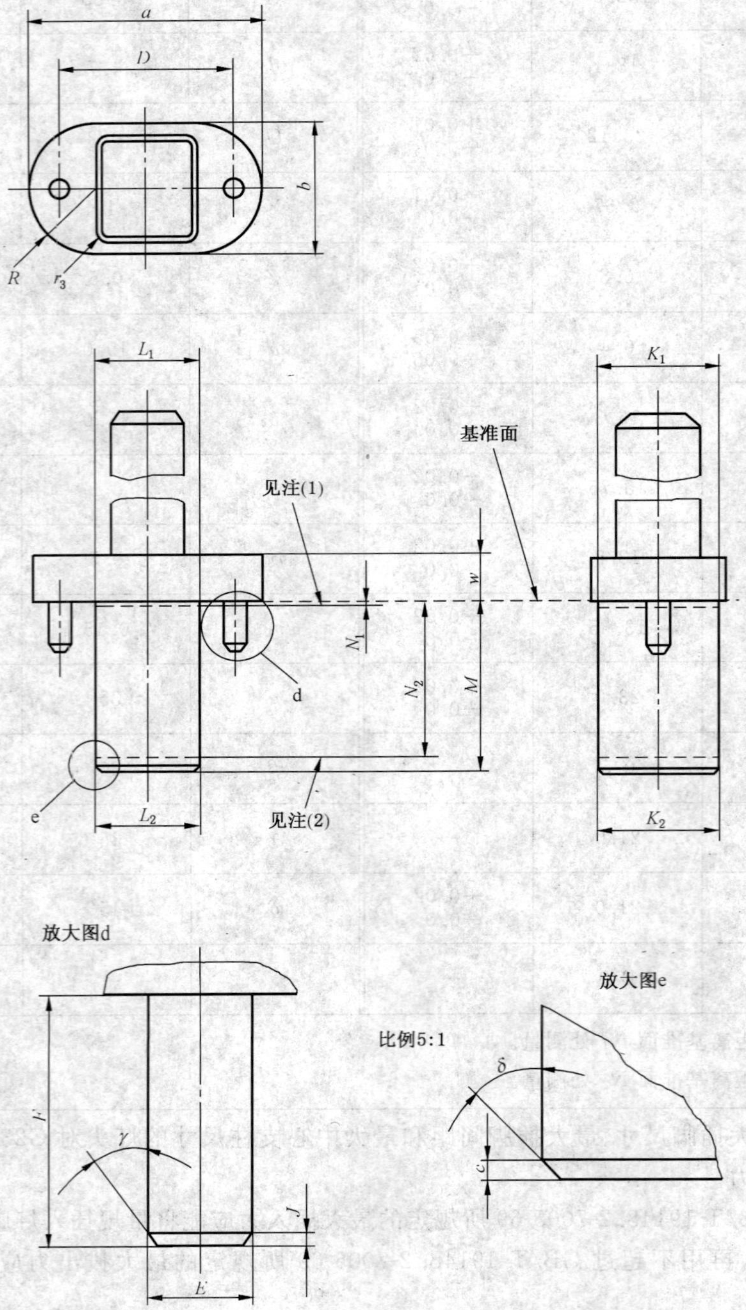

基准面以下各部件表面粗糙度为 0.4 μm。

GB/T 1483.2-7006-69B-2

	检验 G23 和 GX23 灯座最大插入力的塞规 B	2/2

单位为毫米

尺寸符号	尺寸	公差	尺寸符号	尺寸	公差
D	22.88	+0.0 −0.01	N_2(2)	21.0	—
E	2.67	+0.01 −0.0	R	$b/2$	—
F	6.8	+0.02 −0.0	a	30.0	+0.5 −0.5
J	0.4	+0.05 −0.05	b	17.0	+0.5 −0.5
K_1(1)	16.3	+0.02 −0.0	c	0.5	+0.1 −0.1
K_2(2)	15.75	+0.02 −0.0	r_3	0.5	+0.05 −0.05
L_1(1)	13.9	+0.02 −0.0	w	6.0	+0.5 −0.5
L_2(2)	13.35	+0.02 −0.0	γ	35°	+1° −1°
M	23.0	+0.02 −0.0	δ	45°	+1° −1°
N_1(1)	0.5	—			

(1) 在距离基准面 N_1 处测量。

(2) 在距离基准面 N_2 处测量。

目的：检验具有最大插脚尺寸和最小插脚间距的灯头对 G23 和 GX23 灯座的最大插入力。

检验：用不超过 GB/T 19148.2-7005-69 和 7005-86 所规定的最大插入力应能将量规分别插入灯座，并使量规的基准面与灯座的正面相接触。

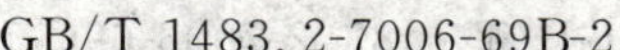

GB/T 1483.2-7006-69B-2

	检验 G23 灯座最小夹持力的塞规 C	1/2

单位为毫米

附图仅表示互换性的基本尺寸。

关于 G23 灯座，见 GB/T 19148.2-7005-69。

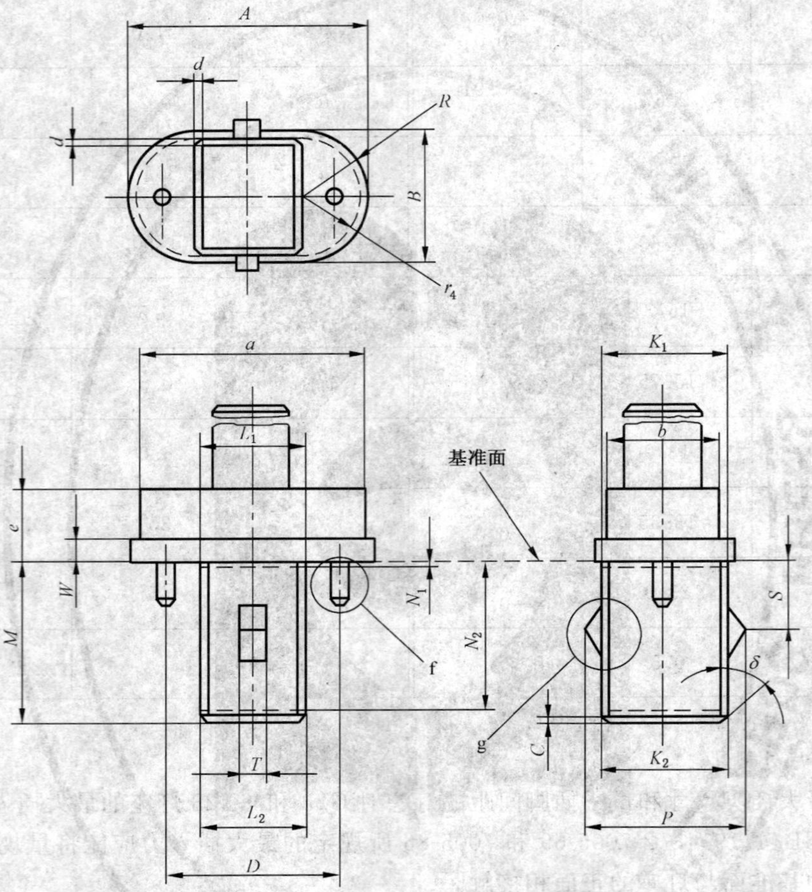

放大图f

比例5:1

放大图g

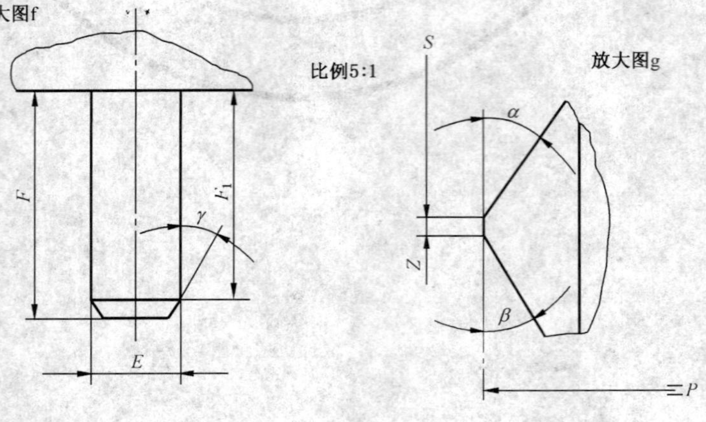

基准面以下各部件表面粗糙度为 0.4 μm。

GB/T 1483.2-7006-69C-1

	检验 G23 灯座最小夹持力的塞规 C	2/2

单位为毫米

尺寸符号	尺寸	公差	尺寸符号	尺寸	公差
A	31.5	+0.0 −0.02	S	9.15	+0.02 −0.0
B	17.7	+0.0 −0.02	T	3.5	+0.0 −0.02
D	23.0	+0.01 −0.01	W	3.0	+0.0 −0.05
E	2.29	+0.0 −0.01	Z	0.5	+0.0 −0.05
F	6.0	+0.0 −0.02	a	28.8	+0.5 −0.5
F_1	5.5	+0.0 −0.05	b	15	+0.5 −0.5
K_1 *	16.15	+0.0 −0.02	c	0.6	+0.1 −0.1
K_2 **	15.6	+0.0 −0.02	d	0.8	+0.1 −0.0
L_1 *	13.75	+0.0 −0.02	e	10	+0.5 −0.5
L_2 **	13.2	+0.0 −0.02	r_4	$b/2$	—
M	21.8	+0.0 −0.02	α	35°	+1° −1°
N_1 *	0.5	—	β	30°	+1° −1°
N_2 **	21.0	—	γ	30°	+1° −1°
P	20.6	+0.0 −0.02	δ	45°	+1° −1°
R	$B/2$	—			

* 在距离基准面 N_1 处测量。

** 在距离基准面 N_2 处测量。

目的：检验 G23 灯座对具有最小插脚尺寸和最小中心支柱尺寸的灯头的最小夹持力。

检验：将量规完全插入灯座，再将量规从灯座中拔出，所需之力应不小于 GB/T 19148.2-7005-69 所规定之值。

GB/T 1483.2-7006-69C-1

	检验 GX23 灯座最大插入力和最大拔出力的塞规 A	1/2

单位为毫米

附图仅表示互换性的基本尺寸。

关于 GX23 灯座，见 GB/T 19148.2-7005-86。

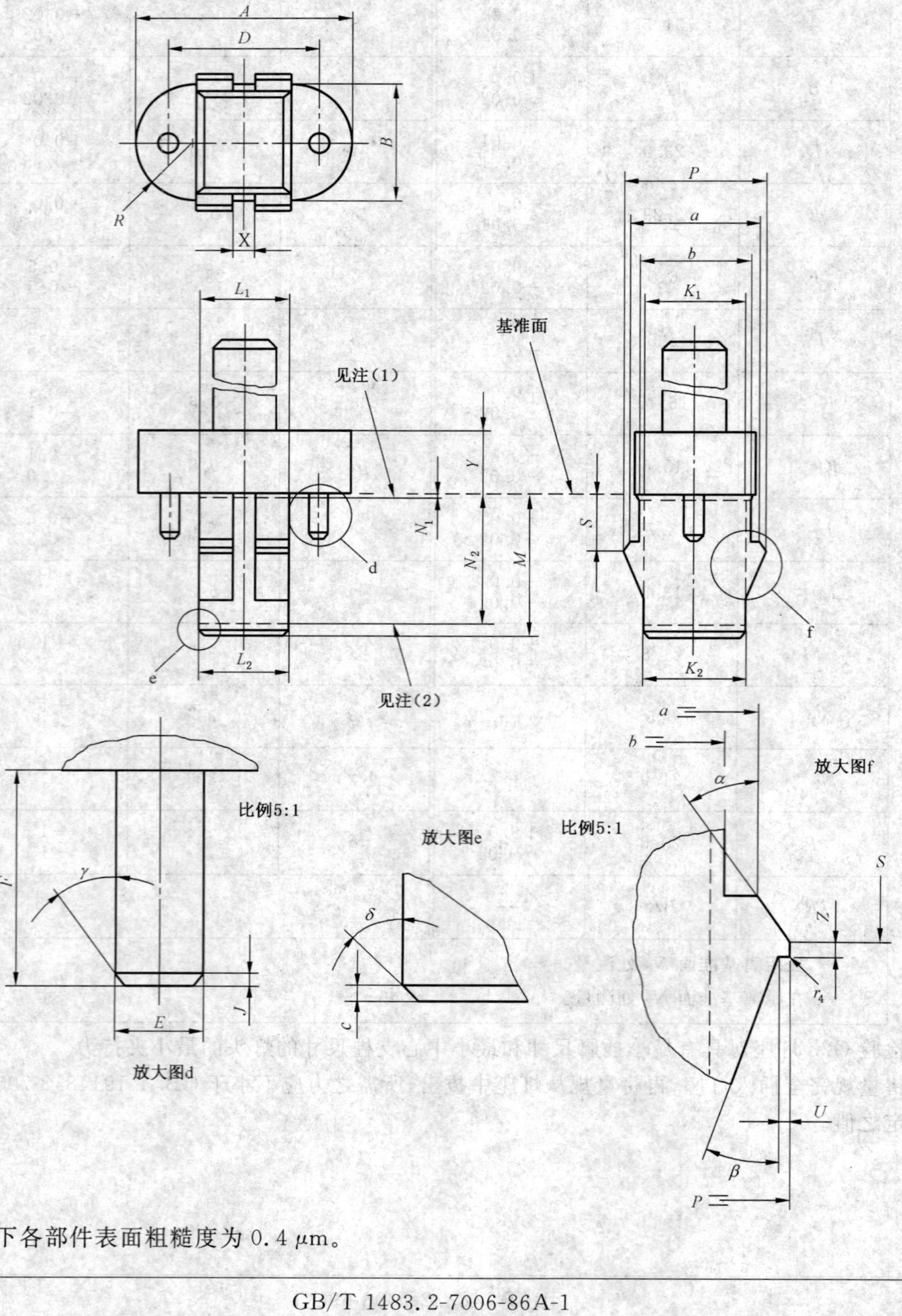

基准面以下各部件表面粗糙度为 0.4 μm。

GB/T 1483.2-7006-86A-1

	检验 GX23 灯座最大插入力和最大拔出力的塞规 A	2/2

单位为毫米

尺寸符号	尺寸	公差	尺寸符号	尺寸	公差
A	32.5	+0.02 −0.0	R	$B/2$	—
B	18.1	+0.02 −0.0	S	8.85	+0.0 −0.02
D	23.12	+0.01 −0.0	X	3.7	+0.0 −0.02
E	2.67	+0.01 −0.0	U	0.2	+0.02 −0.0
F	6.8	+0.02 −0.0	Y	10	+0.05 −0.0
J	0.4	+0.05 −0.05	Z	0.5	+0.05 −0.0
K_1(1)	16.3	+0.02 −0.0	a	19	+0.01 −0.01
K_2(2)	15.75	+0.02 −0.0	b	17	+0.01 −0.01
L_1(1)	13.9	+0.02 −0.0	c	0.5	+0.1 −0.0
L_2(2)	13.35	+0.02 −0.0	r_4	0.15	+0.05 −0.05
M	23.0	+0.02 −0.0	α	35°	+1° −1°
N_1(1)	0.5	—	β	20°	+1° −1°
N_2(2)	21.0	—	γ	35°	+1° −1°
P	21.0	+0.02 −0.0	δ	45°	+1° −1°

(1) 在距离基准面 N_1 处测量。

(2) 在距离基准面 N_2 处测量。

目的：检验具有最大插脚尺寸、最大插脚间距和最大中心支柱尺寸的灯头对 GX23 灯座的最大插入力和最大拔出力。

检验：用不超过 GB/T 19148.2-7005-86 所规定的最大插入力应能将量规插入灯座。在量规被完全插入灯座之后，再用不超过 GB/T 19148.2-7005-86 所规定的最大拔出力应能将量规从灯座中拔出。

GB/T 1483.2-7006-86A-1

	检验 GX23 灯座最小夹持力的塞规 C	1/2

单位为毫米

附图仅表示互换性的基本尺寸。

关于 GX23 灯座，见 GB/T 19148.2-7005-86。

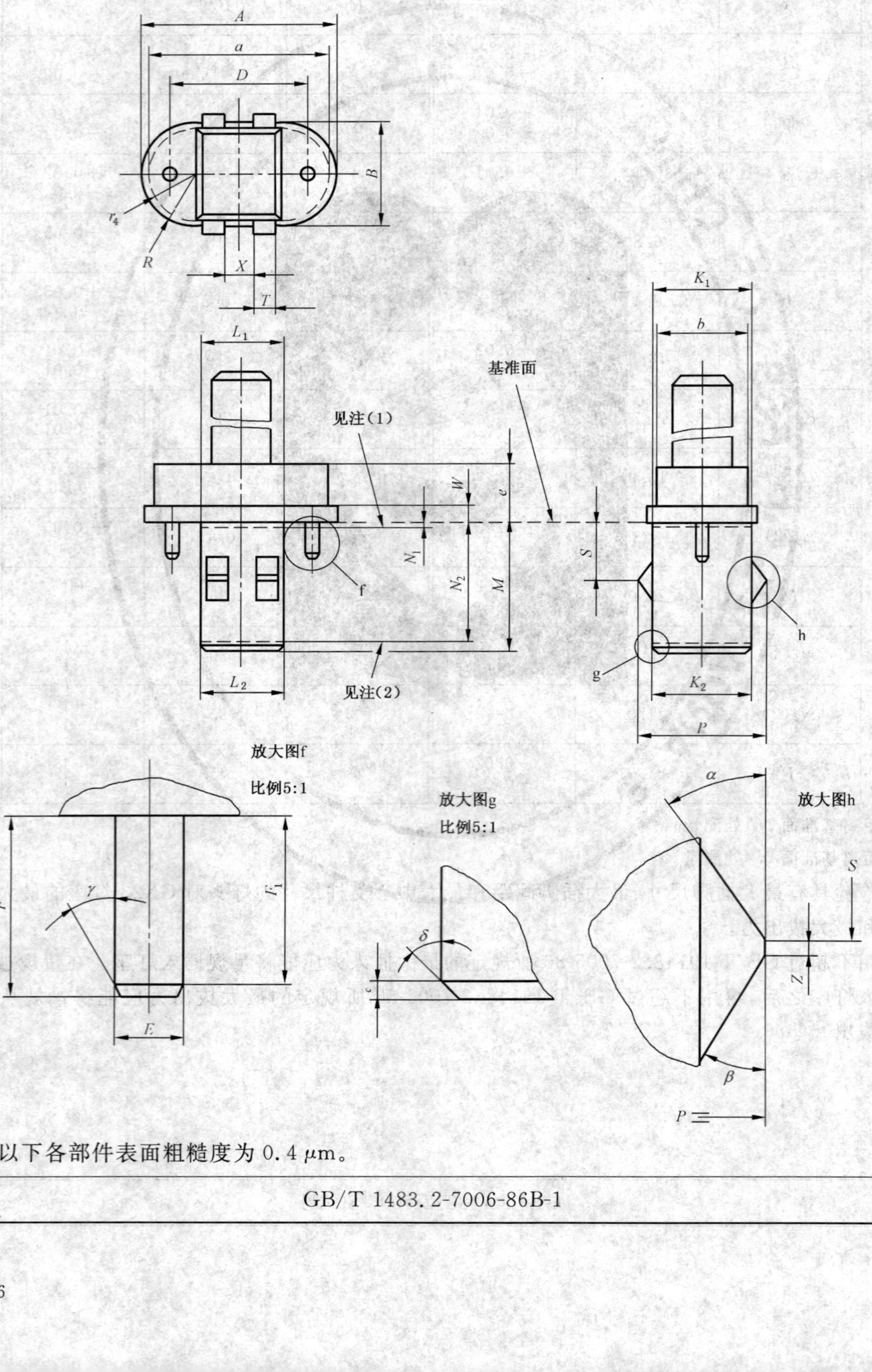

基准面以下各部件表面粗糙度为 0.4 μm。

GB/T 1483.2-7006-86B-1

	检验 GX23 灯座最小夹持力的塞规 C	2/2

单位为毫米

尺寸符号	尺寸	公差	尺寸符号	尺寸	公差
A	31.5	+0.0 −0.02	S	9.15	+0.02 −0.0
B	17.7	+0.0 −0.02	T	3.5	+0.0 −0.02
D	23.0	+0.01 −0.01	W	3.0	+0.0 −0.05
E	2.29	+0.0 −0.01	X	5.2	+0.01 −0.01
F	6.0	+0.0 −0.02	Z	0.5	+0.0 −0.05
F_1	5.5	+0.0 −0.05	a	28.8	+0.5 −0.5
K_1(1)	16.15	+0.0 −0.02	b	15.0	+0.5 −0.5
K_2(2)	15.6	+0.0 −0.02	c	0.6	+0.1 −0.1
L_1(1)	13.75	+0.0 −0.02	e	10.0	+0.5 −0.5
L_2(2)	13.2	+0.0 −0.02	r_4	$b/2$	—
M	21.8	+0.0 −0.02	α	35°	+1° −1°
N_1(1)	0.5	—	β	30°	+1° −1°
N_2(2)	21.0	—	γ	30°	+1° −1°
P	20.6	+0.0 −0.02	δ	45°	+1° −1°
R	$B/2$	—			

(1) 在距离基准面 N_1 处测量。

(2) 在距离基准面 N_2 处测量。

目的：检验 GX23 灯座对具有最小插脚尺寸和最小中心支柱尺寸的灯头的最小夹持力。

检验：将量规完全插入灯座，再将量规从灯座中拔出，所需之力应不小于 GB/T 19148.2-7005-86 所规定之值。

GB/T 1483.2-7006-86B-1

检验 G24,GX24 和 GY24 灯座的量规 A

1/3

单位为毫米

附图仅表示互换性的基本尺寸。

关于 G24,GX24 和 GY24 灯座,见 GB/T 19148.2-7005-78。

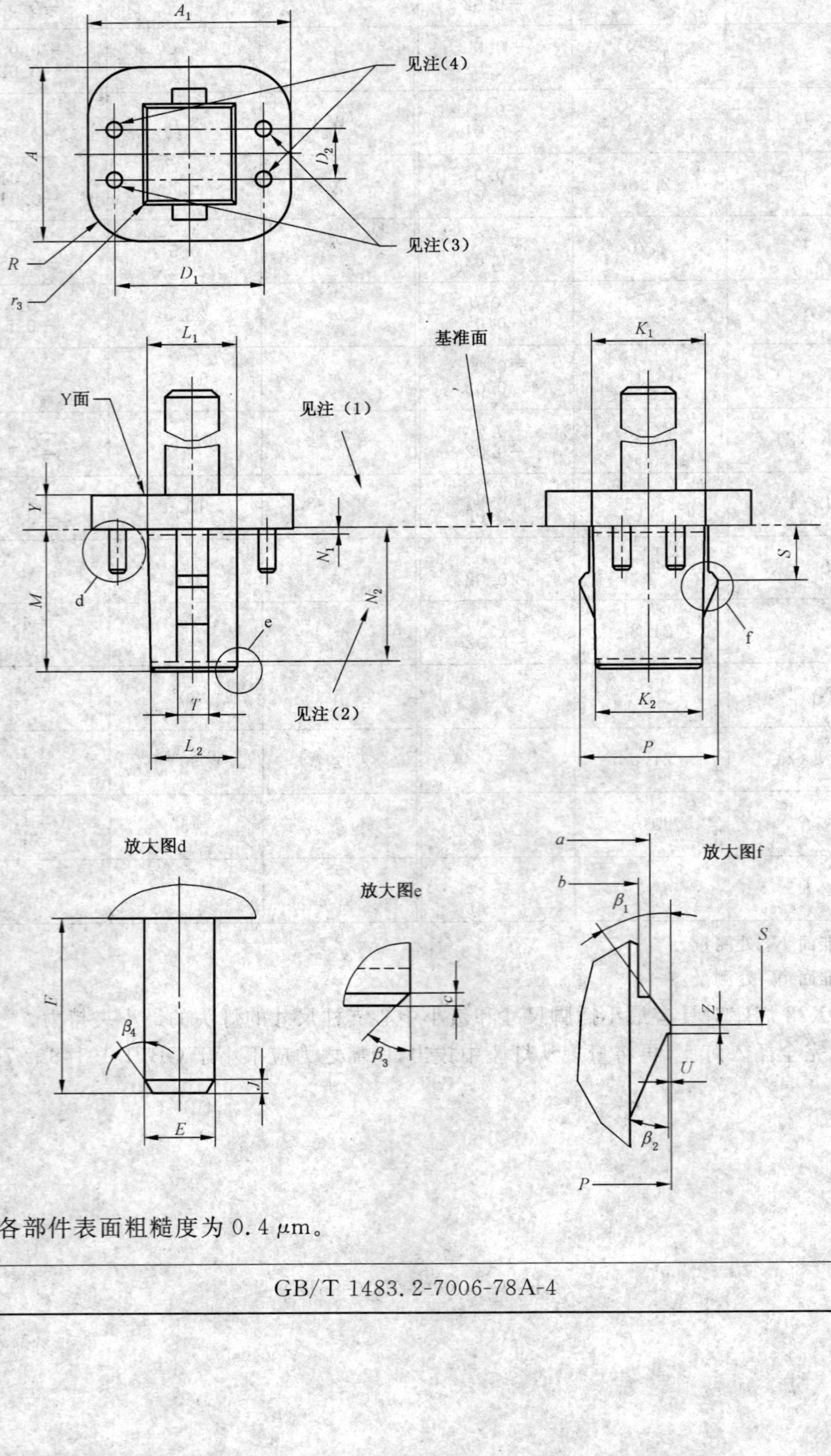

基准面以下各部件表面粗糙度为 0.4 μm。

GB/T 1483.2-7006-78A-4

	检验 G24,GX24 和 GY24 灯座的量规 A	2/3

单位为毫米

尺寸符号	尺寸	公差	尺寸符号	尺寸	公差
A	28.5	+0.02 −0.0	R	8.4	+0.0 −0.05
A_1	31.0	+0.02 −0.0	S	8.85	+0.0 −0.02
D_1	23.14	+0.005 −0.005	T	4.7	+0.02 −0.0
D_2	8.14	+0.005 −0.005	U	0.2	+0.02 −0.0
E	2.67	+0.01 −0.0	Y	5.5	+0.05 −0.0
F	6.8	+0.02 −0.0	Z	0.5	+0.05 −0.0
J	0.4	+0.05 −0.05	a	19.0	+0.01 −0.01
K_1(1)	16.3	+0.02 −0.0	b	17.0	+0.01 −0.01
K_2(2)	15.75(7)	+0.02 −0.0	c	0.5	+0.1 −0.0
L_1(1)	13.9	+0.02 −0.0	r_3	0.5	+0.05 −0.05
L_2(2)	13.35(8)	+0.02 −0.0	r_6	0.15	+0.05 −0.05
M*	23.0(5)	+0.02 −0.0	β_1	35°	+1° −1°
N_1(1)	0.5	—	β_2	20°	+1° −1°
N_2(2)	21.0(6)	—	β_3	45°	+1° −1°
P	21.0	+0.02 −0.0	β_4	35°	+1° −1°

* 为了能使用相同的量规检验能防止 G24d-.. 或 GX24d-.. 灯头插入其中的 G24q-.. 和 GX24q-.. 灯座，M 值可降至 16 mm。

(1) 在距离基准面 N_1 处测量。

(2) 在距离基准面 N_2 处测量。

(3) 检验 G24d-1，G24d-2，G24d-3，G24d-4，GX24d-1，GX24d-2，GX24d-3 和 GX24d-4 灯座时，应将这些插脚去掉。

(4) 检验 GY24d-1，GY24d-2，GY24d-3 和 GY24d-4 灯座时，应将这些插脚去掉。

(5) 对于 G24q-.. 和 GX24q-.. 灯座用量规，该值降至 16 mm。

(6) 对于 G24q-.. 和 GX24q-.. 灯座用量规，该值降至 14 mm。

(7) 对于 G24q-.. 和 GX24q-.. 灯座用量规，该值增至 15.95 mm。

(8) 对于 G24q-.. 和 GX24q-.. 灯座用量规，该值增至 13.55 mm。

GB/T 1483.2-7006-78A-4

	检验 G24,GX24 和 GY24 灯座的量规 A	3/3

单位为毫米

目的:检验推入/拉出型 G24,GX24 和 GY24 灯座的 Ymax 和具有最大插脚尺寸、最大插脚间距和最大中心支柱尺寸的灯头对该灯座的最大插入力和最大拔出力;以及旋转型 GX24 灯座的 Ymax 和具有最大插脚尺寸、最大插脚间距和最大中心支柱尺寸的灯头对该灯座的最大插入扭矩和最大拔出扭矩。

检验:对于推入/拉出型灯座,用不超过 GB/T 19148.2-7005-78 所规定的最大插入力,应能将量规插入灯座。在量规被完全插入灯座之后,灯座的边沿不应凸出于量规的 Y 面。然后,再用不超过 GB/T 19148.2-7005-78 所规定的最大拔出力,应能将量规拔出灯座。

对于旋转型灯座,用不超过 GB/T 19148.2-7005-78 所规定的最大插入扭矩,应能将量规插入灯座。在量规被完全插入灯座之后,灯座的边沿不应凸出于量规的 Y 面。然后,再用不超过 GB/T 19148.2-7005-78所规定的最大拔出扭矩,应能将量规拔出灯座。

GB/T 1483.2-7006-78A-4

检验 G24,GX24 和 GY24 灯座的量规 B

1/2

单位为毫米

附图仅表示互换性的基本尺寸。

关于 G24,GX24 和 GY24 灯座,见 GB/T 19148.2-7005-78。

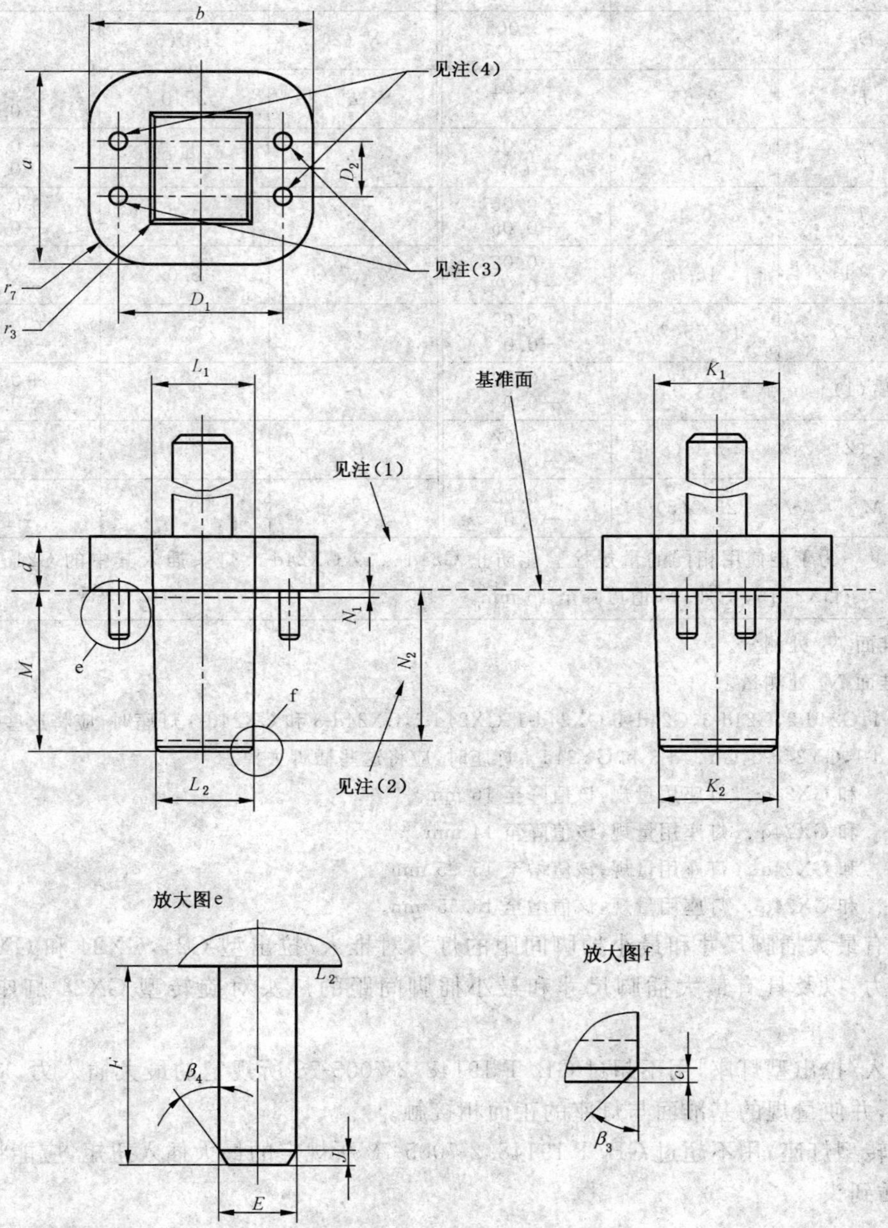

b
见注(4)
a
D_2
见注(3)
r_7
r_3
D_1
L_1
基准面
K_1
见注(1)
d
N_1
M
e
N_2
f
见注(2)
L_2
K_2

放大图 e

L_2
F
β_4
J
E

放大图 f

c
β_3

基准面以下各部件表面粗糙度为 0.4 μm。

GB/T 1483.2-7006-78B-4

	检验 G24,GX24 和 GY24 灯座的量规 B	2/2

单位为毫米

尺寸符号	尺寸	公差	尺寸符号	尺寸	公差
D_1	22.86	+0.005 −0.005	N_1(1)	0.5	—
D_2	7.86	+0.005 −0.005	N_2(2)	21.0(6)	—
E	2.67	+0.01 −0.0	a	27.0	+0.2 −0.2
F	6.8	+0.02 −0.0	b	30.0	+0.2 −0.2
J	0.4	+0.05 −0.05	c	0.5	+0.1 −0.1
K_1(1)	16.3	+0.02 −0.0	d	8.0	+0.5 −0.5
K_2(2)	15.75(7)	+0.02 −0.0	r_3	0.5	+0.05 −0.05
L_1(1)	13.9	+0.02 −0.0	r_7	9.0	+0.2 −0.2
L_2(2)	13.35(8)	+0.02 −0.0	β_3	45°	+1° −1°
M*	23.0(5)	+0.02 −0.0	β_4	35°	+1° −1°
* 为了能使用相同的量规检验能防止 G24d-.. 或 GX24d-.. 灯头插入其中的 G24q-.. 和 GX24q-.. 灯座,M 值可降至 16 mm。					

(1) 在距离基准面 N_1 处测量。

(2) 在距离基准面 N_2 处测量。

(3) 检验 G24d-1,G24d-2,G24d-3,G24d-4,GX24d-1,GX24d-2,GX24d-3 和 GX24d-4 灯座时,应将这些插脚去掉。

(4) 检验 GY24d-1,GY24d-2,GY24d-3 和 GY24d-4 灯座时,应将这些插脚去掉。

(5) 对于 G24q-.. 和 GX24q-.. 灯座用量规,该值降至 16 mm。

(6) 对于 G24q-.. 和 GX24q-.. 灯座用量规,该值降至 14 mm。

(7) 对于 G24q-.. 和 GX24q-.. 灯座用量规,该值增至 15.95 mm。

(8) 对于 G24q-.. 和 GX24q-.. 灯座用量规,该值增至 13.55 mm。

目的:检验具有最大插脚尺寸和最小插脚间距的灯头对推入/拉出型 G24,GX24 和 GY24 灯座的最大插入力;以及具有最大插脚尺寸和最小插脚间距的灯头对旋转型 GX24 灯座的最大插入扭矩。

检验:对于推入/拉出型灯座,用不超过 GB/T 19148.2-7005-78 所规定的最大插入力,应能将量规插入灯座,并使量规的基准面与灯座的正面相接触。

对于旋转型灯座,用不超过 GB/T 19148.2-7005-78 所规定的最大插入扭矩,应能将量规插入灯座,并插到头。

GB/T 1483.2-7006-78B-4

检验 G24,GX24 和 GY24 灯座的量规 C	1/2

单位为毫米

附图仅表示互换性的基本尺寸。

关于 G24,GX24 和 GY24 灯座,见 GB/T 19148.2-7005-78。

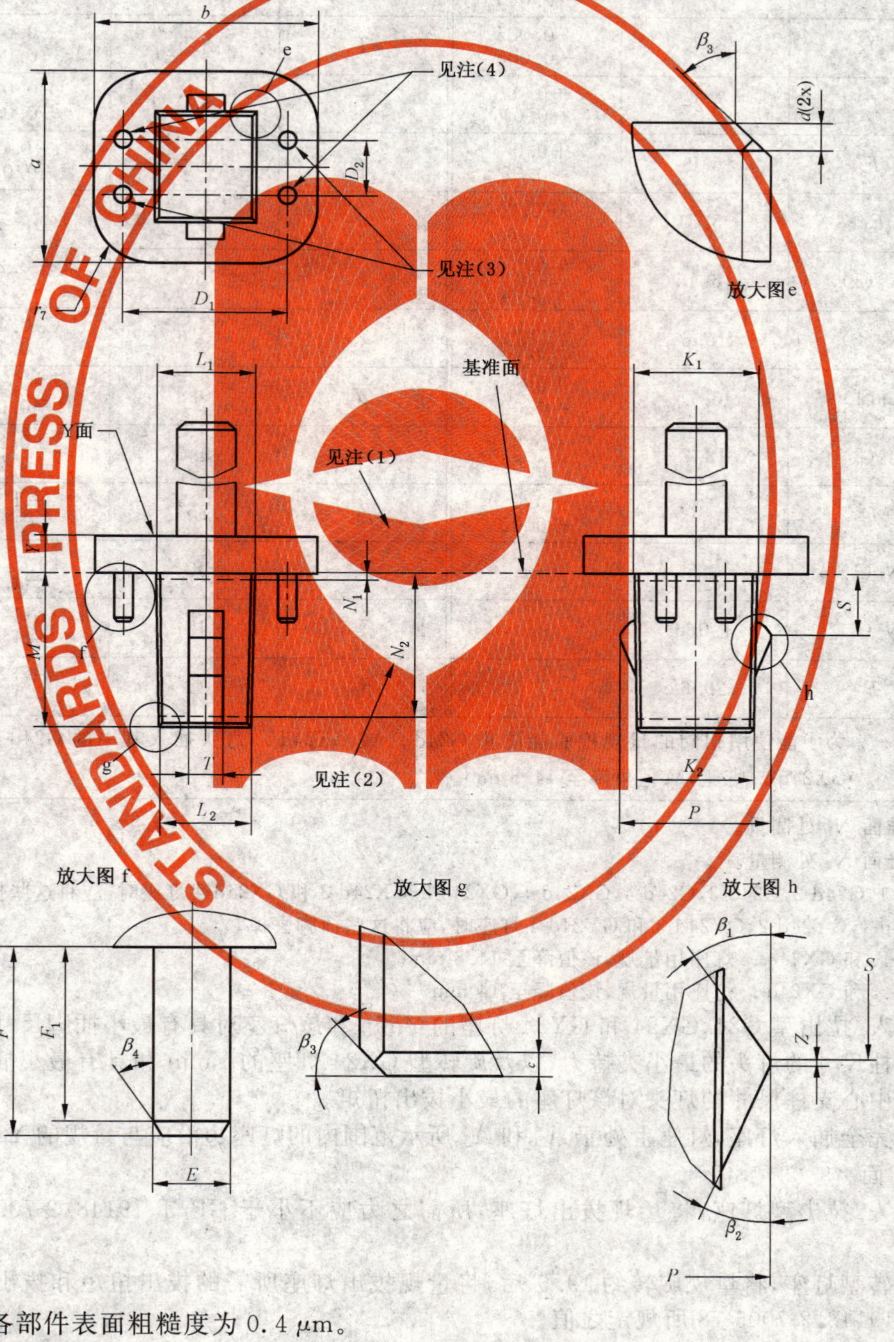

见注(4)

见注(3)

放大图 e

基准面

Y 面

见注(1)

见注(2)

放大图 f

放大图 g

放大图 h

基准面以下各部件表面粗糙度为 0.4 μm。

GB/T 1483.2-7006-78C-4

检验 G24,GX24 和 GY24 灯座的量规 C

2/2

单位为毫米

尺寸符号	尺寸	公差	尺寸符号	尺寸	公差
D_1	23.0	+0.005 −0.005	S	9.15	+0.02 −0.0
D_2	8.0	+0.005 −0.005	T	3.5	+0.0 −0.02
E	2.29	+0.0 −0.01	Y	5.0	+0.02 −0.0
F	6.0	+0.0 −0.02	Z	0.5	+0.0 −0.05
F_1	5.5	+0.0 −0.05	a	27	+0.2 −0.2
K_1(1)	16.15	+0.0 −0.02	b	30	+0.2 −0.2
K_2(2)	15.6	+0.0 −0.02	c	0.6	+0.1 −0.1
L_1(1)	13.75	+0.0 −0.02	d	0.8	+0.1 −0.0
L_2(2)	13.2	+0.0 −0.02	r_7	9.0	+0.2 −0.2
M^*	21.8(5)	+0.0 −0.02	β_1	35°	+1° −1°
N_1(1)	0.5	—	β_2	30°	+1° −1°
N_2(2)	21.0(6)	—	β_3	45°	+1° −1°
P	20.6	+0.0 −0.02	β_4	35°	+1° −1°
* 为了能使用相同的量规检验能防止 G24d-.. 或 GX24d-.. 灯头插入其中的 G24q-.. 和 GX24q-.. 灯座,M 值可降至 14.8 mm。					

(1) 在距离基准面 N_1 处测量。

(2) 在距离基准面 N_2 处测量。

(3) 检验 G24d-1,G24d-2,G24d-3,G24d-4,GX24d-1,GX24d-2,GX24d-3 和 GX24d-4 灯座时,应将这些插脚去掉。

(4) 检验 GY24d-1,GY24d-2,GY24d-3 和 GY24d-4 灯座时,应将这些插脚去掉。

(5) 对于 G24q-.. 和 GX24q-.. 灯座用量规,该值降至 14.8 mm。

(6) 对于 G24q-.. 和 GX24q-.. 灯座用量规,该值降至 14 mm。

目的:检验推入/拉出型 G24,GX24 和 GY24 灯座的 Ymin 和该灯座对具有最小插脚尺寸和最小最小中心支柱尺寸的灯头的最小夹持力;以及旋转型 GX24 灯座的 Ymin 和具有最小插脚尺寸和最小最小中心支柱尺寸的灯头对该灯座的最小拔出扭矩。

检验:将量规完全插入灯座,灯座上处于 A_2 和 A_3 所示范围内的灯座边沿应与量规的 Y 面共面,或凸出于 Y 面。

对于推入/拉出型灯座,将量规拔出灯座,所需之力应不小于 GB/T 19148.2-7005-78 所规定之值。

对于旋转型灯座,将量规旋转约 19.5°后,将量规拔出灯座所需的拔出扭矩和拔出力应不小于 GB/T 19148.2-7005-78 所规定之值。

GB/T 1483.2-7006-78C-4

检验 G24,GX24 和 GY24 灯座非互换性能的止规 F

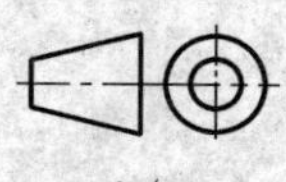

1/3

单位为毫米

附图仅表示互换性的基本尺寸。

关于 G24,GX24 和 GY24 灯座,见 GB/T 19148.2-7005-78。

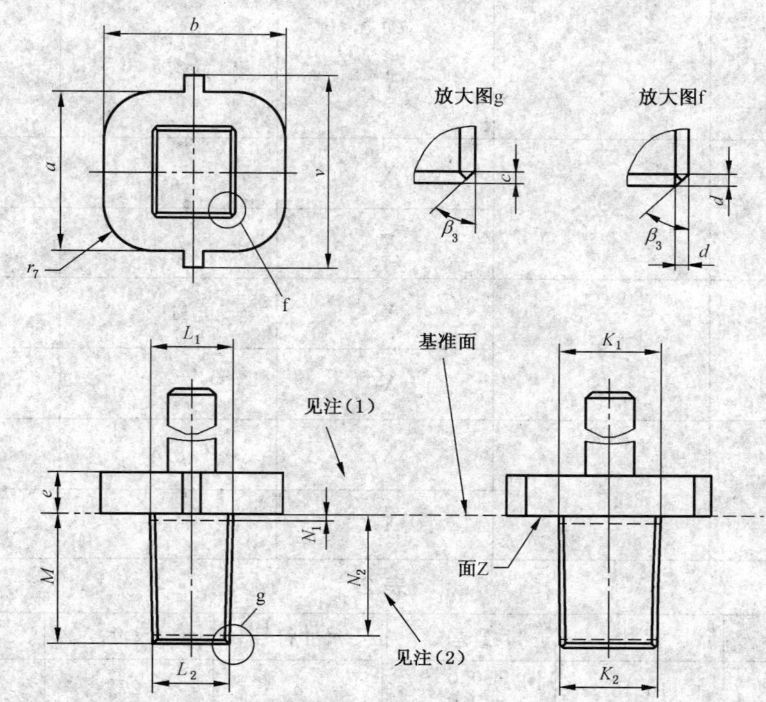

注:该止规只用来检验 G24d-2,G24d-3,G24d-4,GX24d-2,GX24d-3,GX24d-4,GY24d-2,GY24d-3,GY24d-4,G24q-2,G24q-3,G24q-4,GX24q-2,GX24q-3 和 GX24q-4 灯座。

特定量规结构

检验 G24d-..,GX24d-..,GY24d-..,G24q-..和 GX24q-..灯座用定位键外形图。

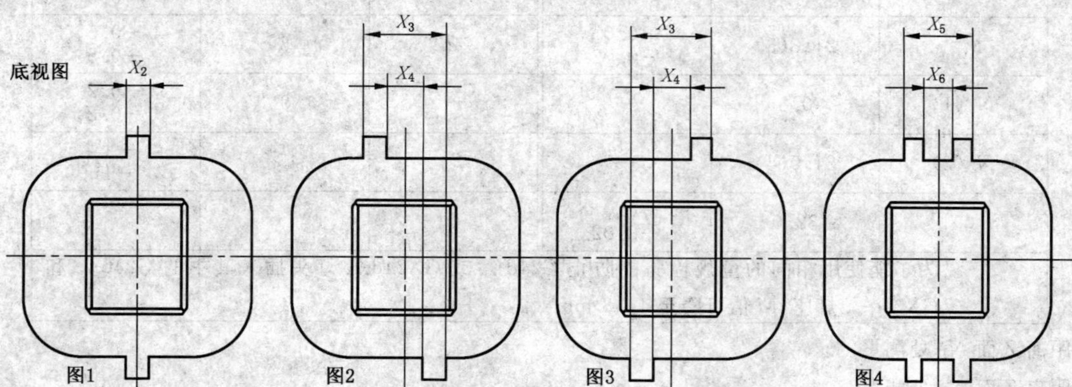

基准面以下各部件表面粗糙度为 0.4 μm。

GB/T 1483.2-7006-78F-5

检验 G24,GX24 和 GY24 灯座非互换性能的止规 F　　2/3

单位为毫米

表 1

型号	图号	基准面	尺寸	公差
G24d-1 GX24d-1 GY24d-1 G24q-1 GX24q-1	1	X_2	2.5	+0.0 −0.02
G24d-2 GX24d-2 GY24d-2 G24q-2 GX24q-2	2	X_3	11.2	+0.0 −0.02
		X_4	7.4	+0.02 −0.0
G24d-3 GX24d-3 GY24d-3 G24q-3 GX24q-3	3	X_3	11.2	+0.0 −0.02
		X_4	7.4	+0.02 −0.0
G24d-4 GX24d-4 GY24d-4 G24q-4 GX24q-4	4	X_5	8.4	+0.0 −0.02
		X_6	6.6	+0.02 −0.0

表 2

尺寸符号	尺寸	公差	尺寸符号	尺寸	公差
K_1(1)	16.15	+0.0 −0.02	a	27	+0.2 −0.2
K_2(2)	15.6	+0.0 −0.02	b	30	+0.2 −0.2
L_1(1)	13.75	+0.0 −0.02	c	0.6	+0.1 −0.1
L_2(2)	13.2	+0.0 −0.02	d	0.8	+0.1 −0.0
M^*	21.8(3)	+0.0 −0.02	e	8	+0.5 −0.5
N_1(1)	0.5	—	r_7	9	+0.2 −0.2
N_2(2)	21.0(4)	—	β_3	45°	+1° −1°
V	32.0	+0.0 −0.02			
* 为了能使用相同的量规检验能防止 G24d-.. 或 GX24d-.. 灯头插入其中的 G24q-.. 和 GX24q-.. 灯座,M 值可降至 14.8 mm。					

(1) 在距离 Z 面 N_1 处测量。

(2) 在距离 Z 面 N_2 处测量。

(3) 对于 G24q-.. 和 GX24q-.. 灯座用量规,该值降至 14.8 mm。

(4) 对于 G24q-.. 和 GX24q-.. 灯座用量规,该值降至 14 mm。

GB/T 1483.2-7006-78F-5

	检验 G24,GX24 和 GY24 灯座非互换性能的止规 F	3/3

单位为毫米

目的:检验某一特定的灯座能否防止非相同型号的 G24d-..,GX24d-..,GY24d-..,G24q-.. 和 GX24q-.. 灯头(连字符后标有不同的数字)插入其中。

检验:对于推入/拉出型灯座,在试图将型号不同于受检灯座的型号的三个量规 F 插入其中时,量规的 Z 面应触及到灯座的边沿。

对于旋转型灯座,在试图将型号不同于受检灯座的型号的三个量规 F 插入其中时,应不能插入并旋转量规约 19.5°达到预定工作位置。

GB/T 1483.2-7006-78F-5

检验 G24,GX24 和 GY24 灯座定位槽的通规 G

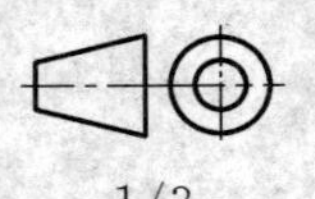

1/3

单位为毫米

附图仅表示互换性的基本尺寸。

关于 G24,GX24 和 GY24 灯座,见 GB/T 19148.2-7005-78。

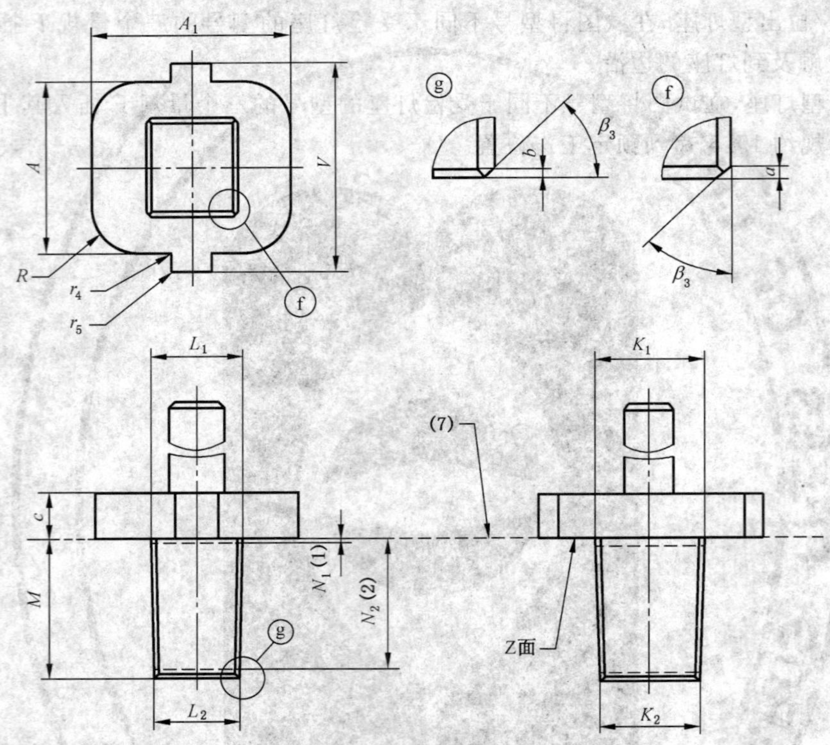

注:附图只给出了检验 G24d-1,GX24d-1 和 GY24d-1 灯座的通规。

特定量规结构

检验 G24d-..,GX24d-..,GY24d-..,G24q-..和 GX24q-..灯座用定位键外形图。

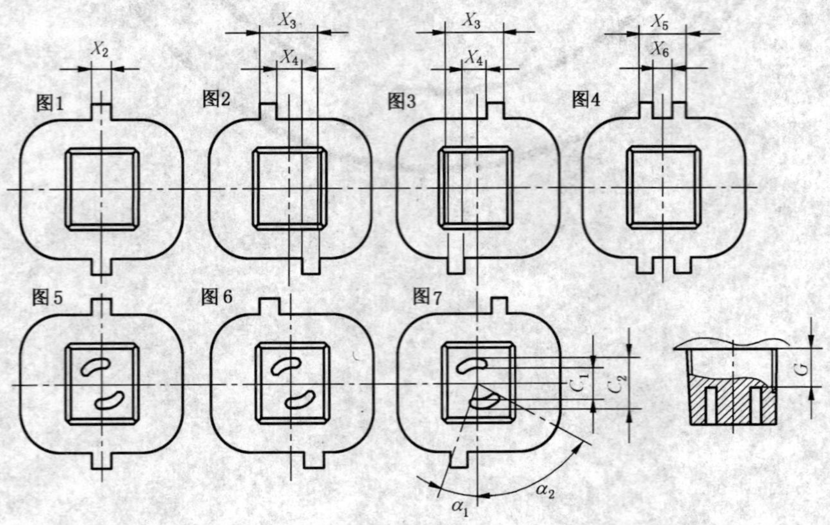

GB/T 1483.2-7006-78G-6

	检验G24,GX24和GY24灯座定位槽的通规G	2/3

单位为毫米

表1

型号	图号	基准面	尺寸	公差
G24d-1 GX24d-1 GY24d-1 G24q-1 GX24q-1	1	X_2	7.2	0 −0.02
G24d-2 GX24d-2 GY24d-2 G24q-2 GX24q-2	2	X_3	13.0	0 −0.02
		X_4	5.6	+0.02 0
G24d-3 GX24d-3 GY24d-3 G24q-3 GX24q-3	3	X_3	13.0	0 −0.02
		X_4	5.6	+0.02 0
G24d-4 GX24d-4 GY24d-4 G24q-4 GX24q-4	4	X_5	9.7	0 −0.02
		X_6	5.3	+0.02 0
G24q-5(9) GX24q-5(9)	5	X_2	7.2(12)	0 −0.02
G24q-6(10) GX24q-6(10)	6	X_3 X_4	13.0 5.6	0;−0.02 +0.02;0
G24q-7(11) GX24q-7(11)	7	X_3 X_4	13.0 5.6	0;−0.02 +0.02;0

表2

尺寸符号	尺寸	公差	尺寸符号	尺寸	公差
A	28.5	+0.02 0	N_2(2)	21.0(4)	—
A_1	31.0	+0.02 0	R	8.4	0 −0.05
C_1(8)	6.9	0 −0.1	V	33.0	+0.02 0
C_2(8)	9.7	+0.1 0	a	1	+0.1 −0.1
G(8)	8.6	+0.1 0	b	0.5	+0.1 0
K_1(1)	16.3	+0.02 0	c	8	+0.5 −0.5
K_2(2)	15.75(5)	+0.02 0	r_4	0.2	+0.05 −0.05
L_1(1)	13.9	+0.02 0	r_5	0.2	+0.05 −0.05
L_2(2)	13.35(6)	+0.02 0	α_1	20°	+1° 0
M	23.0(3)	+0.02 0	α_2	60°	+1° 0
N_1(1)	0.5	—	β_3	45°	+1° −1°

GB/T 1483.2-7006-78G-6

	检验 G24,GX24 和 GY24 灯座定位槽的通规 G	3/3

单位为毫米

(1) 在距离基准面 N_1 处测量。

(2) 在距离基准面 N_2 处测量。

(3) 对于四插脚灯头用 G24q-.. 和 GX24q-.. 灯座,该值降至 16 mm。

(4) 对于四插脚灯头用 G24q-.. 和 GX24q-.. 灯座,该值降至 14 mm。

(5) 对于四插脚灯头用 G24q-.. 和 GX24q-.. 灯座,该值增至 15.95 mm。

(6) 对于四插脚灯头用 G24q-.. 和 GX24q-.. 灯座,该值增至 13.55 mm。

(7) 基准面。

(8) 尺寸 C_1、C_2 和 G 仅用于检验带有定位键-5,-6,-7 的灯座。

(9) 检验定位键-5 的量规可插入定位键-1 的灯座。

(10) 检验定位键-6 的量规可插入定位键-2 的灯座。

(11) 检验定位键-7 的量规可插入定位键-3 的灯座。

(12) 对于旋转型 G24q-5 和 GX24q-5 灯座的量规,该值降至 3.5 mm。

目的:检验相应的 G24,GX24 和 GY24 灯头的定位键能否平稳顺利插入灯座。此外,还检验尺寸 M 的最大值。

检验:对于推入/拉出型灯座,用不超过 GB/T 19148.2-7005-78 所规定之值的力应能将相应的量规插入灯座,并使其基准面与灯座的基准面共面。

对于旋转型灯座,用不超过 GB/T 19148.2-7005-78 所规定之值的扭矩应能将相应的量规插入灯座,并顺时针旋转约 19.5°。

GB/T 1483.2-7006-78G-6

	检验 G32 和 GY32 灯座最大插入力和最大拔出力的塞规 A_1	1/2

单位为毫米

附图仅表示互换性的基本尺寸。

关于 G32d-..,G32q-.. 和 GY32d-.. 灯座,见 GB/T 19148.2-7005-87。

关于 GY32d-.. 灯座的检验,见灯座参数表的相关注释。

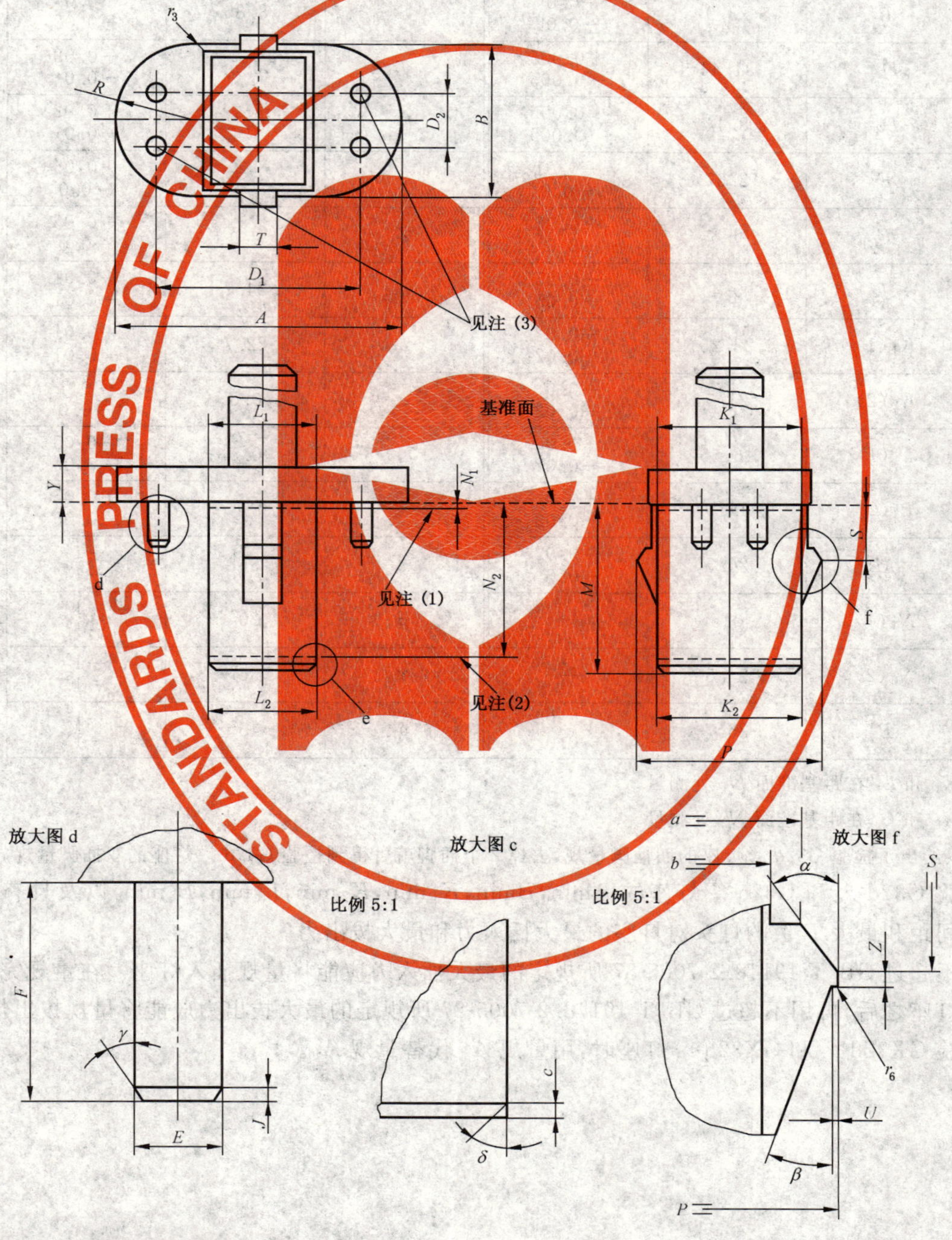

基准面以下各部件表面粗糙度为 0.4 μm。

GB/T 1483.2-7006-87A-2

	检验 G32 和 GY32 灯座最大插入力和最大拔出力的塞规 A_1	2/2

单位为毫米

尺寸符号	尺寸	公差	尺寸符号	尺寸	公差
A	44.2	+0.0 −0.02	R	B/2	—
B	23.9	+0.0 −0.02	S	8.85	+0.0 −0.02
D_1	31.44	+0.005 −0.005	T	5.5	+0.02 −0.0
D_2	8.44	+0.005 −0.005	U	0.2	+0.02 −0.0
E	2.67	+0.01 −0.0	Y	5.5	+0.05 −0.0
F	6.8	+0.02 −0.0	Z	0.5	+0.05 −0.0
J	0.4	+0.05 −0.05	a	24.7	+0.01 −0.01
K_1(1)	22.25	+0.0 −0.02	b	22.7	+0.01 −0.01
K_2(2)	21.5	+0.0 −0.02	c	0.5	+0.1 −0.0
L_1(1)	16.65	+0.0 −0.02	r_3	0.5	+0.05 −0.05
L_2(2)	15.9	+0.0 −0.02	r_6	0.15	+0.05 −0.05
M	26.5	+0.02 −0.0	α	35°	+1° −1°
N_1(1)	0.5	—	β	20°	+1° −1°
N_2(2)	24.5	—	γ	35°	+1° −1°
P	26.7	+0.02 −0.0	δ	45°	+1° −1°

(1) 尺寸 K_1 和 L_1 在距基准面 N_1 处测量。

(2) 尺寸 K_2 和 L_2 在距基准面 N_2 处测量。

(3) 图中只给出了检验 G32q-..灯座的四插脚量规，去掉 2 个插脚就可得到检验 G32d-..灯座的双插脚量规。

目的：检验 G32d-..和 G32q-..灯座的 Amin，Bmin，K_1min，K_2min，L_1min，L_2min，以及具有最大插脚间距和最大 P 值的灯头对灯座的最大插入力和最大拔出力。

检验：用不超过 GB/T 19148.2-7005-87 所规定的最大插入力应能将量规插入灯座。在量规完全被插入灯座之后，再用不超过 GB/T 19148.2-7005-87 所规定的最大拔出力应能将量规拔出灯座，在检验 GX32d-..和 GX32q-..灯座时，用量规 A_2 代替量规 A_1。

GB/T 1483.2-7006-87A-2

	检验 G32,GX32 和 GY32 灯座最大插入力的塞规 B	1/2

单位为毫米

附图仅表示互换性的基本尺寸。

关于 G32d-..,G32q-..,GX32d-..,GX32q-.. 和 GY32d-.. 灯座,见 GB/T 19148.2-7005-87。

关于 GY32d-.. 灯座的检验,见灯座参数表的相关注释。

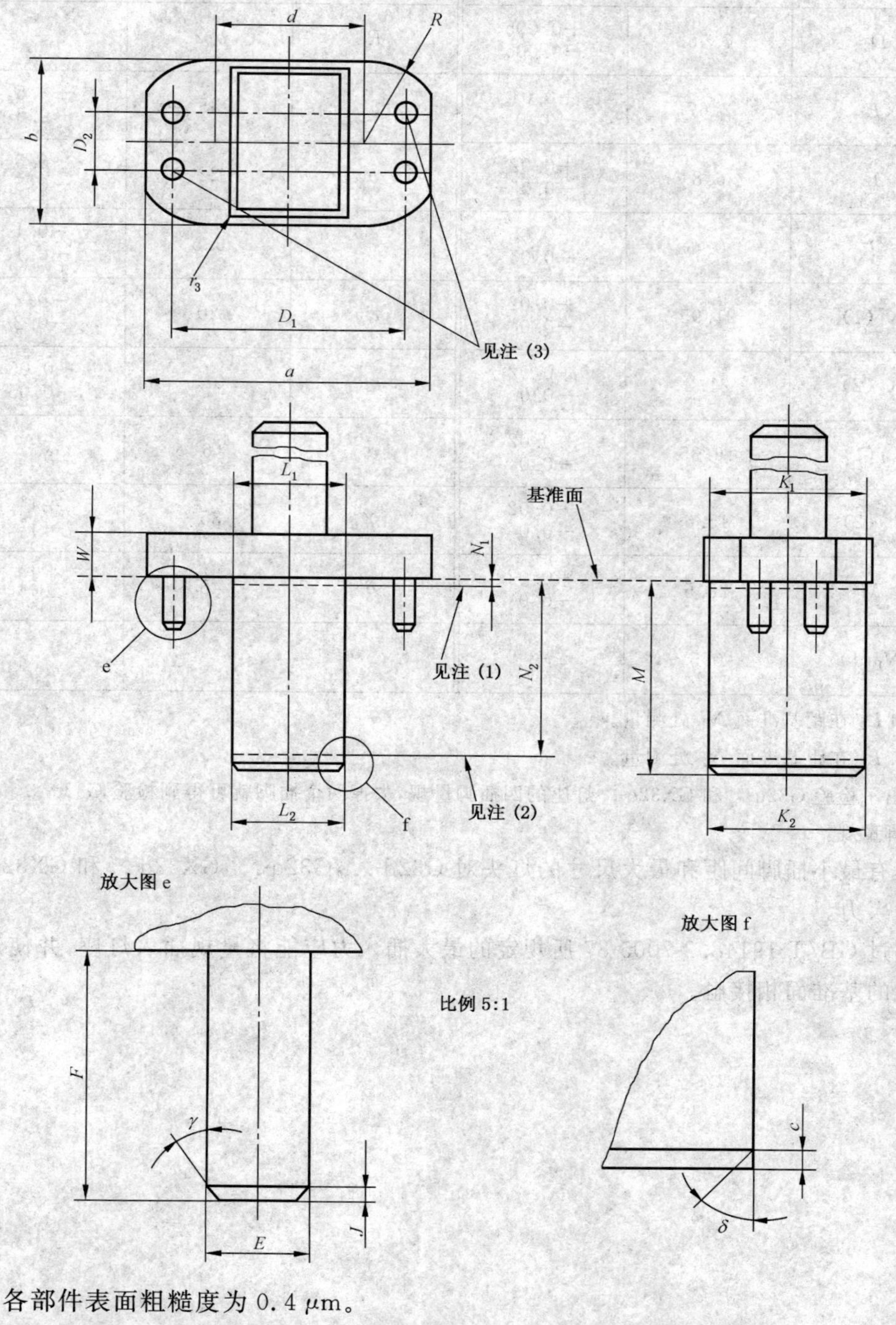

基准面以下各部件表面粗糙度为 0.4 μm。

GB/T 1483.2-7006-87B-2

	检验 G32,GX32 和 GY32 灯座最大插入力的塞规 B	2/2

单位为毫米

尺寸符号	尺寸	公差	尺寸符号	尺寸	公差
D_1	30.56	+0.005 −0.005	N_2(2)	24.5	—
D_2	7.56	+0.005 −0.005	R	b/2	—
E	2.67	+0.01 −0.0	a	38	+0.5 −0.5
F	6.8	+0.02 −0.0	b	22	+0.5 −0.5
J	0.4	+0.05 −0.05	c	0.5	+0.1 −0.1
K_1(1)	21.95	+0.02 −0.0	d	20	+0.2 −0.2
K_2(2)	21.2	+0.02 −0.0	r_3	0.5	+0.05 −0.05
L_1(1)	16.35	+0.02 −0.0	w	6	+0.5 −0.5
L_2(2)	15.6	+0.02 −0.0	γ	35°	+1° −1°
M	26.5	+0.02 −0.0	δ	45°	+1° −1°
N_1(1)	0.5	—			

(1) 尺寸 K_1 和 L_1 在距基准面 N_1 处测量。

(2) 尺寸 K_2 和 L_2 在距基准面 N_2 处测量。

(3) 图中只给出了检验 G32q-.. 和 GX32q-.. 灯座的四插脚量规,去掉两个插脚就可得到检验 G32d-.. 和 GX32d-.. 灯座的双插脚量规。

目的:检验具有最小插脚间距和最大尺寸的灯头对 G32d-..,G32q-..,GX32d-.. 和 GX32q-.. 灯座的最大插入力。

检验:用不超过 GB/T 19148.2-7005-87 所规定的最大插入力应能将量规插入灯座,并使灯座的正面与量规的基准面相接触。

GB/T 1483.2-7006-87B-2

	检验 G32,GX32 和 GY32 灯座最小夹持力的塞规 C	1/2

单位为毫米

附图仅表示互换性的基本尺寸。

关于 G32d-..,G32q-..,GX32d-..,GX32q-.. 和 GY32d-.. 灯座,见 GB/T 19148.2-7005-87。

关于 GY32d-.. 灯座的检验,见灯座参数表的相关注释。

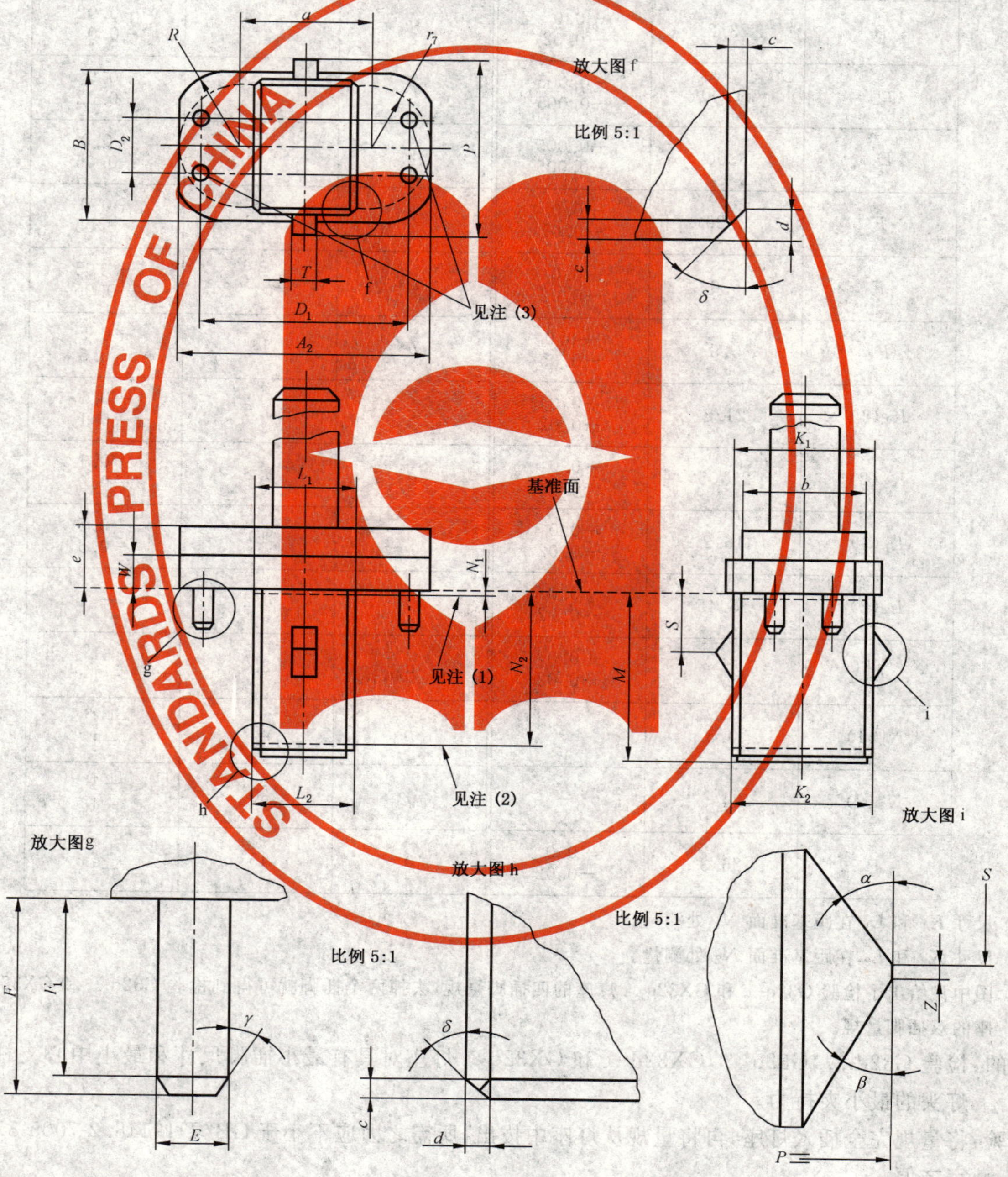

基准面以下各部件表面粗糙度为 0.4 μm。

GB/T 1483.2-7006-87C-2

	检验 G32,GX32 和 GY32 灯座最小夹持力的塞规 C	2/2

单位为毫米

尺寸符号	尺寸	公差	尺寸符号	尺寸	公差
A_2	38	+0.0 −0.1	R	B/2	—
B	23.2	+0.0 −0.02	S	9.15	+0.02 −0.0
D_1	31.00	+0.005 −0.005	T	3.5	+0.0 −0.02
D_2	8.00	+0.005 −0.005	W	5.25	+0.0 −0.05
E	2.29	+0.0 −0.01	Z	0.5	+0.0 −0.05
F	6.0	+0.0 −0.02	a	20.0	+0.05 −0.05
F_1	5.5	+0.0 −0.05	b	18	+0.5 −0.5
K_1(1)	21.8	+0.0 −0.02	c	0.6	+0.1 −0.1
K_2(2)	21.05	+0.0 −0.02	d	0.8	+0.1 −0.0
L_1(1)	16.2	+0.0 −0.02	e	10	+0.5 −0.5
L_2(2)	15.45	+0.0 −0.02	r_7	b/2	—
M	25.3	+0.0 −0.02	α	35°	+1° −1°
N_1(1)	0.5	—	β	30°	+1° −1°
N_2(2)	24.5	—	γ	30°	+1° −1°
P	26.3	+0.0 −0.02	δ	45°	+1° −1°

(1) 尺寸 K_1 和 L_1 在距基准面 N_1 处测量。

(2) 尺寸 K_2 和 L_2 在距基准面 N_2 处测量。

(3) 图中只给出了检验 G32q-..和 GX32q-..灯座的四插脚量规，去掉两个插脚就可得到检验 G32d-..和 GX32d-..灯座的双插脚量规。

目的：检验 G32d-..,G32q-..,GX32d-..和 GX32q-..灯座对具有最小插脚尺寸和最小中心支柱尺寸灯头的最小夹持力。

检验：将量规完全插入灯座，再将量规从灯座中拔出，所需之力应不小于 GB/T 19148.2-7005-87 所规定之值。

GB/T 1483.2-7006-87C-2

	检验 G32,GX32 和 GY32 灯座、灯头非互换性的止规 F	1/2

单位为毫米

附图仅表示互换性的基本尺寸。

关于 G32d-..,G32q-..,GX32d-..,GX32q-.. 和 GY32d-.. 灯座,见 GB/T 19148.2-7005-87。

关于 GY32d-.. 灯座的检验,见灯座参数表的相关注释。

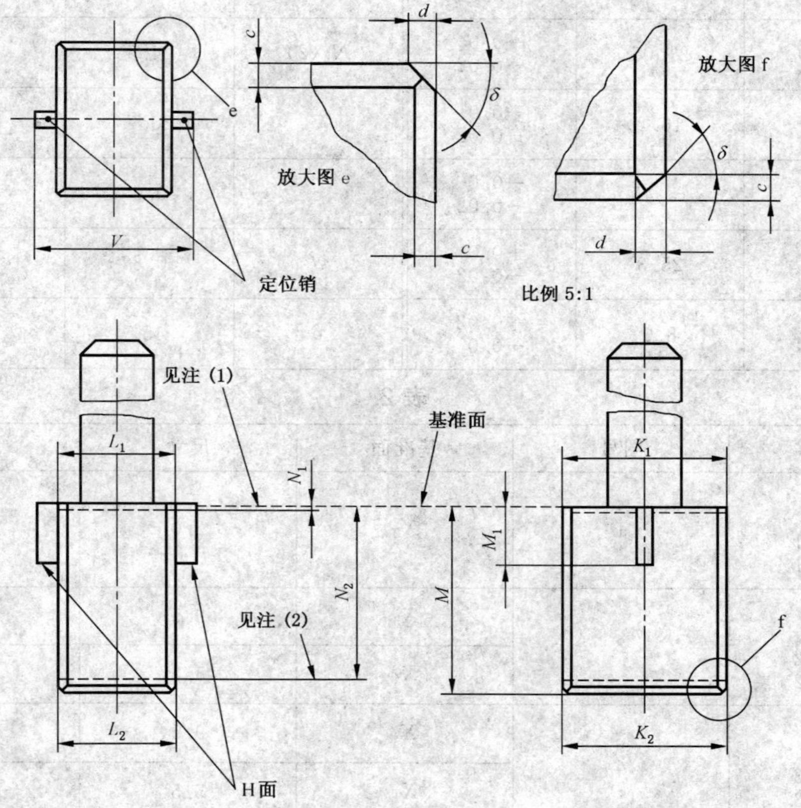

注:上图只表示用于检验 G32d-..,G32q-.. 和 GX32d-.. 灯座的止规,而不是指具体的 G32d-1,G32q-1 和 GX32d-1 灯座的止规。

特定量规的结构

检验 G32d-..,G32q-..,GX32d-.. 和 GX32q-.. 灯座用定位键外形图。

底视图

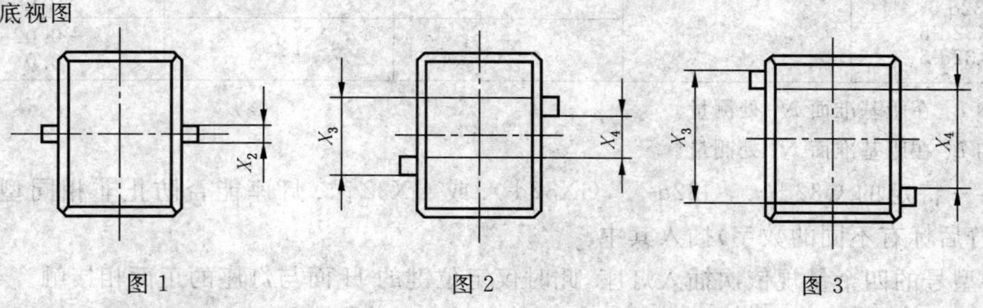

图 1　　图 2　　图 3

基准面以下各部件表面粗糙度为 0.4 μm。

GB/T 1483.2-7006-87D-2

	检验 G32,GX32 和 GY32 灯座、灯头非互换性的止规 F	2/2

单位为毫米

表 1

尺寸符号	尺寸	公差	尺寸符号	尺寸	公差
K_1(1)	21.8	+0.0 −0.02	N_1(1)	0.5	—
K_2(2)	21.05	+0.0 −0.02	N_2(2)	24.5	—
L_1(1)	16.2	+0.0 −0.02	V	20.7	+0.0 −0.02
L_2(2)	15.45	+0.0 −0.02	c	0.6	+0.1 −0.1
M	25.3	+0.0 −0.02	d	0.8	+0.1 −0.0
M_1	8.0	+0.02 −0.0	δ	45°	+1° −1°

表 2

型号	图号	基准面	尺寸	公差
G32d-1 G32q-1 GX32d-1 GX32q-1	1	X_2	2.0	+0.0 −0.02
G32d-2 G32q-2 GX32d-2 GX32q-2	2	X_3	9.5	+0.0 −0.02
		X_4	5.5	+0.02 +0.0
G32d-3 G32q-3 GX32d-3 GX32q-3	3	X_3	9.5	+0.0 −0.02
		X_4	5.5	+0.02 +0.0
G32d-4 G32q-4 GX32d-4 GX32q-4	2	X_3	17.0	+0.0 −0.02
		X_4	13.0	+0.02 +0.0
G32d-5 G32q-5 GX32d-5 GX32q-5	3	X_3	17.0	+0.0 −0.02
		X_4	13.0	+0.02 −0.0

(1) 尺寸 K_1 和 L_1 在距基准面 N_1 处测量。

(2) 尺寸 K_2 和 L_2 在距基准面 N_2 处测量。

目的:检验某一特定的 G32d-..,G32q-..,GX32d-.. 或 GX32q-.. 灯座能否防止非相同型号的灯头(连字符后标有不同的数字)插入其中。

检验:将不同型号的四个量规依次插入灯座,此时仅定位键的 H 面与灯座的正面相接触。

GB/T 1483.2-7006-87D-2

	检验 G32,GX32 和 GY32 灯座定位槽的通规 G	1/2

单位为毫米

附图仅表示互换性的基本尺寸。

关于 G32d-..,G32q-..,GX32d-..,GX32q-..和 GY32d-..灯座,见 GB/T 19148.2-7005-87。

关于 GY32d-..灯座的检验,见灯座参数表的相关注释。

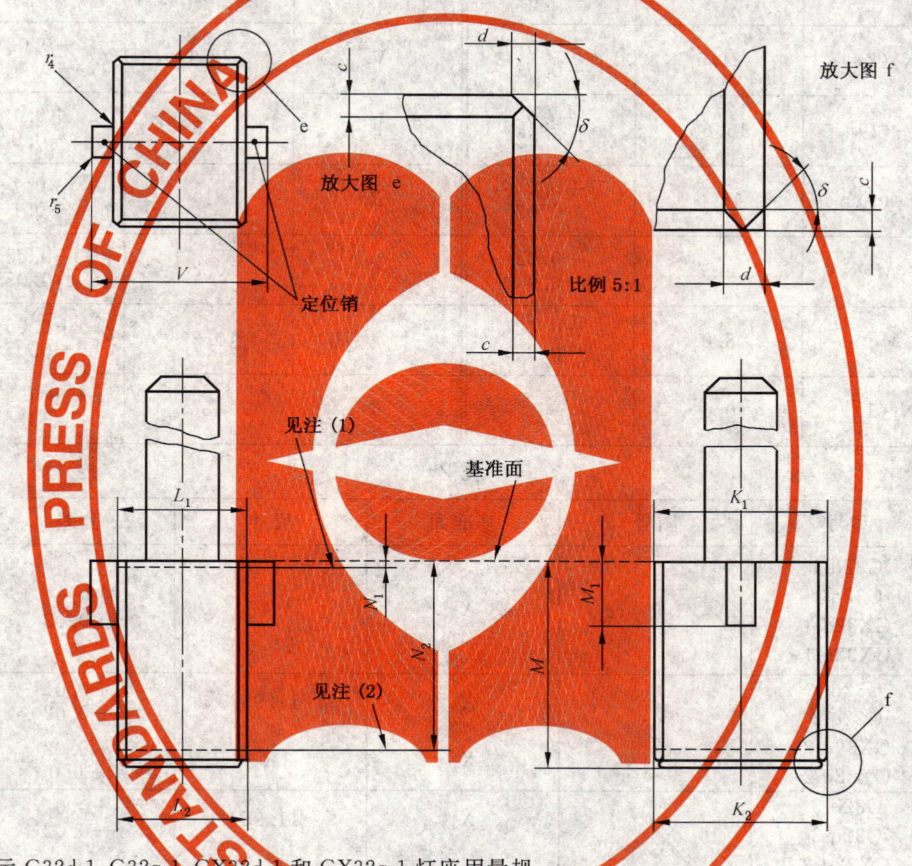

注:上图只表示 G32d-1,G32q-1,GX32d-1 和 GX32q-1 灯座用量规。

特定量规的结构

检验 G32d-..,G32q-..,GX32d-..和 GX32q-..灯座用定位键外形图。

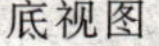

底视图

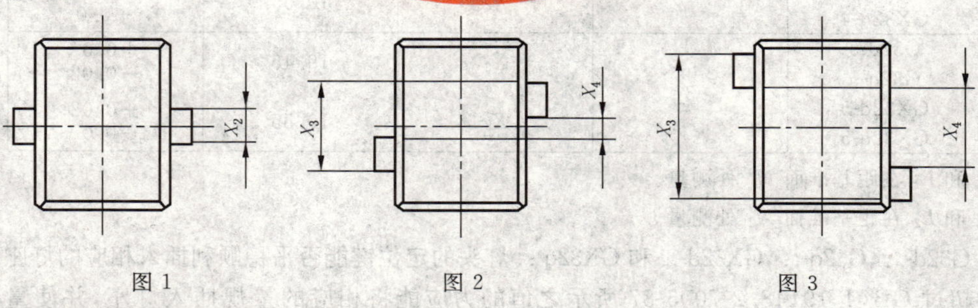

图 1　　图 2　　图 3

基准面以下各部件表面粗糙度为 0.4 μm。

GB/T 1483.2-7006-87E-2

	检验 G32,GX32 和 GY32 灯座定位槽的通规 G	2/2

单位为毫米

表 1

尺寸符号	尺寸	公差	尺寸符号	尺寸	公差
K_1(1)	22.25	+0.0 −0.02	N_2(2)	24.5	—
K_2(2)	21.5	+0.0 −0.02	V	22.1	+0.02 −0.0
L_1(1)	16.65	+0.0 −0.02	c	0.5	+0.1 −0.0
L_2(2)	15.9	+0.0 −0.02	d	1	+0.1 −0.1
M	26.5	+0.02 −0.0	r_4	0.2	+0.05 −0.05
M_1	8.0	+0.02 −0.0	r_5	0.2	+0.05 −0.05
N_1(1)	0.5	—	δ	45°	+1° −1°

表 2

型号	图号	基准面	尺寸	公差
G32d-1 G32q-1 GX32d-1 GX32q-1	1	X_2	4.45	+0.0 −0.02
G32d-2 G32q-2 GX32d-2 GX32q-2	2	X_3	11.95	+0.0 −0.02
		X_4	3.05	+0.02 +0.0
G32d-3 G32q-3 GX32d-3 GX32q-3	3	X_3	11.95	+0.0 −0.02
		X_4	3.05	+0.02 +0.0
G32d-4 G32q-4 GX32d-4 GX32q-4	2	X_3	19.45	+0.0 −0.02
		X_4	10.55	+0.02 +0.0
G32d-5 G32q-5 GX32d-5 GX32q-5	3	X_3	19.45	+0.0 −0.02
		X_4	10.55	+0.02 −0.0

(1) 尺寸 K_1 和 L_1 在距基准面 N_1 处测量。

(2) 尺寸 K_2 和 L_2 在距基准面 N_2 处测量。

目的：检验 G32d-..,G32q-..,GX32d-.. 和 GX32q-.. 灯头的定位键能否平稳顺利插入相应的灯座。

检验：用不超过 GB/T 19148.2-7005-87 所示之值的力应能将相应的量规插入灯座，并使量规的基准面与灯座的基准面共面。

GB/T 1483.2-7006-87E-2

	检验 GX32 灯座最大插入力和最大拔出力的塞规 A_2	1/2

单位为毫米

附图仅表示互换性的基本尺寸。

关于 GX32d-..和 GX32q-..灯座,见 GB/T 19148.2-7005-87。

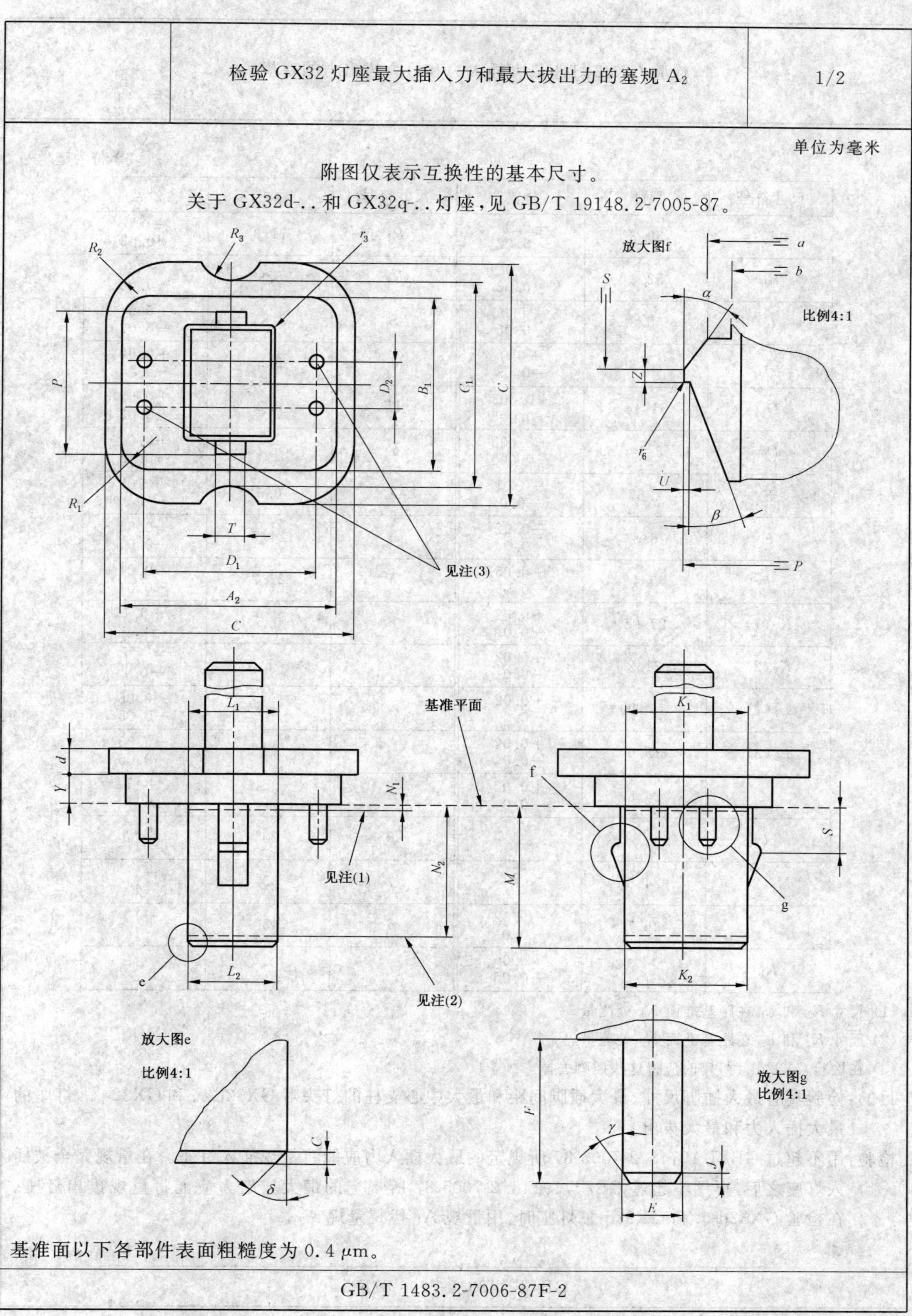

基准面以下各部件表面粗糙度为 0.4 μm。

GB/T 1483.2-7006-87F-2

	检验 GX32 灯座最大插入力和最大拔出力的塞规 A_2	2/2

单位为毫米

尺寸符号	尺寸	公差	尺寸符号	尺寸	公差
A_2	39.3	+0.0 −0.02	R_2	11.9	+0.0 −0.05
B_1	32.3	+0.0 −0.02	R_9	5.9	+0.0 −0.05
C	45.3	+0.0 −0.05	S	8.85	+0.0 −0.02
C_1	38.8	+0.0 −0.05	T	5.5	+0.02 −0.0
D_1	31.14	+0.005 −0.005	U	0.2	+0.02 −0.02
D_2	8.14	+0.005 −0.005	Y	5.7	+0.0 −0.02
E	2.67	+0.01 −0.0	Z	0.5	+0.05 −0.0
F	6.8	+0.02 −0.0	a	24.7	+0.01 −0.01
J	0.4	+0.05 −0.05	b	22.7	+0.01 −0.01
K_1(1)	21.95	+0.02 −0.0	c	0.5	+0.1 −0.0
K_2(2)	21.2	+0.02 −0.0	d	5	+0.1 −0.1
L_1(1)	16.35	+0.02 −0.0	r_3	0.5	+0.05 −0.05
L_2(2)	15.6	+0.02 −0.0	r_6	0.15	+0.05 −0.05
M	26.5	+0.02 −0.0	α	35°	+1° −1°
N_1(1)	0.5	—	β	20°	+1° −1°
N_2(2)	24.5	—	γ	35°	+1° −1°
P	26.7	+0.02 −0.0	δ	45°	+1° −1°
R_1	5.9	+0.0 −0.05			

(1) 尺寸 K_1 和 L_1 在距基准面 N_1 处测量。

(2) 尺寸 K_2 和 L_2 在距基准面 N_2 处测量。

(3) 在检验 GX32d-..灯座时应将这些插脚去掉。

目的：检验具有最大插脚尺寸、最大插脚间距和最大中心支柱的灯头对 GX32d-..和 GX32q-..灯座的最大插入力和最大拔出力。

检验：用不超过 GB/T 19148.2-7005-87 所规定的最大插入力应能将量规插入灯座。在量规完全被插入灯座之后，再用不超过 GB/T 19148.2-7005-87 所规定的最大拔出力应能将量规拔出灯座。在检验 GX32d-..和 GX32q-..灯座时，用量规 A_1 代替量规 A_2。

GB/T 1483.2-7006-87F-2

	G38 灯座的通规(第一量规)	1/2

单位为毫米

附图仅表示互换性的基本尺寸。

GB/T 1483.2-7006-76B-1

	G38 灯座的通规(第一量规)	2/2

单位为毫米

目的:检验 G38 灯座(见 GB/T 19148.2-7005-76)与"最大"灯头的匹配性。

检验:量规应能插入灯座,并使 V 面与灯座的基准面相接触。然后检验灯座是否符合 GB/T 1483.2-7006-76C 和 7006-76D 所示量规要求。

尺寸符号	尺寸	公差
A_1	76.6	+0.0 −0.05
A_2	89.1	+0.0 −0.05
A_3	106.5	+0.0 −0.1
C	40.9	+0.05 −0.0
D	38.73	+0.01 −0.01
E	11.25	+0.0 −0.01
F	29.46	+0.0 −0.05
G	6.4	+0.05 −0.0
H_1	20.3	+0.0 −0.05
H_2	58.2	+0.0 −0.05
R	3.0	+0.0 −0.05
j	95	+0.5 −0.5

GB/T 1483.2-7006-76B-1

	G38 灯座的通规(第二量规)	1/1

单位为毫米

附图仅表示互换性的基本尺寸。

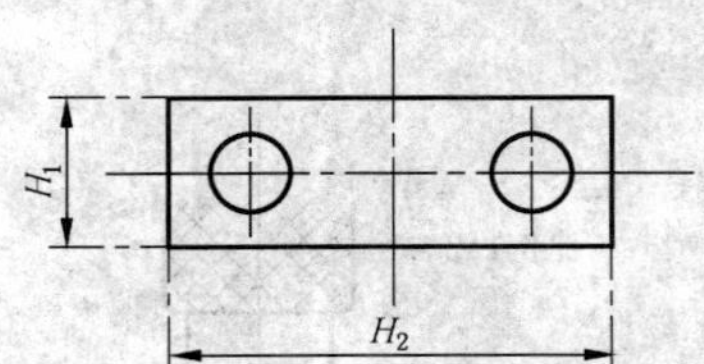

比例1:2

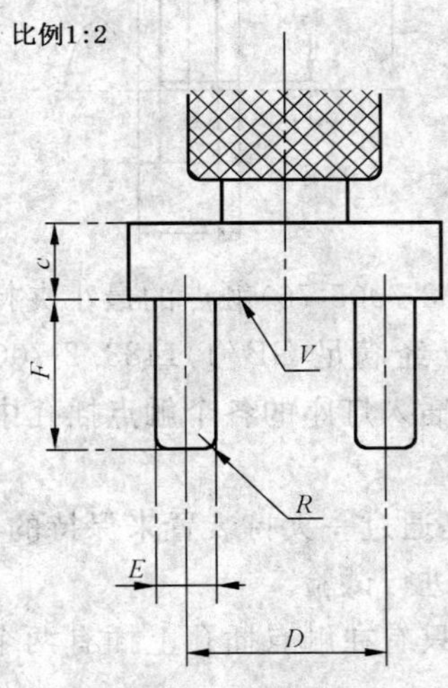

目的:检验 G38 灯座(见 GB/T 19148.2-7005-76)的触点插孔的最小间距。

检验:在进行本项检验之前,灯座应已经满足 GB/T 1483.2-7006-76B 所示量规要求。量规应能插入灯座,并使其 V 面与灯座的基准面相接触。然后检验灯座是否符合 GB/T 1483.2-7006-76D 所示量规要求。

尺寸符号	尺寸	公差
D	37.47	+0.01 −0.01
E	11.25	+0.0 −0.01
F	29.46	+0.0 −0.05
H_1	20.3	+0.0 −0.05
H_2	58.2	+0.0 −0.05
R	3.0	+0.0 −0.05
c	15	+0.5 −0.5

GB/T 1483.2-7006-76C-1

	检验 G38 灯座最小夹持力的量规	1/1

单位为毫米

附图仅表示互换性的基本尺寸。

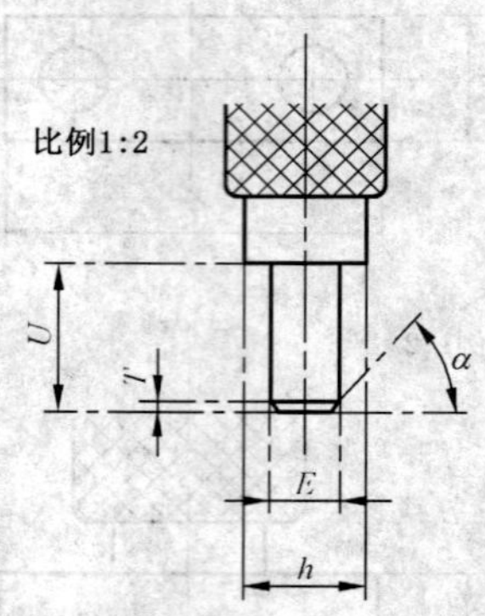

目的：检验 G38 灯座（见 GB/T 19148.2-7005-76）触点的最小夹持力。

检验：在进行本项检验之前，灯座应已经满足 GB/T 1483.2-7006-76B 和 7006-76C 所示量规要求。

将灯座颠倒放置，再将量规依次插入灯座的各个触点插孔中，一直插到头。松开量规，量规仅凭自身重量不应脱落。

如果灯座与灯头插脚的电接触是通过一夹持装置来保持的，则该夹持装置应在量规已经插入灯座后开始工作，然后以正常方式进行试验。

如果该夹持装置在设计上要求，只有在触点插孔上插有两个插脚时夹持装置才能工作，则应同时使用两个量规。

——对于只用来固定灯泡而不参与形成灯座触点和灯头插脚电接触的夹持装置，在进行本项检验时不会启动。

尺寸符号	尺寸	公差
E	10.95	+0.01 −0.0
T	1.0	+0.0 −0.05
U	23.17	+0.05 −0.0
h	18	+0.2 −0.2
α	约 45°	
质量	待定	

GB/T 1483.2-7006-76D-1

	GX38q 灯座的通规	1/2

单位为毫米

附图仅表示互换性的基本尺寸。

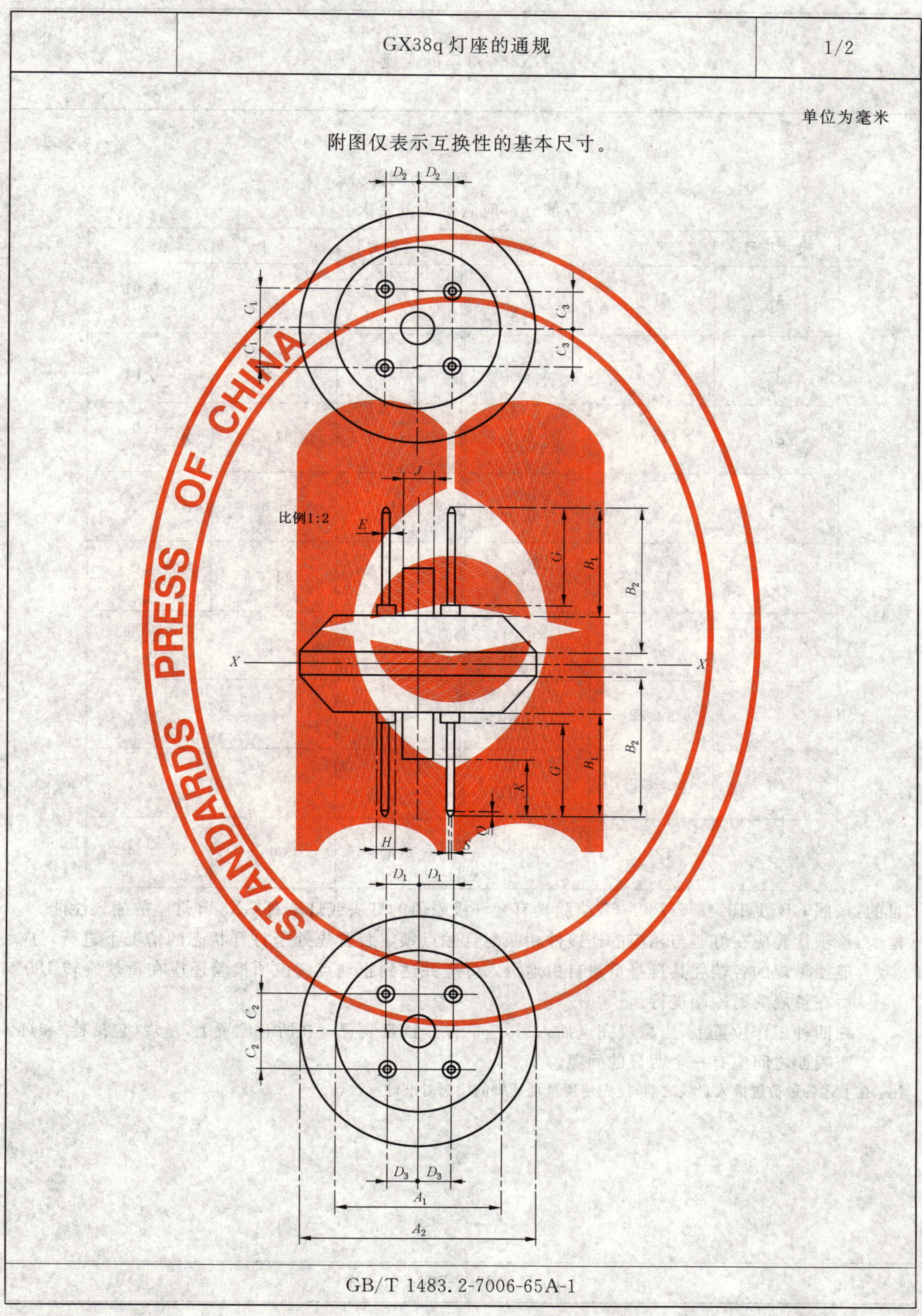

GB/T 1483.2-7006-65A-1

	GX38q 灯座的通规	2/2

单位为毫米

量规被 X—X 面分为两部分。

各部分都应满足质量要求。

尺寸符号	尺寸	公差	尺寸符号	尺寸	公差
A_1	61.0	+0.0 −0.05	D_3	11.72	+0.01 −0.01
A_2	86.0	+0.0 −0.05	E	3.06	+0.0 −0.01
B_1	41.0	+0.0 −0.02	G	37.0	+0.0 −0.02
B_2	55.0	+0.0 −0.02	H	6.6	+0.0 −0.02
C_1	15.28	+0.01 −0.01	J	11.6	+0.0 −0.02
C_2	14.75	+0.01 −0.01	K	22.9	+0.02 −0.0
C_3	14.22	+0.01 −0.01	Q	约 2	
D_1	12.78	+0.01 −0.01	S	约 1	
D_2	12.25	+0.01 −0.01	质量	1 000 g	+1% −1%

目的：按照 GB/T 19148.2-7005-65 检验具有允许极限值的灯头或灯端对 GX38q 灯座的插入性能。

检验：该项检验应在灯座与相应的连接件相匹配且触点锁定装置先处于打开状态的情况下进行。应能使量规的各端凭其自身重量自由地滑入灯座并达到止动点。该项检验还应在量规旋转 180°后在量规的另一端进行。

在四种工作位置上，当量规完全插入后，应能操作锁定装置。在所有位置上，量规（包括栓）和灯座表面之间应有一个明显的间隙。

注：在上述各种位置插入量规之前，应先使用量规插脚的尖端对准灯座触点。

GB/T 1483.2-7006-65A-1

	检验 GX38q 灯座拔出力的量规系统	1/1

单位为毫米

附图仅表示互换性的基本尺寸。

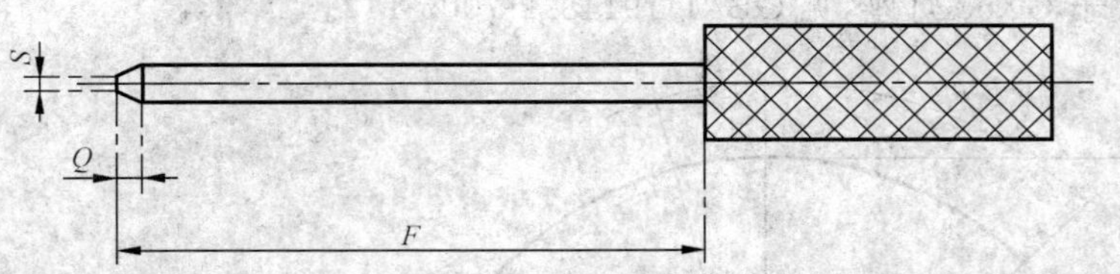

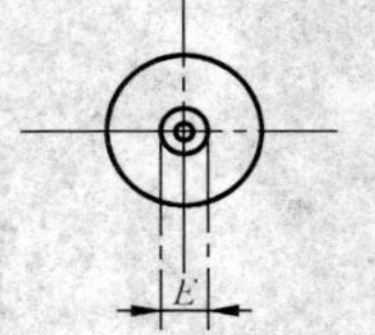

插脚表面应无划痕和磨损，并与中心线平行，公差为±0.005 mm。

表面粗糙度为 0.2 μm。

注：测量系统采用四个独立的检验插脚(量规)。其中仅一个插脚用于检验，其余三个插脚用于使其他灯座触点与最大直径的灯头或灯端插脚的相匹配。

尺寸符号	检测量规 1x		辅助量规 3x	
	尺寸	公差	尺寸	公差
E	2.94	+0.01 −0.0	3.06	+0.0 −0.01
F	最小值 50		最小值 50	
Q	标称值 2		标称值 2	
S	标称值 1		标称值 1	

目的：检验在锁定位置时单个触点对 GX38q 灯座(见 GB/T 19148.2-7005-65)的最小拔出力。

检验：将检验量规和三个辅助量规插脚插入灯座触点，并与基准面相接触。然后锁定装置运行，将 40 N 的轴向力施加在检验量规上，量规应不能被拔出。

该项检验应使用检验量规在其他触点上进行，直至四个触点均被检验。

GB/T 1483.2-7006-65B-1

	检验 GX53 灯座的量规 A	1/2

单位为毫米

附图仅表示互换性的基本尺寸。

关于 GX53 灯座,见 GB/T 19148.2-7005-142。

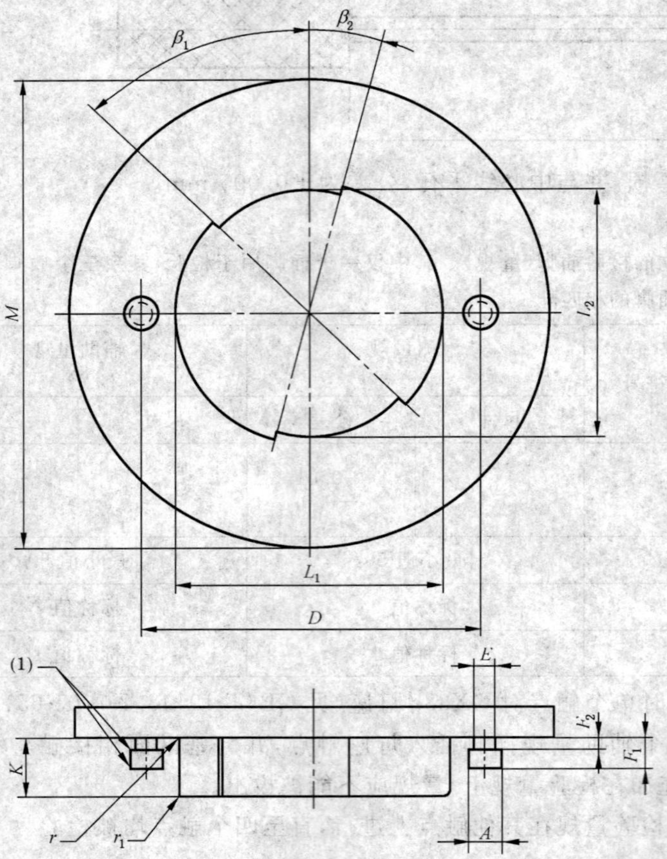

GB/T 1483.2-7006-142A-1

	检验 GX53 灯座的量规 A	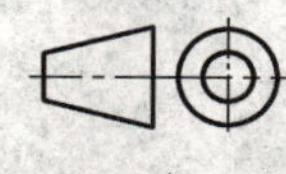 2/2

单位为毫米

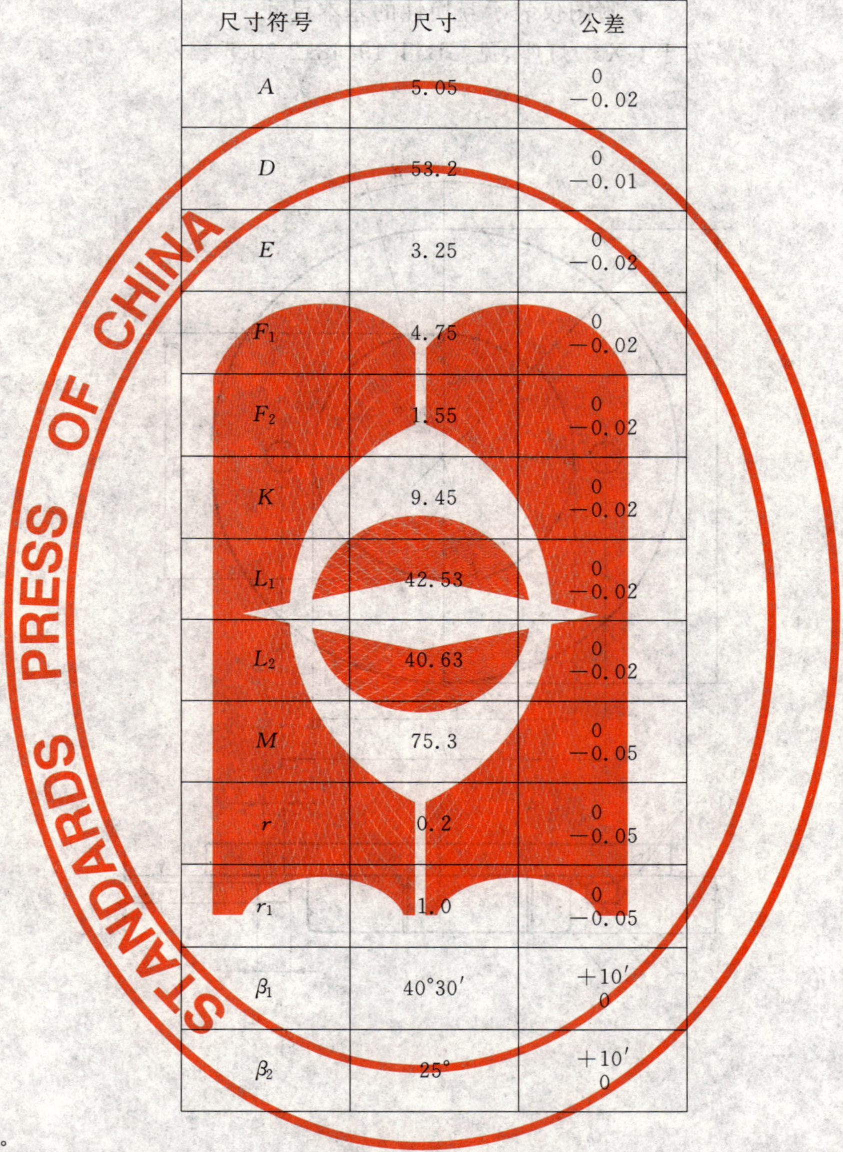

尺寸符号	尺寸	公差
A	5.05	0 −0.02
D	53.2	0 −0.01
E	3.25	0 −0.02
F_1	4.75	0 −0.02
F_2	1.55	0 −0.02
K	9.45	0 −0.02
L_1	42.53	0 −0.02
L_2	40.63	0 −0.02
M	75.3	0 −0.05
r	0.2	0 −0.05
r_1	1.0	0 −0.05
β_1	40°30′	+10′ 0
β_2	25°	+10′ 0

(1) 边沿稍倒角。

目的：检验 GX53 灯座与最大尺寸灯头的匹配性和具有最大插脚尺寸、最大插脚间距和最大中心支柱尺寸的灯头对灯座的最大插入扭矩和最大拔出扭矩。

检验：用不超过灯座参数表所规定的最大插入扭矩应能将量规插入灯座，用不超过灯座参数表所规定的最大拔出扭矩应能将量规从灯座中拔出。

GB/T 1483.2-7006-142A-1

检验 GX53 灯座的量规 B

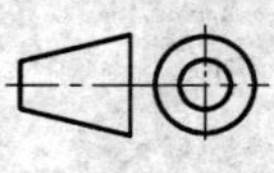

1/2

单位为毫米

附图仅表示互换性的基本尺寸。

关于 GX53 灯座，见 GB/T 19148.2-7005-142。

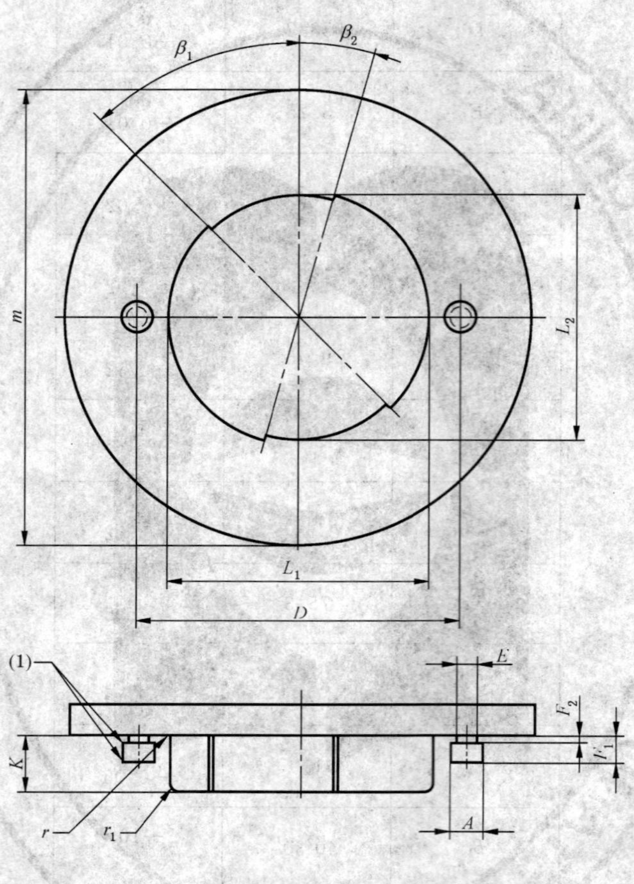

GB/T 1483.2-7006-142B-1

单位为毫米

尺寸符号	尺寸	公差
A	5.05	0 −0.02
D	52.8	+0.01 0
E	3.25	0 −0.02
F_1	4.75	0 −0.02
F_2	1.55	0 −0.02
K	9.45	0 −0.02
L_1	42.53	0 −0.02
L_2	40.63	0 −0.02
m	75	+0.1 −0.1
r	0.2	0 −0.05
r_1	1.0	0 −0.05
β_1	40°30′	+10′ 0
β_2	25°	+10′ 0

(1) 边沿稍倒角。

目的：检验 GX53 灯座与最大尺寸灯头的匹配性和具有最大插脚尺寸、最小插脚间距和最大中心支柱尺寸的灯头对灯座的最大插入扭矩和最大拔出扭矩。

检验：用不超过灯座参数表所规定的最大插入扭矩应能将量规插入灯座，用不超过灯座参数表所规定的最大拔出扭矩应能将量规从灯座中拔出。

GB/T 1483.2-7006-142B-1

检验 GX53 灯座的量规 C

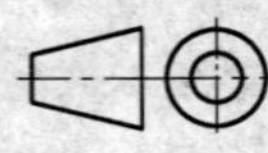

1/2

单位为毫米

附图仅表示互换性的基本尺寸。

关于 GX53 灯座，见 GB/T 19148.2-7005-142。

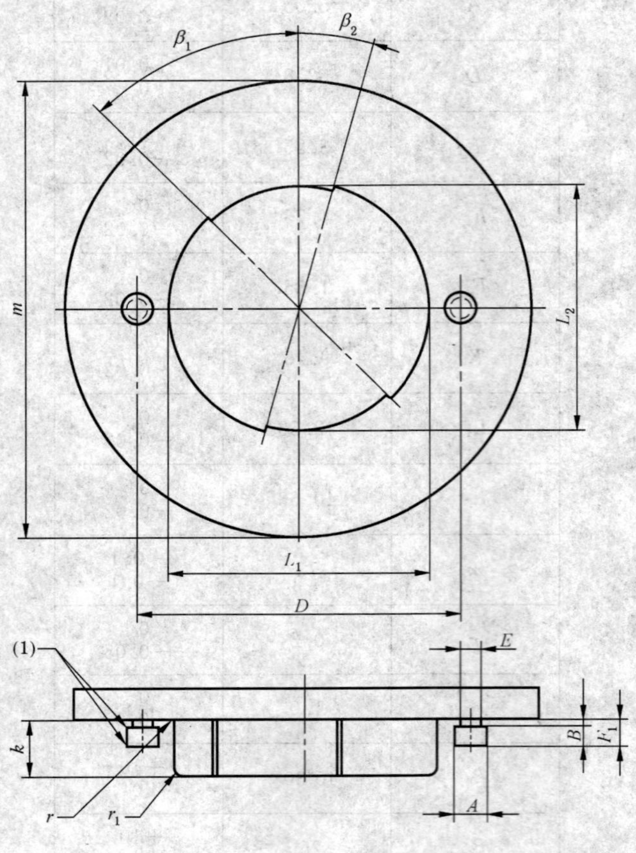

GB/T 1483.2-7006-142C-1

	检验 GX53 灯座的量规 C	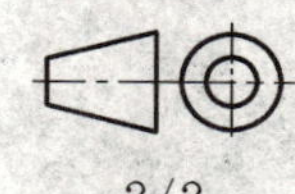 2/2

单位为毫米

尺寸符号	尺寸	公差
A	4.7	0 −0.02
B	1.9	0 −0.02
D	53.00	+0.005 −0.005
E	2.8	0 −0.02
F_1	4.3	0 −0.02
L_1	42.2	0 −0.02
L_2	40.0	0 −0.02
k	9	+0.1 −0.1
m	70	+0.1 −0.1
r	0.2	0 −0.05
r_1	1.0	0 −0.05
β_1	40°30′	+10′ 0
β_2	25°	+10′ 0

(1) 边沿稍倒角。

目的：检验具有最小插脚尺寸和最小中心支柱尺寸的灯头对 GX53 灯座的最小拔出扭矩。

检验：应能将量规插入灯座，用不小于灯座参数表所规定的最小拔出扭矩应能将量规从灯座中拔出。

GB/T 1483.2-7006-142C-1

检验 GX53 灯座定位槽的通规和止规

1/2

单位为毫米

附图仅表示互换性的基本尺寸。

关于 GX53 灯座，见 GB/T 19148.2-7005-142。

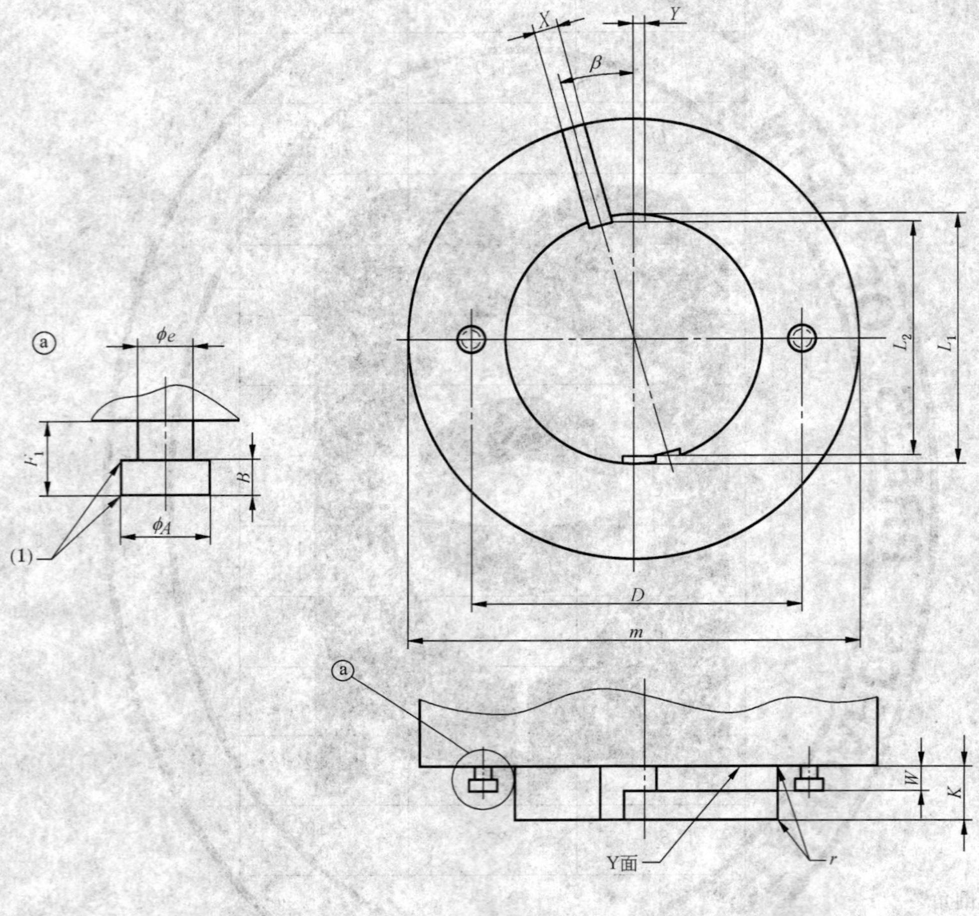

GB/T 1483.2-7006-142G-1

检验 GX53 灯座定位槽的通规和止规

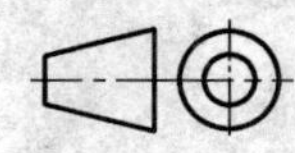

2/2

单位为毫米

尺寸符号	尺寸	公差
A	5.0	+0.02 0
B	1.9	0 −0.02
D	53.00	+0.005 −0.005
F_1	4.3	+0.02 0
K	9.2	0 −0.02
L_1	42.2	0 −0.02
L_2	40.8	0 −0.02
W	4.36	+0.02 0
X	3.5	0 −0.02
Y	1.95	+0.1 0
e	3	+0.1 −0.1
m	75	+0.1 −0.1
r	0.2	0 −0.05
β	15°	+5′ −5′

(1) 边沿稍倒角。

目的：检验 GX53-1 灯座的下述性能：

——定位槽位置对于触点位置应正确；

——定位槽的最大高度、最大宽度和位置。

——能防止单个插脚的插入。

检验：应能将量规插入灯座，并使灯座的基准面与量规的 Y 面相接触。然后应能使量规旋转至接触位置。应不能仅用量规的一个插脚插入灯座并使量规旋转至接触位置。

GB/T 1483.2-7006-142G-1

检验 GX53 灯座最大定位槽间距的止规

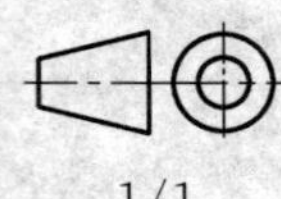

单位为毫米

附图仅表示互换性的基本尺寸。

关于 GX53 灯座，见 GB/T 19148.2-7005-142。

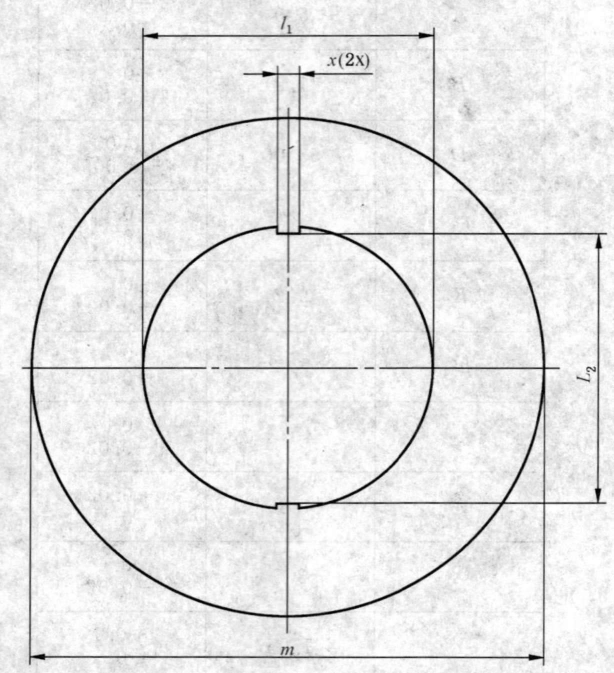

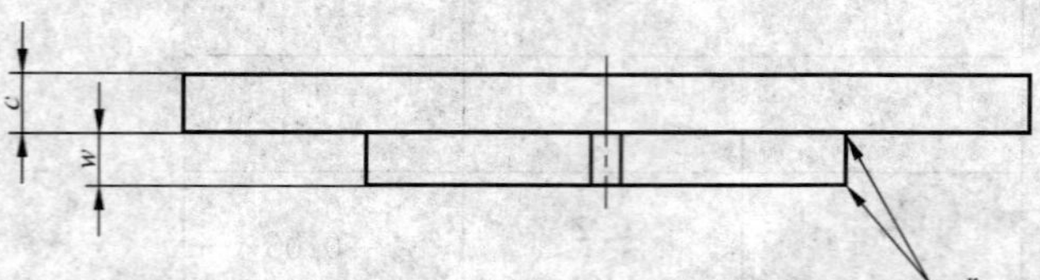

尺寸符号	尺寸	公差
L_2	41.25	0 −0.02
c	5	+0.1 −0.1
l_1	42.35	+0.1 −0.1
m	75	+0.1 −0.1
r	0.2	0 −0.05
w	5	+0.1 −0.1
x	3.3	+0.1 −0.1

目的：检验 GX53 灯座的最大定位槽间距（尺寸 L_2）。

检验：应不能使量规插入灯座。

GB/T 1483.2-7006-142H-1

检验 GX53 灯座最小定位槽宽度的止规

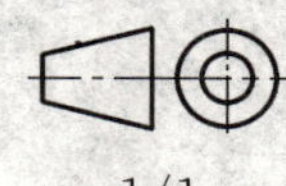

1/1

单位为毫米

附图仅表示互换性的基本尺寸。

关于 GX53 灯座,见 GB/T 19148.2-7005-142。

尺寸符号	尺寸	公差
X	2.89	0 −0.02
c	5	+0.1 −0.1
l_1	42.35	+0.1 −0.1
l_2	40.3	+0.1 −0.1
m	75	+0.1 −0.1
r	0.2	0 −0.05
w	5	+0.1 −0.1

目的:检验 GX53 灯座的最小定位槽宽度(尺寸 X)。

检验:应不能使量规插入灯座。

GB/T 1483.2-7006-142J-1

	成品灯上 Fa6 单插脚灯头的通规和止规	1/1

单位为毫米

附图仅表示互换性的基本尺寸。

关于 Fa6 灯头，见 GB/T 1406.2-7004-55。

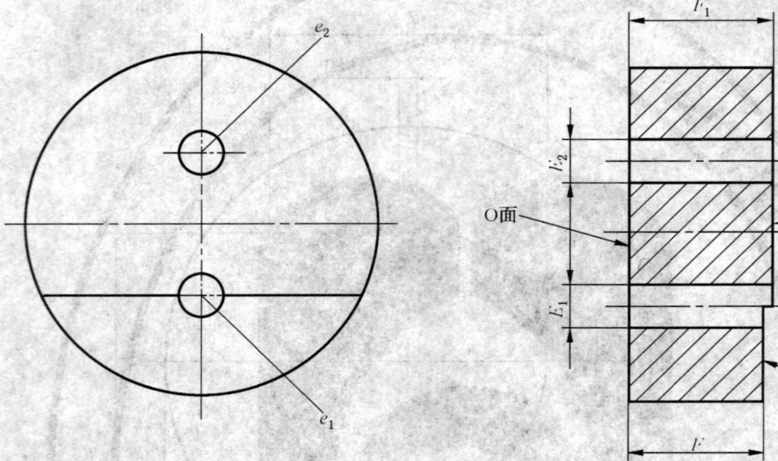

目的：检验 Fa6 灯头的尺寸 E_{min}，E_{max}，F_{min} 和 F_{1max}。

检验：将灯头插脚从 O 面插入孔 e_1 直至灯头端面与量规相接触。在该位置上，插脚的端部不应低于 X 面，也不应凸出 Y 面。灯头插脚应不能插入孔 e_2。

尺寸符号	尺寸	公差
E_1	6.00	+0.005 −0.0
E_2	5.92	+0.0 −0.005
F	17.5	+0.0 −0.01
F_1	18.5	+0.01 −0.0

GB/T 1483.2-7006-41-2

	Fa8 单插脚灯头的通规	1/1

单位为毫米

附图仅表示互换性的基本尺寸。

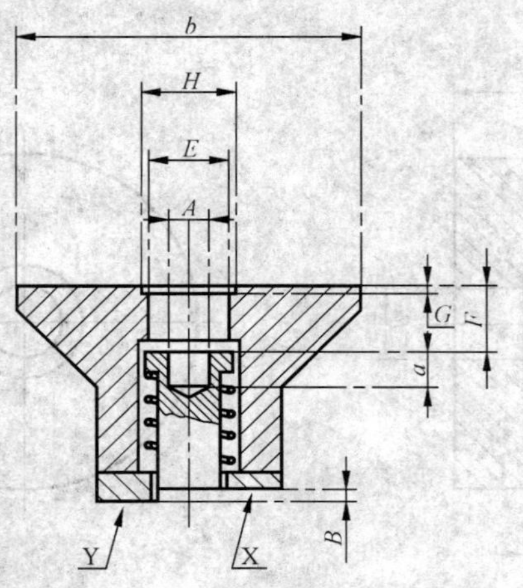

尺寸符号	尺寸	公差
A	4.50	+0.005 −0.005
B	1.32	+0.01 −0.0
E	8.26	+0.01 −0.0
F	6.88	+0.0 −0.01
G	0.51	+0.01 −0.0
H	9.65	+0.01 −0.0
a	4	+0.5 −0.0
b	35	+0.2 −0.2

目的：检验 GB/T 1406.2-7004-57 中尺寸 E_{max}，F_{max}，F_{min}，G_{max}和 H_{max}。

试验：灯头插脚应插入量规，当完全插入时应接触良好。在该位置时，量规的柱塞不应低于 X 面，也不应凸出 Y 面。

GB/T 1483.2-7006-40-1

Fa8 单插脚灯头的止规

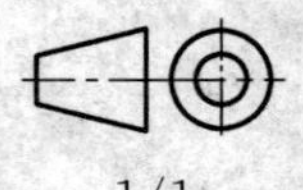

1/1

单位为毫米

附图仅表示互换性的基本尺寸。

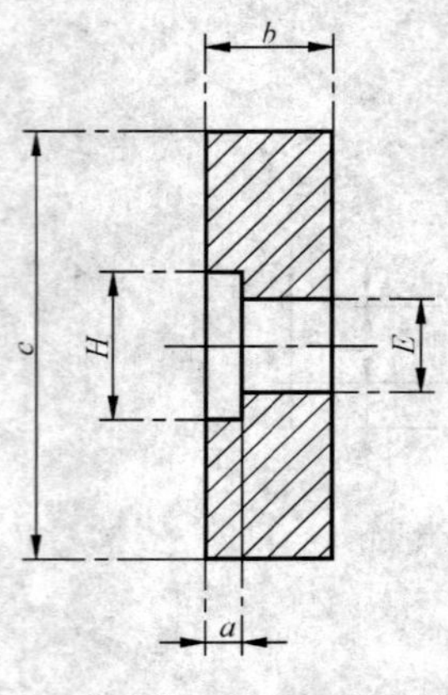

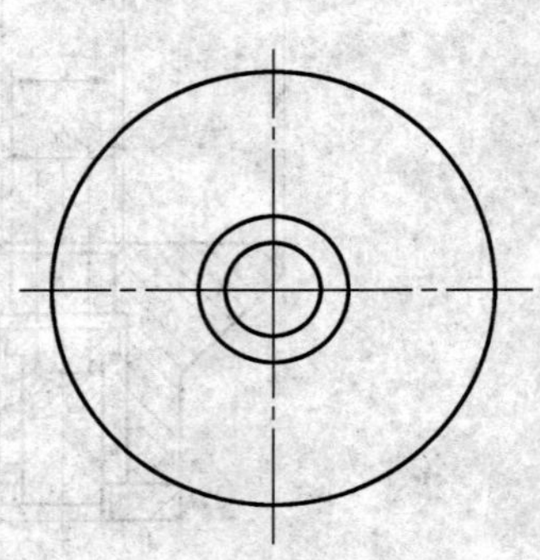

尺寸符号	尺寸	公差
E	7.62	+0.0 −0.01
H	12	+0.2 −0.2
a	3	+0.1 −0.1
b	10	+0.1 −0.1
c	35	+0.2 −0.2

目的：检验 GB/T 1406.2-7004-57 中尺寸 E_{min}。

试验：用该量规检验灯头插脚时，灯头表面不应与量规相接触。

GB/T 1483.2-7006-40A-1

检验校正成品灯上 Fc2 灯头的量规	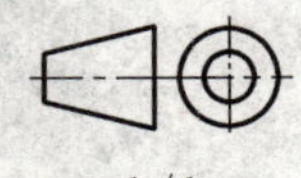 1/1

单位为毫米

附图仅表示互换性的基本尺寸。

关于 Fc2 灯头，见 GB/T 1406.2-7004-114。

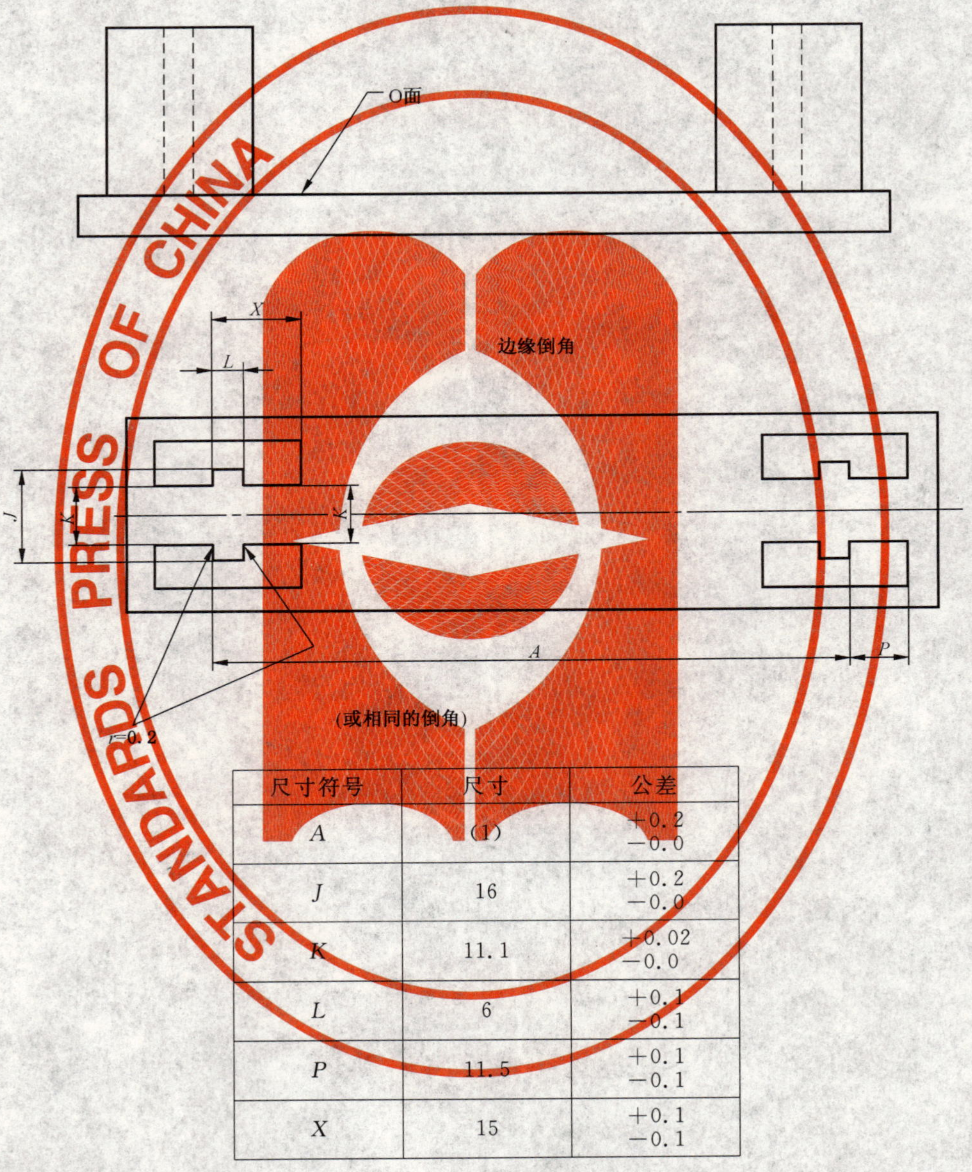

O面

X

L

边缘倒角

J

K

A

P

(或相同的倒角)

r=0.2

尺寸符号	尺寸	公差
A	(1)	+0.2 −0.0
J	16	+0.2 −0.0
K	11.1	+0.02 −0.0
L	6	+0.1 −0.1
P	11.5	+0.1 −0.1
X	15	+0.1 −0.1

) A=“灯最大长度”+2.25 mm。

“灯最大长度”见 GB/T 21092-110-1 两基准面之间的最大距离。

的:检验校正成品灯上的 Fc2 灯头。

验:应尽可能将灯插入两槽中直至灯末端完全插入。

GB/T 1483.2-7006-114-1